全国高等学校建筑学学科专业指导委员会推荐教学参考书

Foundations of Landscape Architecture:
Integrating Form and Space
Using the Language of Site Design

景园建筑学设计基础：

运用场地设计语言整合形式与空间

[美]诺曼·K.布斯 | Norman K. Booth 著
王蔚 译

天津大学出版社 TIANJIN UNIVERSITY PRESS
WILEY

景园建筑学设计基础：运用场地设计语言整合形式与空间 | JINGYUAN JIANZHUXUE SHEJI JICHU：YUNYONG CHANGDI SHEJI YUYAN ZHENGHE XINGSHI YU KONGJIAN

图书在版编目（CIP）数据

景园建筑学设计基础 : 运用场地设计语言整合形式与空间 /（美）诺曼·K. 布斯（Norman K. Booth）著 ; 王蔚译 . -- 天津 : 天津大学出版社 , 2023.1

书名原文 : Foundations of Landscape Architecture：Integrating Form and Space Using the Language of Site Design

全国高等学校建筑学学科专业指导委员会推荐教学参考书
ISBN 978-7-5618-7288-8

Ⅰ . ①景… Ⅱ . ①诺… ②王… Ⅲ . ①景观设计—园林设计—高等学校—教学参考资料 Ⅳ . ① TU986.2

中国版本图书馆 CIP 数据核字（2022）第 147613 号

出版发行　天津大学出版社
地　　址　天津市卫津路 92 号天津大学内（邮编 : 300072）
电　　话　发行部：022-27403647
网　　址　publish.tju.edu.cn
印　　刷　廊坊市瑞德印刷有限公司
经　　销　全国各地新华书店
开　　本　889×1194　1/16
印　　张　23.5
字　　数　500 千
版　　次　2023 年 1 月第 1 版
印　　次　2023 年 1 月第 1 次
定　　价　108.00 元

目录 | Contents

前言 | Preface

景园建筑学设计是一个综合了多项任务的环境创造历程，它要适应所在场地及其周围关系，迎合使用者的特点和需求，结合文化遗产，实现可持续发展，并协调多种必要的功能。除了上述基本目标，景园建筑学设计还力求把空间塑造成各种人类活动和娱乐的舞台。空间是景园中那看不见的存在部分，但人们只要置身景园，就占据并使用了它。不管是在一处住宅后花园还是一个宏大的公共空间，景园建筑学设计的空间创造过程都具有区别于其他环境与园林设计的特色。

在景园中创造空间的手段和技法难以计数，其中最重要者之一是“形式”（form）。形式是构建景园空间的二维和三维骨架，使它呈现为有组织的结构。构思完美的形式是景园设计的关键，因为几乎对设计形象的各方面来说，它都是内在的骨架。犹如动物的骨骼或建筑的钢结构，形式作用于景园建筑学设计的整体规模、比例、各组成部分的汇聚以及它们彼此间的关系。

在具有高度人为建构性的景园，即采用正交形式，极少模仿自然格局的设计中，结构意识具有决定意义。富于结构感的形式通常由正方形、三角形、圆形之类的基本几何形以及它们的组成元素构成。形式也可以是有机的，取材于自然生成的事物和形状。无论形式的来源如何，它在景园中一般都是通过空间之间、元素之间和地表材料之间的边缘呈现出来的。借助建筑物的轮廓、墙体 / 篱笆、阶梯、植物组团和场地等高线起伏，形式可进一步体现在第三维上。

形式的最重要之处，是作为景园空间的基础。户外空间的大小、比例、方向、用途和意义，根本上都有赖于场地规划的平面轮廓及其三维表现，就像建筑空间必定取决于房屋平面、相关墙体和天花一样。究其核心，人们如何体验空间并在其中运动穿行，取决于这个空间是怎样建构的。与此类似，形式规定了一处景园的感觉和气氛。英雄般的、诗意的、序列明晰的、幽静深藏的等等，均可能是受到内在形式结构影响的景园意向。最后，风格显然也同样与形式相关，古典的、浪漫的、现代的、后现代的，还有其他风格，各自都以一套特定形式及布局为基础。

对一个值得称许的景园建筑学设计来说，形式组织的完美是必需的，但是，这仅仅是其中的一个方面。形式自身并不能单独确保有效的景园设计。景园中的精妙形式构图必须渗透着对场地的尊重、对场地潜在使用者的敏感、同可持续发展技术的结合以及富于智慧与创造性的眼光。再者，形式还须被当成三维空间体积的基础。人们很容易仅仅聚焦于平面图案，以致忘记空间体验才是景园最重要的特质，设计新手更是如此。最终，形式还只是一种内在结构，必须选择恰当的元素和材料来完成其表现。一个具有坚实结构框架的景园设计，可因正确地调配材料而感人至深，也可因选择了错误的材料而成为视觉灾难。所以，人为设计的形式必须融合各方面都健全的判断和谨慎的设计过程。到头来，形式只是使一个设计成形的众多工具之一，不能以其自身为结果。

形式与空间是相互作用的两种存在，彼此在相互依赖中结合，本书以文字和插图刻画了它们的相互关系，把焦点集中于景园建筑学的场地设计，即在一种涵盖了公园、城市广场、庭院、入口空间、园林、住宅基地之类题材的设计类型中，运用形式来勾勒空间。场地设计是以步行为尺度的景园建筑学，意义、艺术和工艺在这里相互融合，塑造出可运用我们的所有感官去直接体验的环境。

本书内容首先阐明了作为设计基础的形式和空间概念、类型及其最基本原理。接下来的章节聚焦于基本形式类型，从正交形状，即最具建构性和人类影响的几何形开始，逐步走向有机的形式，即最常见诸自然的形状。各个章节描述并以图形展示每种形式类型的元素、独有特征、景园效用和设计准则。然而，尝试讨论在景园中最常采用的那些形式，并非意味着确认全部形式并为其分类。所有设计师都在不断寻找并创建塑造景园的新方法。伴随着这种认识，本书意在提供那些最盛行的形式类型的核心概念。因此，本书就像一种阐释文本的起点，而不是最终成品。

现在简单向初涉设计者说明一下本书插图的图示方式。本书中的插图是用来以清晰易懂的方式表达景园设计的。其效果使许多设计都可理解成只采用了简单配置的材料，特别是植被材料，例如一个设计中仅用一种树木符号。然而，这些设计都应被视为概要性的，不是最终设计方案。因此，如果以更大比例的绘图刻画加以深入研究，在视觉情趣和实际操作两个方面，大多数设计事实上应在已经确立的结构中呈现更多的植物物种。

期待读者能从可用于营建景园结构的多样形式和空间类型中获益。然而，最终形成一项设计组织的，还应该是读者自己的想象和灵感。希望大家享受本书。

致谢 | Acknowledgments

我要向几个在写作和出版本书过程中帮助并支持了我的人致谢。首先，感谢谢利·坎迪（Shelley Cannady）、劳恩·克莱门特（Lorn Clement）、布莱德利·格茨（Bradley Goetz）和贾森·肯特纳（Jason Kentner）对本书初稿的审阅。他们的回馈和建议对本书最终意向的成形以及头两章内容很有建设性。他们的品评同样为检验全书其他部分提供了参考。

感谢沃尔特·施瓦茨（Walter Schwarz），他在使用 Adobe InDesign 和 Photoshop 等软件方面给予了宝贵的关键技术建议。在保证把所有信息最大限度地整合成一个完整整体方面，他的数据输入发挥了关键作用。针对在本书编排的各方面工作中提供的支持和真挚情谊，还要感谢约翰·威利父子公司（John Wiley & Sons）的资深生产编辑南希·辛特罗（Nancy Cintron）。

我同样从约翰·威利父子公司资深编辑马格丽特·卡明斯（Margaret Cummins）处获益良多。她全程提供了经验丰富的引导、建议、激励和热情支持。尤其是她允许我自由地编排此书，并帮我把握了本书最终的版式。马格丽特在本书各阶段提供的帮助都是无价的。

最后，也是最重要的，我难以表达对盖尔（Gail）的感激，她那些从未呈现在书中的质疑和问题一直激励我寻求更高的撰写标准。我还对她承担起我们的全部家务、让我把充足的时间和自由奉献给这本书感到亏欠。没有她的帮助我不可能完成本书。从心底感谢你。

基本概念 | Foundational Concepts

1 景园 形式 | Landscape Form

景园建筑学场地设计中的一项主要任务，是通过调配一个宽阔调色板上的众多元素，以富于激情又善于协调的方式，为人类的使用和装点需求提供一个空间组织。对这个多元素组合体加以优美设计的基本手段是“形式”，它作为一种骨架，把确立景园空间的众多风景元素组合到一起。没有形式，空间只是不定形的虚空，缺乏明晰性和可辨性（图 1.1 上）。形式是造就景园场地设计的基石，提供了使相关元素有条理地相互呼应的最基本手段，使空间可以为人所辨识（图 1.1 下）。对于景园建筑师如何思考问题和表达自我来说，形式具有与生俱来的价值。

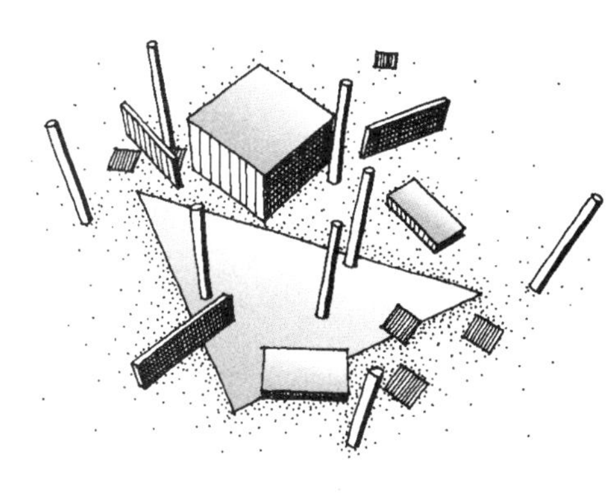

不具形式的

本章把形式当作在景园建筑学场地设计中塑造空间的基础加以考察。对形式的定义、类型、整饰方式及其在景园中组织技法的审视，都是在为后续章节作铺垫。本章包括以下几节：

- 形式
- 基本形状
- 形式转化
- 组织结构
- 统一原则

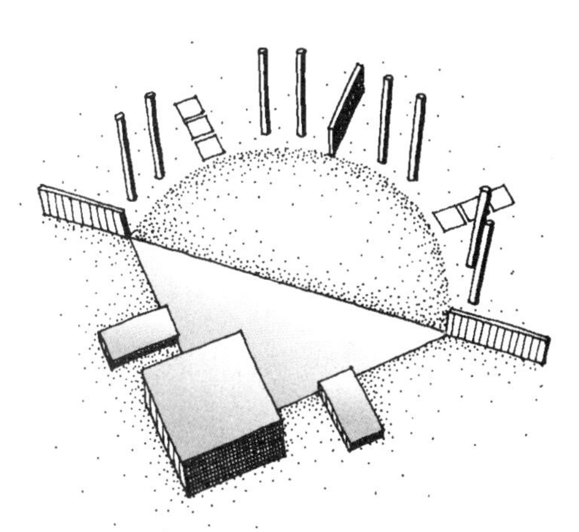

呈现形式的

图 1.1　形式组织并确定空间。

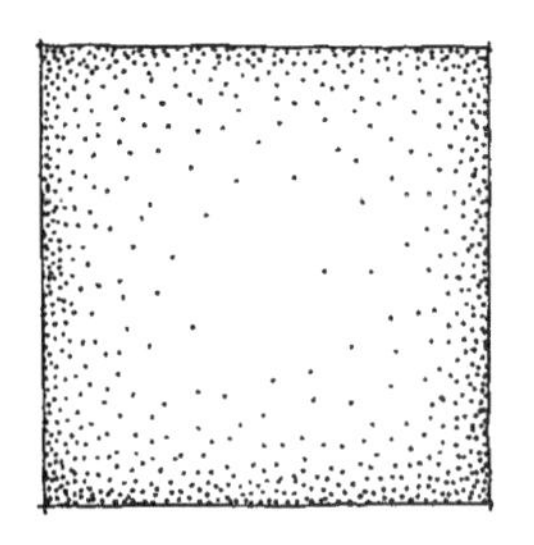

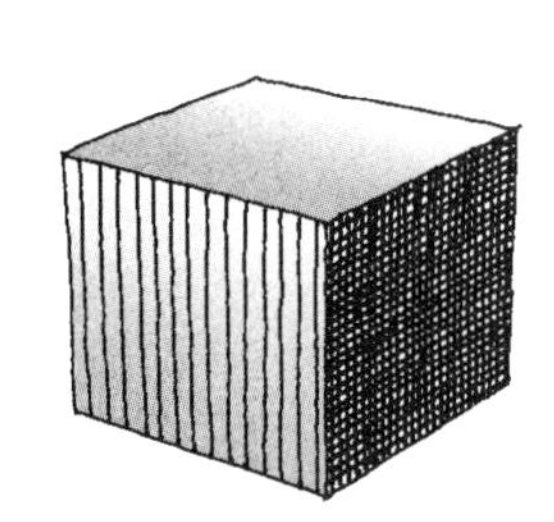

图 1.2 右：形式与形状的比较。

图 1.3 下：形式是一个设计的整体布局。

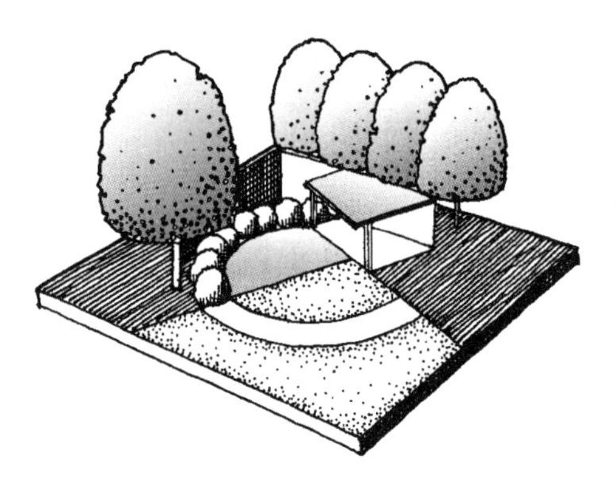

形式 | Form

形式可定义为“一件作品的结构——为了产生一个有条理的形象而布置与协调一个组合体的元素及各组成部分的方式”（Ching 2007, 34）。形式类似于体形、骨架、图形、结构、版式和布局。“形式”一词经常可以同“形状”(shape)互换，不过“形式”更确切地表示对体量的三维描述，而“形状”描述二维的边缘或轮廓（Bell 1993, 50; Ching 2007, 34）。形状是一个形式平行投在一个对应背板或材料上的剪影（图 1.2）。

在表达整体设计布局的同时，本书中的“形式”一词，还意味着每个单一设计元素界定的边缘和内部领域（图 1.3）。形式的意义不仅限于地面上一个块面的形状，而是一个设计整体，包含平板的面，也包含三维的体。形式可以是简单的或复杂的、受控的或自发的、人为的或有机的、重复的或变化的、对称的或不对称的等等（图 1.4）。

笔记/手绘

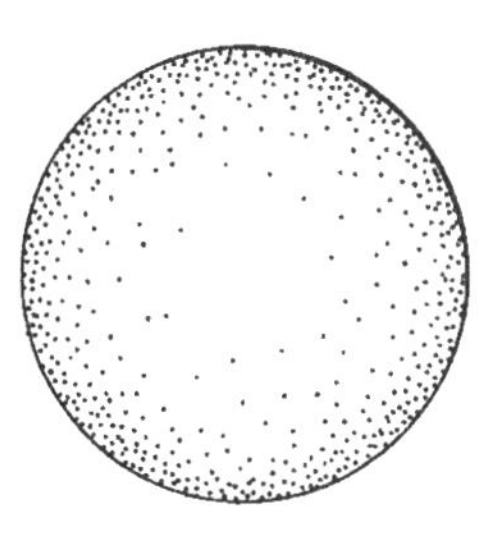
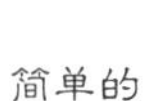
简单的

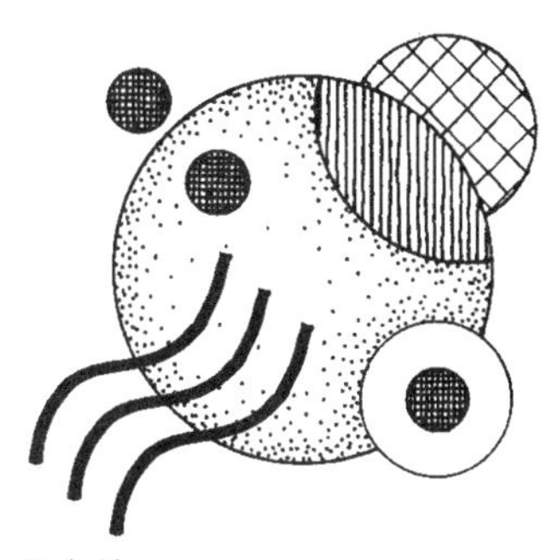

复杂的

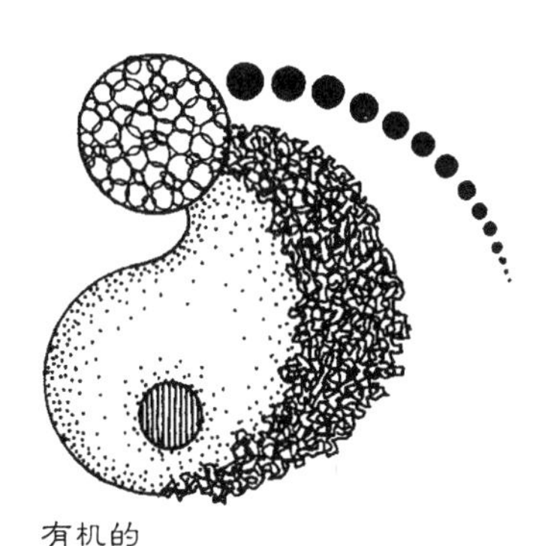
有机的

图 1.4 形式的复杂程度与特征变化多端。

在景园中，形式通过边缘和形状来表达。沿着建构性元素的周边最容易看到形式的剪影，如墙体、篱笆、阶梯、凉台、花台等等，因为这类元素拥有体块并从基面上突出出来(图1.5左)。同样，围绕陷入地表的空洞最容易看到形式的轮廓线，如水池、下沉空间、下行阶梯之类。尽管同样重要却又不太明显的是由树木行列、灌木组团、水体和地形等较柔和的风景元素所呈现的周边界线。

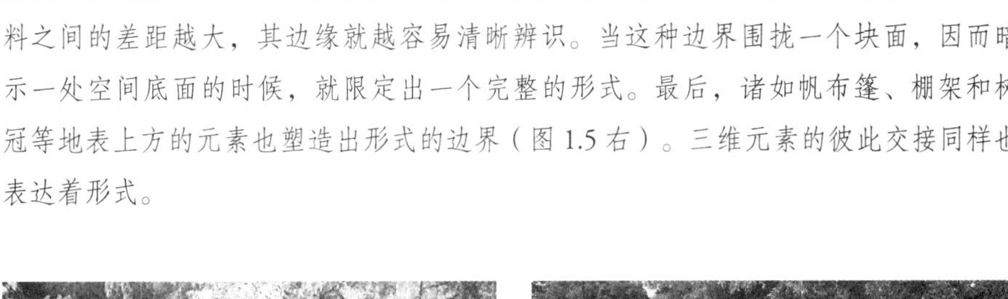

形式同样也见于不同材料在地表平面上彼此相遇所生产的交线（图1.5中），并置材料之间的差距越大，其边缘就越容易清晰辨识。当这种边界围拢一个块面，因而暗示一处空间底面的时候，就限定出一个完整的形式。最后，诸如帆布篷、棚架和树冠等地表上方的元素也塑造出形式的边界（图1.5右）。三维元素的彼此交接同样也表达着形式。

图 1.5 景园中的形式示例。

竖直面中的边缘

地平面上的边缘

顶面的边缘

笔记/手绘

归结起来，不管是在地表上还是处在第三维中，任何时候只要一条线围合出一个领域，便创造了形式。因此，景园场地设计是由许多线条和形式构成的，它们交织在一个悉心编结的网络中（图 1.6）。如下一章将详细探讨的，在设计过程中，众多边缘被精心地、创造性地组合在一起，塑造出户外空间。

图 1.6 一项设计是由许多线条和形式构成的。

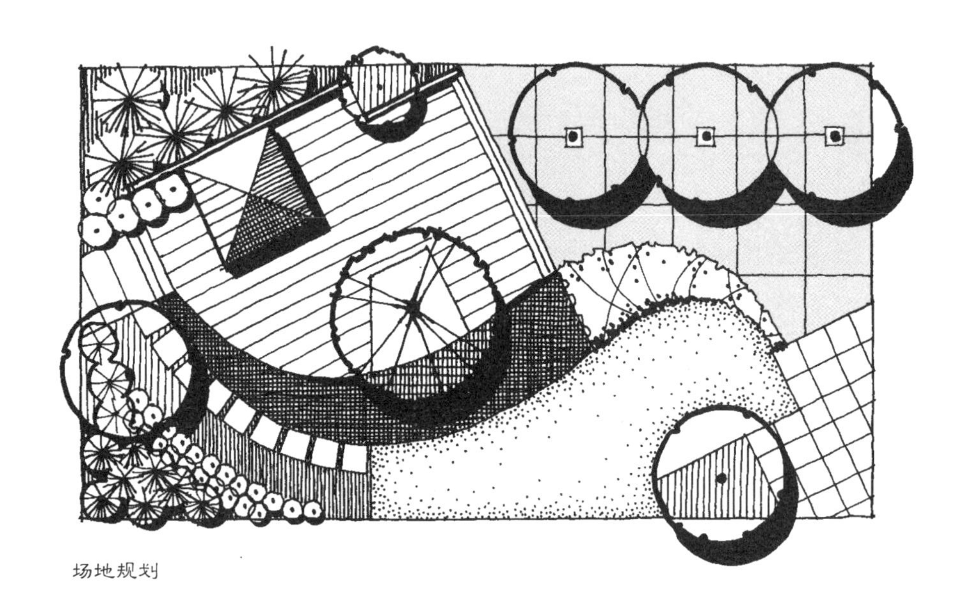

场地规划

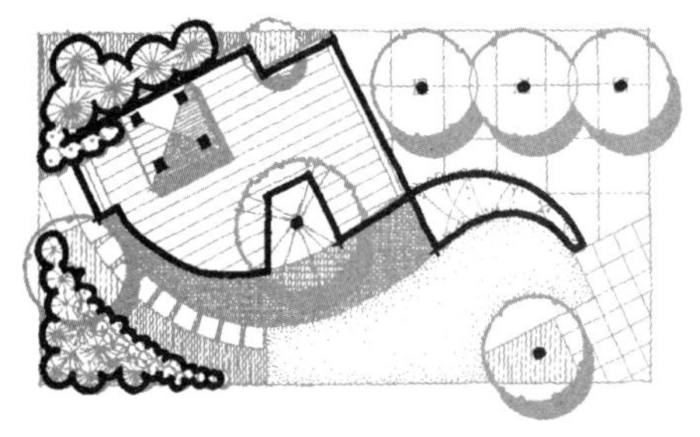

竖直面中的边缘

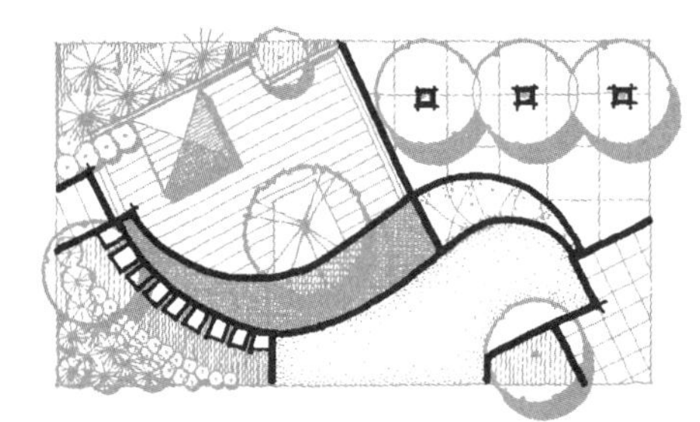

地平面上的边缘

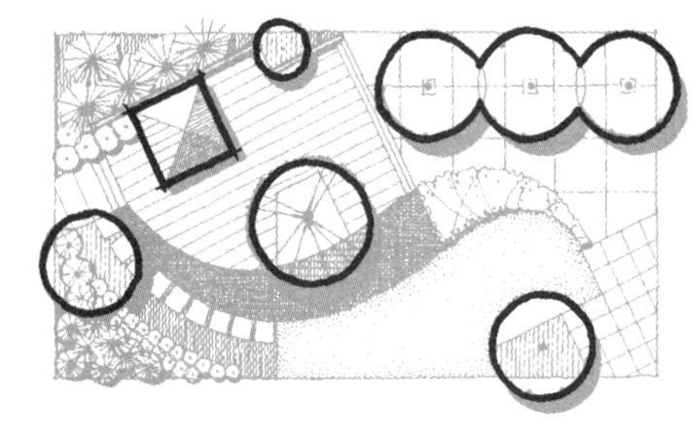

顶面的边缘

笔记/手绘

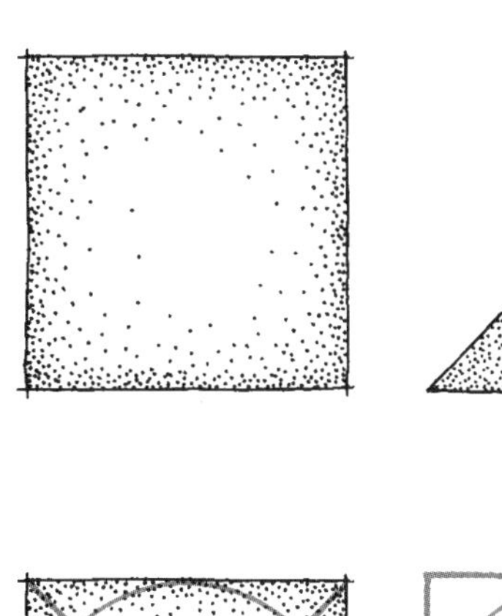
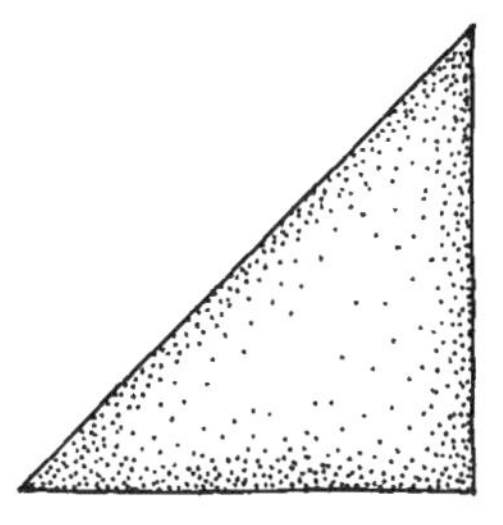
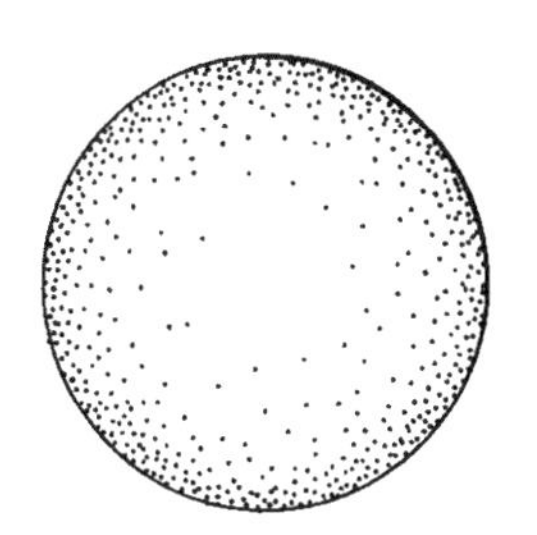

图 1.7 基本形状。

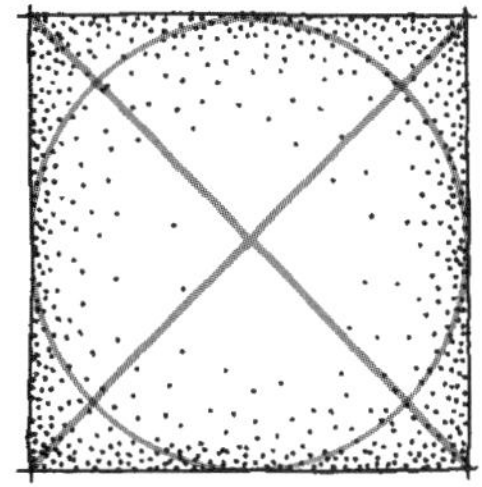
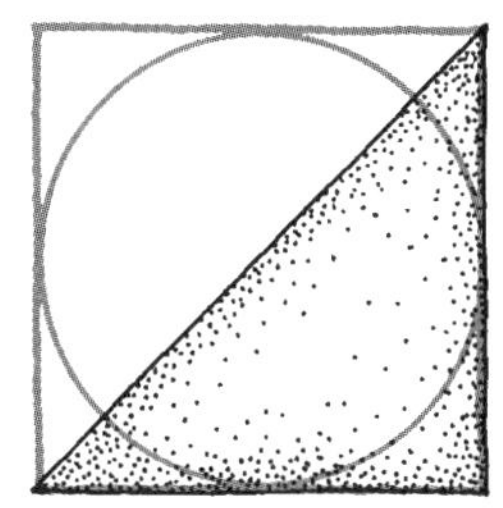
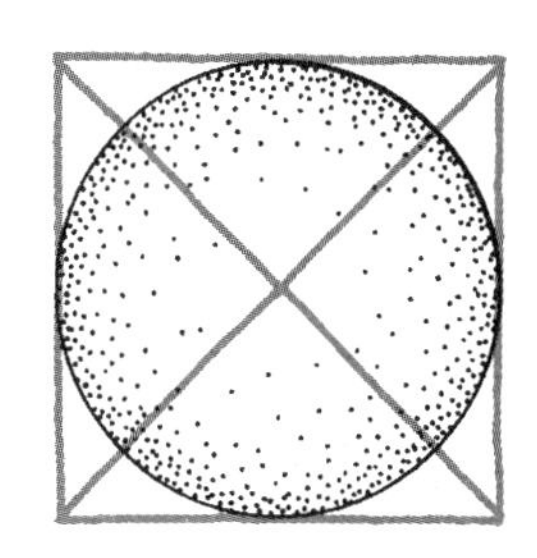

图 1.8 基本形式间的几何关系。

基本形状 | Primary Shapes

景园建筑师可用于塑造外部空间的形式多种多样。一些形式是人类创造的，另一些是从自然元素中抽象出来的。在可能的众多形式中，最基本的形状是正方形、三角形和圆形（图 1.7）（Reid 2007, 17）。简单的多边形，如五边和六边形，有时也被算作基本几何形状（Ching 2007, 38）。这些基本形状由最少的边所构成，因此也是最纯净的。同样，这些形状还最容易辨识，婴儿最先认识的就是它们。

正方形、三角形和圆形这三者还有一种内在的几何关系。每一种都可被定义在另两种之内，并 / 或生成于另外两种之中（图 1.8）。其他组类的形状都不能呈现这样的独特关联。基本形状之间有着几乎不可思议的联系，使它们在设计中具有特殊的重要性。

正方形、三角形和圆形各自都可独立作为一个简明、单一的景园空间的基础结构（图 1.9 左）。这类空间适合一种独立的功能、一个特定的重点场所以及 / 或一个处在其他空间中的空间。它们的简明性使人容易辨识和理解，因此带来熟悉和舒适的感觉。

笔记/手绘

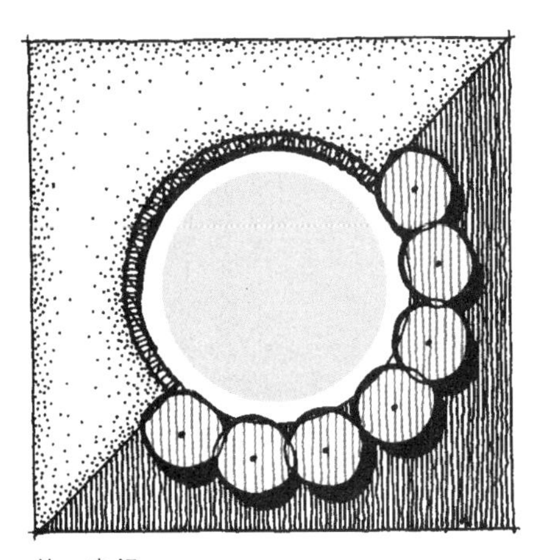
单一空间

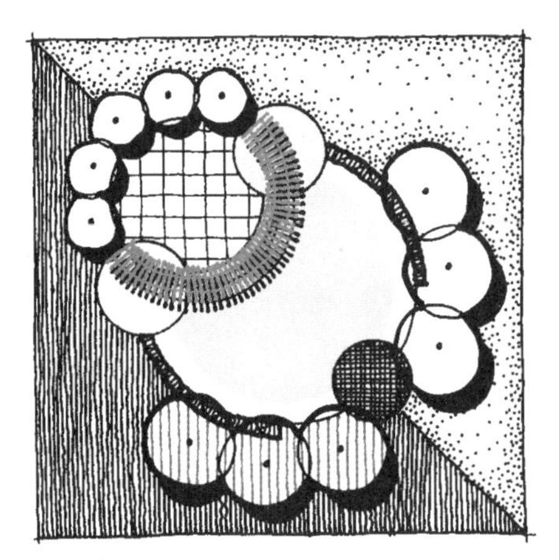
复合空间

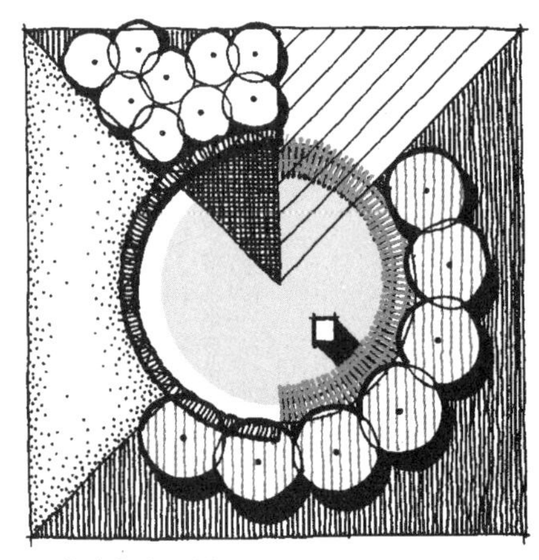
复合空间与形式

图 1.9　基本形式塑造空间的可能性序列。

除了作为单一空间的基础，基本形状也是建构复合空间与更精致空间的主要砌块。像乐曲中那些单独的音符一样，正方形、三角形和圆形都可加以转化，产生下一节要探讨的更复杂的组织形式（图 1.9 中）。此外，基本几何形还可以彼此结合，塑造超乎自身的无数可能构图（图 1.9 右）。

另一种形式类型是有机的。一般认为，有机形式通常不像正方形、三角形和圆形那样具有基础性，而是见于自然的一大类元素和图案的多样形状。植物、地形、地质构造、水体、天空、昆虫、动物等都提供着丰富的资源，可加以模仿或抽象，当作景园空间的基础（图 1.10）。应该注意到，正方形、三角形和圆形自身也见于自然或是从自然中抽取出来的。因此，自然世界是所有形式的真正源泉（见第 16 章）。

图 1.10　有机形式示例。

笔记/手绘

正方形、三角形、多边形和圆形以及有机形式是本书第 3 章～第 16 章的基础。围绕着它们的基本设计性质、可能的效用以及相关设计准则，这些章节将尽可能详细地考察每种基本形状及其组成部分作为景园空间基础的可能性。

形式转化 | Form Transformation

除了自身被当作纯净形式来使用，基本形状还是演化出其他更精致形式的源头。造就形式变化的过程叫作从一种形状到另一种形状的“转化”或“变异”（mutation）。转化的目标是生成适合各种特定设计环境条件的形式，因而它是创造性地塑造景园空间的推进器。取决于场地情形和项目任务需求，一个基本形式所经历的变形程度可以很小也可以很大。基础的转化方略有下面几段所讨论的 5 种：减法、加法、旋转、嵌入以及前面几种的综合（图 1.11）。

图 1.11 转化过程的类型。

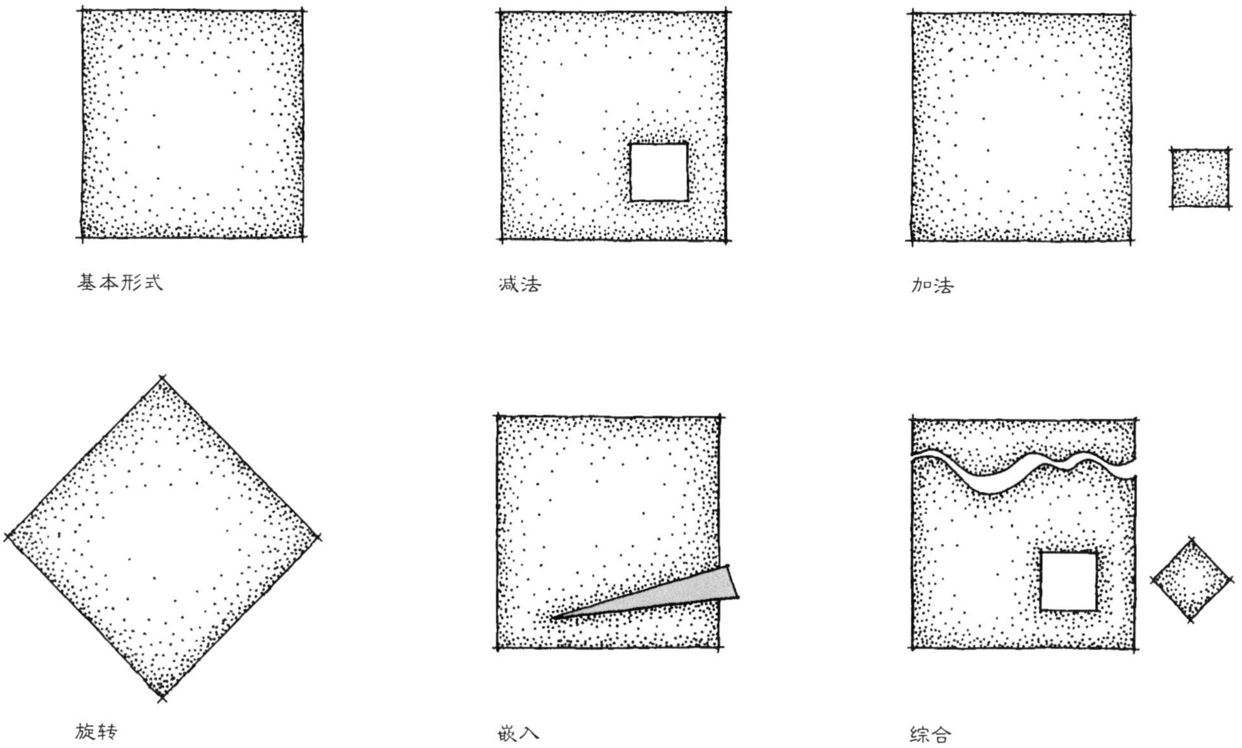

基本形式

减法

加法

旋转

嵌入

综合

笔记/手绘

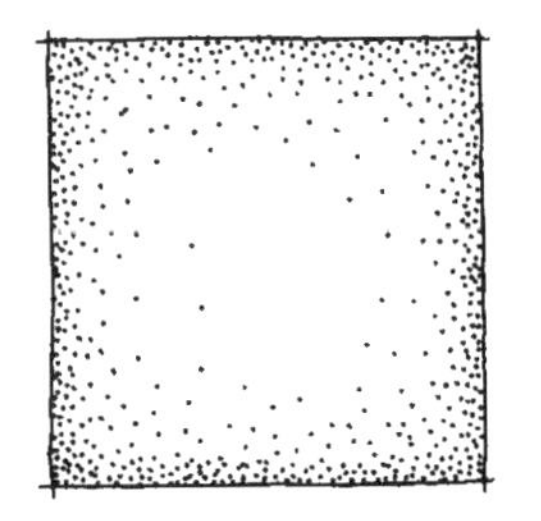
最初的形式

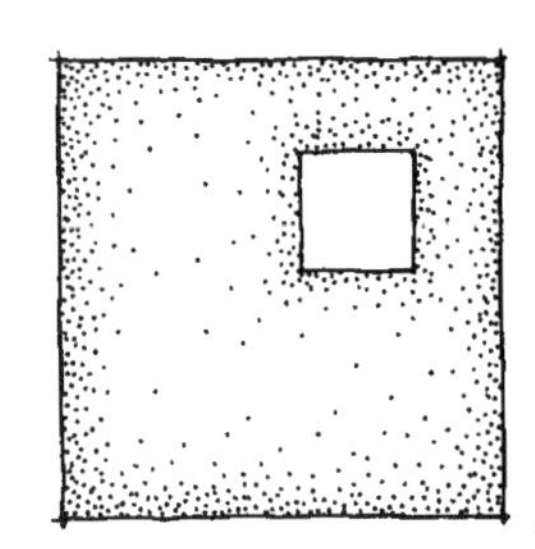
从内部减除

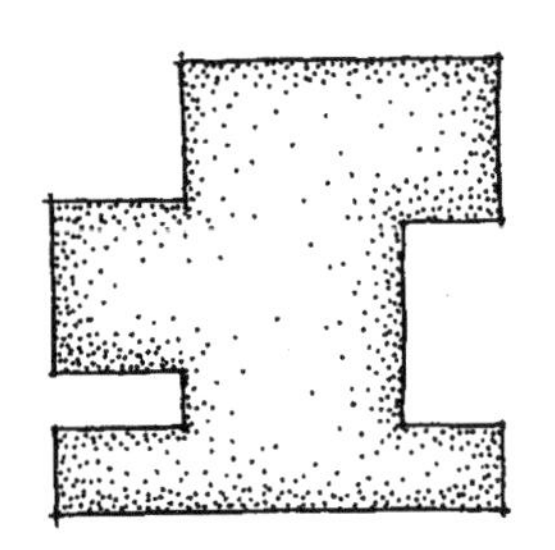
从外部减除

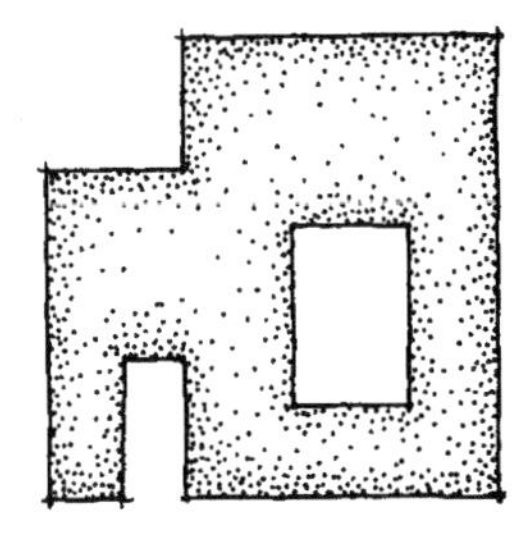
内、外都减除

图 1.12 各种减法策略。

减法转化 | Subtractive Transformation

减法转化是从一个基本形式内部和/或边缘处移除选定块面的步骤（Ching 2007，50，54-57）（图 1.12）。这种手法的结果有如把一块作为设计基础结构的布料剪穿了几处。减除部分过少会显得像偶然地误操作，而过多则使最初的形状难于辨别（图 1.13）。作为在地表、密集树丛等处确定一处虚空的手段，减法还用于从一个实体上移除一部分体量（图 1.14）。

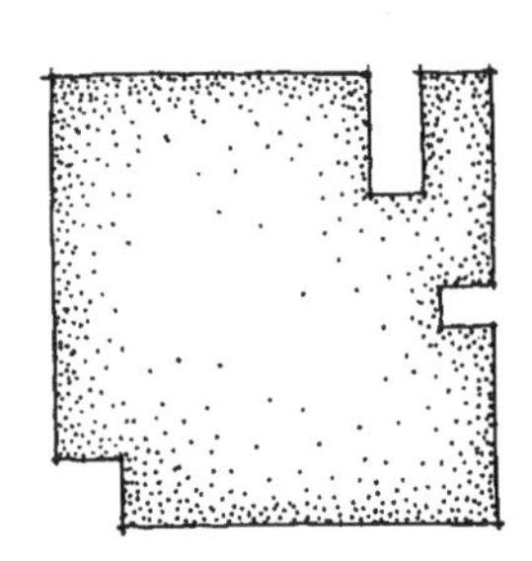
过少

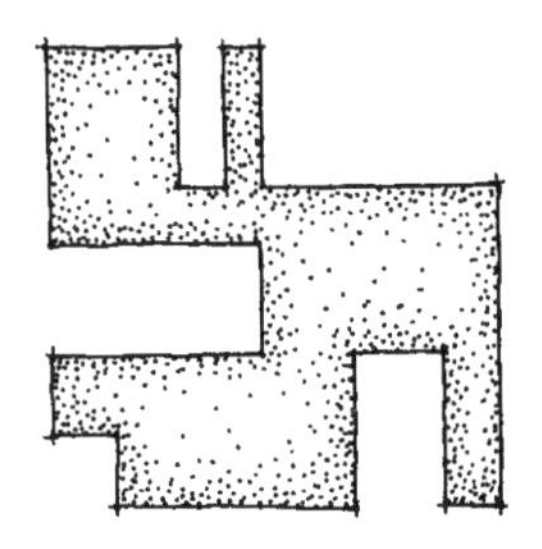
过多

图 1.13 不恰当的减除量。

经由减法得到的形式有两种性质特征。第一，不管是在整体形式之内制造一个角落还是缺口，移除的一部分都意味着创造了子空间（图 1.15 左）。这有助于在一个简单几何形式围合之内设定一种以上用途或空间的情况。减法形式的第二个性质特征，是接受外面的空间，允许它们嵌入原有的形式。这就开始弱化“内”（inside）、“外”（outside）之间的划分（图 1.15 右）。同样，这种方式建立了更复杂的图/底关系，也就是，形式或图像占据了画面的底或外部的一些部分。减得越多，图和底之间的混淆就越强。

景园效用。减法可使一个形式的内部成为多重空间和/或材料的组合。在一个形式或场地的周边轮廓结构已经固定，受制于场地条件，或一个形式或场地因为周围空间的限制而不能扩展之处，这都是可行的技巧。从最初形式里移除的块面可以呈现为图/底关系中的底，或用其他材料和元素覆盖（图 1.16）。

笔记/手绘

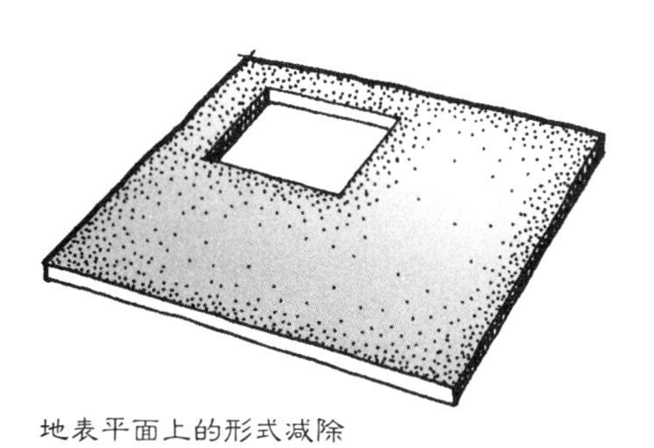

地表平面上的形式减除

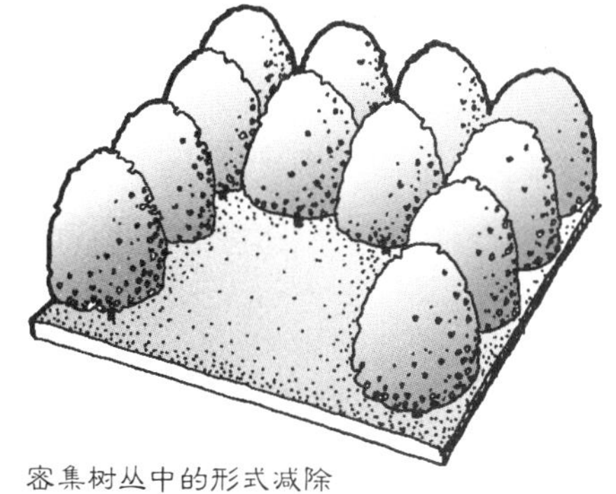

密集树丛中的形式减除

图 1.14　上：体量的减除。

图 1.15　左：减法可在一个形式中创造子空间。

空间
空间

一个形式内的子空间

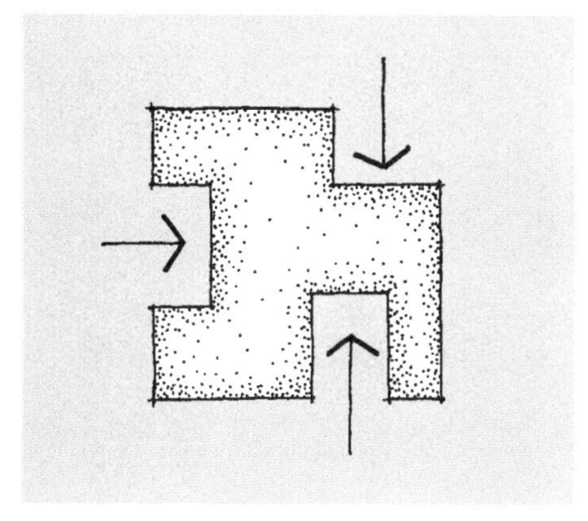

一个形式边缘上的子空间

图 1.16　采用减法转化的场地设计示例。

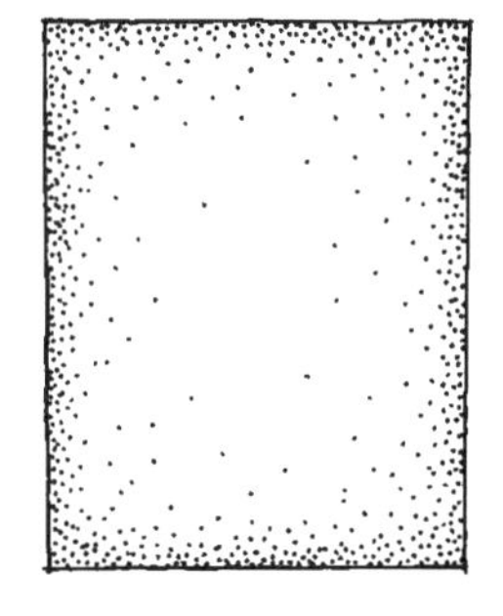

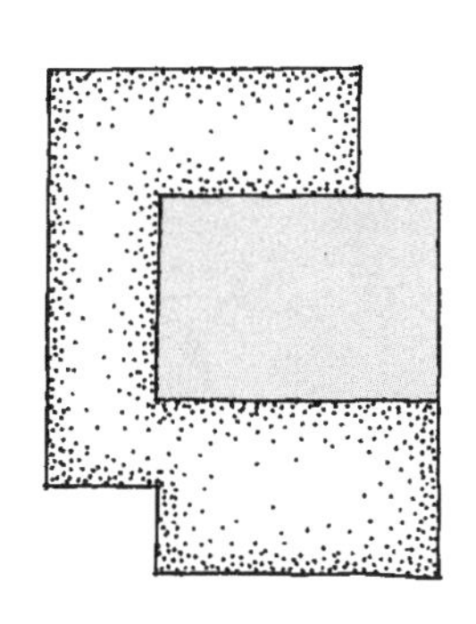

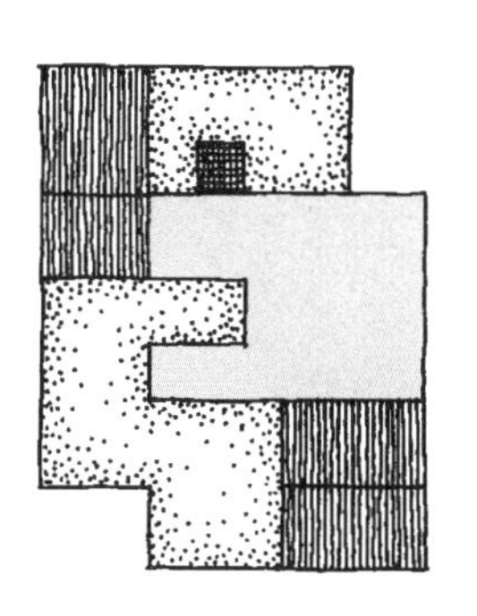

转化过程

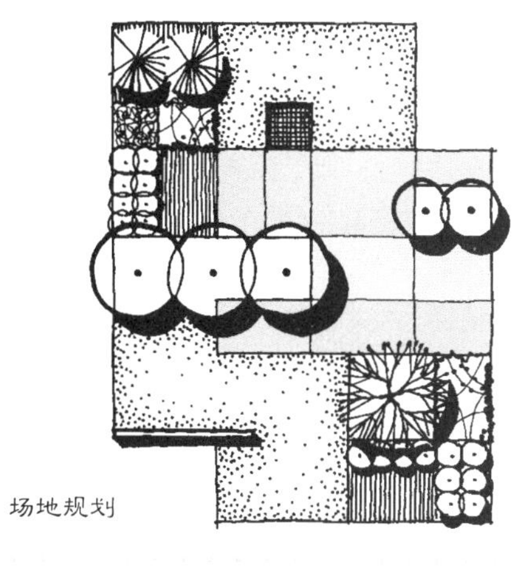

场地规划

笔记/手绘

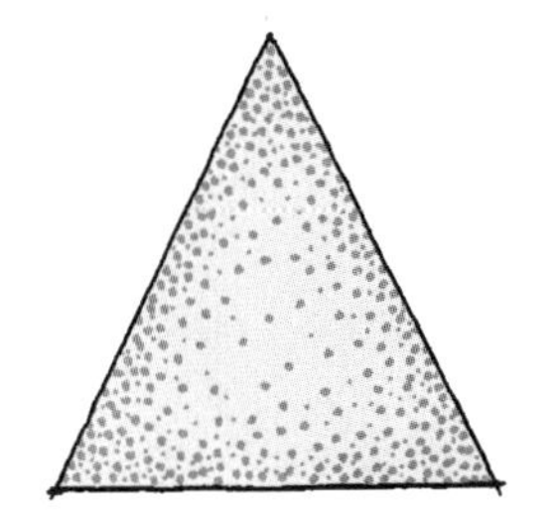
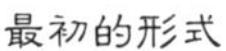

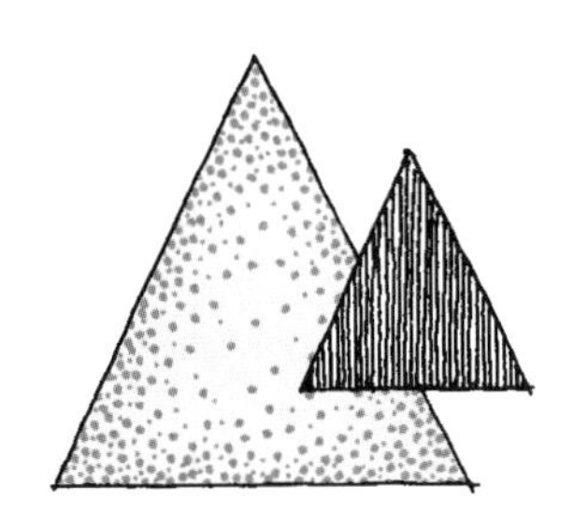

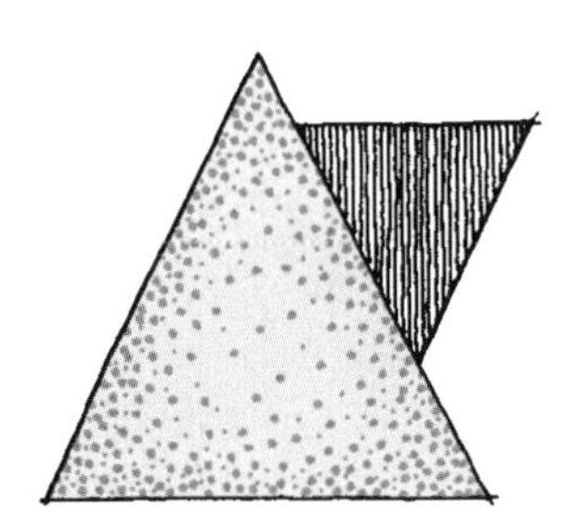

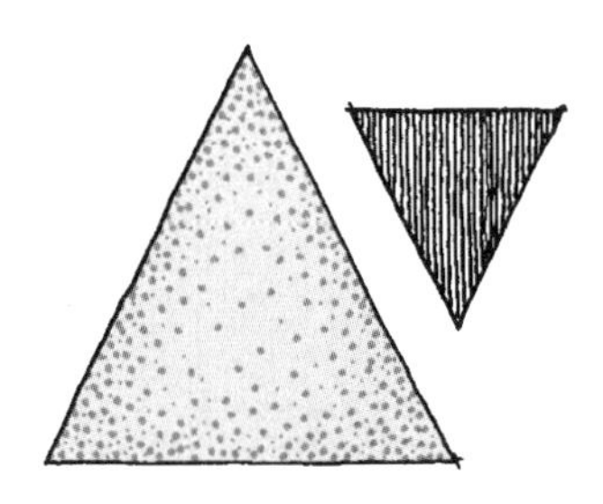

图 1.17　各种加法策略。

加法转化 | Additive Transformation

加法转化是通过基本形式相加来造就复杂构图的策略（Ching 2007，58）。尽管在有意创造更富于变化的组织布局时可以把不同的基本形式结合在一起，相加的形式还经常由同样的基本几何形式组成，借以保证整体的一致性。在景园建筑学场地设计中，基于形式之间距离情况的添加手法有 3 种，连锁、面对面衔接和空间张拉（图 1.17）。

连锁相加发生于一个形式与另一个形式部分叠加时（Ching 2007，58）（图 1.18）。这种形式交接建立了最强的视觉联结，便于使毗邻空间难以分辨地融合，又 / 或满足两种独立的功能。相融形式间的叠加部分大体应该是各自面积的 1/4 到 3/4（图 1.18）。叠加部分小于此的组合会显得更偶然而不是有意的。叠加过多则会使原来的形式看上去彼此相互吸收，消失在对方当中。

图 1.18　不同程度的连锁。

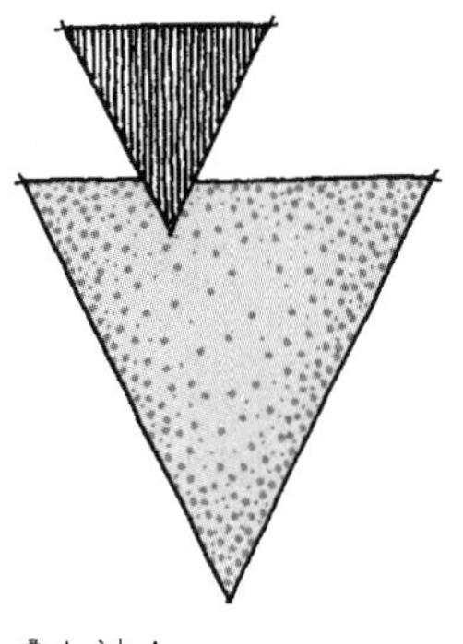

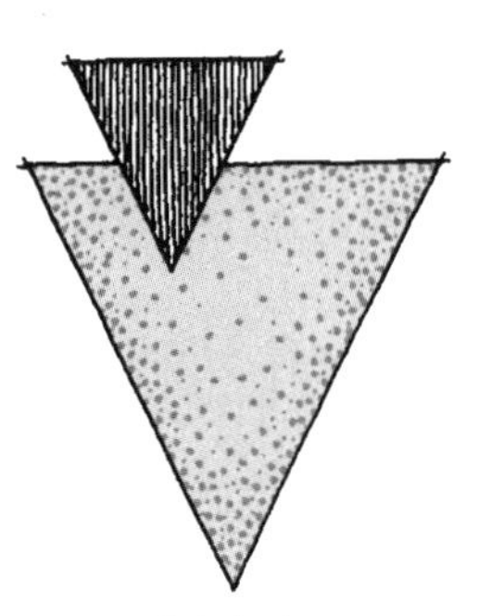

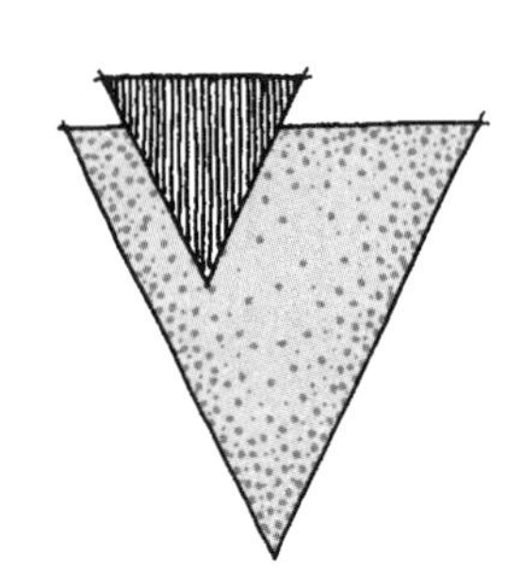

笔记/手绘

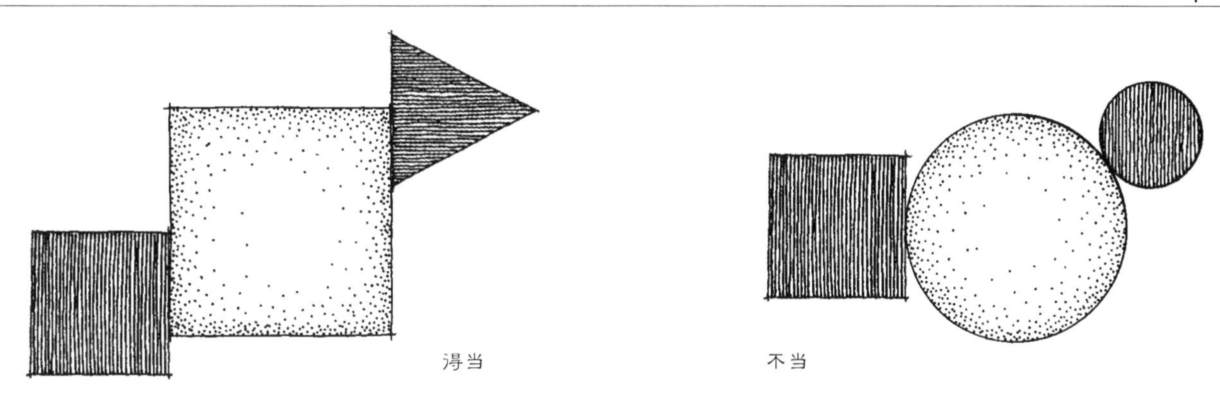

图 1.19　面对面衔接相加应该采用侧边平直的形式。

面对面衔接是两个形式沿着一条共有侧边的连接（图 1.17 中右）。这种相加技法要求相关形式像正方形、矩形、三角形或多边形那样，具有平直的边（Ching 2007，58）（图 1.19 左）。这些形式能够沿着一个共有的相同表面衔接，在相互接触的形式间导致一种稳定而又有强烈组合感的关系。圆形和其他曲线形式无法使它们面对面衔接，因为一个圆弧表面只能同一个平直表面交于一点，造就一个有视觉拉伸感的不稳定点（图 1.19 右）。

空间张拉是一种让形式彼此接近却不接触或叠加的加法转换技巧（Ching 2007，58）（图 1.17 右）。在有必要使一些空间和用途相对紧密接近，同时又维持各自的明确特征时，这一概念生动有力。不过，空间张拉所产生的构图联系是所有加法转化变异中最弱的，因为穿插在形式之间的空间把它们从视觉上分开了。这个穿插其间的空间越大，相邻形式的关联就越弱（图 1.20）。

图 1.20　不同程度的空间张拉。

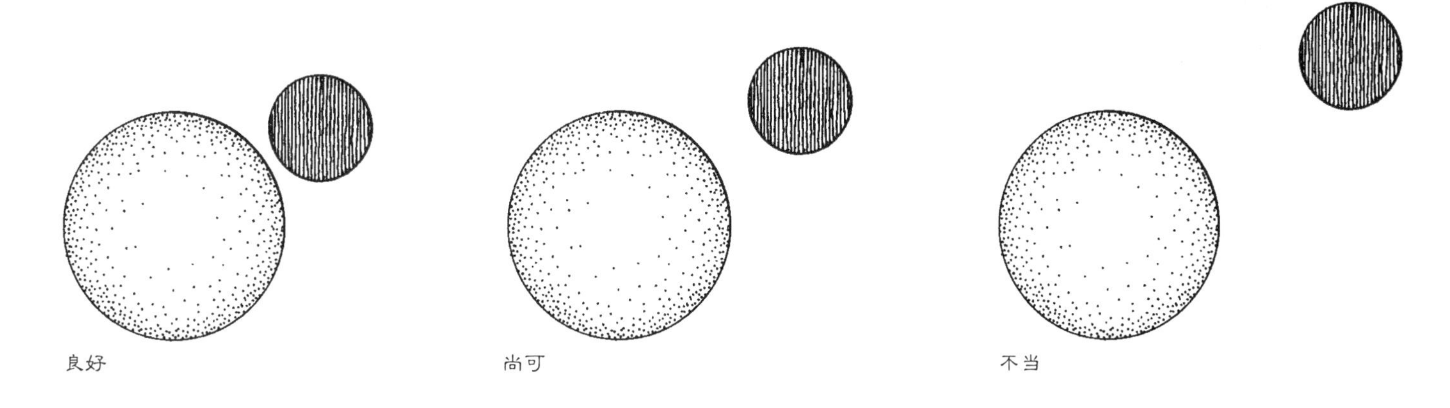

笔记/手绘

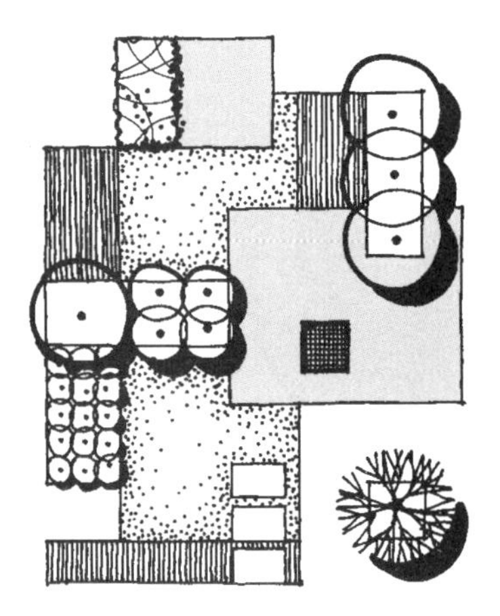

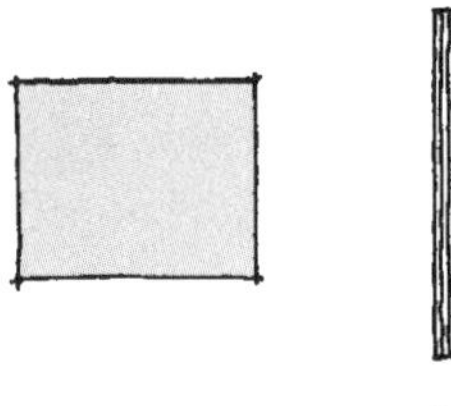

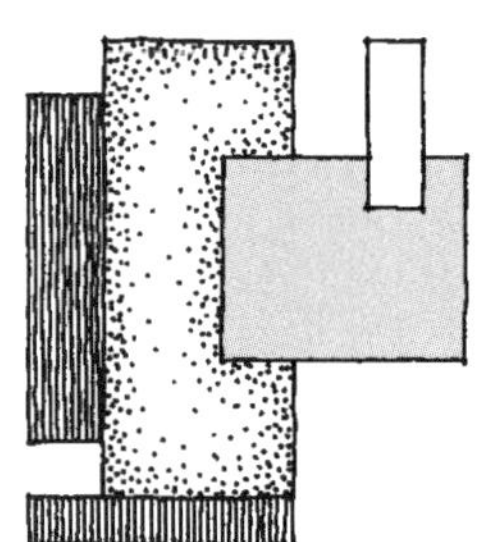

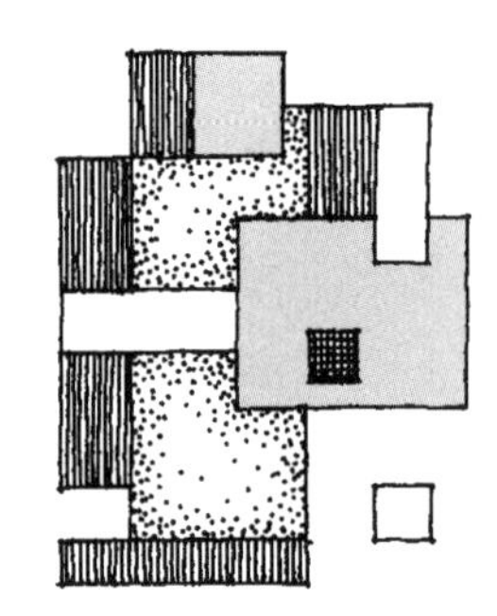

图 1.21 上：通过加法转化创造的场地设计示例。

图 1.22 下：最初形式的旋转。

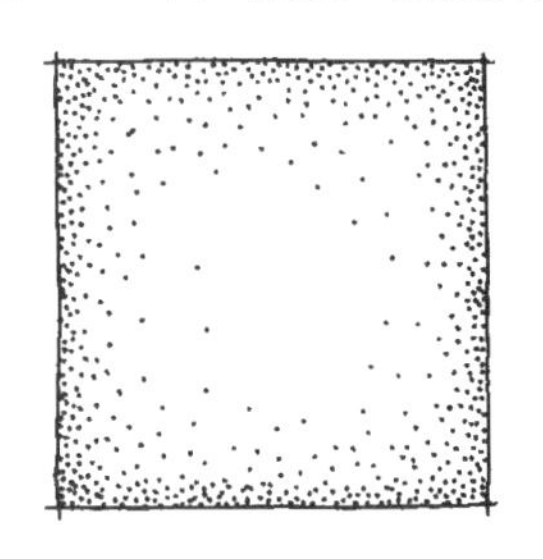

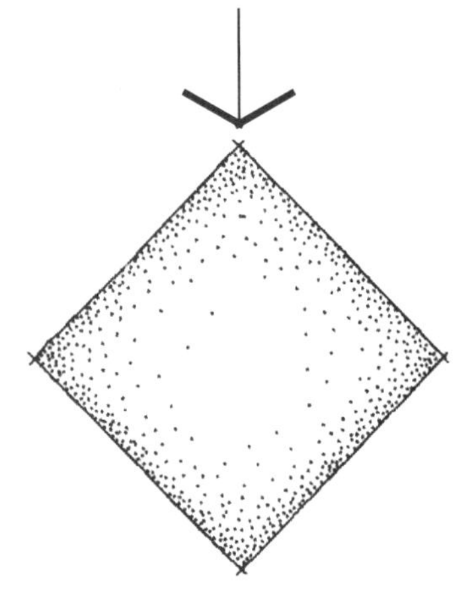

景园效用。当最初形式的外部空间约束并不紧迫，围绕着它的空间可以扩展，而且当需要多个具有自身特性的空间时，加法转化很恰当。此外，加法转化也是从一个既有空间向毗邻景园中扩展的有效方法(图 1.21)。同样，它也是很好地修饰一个简单空间，使之产生更强视觉情趣的技巧。

旋转 | Rotation

旋转是让一个原始几何形式绕一个轴或一个点沿一个或几个方向转向的转化过程。首先，相对其原来的方位，整个形式可转而面对一个全新的方向（图 1.22）。第二种形式的旋转方式有如加法过程，在这个过程中，每个新的组成成分都相对第一个发生旋转，体现为一种累积行为与运动（图 1.23）。第三种技巧是把旋转视为一种减法过程，选定形式中的一部分，把它抽出来并相对原来的形式旋转（图 1.24）。在所有的旋转情况下，都要避免在最初形式与其改动版本间出现视觉与结构上的不稳定关系。

景园效用。旋转适用于在一个场地内突出重点和 / 或朝向变化，可能指向一个除非如此便无法观赏的点或景致（图 1.25）。旋转可以通过空间和块面之间的不同关系来丰富设计的组织形式。它还是用来在空间与空间之间、空间与场地自身之间造就非常规联系的恰当策略。

笔记/手绘

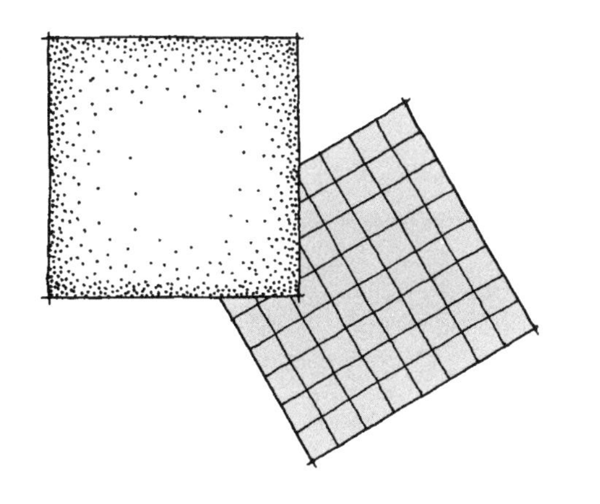

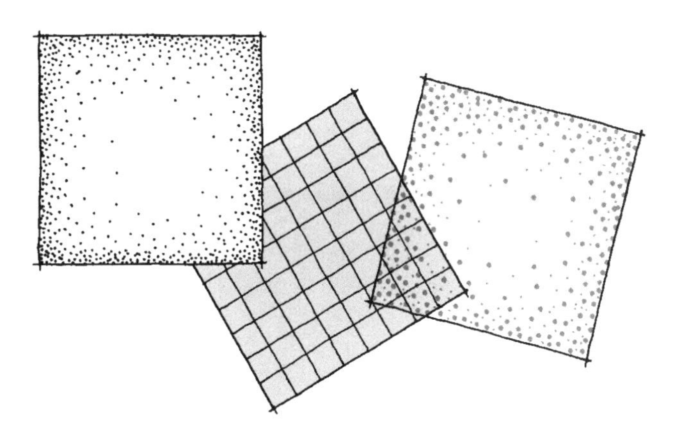

图 1.23 上：加法式旋转。

图 1.24 左：在最初的形式内选定块面的旋转。

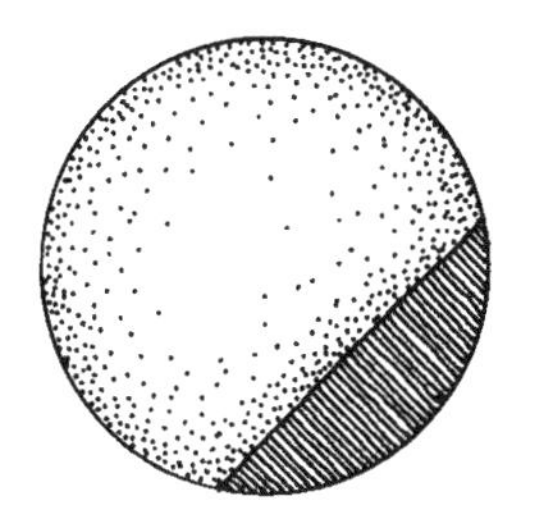

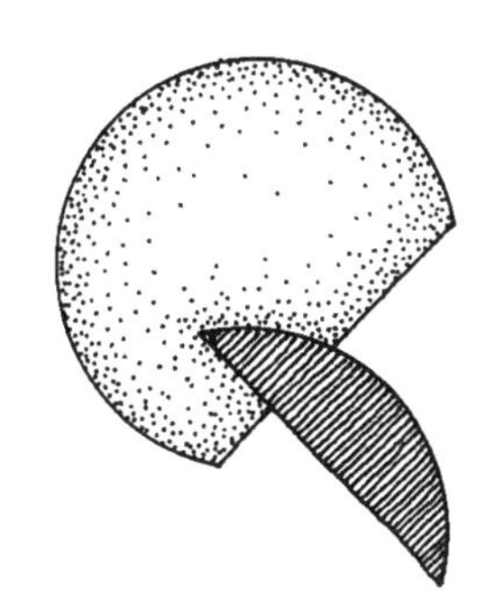

图 1.25 通过旋转创造的场地设计示例。

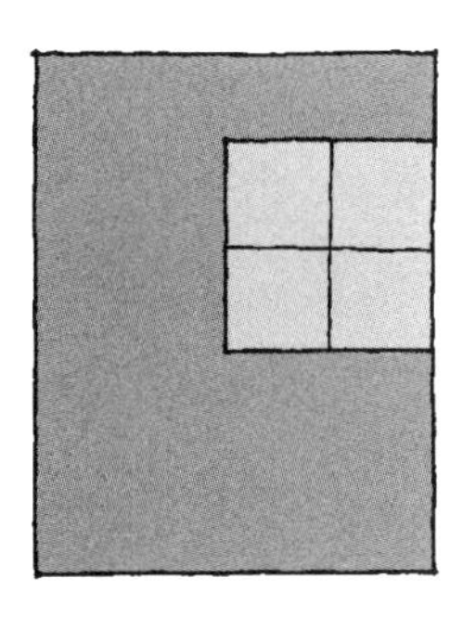

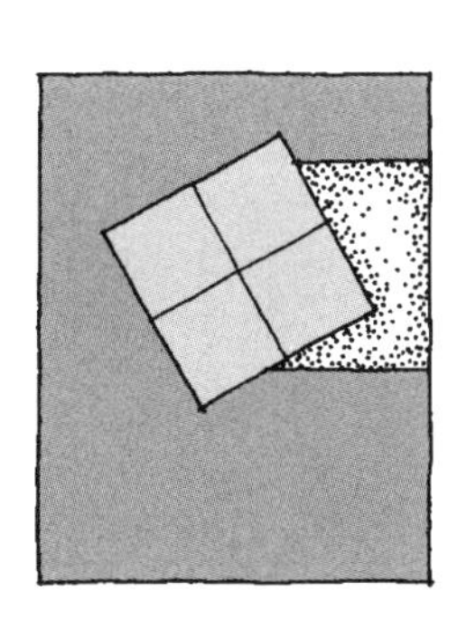

转化过程

场地规划

笔记/手绘

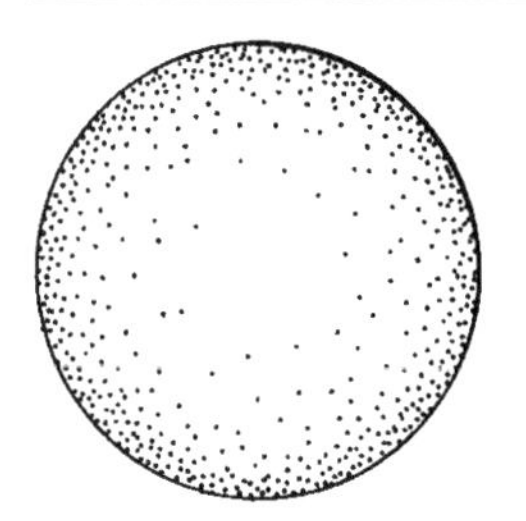

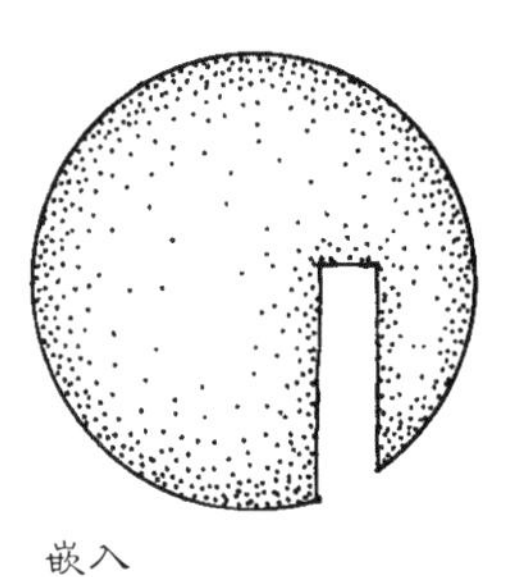

图 1.26 嵌入。

嵌入 | Intervention

嵌入是在一个基本形式中插入一个对比形式或元素的过程（图 1.26）。“嵌入”一词还用于将一个完整的设计插到一处已经存在的景园环境中。一个构图成分或设计的嵌入，通常在形式、秩序、特征、风格和/或材料方面呈现为对所在场地特征的明显背离。

景园效用。嵌入的目的是通过并置不同的设计结构使设计更有力。嵌入的构图成分可以作为一个突出的领域，或通过明显的差异效应来彰显原有格局的独特性质（图 1.27）。

综合 | Synthesis

形式转化的最后一个策略是融合一种以上的改变调整（图 1.28）。例如，减法和加法式转化过程可共用于一个形式的同一或不同领域。这种方式提供了最有力的创造性表现自由，赋予设计者同时应用一些独立设计技巧来完成不同设计任务的技能。通常的取向是，把一种转化方法当作形式塑造的基本手段，同时附带应用另一些法则。这有助于保证最终的构图具有某种统一整体设计的主导性质。

图 1.27 体现嵌入的场地设计示例。

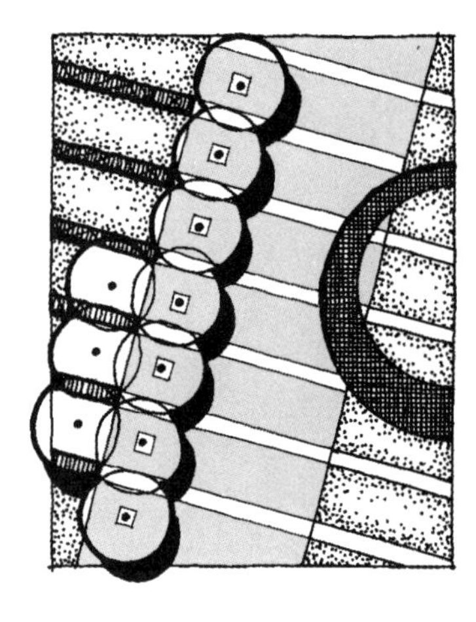

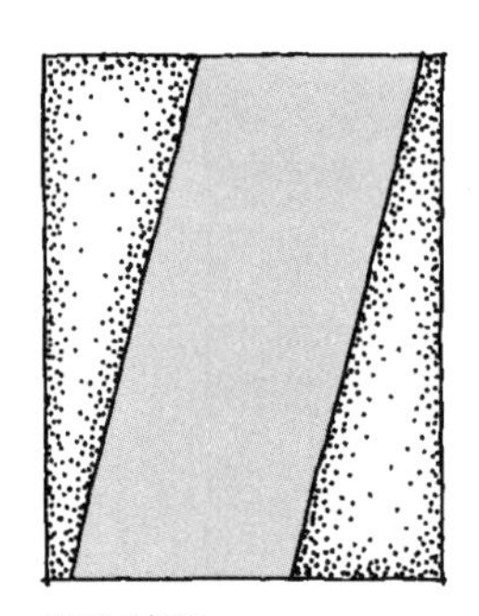

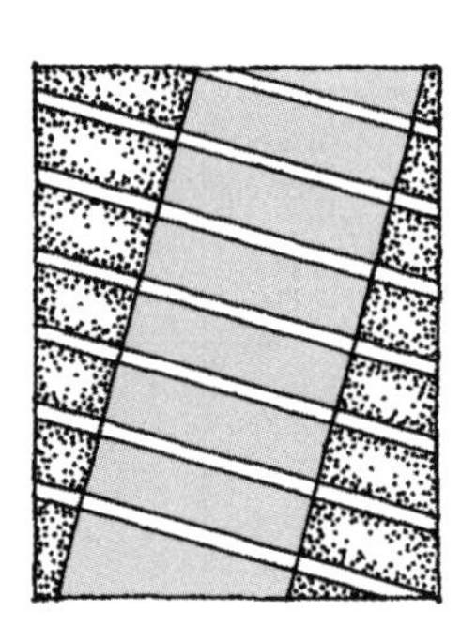

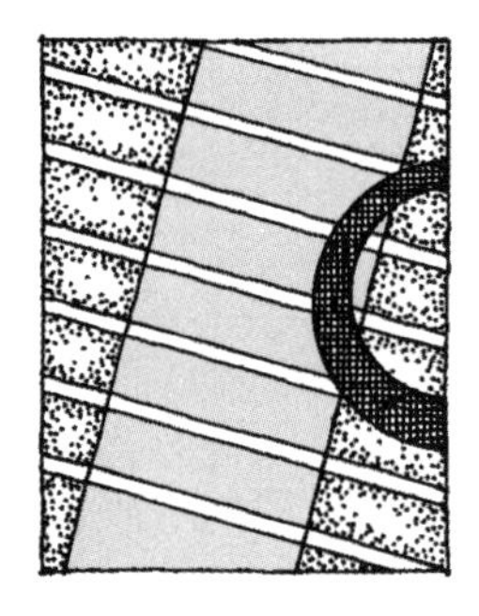

笔记/手绘

转化过程

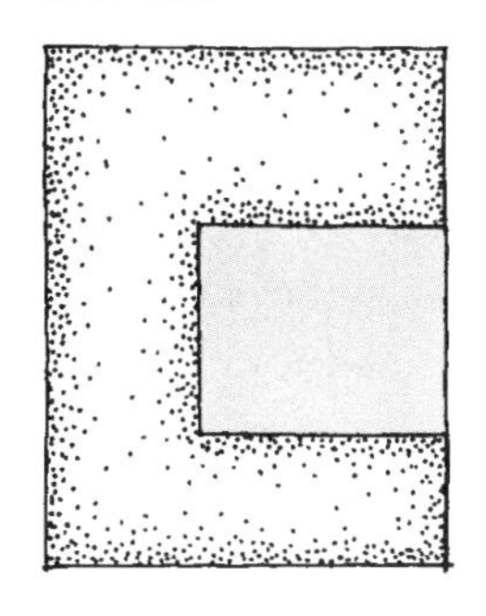

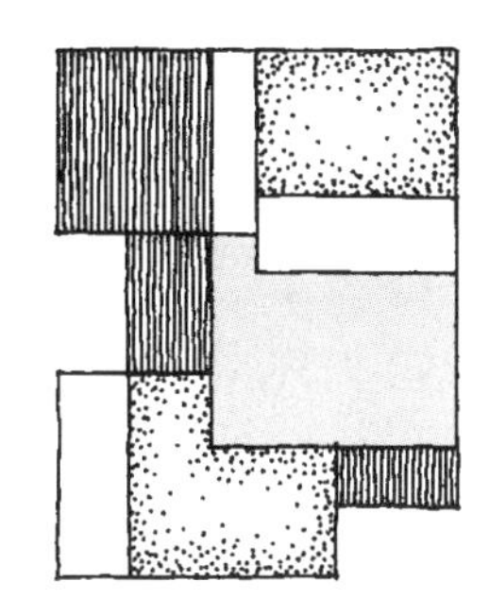

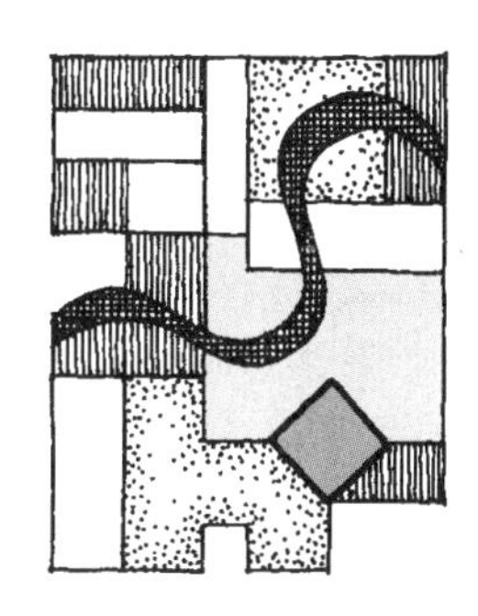

图 1.28 采用综合转化过程创造的场地设计示例。

组织结构 | Organizational Structures

前一节讨论的所有转化过程都有赖于某种组织结构，在它的控制下，构成设计的各个成分都具有彼此相关的联系。在单一形式或复合形式组合的减法、加法、旋转或嵌入中，这种作用都是一样的。从根本上说，组织结构是一个构图的内在骨架或基础结构，类似于树木从主干到枝条的形式构成，或房屋的木 / 钢框架。它确立了一个设计的整体组织形式。组织结构的作用是带来构图秩序，使体验设计的人们容易识别它。在景园建筑学场地设计中，组织结构的作用很关键，没有它，一项设计很可能只是形式和元素的胡乱拼凑，彼此缺乏或没有相互关联。最常见的组织关系有，组团汇聚、线条、网格、对称及不对称（图 1.29）。

图 1.29 组织结构类型。

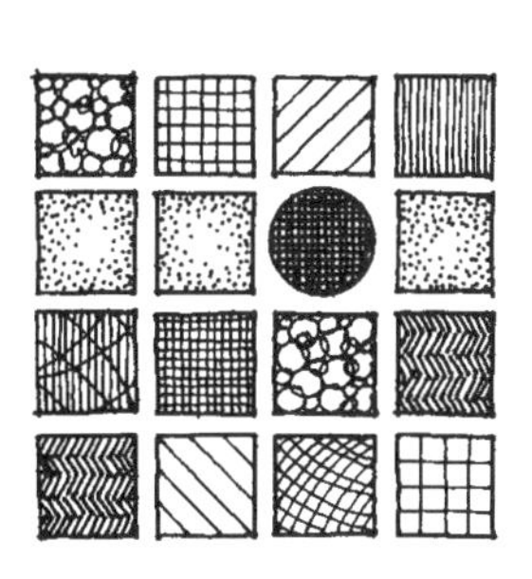

笔记/手绘

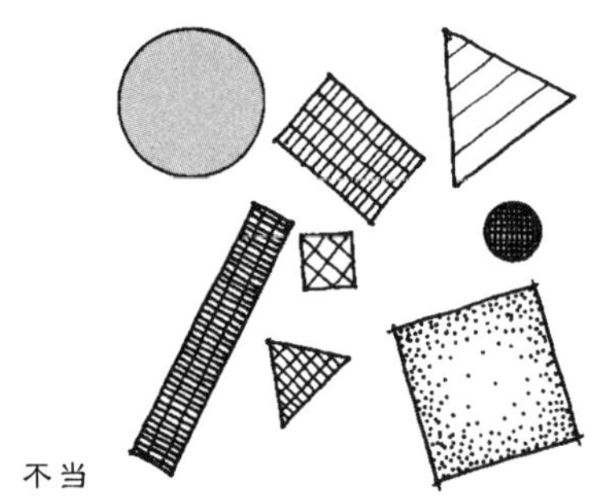

不当

得当

图 1.30　组团汇聚把许多设计成分聚集到一起。

组团汇聚 | Mass Collection

在景园中组织形式和相关空间的最简单方式，是把它们成组成团地汇聚到一起（图 1.30）。一旦把众多元素很接近地汇聚到一起，即便它们彼此间存在差别，看上去也会像一个家族的各个成员。

组团汇聚是最容易、最起码的组织方式。它不要求特定的设计技能，只要能把组成元素聚集到一起即可。然而，即便不接触、不叠加，成功的组团汇聚也肯定要求把设计组成元素放得相对近一些。如同前面讨论过的，比例过宽的间距使设计构图松散，所以应该避免。因此，最重要的汇聚组织设计准则之一，是让形成组团的空间和元素之间只有很少或没有嵌入空间（图 1.31）。

景园效用。组团汇聚是下面段落将要讨论的所有其他设计组织的基础和起点。即，后面的设计组织也是把构成元素聚集到一起的，但其方式会更讲究一些。组团汇聚通常不会用作唯一的设计框架，除非没有超出组成团组的任何功能或审美需求，因为另外那些类型均有比组团汇聚更高的组织程度（图 1.32）。当一个设计结构在许多人看来是无序和胡乱拼凑的时候，它所具有的秩序也就是把设计元素放到一块儿这一事实罢了。

图 1.31　组团汇聚要求各元素的间距尽量小。

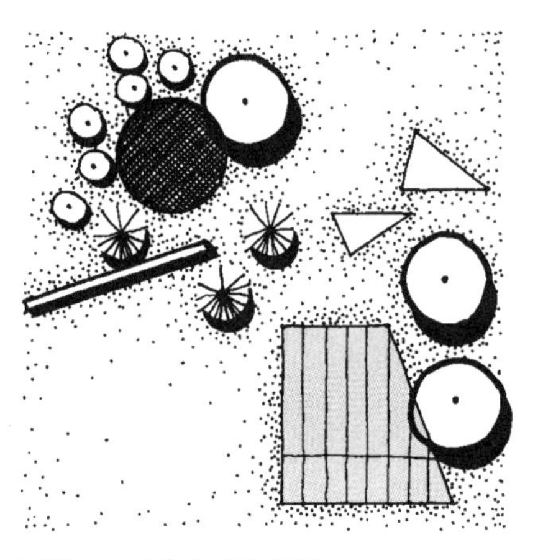

不当——元素未形成组团

得当——元素形成了组团

笔记/手绘

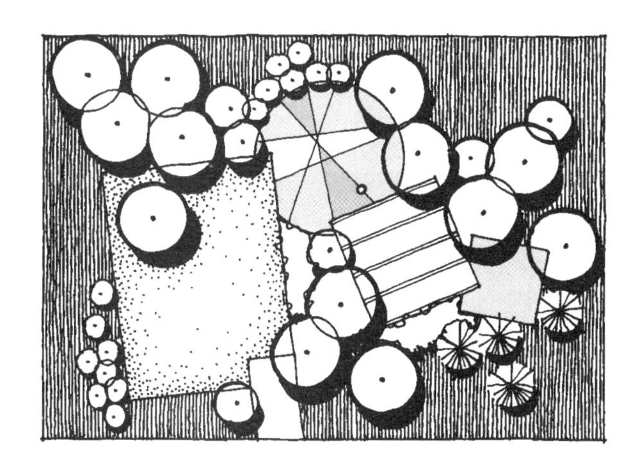

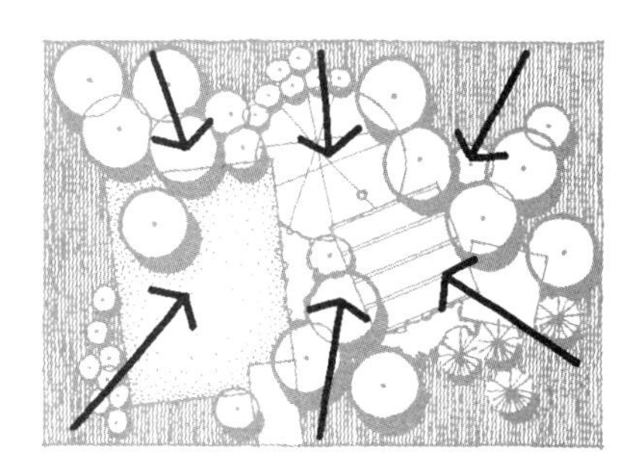

图 1.32 体现组团汇聚的设计示例。

线条 | Line

把一个单一形式朝着某个方向拉伸，或沿一个链条般的构图一个接一个地汇集数个形式，是高一层次的组织结构（Ching 2007，62）（图 1.33）。不像组团汇聚那样仅仅是随便堆积在一起，这种汇聚组织是有意一个接一个地接续各个元素。一条实际的线可以勾勒出一个线性组织，但并非一定要有这条线。一个线性组织可能是直线的、转角的、弯曲的等等，它取决于设计中的前后关联以及意欲沿着它来设定的运动。不管排列整齐与否，所有的线性组织都突出了伸延、方向与运动。当众多元素在连续结构中形成有间隔的重复图案时，就形成了节拍或节奏（图 1.34）。

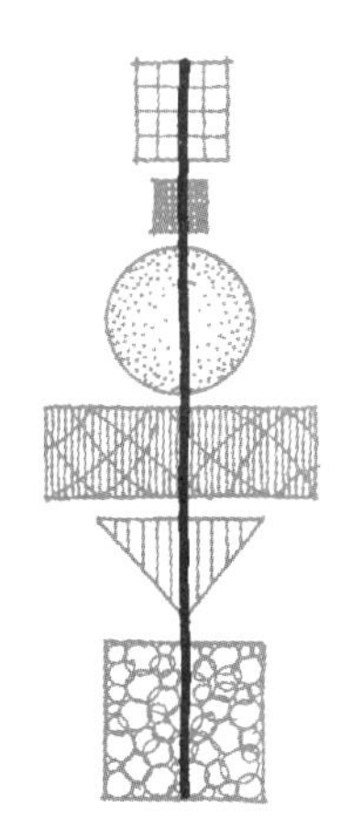

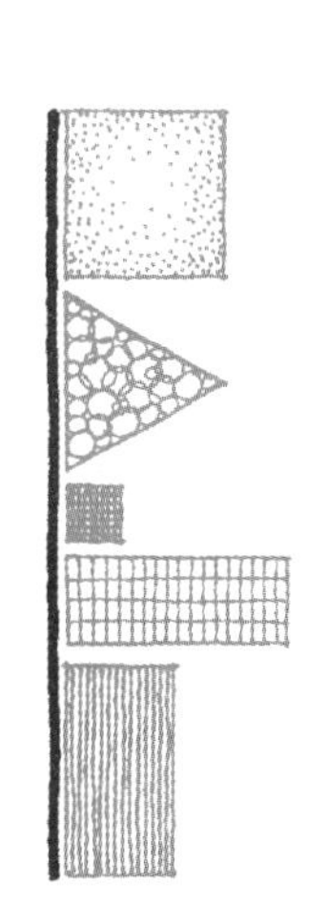

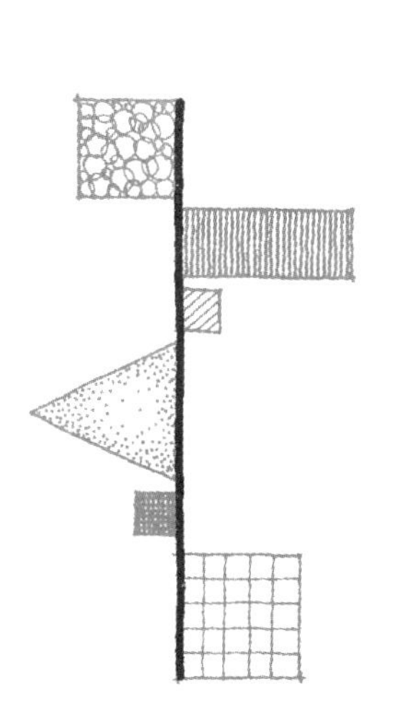

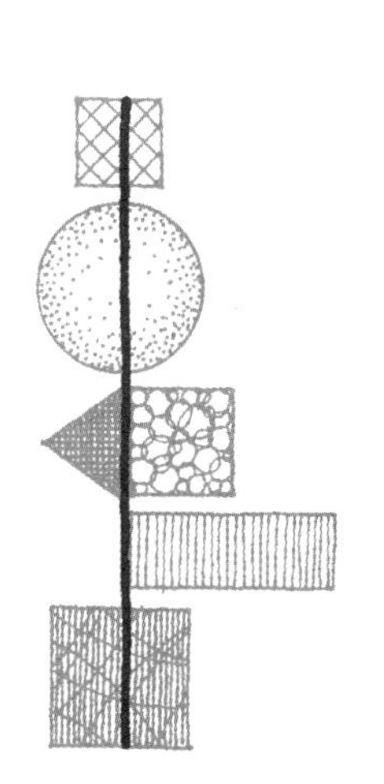

图 1.33 创建一个线性组织的不同策略。

笔记/手绘

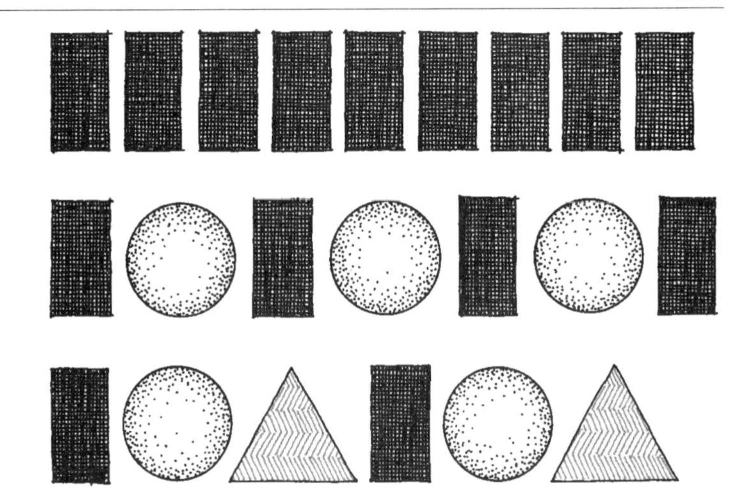

图 1.34　右：线性组织造就节拍韵律的示例。

图 1.35　线性组织可以在空间之间建立直接或间接的运动路径。

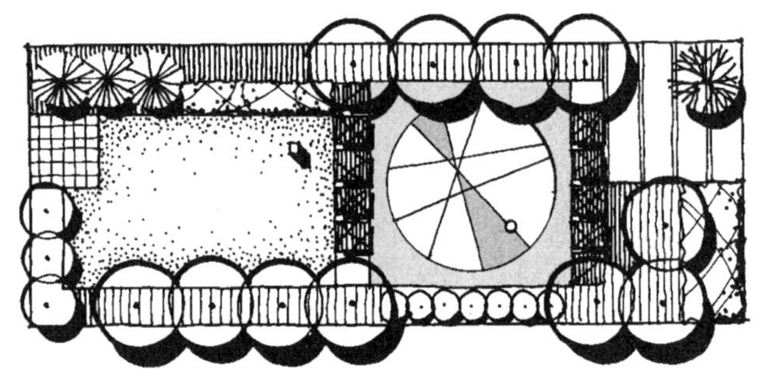

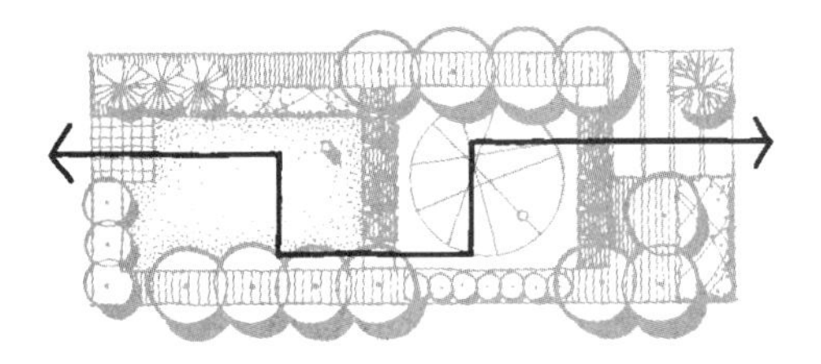

笔记/手绘

图 1.36 网格是由处在成组平行行列中的重复形式或线条形成的。

景园效用。线性组织的一种效用是建立一个多空间连续序列，让人们一个接一个地来体验。这就塑造了一个穿越景园的、刻意组织出舞步般运动的时序进程，是特别适合狭长场地的设计结构。序列关系可以设在接近或穿行于众多空间的一条轴线（见对称）或笔直的脊线上（图 1.35 上）。这一概念造就了明显的穿行路径。它的一种变异策略，是在空间组织中使穿行路径变得不再简单直接，甚至是隐晦表达的（图 1.35 下），这就确立了一种更富于神秘特色的探索进程。

网格 | Grid

网格是众多元素在邻近的平行线中排列的集合体，一种比前两者更进一步的组织结构（图 1.36）。交叉的线确立了点与其间的空间，以此为基础制造了 4 种基本网格类型：线网格、格网格、点网格和模块网格（图 1.37）。正交的网格（见第 6 章）是最为人熟知的，尽管其他的形式和线的方向也能建立网格。

图 1.37 网格的类型。

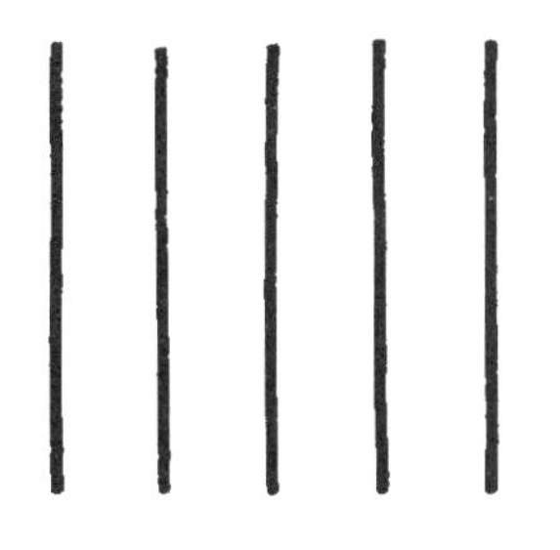

线网格

格网格

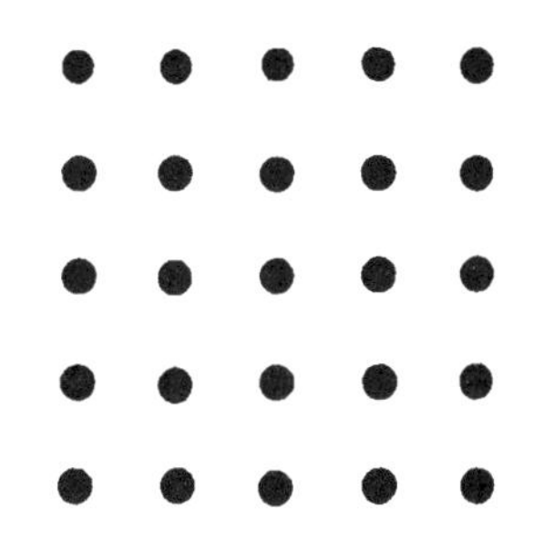

点网格

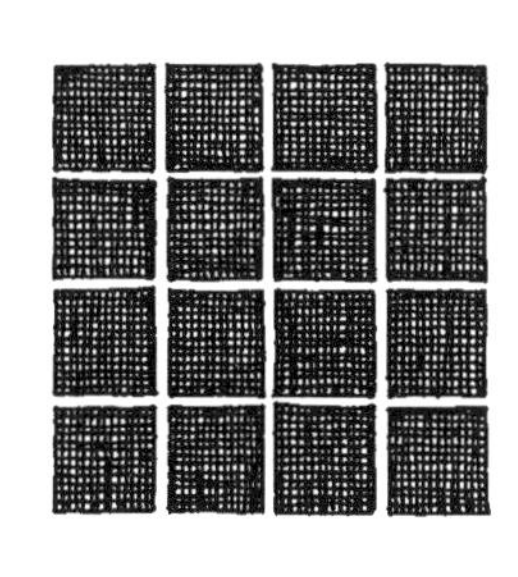

模块网格

笔记/手绘

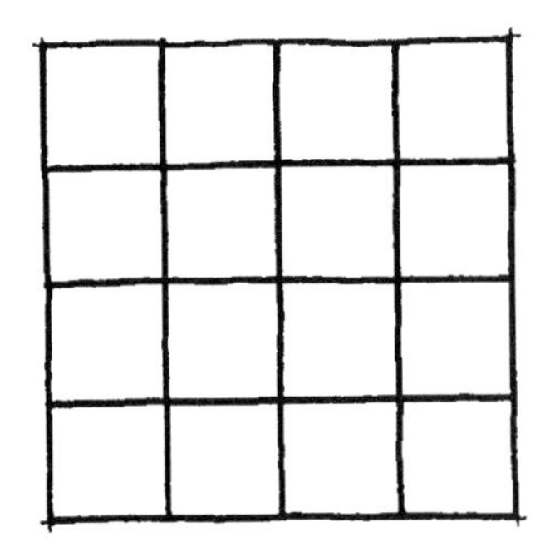

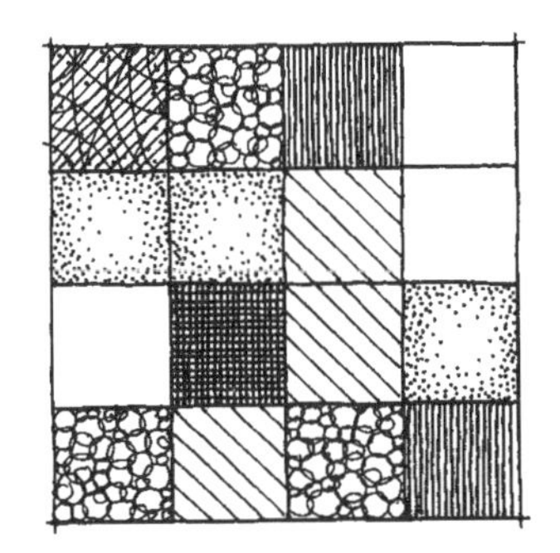

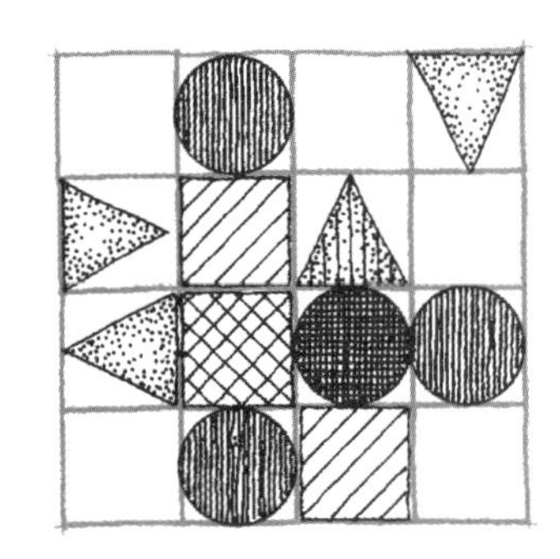

图 1.38 网格是用于组织不同内容的骨架。

网格组织体现了一种系统化的理性设计方法。它是由同等组成部分形成的一个无等级领域；每条线、每个点或每个模块都彼此一样。一个网格不存在固有的突出点或主导块面。同样，网格是中性的、没有方向的构图形式。从根本上说，一个网格就是一个标准模板，可以让各种相同或不同设计元素穿插到一个可预见的有序图形中（图 1.38）。

景园效用。一个网格组织是可沿其线条、在其交叉点上，以及 / 或在其缝隙间的模块内优美地组织各种景园设计元素和空间的骨架（图 1.39）。网格线固定的维度、方向和位置保证所有的设计元素彼此成行列排列，并被它们所在的大小一致的领域所统一。网格可以自由添加或缩减，因此，它既适应各处条件一致的场地，也适应有大量障碍的场地。最后，网格提供了沿着其众多线条运动的可能选择，明确区别于线性组织。

图 1.39 以网格为基础的场地设计示例。

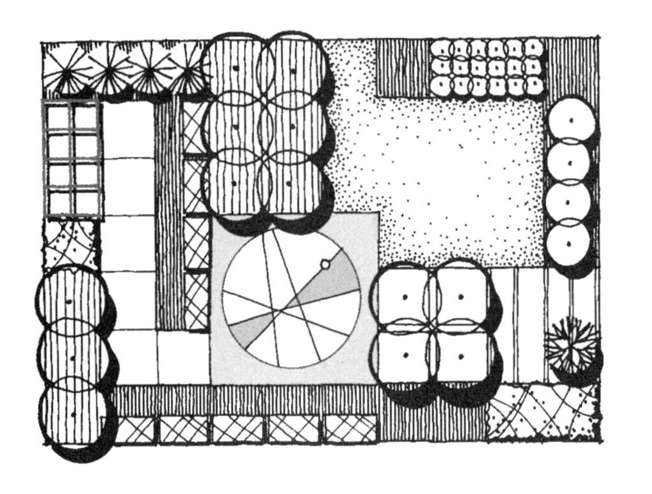

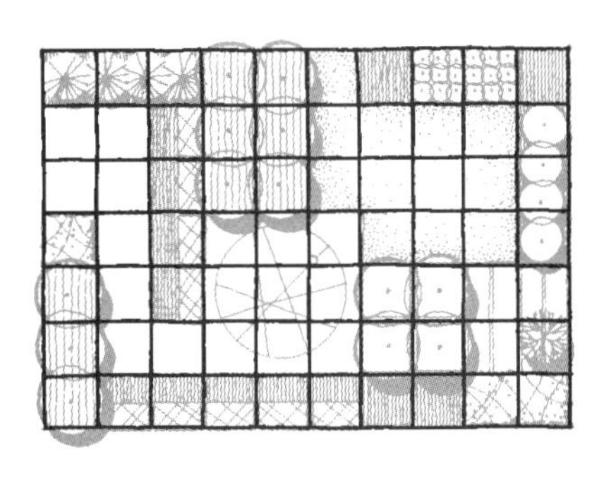

笔记/手绘

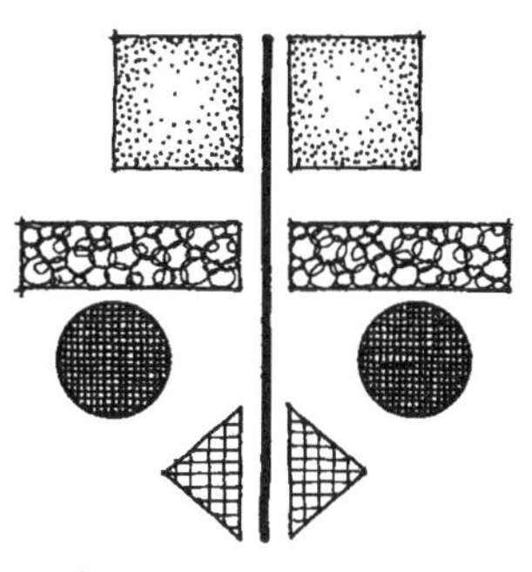

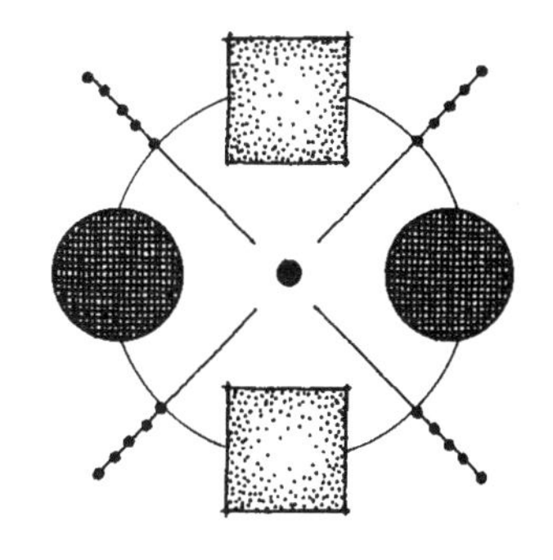

图 1.40 左：对称构图是围绕一条线或一个点的组织。

对称 | Symmetry

对称是同样的形式和空间围绕一个点、一条线或一个面的平衡分布（Ching 2007，339）（图 1.40）。其中心元素或面被称为“轴”（axis），它可能是一条步道或街道那样的线，也可能是长向伸展的水池、草皮和种植床之类（Simonds 1997，223）。构图元素直接被置于轴线上或与之毗邻，因而轴的每一边都是另一边的镜像，也就是有时被称为“反射对称”（reflective symmetry）的情况（图 1.41）。这样，对称设计中的成员可以是独立的、成对的或多对的元素。

图 1.41 下：对称构图中的所有元素都沿主导性轴线形成镜像。

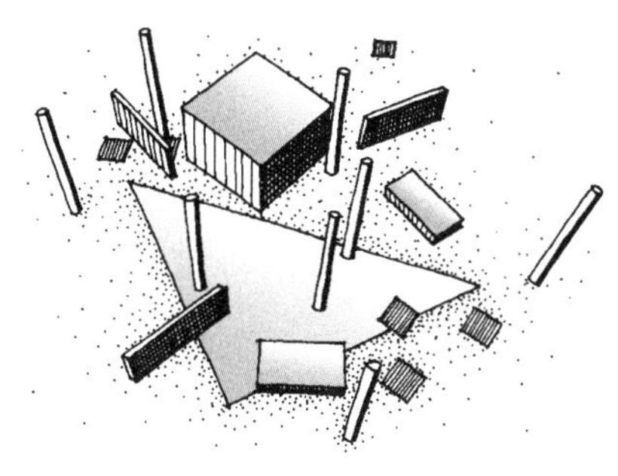

轴线还有几种其他特性。第一，无论轴线的表达是清晰还是隐晦，它都是那个主导性的角色，统辖着轴线上或轴线附近所有元素的用途、形式和特征（Simonds 1997，224）（图 1.42 左）。轴线的至高无上导致的结果是，使设计具有清晰的等级感。轴线不仅要求自身的支配地位，还使轴线上的空间和元素具有了支配力。第二，作为一条线，轴线凝聚起沿着其长向伸延直至终点的运动和视线，或到轴线上任何一个元素的运动和视线（图 1.42 右）。

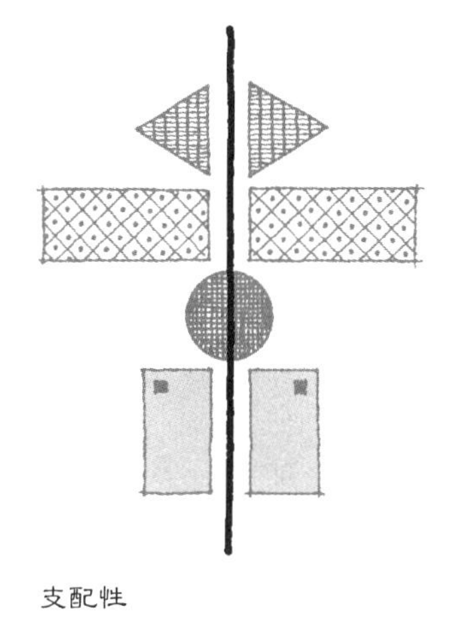

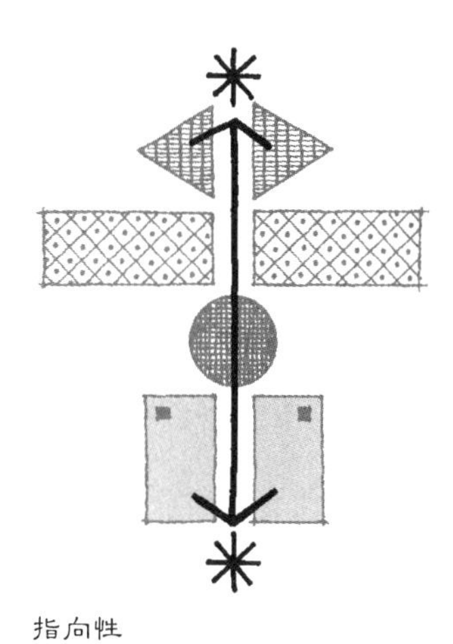

图 1.42 左：轴线主导着构图并造就沿着其长向的指向性。

笔记/手绘

图 1.43 自然中的对称示例。

对称是最基本的组织策略之一，它以相对简单的进程，把各个元素呈对等均衡格局布置在轴线上或轴线附近。由于使用起来比较容易，对称通常也是设计新手首选的组织手法之一。有时候，对称被武断地视为人类思维的产物，无数受到严格掌控的规则式园林强化了这种观念。然而，对称是一种发生于自然的现象，见于大多数动物、花卉、晶体之类的骨架结构（图 1.43）。然而应该注意到，这些对称形式是自身独立的存在元素，不是风景中囊括了其他事物的组织系统。基本的对称类型有 3 种：中轴对称、交叉轴对称和放射轴对称。

中轴对称。中轴对称沿着一条主导轴组织空间和元素，因而产生了明确的两侧（图 1.44 左）。在这种布局中，轴线一侧的设计组成部分清晰地呈现为对面一侧的镜像。这种组织结构建立了一种巨大的、集权的力量，把能量沿着轴线集中，并导向终点。

交叉轴对称。交叉轴对称沿着数条轴线组织空间和元素（图 1.44 中）。这些轴线彼此可以呈任意角度相交，不过它们通常成直角。数条轴线和运动路径能为穿行于这个设计结构时提供众多导向，并可带来不同的景园体验。

图 1.44 对称的类型。

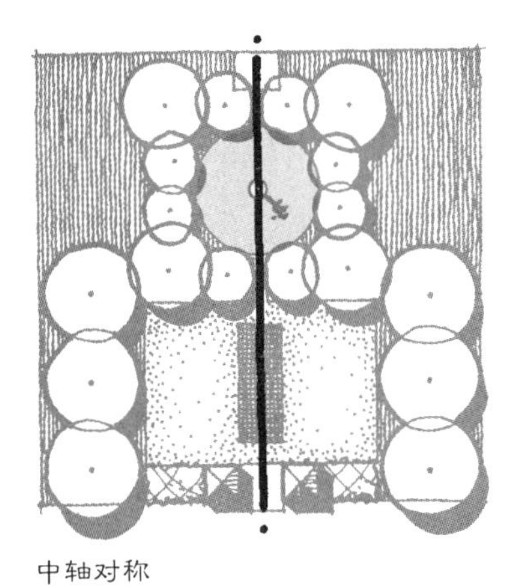

中轴对称

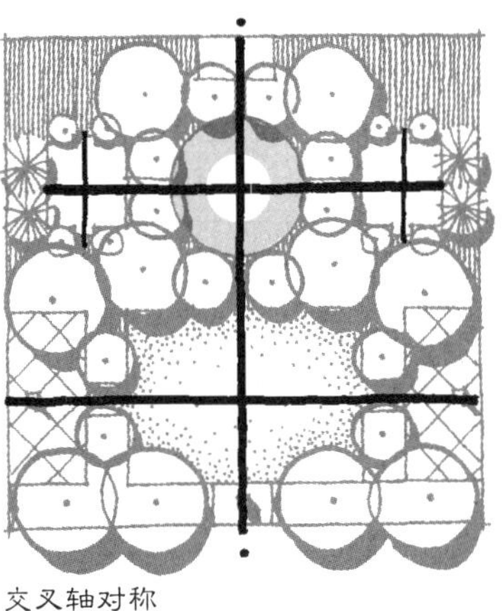

交叉轴对称

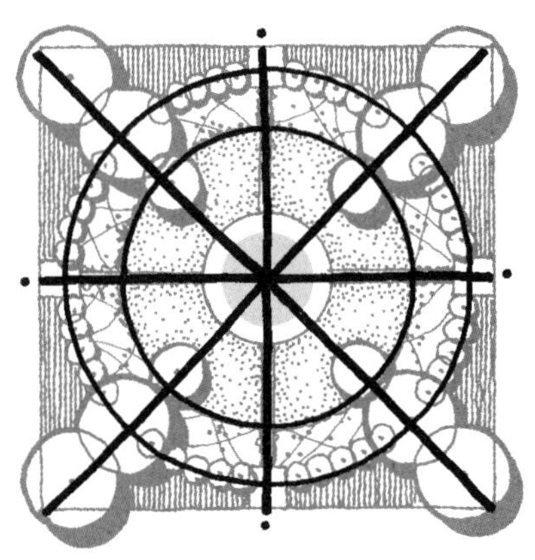

放射轴对称

笔记/手绘

放射轴对称。放射轴对称沿射线和/或围着单一中心的层层同心圆来组织空间和元素（图 1.44 右）。放射对称的构图主导性几乎完全出自中心点。设计中的其他一切都以从属方式从这个点扩张出来或环绕着它。为了造就对称，各组织元素和空间以均衡等同的方式被置于放射线或同心圆上。

景园效用。对称组织能明确展示人类对景园的主宰，尤其是在对植被材料这类便于加工的设计元素进行精确修剪时。对称还适于确立相对周围景观来说具有至高地位的特定元素或领域（图 1.45）。同样，以持续和不间断的方式，对称将注意力和运动引向特定的点和/或空间。典型的运动是高度受控的，沿着预先决定的导向行进。对称最适宜开放、均匀的场地，即很少限制条件或需要把既有元素容纳到设计中。对称要求连贯性，不容易适应变化多端的场地。

图 1.45　以对称组织为基础的场地设计示例。

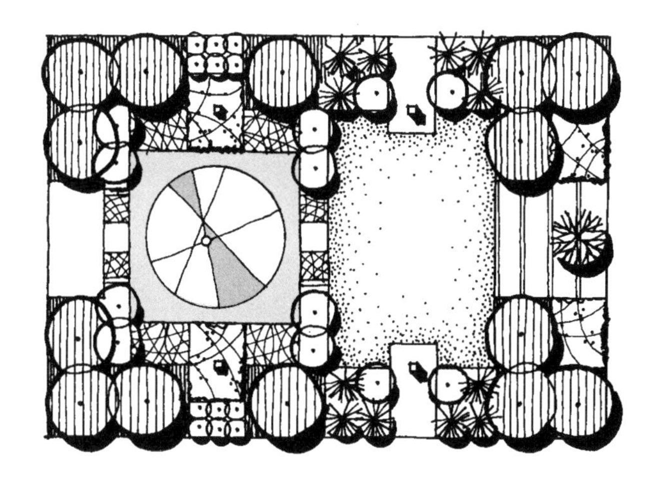

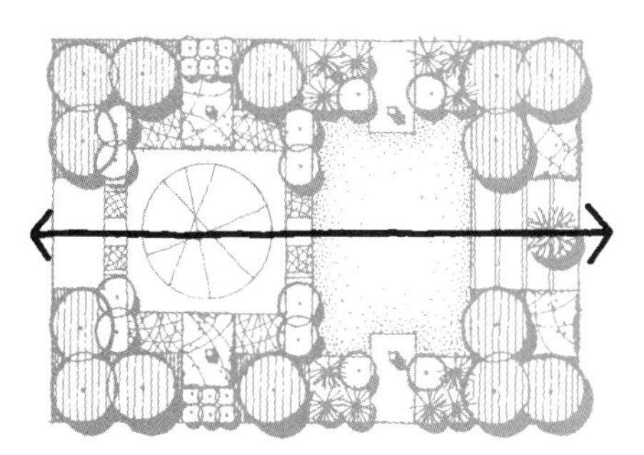

笔记/手绘

图 1.46 右：不对称与对称的比较。

图 1.47 下：不对称组织通过感觉和直觉平衡来布置元素。

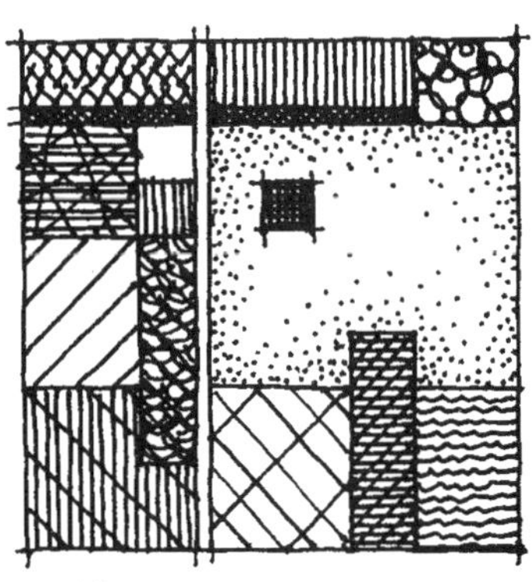

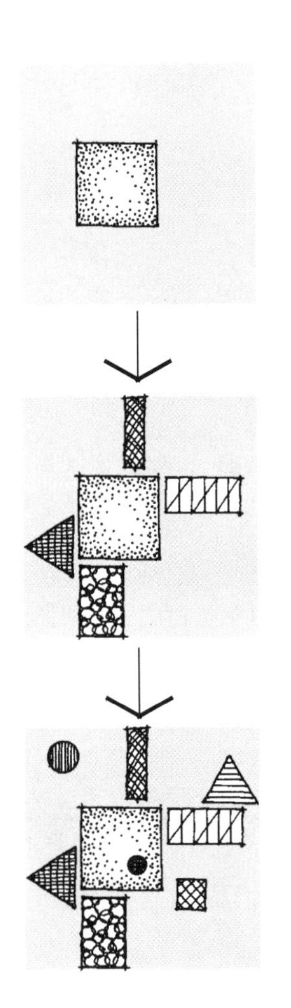

不对称 | Asymmetry

不对称是凭借直觉来使设计构成元素达到和谐分布与均衡，以取得整体构图秩序的组织结构（图 1.46）。凭感觉判断来分配设计元素，从视觉意义上使一个构图块面的分量同另一个相等，从而造就了这种构图的均衡感，虽然某个主导性元素或空间通常也会带来等级差异。不对称组织一般没有明确的中心。

不对称组织通过本能来布置各种设计组成部分，创造视觉平衡（图 1.47）。它不要求相同或彼此成对的设计构成元素，不同的设计元素和空间很容易被融入设计。另外，不对称没有持续显现的主导性对称轴。这里可能有多个点或空间引人注目，但它们并没有被强行设置在规定的位置上。

同其他设计构成相比，不对称组织的结构是最主观的，这使设计具有较大的自由操作余地。创建不对称构图更多凭借直觉和感官洞察力，而不是精准、理性的思考。对设计新手来说，运用不对称设计结构常常富于挑战性，因为其方法和“规则”（rules）本身是不明晰的。对于经验丰富的设计者，同样的性质却提供了扩展其创造力的余地。

景园效用。不对称组织很适于造成一种探索性的体验，让人在景园中经历多样的景观变化和各种运动路径（图 1.48）。不对称设计构成不去严格遵守一种既定结构，因而很适合多变的场地条件。最后，不对称设计鼓励设计者借助灵感和情绪，并借此激发创造力。

笔记/手绘

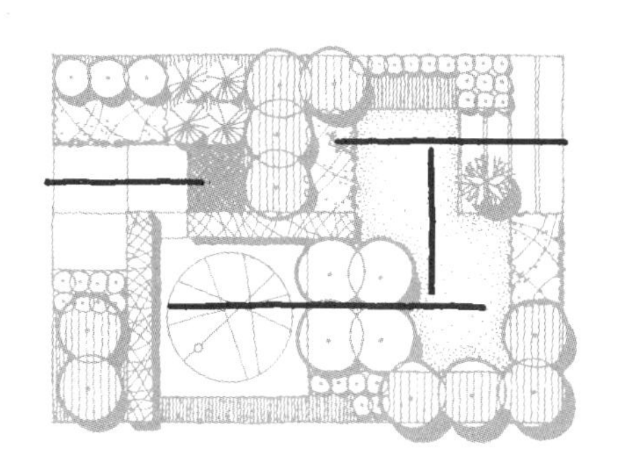

图 1.48　以不对称组织为基础的设计示例。

统一原则 | Unifying Principles

在进行景园建筑学场地设计时，如何把形式和空间汇集成前面刚谈及的组织结构，应该遵守几条关于统一的原则。这些原则在所有设计表达中都具有普遍意义，包括建筑学、图形设计、雕塑、绘画、摄影和服装等等。在一个构图中，统一原则作用于所有元素的形象、材料和大小。最核心的统一原则是相似、主导、联系和区划。

相似 | Similarity

相似是让一个设计中的所有形式和空间在形状、大小和 / 或材料上都彼此相像的概念（图 1.49）。这是使设计取得统一的最简单、最基本方法。一种用于塑造统一性的易行策略是把同族的形式当作一个景园设计的支撑结构。例如，在一个设计创作中全部采用直线和正方形，或弧线和圆形之类，就可以确保达到统一的设计基础。

图 1.49　同样形式的重复确立了设计的统一。

不统一

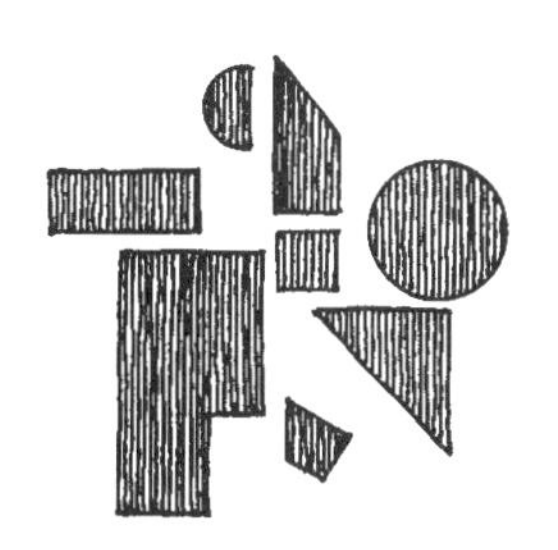

以色调达成的统一

以形式达成的统一

笔记/手绘

相似的地面形式

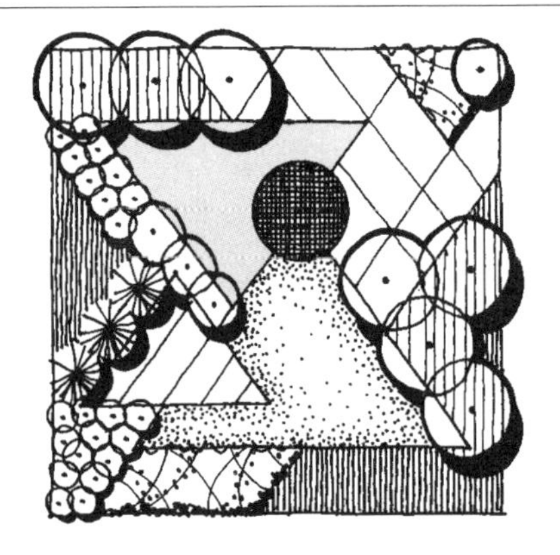

通过不同形式取得的差异

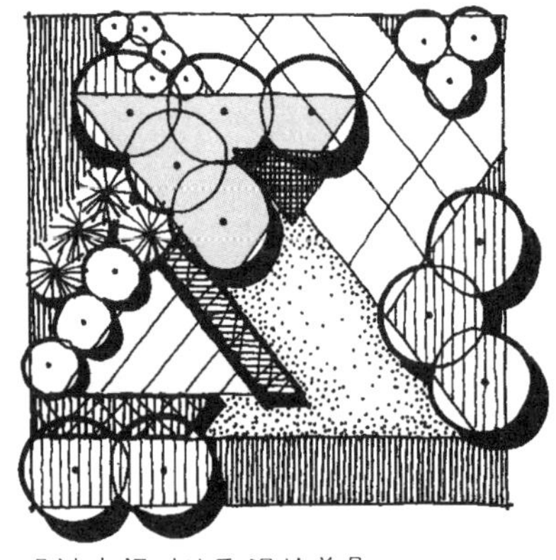

通过空间对比取得的差异

图 1.50　相似与差异。

然而，太多的相似会很枯燥（图 1.50 左）。所以，在景园设计中通常需要这样一种均衡，即在保持共同特征的同时也有些变化。这可以通过几种方式完成。一种是在设计中小心地嵌入不同的形式（图 1.50 中）。这类体现差异的形式通常数量较少，而且要巧妙地添加，通过同样的排列方式以及悉心把握一个形式如何衔接另一个来契合主导形式。呈对比的形式常起到重点突出的作用，引起人们对设计中的显要区域或空间的注意。

另一种嵌入变异的方式在于对空间自身的处理。甚至在设计中的所有空间都以同样的形式为基础时，它们也能因各自的大小、围合度以及材料种类而成为个性鲜明的个体。一个空间可以相对较大、向天空开敞，并有醒目的草坪，而旁边的空间则具有亲密的尺度和遮阴，周围围绕着密集的灌木和树木（图 1.50 右）。因此，要知道，遍布整个设计的同样形式统一了它的基础结构，但并不一定就左右由此而来的空间样貌和感觉，这一点很重要（另见第 2 章中的空间序列）。

图 1.51　确立构图主导的不同技巧。

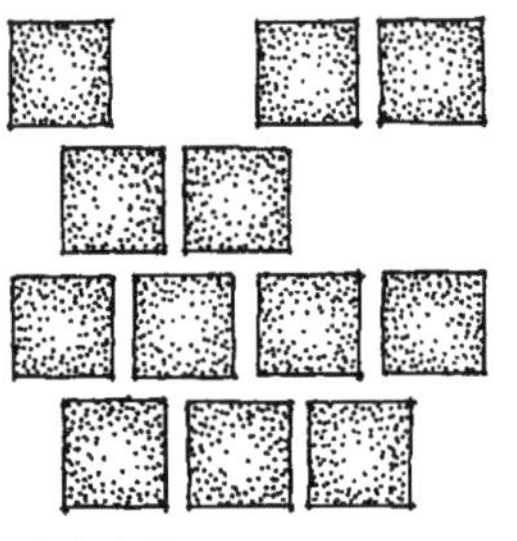

缺乏主导

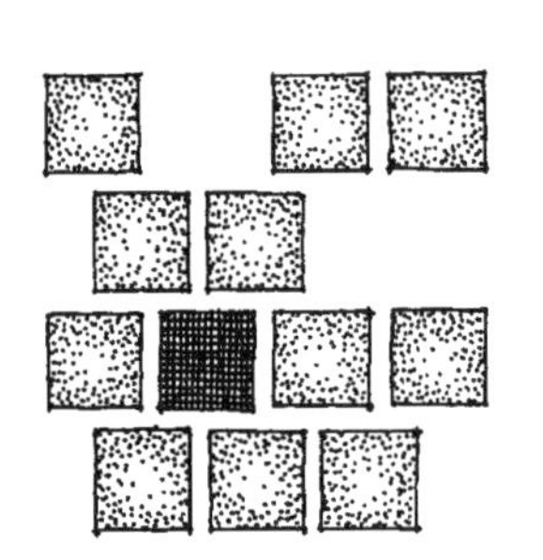

依据色调对比的主导

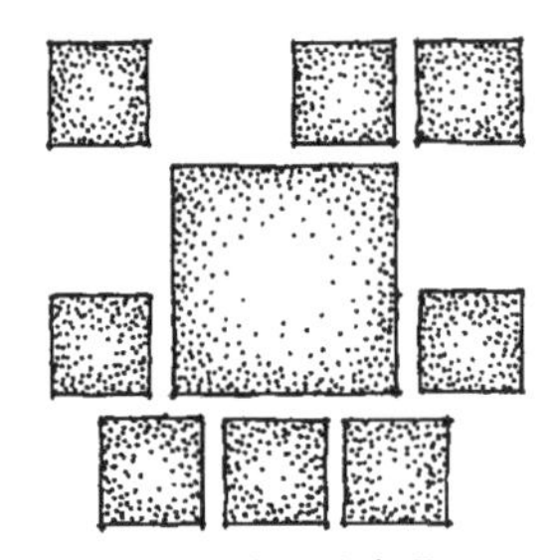

依据大小对比的主导

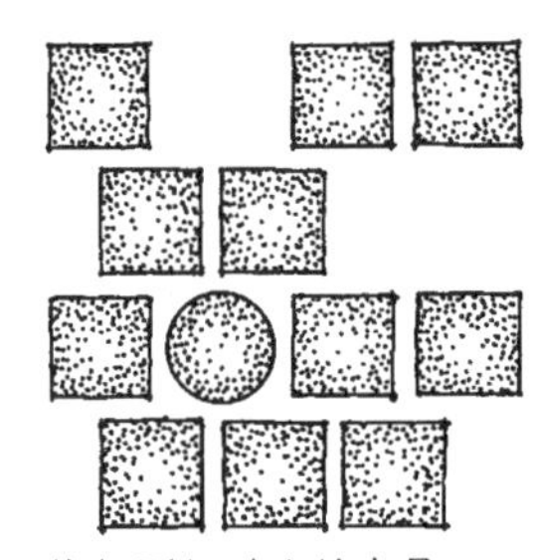

依据形状对比的主导

笔记/手绘

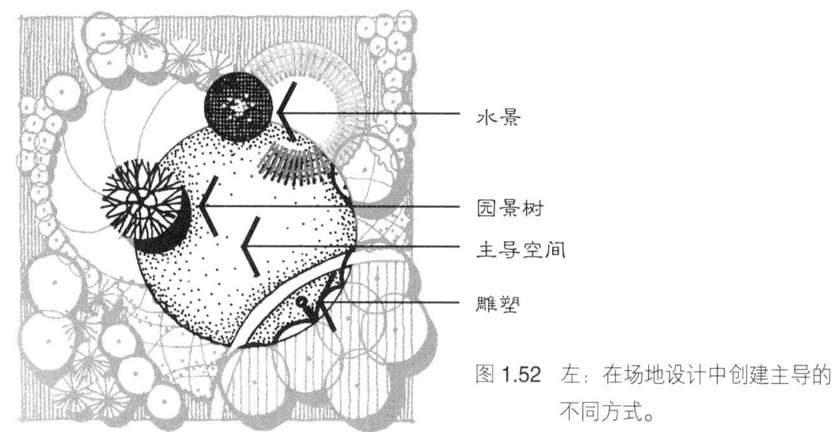

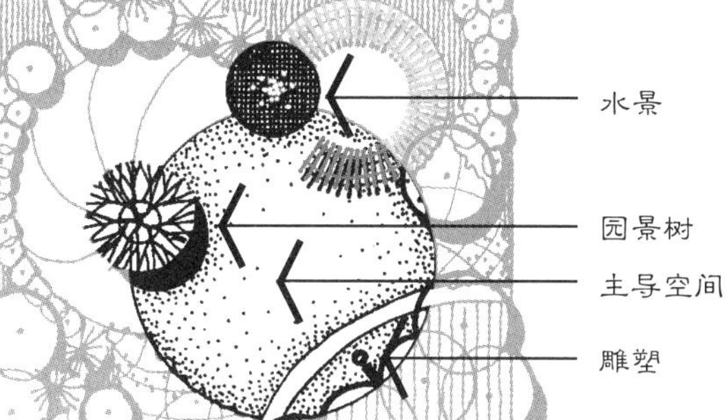

图 1.52 左：在场地设计中创建主导的不同方式。

图 1.53 下：联系衔接起若非如此就彼此分离的元素。

主导 | Dominance

主导是构图中的一点或一个领域对其他部分在视觉上的统辖。这通常被称为"构图重点"（accent）或"焦点"（focal point），是一个最容易吸引目光的地方。一个元素或块面在设计中的优越地位，通常通过大小、方向、材料、色彩和/或肌理的对比来确立（图 1.51）。呈现出的对比越强，统辖性的元素就越突出。

主导在设计中具有决定意义，因为它提供了一个让目光驻留的地方。没有重点，目光就漫无目标地游移并感到枯燥。还有，通过在视觉中的突出，即，使其他结构元素间的差异显得不那么引人注目，一处焦点为构图建立起统一感。

当组织形式是景园设计的基础时，可取的做法经常是，让一个形式或空间的特点、围合、大小和/或方向具有独特性，以此来创造一个主导形式或空间。良好的场地设计经常拥有一个比其他部分更引人注目的空间。这就带来一个令人驻足和难忘的场所，成为感受这处景园的关键因素。令人感觉过分相似的一连串空间远比一个多变的、其中至少有一处很独特的空间序列难以把握。

在更细节的层次上，主导可以通过许许多多的事物，如雕塑、独特的房屋、标本植物、常青植物种植床、水景、围合体之类来确立。在有着许多景观重点的景园中，可以并且通常应该有一种主导等级，一些高于另一些，意识到这一点很重要。具有决定意义的是，要在设计中创造出一个驾驭整个构图的统御焦点，同时又确立其他一些重点，对设计中更小的部分起到控制作用（图 1.52）。

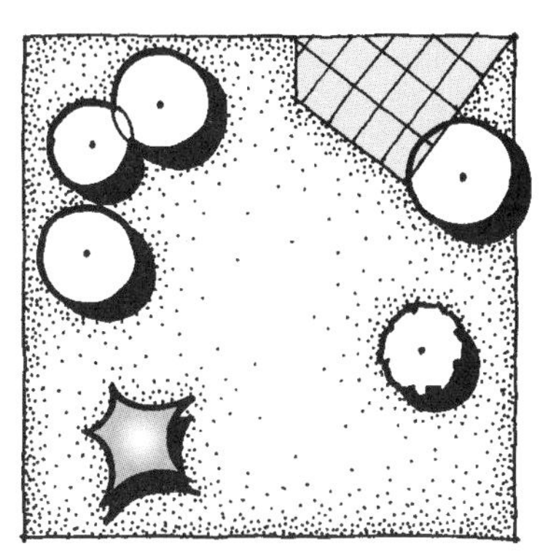

不相干的元素

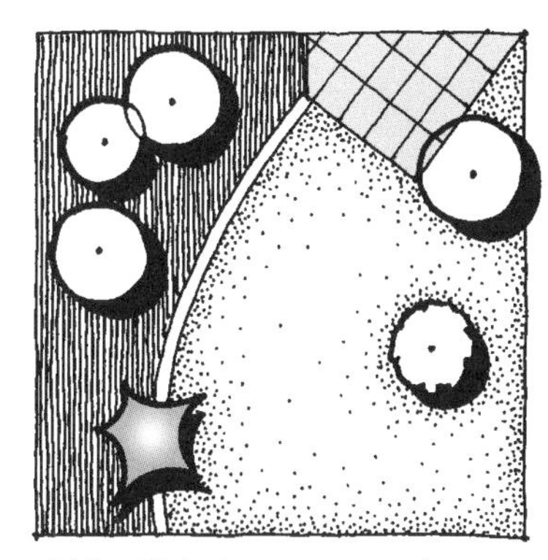

通过联系成为统一体的元素

笔记/手绘

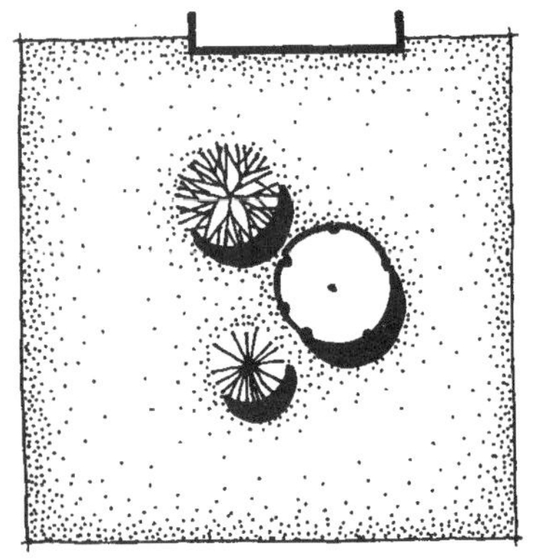

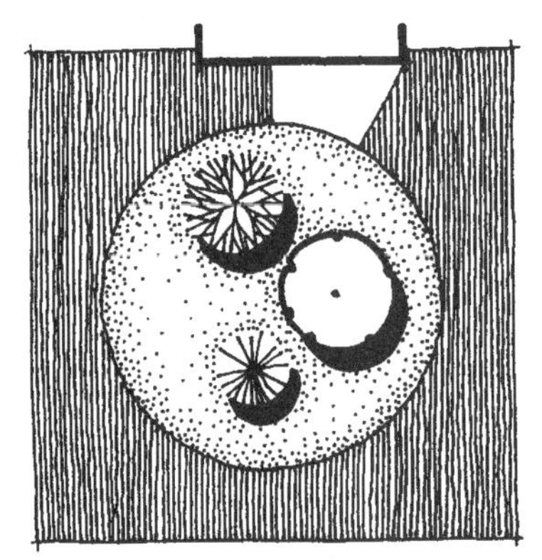

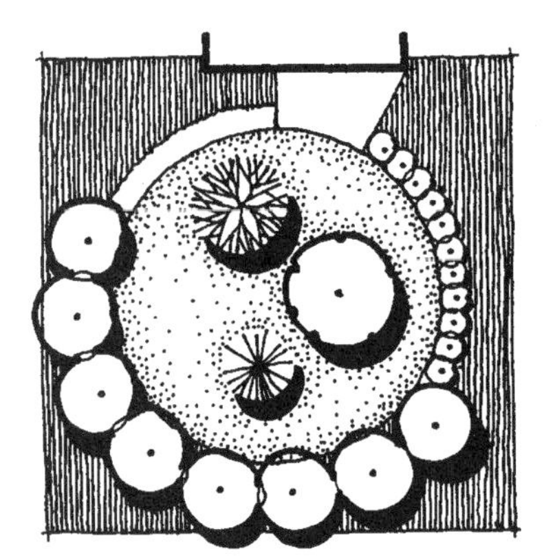

由区划统一起来的元素

图 1.54 区划示例。

联系 | Interconnection

联系是一个设计元素同另一个元素的有形衔接，衔接起如其不然就互不相干的设计组成部分，使目光以不间断的方式在其间运动，从而使各个独立片段看上去是一个整体。这令人想起前面议论过的，设计元素之间的间隔把它们分成孤立的成分。间隔越大，设计元素看上去就越不相干。联系的作用就是在间隔空间中搭起桥梁，以此克服可能存在的孤立效应。

在景园中建立相互联系的典型方式，是由第三者来衔接分开的元素。被加入的元素是一种有形的衔接者，把另外两个元素切实结合成一个组合体。地表铺装、地被植物种植床、树木行列、墙体，等等，都能从形象上连接起分开的地段，使设计得以统一（图 1.53）。

区划 | Compartmentalization

区划是通过把设计中的一些特定元素圈定在一处围合中来统一设计构图（图 1.54）。从根本上讲，区划的功能就像环绕一个画面的框子，抽取并围合出位于其中的所有片段，以此削弱存在于这些构成部分之间的各种差异。墙体、篱笆、植物行列，或任何能在周边围出一个内部领域的设计元素，都能造就区划。

参考资料 | Referenced Resources

Bell, Simon. *Elements of Visual Design in the Landscape*. London: E & FN Spon, 1993.

Ching, Francis D. K. *Architecture: Form, Space, & Order*. Hoboken, NJ: John Wiley & Sons, 2007.

Reid, Grant W. *From Concept to Form in Landscape Design*, 2nd edition. Hoboken, NJ: John Wiley & Sons, 2007.

Simonds, John Ormsbee. *Landscape Architecture: A Manual of Site Planning and Design*, 3rd edition. New York: McGraw-Hill, 1997.

其他资料 | Further Resources

Dee, Catherine. *Form and Fabric in Landscape Architecture: A Visual Introduction*. London: Spon Press, 2001.

Motloch, John L. *Introduction to Landscape Design*, 2nd edition. New York: John Wiley & Sons, 2001.

笔记/手绘

基本概念 | Foundational Concepts

景园 空间 | Landscape Space 2

正如前一章所分析的，形式是在景园场地设计中塑造空间的基本手段，并且是创造性地组织设计元素，使空间得以呈现出来的最主要媒介。空间是景园的根本，是让人放松、玩耍、娱乐、餐饮、社交、欢庆、悲悼、纪念、招待和与自然世界交往的舞台（图 2.1）。由构思良好的空间所构成的景园绝非仅仅是一些物体与功能的排布，而是制造一处围合环境，呼应、滋养并激发人的所有感觉。创造户外空间是景园建筑学的特有任务之一，正是空间创造使它有别于其他的景园规划布局学科。

本章将揭示空间的核心概念、基本类型、形式与空间的关系以及在塑造空间的设计过程中要考虑的事项。这一章的具体小节有：

- 空间
- 空间创造
- 空间类型
- 空间序列
- 形式和空间
- 设计过程

图 2.1 景园空间示例。

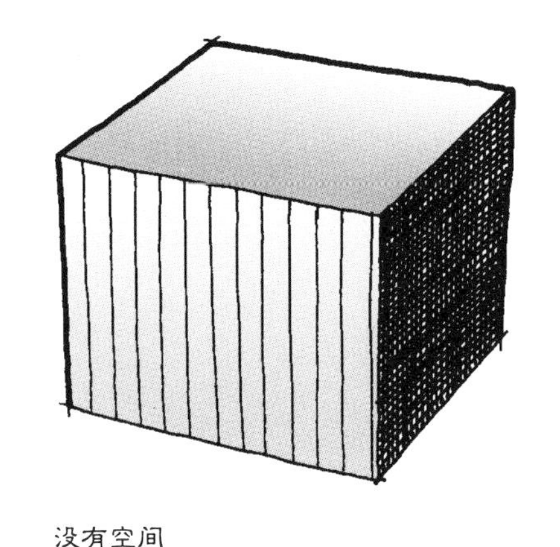

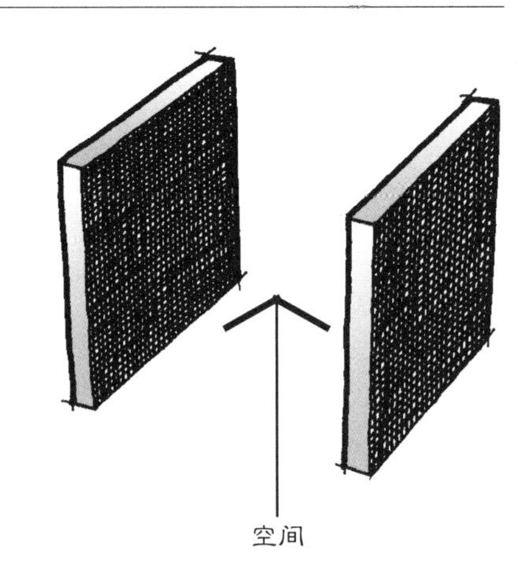

图 2.2 右：空间是实体元素间的空腔。

图 2.3 下：空间是我们所见实物体间的虚空处。

空间 | Space

“空间”这个术语意味着固体元素间的空腔或空阔处（图 2.2）。同样，景园中的空间是处在我们见到的实体间的、充满空气的不可见虚空（图 2.3）。景园空间，有时被称为“户外空间”（outdoor room），是人们在外部环境中享有其中并让视线穿越的虚空。空间概念或许在想到室内空间时最容易理解，在这里，发挥限定作用的地板、墙面和天花塑造出了空间（图 2.4 左）。处在一处各个方向都被实体或半实体面所围合的空腔中的感觉很容易明辨。同样的围合面也存在于景园之中（见下一节），但有时更难察觉一些，因为许多景园元素的形状不明确，而且是随机分布的（图 2.4 右）。然而，景园空间是存在的，而且会由于我们处在哪里、被什么所环绕而显露出巨大差异。

对在生活中已经习惯于关注实体的设计新手来说，“空间”观念最初可能像一个来自外太空的概念。在大多数人体验外部环境时，空间的确不是他们有意要去发现的。然而，对于景园建筑师、建筑师和其他设计者来说，空间创造是设计的核心。空间的塑造，就成形于景园建筑师组织铺地表面、地形、植被、墙体、篱笆、篷幕、棚架之类“实体”的时候。当把大量注意力放在这些实体应该位于何处以及样貌如何时，真正的目标是利用它们的位置和物理特性来限定空间，让景园具备人们所追求的感觉。创造空间是景园建筑学中的“建筑学”（architecture）。

笔记/手绘

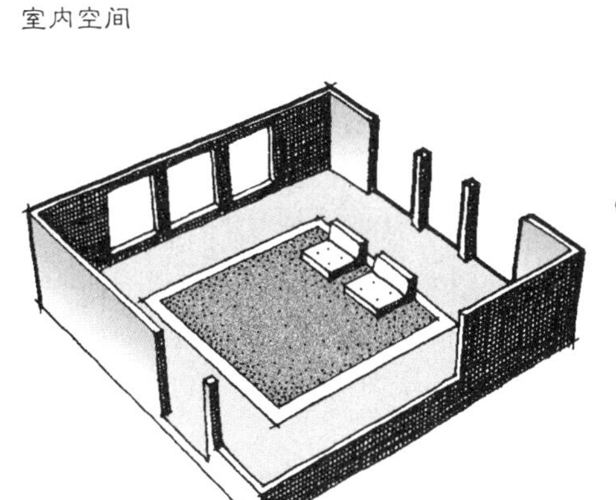

图 2.4 室内、室外空间都拥有地板、墙体和天花。

空间创造 | Creating Space

空间是无法看到的虚空，其自身没有界限或形状。作为一种不定形、不确定的事物，它只存在于用实实在在的面或物体来规定边缘并赋予其形状的时候（图 2.5 左）。空间有时被定义为实体或“正”（positive）元素之间的“负”（negative）事物，非常像一个空瓶子中的空气和它周围玻璃之间的关系。空间同勾勒出其轮廓的元素具有相互依赖的关系，其实，在没有那些元素时空间也存在，那些元素也无法离开环绕在其周围的空间而存在。图 / 底研究揭示了一个设计中的正反空间之间互为依存的关系（图 2.5）。

在景园中，3 种空间围合面塑造了实体和虚空间的共存关系（Dee 2001，34-35；Simonds 1997，194）：

· 基面
· 竖直面
· 顶面

图 2.5 空间的图 / 底比较。

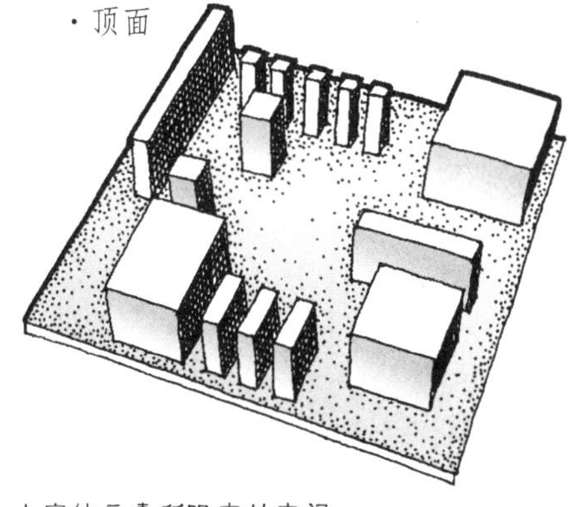

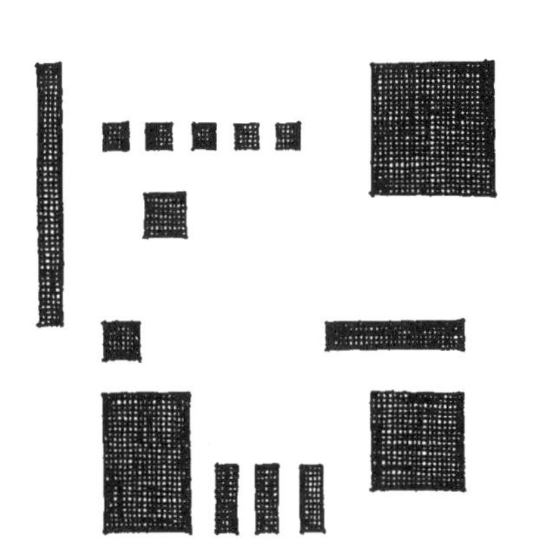

笔记/手绘

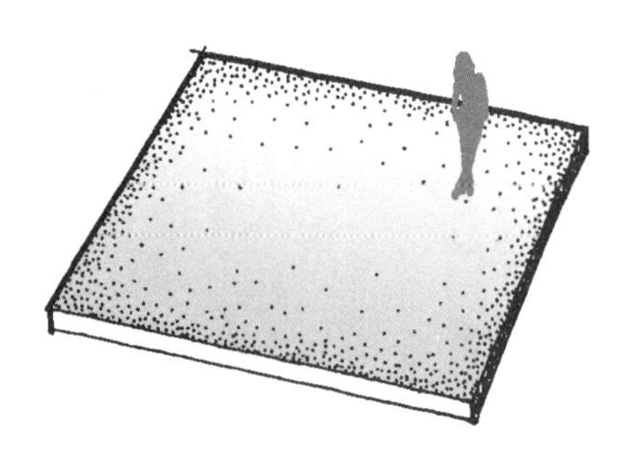
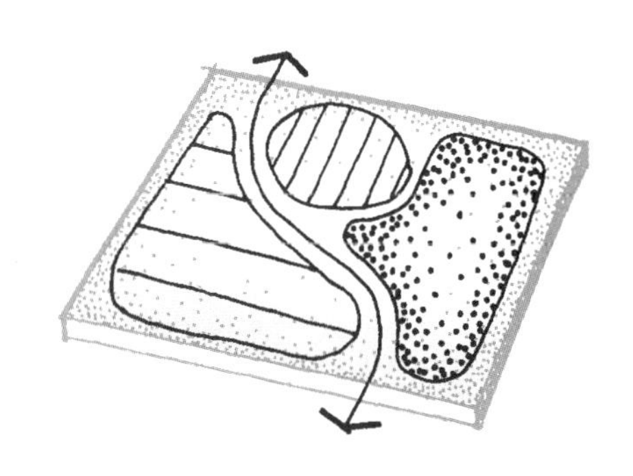

图 2.6 基面。

基面 | Base Plane

基面或地面是室外空间的地板（图 2.6 左）。它可以由裸露的表土、青草 / 草地、草皮、地被植物、铺地或水面来确定（图 2.7）。还有，地表又可以是水平的、倾斜的、波浪的或无序的。

基面代表神圣的大地，并且是其丰厚滋养力的象征。所有植物都生于斯长于斯，再扩大范围看，其他所有生命形式又都依赖于植物。基面的布局决定着景园的功能和空间框架，所以，其组织是设计的基础（Simonds 1977，195）（图 2.6 右）。进一步说，基面是景园中所有元素的依托，其中的一切都必定直接或间接衔接基面，并确保以适当位置同基面联系。因此，地面起着连续统一体的作用，把所有景园元素都编结到一个无垠的编织物上。基面是景园中最恒久的主体，因此，附着其上的材料必须精心选择，适应其效用和表面水流，以保护土壤和它所容纳的所有生命机体（Simonds 1997，196）。

图 2.7 景园中的基面材料示例。

笔记/手绘

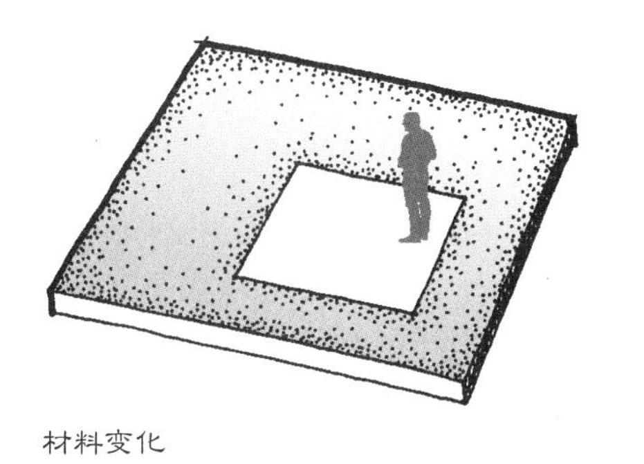
材料变化

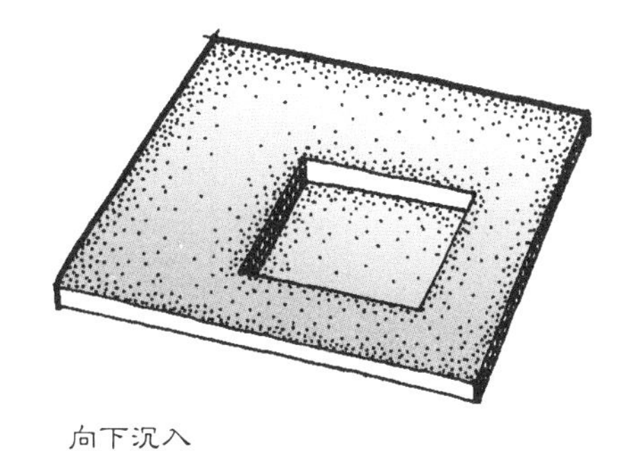
向下沉入

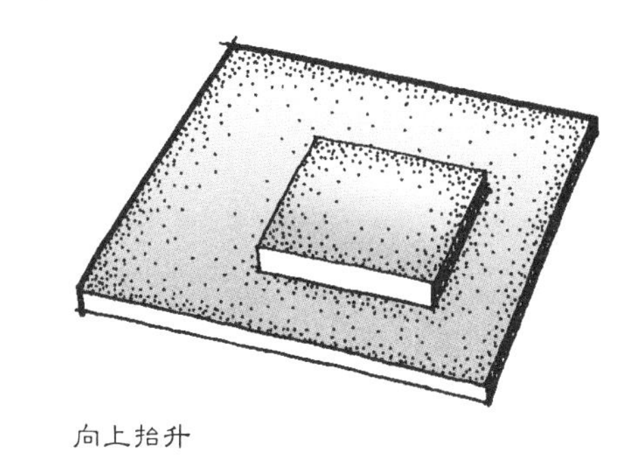
向上抬升

图 2.8　上：在基面上暗示空间的不同方式。

图 2.9　下：竖直面。

在景园中，一处地面材料的变化就暗示了空间（图 2.8 左）。在确定空间时，这种手段力度很弱，但即使是一块铺在公园草地上的野餐毯，也显示了这样的空间标示作用。在这个例子中，空间创造源自在地平上标划出一种不同的用途，而不是实体的围合。相对其周围突然升高或降低的一个特定地段也可以表达空间（Ching 2007，103）（图 2.8 中和右）。甚至可能在对其周围全然敞开时，抬升的地块也可被理解为一个空间，这是因为它被醒目的边缘所界定。相对而言，下沉地段具有更明显的容纳感，因为在它的边缘上围绕着竖直面。

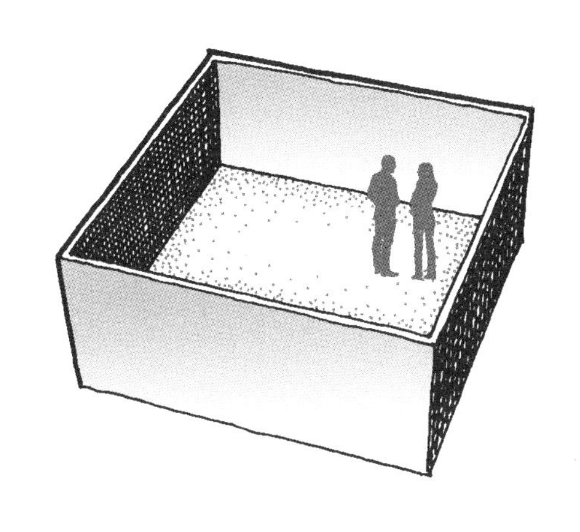

竖直面 | Vertical Planes

竖直面是户外空间的墙（图 2.9）。它们是空间的划分者、区隔者、屏障和围绕空间的背景幕（Simonds 1997，200）。在景园中，竖直面可以是房屋的墙、独立的墙和篱笆、各种植被材料、地形，或升起在地表平面上的其他一切（图 2.10）。

图 2.10　景园中的竖直面示例。

笔记/手绘

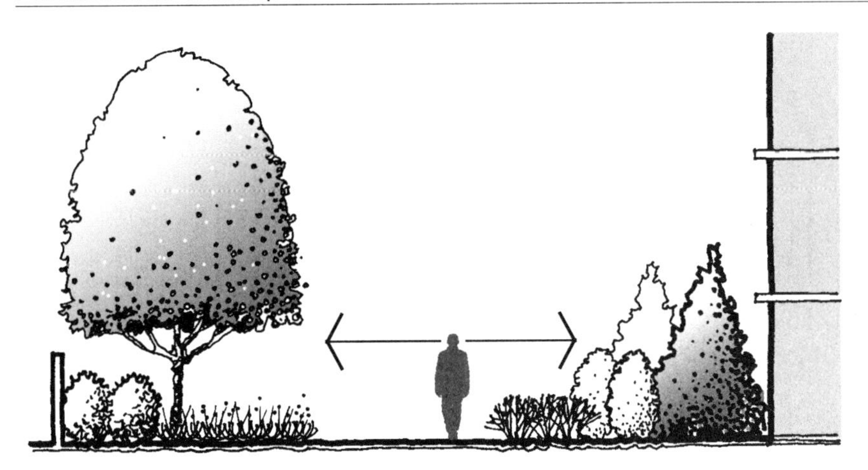

图 2.11　竖直面最容易被看到，所以对围合感有最大的影响。

竖直面对其相邻空间所发挥的潜在作用很广泛，取决它们的不同高度、密实度、肌理和色彩。除了这些差异，竖直面在限定空间方面具有令人感受最深的效果，这是因为人们通常是沿水平方向来观景的（图 2.11）。如果缺乏可用于产生空间感的元素，就应该引入竖直面。另外，竖直面还控制着视线，作用于私密感，过滤并 / 或遮挡阳光和风，影响围合的性质，提供背景，用于突出重点景观，并 / 或是顶面的结构支撑者（Simonds 1997，202-204）。

竖直面的空间围合受其位置、高度和密实度的影响。一个高及头顶或更高一点的单一实体面使人感受到起码的空间，当这个面通过转折形成一个或多个转角时，就造成更强的围合（图 2.12）。同样，一个较矮的竖直面带来部分限制，这种感觉随高度增加而加强（图 2.13 左）。还有，最清晰的围合出自实体竖直面，不过其材料的局部开口可造成多种程度的半通透性（图 2.13 右）。甚至一堵玻璃墙也能表明一个空间，尽管它并不限制视线。

图 2.12　竖直面围起一个地块时造成更强的围合感。

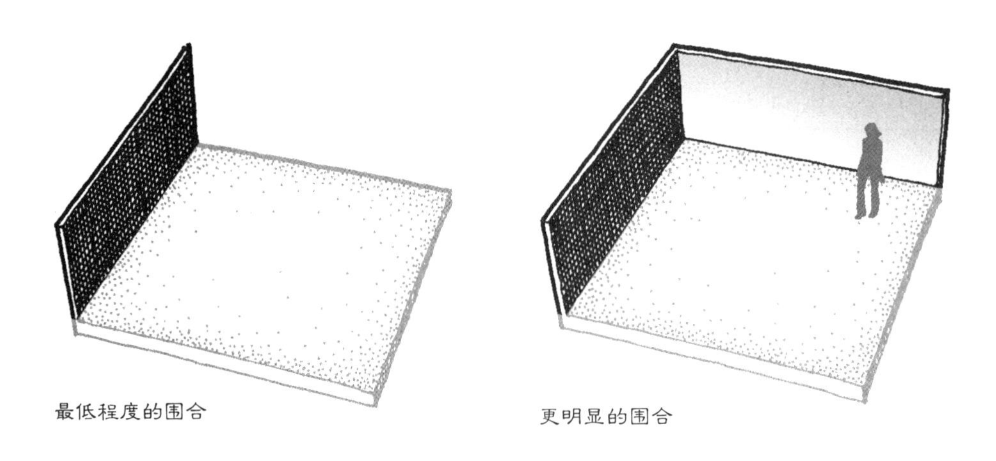

笔记/手绘

图 2.13 左：竖直面高度与密实度的可能变化。

图 2.14 下：顶面。

顶面 | Overhead Plane

顶面或"天顶"（sky）面是户外空间的天花（图 2.14）。它位居上方，可体现为篷幕、伞盖、花架、格架凉棚、树冠，等等（图 2.15）。除了云彩之外，看上去广阔无垠的天空也是永恒的顶面。

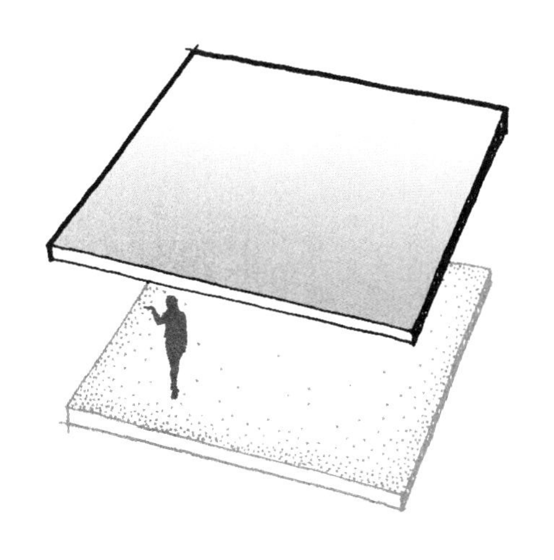

顶面直接影响人的舒适感与安全感（Simonds 1997，198-199）。除了遮蔽雨雪和阳光外，顶面还有助于产生防护感。人类和动物一样，当感到危险或寻求镇定时都想躲到什么东西的下面。同样，顶面影响着竖向的尺度感或一个空间在感觉上有多大（图 2.16 左）。一处矮矮的顶面带来私密、亲和的气氛，而相对较高的天花建立起更具公共性的设施。由于景园中的光主要来自天光，顶面影响着空间的采光量，并能在另外两个面上洒下图案鲜明的影子（图 2.16 右）。

图 2.15 景园中的顶面示例。

笔记/手绘

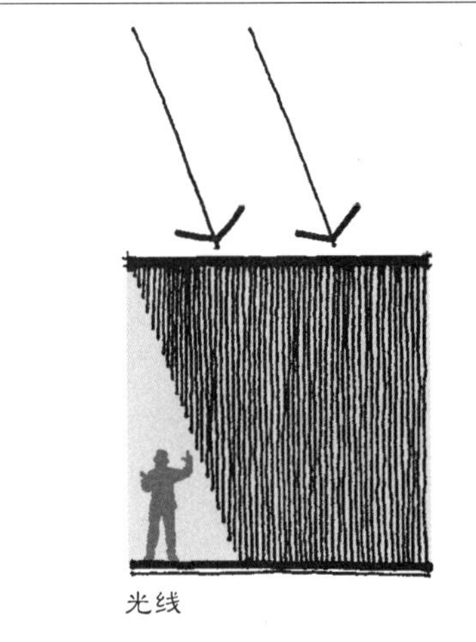

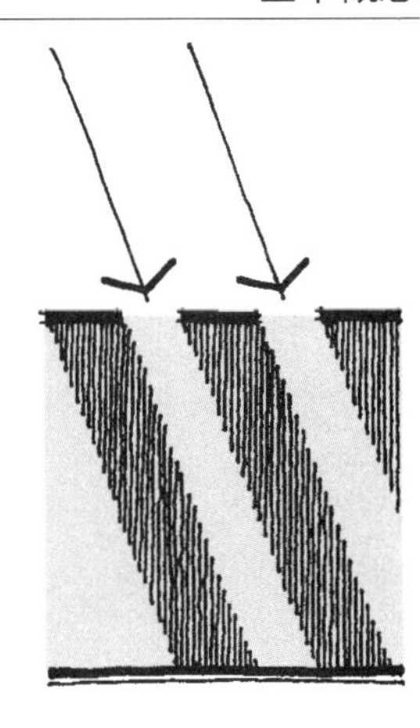

图 2.16 顶面可能造就的尺度和光线变化。

只要出现一个顶面，就意味着一个由它和地面界定出的容纳空间。这样一个空间无需结合其他两个面来感知（图 2.17）。同竖直面一样，顶面可以造成的限制程度变化多端。它可以很透明，洒下经它过滤的光；或者不透明，带来阴影中的空间。顶面必须在一些点位处接触地面，此时就经常制造了空间中的竖直分界。

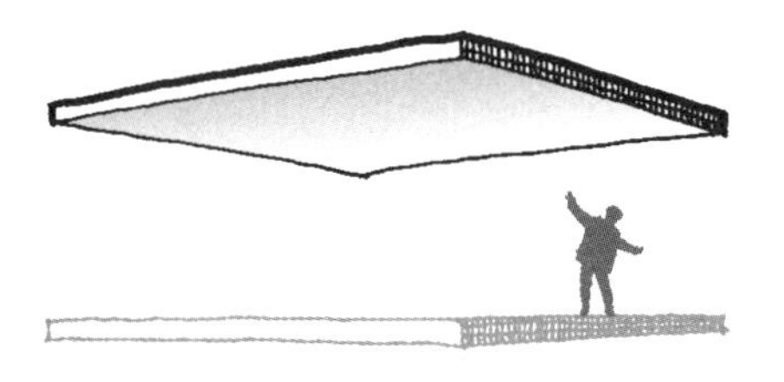

图 2.17 上：顶面的出现自身就暗示一个空间。

图 2.18 下：实际围合所产生的空间类型示意图。

空间类型 | Spatial Types

虽然分开研究上述 3 种空间围合面是有益的，但实际情况是，它们在景园中融合共存，组成一个地形、植被、房屋、场地构筑物、铺地和水体交织的环境。在位置、围合度和空间气氛方面，所有这些元素都相互依存、相互作用。这 3 种围合面中的设计元素结合在一起，可以在景园中制造无限的空间类型，其分类方式也有很多。在各种空间分类依据中有这样 3 种：实际围合、景园场景以及对体验的描述。

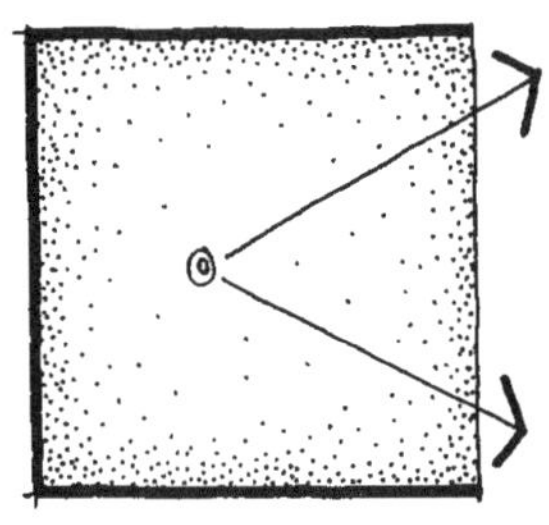

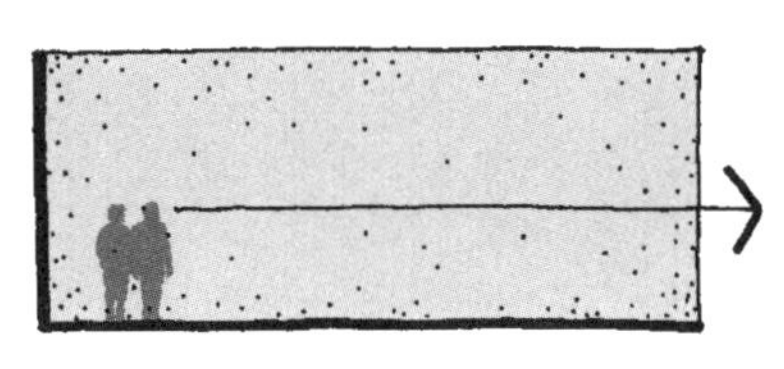

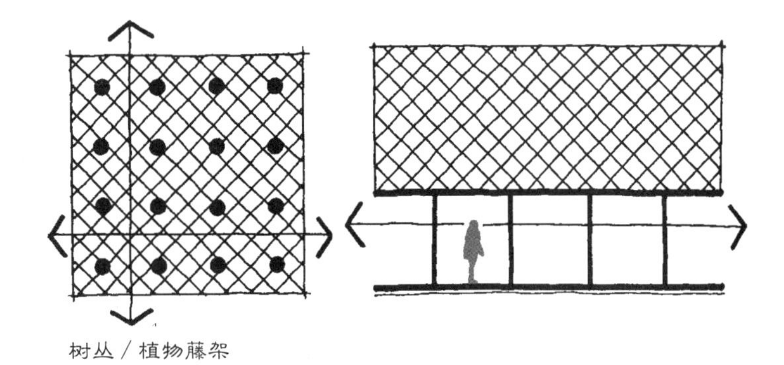

笔记/手绘

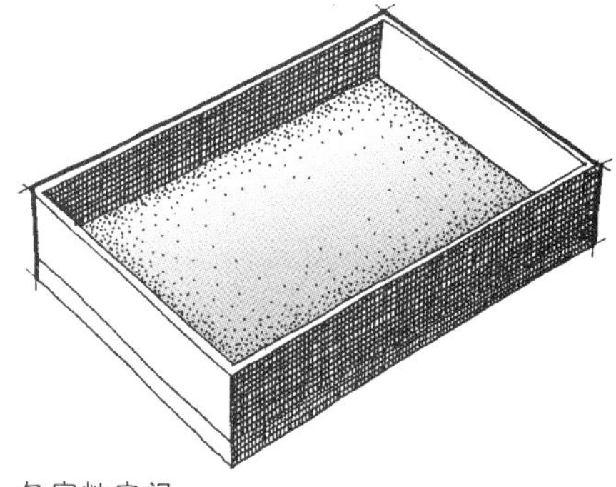

包容性空间

实际围合 | Physical Envelope

这种景园空间分类方式把造就空间的元素视为抽象的存在实体，它们的相对位置、间隔和密实度影响着空间类型。在以此为依据的分类中，有一个体系把原型空间定为：开放的盒子、穿透的房间、凹室、柱廊、林荫道、植物藤架，还有圆形剧场等（Booth and Zink 1994）（图 2.18）。类似的一种方式把两种广泛应用的空间类型界定为包容性的或体量化的（Condon 1988）（图 2.19）。包容性空间通过位于空间周边的景园元素来塑造，由此让内部维持开敞。这是具有明确限定边缘的简单空间，大量古典园林具有这种特征。在体量化空间中，那些勾勒形式的元素同时位于空间周围和空间内部，空间不仅被设计元素所围合，也以模糊空间边界的方式穿行、环绕在这些元素之间或周边。这种空间类型见于许多现代风格的景园或当代景园中。

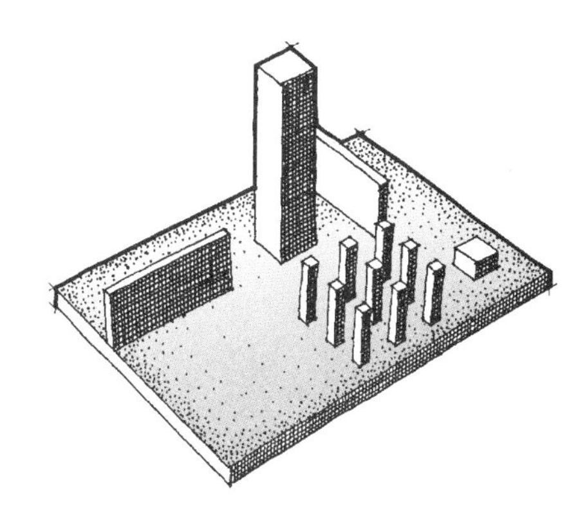

体量化空间

景园场景 | Landscape Setting

对外部空间进行分类的另一种方式，是依据其展现的主导性风景元素。可能的空间类型包括地形空间、植被空间、建造空间和水体空间（Dee 2001，54-80）（图 2.20）。在这一框架内的每种类型都可进一步划分，成为更具特定意义的空间类型。例如，建造空间可包括公共广场、庭院和由墙体围合的小花园（Dee 2001，69-75）

图 2.19　上：包容性空间和体量化空间比较。

图 2.20　下：以主导风景元素为基础的典型空间类型。

建造空间

植被空间

水体空间

笔记/手绘

品质描述 | Descriptive Quality

景园空间也可以借助一个说明主导地形环境、设施、尺度、用途、感觉等的描绘性形容词或名词来分类。以这种分类对各类品质加以描述的范例包括：

城市的	乡村的
人类的	纪念性的
林地的	绿草的
放松的	紧张的
神秘的	枯燥的
刺激的	严肃的
温暖的	潮湿的
模糊的	绝对的
平坦的	起伏的
明亮的	昏暗的

每个形容词或名词都展现了一种特定空间的生动心理影像。为了决定要追求的空间品质，对各种品质加以列表描述是一种很有用的技巧，在设计过程的初步阶段，这是很值得推荐的一种做法（见设计过程）。在一些情况下，从一个他人列出的品质描述表开始，把它当作刺激自身想象的手段，也是很有益的（Simonds 1997，241-245）。这些可描述的品质通常不会独立产生，在实际中总是呈现出某种结合。例如，人们可以设想一个隐秘的、动人的、阳光浓烈的荒漠空间。

显而易见，景园建筑师有很大的余地使自己的空间创造富含所追求的品质，又适合它所在的景园场所。无论对于空间类型还是空间气氛的追求，形式都是实现追求的工具。注意图 2.21 那些小草图中的形式所暗示的个性吧。结论是，形式自身不应被当作结果，而是一种手段，用于让一个环境呈现出人们所追求的品质。

图 2.21　以不同形式创造个性变化的示例。

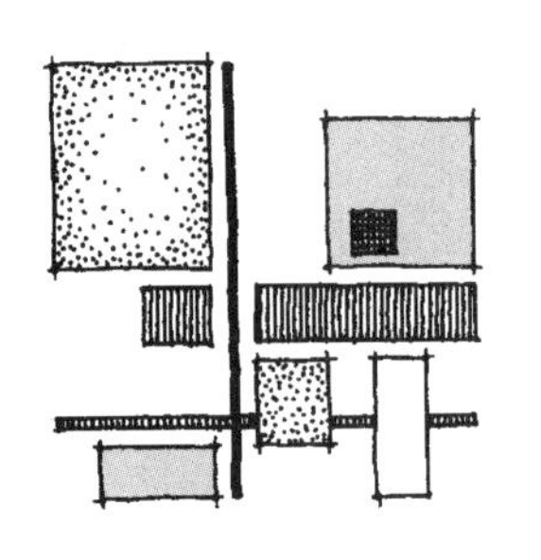

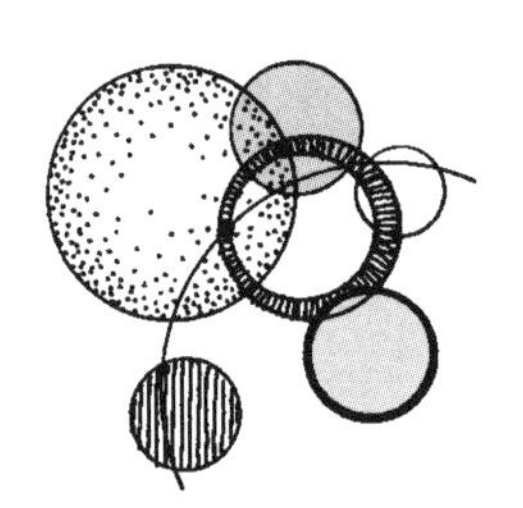
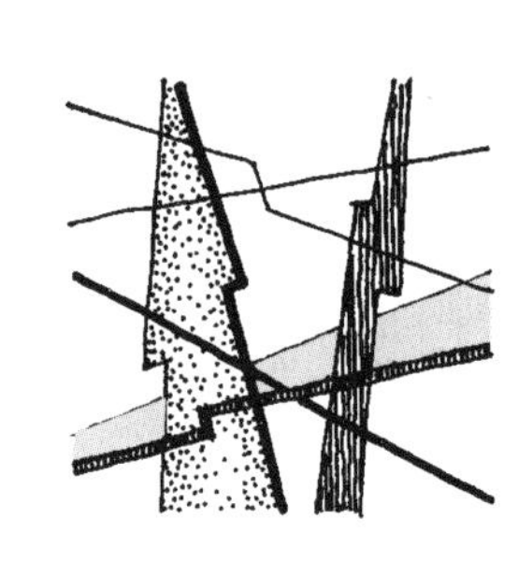

笔记/手绘

空间序列 | Spatial Sequence

景园空间的另一个基本特征是没有作为孤立单体存在的空间。相反，每个空间都总有其前面和后面的其他空间。毗邻空间有时被清楚地分开，另一些时候则相互交错，微妙地由一个空间转化到另一个。景园建筑学场地设计的目标应该是优雅地组织好毗邻空间的关系，使每个空间的设计都在一个整体中同其他空间相关。关于在空间之间或空间中的运动体验，应考虑围合度、可形容的不同品质、穿行路径、衔接和起始点以及使每个空间都与毗邻空间发生关联的视线。

另外，应该努力在空间中造就相似与对比、神秘与直白以及安适与刺激之间的均衡（Dee 2001，52-53）。太相像的毗邻空间很容易给人枯燥的经历，难以留下印象（图 2.22 左）。相反，一个在大小、比例、包括顶面的围合程度、光的质量、地表起伏、材料等方面有鲜明变化的空间序列，将带来生动难忘的体验（图 2.22 右）。有些最令人振奋的空间序列是刻意创造空间的对比。例如，设想从一个狭窄的幽暗空间进入一个明亮的大空间，从一个由草皮主导的简单开敞空间进入一个长满大量常青植物的精妙空间。由于同毗邻空间的关联，每个空间的特质更加鲜明。

设计中的形式直接与一个空间序列中的差异与相似相关联。把同一族的相似形式当成统一一个序列的手段，让其他方面的空间品质像第 1 章所讲的那样变化，这虽然不总是，但也经常是值得推荐的方式。然而，形式自身也可以变化，成为插入不同特征的手段。如图 2.22 所示，从一个空间到另一个空间的鲜明形式变化不一定非得特别强烈刺激。

图 2.22　一个空间序列通常应该包含毗邻空间的对比。

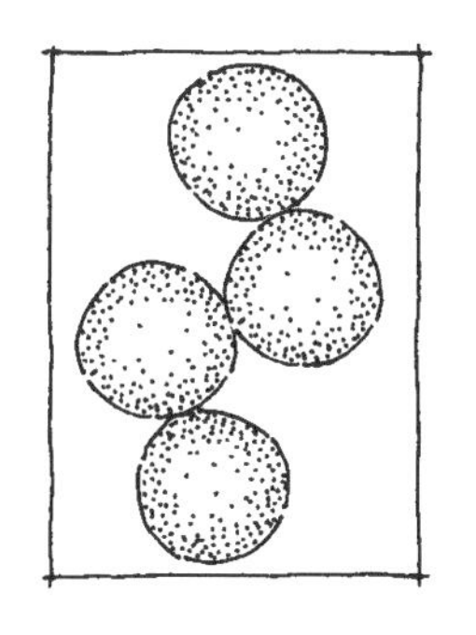
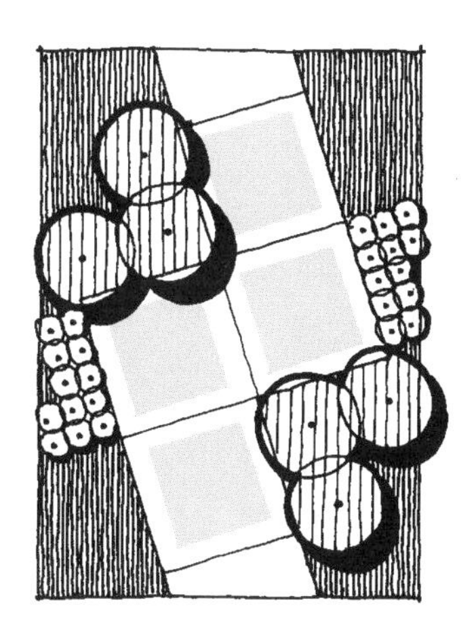

没有空间对比

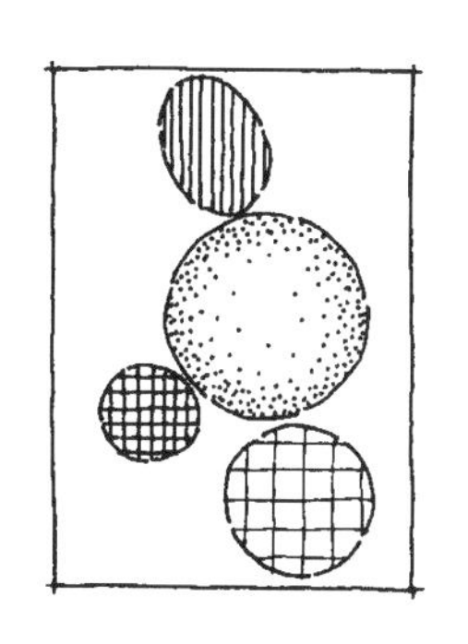
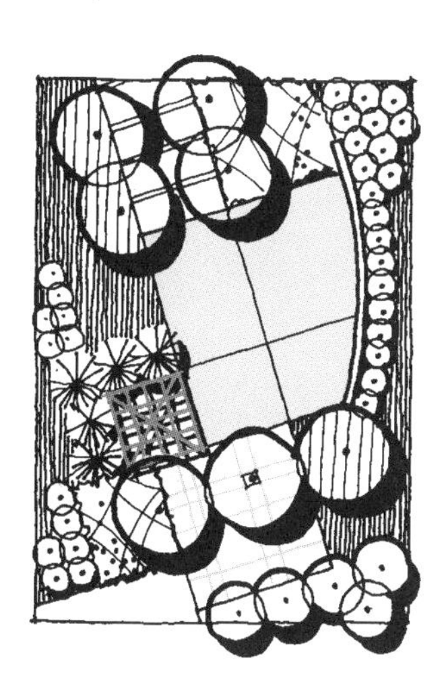

空间对比

笔记/手绘

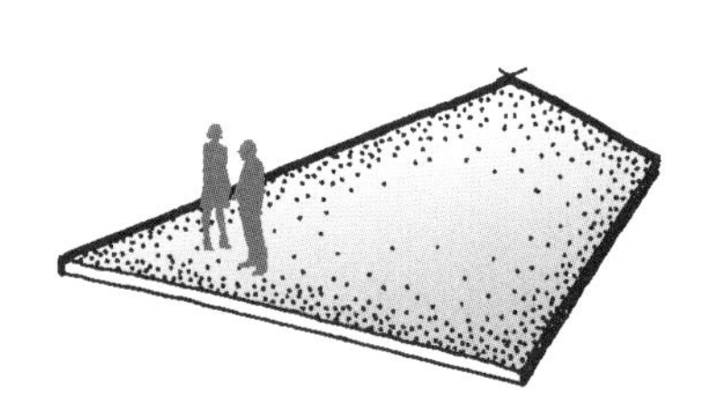

空间的地面

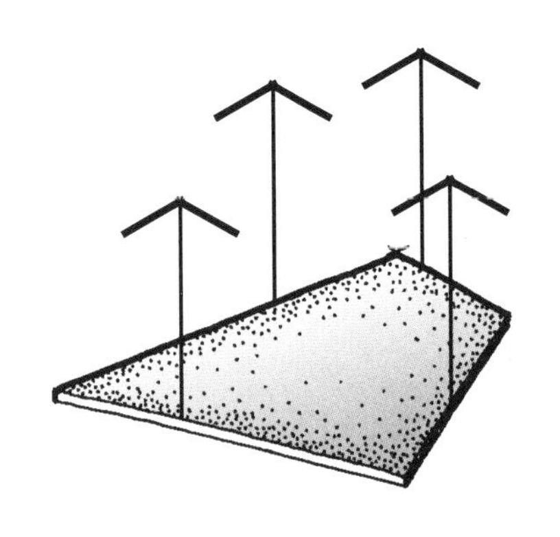

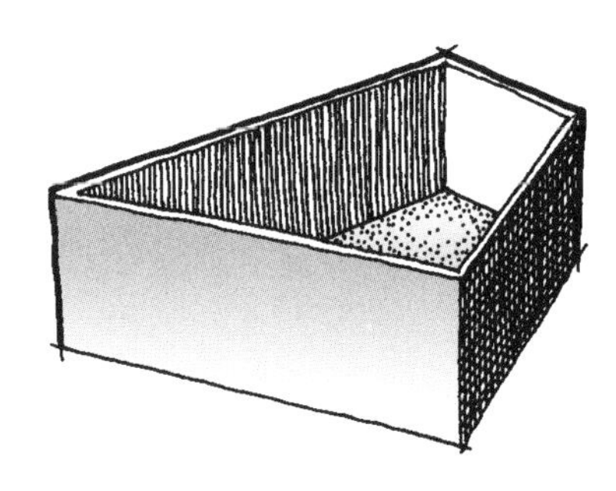

塑形的竖直面

图 2.23 塑形的形式把空间的地面边缘直接伸展到第三维中。

形式和空间 | Form and Space

空间的各单独围合面以及它们创造的户外空间的组合，都是依据形式来组织的。景园建筑学设计中的空间生成及其同形式的联系，通常始于根据适合某种用途的大小和比例来确定一个空间的地面（另见设计过程）（图 2.23 左）。从这最初的意向开始，空间形式就一直随同所有围合面的接合与完善而演进。空间与这些面的形式之间可能发生相互作用的一般方式有 3 种：塑形的形式、复合的形式和独立的形式。

塑形的形式 | Extruded Forms

这种从底面形式开始创造空间的方式，是通过向上伸展其边缘来围合空间的（图 2.23 中和右）。其竖直面趋于像围墙那样直接位于底面形式的边缘上（图 2.24）。尽管具有结构特性，这些竖直面还是可以有高度、厚度和通透性的变化，由此产生多种可能程度的空间围合。顶面可以向天空开放，或由一个重复底面形状并固定在周边竖直面上的设计元素来限定。同样，顶面距底面的高度和它的密实度都可有多种选择。

简单塑形的结果是“包容性空间”（volumetric space），即，一个围合其内部空间的简明外壳，直接反映据其生成这个空间的底面周边边缘。这样的空间是最似“房间般的”（roomlike），内部即使有，也少有任何空间分隔元素。底面上可能有精致的图案，但通常是低矮的或二维的，因而不能进一步划分空间。在所有的空间形成策略中，这种塑形方式是最简单的，缺乏经验的设计者最容易施行。尽管有些再简单不过，但塑形还是很适应一些设计环境条件的，如一些地方要求边缘明确的开敞空间，或者在规定的底面地段之外几乎没有可利用的场地。

笔记/手绘

空间的地面

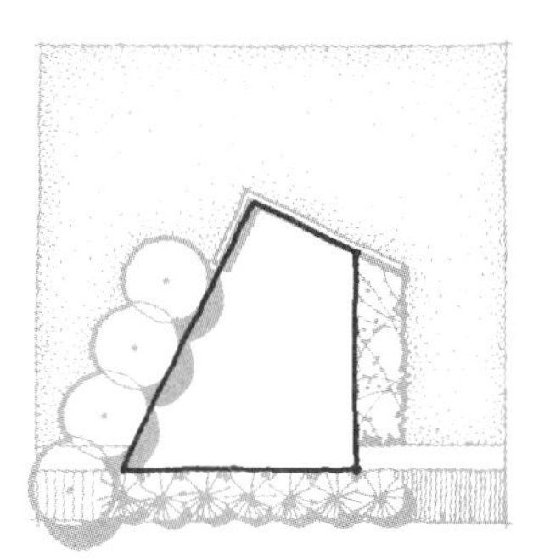

竖直的形式

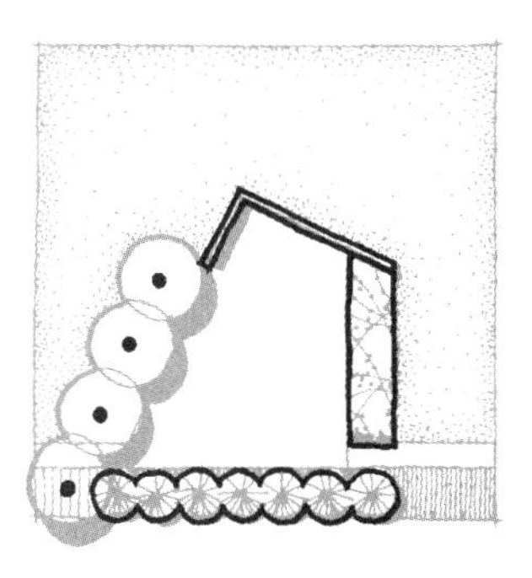

顶部的形式

图 2.24　上：以塑形的形式为基础的设计示例。

图 2.25　左、下：以复合的形式为基础的设计示例。

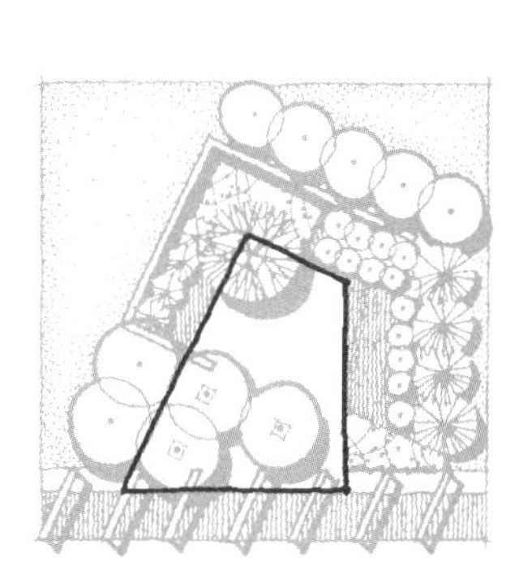

空间的地面

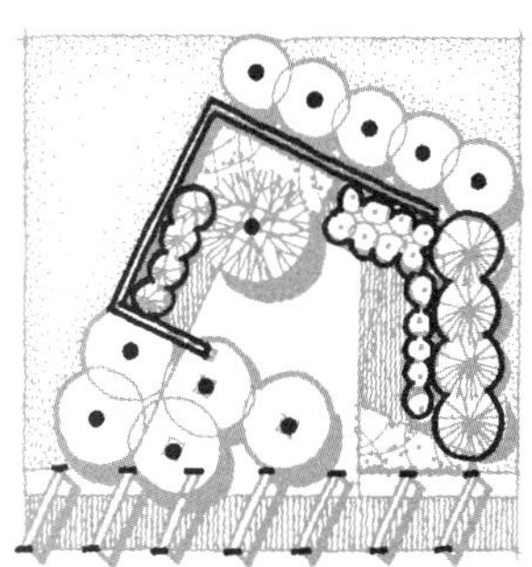

竖直的形式

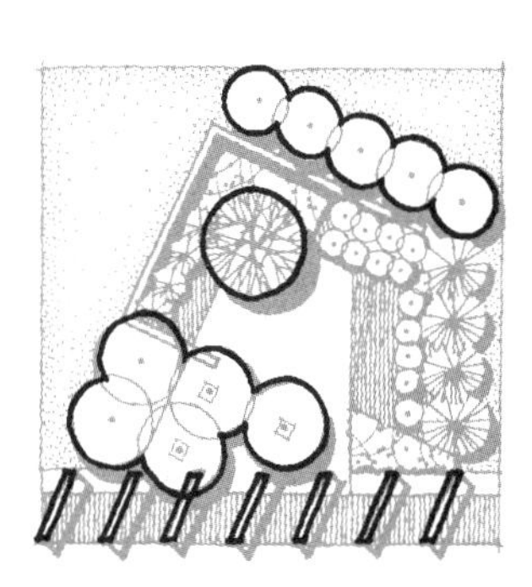

顶部的形式

笔记/手绘

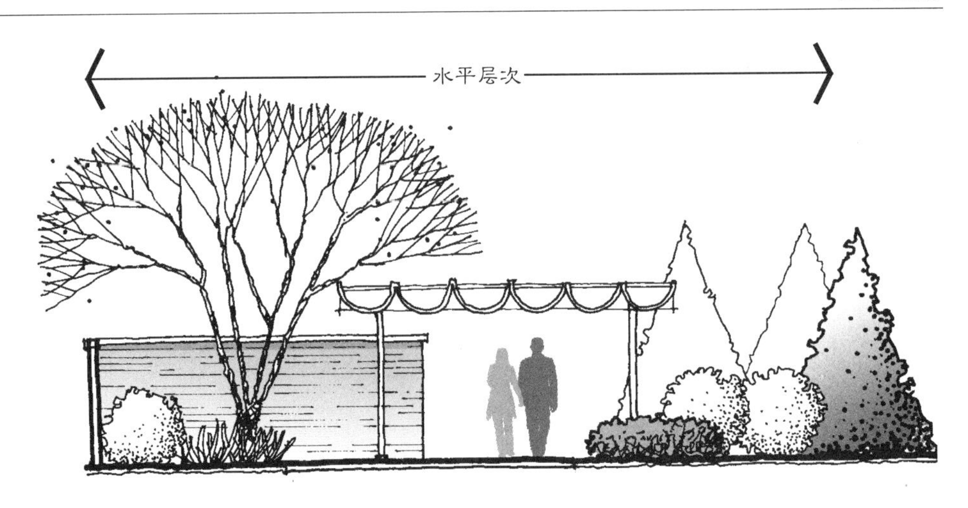

图 2.26 复合的形式具有创造空间层次深度的潜质。

复合的形式 | Multiple Forms

在创造由最初底面形式而来的空间时，这种创造户外空间的技巧运用了众多的面和元素（图 2.25）。所有设计组成部分的形状和方向都与最初的底面形式相同或相似，使整个构图组织布局很协调。这种空间成形手法的独有性质是，众多的面或元素不必直接处在最初形式的边缘上。相反，这些面和元素可被置于任何地方。一些紧挨着一开始的形式，另一些相距较远。此外，一些元素还可以叠加在最初形式之上，也可 / 或者位于其内部。当人们考虑到各构成部分的潜在高度和密实度变化时，在围合程度方面几乎有无限的可能性。

复合的形式这一策略造就了“体量化空间”（cubist space）。限定这种空间的众多面和元素通常呈现为一层层的横、竖重叠，因而当视线穿越空间时模糊了空间边界与深度感（图 2.26）。同塑形所形成的空间相比，因为无法从某一个位置感知全貌，体量化空间常常更迎合并吸引探索行为。以复合的形式来创造空间的过程，要求设计者同时考虑大量的构图成分，并以三维方式思考。

独立的形式 | Independent Forms

这一户外空间创造方法同复合的形式很相似，采用的是将众多元素布置在一个最初底面形式上和 / 或其周围。然而，独立形式的独特形成过程，是在形状和 / 或排列上应用了一些并非同最初形式对应的设计组成元素。这就意味着，某些设计元素在整体构图中是自主设置的。

笔记 / 手绘

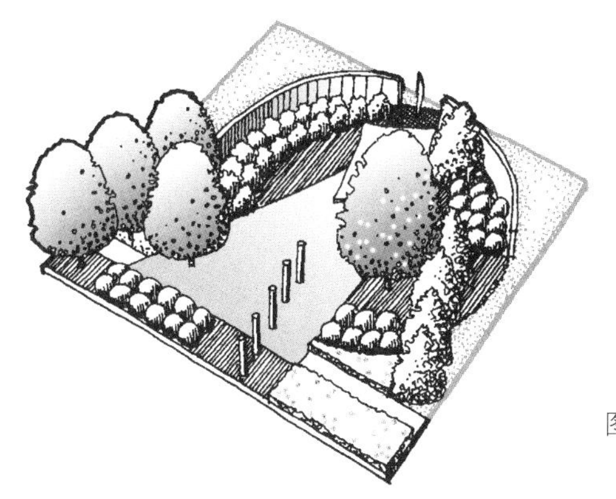

图 2.27 依据独立的形式进行设计的示例。

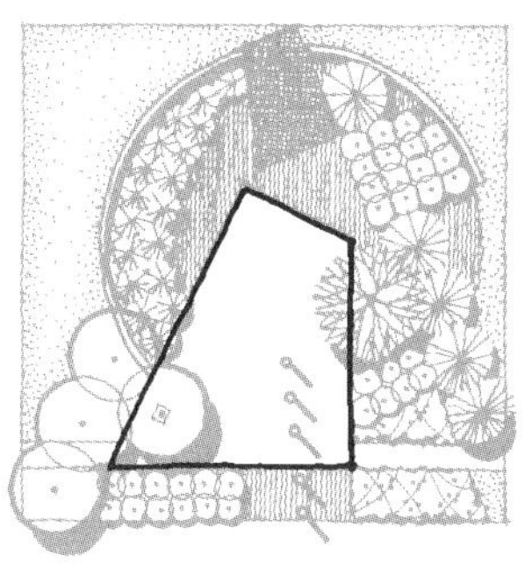

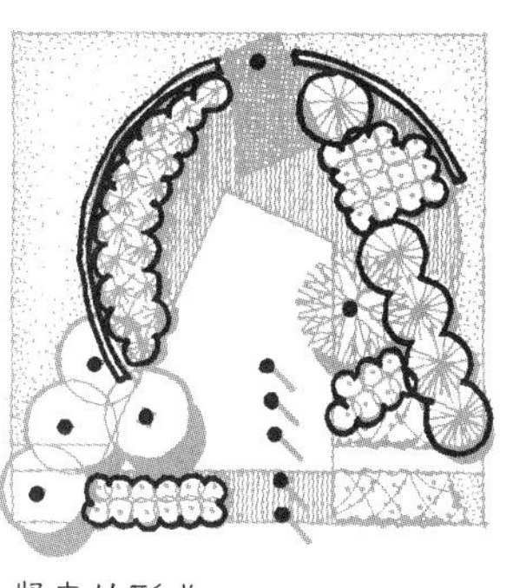

像复合的形式一样，独立的形式导致灵巧多样的空间，具有许多局部和模糊的空间边缘（图 2.27）。这种设计结构要求最高超的设计技能，因为它要同时在所有维度上把握常常不同的众多元素。因此，景园建筑师还必须能在剖面、透视、轴测、手工模型和/或计算机模型的帮助下，设想和创造多样的空间。

不管采用何种方式来搭配形式和空间，都应从根本上意识到，形式自身并不显示墙体、篱笆、植被材料、花盆或水景的高度或密实度，也并不能完满地表达空间围合。景园建筑师必须超越平面意识，以三维方式思考。如果有时像新手那样难于依据平面“设想”（see）空间，就一定要利用透视和模型等其他手段，从而更全面地把握一个设计将会怎样。此外，形式只提供一个设计的骨架，并不决定它的外表。形式提供了一个结构，在这个结构上必须加上更明确的材料标志。

笔记/手绘

要想最清晰地以图解方式阐明这个概念，可先来创造一个貌似最终的设计方案（图2.28）。其中，所有设计元素都得到清楚的展示，并具有和谐的形式。然而，对这个平面可以有不同方式的解读，各有其基于设计元素高度和密实度的样貌和意向（图2.29）。在确定了材料之后，这些差异将更加明显。例如，黏土砖砌筑的墙体造就了一种个性，采用玻璃砖就会全然不同。同样，一片由纤细绵软的草叶组成的草地产生柔和的边缘，但如果草叶是宽阔尖锐的，就会造成硬朗参差的边界。

扼要来说，了解形式在景园建筑学场地设计中可做什么、不可做什么非常重要，特别对于设计新手更是如此。运用形式来塑造设计并用各种设计元素来表明形式，这还不足以构成一项完整的设计，也没有一直充分考虑第三维度。在一个设计方案的演进中，运用形式来操作是很必要的，但这只是一个步骤，还必须有大量更深入的设计决断来充实。

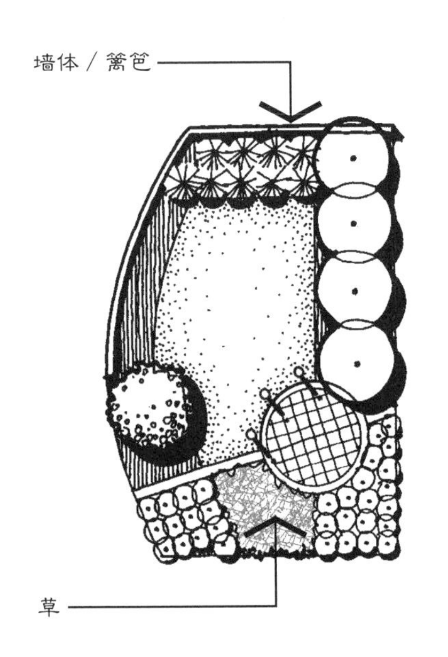

设计过程｜Design Process

本节的目的是讨论并展示形式在景园建筑学设计过程中是如何用作一种组织工具的。这里的考察并不意味着对设计过程的全面展示，因为把它放到另外的著作中会更好。本书的意图是，意识到设计过程是一种综合行为，必然牵涉大量超越形式的思考，聚焦形式在场地设计演进中的角色。

尽管对不同领域设计过程的概括会有些差别，但多数都包括下面的相似步骤：接受任务、分析、释义、立意、意向筛选、完成和评价（Koberg and Bagnall 1995，41）。在景园建筑学中，这些设计阶段经常转译为：接受任务、分析、问题界定、概念研究、初步／纲

图2.28　上：“完工后的”场地规划。

图2.29　右：对上面场地规划的不同转译。

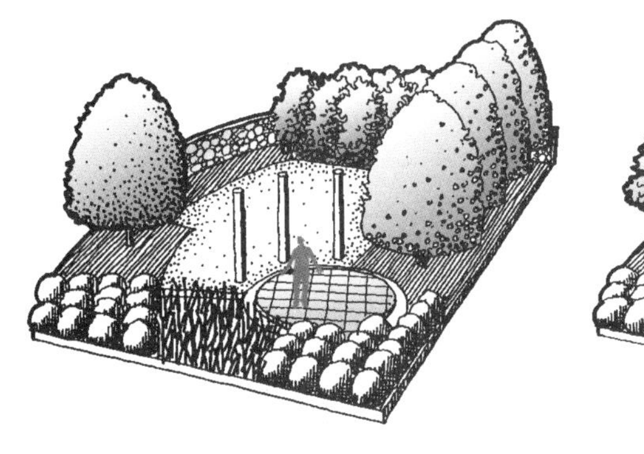
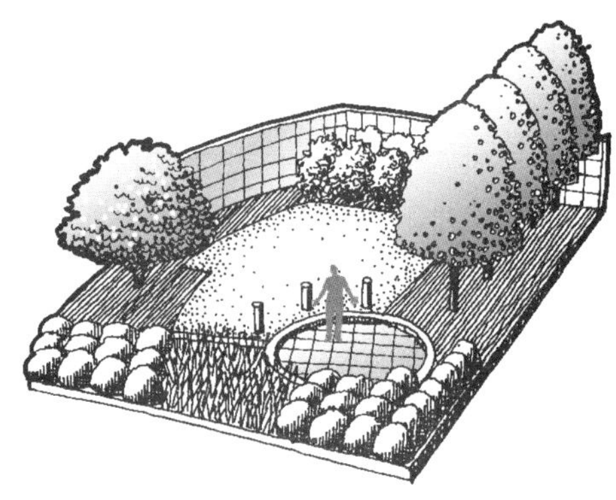

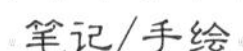

笔记／手绘

要性设计、整体设计、施工图，以及完成后的评价。本书的焦点，即结构组织和形式，以两种方式融入这个设计过程：（1）在分析和问题界定过程中，目标是决定什么形式适合特定的客观环境；（2）在概念研究和其后的设计中，目的在于把结构组织和形式用作塑造景园空间形象的手段。下面各段将更深入探讨形式在这些设计步骤中的角色。

分析｜Analysis

设计的这一阶段是要尽可能多地理解场地及其周围关系，以便能让最终的设计结果敏锐地、创造性地准确吻合场地的独有环境。分析过程通常包含收集场地的现实情况、周边环境、社会、历史及法规等信息，然后做出评价，决定场地的既有性质和特征应如何作用于最终设计。场地分析可以有许多操作和表达方式，但目的都是作用于设计，对它加以指导。

除了以收集和评价成批的数据为典型，场地分析过程还应该研究一些实际因素，包括区域特征、场地及其周围关系以及场地的主导图案和各种面貌，因为它们可能影响场地设计的结构和形式。

地域特征。每个地理区域都有特定的视觉和实际特征，由地形与地质形式和外貌、主导植物种类、水体、气候等塑造而成。这种自然的地域个性和人类在自然风景中留下的印迹所造成的个性，通常都可加以提炼，用来启发一个特定场地的形式。一种解译地域特征的手段，是在大尺度地形图和区域照片上辨识出大尺度的主导性自然和人类格局模式（图 2.30）。另一种技巧是，从地域风景中抽象出特有的形象或元素（图 2.31）。

图 2.30　上：不同地域的地形格局模式示例。

图 2.31　下：特有地域特征示例。

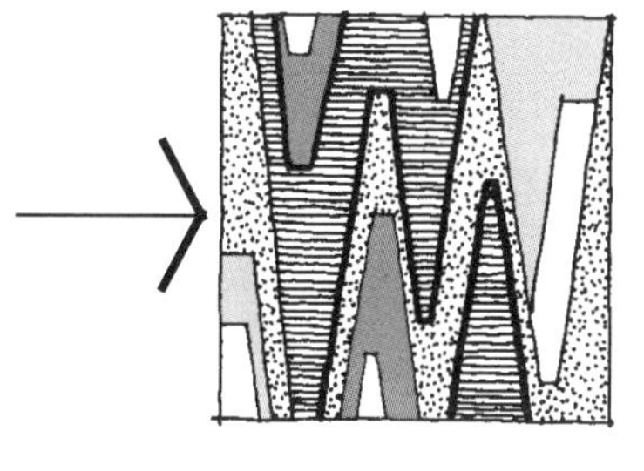

笔记/手绘

图 2.32　可能对场地上的形式产生影响的周围环境关系图。

自然面貌

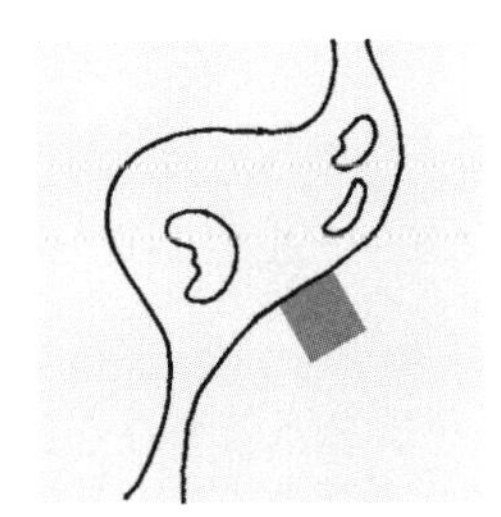

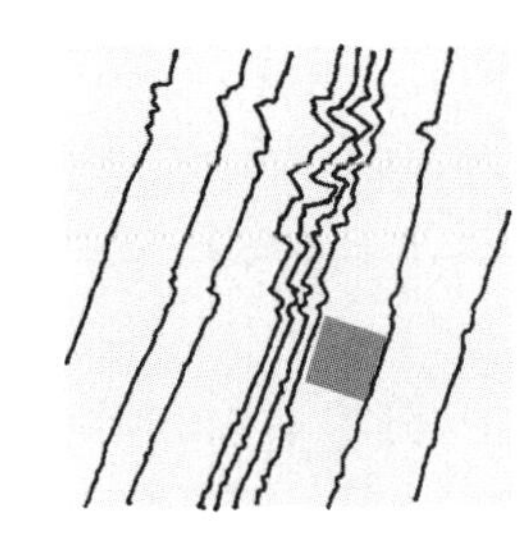

道路／街巷

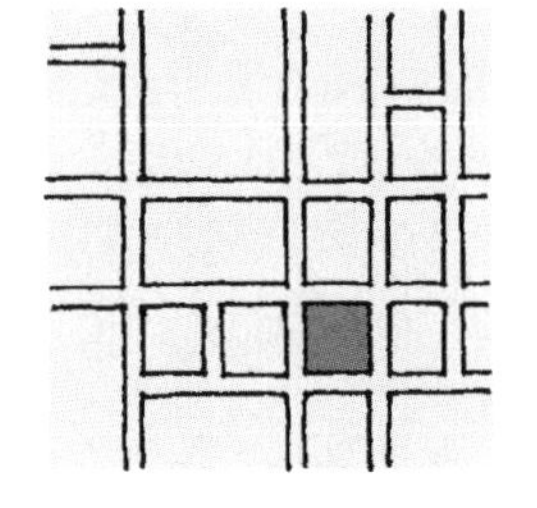
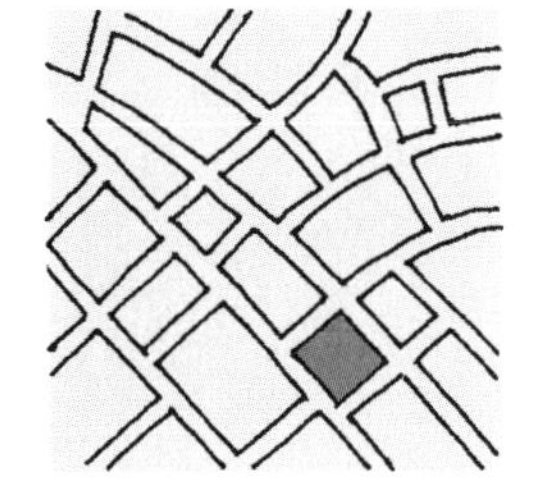
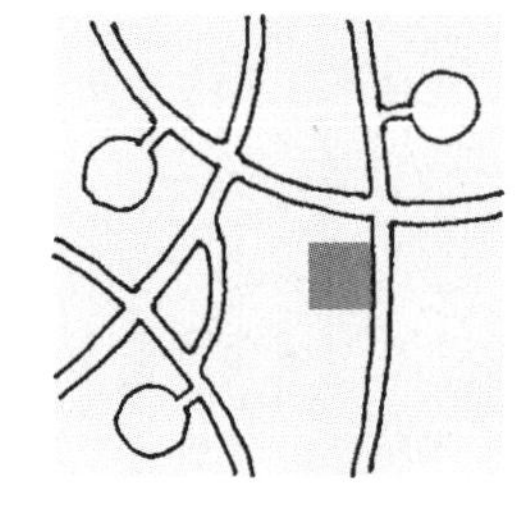

建筑物

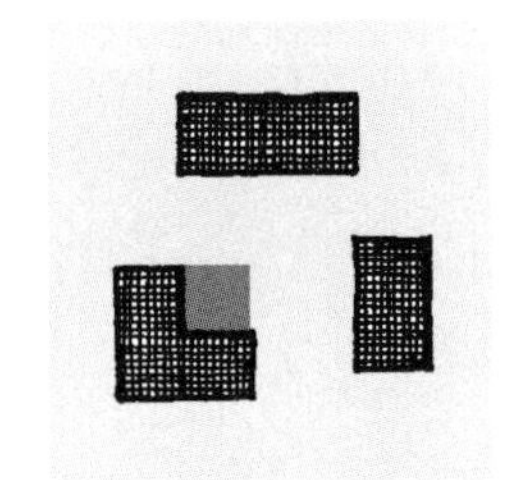
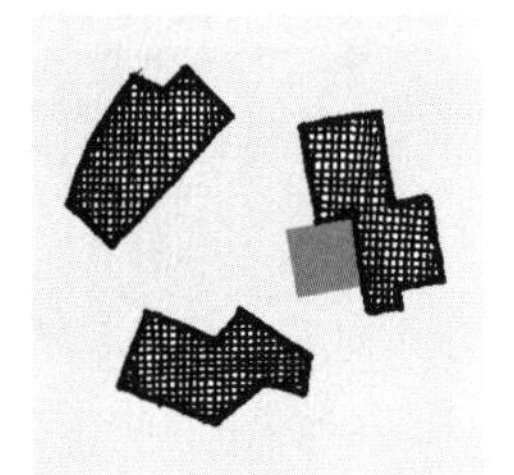
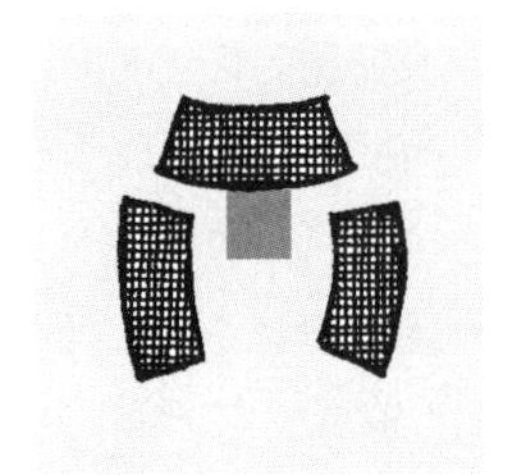

视线

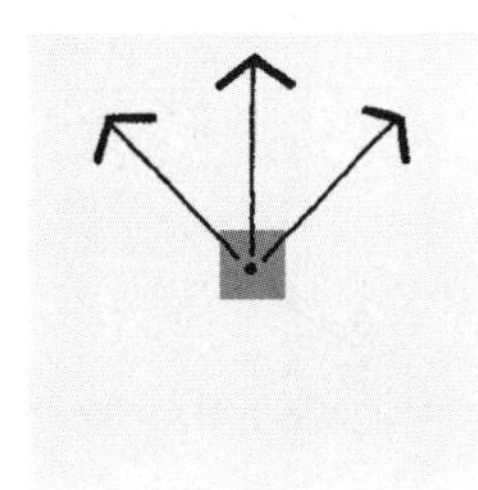
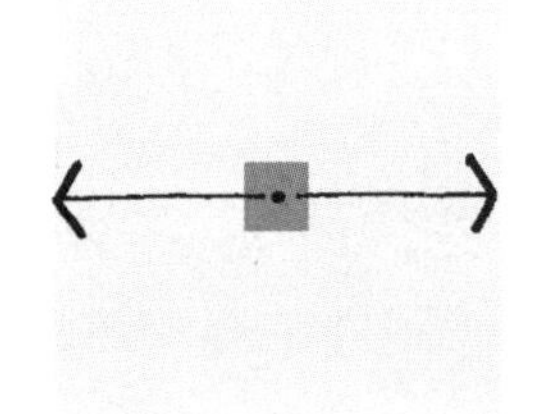

笔记/手绘

场地周围关系。同区域特征一样，在场地最近的周边环境中也有一些自然和人为的因素可加以提炼，启发场地设计的形式。这些因素有，水体和地形等引人注目的自然面貌、毗邻街巷和道路、附近建筑物的轮廓和朝向、场地的到达方位以及场地内外的醒目景观，等等（图 2.32）。

主导图案和面貌。一个设计任务的潜在形式也可从场地边界内的主导图案和独特面貌中发现。主导图案是由地形、地质构造、植物、水体、永久建构设施、路径流线以及建筑物之类的边缘、分布和主体形状所确立的连续组织格局。发现整体格局模式的一种有效手段，是在一个明显缩小的场地图上用简单的线条和体块来表示它们（图 2.33）。这使人们集中关注全局性的格局而不是细节。这些简单的绘图甚至能更抽象地表达一个图案的根本特征。在图 2.34 中，一个散布着树木的绿色空间被对角线路径所划分。为了对这个环境加以设计，树木和路径都被抽象成了用于启发设计的简单几何形。

地形

水流

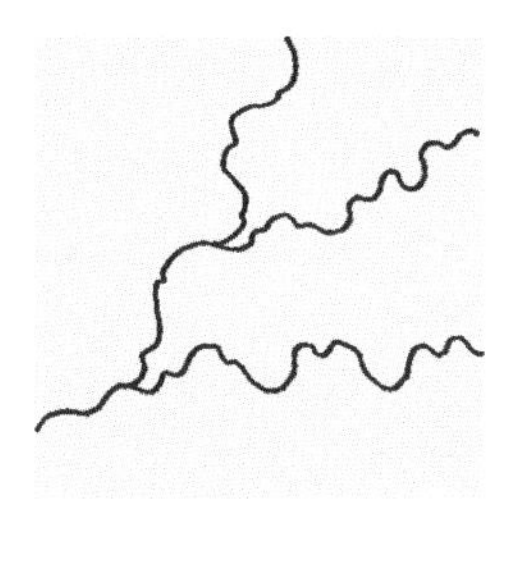

植被

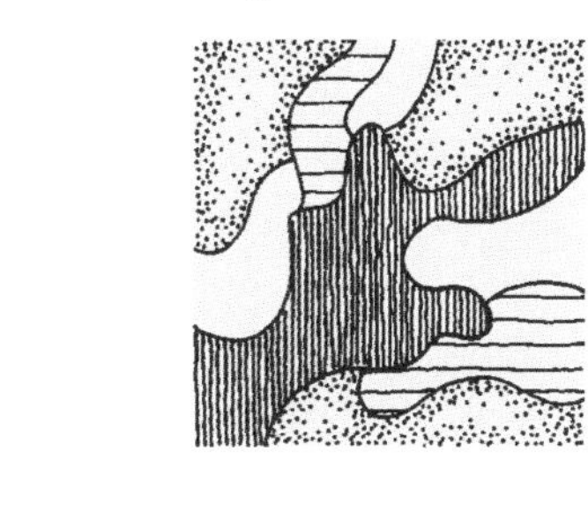

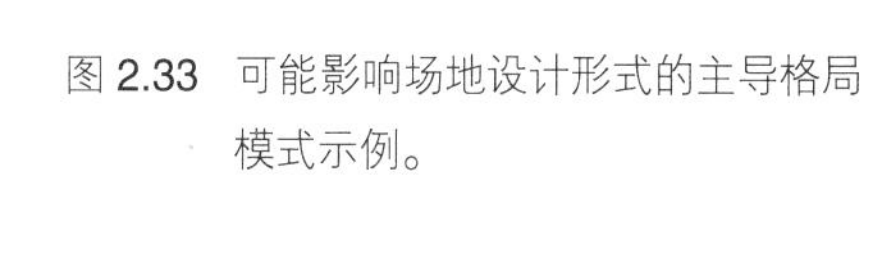

图 2.33　可能影响场地设计形式的主导格局模式示例。

树木

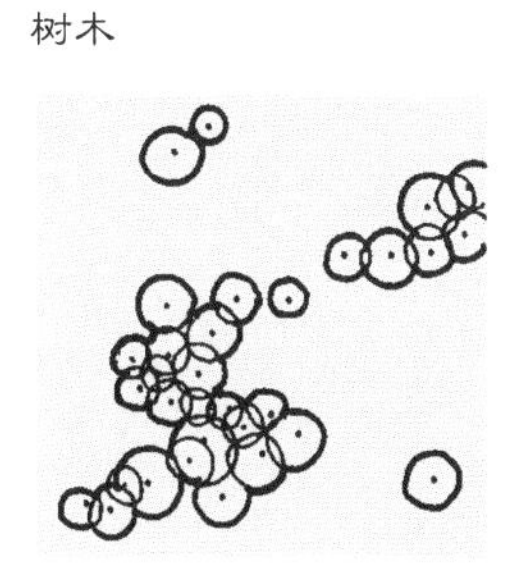

砾石

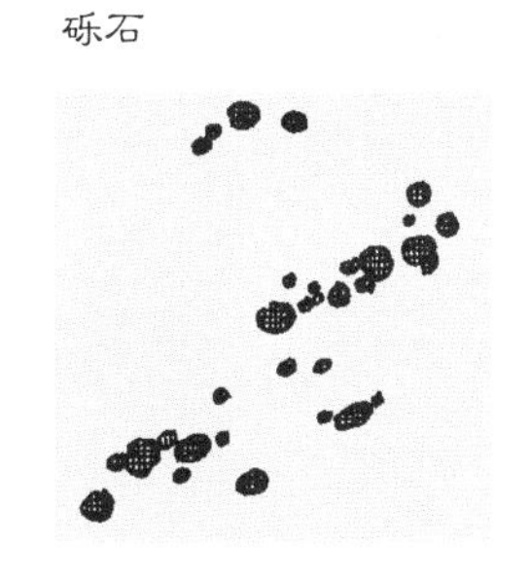

路径

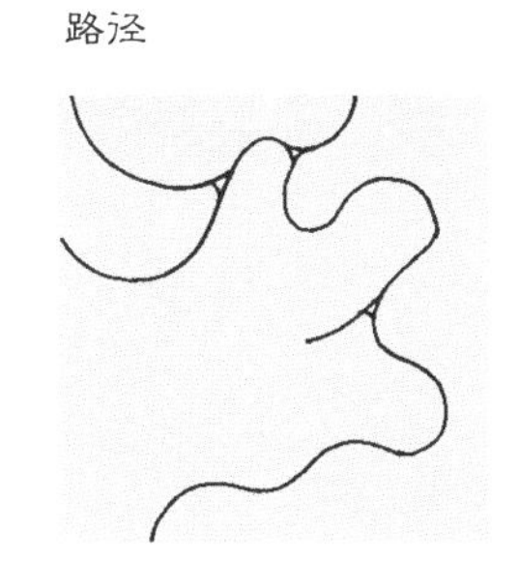

笔记/手绘

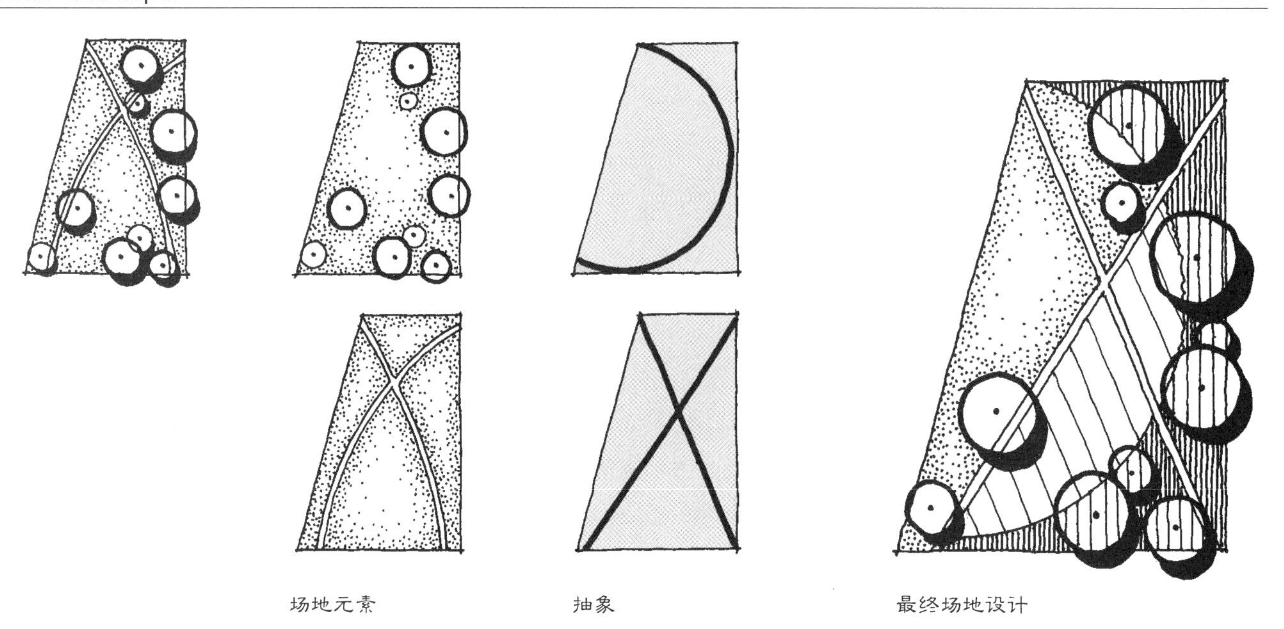

图 2.34 如何把场地格局模式抽象为明确形式的示例。

还有其他一些场地因素也应该加以研究，包括一个场地的整体组织格局（大小、形状和比例）、醒目的场地面貌（如鲜明的地质构造、雕塑般的树木和主导植被类型）、已有的建筑物（平面轮廓、形状、组织结构、建筑艺术风格）、过去时代人类利用环境的印迹（建筑基础、墙体、树木行列、土地利用）、现有的土地用途（大小、形状和位置）以及场地内外景观。另外，场地上的许多具体细节，如占大多数的树叶形状、裸露岩石的层次、局部的组织格局、水岸沿线成组的石头等，都可在场地设计中作用于可能的组织结构和形式（图 2.35）。

图 2.35 可能影响设计形式的场地细节。

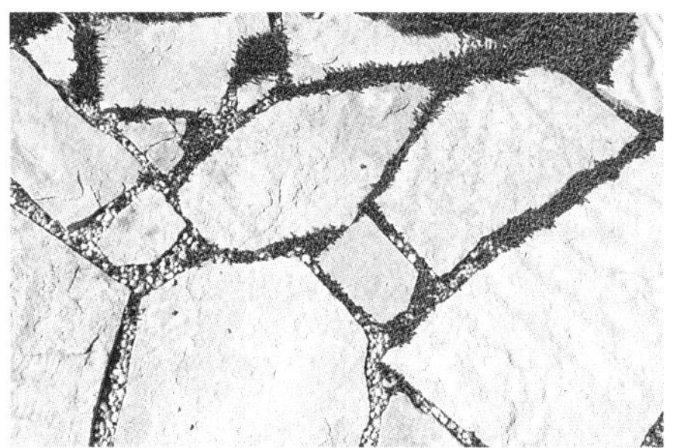

笔记/手绘

预期 | Envisioning

在设计过程中，下一个有助于决定什么组织结构和形式适合于一项既定任务的步骤，是预计设计结果应该是怎样的。这一步骤也被称为“释义”（definition）、“问题界定”（problem definition）和“立意”（ideation），它可以发生于场地分析的进程之中，或是分析结论的进一步研究成果。这一设计阶段的目标，是决定在最终设计中需要和/或追求怎样的用途/空间和实际元素，以及要求去体验的品质。创造和传达设计意向的方式有很多种。有关这些方式的建议是，把简单的示意图当作决定适当形式的一种技巧，用于启发概念和初步的结构（图 2.44）。在这个设计阶段，让示意图保持粗线条很重要，不应过于注重具体的或深入局部形式的画面。此时设计应确定的目标是：立意、需要的空间和元素、预想的空间品质、预算和预期的维护。

图 2.36　源自一个立意发展出的形式示例。

启迪

抽象

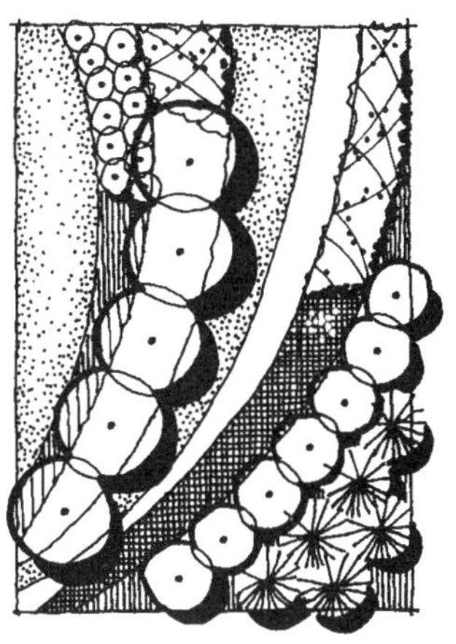

最终场地规划

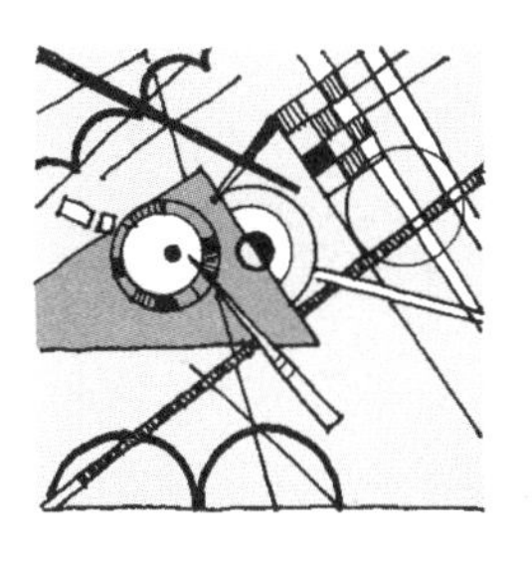

以康定斯基的《构图八》（*Composition VIII*）为基础

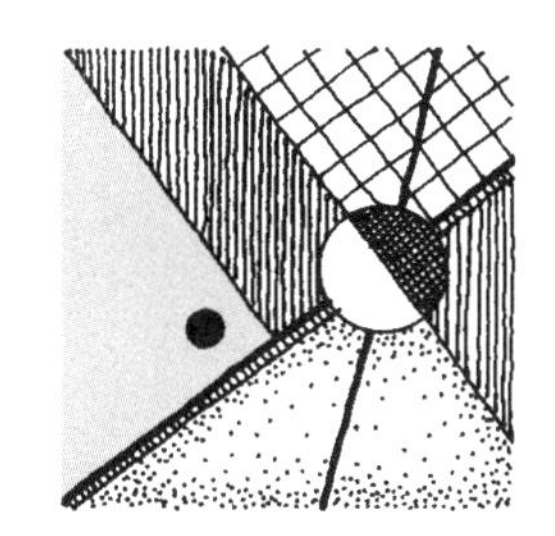

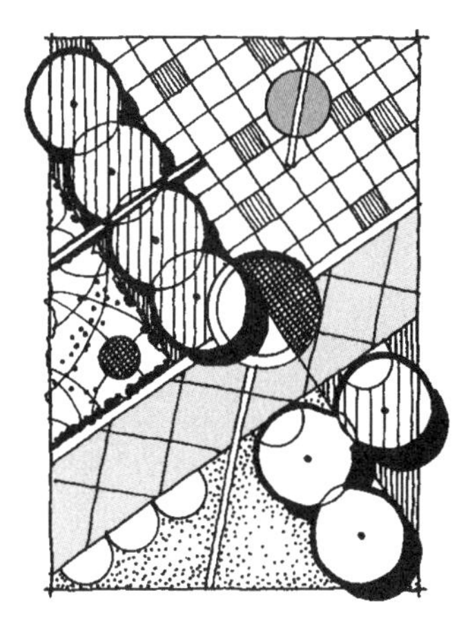

笔记/手绘

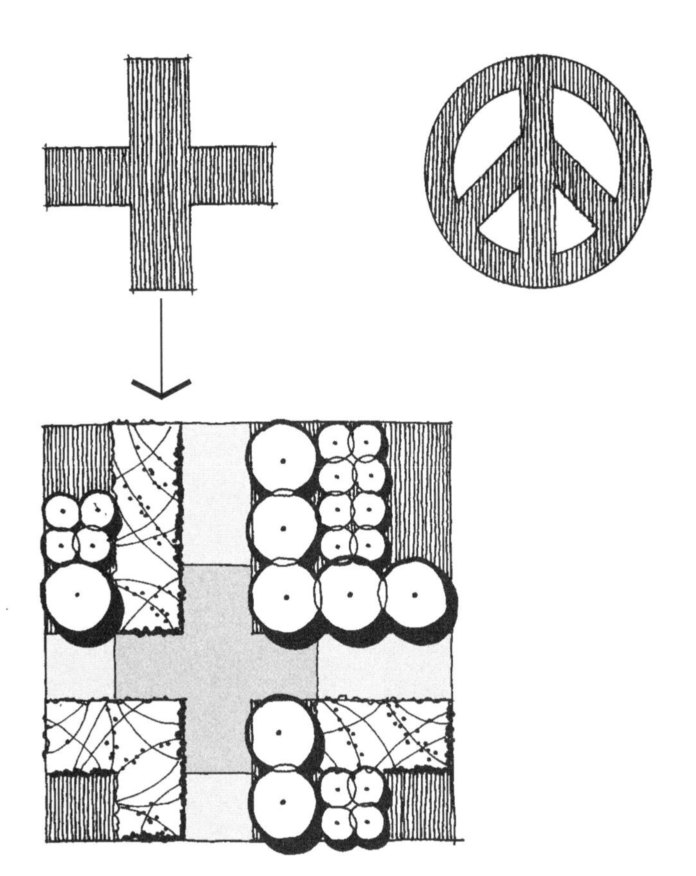

图 2.37　象征符号及其最终设计结果示例。

立意。立意有时被称为一个主题或“主导设想”（big idea），是统辖设计各方面的至高概念。它类似小说中的情节，即贯穿整个故事并把不同角色和章节紧密联结在一起的基本线索。在景园建筑学设计中，立意左右着一个方案的整体组织、特色、样貌和含义。立意还有助于使设计具有场所感，使最终的场地具有独特性，并激发创造力。

景园建筑学场地设计立意可以出自许多方面，包括场地的周围关系、场地、雇主、使用者、项目任务、其他类别的创造性表现（艺术、音乐、文学、摄影图片等），以及其他任何可以提供组织结构的事物（图 2.36）。另外，一个立意也可以是象征符号性的或隐喻性的。以象征符号为基础的设计采用一个可辨认的形象或形状，如公司或组织的标志、具有普遍意义的标识符号、旗帜、字母、一个熟识东西的轮廓等（图 2.37）。隐喻性景园与此相似，并引人联想起一些独特的环境、事物或感觉，如树丛、草原、河湾、鱼、

笔记/手绘

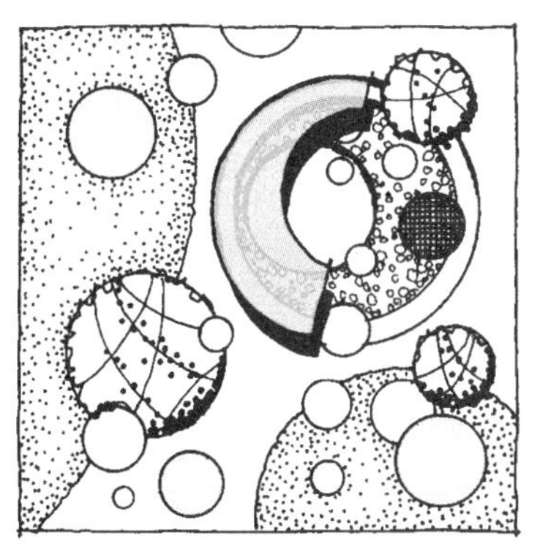

月面景色

河湾

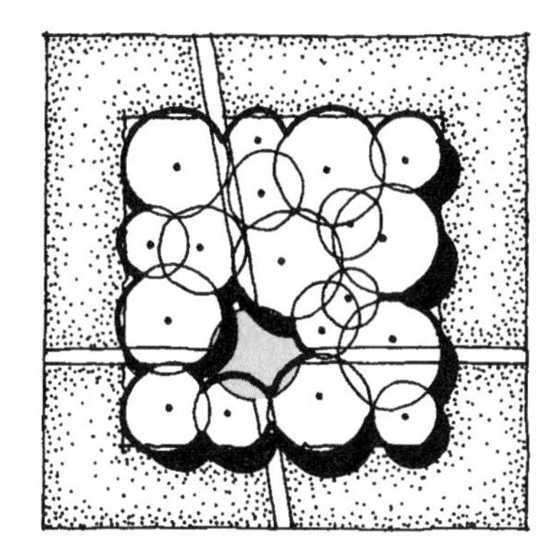
树丛

月面、秘园，等等（图 2.38）（Dee 2001，39）。关于应用象征符号和隐喻的一个建议是，应该使一些体验这种风景的人能够识别并理解它们。象征符号和隐喻不应只能通过从上方观看的平面来欣赏。

图 2.38　以隐喻为基础的场地设计示例。

设计大纲。这个设计方面的典型工作是确定并列出设计中需要的所有空间和元素。准备一个设计大纲的过程应该对每个空间的用途或功能做出决定，并同时决定支撑功能所必需的尺度、形式和比例等实际性质。应该记住“形式追随功能”（form follows function）这一著名口号，以适当的形式支持每个空间的功能。每个形式都有以形状和比例为基础的内在用途，应该加以尊重和利用（图 2.39）。形式和功能的关系还将在本书后面各章中名为“景园效用”一节中讨论。

图 2.39　形式和功能具有无法切断的联系。

直截了当

弯曲漫游

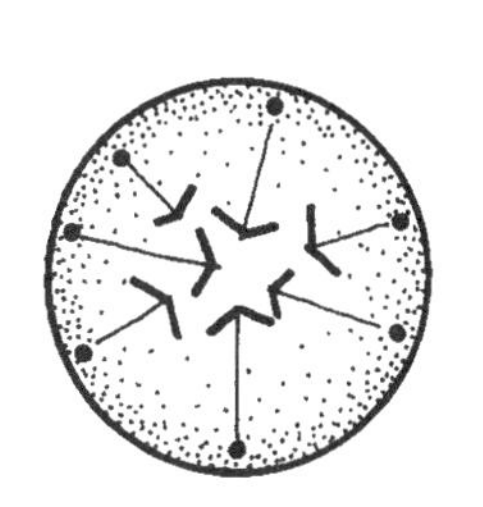
聚集 / 交流

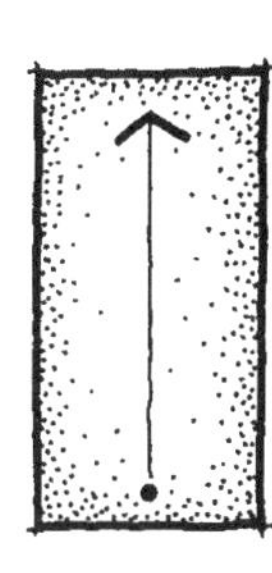
敬仰

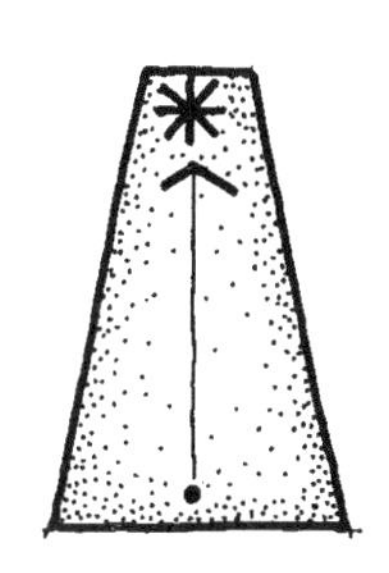
聚焦

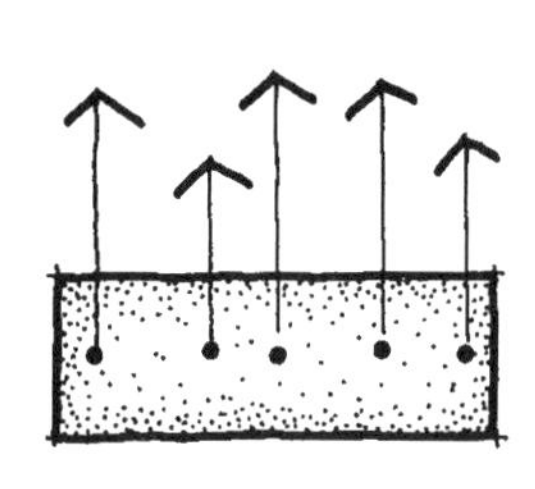
观看

笔记/手绘

预期的空间品质。本章较靠前的一节探讨了形式同体验到的空间品质之间的关系。这一设计过程的出发点就是要决定每个必要空间的理想品质。这通常包括确定围合程度、整体视觉气氛、材料和景观等，对这些因素的决策直接影响着能够达到预期空间品质的组织结构和形式。

预算和维护。一个项目的可行预算和预期维护类型同样作用于设计的最佳组织结构和形式。在决定设计中要采用的形式时，割草、剪枝和浇灌方式等都应该考虑周到。另外，材料的选择也将影响形式，因为许多材料自身相对更适合某些形式。总的来说，内部洁净的简单形式比较为复杂的形式在营建和维护上都更经济。

综合起来，以场地分析和预期为基础的结论，应有助于决定怎样的组织结构和形式才适合一个设计任务。这两个设计方面的目标之一都应该是为特定的设计环境确定一系列可行与不可行的形式。其目的并不是明确确认特定的形式，而是缩小可能的范围，并为设计过程的下一阶段确立一个起点。在决定任何设计任务的适当组织结构和形式时，都需要考虑数不清的因素，所幸这一点很清楚（图 2.40）。无论形式取决于什么，它们都应该是多种因素的综合，包括恰当地吻合场地、立意、项目需求、预期空间品质和预算。

图 2.40 在景园中影响设计形式的因素。

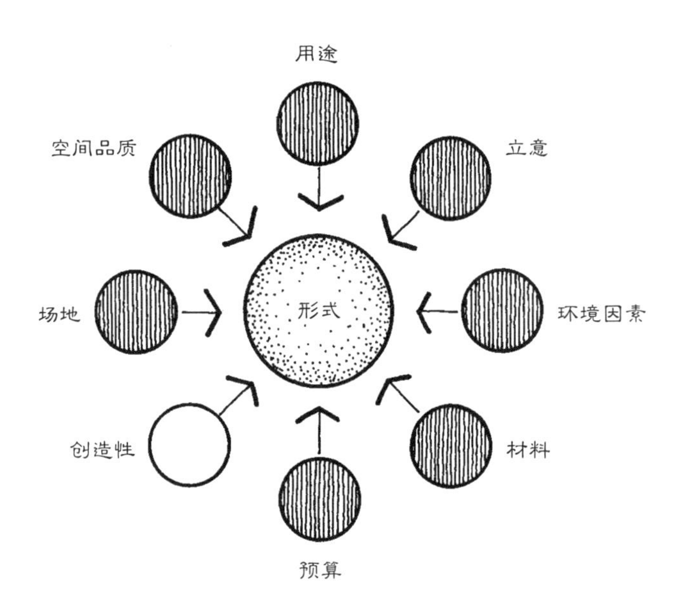

笔记/手绘

示意图｜Diagrams

在到目前为止的设计过程中，基本的意图还是决定什么组织结构和形式适合既定的目标环境。现在，则要把注意力转到把形式当作组织和塑造外部空间的工具了。为了便于说明，这里将以对一个实际场地和项目的案例研究来形象地阐释接下来的设计步骤。选定的城市场地位于一个大都市区域内，紧邻一座充满活力的室内市场，里面有大量的当地商贩和域内农民。这个场地现在是一个停车场，周围西面是市场，北、东、南面是街道（图 2.41）。周围城市邻里是一个离市会议中心不远的复兴重建地段，有居住、餐饮、夜总会、酒店、停车楼和各种小买卖商户，位于城区核心多层办公楼的视线之内（图 2.41）。关键的场地问题包括缺乏人的尺度、大量表面不渗水的铺地、歪斜的东部场地边界、东面缺乏美观的景致、服务性地段需要屏蔽，没有通往市场北门的重要人行路径（图 2.42～图 2.43）。

设想中的设计意图是把停车场变为市场向外部空间的扩展，其中有空间服务于：

- 商贩
- 户外餐饮
- 轻松的组织活动、表演和集会
- 缓冲建筑物朝东侧的背面
- 通往市场的服务通道
- 任何其他增强市场气氛的功能和元素

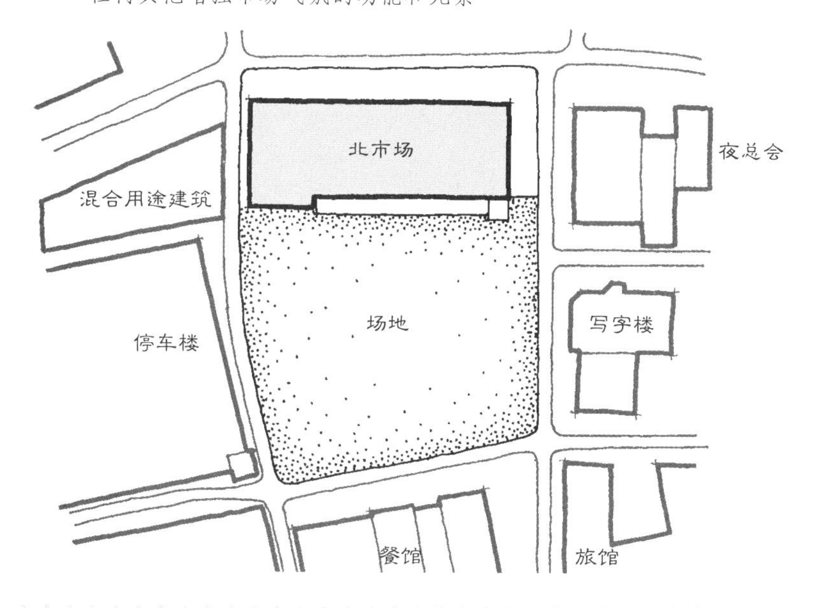

图 2.41　上：市场场地景观。

图 2.42　左：市场场地位置与周围关系。

笔记/手绘

作为以图形来组织设计方案的头一步，以下场地分析和设想是要准备一系列粗略概括项目元素和空间概念的示意图（图 2.44）。此时，没有必要把所有最终将构成设计的空间或元素都容纳进来，只需包括那些在场地整体布局中作用最大和 / 或最关键的空间和元素即可。这些初步示意图的主要功能是阐释主要空间和元素的相对位置、大小和比例，不涉及场地具体事项信息。概念示意图促使设计者发现理想的空间布局关系，并常以创造几种不同布局的方式来检验想法。最初的示意图画成非具体图像语言的泡泡图样式，没有规定的比例尺，并且不具备关于这个场地的直接针对性。这些图形象征的特点是简略、快速，而且无意表达空间形状。然而，通过建构轴线、脊线、流线路径、空间方位之类的元素，概念示意图能够而且应该开始研究设计的整体组织结构了。

图 2.43 市场场地的简要场地分析。

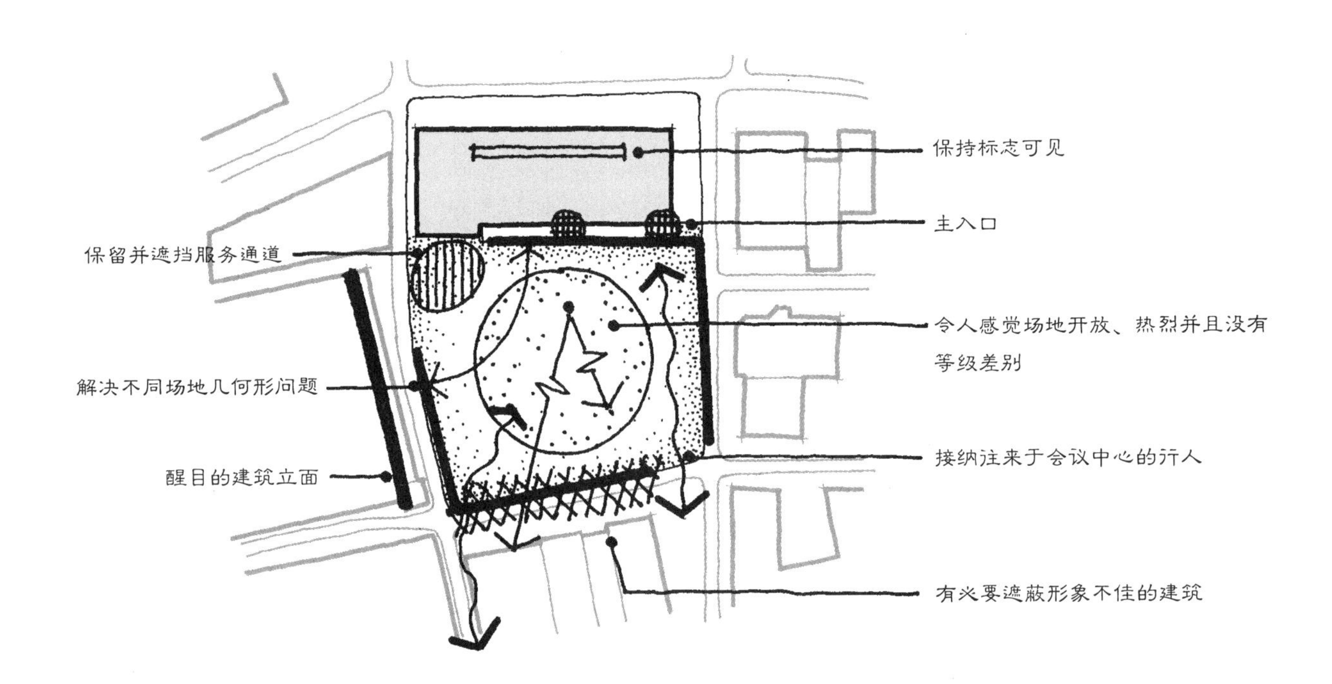

笔记/手绘

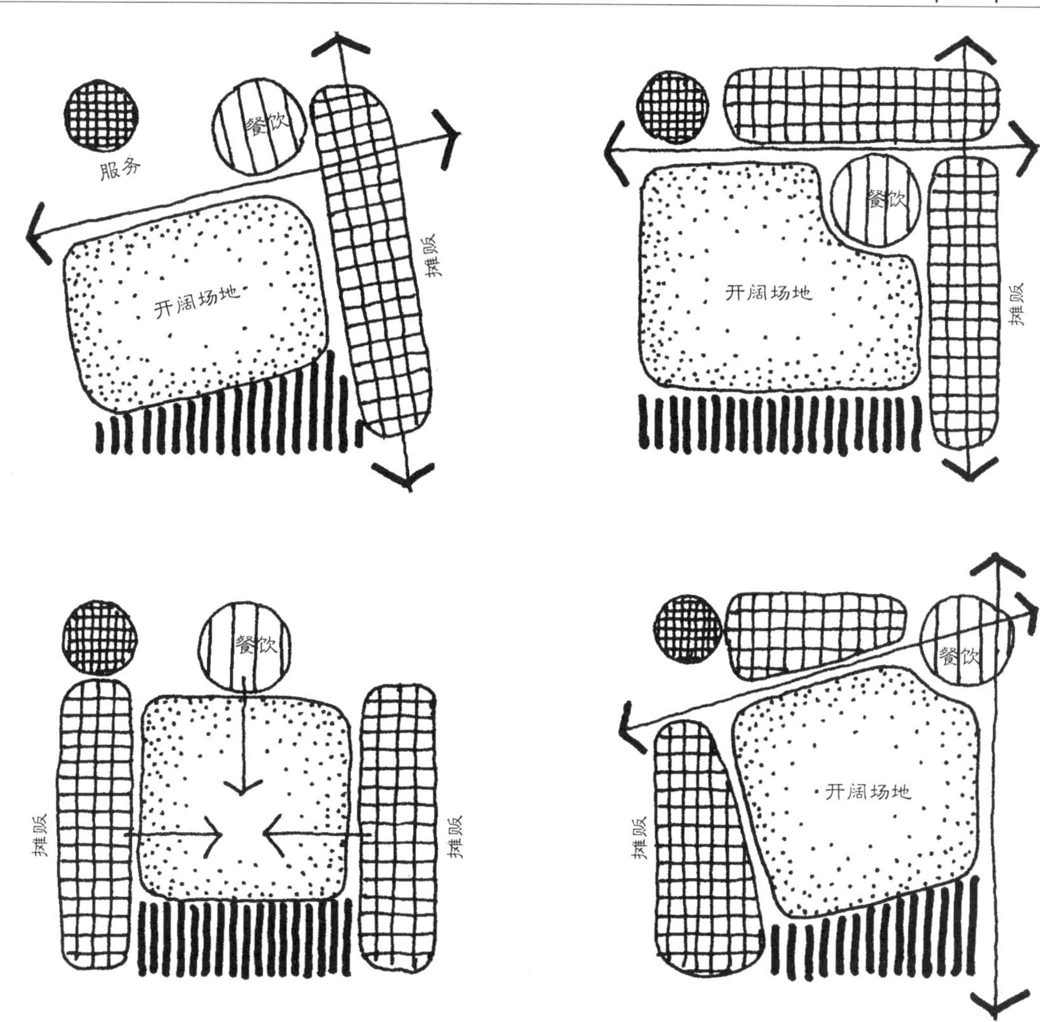

图 2.44 概念示意图。

应该审视这一系列不同的概念示意图，比较它们的相对长处以及适应设计任务的可能性。通常会有一个示意图，或者有时是几个示意图的结合被遴选出来做进一步的研讨。接下来的一系列示意图习惯上被当作功能示意图，始于概念分析并着手加入进一步的空间、流线节点、初步的景观和视觉重点，这就开始谋划空间边缘等等了（图 2.45）。此外，绘制功能示意图要依据场地的比例，使空间大小和位置都吻合实际场地状况。如同概念示意图一样，功能示意图的意图是研究整个设计的整体构图组织，但更细致、充分设想了预期的空间品质。功能示意图应该采用与概念示意图一样或相似的图形语言，并且应该能快速绘制，它们同样是为了揭示不同的构思。

笔记/手绘

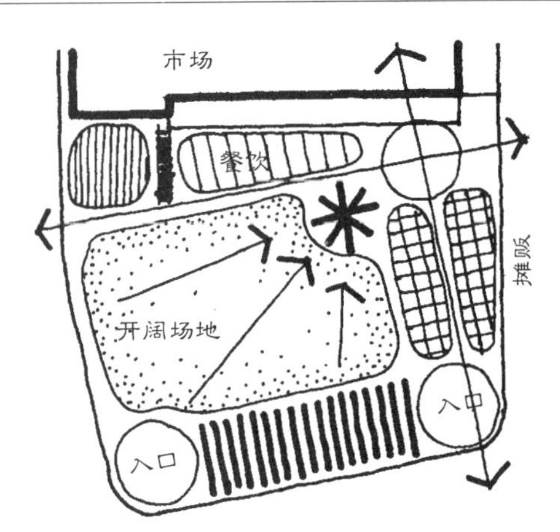

图 2.45　上：功能示意图。

图 2.46　右：主题示意图。

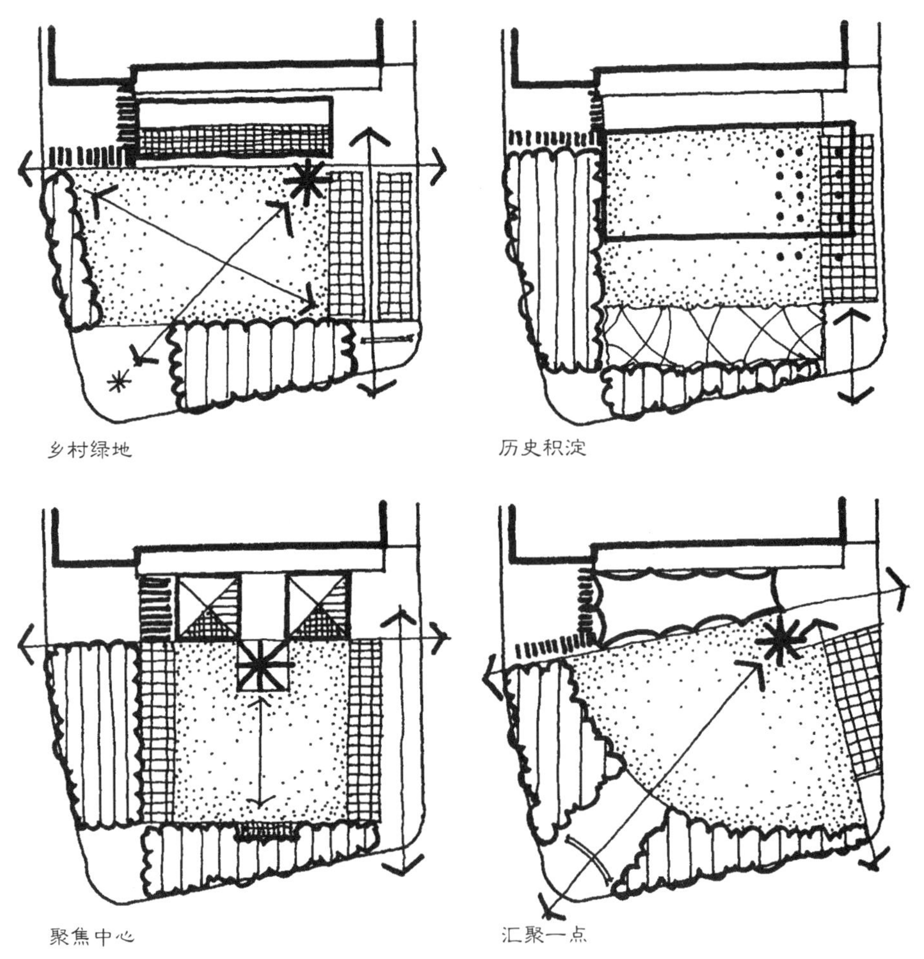

笔记/手绘

最后一组示意图称为“主题示意图”（thematic diagrams），有时也叫“纲要图”（schematics）。通过使设计组织具备更有针对性的结构，并探索各组成空间的类型和品质，这些示意图开始转向初步设计了（图 2.46）。从功能示意图开始，这些分析再次致力于准备一系列不同选项，每个选项都基于自己的主题。接下来通常很有益的是，让这些示意图各有一个浓缩其核心主题的名称。应该注意到，图 2.46 中每个选项内的空间和元素位置根本上都是相同的，是基于前面功能示意图的。然而，每个示意图又传达了一个不同的主题或立意。为了达到这个目标，主题示意图把一个或更多基本结构组织（即线、网格、对称或不对称）融合到涵盖了整个基地的粗略总体形式中。综合来看，所有这些能赋予场地秩序的手段都是要检验每个空间的轮廓与品质。建筑边缘、构筑物、墙体、密集树丛、地形变化、铺装地段等，都以简略图形的方式表达，大体展示了各个空间的边缘。总而言之，发现并理解示意图中蕴含的户外空间创造及其应用建构形式的基础，这一点很重要。

有必要指明，同接下来的绘图相比，所有这些示意图都是按显著缩小的尺度来绘制的。这使人们能快速创建示意图，并聚焦于设计的总体布局，不至过早就去抓细节。这种操作方式促使人们去考虑总体组织。另外，按照快速简图的方式绘制示意图，促进了对不同构思的探讨，并由此激发了创造性，因为构思可在这里自由流动，不受图形表达或特性的阻碍。同样要强烈建议的是，示意图应该采用手绘或用连接电脑的绘图板方式。这两种绘图手段都意味着鼓励示意图自身的本性。用与计算机绘图软件交互作用的鼠标绘制示意图并不具备同样的能力，带来的常常是局限而不是助益。

笔记/手绘

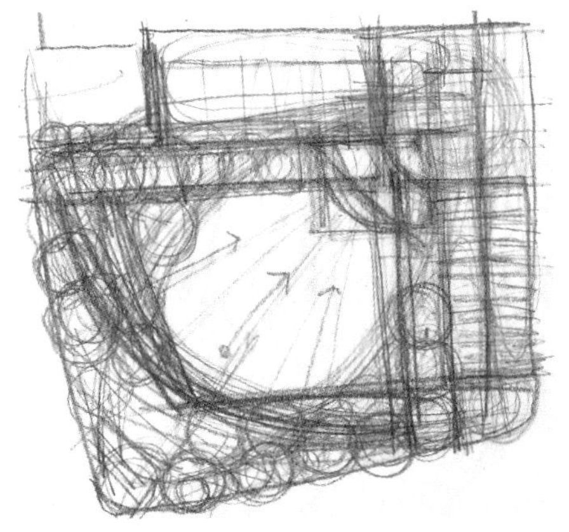
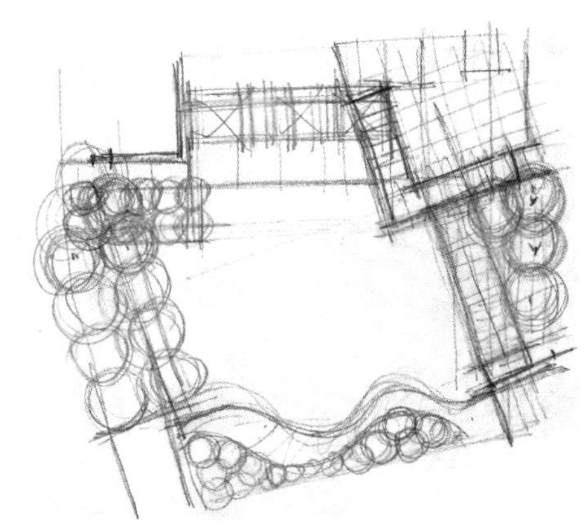

图 2.47 推进中的初步设计草图。

初步设计 | Preliminary Design

设计过程的下一步始于一个选定的主题示意图或示意图组合，并着手为其加入有针对性的思考和图形表达。伴随着这个过程的起始，绘图比例应该加大，通常是 1∶10、1∶20 或 1∶30，它取决于场地的大小和要求细节的多寡。不过，看上去它不应只像直接放大或赋予更多图形细节的遴选主题示意图。当人们开始联系实际地、按一定比例刻画设计元素时，要意识到主题示意图的作用只是一个起点，设计是非常易于引申或变化的，一些时候甚至有实质性的变化。使用铅笔、钢笔和（或）记号笔，设计者开始确定边缘并勾勒所有的空间。同运用示意图时相似，这应该始于涵盖整个场地的整体形式。以草图方式，同时对地面、竖直面和顶面的形式加以研究。这个过程的头一步很概括而且不很准确是正常的。另外，设计者通常还要探索不同的形式，把一个叠加于另一个之上，由此产生一个可以选择各种想法的多层蛋糕（图 2.47）。这个过程经常使设计特点发生与其起点相关的变化，这往往是一种健康的症候，表明设计者正在设计中积极致力于分析和思考。通过尝试新的想法，成熟的设计者会不断寻求更好的设计结果，其中许多就是通过不断回顾和试验得到的。

伴随着时间和努力，这个过程终将完成一个用写实图形来表达所有空间和设计元素的初步设计（图 2.48）。建筑边缘、场地结构、墙体、篱笆、阶梯、水景、树木、灌木丛、铺地、草皮、地被植物，等等，都被优美地组织在各种形式中确定了设计的空间。这些元素集合起来确定了一系列具有不同用途和气氛的空间，迎合了规划要求并提供了一个空间体验的综合体（图 2.49）。

笔记/手绘

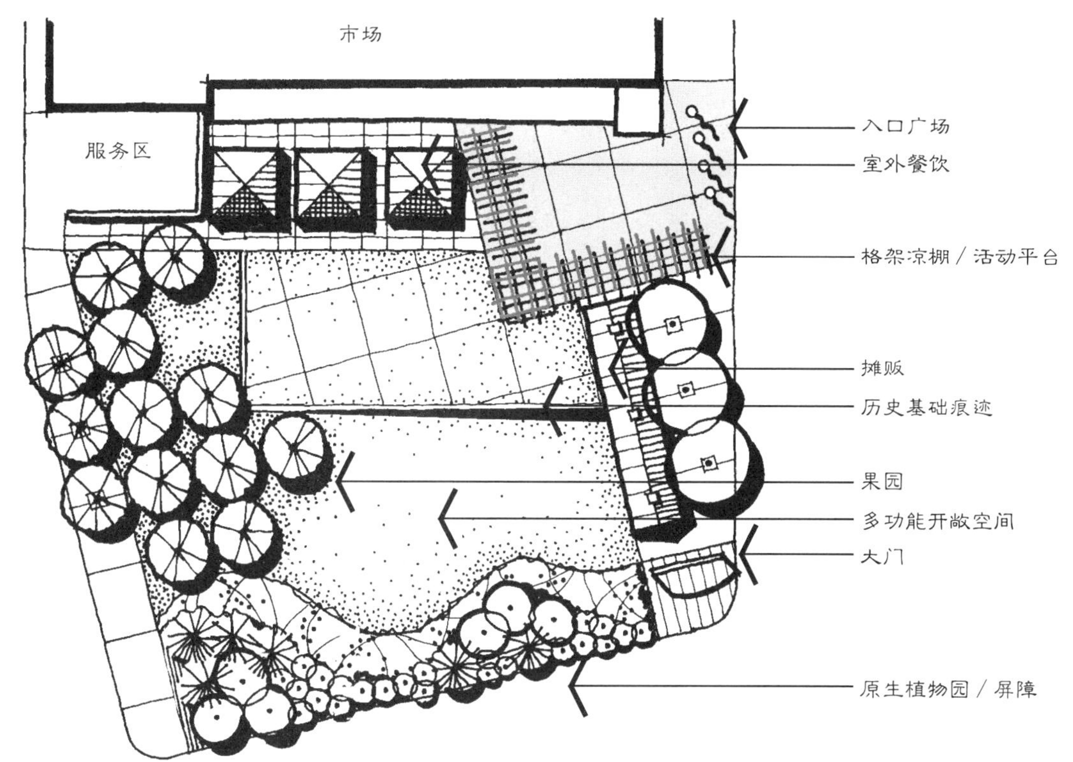

图 2.48　上：市场初步设计。

图 2.49　下：市场初步设计中显示的不同空间品质。

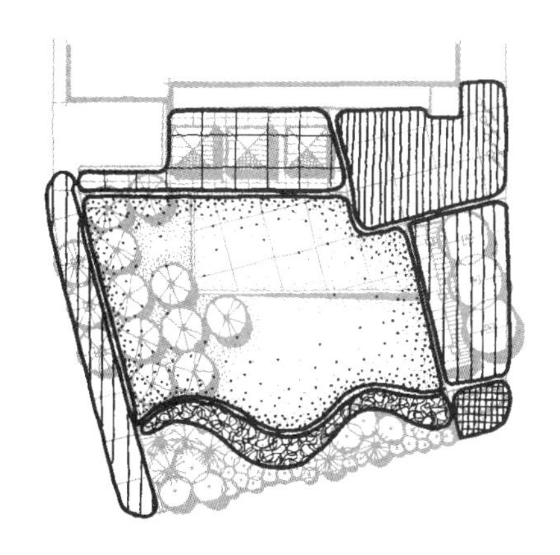

不同的基面品质

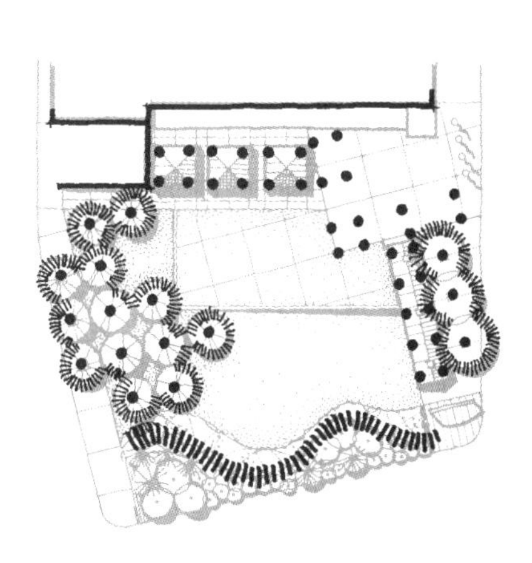

不同程度的竖直面围合

不同程度的顶面围合

笔记/手绘

接下来的设计阶段 | Subsequent Design Phases

初步设计之后的典型阶段是总体设计和施工图，然而，在确定设计的结构方面，这些设计阶段并不像示意图和初步设计那样具有深刻影响。从其最大作用来说，这些后来的设计是精细细节设计的步骤。然而，总体设计和施工图两者的确都具有一项进展很大的设计成果：决定了所有设计元素的材料和实际样貌。典型的初步设计只从一般意义上确定了材料：木头格架凉廊、雕塑、遮阴树木、混凝土铺地、金属屏架，等等。总体设计和施工图超越了仅仅只是规定材料的颜色、肌理和饰面以及它们的组织方式。如本章前文曾经讨论的，设计材料的选择对其空间的实际面貌和感觉具有非常强的影响。实际上，大多数人只看到设计的实体元素和材料，很少看出设计的结构。所以，把设计意向推进到后面的这些设计过程非常关键，不过，这超越了本书确定的讨论范围。

参考资料 | Referenced Resources

Bell, Simon. *Elements of Visual Design in the Landscape*. London: E & FN Spon, 1993.

Booth, Norman, and Gail Zink. "Rediscovering the Invisible Landscape; Abstract Lessons Within Historically Significant Landscapes." *1994 CELA Conference, Proceedings*. September 7–10, 1994, Mississippi State University.

Ching, Francis D. K. *Architecture: Form, Space, & Order*. Hoboken, NJ: John Wiley & Sons, 2007.

Condon, Patrick Michael. "Cubist Space, Volumetric Space, and Landscape Architecture," *Landscape Journal* (Vol. 7, No. 2), Spring 1988.

Dee, Catherine. *Form and Fabric in Landscape Architecture: A Visual Introduction*. London: Spon Press, 2001.

Koberg, Don, and Jim Bagnall. *The Universal Traveler: A Soft Systems Guide to Creativity, Problem Solving & the Process of Reaching Goals*. Los Altos, CA: Crisp Publications, 1995.

Simonds, John Ormsbee. *Landscape Architecture: A Manual of Site Planning and Design*, 3rd edition. New York: McGraw-Hill, 1997.

其他资料 | Further Resources

Motloch, John L. *Introduction to Landscape Design*, 2nd edition. New York: John Wiley & Sons, 2001.

Reid, Grant W. *From Concept to Form in Landscape Design*, 2nd edition. Hoboken, NJ: John Wiley & Sons, 2007.

笔记/手绘

正交形式 | Orthogonal Forms

直线 | The Straight Line 3

对正交形式的探讨始于直线或矢量，即所有直边围合形式中最根本的组成部分。直线是产生正方形、矩形和其他正交形式的最原始组成部分，正方形和矩形的边、内部轴线与暗含的内部网格都是彼此成正交关系的直线。直线还是构成由多个正方形和矩形构成的网格、对称与不对称组织结构的必要成分。在所有与直线相关的变化中，直线都作为一种基础，用于塑造展现带有清晰边缘的、人性化的而且具有建构设计特征的景园。

直线是所有正交几何形的必要成分，然而，本章内容仅集中于作为单独设计元素的直线，它有自身独有的性质，并在景园建筑学场地设计中被当作一种组织元素。本章回顾直线的固有性质、可能的效用以及把直线当作塑造景园空间的主要设计元素时的相关准则。本章各节有：

- 基本特征
- 景园效用
- 设计准则

图 3.1　景园中的线条示例。

图 3.2 线的指向性。

基本特征 | Fundamental Characteristics

一条线的长度远远超过其宽度，因而使它感觉像一个单向度元素的设计元素。因为所有的有形实体实际上必须拥有两个维度，一条线无论如何也得是一个比例狭窄的实体，占据了相对很窄的长距离领域。凭借以最短距离连接两个点的效果，直线区别于斜线、拱形线或曲线等其他线形，表达了效率、决心和不受干扰的运动。

尽管笔直的线条实例可见于红杉树主干和其他结构相似的树种、岩石分层、大型水体远处的水平线、花朵的一些部位，等等，直线根本上还是一种人类建构。在人类的风景中，直线产生于任何伸长的狭窄二维元素，如小径、道路、水渠、铺地道路；或产生于很薄的三维事物，如篱笆、墙体和绿篱（图 3.1）。另外，一排连续的独立元素，如树木、圆柱、灯和旗杆也暗示了一条直线。

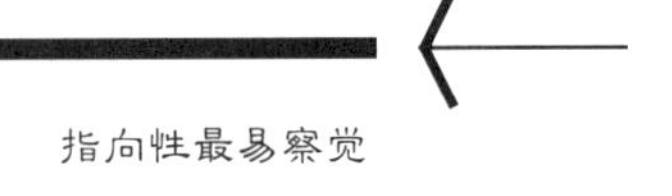

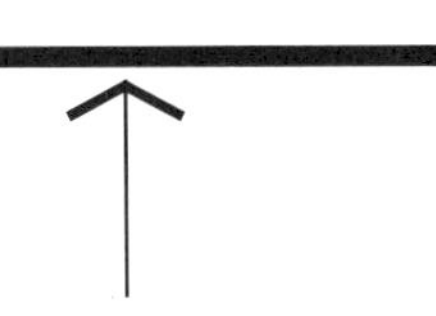

图 3.3 上：线的指向性在沿其长向观看时最为明显。

图 3.4 右：沿线长度方向的竖直面加强了线的指向性。

笔记/手绘

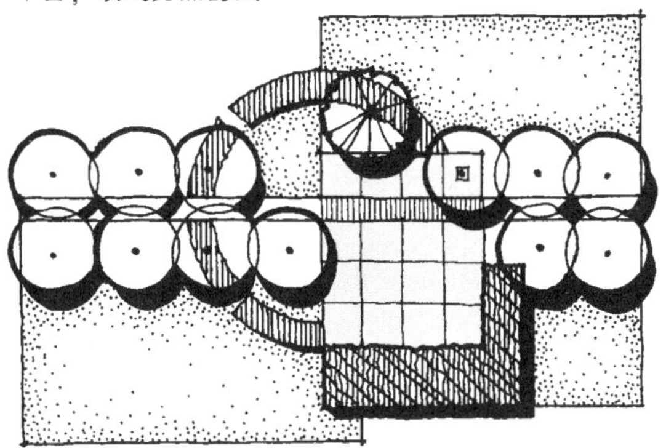

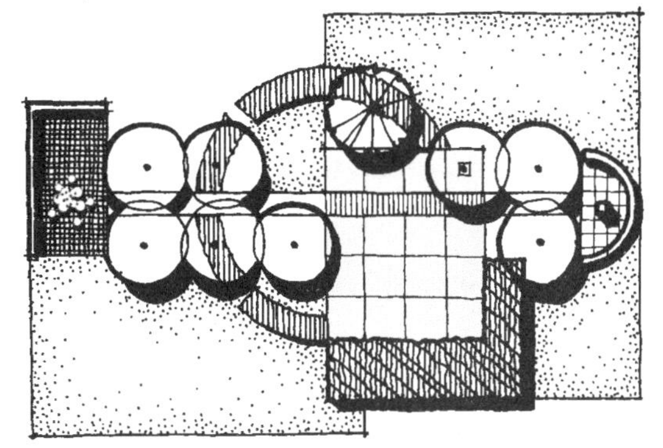

图 3.5 一条线应该以恰当的终点来突出。

景园效用 | Landscape Uses

以其单向维度、方向性、简洁性和连续性为基础，直线在景园建筑学场地设计中具有众多用途。虽然此处把直线的各种效用分开以便清晰地阐释，但它们中的许多都是彼此助益和同时发生的，这赋予直线同时完成数个设计目标的能力。直线可能的景园效用有：引导视线、方便运动、确立基准、明确边缘划分、提供建筑艺术的延伸、暗示人类的控制以及创造节奏韵律。

引导视线 | Direct the Eye

景园中的所有线条都会捕捉和引导视线，但直线的作用最强烈（图 3.1 ~ 图 3.2）。直线不间断地长向延伸迫使视线引向终点或线上的一个醒目节点。当人们在线上或近旁沿线观望时，这种效果最明显（图 3.3）。在从旁边观看时，直线的引导效果较弱。当直线在第三维上得到建筑、墙面或植物等平行竖直面的强化时，它的指向感最显著（图 3.4）。竖直面的功能有如马的眼罩，强迫注意力沿着它造成的廊道空间指向终点。这是景园中最强烈的视觉体验之一，只应该用于确实需要保证这类毫不含混焦点的地方。

同矩形类似，直线的终点应该适当强化，因为视觉焦点聚集在此处（图 3.5）。当一处线性空间的全部仅为直线时更是如此。雕塑、醒目的建筑、水景、特殊植物、框景，或任何值得注意的元素都有可能用作终点处的景观重点（图 3.6）。当终点缺乏一个焦点时，就不必耗费直线的积聚力了。

图 3.6 潜在终点的示例。

笔记/手绘

运动 | Movement

除了引导视觉注意力，线形的铺地还可以是实际穿越景园的运动干线（图 3.7）。沿着其延长线，直线支持高效、不含混、受控制，并且具有主导性的路径。一条直线最好用来保证从一点到另一点间的不停顿穿行运动，把注意力集中于线的端点或线上的元素，以及/或吻合一处建构性或对称的景园。直线同样有助于具有庄严仪式感的运动，如在宽阔的大道和林荫道上的游行或其他公共节庆活动。华盛顿特区的宾夕法尼亚大街（Pennsylvania Avenue）通往美国首都核心；伦敦的林荫道（the Mall）通往白金汉宫（Buckingham Palace）；巴黎的香榭丽舍大街（Champs Elyées）通往凯旋门（Arc de Triomphe），它们都是笔直、庄严，用于游行庆典活动的著名大道实例。

图 3.7 上：线可提供运动廊道的能力示例。

图 3.8 右：作为基准的直线。

基准 | Datum

基准是在测量和绘制地图时用作参照或起始位置的一个点、一条线、一个面或一个体量。同样，设计中的基准，是构图中其他元素都与之相关的线、面或体量（Ching 2007，366）。当一条直线穿越一个元素集合的整体，并以自身的存在把它们统一起来时，它就是一条基准线（图 3.8）。直线鲜明的简捷与连贯带来一种可共享的共有性，以及一个视觉锚固处，使所有的其他元素都同它对比。另外，直线是具有支配感的形象，像第 1 章先前讨论的那样，可通过缓解其他构成元素的差异来发挥统一作用。线的视觉支配感越强，它统辖一个构图的效果也越强。

直线以两种形式履行其基准角色：轴线和脊线。轴线是一个对称构图的基准，所有元素和空间都位于线上或同等均衡地处在其两侧（图 3.9 左）。轴线的中央位置使它优越于设计构图中的任何其他元素，把它们都降为次要角色。对称设计中的一切都依据轴线，并服从于它。第 1 章（基本概念）和第 7 章（正交对称）更详尽地讨论了轴线。

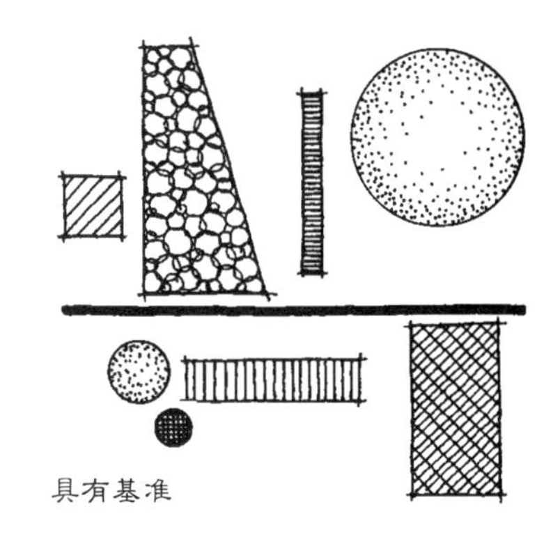

笔记/手绘

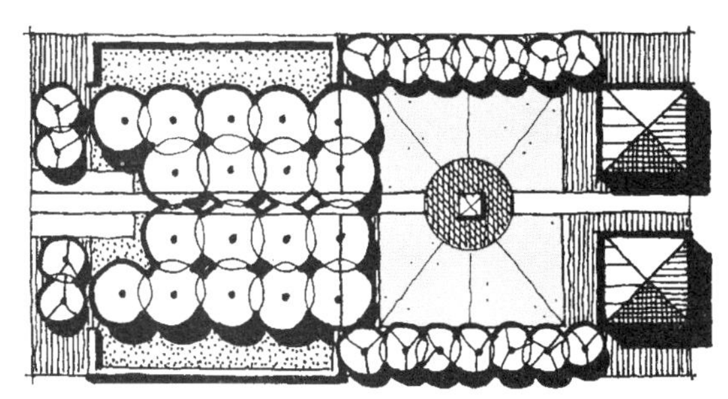
轴线

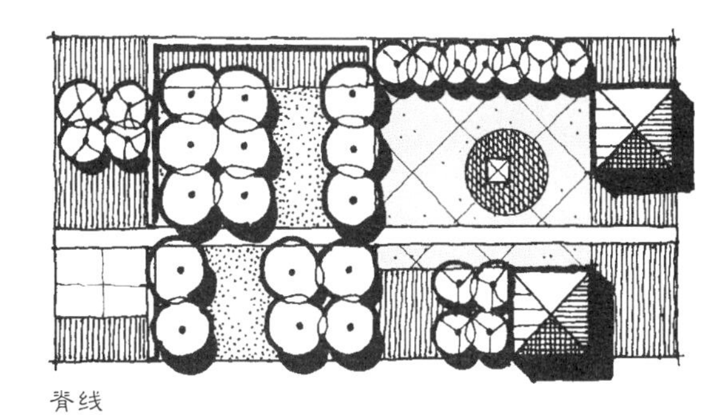
脊线

图 3.9 轴线同脊线的比较。

脊线是不对称形式构图中的基准（图 3.9 右）。有如轴线，脊线作为具有主导的、发挥协调作用的元素在一个设计中延伸。在图 3.10 左中，互不相关的空间和元素使景园缺乏统一性。在图 3.10 右中，笔直的基准在视觉上把所有的空间和元素串联在一起，结合到一个紧密的设计中。把直线用作脊线来协调各构成部分的两个当代实例包括：尼尔森·伯德·伍尔兹景园建筑设计事务所（Nelson Byrd Woltz Landscape Architects）设计的佛罗里达州沃尔顿县（Walton County）一处称为“水体颜色”（WaterColor）的公园和展示园林，以及彼得·沃克事务所（Peter Walker Partners）设计的 IBM 公司日本幕张大厦（IBM Japan Makuhari Building）。在后者处，地面上的一列射灯形成一条脊线，穿行于分离的园林空间和建筑中。

图 3.10 脊线可通过其强大的影响力来统一一处风景。

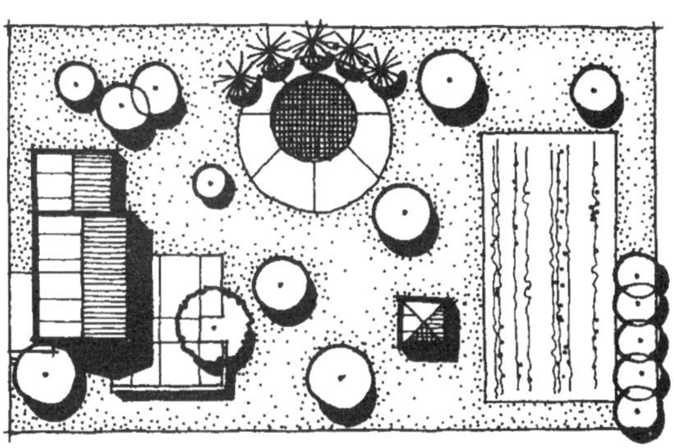
不统一

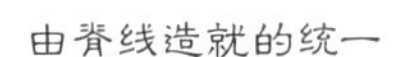
由脊线造就的统一

笔记/手绘

边缘划分 | Dividing Edge

正如第 1 章所探讨的，当两个不同的材料或用途面对面衔接时，就自动确立了一条边缘。由相对长而窄的元素所确定的直线可以沿着这样一个边缘插入，并发挥两种角色作用（图 3.11）。第一种，直线可以是两个对比材料和用途间的陪衬。狭窄、中立的条带是不一样的两侧的协调者，不同块面之间如果没有它，彼此沿边缘直接并置，就可能在视觉或功能上激烈抵触。直线的另一种效用恰有点儿相反，是强化相接块面间的差异。通过提供一个狭窄空间，直线允许对其两边的不同特质进行对比，但不受另一方的直接干扰。由于直线的连续性和简明性，它在这种用途方面的作用超过弧线或曲线。

一个相关应用实例是科皮亚（Copia，古罗马的财富与丰饶之神）博物馆，由彼得·沃克事务所设计的位于加利福尼亚州纳帕（Napa）的美国红酒、食品与艺术中心（the American Center for Wine, Food, and Arts）（图 3.12 ~ 图 3.13）。一条狭长的阶梯水池及其毗邻的砾石铺地步道被旗杆和成排的圆柱形白杨树所强化，共同在景园中产生了醒目的线条，在设计中清晰划分出两个非常明确的区域。线条东侧是一片花园网格，而具有实用功能的驶抵车道和停车场位于其西侧。贯通设计的线条伸延刻意张扬东、西两部分场地的醒目差别，而不是掩饰它们。

图 3.11　用直线把具有不同特征的区域分开。

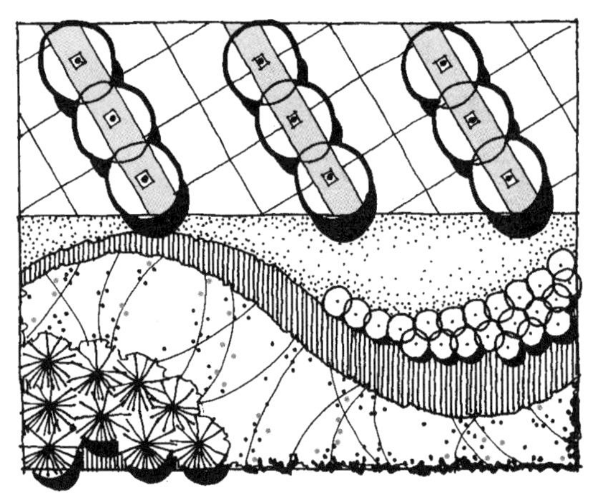
缺乏划分边缘

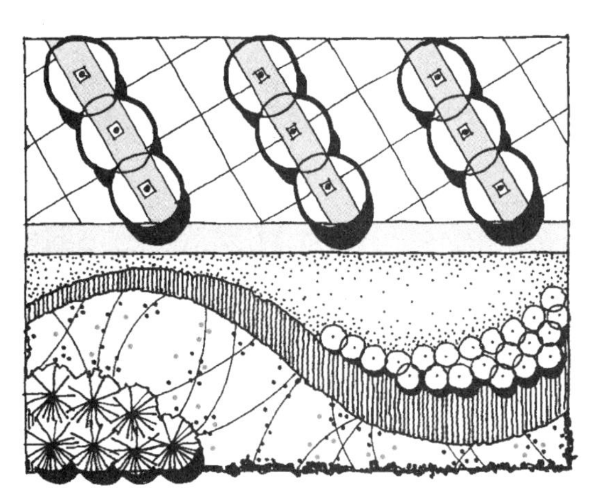
具有划分边缘

笔记/手绘

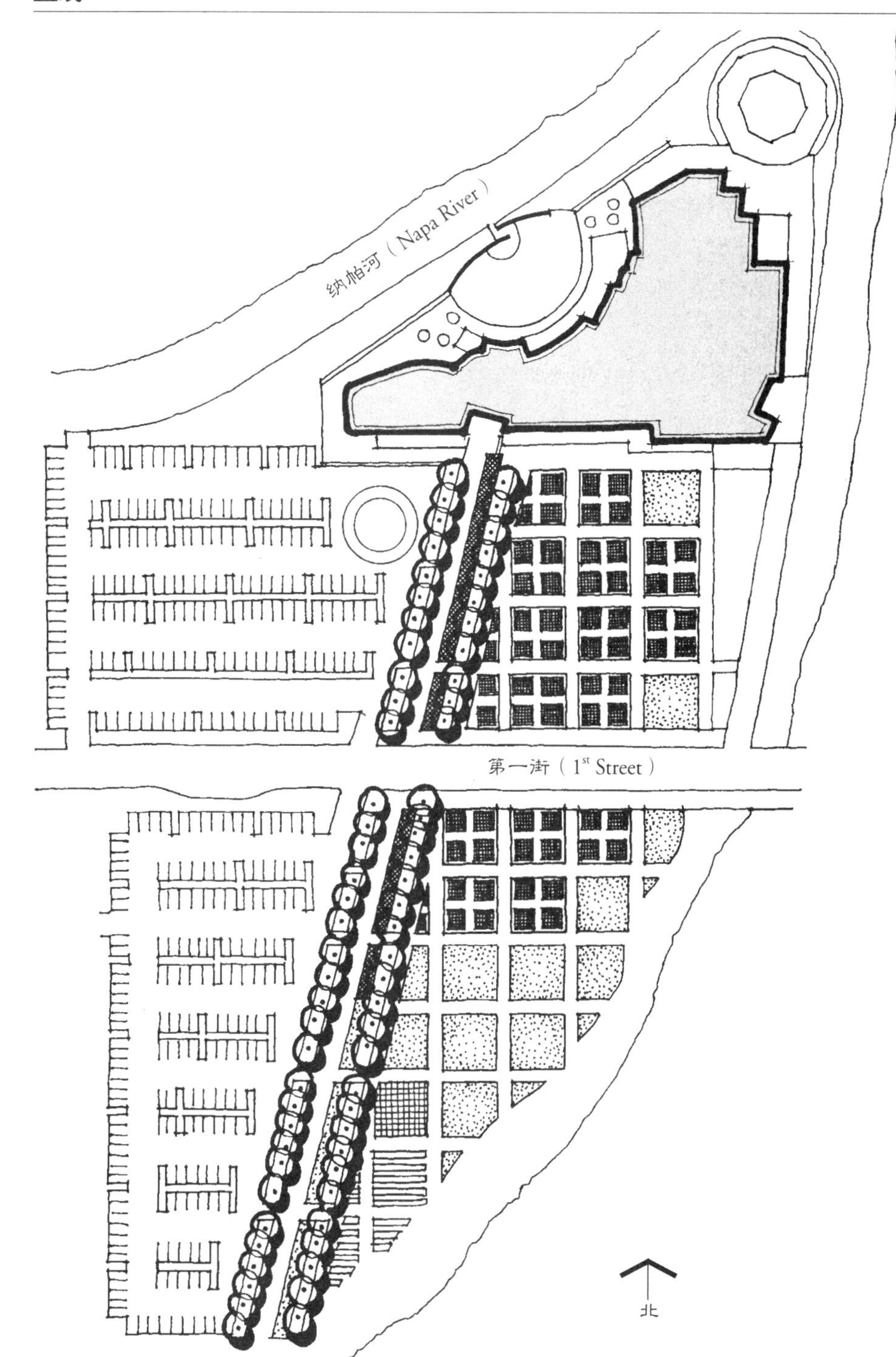

图 3.12　左：科皮亚场地规划。

图 3.13　下：科皮亚的水池和白杨林荫道形成始自建筑物的建筑艺术延伸。

笔记/手绘

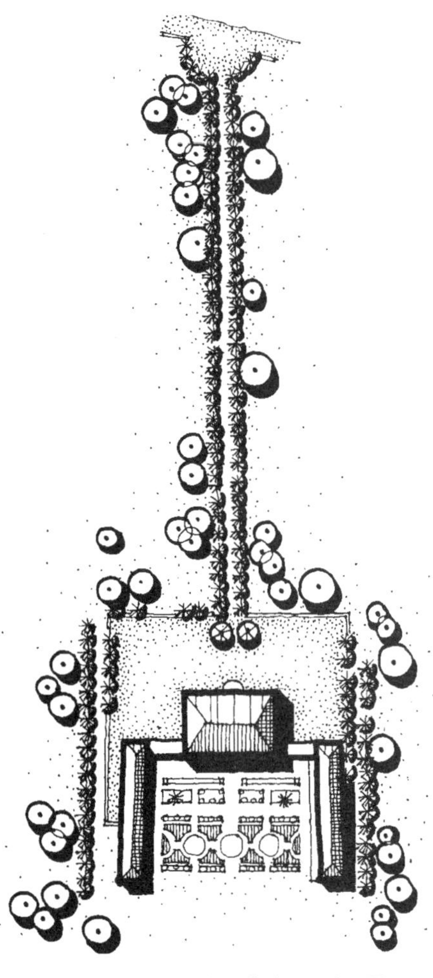

建筑的延伸 | Architectural Extension

当由墙体、篱笆、水池、铺地和/或一排树木所确定的直线始于建筑边缘并由此延伸到毗邻的景园中时，它就是一种建筑艺术的延伸。这样的一条直线，不管是轴线还是脊线，都是建筑物直角几何形的延续，像一条伸出来的臂膀拥抱风景。直线所体现的建筑艺术延伸有几种功能。首先，通过把眼睛引离建筑物，它邀请视觉和实际运动由建筑进入景园。当人们从景园中观看时，直线的伸延把注意力引向建筑物，起到了相反的作用。在这两种情况下，犹如建筑物延伸的线条都会把景园与建筑物连接在一起，形成协调一致的统一表达。其次，从建筑物那里伸出来的直线把建筑物的建造品质传达到景园中，集中体现了人类的影响和营作。当直线延伸进入田园式的或是自然的景观当中时尤其如此（见人类的操控）。

作为建筑艺术的延伸，直线曾被用于历史上的许多著名园林中，通常是一条中轴线自别墅、宫殿或乡村大宅伸向景园。17世纪的意大利皮耶塔别墅（Villa Pietra）（图3.14）、英国汉普顿宫（Hampton Court Palace）和布伦海姆宫（Blenheim Palace）的林荫道，都像建筑艺术延伸到了乡村风景中。科皮亚博物馆是一个当代景园实例，由水池和成排的白杨形成的直线自建筑物入口向南伸延，穿过一条城市街道，拥抱了前方的风景（图3.12~图3.13）。

图3.14 上：意大利皮耶塔别墅场地平面，树木林荫道造就了建筑艺术的延伸。

图3.15 右：景园中的直线意味着人类的影响。

笔记/手绘

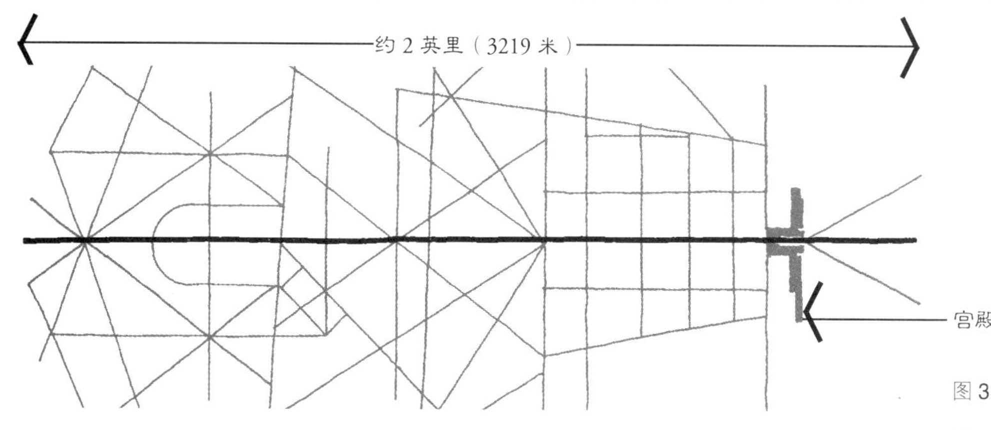

图 3.16 左：凡尔赛的轴线和大道。

图 3.17 下：成排的植物反映了人类控制自然的能力。

人类的操控 | Human Control

直线高效的建构性质可以被用来在景园中表达人类的操控。正如前面所指出的，直线可见于自然，但它们并不很常见。著名的景园设计者威廉·肯特（William Kent）在 17 世纪回应了这一点，他声称："自然厌恶直线。"（Nature abhors a straight line.）人类组织、简化和支配自然中复杂图案的能力集中体现于直线的纯净。笔直的道路、铁轨、灌溉沟渠和电线等公用线路，在穿越风景时都显示了人类的管控权。直线还可以是一个插入景园中同自然对比、体现着人类统辖的成熟设计元素（图 3.15）。

所有直线都意味着人类为风景加上了秩序，轴线则因其在风景中无可否认的霸权象征了更强的支配力。大量的实例用轴线来表达政府、神和重要人物的权势。埃及哈特谢普苏特女王神庙（Queen Hatshepsut's temple）的中轴线或队列前行线、罗马穿过圣彼得广场（Saint Peter's Square）中心到达梵蒂冈圣彼得大教堂（Saint Peter's Church）门廊和教皇窗口的轴线，以及沃·勒·维孔特城堡（Vaux le Vicomte，又称"沃子爵城堡"）园林的中轴线，都代表了君王贵族的权力。华盛顿特区的林荫大道是华盛顿布局的主要结构支撑，表达了美国政府对这个国家和世界的影响。轴线象征性潜力的最著名实例大概是在凡尔赛（Versailles），纪念性主轴长长地伸延，穿过了路易十四国王（King Louis XIV）的卧室和床榻，象征他对世上一切的统治（图 3.16）。

作为人类管控的代表，直线同样也呈现在农田、果园、葡萄园和林荫道的成排植物中（图 3.17）。用直线使风景有序的最早例子之一发生在早期农业实践中，谷物成直线播种以利灌溉。古埃及和两河流域的许多古代园林同样也成排种植植物以便灌溉。行列种植植物的实践进而形成时尚，成为大量古典景园中不断出现的组成成分，甚至在

笔记/手绘

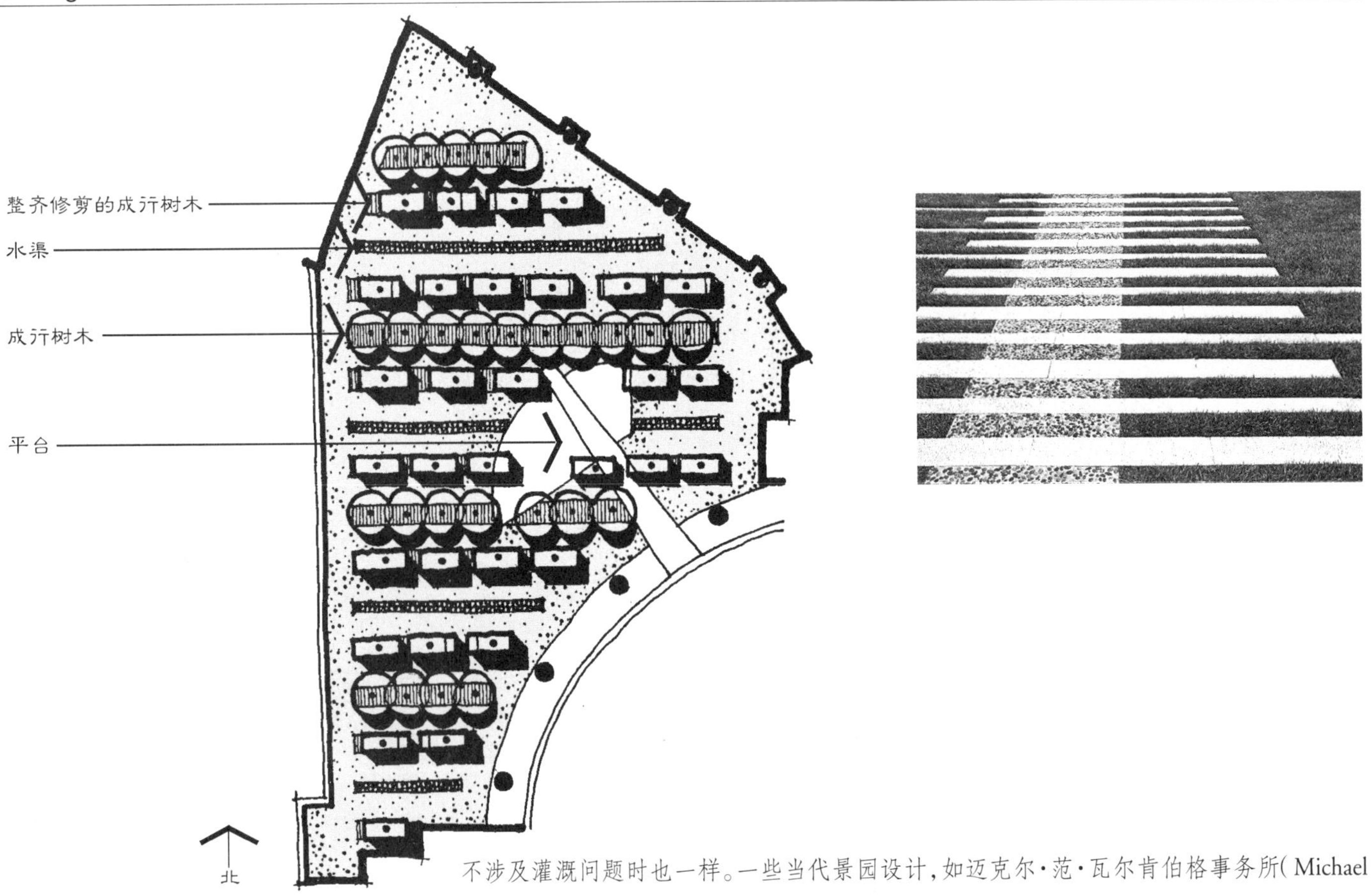

图 3.18 巴黎蒙田大街 50 号用成排树木注入了一种反映历史先例和成排庄稼的严谨秩序。

不涉及灌溉问题时也一样。一些当代景园设计，如迈克尔·范·瓦尔肯伯格事务所（Michael Van Valkenburgh Associates）设计的法国巴黎蒙田大街 50 号（50 Avenue Montaigne）方案，同样用行列式的植物来隐喻人类设置的景园（图 3.18）。成排的树木伴着砾石小径和水渠变化，暗示了植物苗圃这种农业基础，并令人想起安德烈·勒·诺特（André Le Nôtre）的历史先行作品。树木行列还同旁边的街道相结合，暗示这个庭院与其城市环境的联系（Madec 1994，95）。

创造节奏 | Create Rhythm

通过直接在线上或在线的边缘设置有序的空间变化，直线的运动性质使它自身能在景园中产生视觉的抑扬顿挫（图 3.19～图 3.20）。线上的变化方式可通过铺地材料变换、篱笆 / 墙体的元素间距，或重复路径上方的顶面结构构件来产生。沿线侧边缘的方式可以通过沿着路径或线性空间呈间歇布置的树木、灌木、灯杆、系缆柱或长凳完成。在所有情况下，沿着一条线的间隔点缀都为运动带来节律，并加强前进的感觉。

笔记/手绘

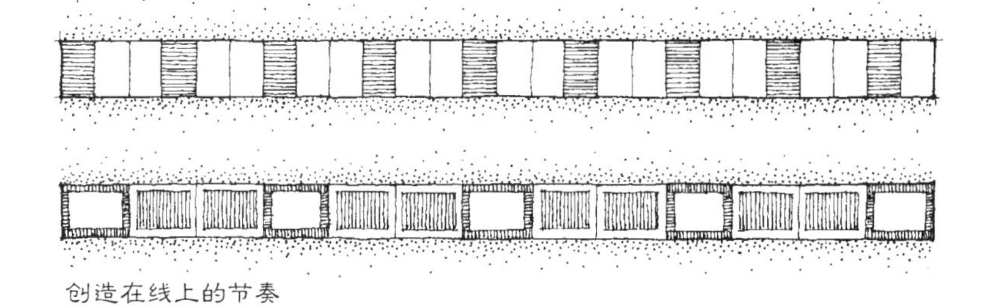

创造在线上的节奏

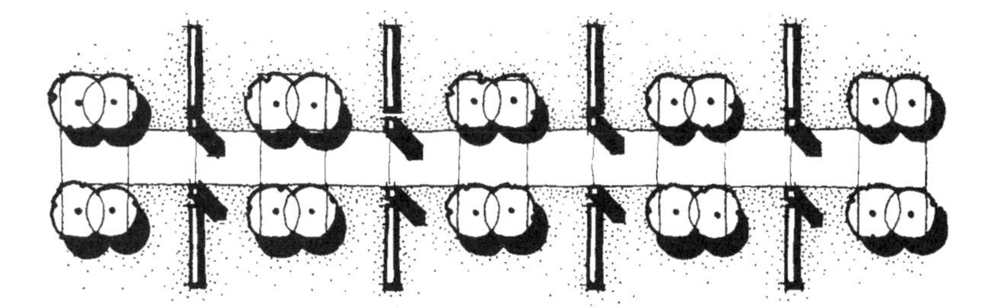

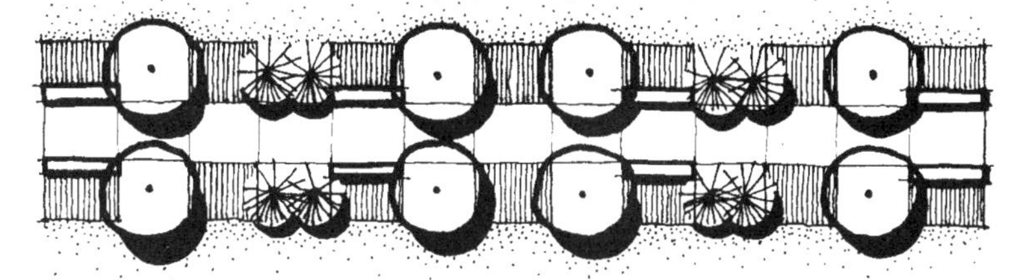

创造在线侧边缘的节奏

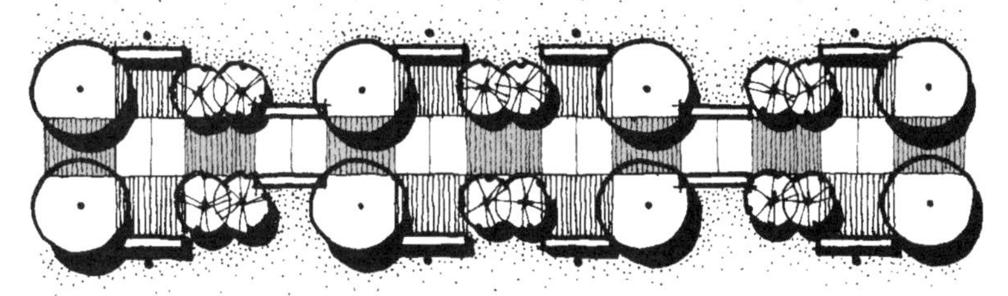

线上和线两旁都有节奏

图 3.19 左：沿线的长向创造的节奏示例。

图 3.20 下：由竖直元素沿着一条直线创造的节奏示例。

笔记/手绘

图 3.21 在沉寂园中由地面上线的图案创造的节奏。

图 3.22 当同其他正交形式成 90° 或平行时，直线最为和谐。

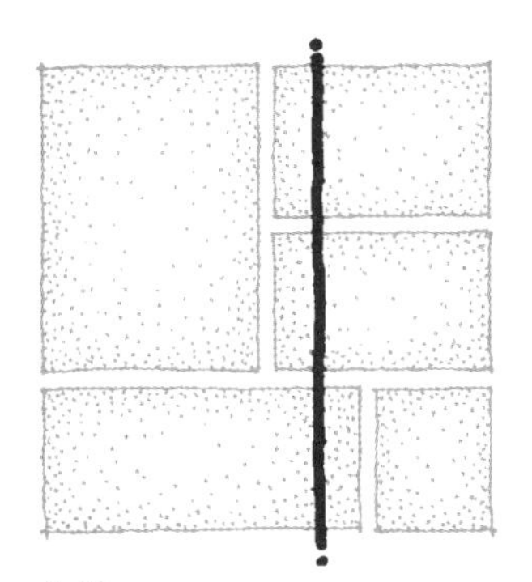

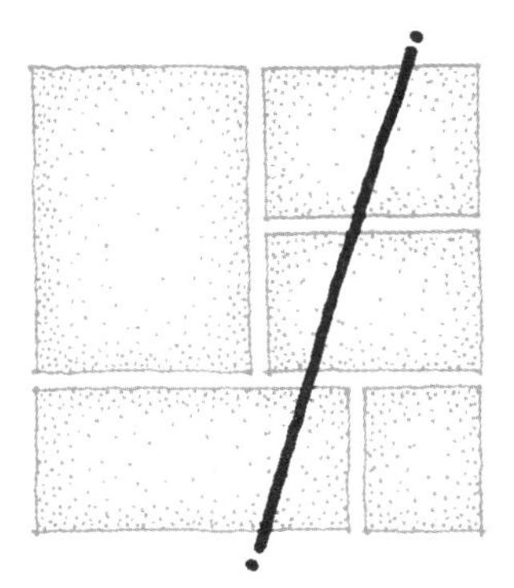

另一种方式是把直线自身当作一种不断重复的设计构成成分，在景园中形成视觉的步伐间距。排成重复图案的一列直线产生了韵律，引导视线以有节奏的方式穿越景园，就像佐佐木叶二（Yoji Sasaki）设计的加利福尼亚州索诺玛（Sonoma）的角柱石花园节（Cornerstone Festival of Gardens）中的沉寂园（Garden of Visceral Serenity）中那样（图 3.21）。在里面，草皮地面上的混凝土带形铺地产生了严谨的图案，为这个园林小空间引入了秩序严谨的行进穿行。这种技巧同网格具有潜在的相似性，特别是在把直线当作布置其他景园元素的结构成分时（见第 6 章，网格）。

设计准则 | Design Guidelines

在景园设计中运用一条直线时，有几条准则应该予以考虑。

意图和排布 | Intent and Alignment

在景园中，直线是非常具有潜能的元素，可以迅速捕捉视线并引起运动。同其他元素对比，直线相对较长，并且/或表现在第三维当中时，其效果尤为强烈（见下文关于第三维的探讨）。因此，一定要精心考虑如何设置直线，使它的视觉力量得到良好控制，符合整体设计意图。只有在有益于方案的整体设计主题时，才应在景园中接纳一条形象鲜明的直线。

在设计中，直线应该周全地考虑与其他构图元素的排布，直线与其他正交形式的最和谐关系是平行或成 90°（图 3.22 上）。然而，假如运用直线的目的是形成对比并制造有震撼力的表现，则可有意同其他构图形式构成某种角度（图 3.22 下）（见第 9 章，斜线）。

笔记/手绘

第三维 | Third Dimension

线的长度和它在第三维中的表现共同影响它在景园中的视觉强度。正如此前谈到的，当一条线是地面上由铺地、水体、低矮植物等确定的二维元素时，它是最不明显的（图 3.23 左）。一条紧贴在地坪上的线通常只有在人们非常接近时才能察觉，并可能在人远离时又隐藏不见了。景园中最明显的线是由墙体、绿篱、树木行列或其他高大元素所确定的（图 3.23 中和右）。一条三维的线经常可在远处看到，特别是当它高于邻近元素时。另外，一条具有一定高度的线有能力围合空间、引导视线。因此，线的高度对于达到预想的视觉效果很关键，应该认真研究。

地形 | Topography

当直线处在相对较平坦的地形中，其整个长度作为穿越景园的连续形象都可以被看到时，直线最能实现其效用（图 3.24 左）。当位于一个坡度固定的斜坡（图 3.24 中）上时，直线可能也很容易实现其潜能。起伏、陡峭或不规则的地形不是直线的很好位置，因为高点和隆起打断了线的连续性，并削弱了它的活力（图 3.24 右）。然而，作为在景园中造就吸引力并引发好奇心的手段，在一些情况下也会刻意让直线消失于一个隆起处。它激励观赏者沿着线移动到隆起的顶点，追寻其后面是什么。

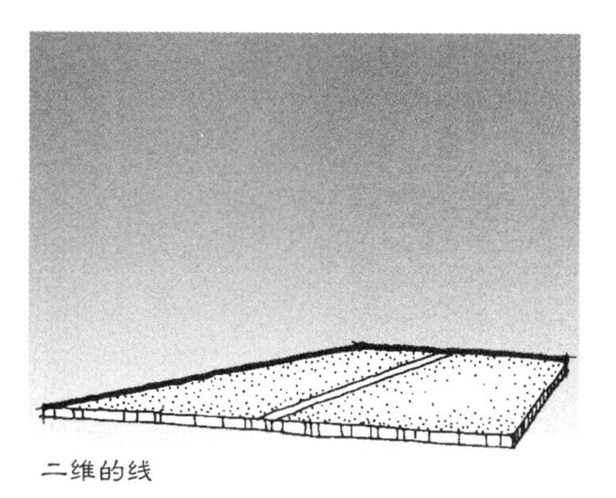

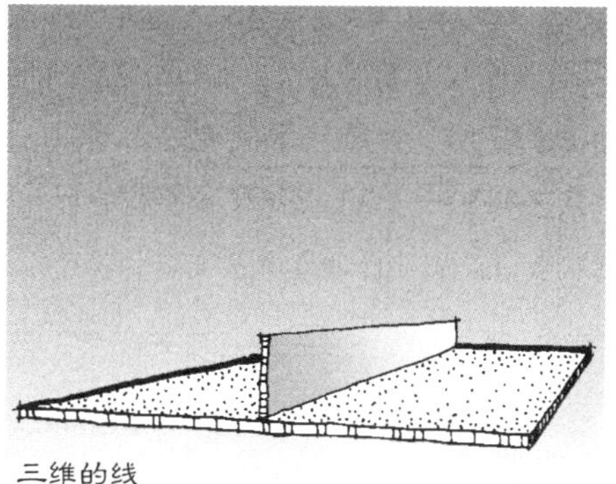

图 3.23 当在第三维中表现一条线时，其视觉效果最强。

笔记/手绘

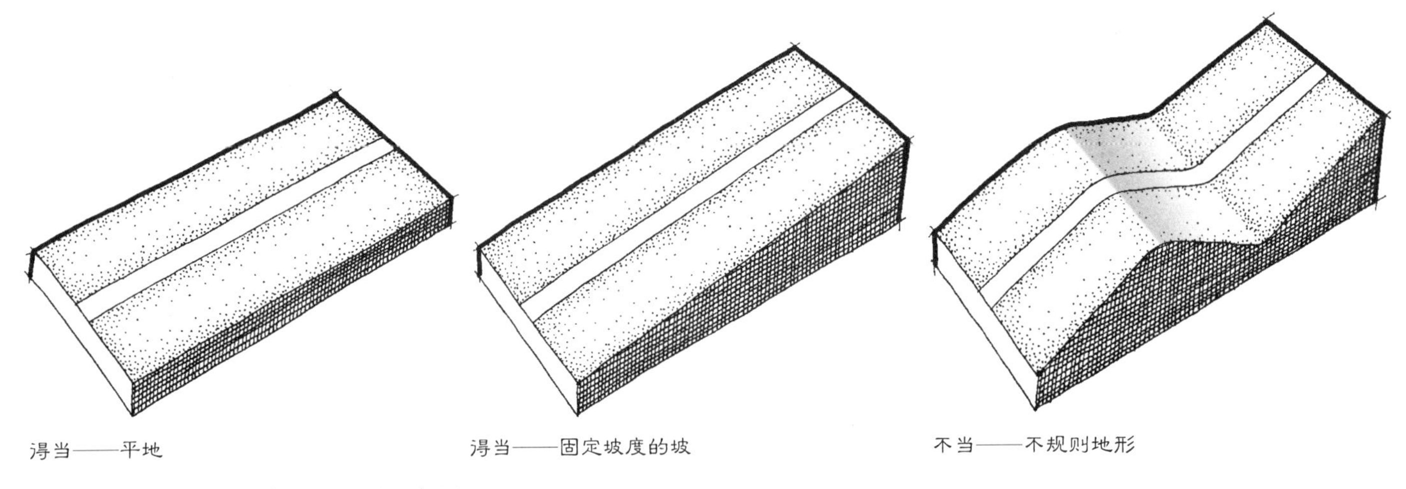

图 3.24 在平地和固定斜坡上时，线的功效最好。

参考资料 | Referenced Resources

Ching, Francis D. K. *Architecture: Form, Space, & Order*. Hoboken, NJ: John Wiley & Sons, 2007.

Madec, Philippe. "French Connection." *Landscape Architecture*, October 1994.

其他资料 | Further Resources

Dee, Catherine. *Form and Fabric in Landscape Architecture: A Visual Introduction*.London: Spon Press, 2001.

Helphand, Kenneth, FASLA. "Villandry Comes to California; Copia: American Center for Wine, Food, and the Arts." *Landscape Architecture*, March 2005.

Jellicoe, G. A., and J. C. Shepherd. *Italian Gardens of the Renaissance*. London: Ernst Benn Limited, 1925.

网上资料 | Internet Resources

CornerStone: www.cornerstonegardens.com

Michael Van Valkenburgh Associates, Inc.: www.mvvainc.com

Peter Walker and Partners: www.pwpla.com

笔记/手绘

正交形式 | Orthogonal Forms

正方形 | The Square 4

前一章讨论的直线是用于造就所有正交类型的基本构成成分，包括正方形。回忆前文的讨论让我们记起，正方形是3种基本形式之一，并且是4条直边的最基本正交形式。正方形自身可以被当作一个独立景园空间的基础结构，或者通过减法、加法之类的转化，为更复杂的设计奠定基础。然而无论怎样用，都有必要首先了解正方形的独特几何性质及其应用于景园建筑学场地设计的潜力。本章讨论的主题有：

· 几何性质
· 景园效用
· 设计准则

几何性质 | Geometric Qualities

除了由4条相等的直边彼此成直角构成外，正方形还具有以下鲜明的几何特性。

对称轴和对角线 | Symmetrical Axes and Diagonals

正方形相等的各边、对称轴和对角线共同表达一个完美的形式，其中的各组成部分都有均衡的比例，彼此和谐。正方形的绝对对称使它充满特定的长处和效能。

有如动物的骨架或树叶的叶脉，正方形的轴线和对角线是一种构图枢纽，预示了把正方形转化为更小块面时的边缘（图4.1）。进而，这些基本线条及其造就的空间可被二等分、四等分，等等，确立一个可一步步划分下去的逻辑与数学组织体系，具有无数潜在可能的图案和设计（图4.2）。这些固有图案可利用轴线、对角线和中心点去塑造对称设计，或者借助其他分割线来作非对称构图。同样是这些线，还显示了正方形可以在哪些位置、用哪些方式同其他形式结合。

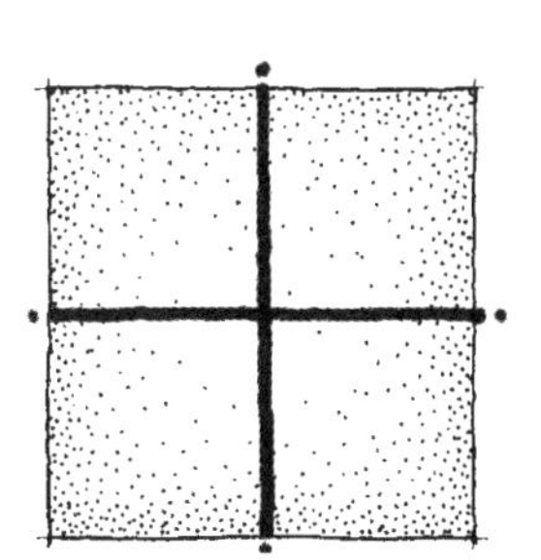

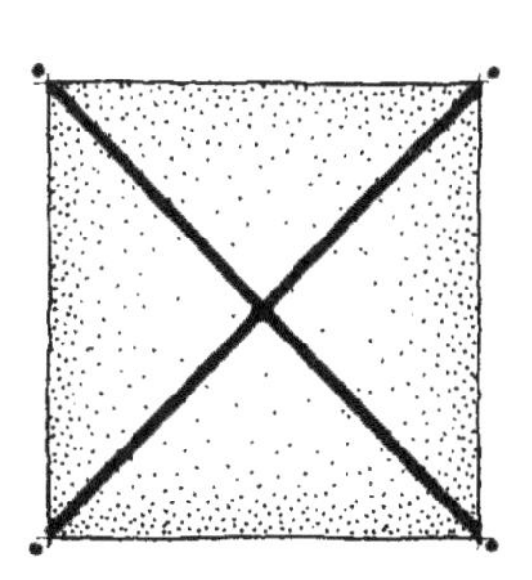

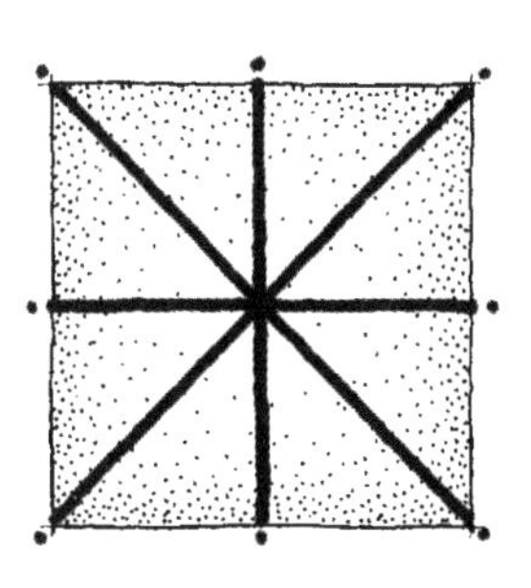

图4.1 正方形固有的基本轴线和对角线。

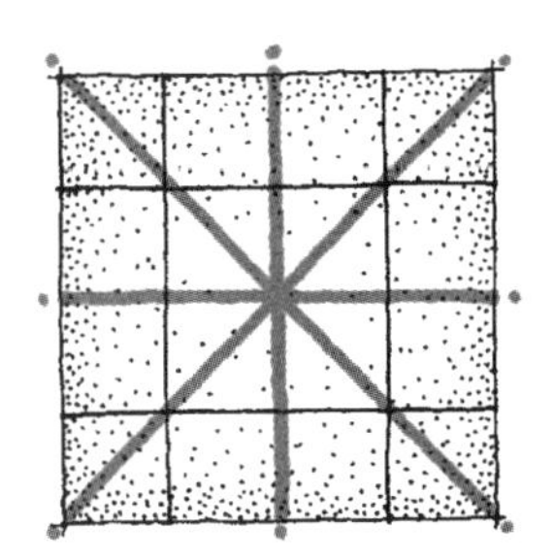

图 4.2 内部的轴线及从属网格提供了可形成无数图案的结构。

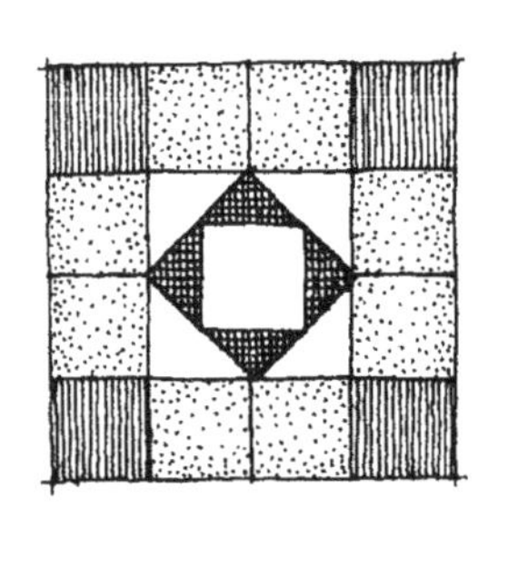

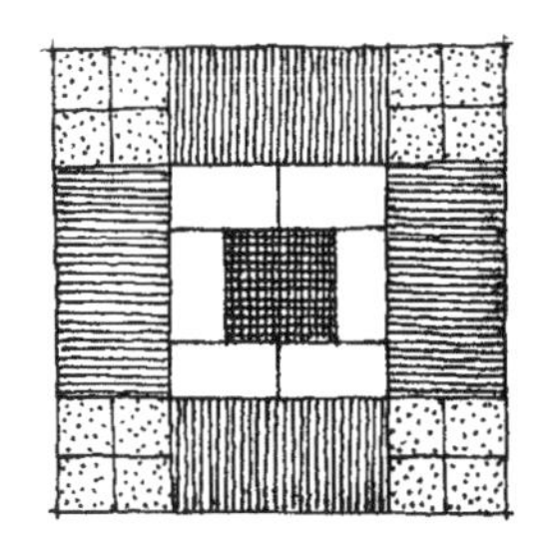

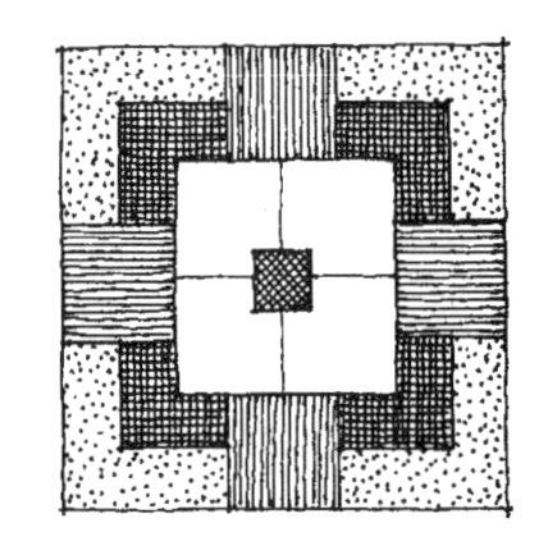

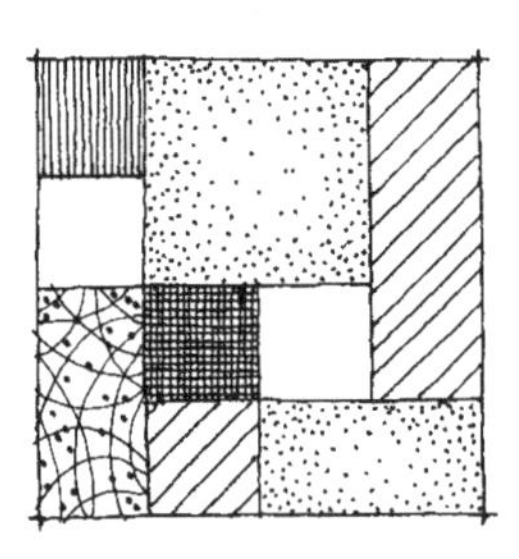

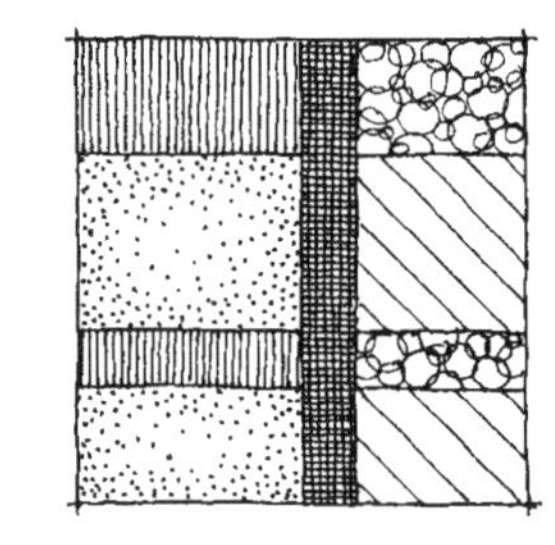

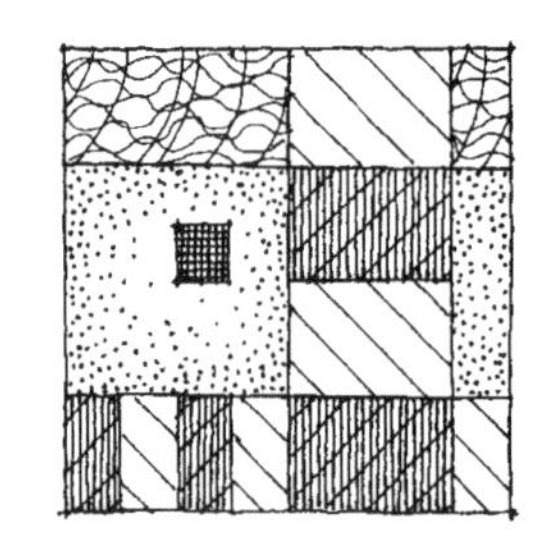

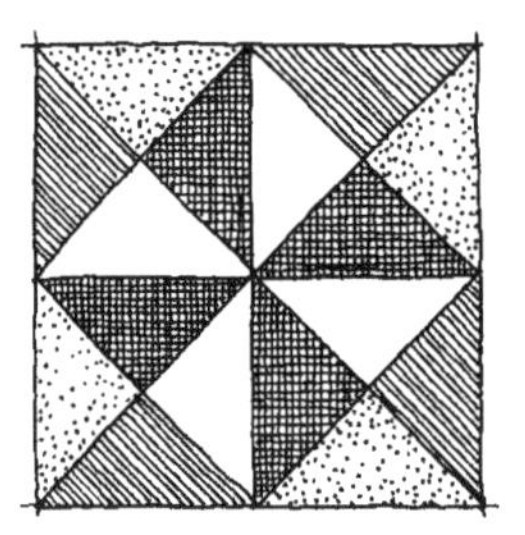

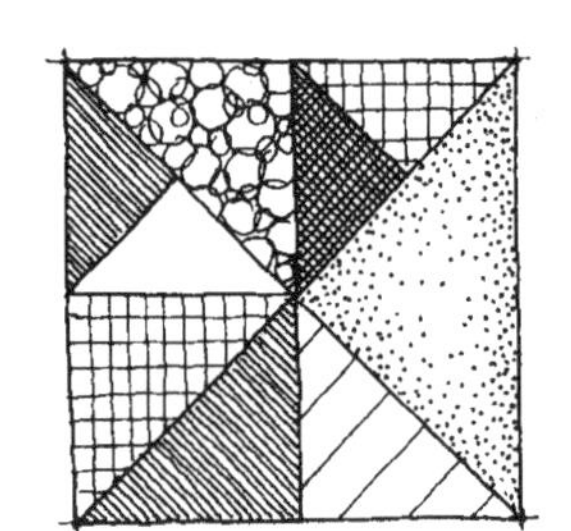

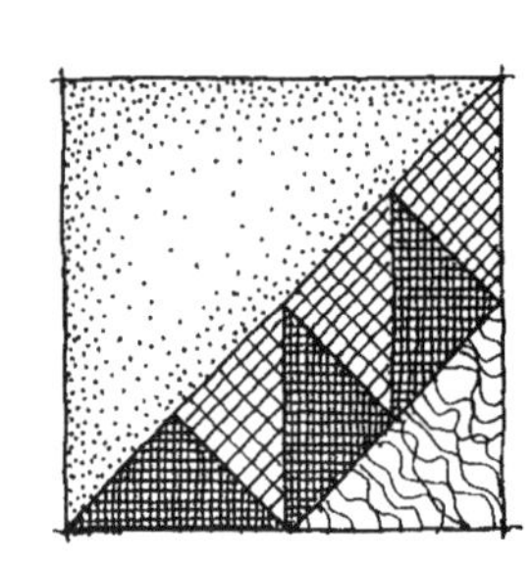

笔记/手绘

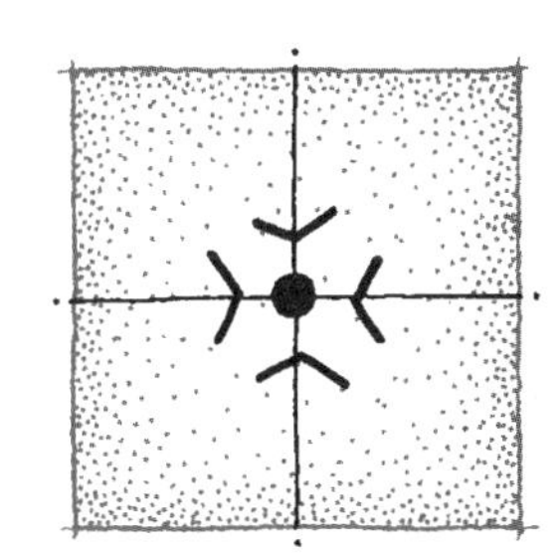

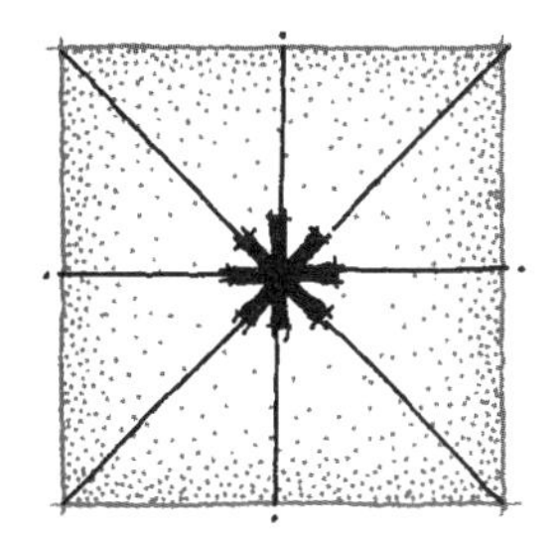

图 4.3 左：正方形的固有轴线确立了中心点的权威性。

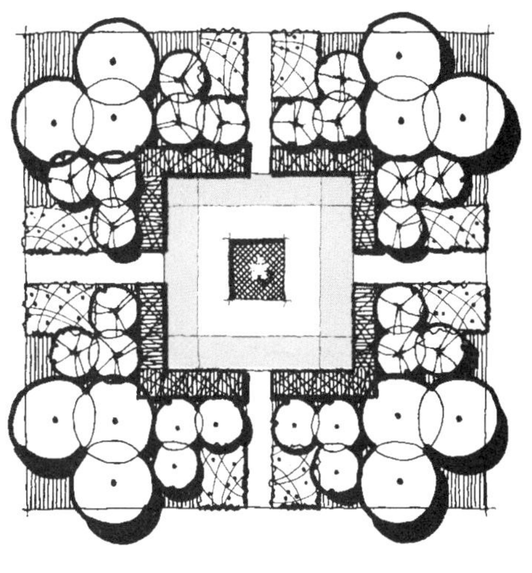

图 4.4 正方形的中心作为设计的内在焦点被强化与弘扬。

中心 | Center

正方形的中心是其几何形的固有焦点和关键组成部分。正方形的中心总是一个主导性的点和视觉锚固处，即使在其内部全然是空白时也如此（图 4.3 左）。当然，当正方形的轴线和 / 或对角线获得表现时，中心的重要性就更加显著（图 4.3 右）。在正方形中，中心向内吸引能量和注意力，产生向心的构图。在充分实现并强化了中心的时候，正方形内的对称构图常常是最成功的（图 4.4）。

转角 | Corners

正方形的另一个独特性质是它清晰的 90° 转角，它们造就了 4 条边之间的明确区分。当从一个内部的视点去考虑时，正方形的转角是一个吸纳视线的地方，捕捉并留住视线。当正方形的边突出在第三维上，在相邻面间形成一条明显接缝的时候尤为如此（图 4.5）。正方形的转角是确立空间的关键，因为竖直面的围合性质在 90° 转角处最为鲜明，远比沿着各边本身的时候明显。转角处的拥抱式围合经常被视为掩蔽处，在这里，人们在两面受到维护，同时又占据可看到正方形其他部分的优越视点。

图 4.5 正方形的转角捕捉并留住视线。

平面

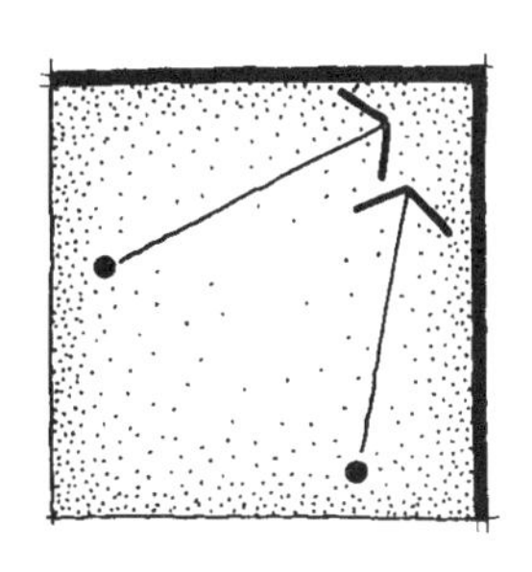

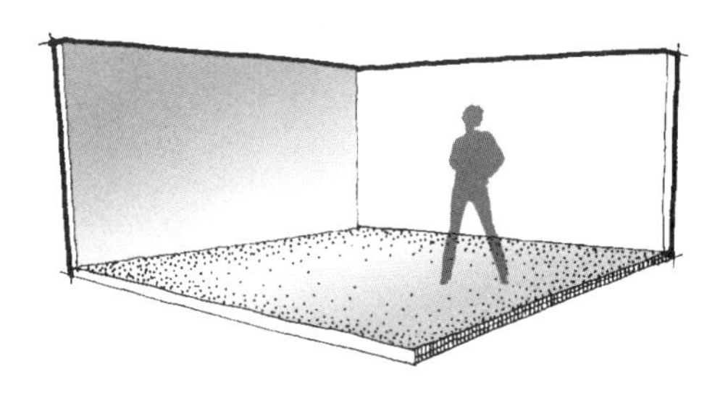

笔记/手绘

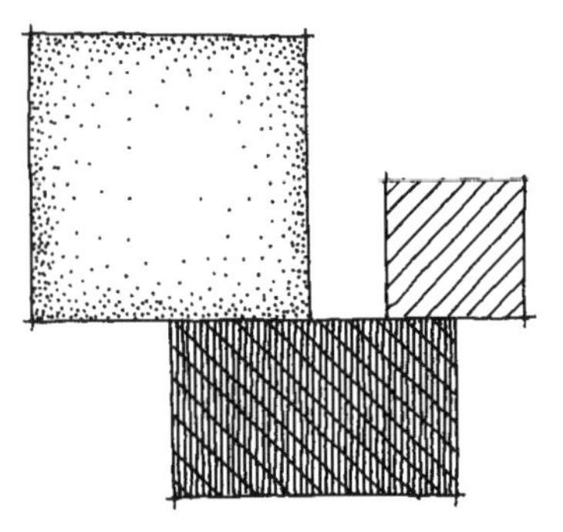
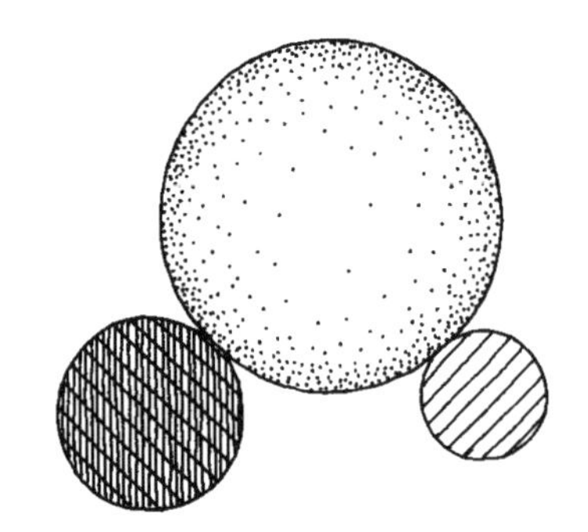

最多共有表面

最少共有表面

图 4.6 正交形式的衔接造就了相邻形式间最多的共有表面。

平直鲜明的边 | Straight and Distinct Sides

正方形鲜明的各边自身平直、明确，其效果之一是建立了同其他平直侧边形状的稳定视觉构图。回想第 1 章可记起，最妥当的面对面相加转换发生在侧边平直的毗邻形状之间（图 1.24）。一个正方形直接放在另一个正方形、矩形或三角形旁边，形成了具有连续流动和整体伸延感的接触（图 4.6）。比较而言，当圆形相遇或不同的三角形以角触边并置时，只形成一个唯一共有点。正方形的直边在视觉上保证了同其他正交形式间的完整构图，因而用它来设计相对容易。只有在正方形彼此成非 90° 设置时，才会产生不连贯的构图（图 4.7）。

图 4.7 正交形式间的 90° 关系产生视觉稳定的构图。

另一种有意思的情况是，尽管正方形的各边长度一样，却因转角处的截然变化而彼此分明。这种划分使正方形的各边都有自身的确定性和明晰性。正方形各边可用 A、B、

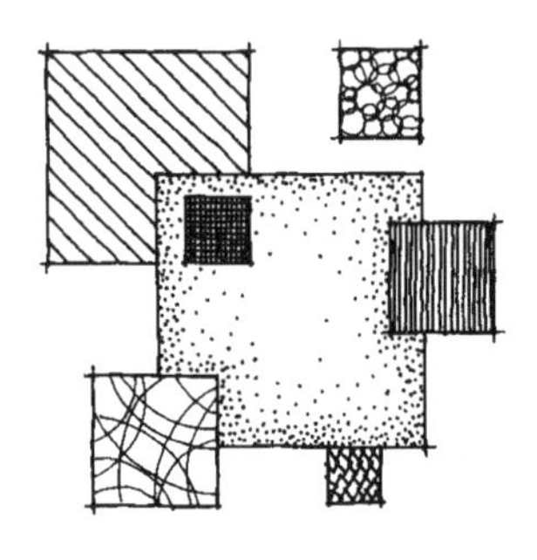

得当

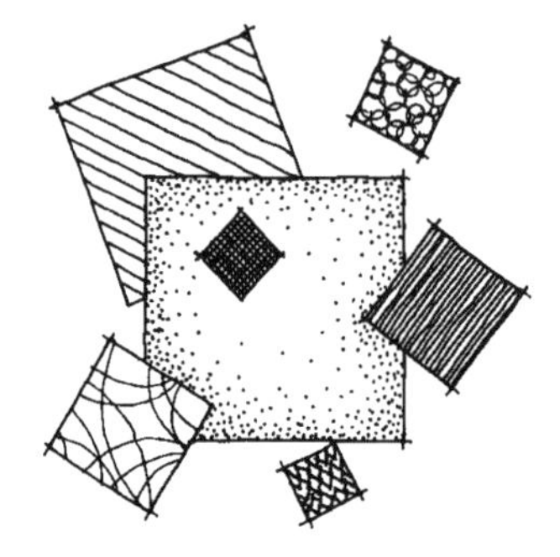

不当

笔记/手绘

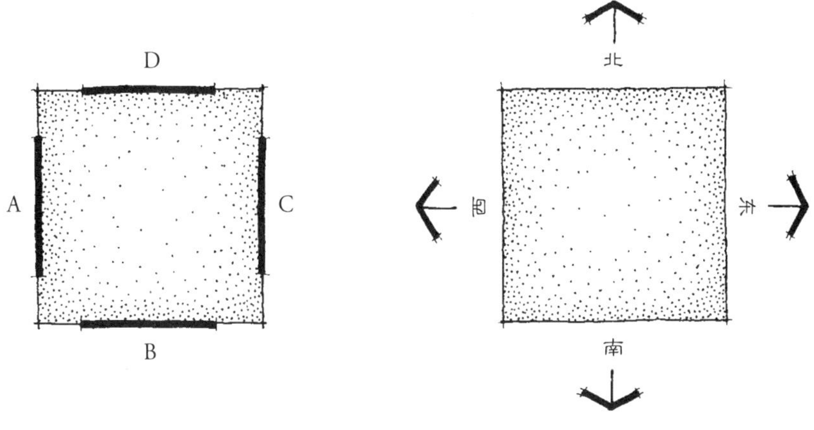

图 4.8　正方形具有明确划分的各边。

C、D和/或前、后、左、右之类体现唯一性的标签来表示，强化了前面的事实（图4.8）。各边的差别进一步暗示与各边相关的可确定领域和影响范围。想象一下4个人坐在方桌的各边，每人都有他/她“自己的”（own）那一边。

同样，如果朝向合适，正方形的4边就可以等同东、西、南、北基本方位（Shepherd and Shepherd 2002，335）。这种朝向使正方形空间的每一边都有自己一年中朝阳和面对主导风向的特定日子。与此相关，在包括美洲土著在内的许多文化中，对准北/南/东/西的朝向被用来强化同4个基本方位有关的各种隐喻。

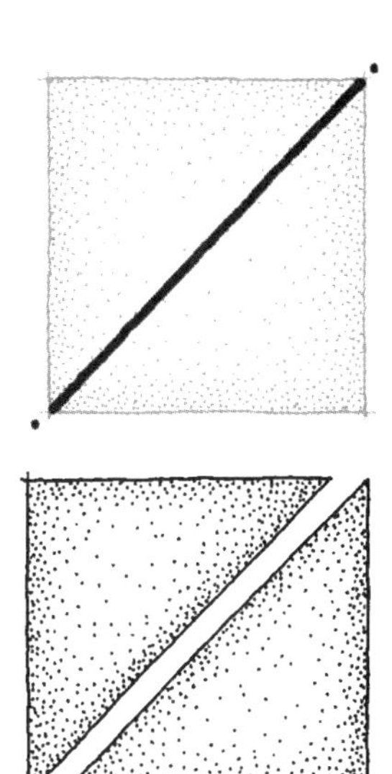

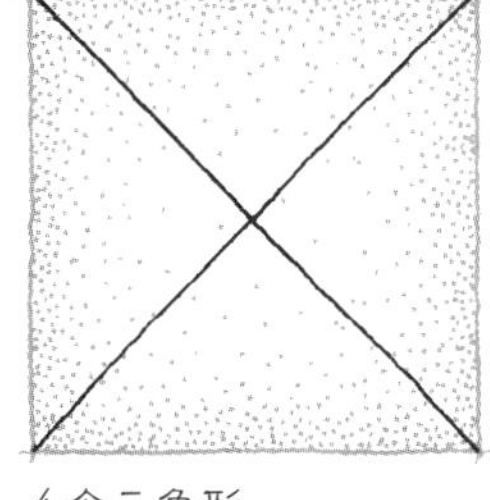

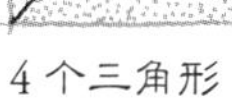

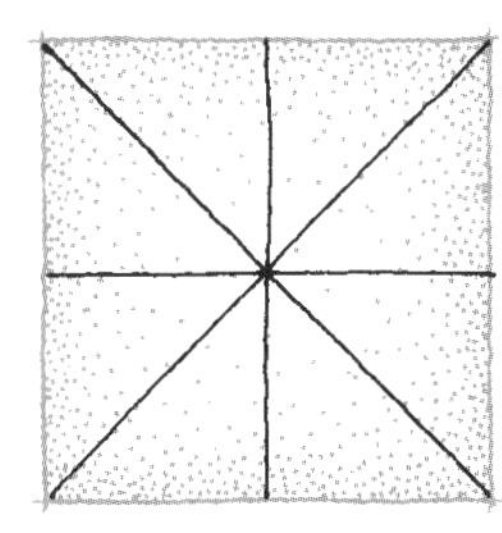

8个三角形

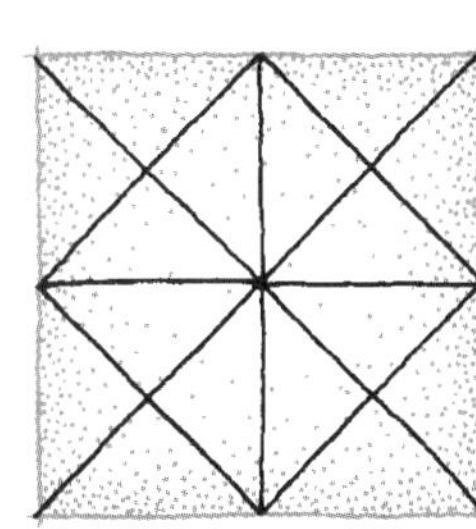

16个三角形

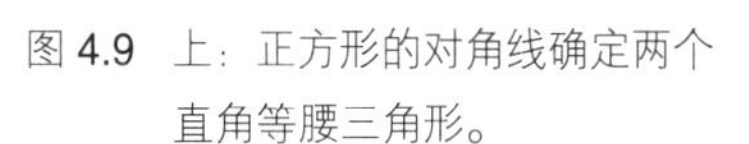

图 4.9　上：正方形的对角线确定两个直角等腰三角形。

图 4.10　左：更小的直角等腰三角形由进一步的对角线和交叉轴确定。

笔记/手绘

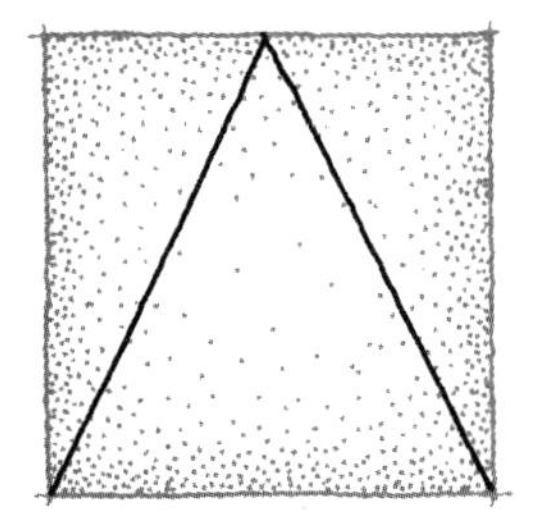
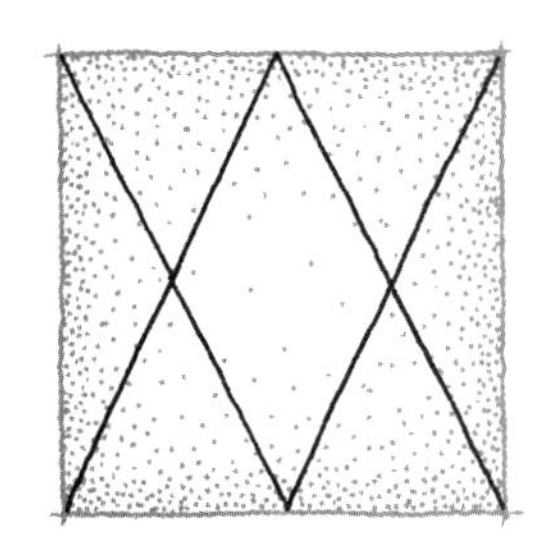
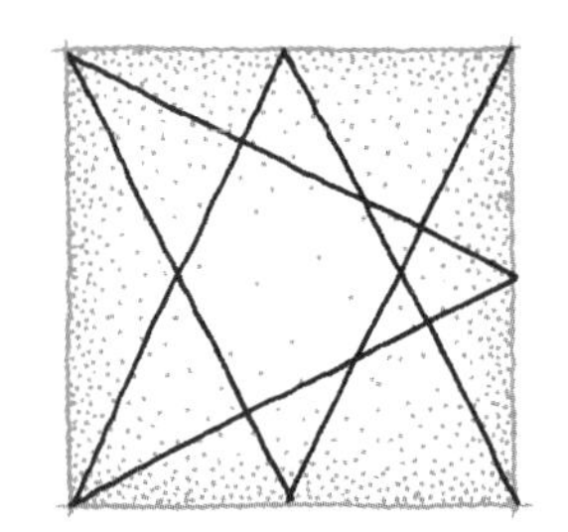
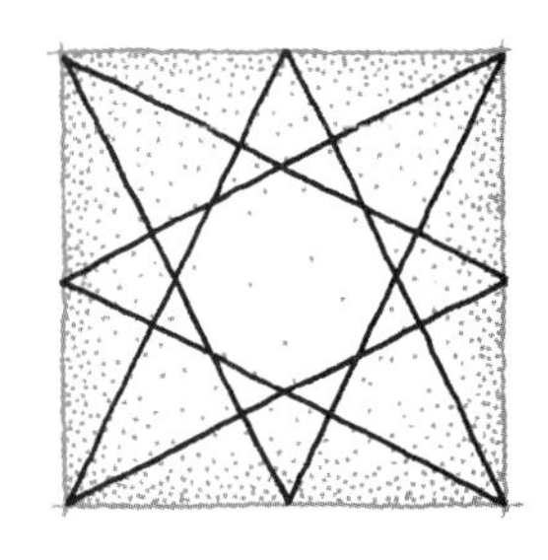
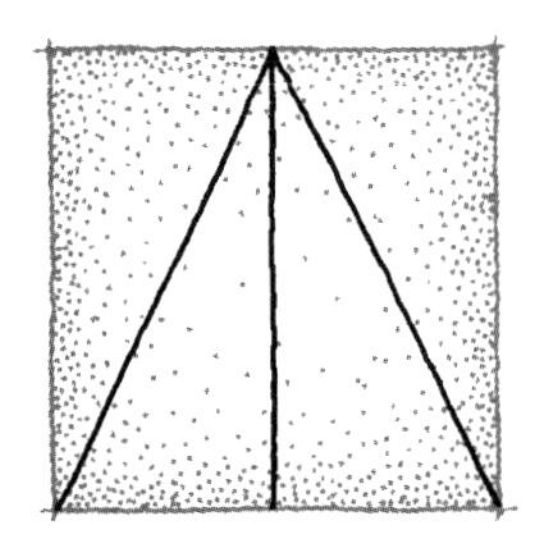
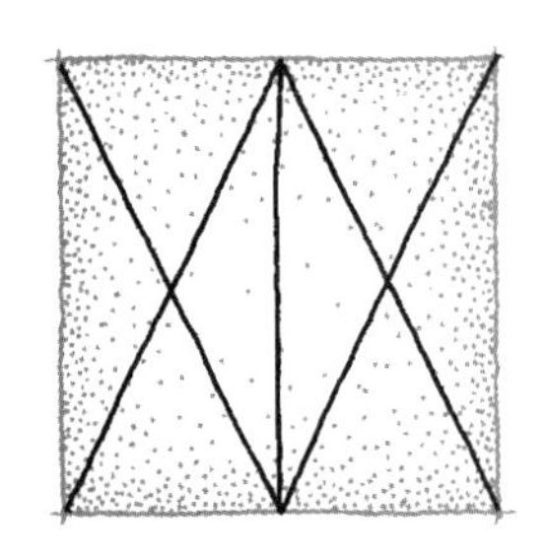
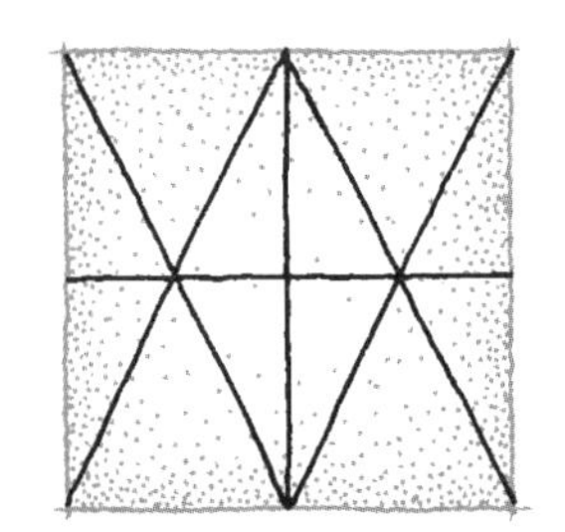
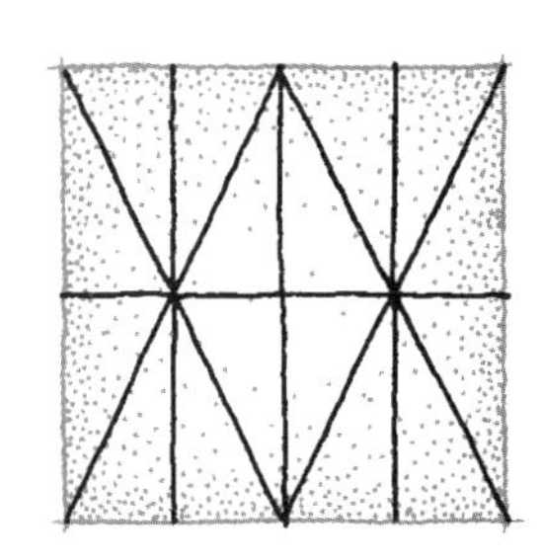

图 4.11 由从正方形各边中点伸向对面转角的斜线和正交轴线确定了另一些三角形。

同其他形式的关系 | Relation to Other Forms

正方形同第 1 章讨论过的另外两个基本形式具有固有的几何关系（图 1.12）。例如，画出正方形的一条对角线就确定了两个等腰直角三角形，各占正方形面积的一半，并共有一条斜边（图 4.9）。这种三角形有时被称为 45°-45°-90° 三角形、半正方形三角形或构成正方形的三角形。这两个三角形还能进一步分成更小的三角形，每一个都保持同样的比例（图 4.10）。另一些三角形可以产生于从正方形一条边中央伸向对面转角的斜线（图 4.11 上），同样，它们也可进一步划分，产生更小的三角形。进而，通过探索其他斜线和轴线，还有更多三角形可见于正方形中（图 4.11 下）。

围绕其中心点旋转正方形的一条正交轴线得到圆形。在旋转轴线时，其端点画了一个圆（图 4.12 左）。另外，整个正方形也可围着自己的中心旋转，其各边中点的轨迹环绕成圆（图 4.12 右）。圆和方的关联关系使这两个形式能相互吻合，带来对称设计中的重复再生构图策略（图 4.13）。这种策略可用于表达这两个基本几何形式之间的亲密关系，造就对比，或像下一节所展示的那样，体现为相互接纳的象征。

笔记/手绘

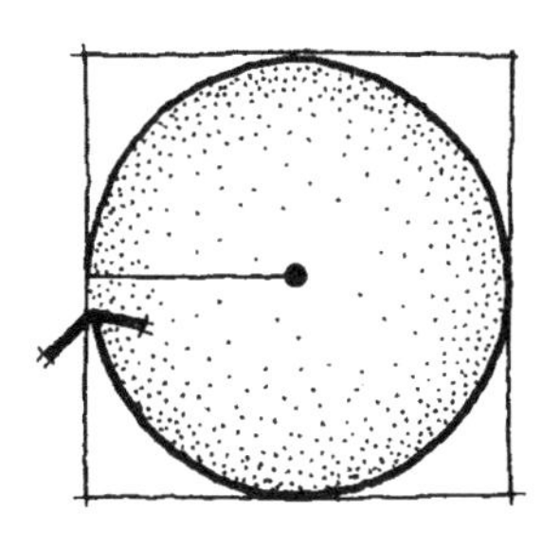

半径的旋转

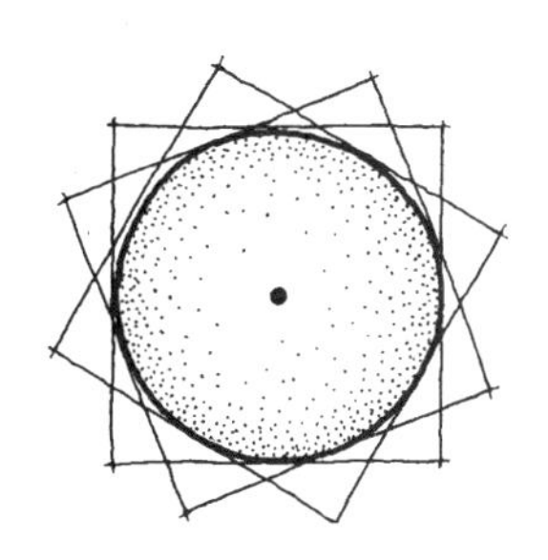

正方形的旋转

图 4.12　左：两种在正方形中造就圆的方式。

图 4.13　下：展现方、圆相互关系的设计策略。

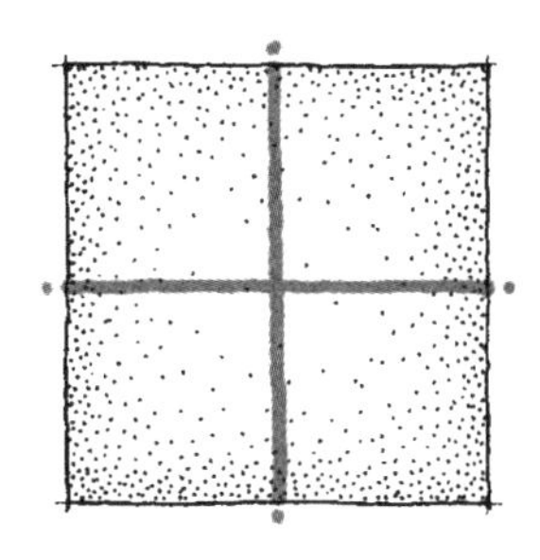

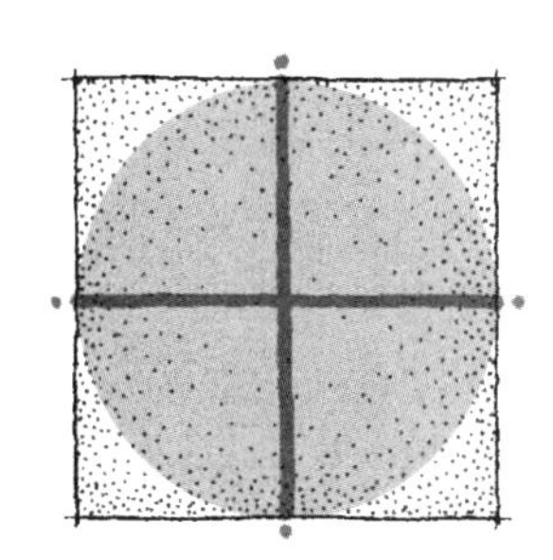

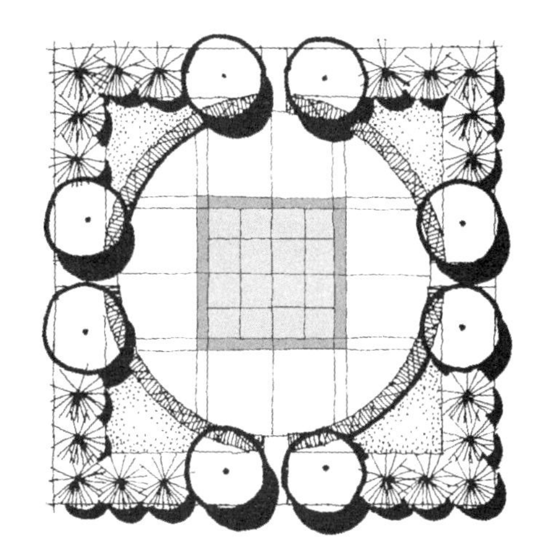

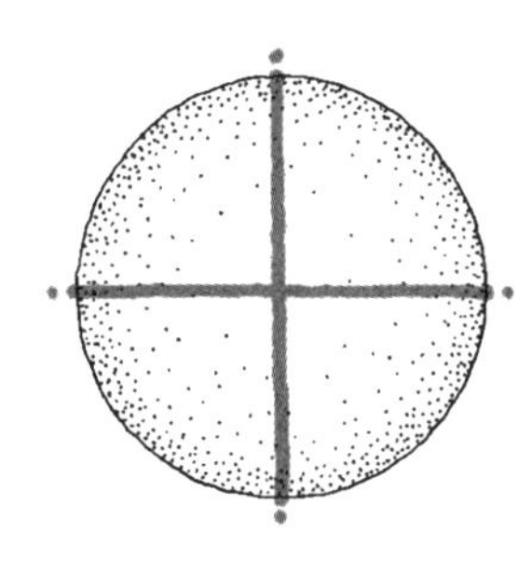

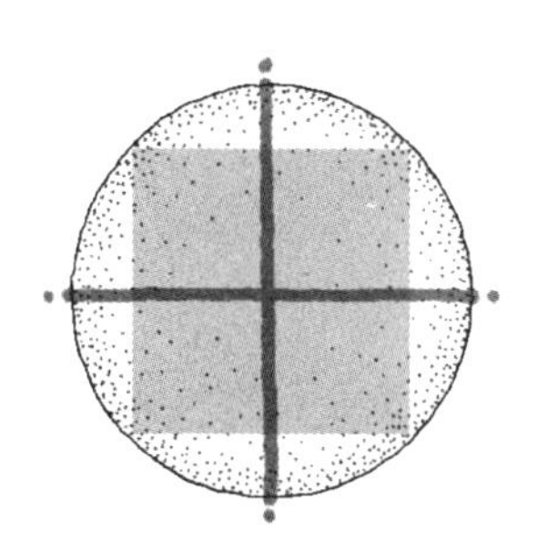

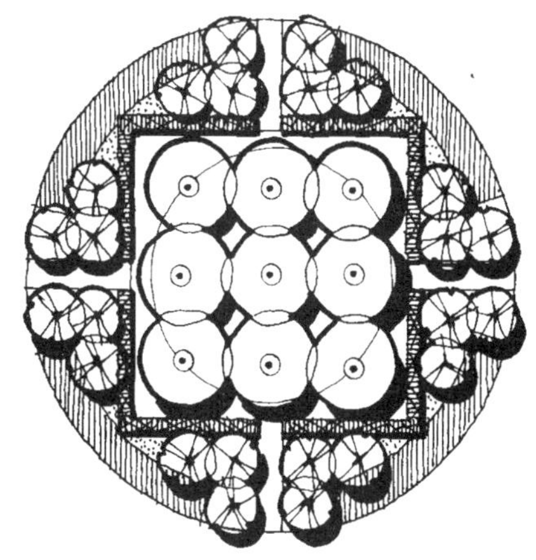

笔记/手绘

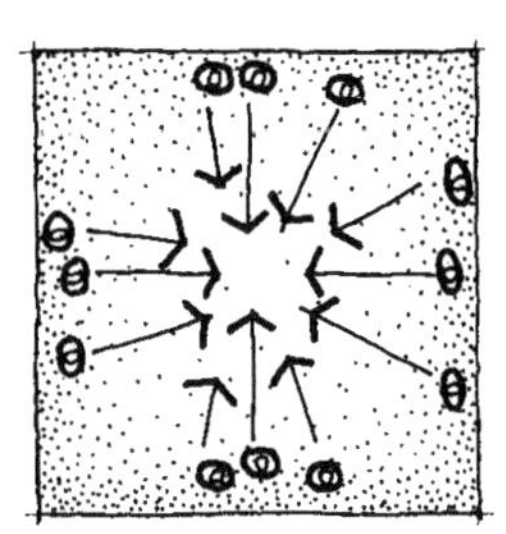

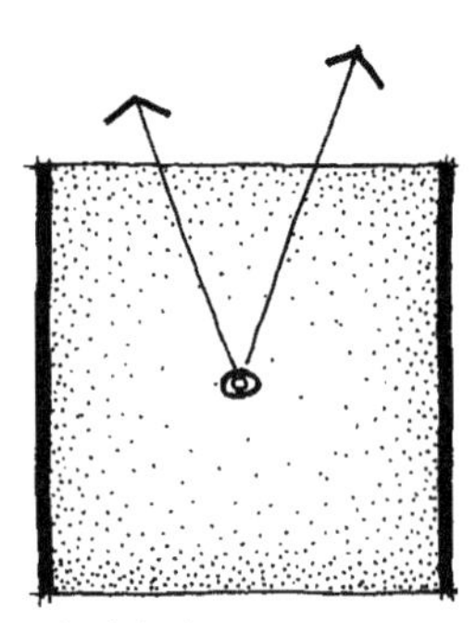

图 4.14 上：正方形空间可向内聚焦，也可在指定方向上向外指向。

图 4.15 下：单一正方形包容性空间的特性。

景园效用 | Landscape Uses

正方形可在景园中扮演无数种角色，既可以是单一的形式，也可是造就其他正交几何形的基本建构体块。正方形的主要景园效用包括：空间基础、节点和象征意义。

空间基础 | Spatial Foundation

同其他形状一样，正方形在景园建筑学场地设计中的基本效用是作为外部空间的基础。可以由正方形来塑造的基本空间类型有两种：（1）单一空间，（2）复合空间组合。下面的段落将讨论造就这两类空间的方略。

单一空间。单独的一个正方形空间是自我完备、不可分割的整体，根本上由其鲜明的 4 条边所确定。景园中的这类空间可以是一个围合庭院、城市广场、建筑前庭、公共绿地、花园，等等，或场地自身平面中的比例相同之处。单一的正方形空间也可以是在任何环境布局中的再创造，确立位于其他空间中的简单、明晰空间，或迎合将在下一节中讨论的正方形的其他景园效用。

以正方形为基础的单一外部空间适用于几种设计布局。第一，正方形很清晰地展现了相等的、无指向的比例，促使人们在一个空间的边界内停顿或驻留。同样，当要求一个空间具有明晰的边、确定的转角以及朝向中心的固有焦点，也就是拥有本章前面讨论的所有正方形固有几何性质的地方，正方形都是很恰当的（图 4.3）。正方形空间非常适宜人们沿着其周边坐、立，面对空间内的一个视觉焦点或发生的活动向内观望（图 4.14 上）。正方形还能用于在指定方向上引导向外的视线，特别是在空间的其他各面都是延展到视平线以上的实体面时（图 4.14 下）。由于这些性质，正方形在轴线和其他行进路线的尽端都是恰当的终点空间。

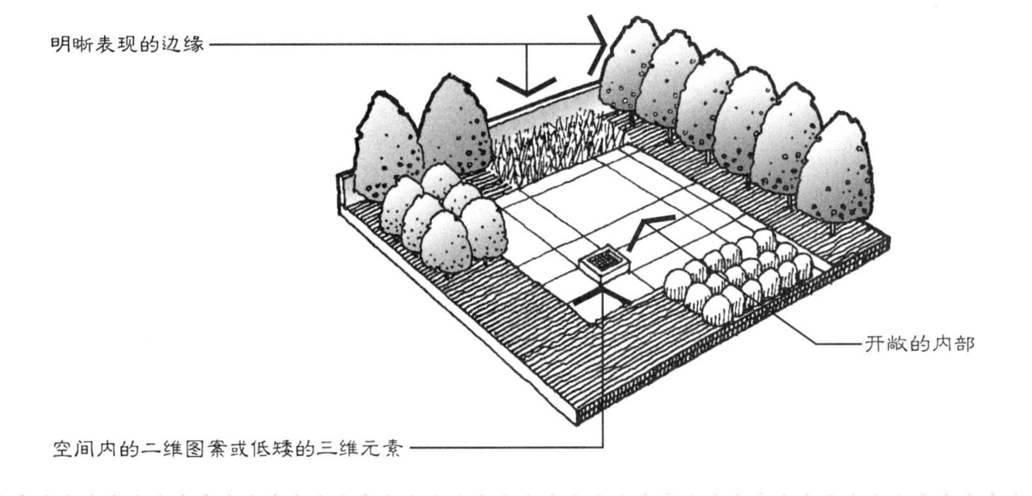

笔记/手绘

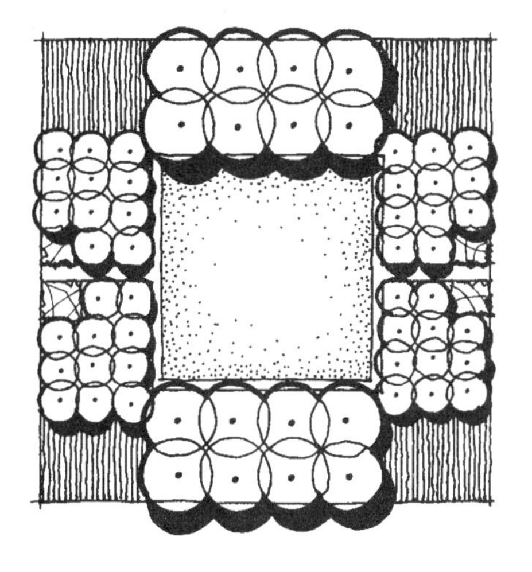

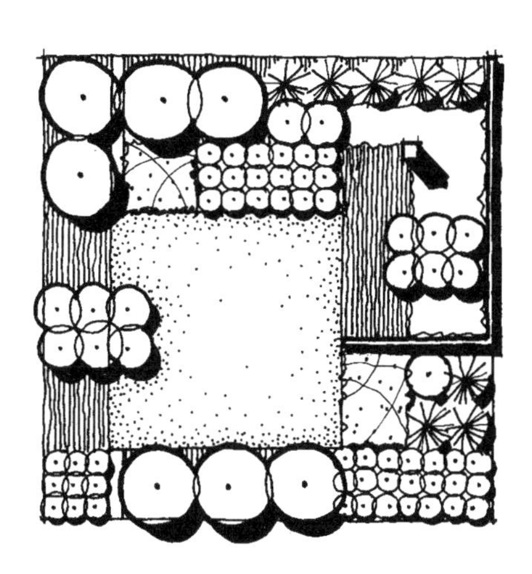

单一正方形空间的内部应统一处理，以保证它作为一个完整空间的感觉。在一个根本上由清晰显现在各边上的竖直面所限定的、内部连续且开敞的包容性空间内，这一点最容易实现（图 4.15）。另外，地面和顶面也应有相似的材料和图案，不过这并不意味着简单。置于空间中的元素应保持低矮，使它们在感觉上更多是二维图案而不是三维实体。

所有这些建立单一空间的技巧可能塑造出一种简单化的、可预见的空间，但它们却并非只能如此。如第 2 章所讨论的，在保持内部相对开放并不加分割的前提下，围绕一个单一空间的竖直边缘可以是灵活的、分层次的（图 2.27 ~ 图 2.28）。同样，一个单一空间的周边可由许多不同的元素构成，并具有同这个正方形基础相关的各种进深和朝向（图 4.16）。这些元素不必以对称设置来维持一个单一空间的感觉。假如其内部的元素散布在空间中，并因其相对较薄或较矮而不会割裂空间，一个单一正方形空间也可以是体量化的（图 4.17）。位于正方形基底上的一处树丛是单一体量化空间的一种例子。

图 4.16　单一正方形空间的各种围合边缘处理。

图 4.17　假如贯穿整个空间进行统一处理，单一正方形空间也可以是体量化空间。

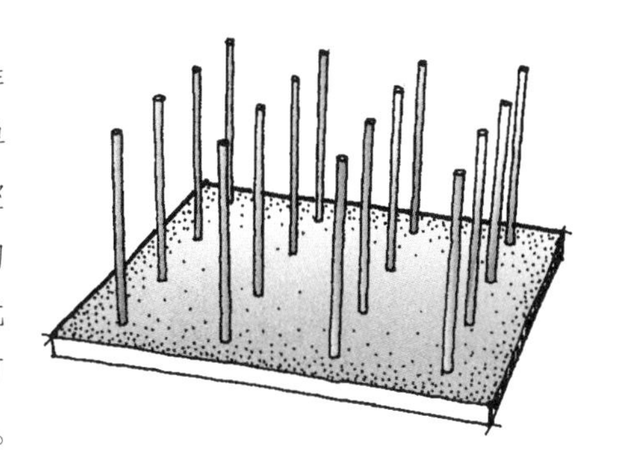

笔记/手绘

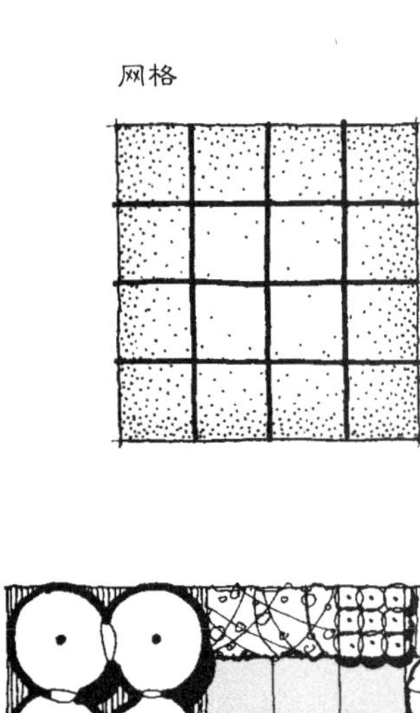

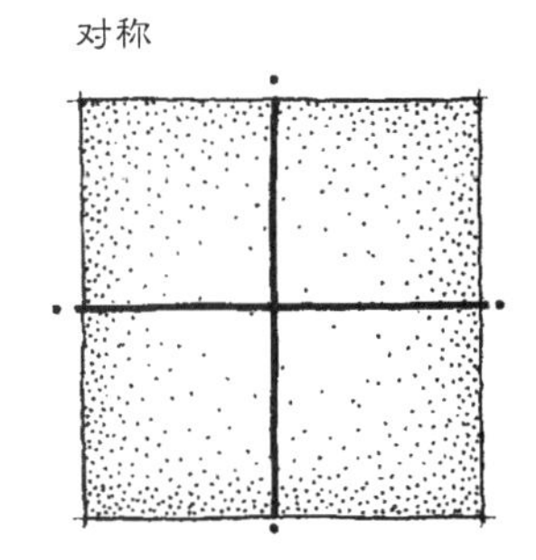

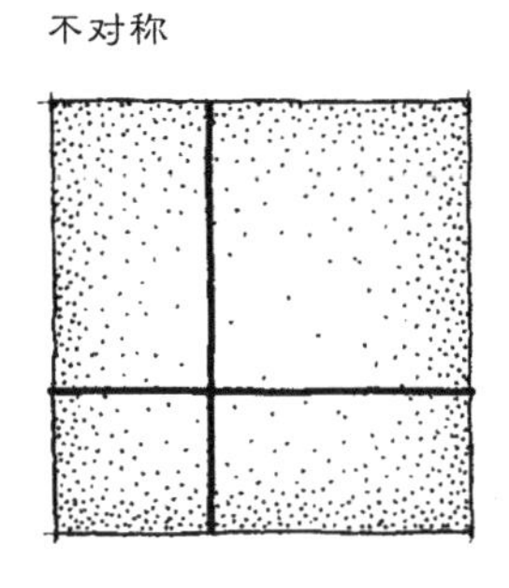

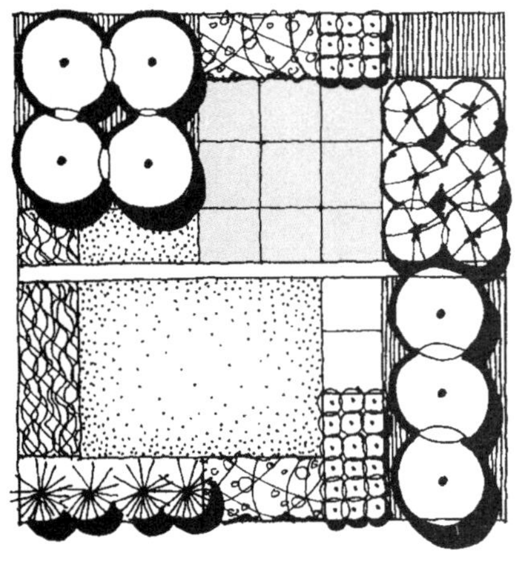

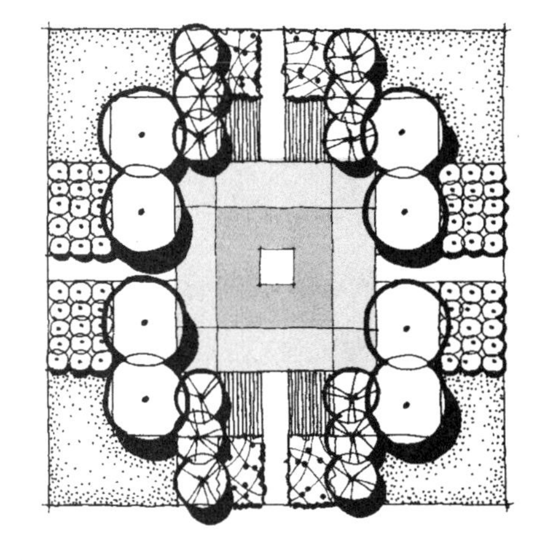

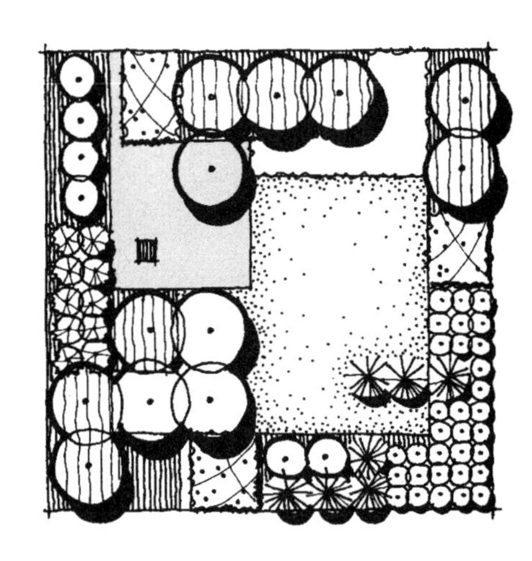

图 4.18 进一步划分正方形的各种组织系统。

复合空间。正方形可在景园中用作多个空间的组合基础。从单一空间生成这些空间的过程根本上是通过减法和加法两种转换来完成的（见第 1 章，形式转化）。

减法。减法或进一步划分，是用来在一个正方形范围内生成复合空间和 / 或材料块面的转化过程。当正方形的边缘已被场地周围环境所固定，而且 / 或计划要求在正方形边界内具有一个以上的功能或材料领域时，这是适当的策略。

有数种进一步划分正方形的不同手段，包括在第 1 章中讨论过的主要组织结构：网格、对称和不对称（图 4.18）。典型的网格以沿着一个或两个方向来等距划分正方形为基础。网格大小决定于正方形的实际尺度以及项目任务的要求。对称划分是以正方形的一个或不止一个基本轴线为中心，虽然并非必要，但可能包括了塑造跨轴线设计的对角线。

笔记/手绘

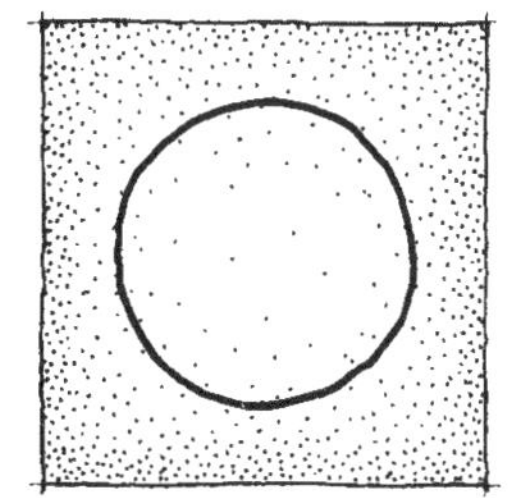

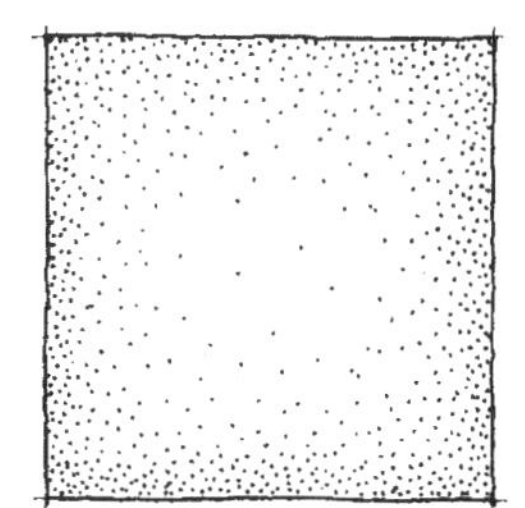

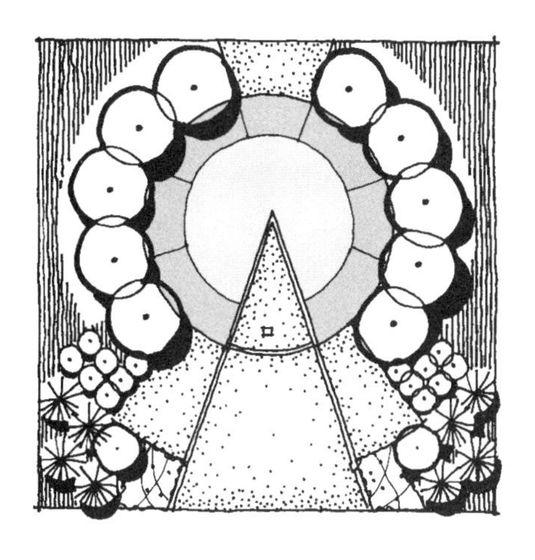

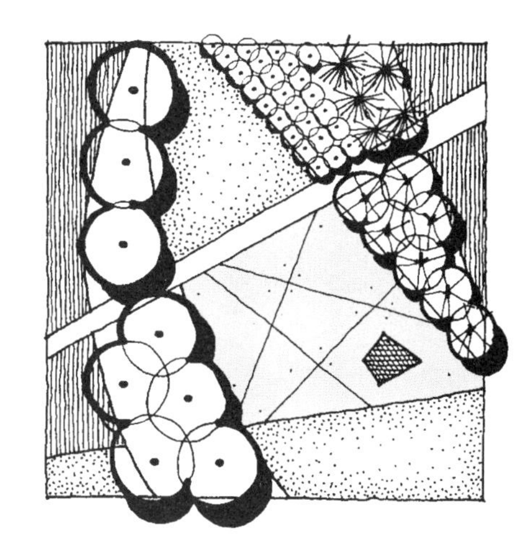

图 4.19 左：以其他形式划分正方形示例。

图 4.20 右：正方形被当作一个独立结构的外框。

正如第 6 章所进一步讨论的，这种正方形划分技巧在正交对称设计中很常见。最后，在同正方形各边维持正交排列成直线的同时，正方形中的划分线条还可以设为不对称的。这些结构组织会各自塑造出自己的设计气质，因此应该认真选择，用于完满适应给定的场地和设计任务。

前面用在正方形内的减法手段都同正方形的固有几何性质有关，因此，其构图结果看上去都同正方形的正交特性及固有几何性质一致。此外，还有两种同正方形内在格局关系较弱的划分方式，这些方式提供了更自由的表现和尝试。第一个是把另一些形式引入正方形（图 4.19）。如本章前面所指出的，圆形或三角形都存在于正方形之内，可以作为从正方形内抽取块面的依据。

笔记/手绘

另一种划分技巧是，在组织正方形的内部时不考虑它所暗示的固定几何形（图 4.20）。其内部组织构图显示为同正方形结构无关的任意数量的形体，这使设计可以是有机的、不规则的，甚至是随机的。按照这种设计手段，正方形就像一个外框围着一幅画，把被区块划分的内部融合成一体，这是第 1 章曾讨论过的统一原则之一。这种做法的一个实例是澳大利亚 4.3.1 景园建筑设计公司（Landscape Architectural Firm of 4.3.1）为柏林德国标准化研究所（DIN，Deutsches Institut für Normung（German Institute of Standards））设计的 A4 庭院（the DIN A4 Courtyard）（图 4.21）。在这里，一个正方形统一起一组不一致的线条、树木以及代表一张欧洲标准 A4 纸的下沉平台（Weller and Barnett 2005，144）。

将一个正方形分成多个空间和使用领域的最后手段之一，是把两个或多个前面探讨过的划分方法结合起来。例如，正方形的内部布局可以以网格、不对称以及一个内接圆的混合形式为基础。所有这些设计方略都能通过第 1 章所呈现的旋转和嵌入来进一步转化。这些策略中的一些被当作设计基础，用在了西维塔斯景园设计公司（Civitas）和艺术家拉里·柯克兰（Larry Kirkland）设计的科罗拉多州丹佛大西人寿保险公司总部（Great West Life Headquarters）的一个广场（图 4.22）。在这里，正方形的轴线结构被转化成貌似偶然放置的另一些正方形和基本几何形式。

图 4.21　德国标准化学会 A4 庭院。

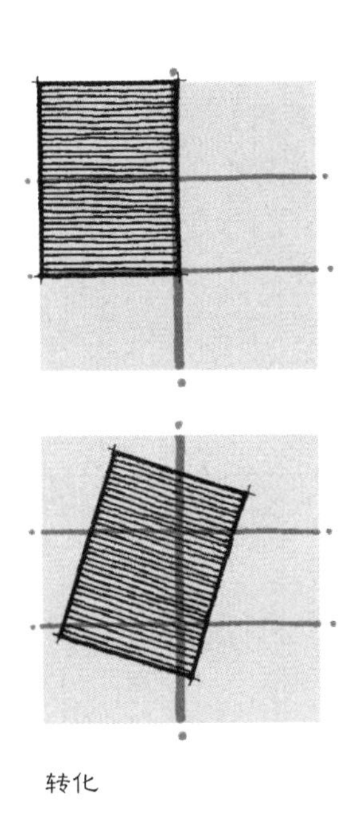

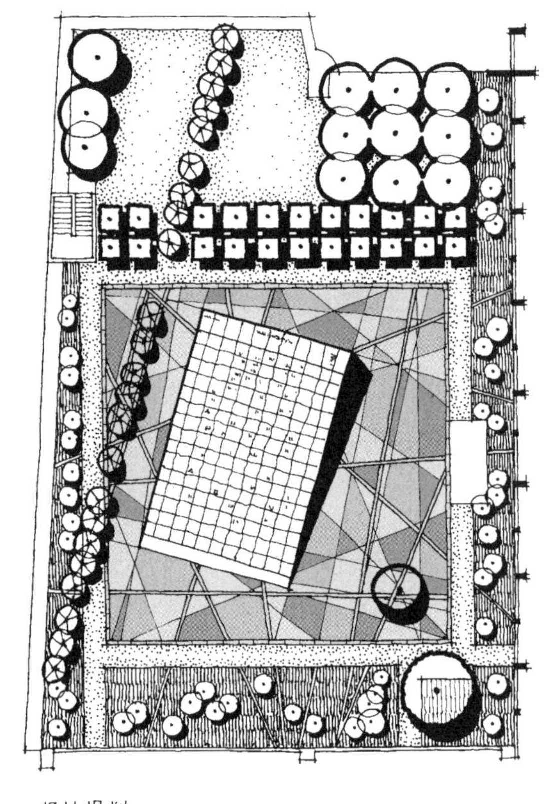

笔记/手绘

图 4.22 大西人寿保险公司总部园林。

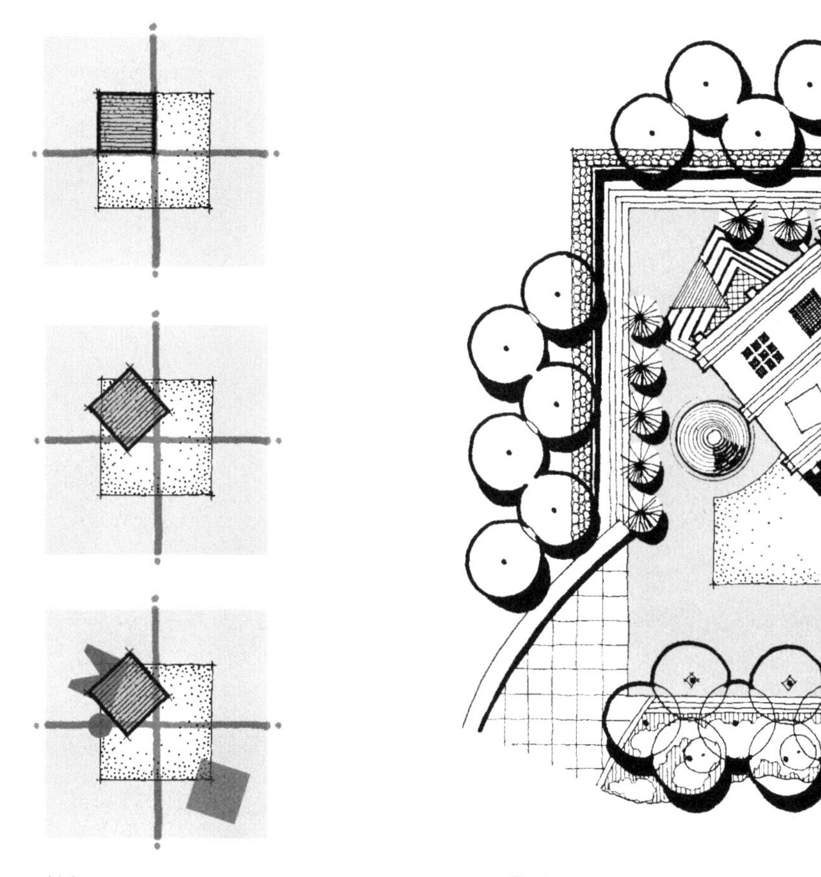

转化

场地规划

笔记/手绘

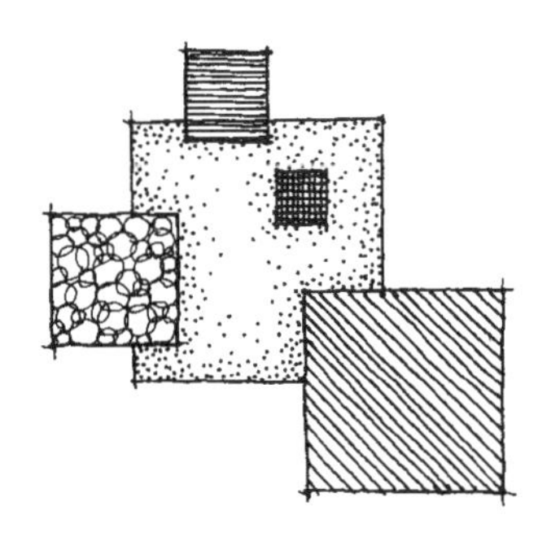

连锁

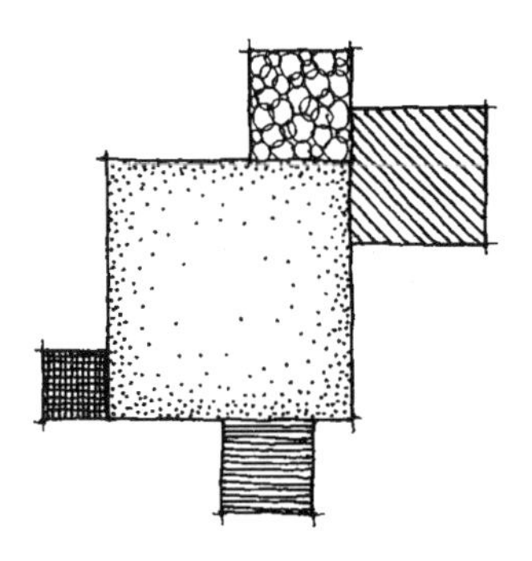

面对面衔接

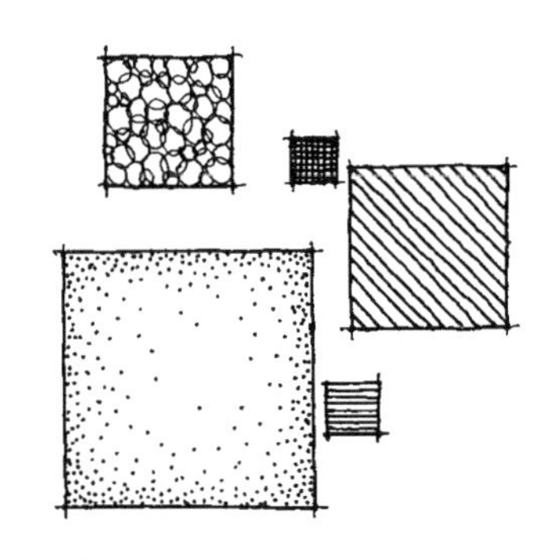

空间张拉

融和

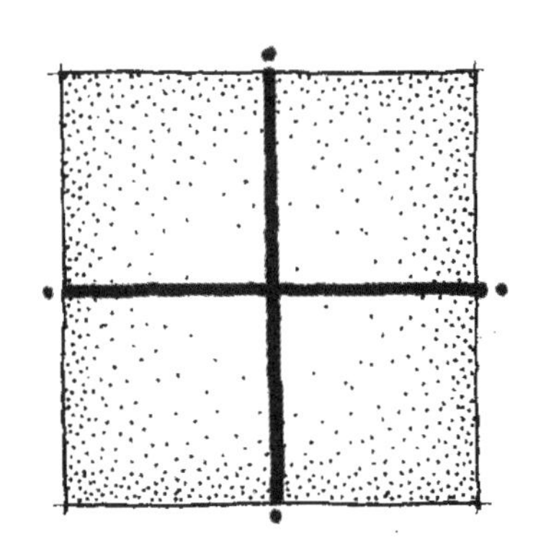

图 4.23 加法转化的各种方式。

加法。用正方形来创造复合空间组合的第二种方式是相加转化。如第 1 章中概括的，对于通过连锁、面对面衔接和空间张拉的加法来塑造的空间和块面组群来说，正方形和其他基本形状是最具本原性的构建者（图 4.23）。刚刚曾谈到，在一个较大的正方形之内可以确立多个正方形，然而，这些正方形却受到大正方形边缘的限制。通过加法来转化正方形的过程所产生的正方形聚合体不受既有边缘的局限，相反，可以按需要增添和削减。这可以使复合正方形设计适应各种场地规模、形状和条件。通过加法产生的复合正方形可组织成线、网格、对称布局、和/或不对称的设计，相关细节将在后面 3 章做更详尽的揭示。

以复合正方形为基础的一个景园建筑学设计的著名实例，是彼得·沃克与 SWA 设计集团（SWA Group）在得克萨斯州沃斯堡（Fort Worth）设计的伯内特公园（Burnett Park）。这个设计的基础是布满正交网格的一处矩形场地，由 24 个正方形构成（图 4.24）。这个构图被划分了多个正方形的斜向轴线进一步分割，而在这个复合正方形骨架上，又由许多水池连成线条画出一个矩形，为设计确定了一处焦点。植被材料和其他场地元素的位置很随意，但它们被布局明晰的正方形地块所统一。这是一个很好的实例，以严谨的方式运用复合正方形及其固有几何性质，造就了一个富于感染力的场地设计。

笔记/手绘

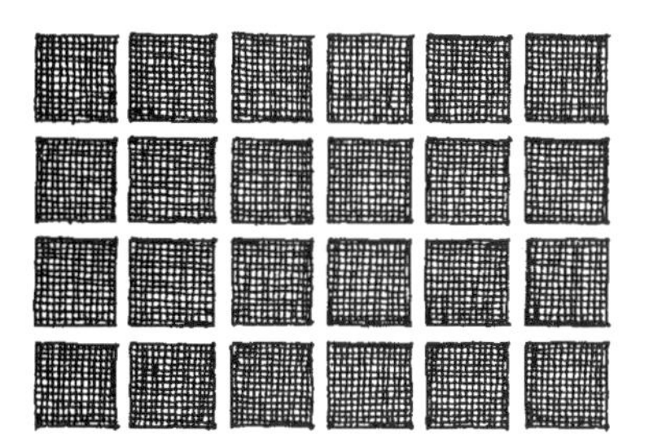

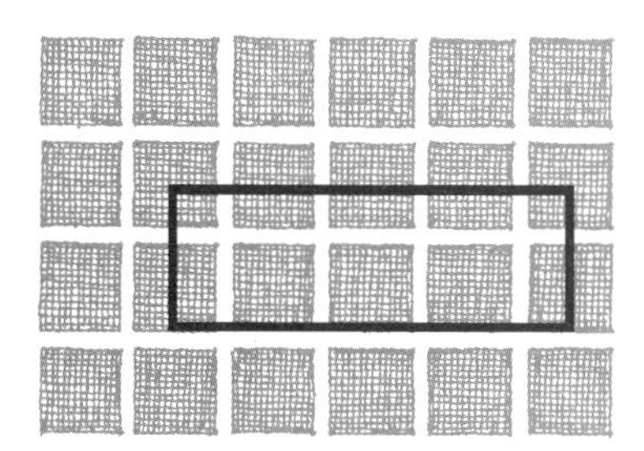

斜线

水池

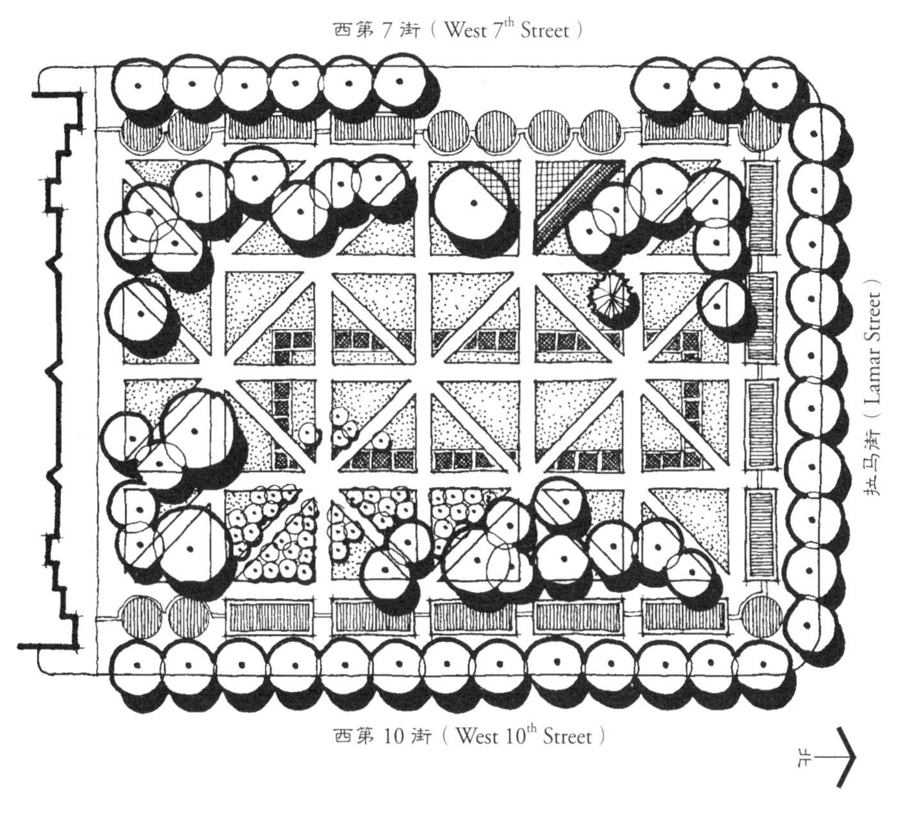

图 4.24　将复合正方形作为伯内特公园基础的应用。

笔记/手绘

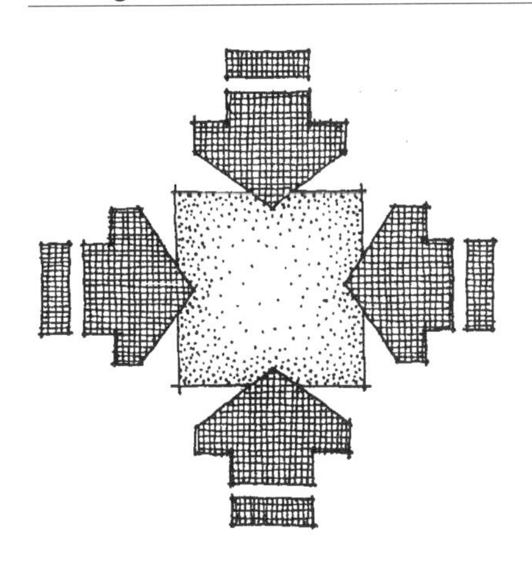

图 4.25 正方形场地可以作为城市设施中的汇聚节点。

图 4.26 右：萨凡纳规划平面显示了许多呈正方形的城市结构中的空白场地。

图 4.27 下：萨凡纳的正方形场地示例。

节点 | Node

正方形相等的 4 边和比例使它非常适合作为景园中的节点或汇聚场所。世界上有无数的著名城市开敞空间被称为"正方形"（英文 square，又当"广场"讲——译者），包括时报广场（Time Square）（纽约）、特拉法加广场（Trafalgar Square）（伦敦）、天安门广场（Tian'anmen Square）（北京）、红场（Red Square）（莫斯科）、哈佛广场（Harvard Square）（坎布里奇（Cambridge））、梅隆广场（Mellon Square）（匹兹堡）、拓荒者广场（Pioneer Square）（西雅图）、格罗多利广场（Ghirardelli Square）（旧金山）和喷泉广场（Fountain Square）（辛辛那提）。这些广场中的多数尽管实际上不是几何正方形，但都设在其城市布局的中心，通常位于主要街道的汇聚处。这些广场的确都具有向心空间的共性，向内聚集焦点和能量（图 4.25）。同样，"正方形"一词也应用于佐治亚州萨凡纳（Savannah）和伦敦西区内住宅区中无数正交形状的公园空间（图 4.26 ~ 图 4.27）。"正方形"一词最初是如何用于此类城市空间的并不清楚，但是，城市户外空间基础以正交几何形为依据的根源，可以在古希腊城市普里埃内（Priene）和米勒图斯（Miletus）找到（French 1978，11-12，49-60）。

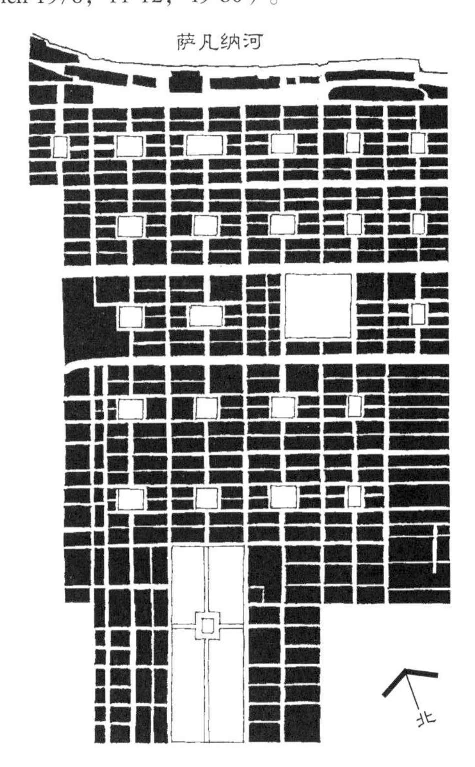

笔记/手绘

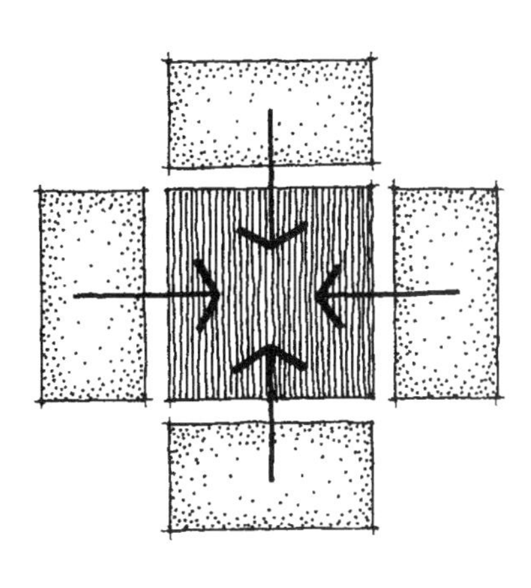

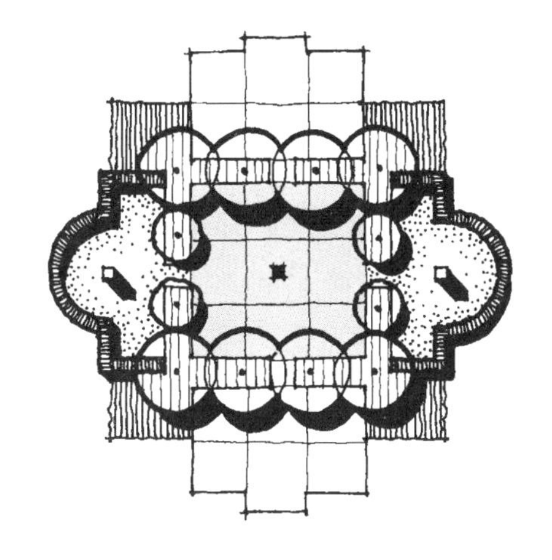

图 4.28　用作集中式设计中心的正方形。

在包含一系列周边次要空间 / 功能的集中式设计组织中，正方形同样又是作为中央空间的一种适当形式（Ching 2007，196）（图 4.28）。正方形和其他基本几何形都非常适于作为中央空间，因为它们都有均等的比例、相对较少的边以及固有的对称性。

正方形还可以是不对称设计组织中的节点。由于正方形没有指向性，当其设计位置、大小和材料适当时，就吸引了人们的关注（图 4.29）。应该注意，正方形不会自动成为一个节点。如欲使一个正方形成为景观重点，必须精心设定位置，使它在周围关系中得到突出。此外，这样的正方形还必须用醒目的材料来确定，如水体、花丛或特殊的铺地。被当作节点的正方形还可以是一种地面形式，作为雕塑、水景或装饰性植物之类特殊三维景观体量的基底。

图 4.29　用作视觉节点的正方形。

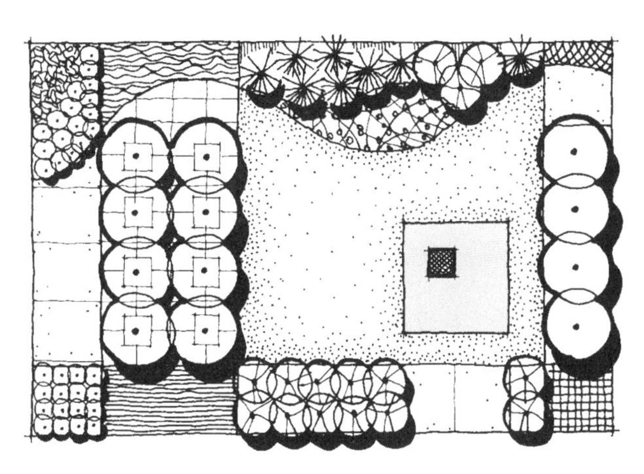

笔记/手绘

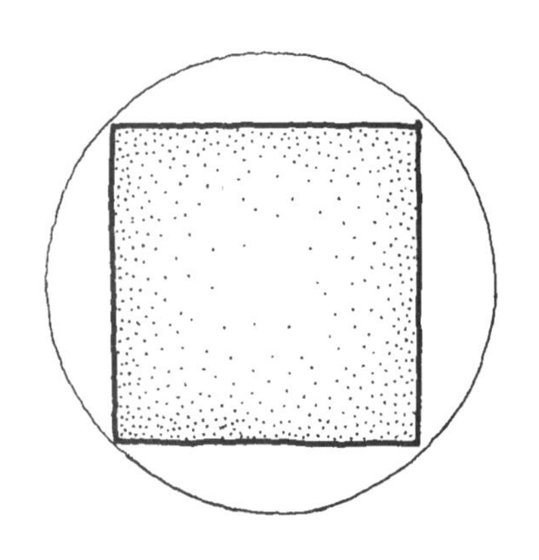

图 4.30 正方形表达位于苍天（圆）内的大地。

图 4.31 摩根·惠洛克（Morgan Wheelock）在马萨诸塞州坎布里奇用正方形象征大地的园林设计。

象征意义丨Symbolic Meanings

像下面几段所探讨的那样，正方形有几种象征意义，可以展现在景园建筑学的场地设计中。

大地。当圆形象征苍天的时候，正方代表大地（Shepherd 2002，335）（另见第 13 章，圆形）。就像藏传佛教形象地描绘的那样，这两种形式经常被刻画在一起，内部为正方，表达大地在苍穹环宇之内（图 4.30）。这种象征同样也见于中国古代钱币，即圆形的硬币，中间为方孔（Shepherd 2002，335）。同样，古波斯和两河流域也以正方代表大地（Biedermann 1992，320）。图 4.31 尽管颠倒了传统中的关系，却也展示了一个园林布局对方和圆的应用，作为铺地图案，它意欲拥有超越功能上只是一个坐憩空间的意义。

稳定与方正。稳定和方正的概念在正方形这里是一回事。这种一致性主要是基于正方形平直的各边呈直角相交。当面对面放置或同另一个直边形式成直角时，平直的边容易建立刚性的、坚实的视觉和结构衔接（图 4.7）。在视觉上，非 90° 的关联被认为是虚弱且不稳定的。把相近的形式或物体"摆正"就是要形成稳定的 90° 衔接。"丁字尺"是基本的绘图仪器，用于在图纸上确定直角关系（英文丁字尺 T-square，字面上可以是"T-正方形"的意思，与英文摆正 square up 一样，其中的 square 都可译为"正方形"——译者）。

在各种形式中，正方形具有坚实的视觉联系，与此相关的描述还可推至更广的范围。短语"整理好"（to square away）一个环境意味着使之成为正确的或完美的。同样，短语"公平交易"（square deal）、"公正合理"（fair and square）和"丰盛大餐"（square meal）也都结合了"正方形"一词，表达某种适合与恰当的情况。

熟识与传统。在人为建构的环境中，正方形是最多见的形式之一，可见于街道模式、建筑物、建筑材料、日常物品等。事实上，人们所知的正方形已经多到能令人熟视无睹并感到枯燥了。结果是，许多设计者花了大量时间和精力，以更大的创造性方案来"破除方盒子"。

正方形同熟知事物的联系也有负面的社会意义。一个被认为"方正"（square）的人通常意味着僵硬、没变通、保守和/或墨守成规。被贴上"方正"的标签肯定不是夸奖，特别是在年轻人或自认为有艺术气质的人中间。期刊《家居》（*Dwell*）中一篇文章的标题为《方正并不时髦》（"*It's Not Hip to Be Square*"）从建筑设计方面回应了这种观念（Gardiner 2003，128）。

笔记/手绘

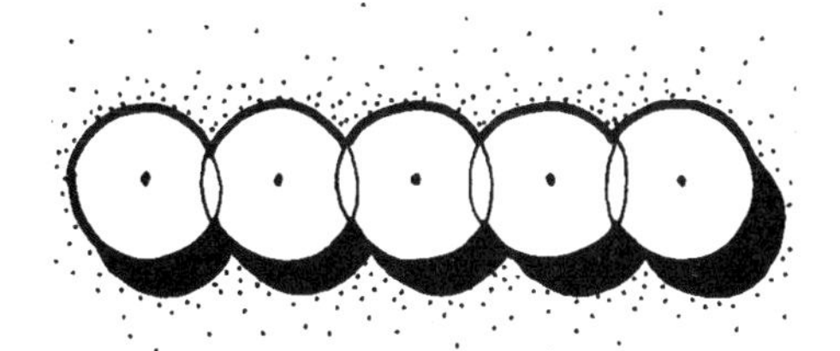

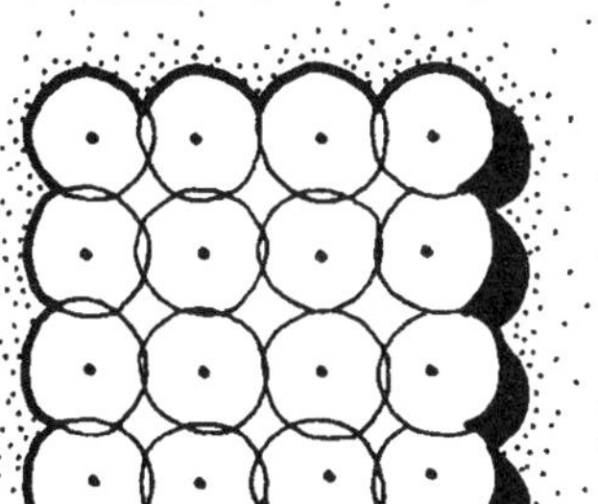

孤植

图 4.32 用于强化正方形结构的植被材料组织布局的语汇。

图 4.33 强化正方形固有结构的植被材料示例。

设计准则 | Design Guidelines

由于具有均等的比例和正交的几何关系，正方形是一种在景园建筑学场地设计中相对易于操作的形式，而且如下面几段文字所指出的，用它来设计是具有一些广泛可取之处的。

材料搭配 | Material Coordination

正方形空间中的植被材料、铺地、墙体、阶梯和其他元素的组织搭配，应能强化它固有的正交几何性质。为此，木本植被材料应以 3 种基本形式语汇来组织：行列、正交组团和孤植（图 4.32）。在典型情况下，成排或成线的植物起到类似于墙的功能，并且应该平行于正方形的边、沿着轴线、顺着对角斜线，并 / 或吻合正方形所隐含的内在网格（图 4.33）。植物组团的形状应该是正交的，并呼应成行的植物。孤植植物最好用作景观重点，在精心选择的位置上吸引目光。草本植物组团也应成正交形状，尽管组团内植物个体间的关系可以相对不严谨（图 4.34）。

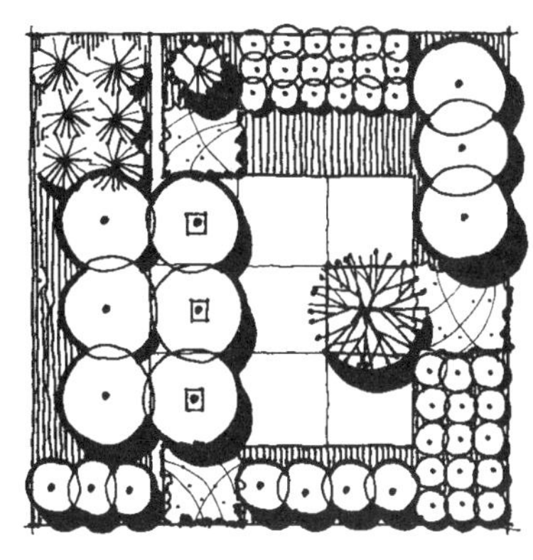

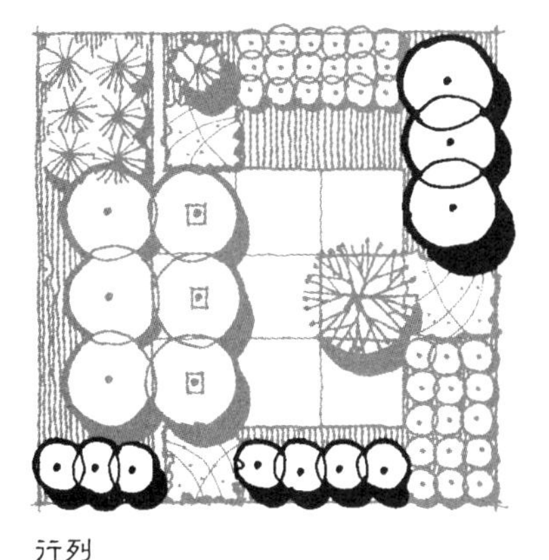

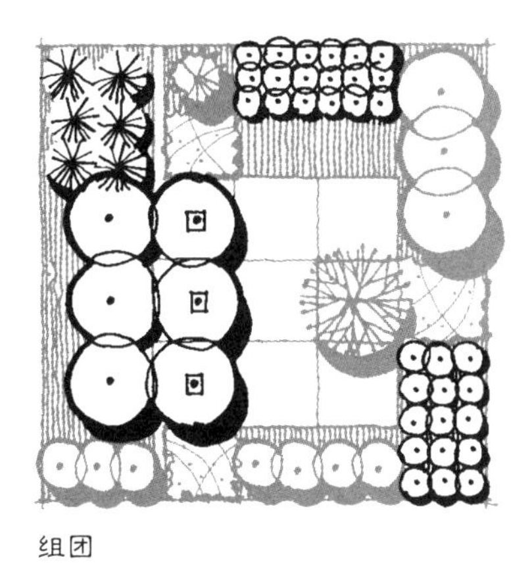

笔记/手绘

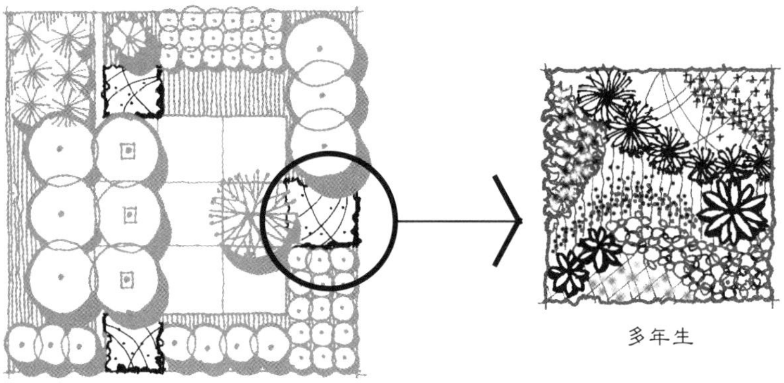

多年生

图 4.34 松散地布置在一个正交区域内的草本植物示例。

不过，当设计正方形的内部或围绕正方形来设计时，最好都有采用非正交形象来组织植物的情况。一种如前一节所讨论的，是突出汇入正方形内的其他形式和几何关系的形状（图 4.35）。在随机的园林和田园化场地之类的另一种布局中，只要能平衡主导正交几何形中蕴含的严谨性，就可用更加松散的方式来布置植物（图 4.36）。关于这种手法的建议，是让组团植物稳定平和，尤其是灌木、多年生与一年生草本植物，让它们即使不支持正交几何形也要显得有序。

通过与正方形的正交排布，铺地图案同样应该加强正方形的整体结构。然而在一些例子中，扭转铺地图案的方向却值得推荐，为的是从视觉上强化或缓和主导几何形（图 4.37）。

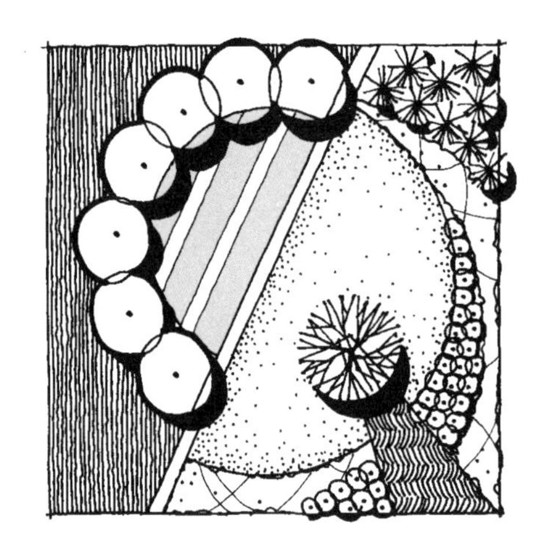

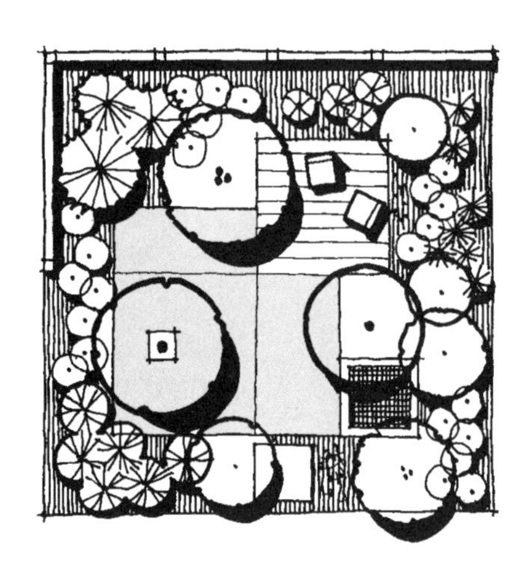

图 4.35 左：以非正交植物组团在正方形内突出其他几何形的示例。

图 4.36 右：在正方形空间内随机布置植物的示例。

笔记/手绘

图 4.37　正方形空间内的其他铺地处理方式。

地形｜Topography

独立的正方形空间应有一个看上去很平的底面，从根本上支持这个形式的几何简洁性，并增强它作为一个单一空间的感觉（图 4.38 左）。如果需要层次变化，最好把它们置于空间周边或周边附近，以保持内部的完整统一。被划分为多个复合空间和领域的正方形更适于出现高低层次变化。假如或每当发生层次变化时，它们应该出现在空间之间，采用墙体、阶梯这类限定台地边缘的形式（图 4.38 中）。如同前面关于植被材料的建议一样，这些结构性元素应同正方形一同排布。层次变化的处理应该与通过加法过程来创造复合空间组织的设计相似（图 4.38 右）。

图 4.38　处理单一正方形空间底面的不同方式。

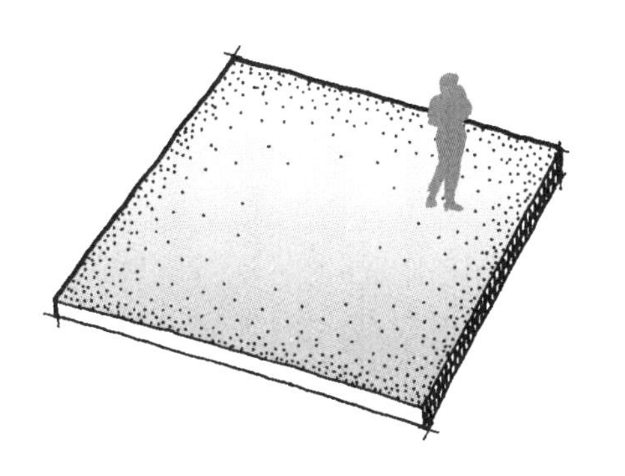

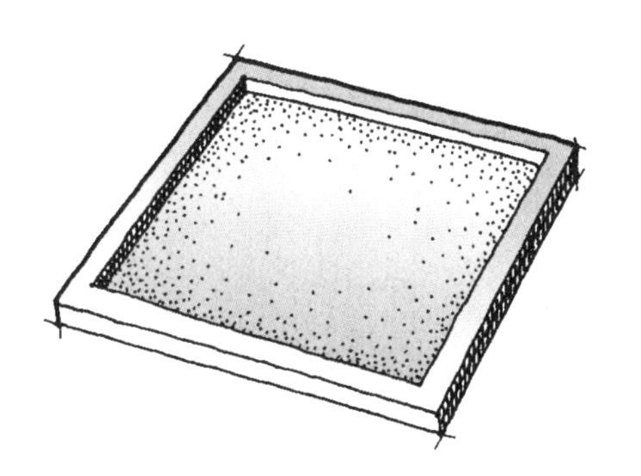

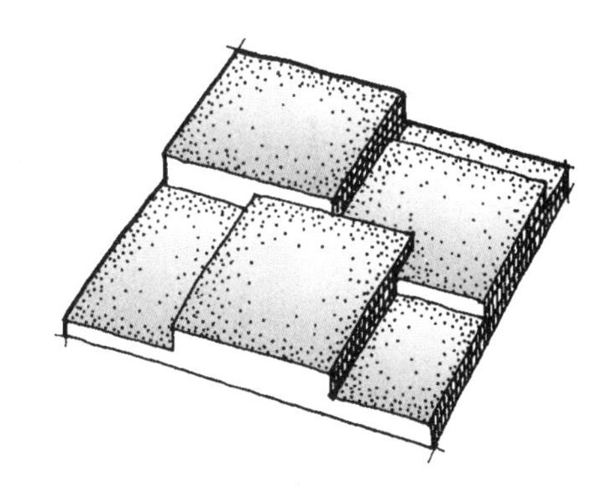

笔记/手绘

参考资料 | Referenced Resources

Biedermann, Hans. *Dictionary of Symbolism: Cultural Icons and the Meaning Behind Them.* New York: Facts on File, 1992.

Ching, Francis D. K. *Architecture: Form, Space, & Order.* Hoboken, NJ: John Wiley & Sons, 2007.

French, Jere S. *Urban Space: A Brief History of the City Square.* Dubuque, IA: Kendall/ Hunt, 1978.

Gardiner, Virginia. "Houses We Love: It's Not Hip to Be Square." *Dwell,* May 2003.

Shepherd, Rowena, and Rupert Shepherd. *1000 Symbols: What Shapes Mean in Art & Myth.* New York: Thames & Hudson, 2002.

Peter Walker William Johnson and Partners. *Art and Nature.* Tokyo, Japan: Process Architecture Company, 1994.

"Great West Life Headquarters," *Land Forum 11.* Berkeley, CA: Spacemaker Press, 2001.

Weller, Richard, and Rod Barnett. *Room 4.1.3: Innovations in Landscape Architecture.* Philadelphia: University of Pennsylvania Press, 2005.

其他资料 | Further Resources

McCormick, Kathleen. "Escape into Art." *Landscape Architecture,* October 1994.

网上资料 | Internet Resources

Peter Walker and Partners Landscape Architecture: www.pwpla.com

笔记/手绘

正交形式 | Orthogonal Forms

矩形 | The Rectangle 5

矩形是第二种基本正交形式，而且是通过减法转化从正方形中划分出来的（Ching 2007，52）。矩形平直的边、直角的转角、围绕轴线的组织以及对称性所具有的最终设计结果同正方形一样。然而，矩形拉长的长度使它不同于正方形，并使它拥有本章讨论的其他一些几何性质和景园效用。本章将呈现矩形的下述方面：

- 几何性质
- 景园效用
- 设计准则

几何性质 | Geometric Qualities

矩形拉长的比例赋予它一些本章所强调的独特性质。

方向性 | Directionality

矩形和正方形之间最显著的差别是矩形沿着一条轴线所延长的边（图 5.1）。与正方形的静态稳定性不同，矩形的长度使它带有富于动态的能量、方向和运动态势。矩形的长度比宽度越大，其方向性就越明显。就其极端而言，矩形可以转化成一个具有一维线条性质的形式。

矩形拥有方向性的一个结果是，朝向狭窄两端的指向或聚焦作用（图 5.2）。视觉注意力和实际运动都沿着矩形的长向得到引导，较多的关注被导向两端而不是两条长边。因此，矩形的两端捕捉并张扬那些被引向它们的能量，是理想的景观重点位置。当矩形的长边由高大灌木、墙体和树木等竖直面围合时，这种现象更加显著。这种围合的作用就像赛马马匹的眼罩，把注意力强制限定到空间的端点。

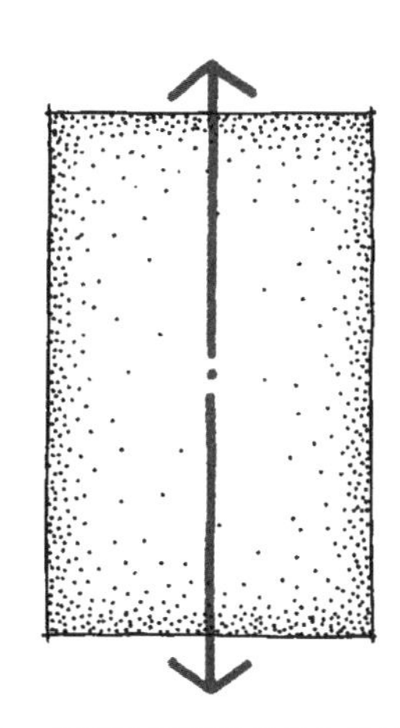

图 5.1　上：矩形具有沿着其长向的固有方向感。

图 5.2　下：透视图反映了沿矩形长向的方向感比较。

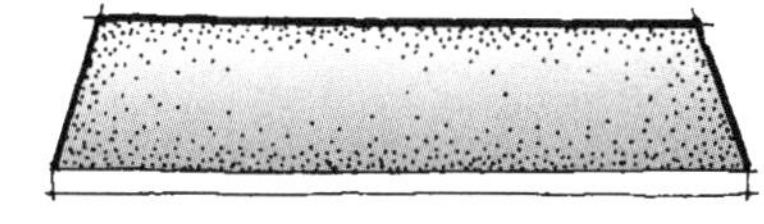

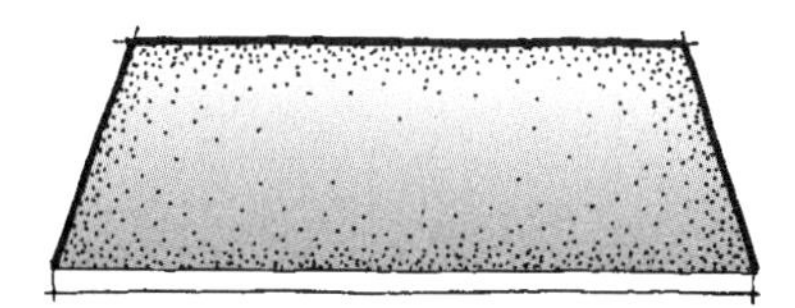

比例 | Proportions

因为矩形有不同的长向尺寸，就出现了怎样才构成正确比例的问题。答案之一是，这要依据矩形的周围关系和预计用途。任何既有矩形的最佳比例都是那些看上去同设计构图中的其他部分配合良好的比例。适合一种布局的矩形不一定适合另一种。

另一个答案的依据是被称为“神圣比例”（divine proportion）的黄金比例。这一比例的确立是以如下方式把一条线分成两段：整条线同较长一段线的比等于长的一段同短的一段之比（图 5.3）。这就产生一个 1∶1.618 033 988 74 的数值比。这个比例非常独特，创造一种整体及其构成部分在视觉和数值上都很和谐的关系。

图 5.3 黄金比例。

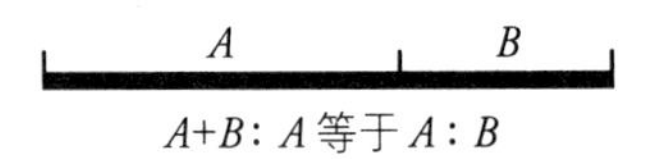

黄金比例或黄金分割还联系于斐波纳契数列（Fibonacci sequence）的数值：0，1，1，2，3，5，8，13，21，34，55，89，144，等等。这个数列始于 0，1，1，而接续的方式是，任何相邻两数之和都等于下一个数。例如 2+3=5，8+13=21，55+89=144 等。斐波纳契数列中相邻两数的比同样是 1∶1.618 033 988 74，这个数学现象在数值增大时变得更准确。当矩形的宽和长由斐波纳契数列中的相邻两数构成时，就被称为“黄金分割矩形”（golden section rectangle），例如 8∶13 或 89∶144（图 5.4）。

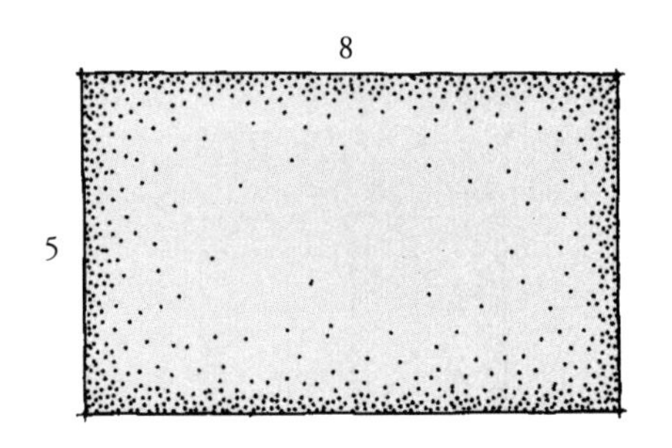

图 5.4 边长比为 5∶8 的黄金分割矩形。

只要边长之比为 1∶1.618 033 988 74，就可创造出无数个黄金分割矩形，或者这也可利用矩形的一些组成元素以几何方式形成。其做法是，首先从一个正方形开始（图 5.5 a）。接下来确定这个正方形一条边的中点（图 5.5b）。然后从这个中点到对面的一个转角拉出一条斜线（图 5.5c）。让这条斜线围绕那个中点旋转至恰好可以是矩形长边的位置。这个新的长边同最初那个正方形的边长就确定了一个黄金分割矩形的准确比例。

还有其他一些固定比例的矩形有可能作为正交构图的基础。其中一个被称为“$\sqrt{2}$ 矩形”（root 2 rectangle），这个矩形可以无限划分成更小的矩形，每个矩形的比例都同最初的矩形一样（Elam 2001，34）。

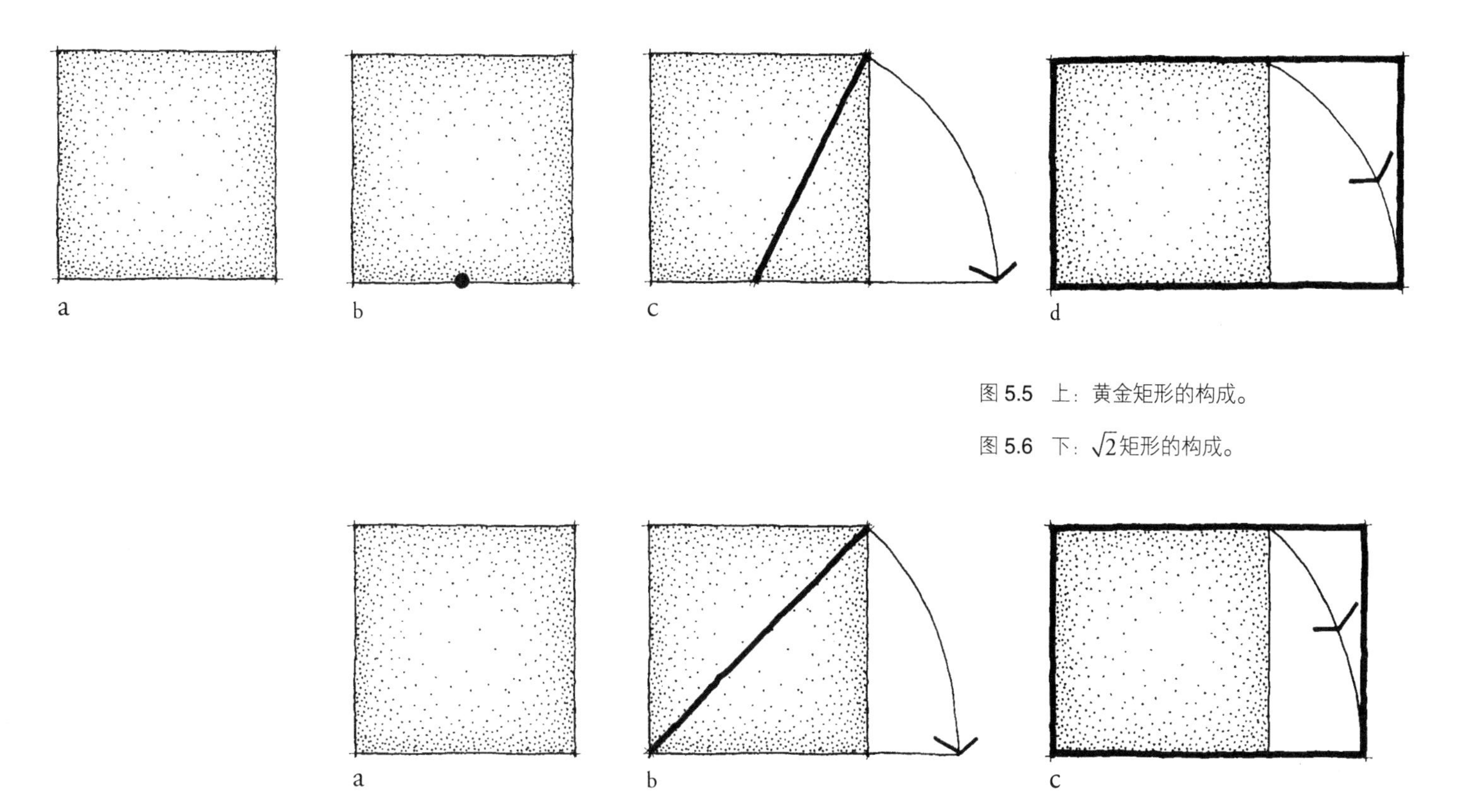

图 5.5 上：黄金矩形的构成。

图 5.6 下：$\sqrt{2}$矩形的构成。

$\sqrt{2}$矩形的宽长比为 1∶1.414，同黄金分割矩形的比例颇为相似。因为$\sqrt{2}$矩形能按同比例持续分成任意小的矩形，它已被当作欧洲纸张尺寸系统的基础。

建构$\sqrt{2}$矩形同创造黄金分割矩形的过程相似，也始于正方形（图 5.6 a）。拉出正方形两个对角间的斜线（图 5.6 b）。以这条对角线的一端为固定中心点，把它旋转到恰好为矩形一条边的位置（图 5.6 c）。如同黄金分割，这一条新边的边长同原正方形的边确定了准确的$\sqrt{2}$矩形比例。同样，在最初的$\sqrt{2}$矩形中，可以利用对角线画出更小的$\sqrt{2}$矩形。

笔记/手绘

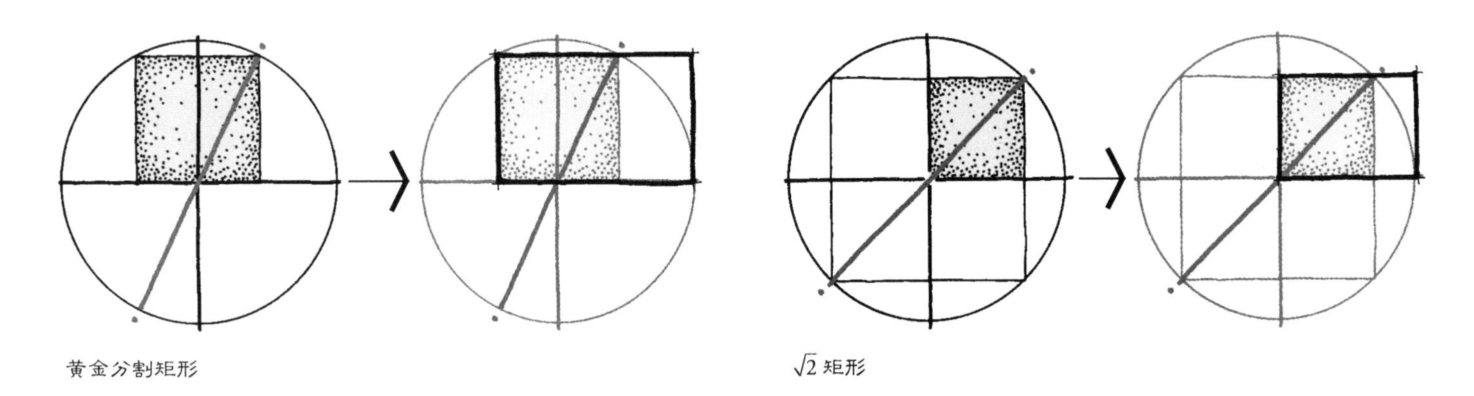

图 5.7　以处在圆内的正方形为基础创造黄金分割矩形和$\sqrt{2}$矩形的过程。

图 5.8　把黄金分割矩形分成更小的同比例矩形以作为螺旋线基础的过程。

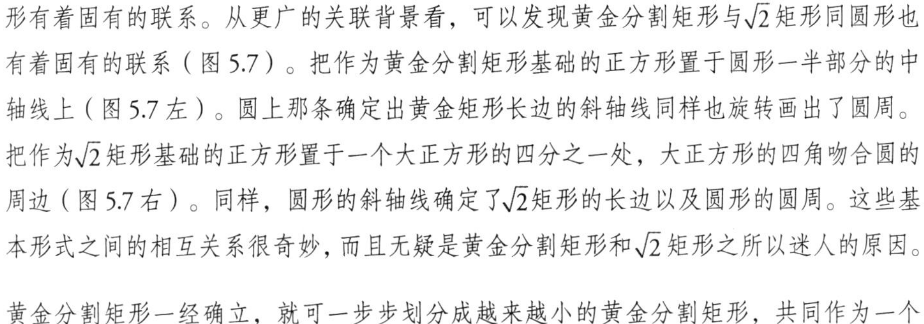

前面介绍的创造黄金分割矩形和$\sqrt{2}$矩形的技巧都清楚地表明，这两种著名形状同正方形有着固有的联系。从更广的关联背景看，可以发现黄金分割矩形与$\sqrt{2}$矩形同圆形也有着固有的联系（图 5.7）。把作为黄金分割矩形基础的正方形置于圆形一半部分的中轴线上（图 5.7 左）。圆上那条确定出黄金矩形长边的斜轴线同样也旋转画出了圆周。把作为$\sqrt{2}$矩形基础的正方形置于一个大正方形的四分之一处，大正方形的四角吻合圆的周边（图 5.7 右）。同样，圆形的斜轴线确定了$\sqrt{2}$矩形的长边以及圆形的圆周。这些基本形式之间的相互关系很奇妙，而且无疑是黄金分割矩形和$\sqrt{2}$矩形之所以迷人的原因。

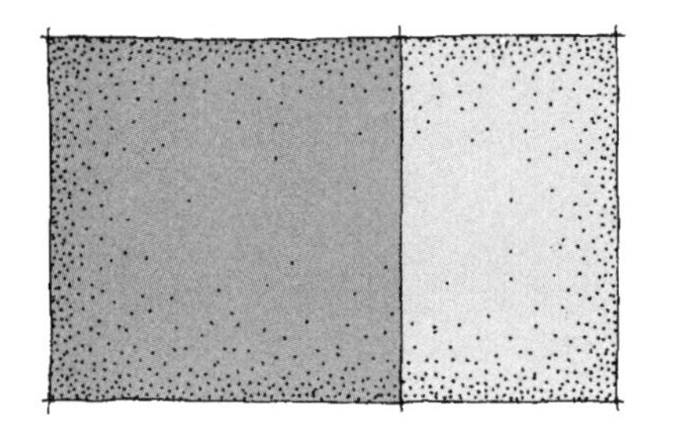

黄金分割矩形一经确立，就可一步步划分成越来越小的黄金分割矩形，共同作为一个完美螺旋线的基础（图 5.8）。完成这条螺旋线首先要在黄金分割矩形一端确定一个正方形。很有趣的是，那“剩下的”那个矩形自身也是一个黄金分割矩形，揭示了一个正方形和一个黄金分割矩形共存于这个理想形状中这一事实。在这个小黄金分割矩形中应用同样的划分程序，进而持续这种限定方式，直到无限小的矩形。与此相关的一个现象是，在各个黄金分割矩形对角之间画出的斜线，恰好吻合下一个较小正方形与

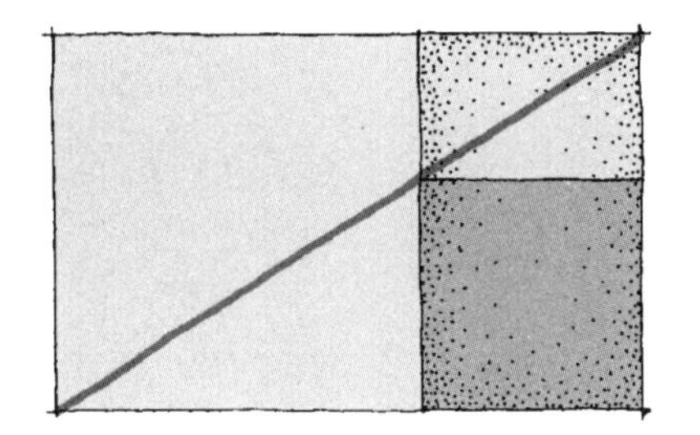
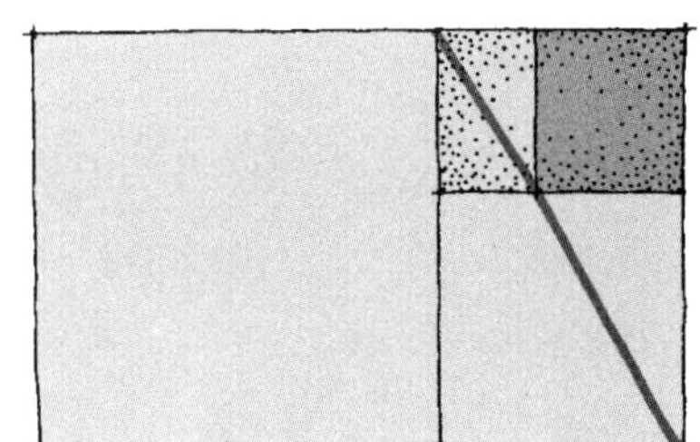
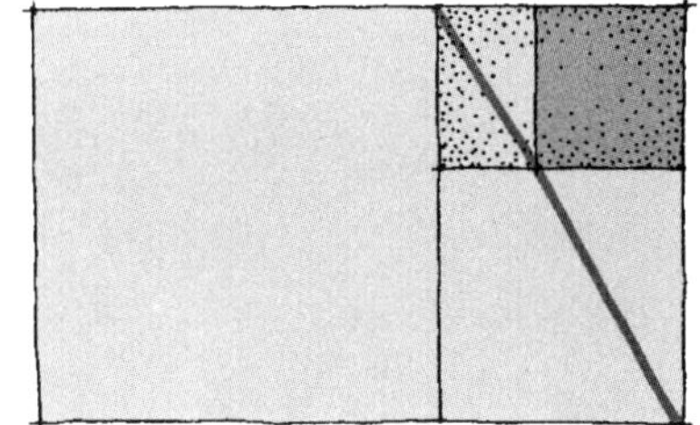
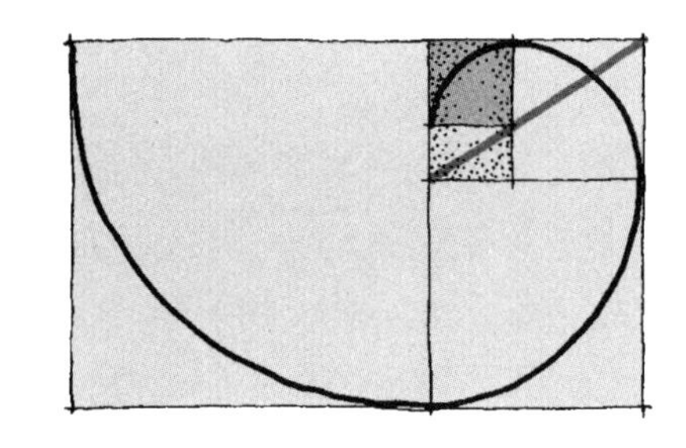

笔记/手绘

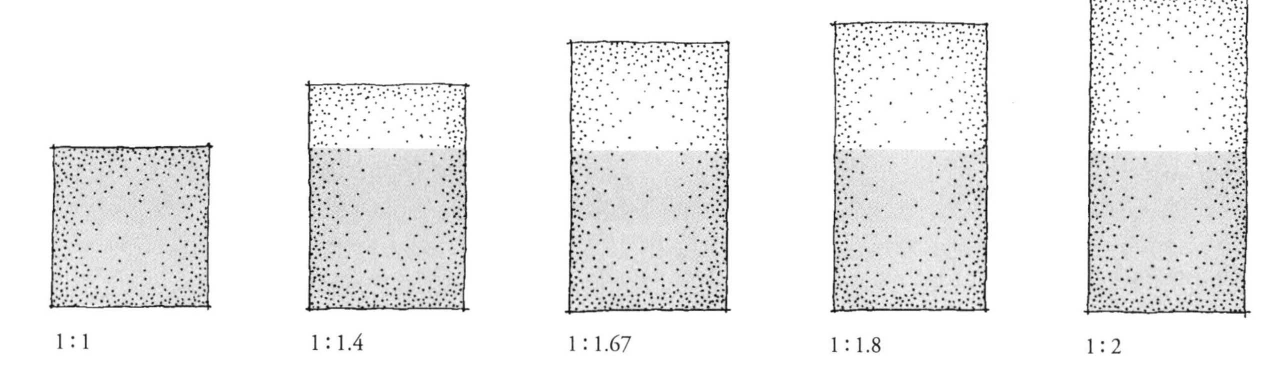

图 5.9 不同比例的矩形比较。

黄金分割矩形的共有转角之一。所有这些为一条螺旋线提供了基础。在一个黄金分割矩形内，这条螺旋线在步步分出的每个小正方形的对角间都画出圆弧。黄金分割矩形、正方形和螺旋线间有着几近神秘的亲缘关系。

正如视觉研究所表明的，人们对黄金分割矩形具有下意识的偏好。当面对一系列比例不同的矩形时，绝大多数人都把黄金分割矩形选为最悦目的（Elam 2001，6-7）（图 5.9）。黄金分割比例还是包括人体在内的许多自然事物的基础（Elam 2001，8-19）。同样，人类许多著名的建筑、雕塑、绘画和图形设计，包括雅典的帕提农神庙（the Parthenon）、巴黎的圣母院大教堂（Notre Dame Cathedral）以及勒·柯布西耶（Le Corbusier）和密斯·凡·德·罗（Mies van der Rohe）设计的许多家具，都以黄金分割为基础（Elam 2001，20-23）。甚至当代的大众牌甲壳虫汽车设计也吻合这些比例（Elam 2001，98-99）。因此，就悦目来说，黄金分割矩形的比例对自然和人类的创造都发挥着根本性而且很玄妙的基础作用。

图 5.10 对于设计来说，黄金分割矩形的场地和空间拥有较好的比例。

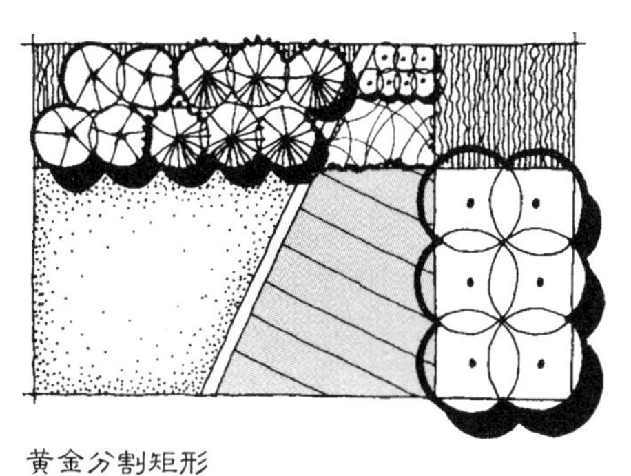

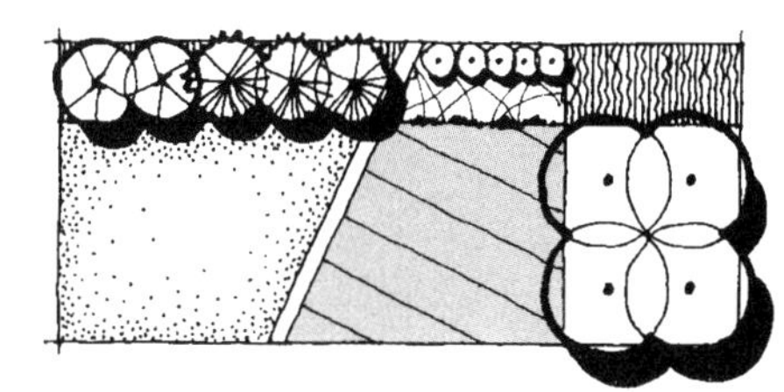

笔记/手绘

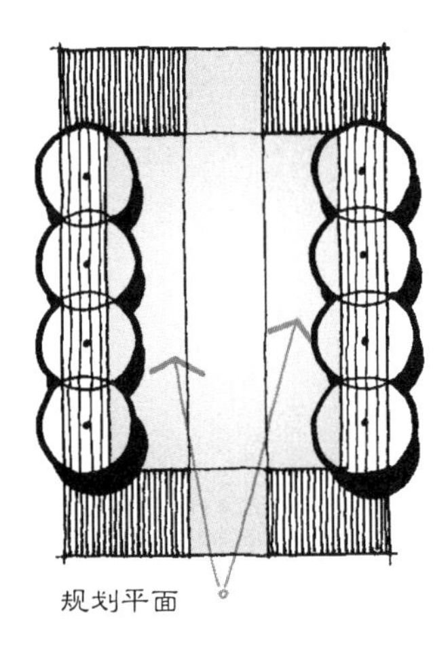

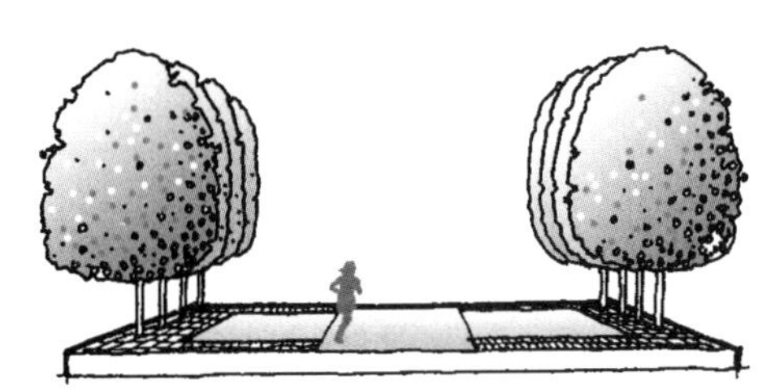

图 5.11 矩形拉长的比例造成朝向其端点的指向。

图 5.12 矩形可用作向外观望毗邻风景的观景区域。

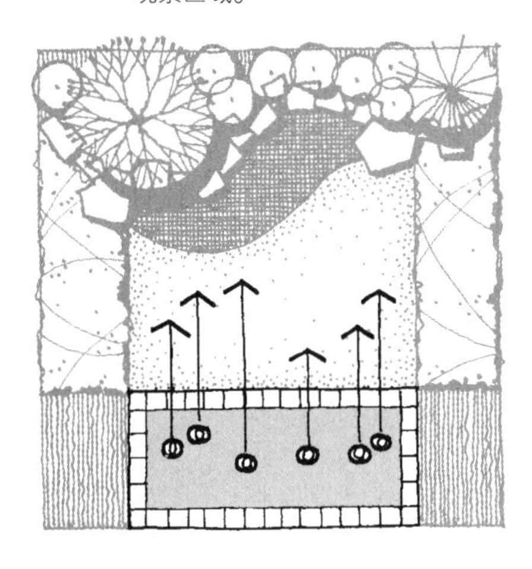

景园效用 | Landscape Uses

以其内在特性为基础，矩形在景园建筑学的场地设计中有数种效用，其中最突出的是空间基础和空间深度。

空间基础 | Spatial Foundation

矩形在景园建筑学场地设计中的一个主要效用是构建外部空间的骨架。类似于正方形，利用矩形可以编结起两种一般的空间类型：（1）单一空间，（2）复合空间组合。

单一空间。同正方形相似，单一的矩形空间拥有笔直的、建筑式的侧边，以清晰的 90° 转角相交。但与严谨的正方形聚焦于其中心不同，矩形拉长的边造成了指向端点的方向感，在被地面图案和沿侧边围合所强化的时候尤为明显（图 5.11）。两端事实上比两边得到更多的注意。所以，作为一种基础，单一的矩形适用于辟建要求具有端点间的运动和 / 或视觉导向的建筑化空间。

矩形的另一个潜在用途是提供沿长向的视野（图 5.12）。与朝向矩形两端点的视觉焦点完全不同，矩形的侧面提供了一片延伸展开的区域使人们可以观察到空间内、外部的活动。矩形空间非常适于引导朝向景观中一片特定区域的注意力。

复合空间。矩形还是可以转化成多空间组合体的主要正交建构体块。同正方形一样，它最主要的变形手段是减法和加法，当然也可以应用第 1 章讨论过的其他转化手法。

以网格、对称或不对称组织为基础，矩形很容易被进一步划分成复合空间。如同在正方形中所做的一样，矩形的固有轴线和等距划分时的固有网格线，还有对角线，都构成潜在的分割线。另一种划分手段是从一个黄金分割矩形开始，持续确定更小的黄金分割矩形。这种分割策略的一个实例，是佐佐木事务所（Sasaki Associates）设计的纽约一亩绿公园（Greenacre Park）（图 5.13 ~ 图 5.14）。这个小马甲兜形的场所有一系列精心加工的空间，共同构成了有许多阴凉和水域的城市绿洲。公园的整体形状非常接近黄金分割矩形（图 5.13 右中 A）。这个大矩形又被分成多个小矩形空间和地块，布置坐凳、种植区和场地北端的瀑布。这些矩形中的许多都有黄金分割矩形比例，如由皂荚树冠遮阴的主要坐凳休息区域（B）。其他有黄金分割矩形比例的空间和区段还有较高处带顶棚的坐凳区（C）（实际上是两个顶端相对的黄金分割矩形）、这两个坐凳休息区之间的过渡空间（D）、入口台阶（E）、较低的坐凳休息空间的大部分区域（F）以及瀑布的中心（G）。由于它们的比例，所有这些空间都很富于直观感染力。

笔记/手绘

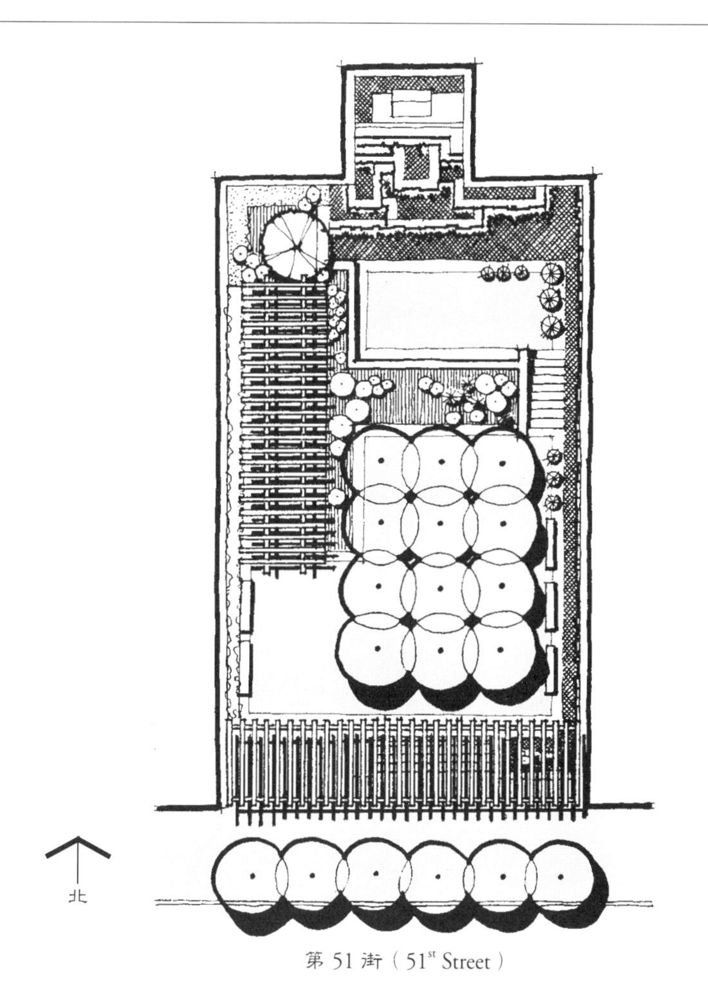

第 51 街（51st Street）

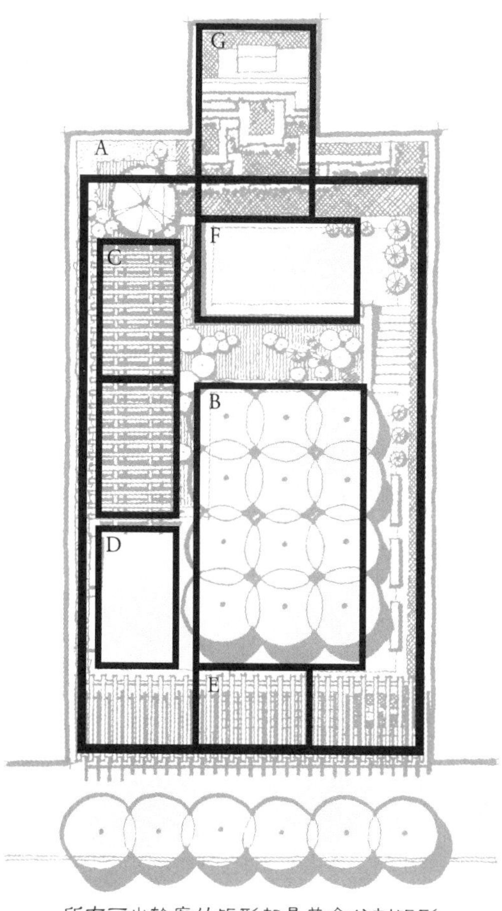

所有画出轮廓的矩形都是黄金分割矩形

图 5.13　上：黄金分割矩形作为纽约一亩绿公园基础的效用。

图 5.14　左：一亩绿公园。

笔记/手绘

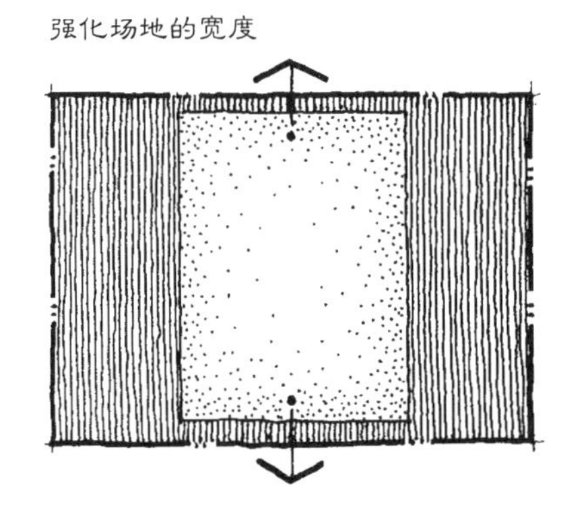

图 5.15 矩形的方向感可以强化场地的宽度或深度感。

空间深度 | Spatial Depth

如前文所讨论过的，矩形有着清晰的方向感并沿其长向聚焦。在场地设计中可以开发这种属性，直接影响一个场地整体或单独空间的深度和焦点。当一个因其长度而具有方向性的矩形形式横跨一处城市公园、广场、庭院或住宅后院之类清晰限定的场地时，会使它显得更宽阔（图 5.15 左）。相对而言，当矩形的长边顺着场地的最长方向时，这个场地在感觉中就会有更大的距离和深度（图 5.15 右）。当矩形是由第三维的墙体或植被材料之类所限定时，这类场地尺度感将更加强烈。

同样的视觉感受也发生在单个矩形空间中，一个利于视线跨越矩形空间短向的主导观赏位置会缩短其深度感。而顺着矩形长向的视线则延长了感觉中的距离（图 5.16）。这可能是用于小型城市场地的关键策略，其设计挑战通常是使有限的面积看上去比实际大一些。

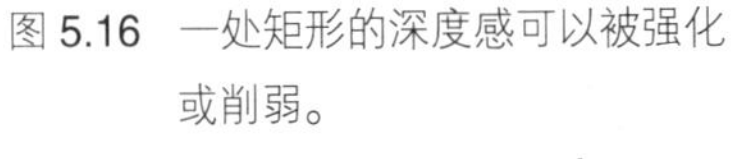

图 5.16 一处矩形的深度感可以被强化或削弱。

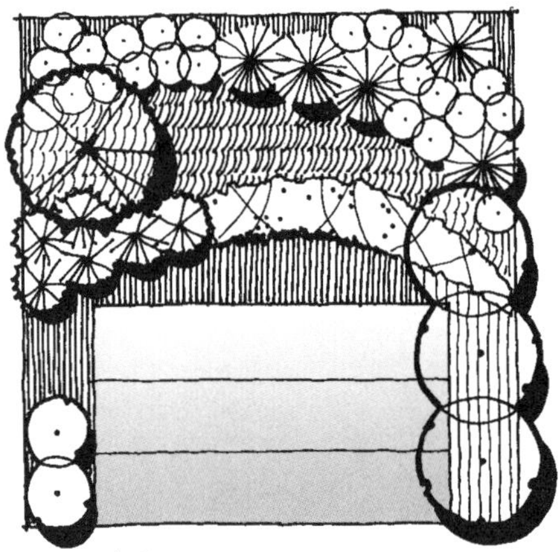

笔记/手绘

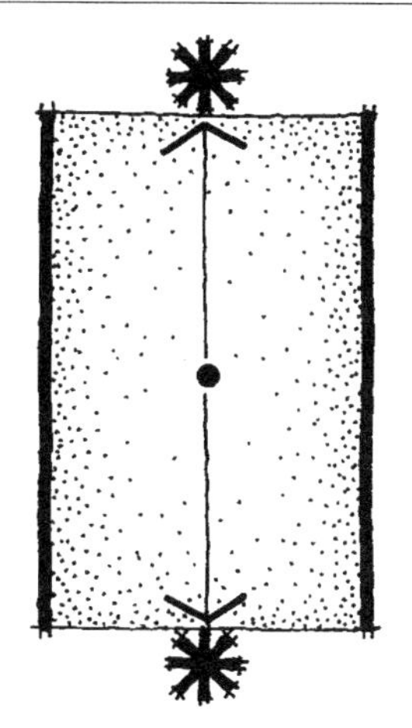

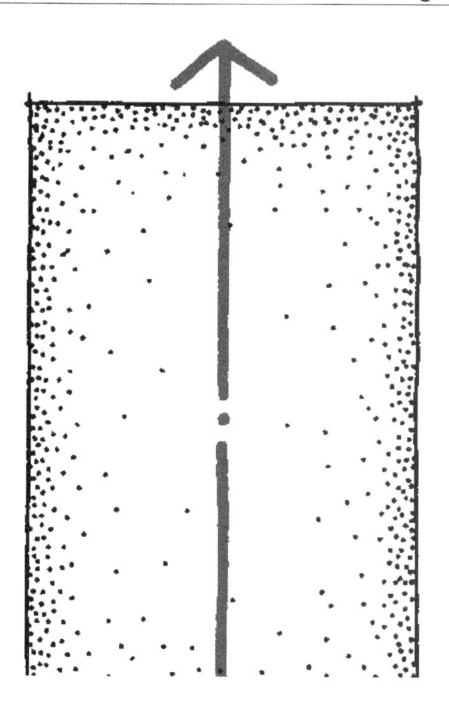

图 5.17 矩形端点恰当地由视觉重点所强化。

设计准则 | Design Guidelines

当把矩形作为景园空间设计的基础时，要注意本节所建议的一些内容。

景观重点 | Accent

利用矩形空间在沿其长向观看时可聚焦于狭窄端头的固有能力非常重要。要实现这一点，可在端头设置一个或多个醒目的元素，进一步强化被导引向这里的注意力（图 5.17）。在一些设计中，端头可以是面对外部风景的一个景框。如果不是这样，便丧失了淡化矩形固有品质的机会。当矩形端头的情况看上去同从一条边上观察的情况相似时，它就没有沿着一条线对准端部的、浓缩而稳定的焦点，因此有时给人漫无目标的感觉。

材料搭配 | Material Coordination

利用正方形进行设计时要考虑的各种景园元素和材料设计准则同样适用于矩形。建构性的元素、植被材料和铺地都应加强矩形的固有正交几何形，除非有一个经过深思熟虑的理由要求其他方式。在后一种情况下，任何背离直角体系的划分都应该是鲜明有力的，以便使此类划分看上去不至像一种失误。

图 5.18 矩形水池的一端被雕塑和建筑般的构架所强化。

地形 | Topography

有如正方形和其他基本形式，单一矩形空间的地平面也应相对平坦，以支持它应有的体积容纳感。如果真的需要有跨越矩形的高低层次变化，它应该出现在矩形的边缘，或位于这个矩形空间与一个毗邻空间之间。

笔记/手绘

参考资料 | Referenced Resources

Ching, Francis D. K. *Architecture: Form, Space, & Order*. Hoboken, NJ: John Wiley & Sons, 2007.

Elam, Kimberly. *Geometry of Design*. New York: Princeton Architectural Press, 2001.

其他资料 | Further Resources

Johnson, Jory. *Modern Landscape Architecture*. New York: Abbeville Press, 2001.

网上资料 | Internet Resources

The Circle and the Square: www.numberharmonics.com/info_archive/golden_proportion. htm

Golden Rectangle and Golden Ratio: www.jimloy.com/geometry/golden.htm

正交形式 | Orthogonal Forms

网格 | The Grid 6

线、正方形和矩形可以用各种方式组合起来塑造景园空间，其中就有网格这种在第 1 章就讨论过的主要组织结构。正交网格由两组或多组呈直角叠加的平行线所建立，形成一个线、正方形和 / 或矩形的阵列（图 6.1）。

自文艺复兴到现代许多富于风格特色的时代中，探索者皮特·蒙德里安（Piet Mondrian）、福兰克·斯泰拉（Frank Stella）、索尔·利维特（Sol LeWitt）等利用正交网格在艺术中作为组织框架。在建筑学中，网格体系建构了历史上无数的建筑物，包括 20 世纪著名建筑师弗兰克·劳埃德·赖特（Frank Lloyd Wright）和勒·柯布西耶的作品。在 20 世纪，网格是设计家詹姆斯·罗斯（James Rose）、托马斯·丘奇（Thomas Church）、盖瑞特·埃克博（Garrett Eckbo）和丹·克雷（Dan Kiley）等人笔下无数现代景园营造工程的关键基础结构。许多当代景园设计师，如彼得·沃克，仍在继续采用和探索作为一种设计组织架构的网格。

图 6.1　网格由两组彼此垂直的平行线叠加而成。

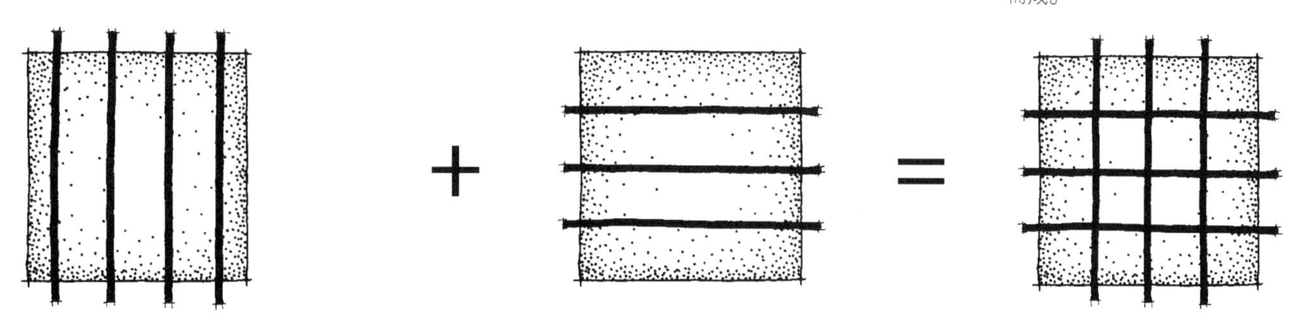

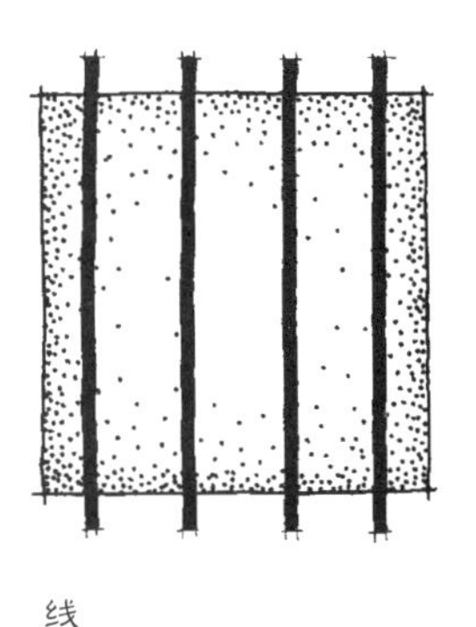

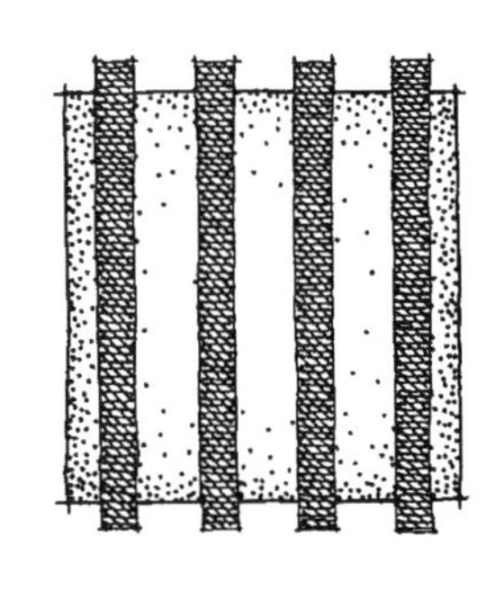

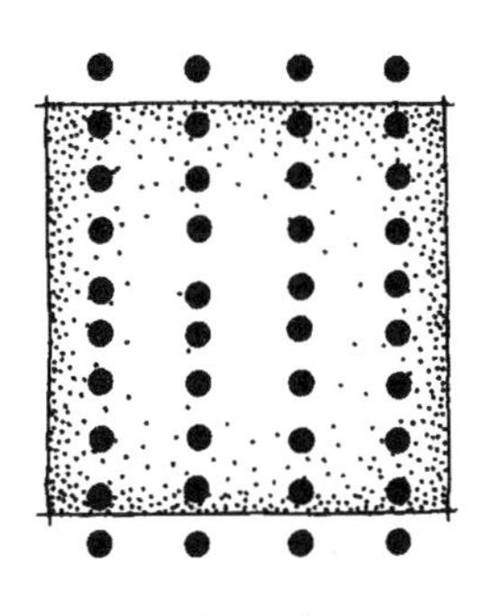

图 6.2 线网格可由平行的线、条带或成行排列的元素组成。

本章通过下面几节来探索正交网格在景园建筑学场地设计中的组织性质：

- 网格类型
- 网格的变量
- 景园效用
- 设计准则

网格类型 | Grid Typologies

要在景园设计中有效利用网格，最关键的是要了解网格的类型，包括它们的特点和可能的用途。如第 1 章所讨论的，基本网格有 4 种，还有通过融合它们所形成的第五种，即：线网格、格网格、模块网格、点网格以及它们的融合。

图 6.3 线网格可呈现为二维或三维的。

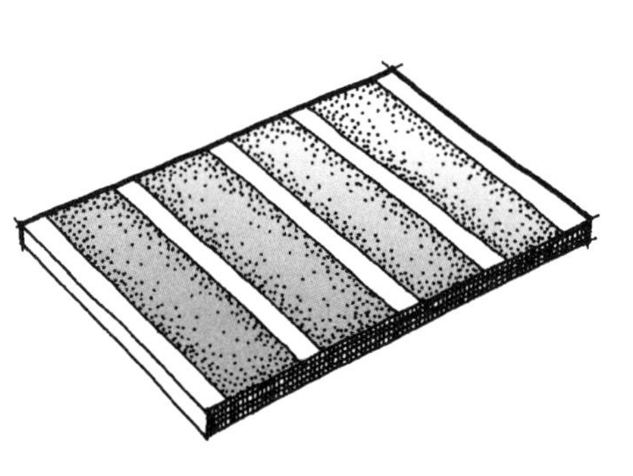

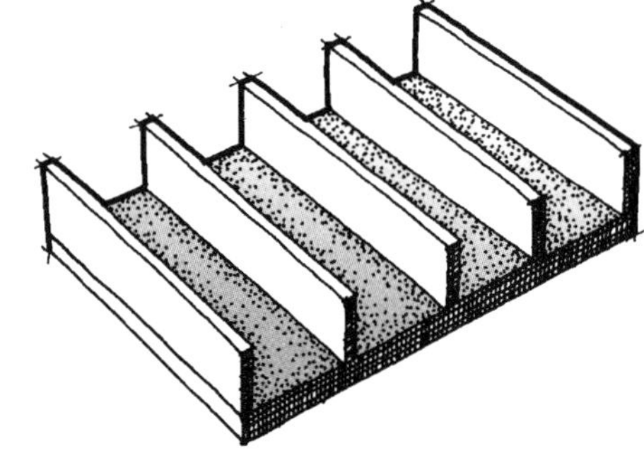

笔记/手绘

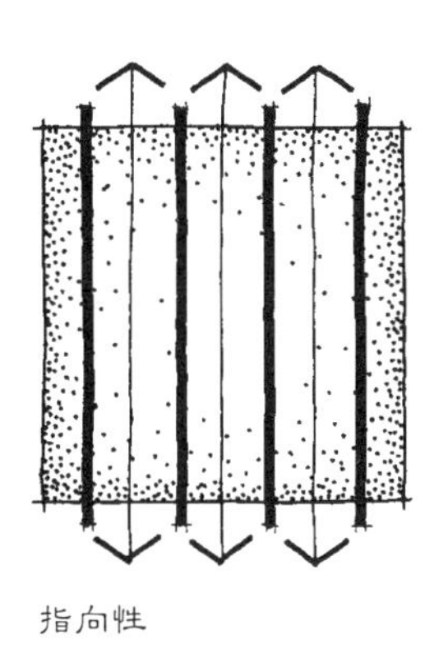

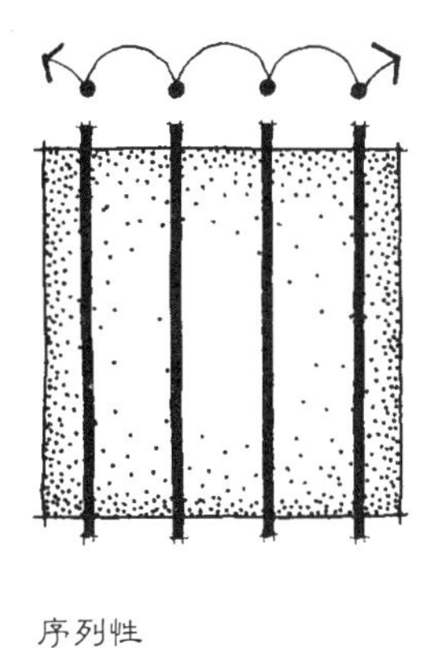

图 6.4 线网格同时拥有指向性和序列性。

线网格 | Line Grid

线网格，或间隔线网格，是运用第 3 章所讨论的直线造就一个由二维或三维线、条带或成行排列的独立元素组成的，形成了具有平行图形形态的领域（图 6.2 ~ 图 6.3）（Scherr 2001，34）。连续的成排横列的铺地带、地被植物种植带、墙体、篱笆、绿篱和 / 或成排树木都能建立起线网格。这与运用直线在景园中创造视觉节奏非常相似，微妙的区别在于，线网格不仅仅是一种视觉技巧，更主要是一种在景园中框住多种材料和空间的组织结构。

同其他类型的网格相比，线网格的显著特征之一是它同时拥有指向性和序列性。平行的网格线产生了清晰的指向感，引发了沿着其长向的视觉运动及指向，当这些线条在

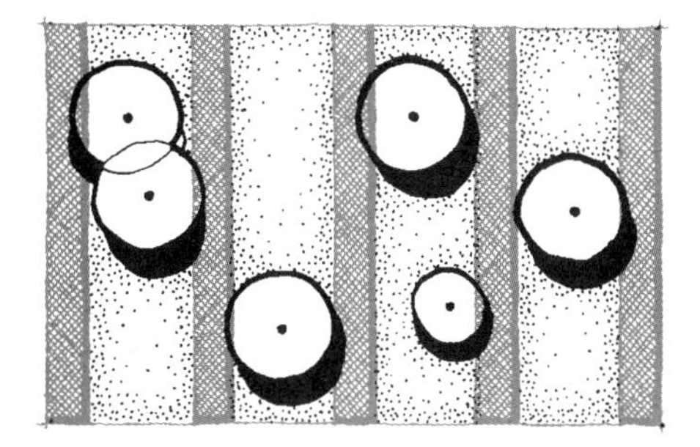

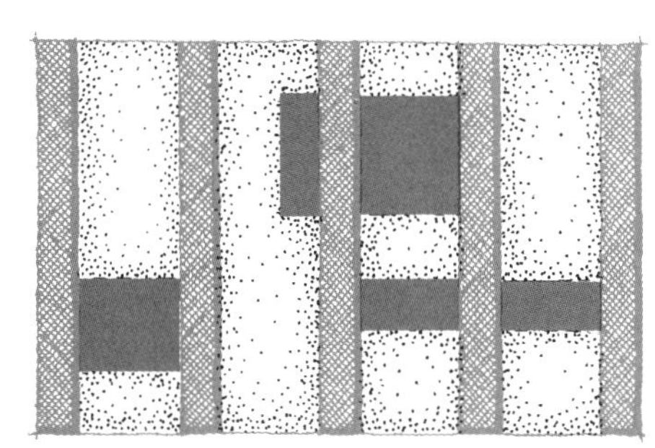

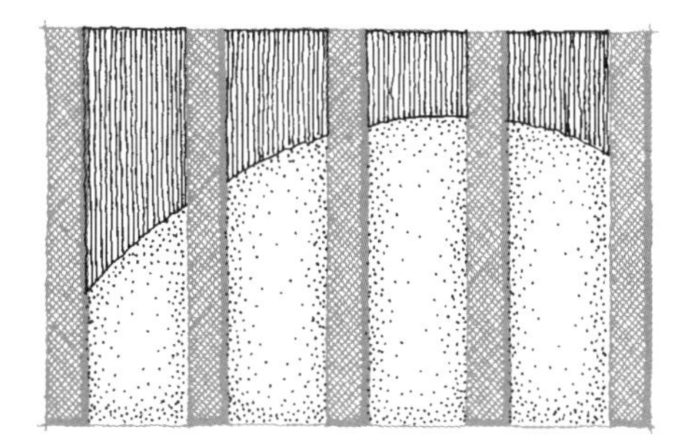

图 6.5 线网格的规则性可以协调若非如此就互不相干的设计元素。

笔记/手绘

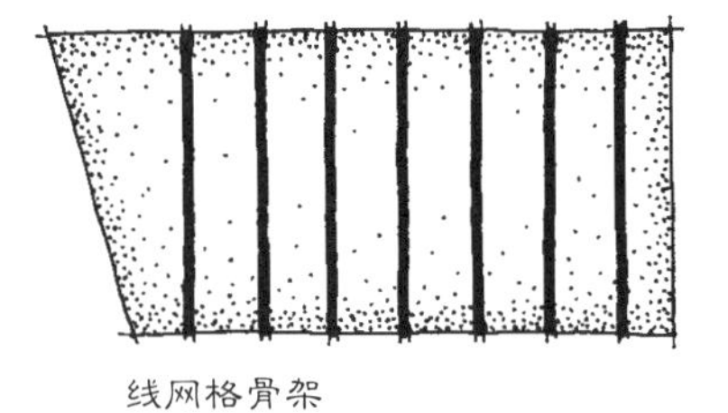

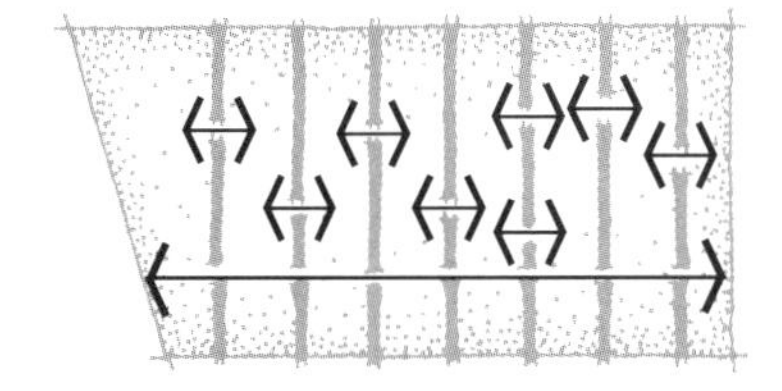

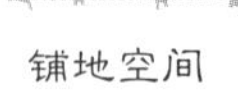

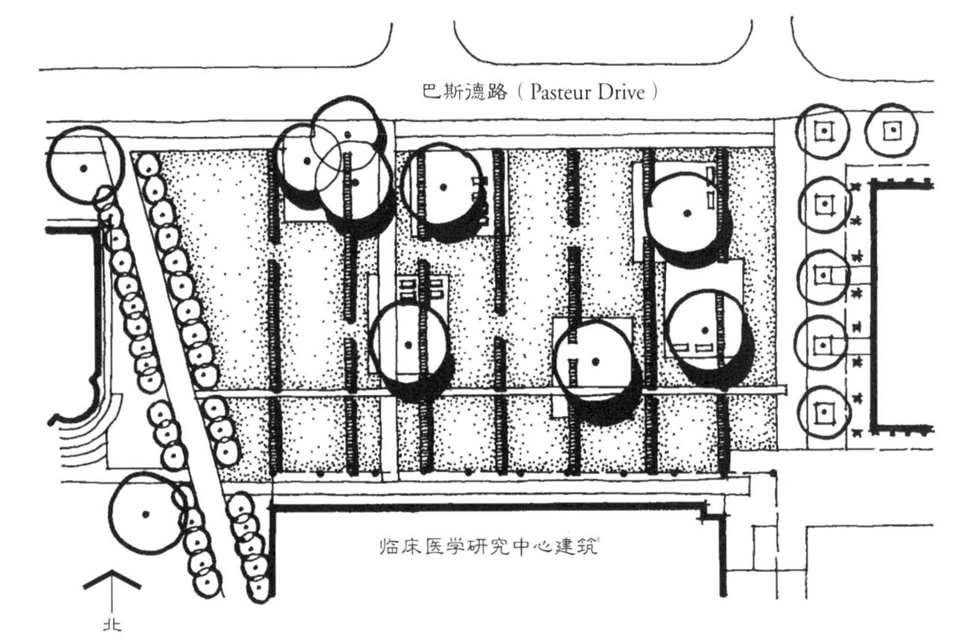

图 6.6　上：临床医学研究中心雕塑园的组织构成元素。

图 6.7　左：临床医学研究中心雕塑园的场地规划。

图 6.8　临床医学研究中心雕塑园。

笔记/手绘

第三维上得到强化时，这种性质最具强制性（图 6.4 左）。同时，网格中还有从一条线到另一条线间横贯构图的有节奏的连续行进运动（图 6.4 右）。当网格线的汇聚可见于地面或较矮的三维元素时，这种序列性最为明显。

对于在场地上突出特定方向或指向并创造节奏韵律来说，线网格是一个非常合适的系统。线网格还可用来创造清晰可辨、不受干扰的结构，从视觉上衬托设计中那些否则就会全然无关的元素及其随机布局（图 6.5）（另见场地协调）。例如彼得·沃克事务所设计的斯坦福大学临床医学研究中心（the Center for Clinical Sciences Research）雕塑园（图 6.6 ~ 图 6.8）。这个园林由一系列南北向穿越一块草皮的绿篱构成。绿篱的开口打断了图案的秩序，一些迎合穿过园林的路径，另一些为园地带来不确定感。网格线的主导作用使位置随意的铺地地块、栎树和雕塑相互融合。

格网格和模块网格 | Mesh and Modular Grids

格网格和模块网格可以彼此被视为翻版，因此下面将一起讨论它们。格网格也叫“连续线网格”（line continuous grid），由两组平行线成直角叠加构成（图 6.9 上）（Scherr 2001，34）。相对而言，模块网格或形状网格由在网格线之间形成的嵌入块面构成，并且是一个空间的阵列（图 6.10）（Scherr 2001，34）。尽管模块网格不一定带来格网格，格网格却总会形成模块网格。当既定的网格构成元素在第三维上得到突出时，可以很容易看出这两者的对应关系（图 6.11）。凸出的线造就了三维的格网格，而空间的扩张造就了模块网格。

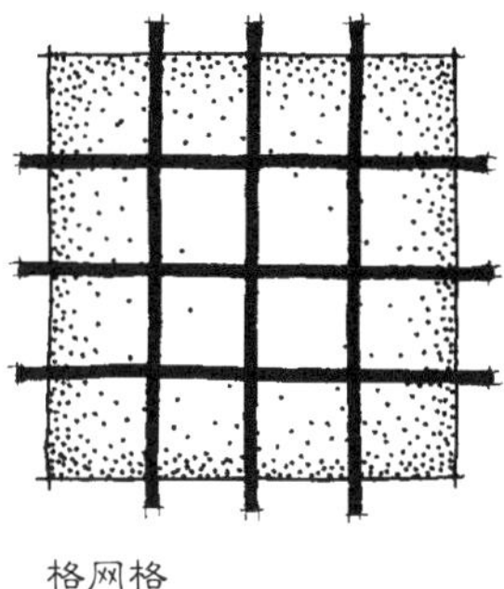

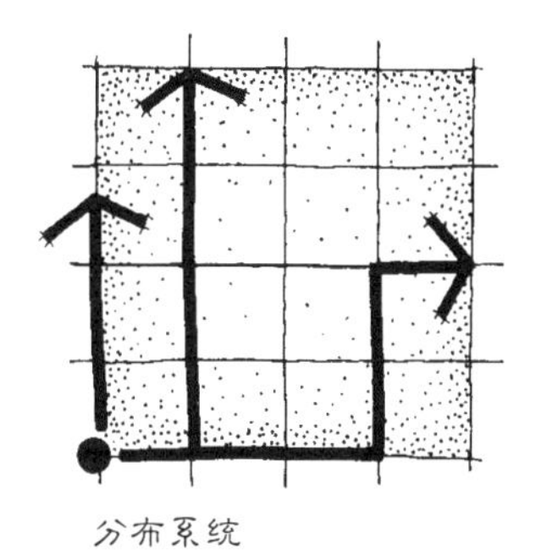

图 6.9　上：格网格是一个网状分布系统，提供多种运动选择。

图 6.10　下：模块网格是块面的阵列，容纳选定的内容。

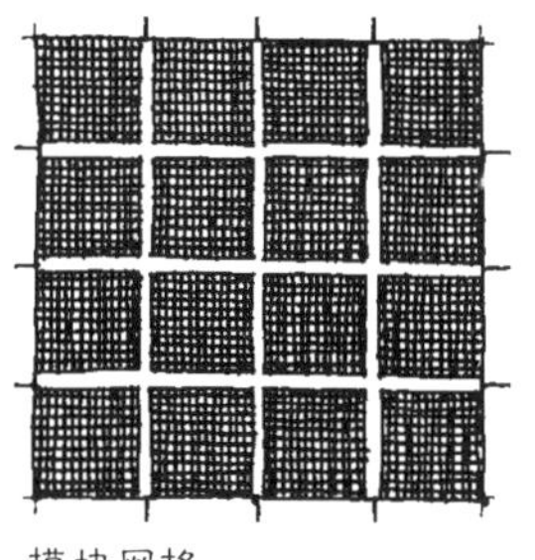

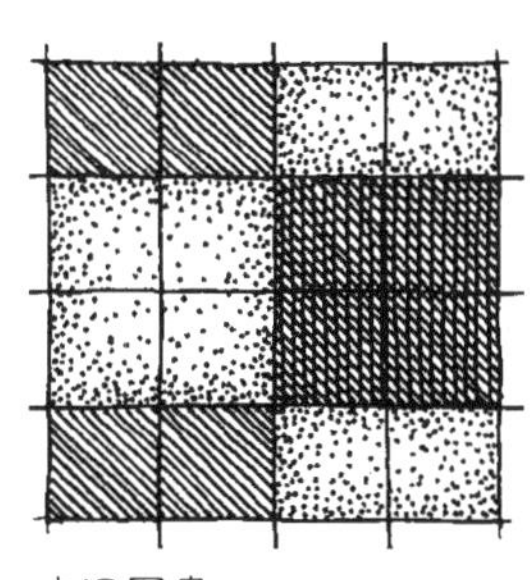

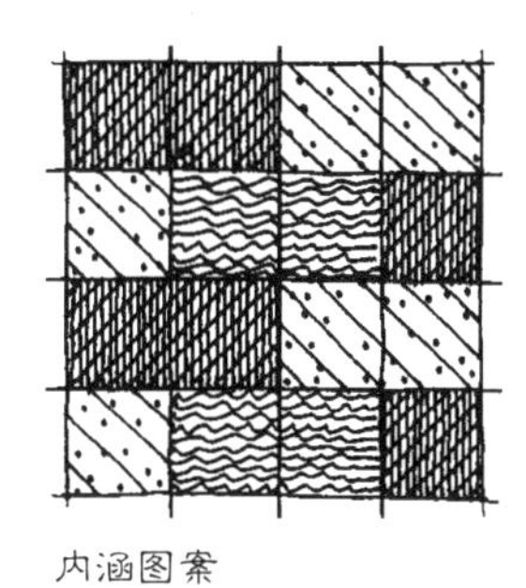

笔记/手绘

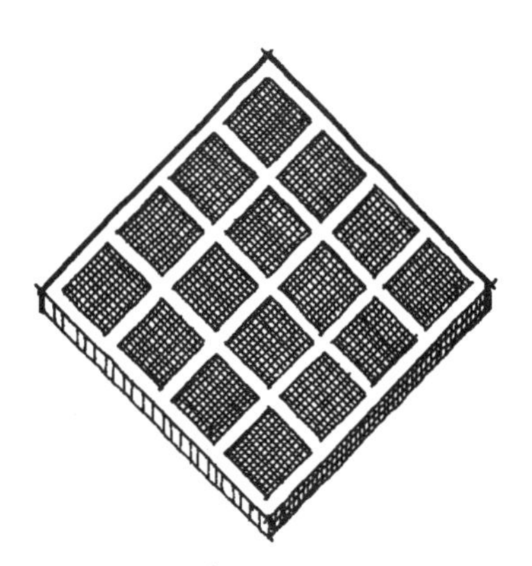

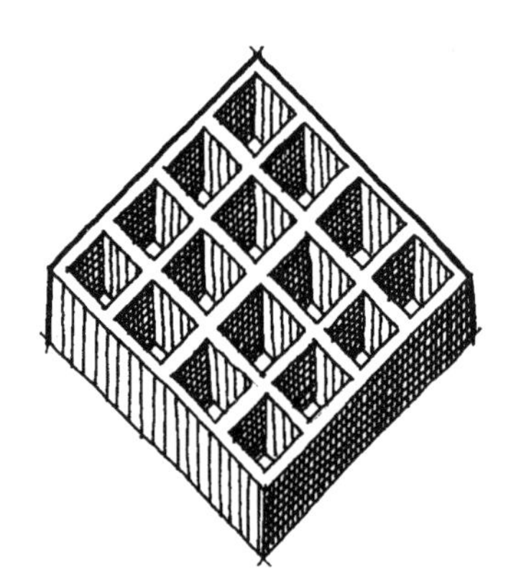

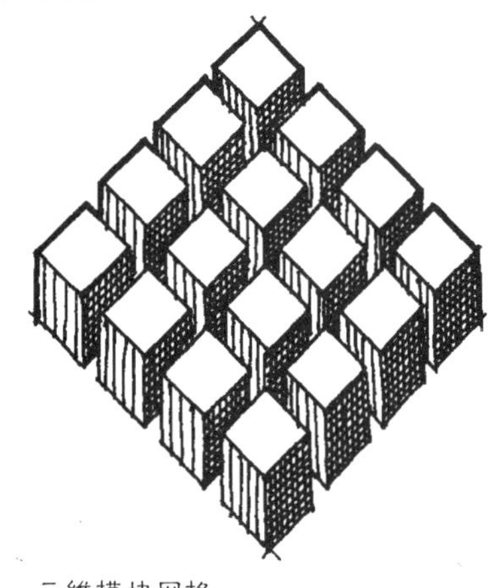

二维格网格 / 模块网格　　三维格网格　　三维模块网格

图 6.11　上：格网格与模块网格的比较。

格网格是一个分布系统，允许网络系统中由一点到所有终点的运动（图 6.9 下）。在景园中，格网格通常用于设施、车辆、步行道之类的分布。作为一种流线网络，格网格把流向限定在两个方向上，总是重复 90° 的转向，从不允许斜向或不稳定的犹豫，因而确立了受控的运动。然而，格网格的确又在两点之间提供了不同的路径。在景园中，格网格可以由树木、路径或地面上的铺地图案形成，绿篱、墙体、篱笆等则可在第三维中形成格网格（图 6.12 左）。

模块网格主要是一种正方形或矩形的组织（图 6.11）。从根本上说，模块块面都具有容纳属性，可以充斥同样的或不同的二维或三维内容。不管在每个模块内发生什么，整个网格都被遍及各处的重复模块节奏所统一。穿过模块网格的行进流线直接从一个

图 6.12　依据格网格和模块网格的设计。

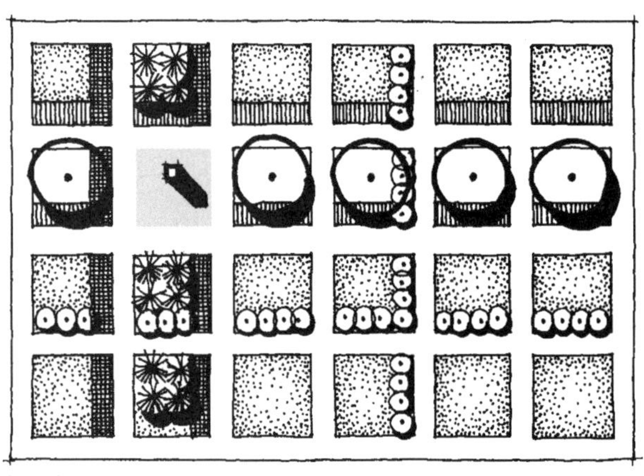

格网格

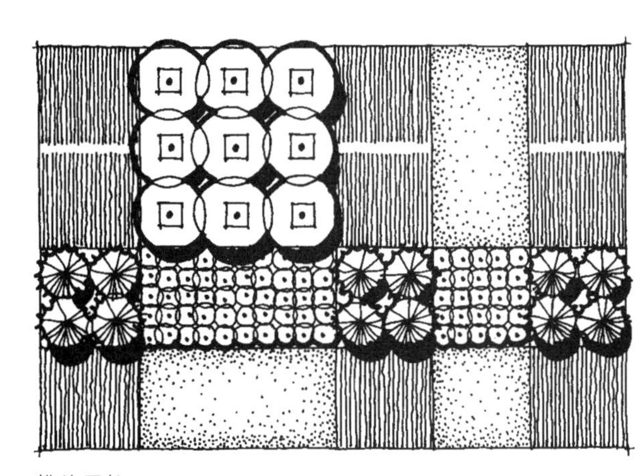

模块网格

笔记/手绘

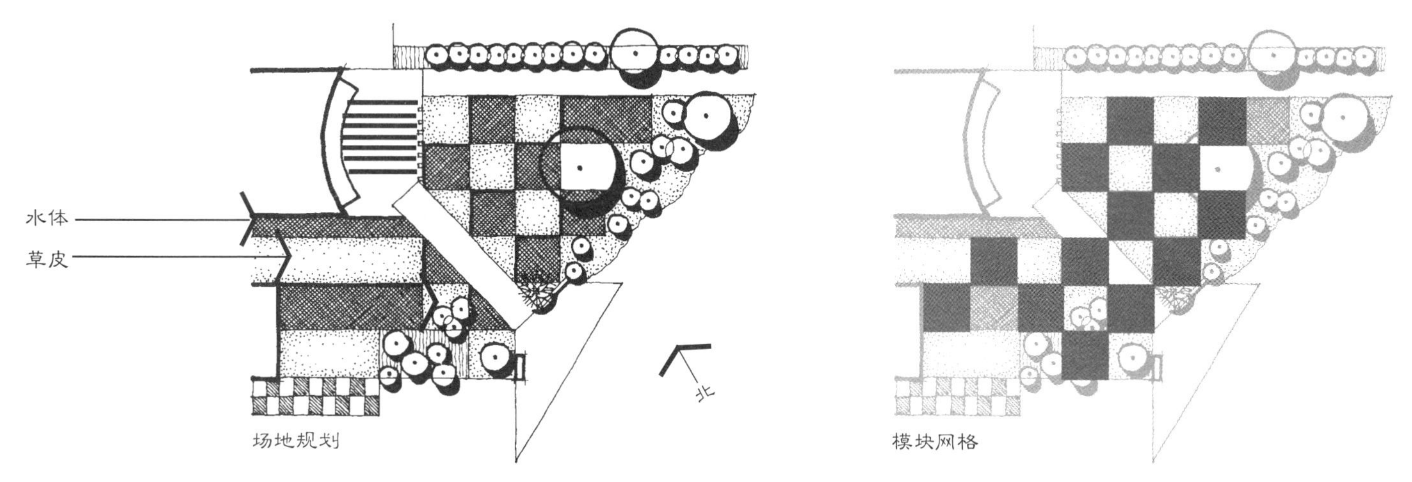

模块到下一个模块，并在地表允许的情况下有可能实现多方向的运动。在景园中，模块网格可由那些填充或界定基础网格结构的块面来形成，如树木组团、草皮、地被植物、地面铺装或水体（图 6.12 右）。

图 6.13 NTT 研究与发展中心园林。

佐佐木叶二在日本东京都武藏野设计的 NTT 研究与发展中心（NTT Research and Development Center）毗连园林是一个模块网格范例（图 6.13）。由水体和草皮确立的模块网格所造就的地面图案隐喻日本的稻田（NTT Musashino Research and Development Center 2002，63）。进而，这些网格还在视觉上同大量樱花树和一系列不同的铺装地块相互映衬。在协调不同场地条件和项目任务需求时，网格的严谨性特别能容许差异的存在。其结果暗示了以水面为本的连续性，草皮则看上去是徘徊其上的正方形嵌板。应该注意到，对站在地面上的人来说，这样一种棋盘式模块网格的面貌是可变的。径直观察网格（图 6.14 左），它像其平面图所展示的一样，是正交的。可如果呈一定角度来看，它更像成行排列的菱形图案（图 6.14 右）。

图 6.14 从不同视点观看模块网格的感觉差异。

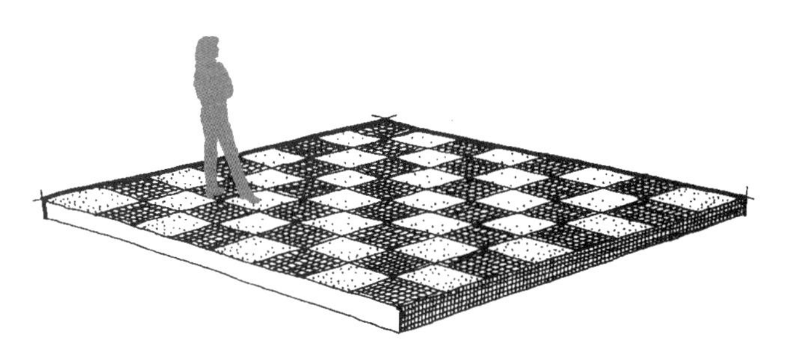

笔记/手绘

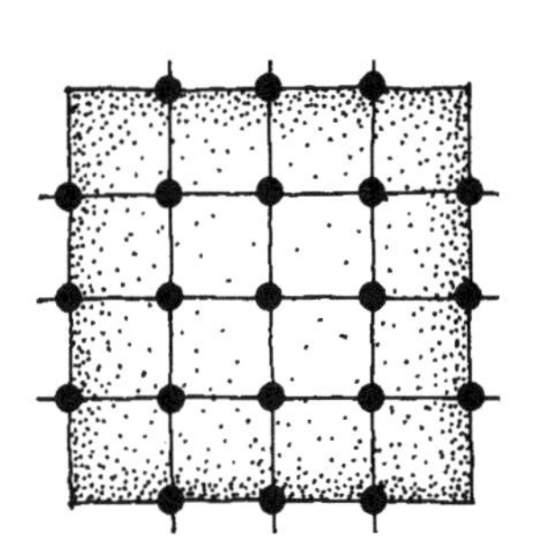

点构成的领域

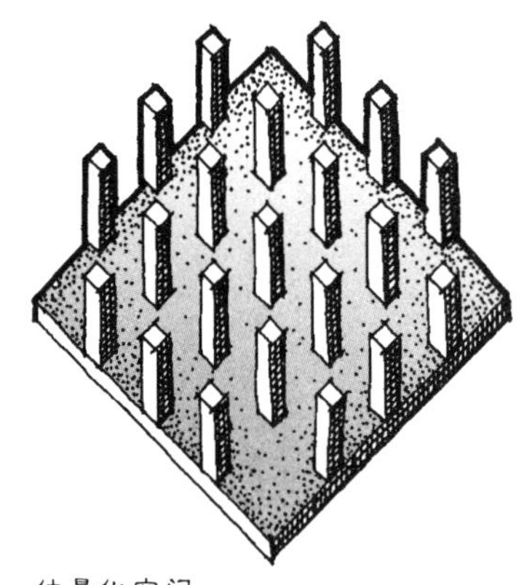

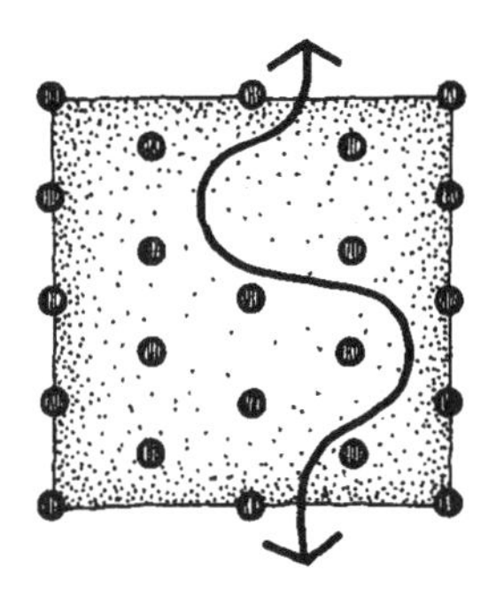

流线

图 6.15　点网格的特征。

点网格 | Point Grid

第四种基本网格形成于由分开的点所构成的图案，它们同格网格的线条交点巧合（图 6.15 左）。这些点通常由设置在各交叉位置上的元素来体现，形成由等距间隔的独立构件所组成的统一领域。每个元素都强调了网格线的交点，不过当掺杂在相关元素中进行观察时每个元素的重要性都被减弱了。在没有明确限定线条的时候，元素的重复间隔与排列，还有其间的连续虚空，都暗示了网格线。当凸出到第三维中时，由于空间的限定元素位于构图组织内部而不是其外缘，这些点便造就了体量化空间（图 6.15 中）（Condon 1988）。与开敞的虚空不同，这种空间被伸向空间中的三维元素有节奏地间断。穿越点网格的实体与视觉运动可以平行于元素的排列，也可以自由地发生在场地的任何方向上（图 6.15 右）。在景园中，点网格的生成可以依靠任何重复排列的元素，如雕塑、圆柱、水景，或形成树丛的树木（图 6.16～图 6.17）。

图 6.16　上：俄亥俄州都柏林（Dublin）的“玉米地”（Field of Corn）是点网格的范例。

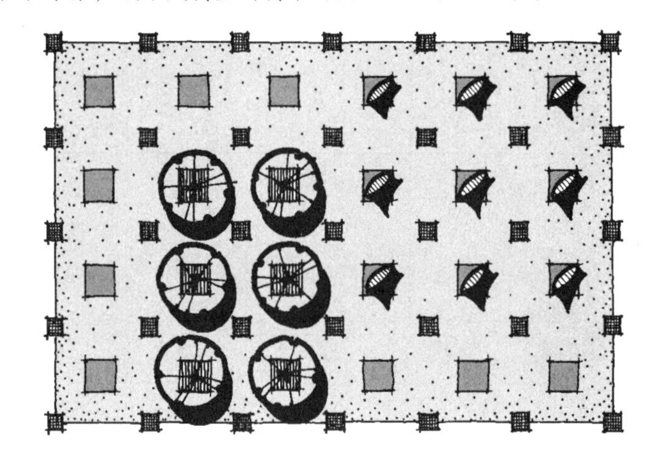

图 6.17　右：以点网格为基础的设计。

笔记/手绘

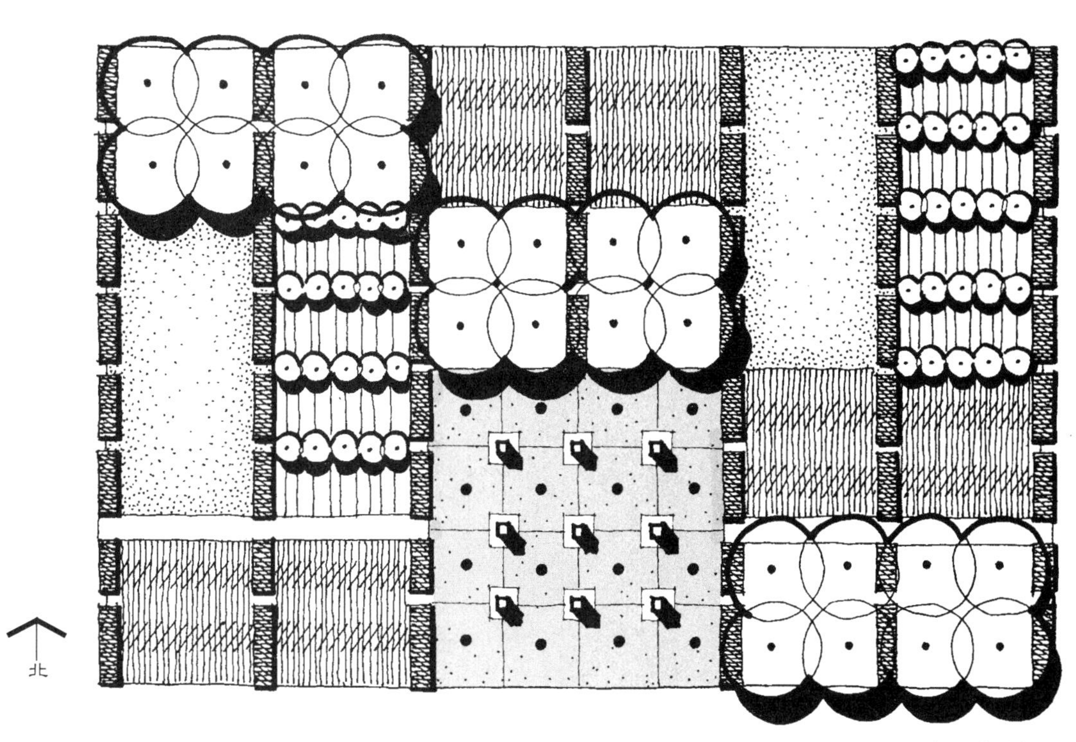

图 6.18 依据 4 种基本网格的融合设计。

融合 | Fusion

除了单独应用外，这 4 种基本网格类型还经常相互结合，形成更复杂的网格结构，每种类别网格的功能都与另一种的功能共同发挥作用。其典型是，以一种网格类型来建立整体框架，把另一种作为辅助角色置于其中。在图 6.18 中，一系列南北布置的绿篱构成线网格，建立了整体组织。各排绿篱中规则排布的空隙以及线性排列的树木与灌木暗示了东西向的线网格。树木、灌木组团、草皮和各种地被植物地块的设置依据了模块网格，同时，中心铺地的建构又运用了点网格。另一个网格融合系统的例子是丹·克雷为芝加哥艺术学院南园（South Garden at the Art Institute of Chicago）所做的初始设计（图 6.19）。在此，对称布局的山楂树丛所确立的点网格形成构图的基础结构（图 6.20 左）。这个点网格转而同时勾勒出了格网格和模块网格，一起作为园林其他部分的组织基础（图 6.20 中和右）。

笔记/手绘

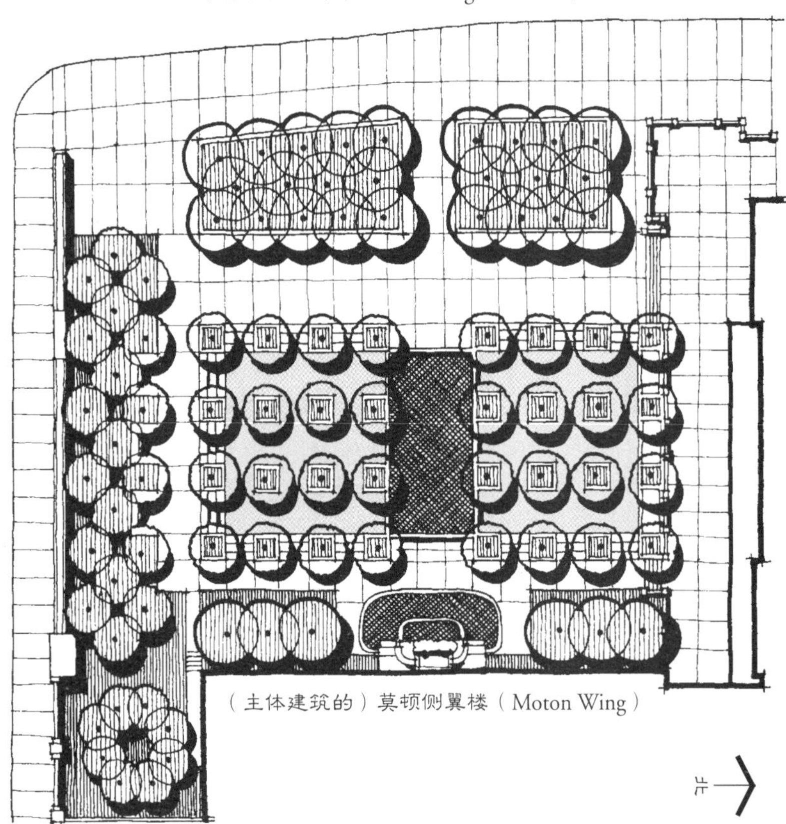

图 6.19　右：芝加哥艺术学院南园原始场地规划。

图 6.20　下：芝加哥艺术学院南园的网格和空间结构。

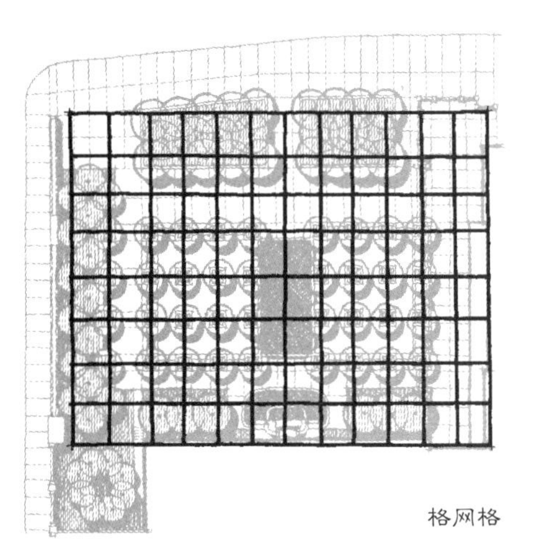

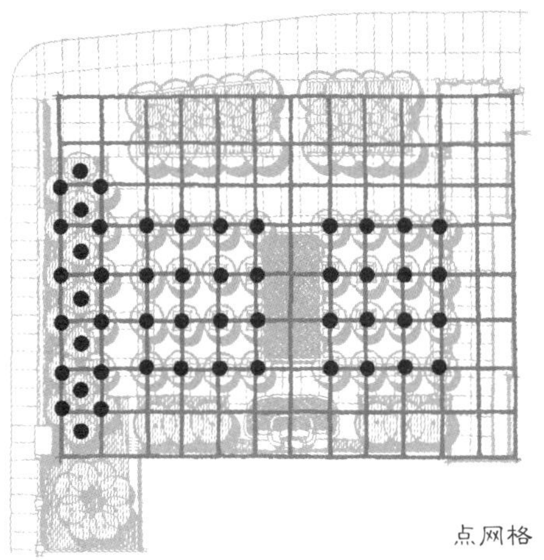

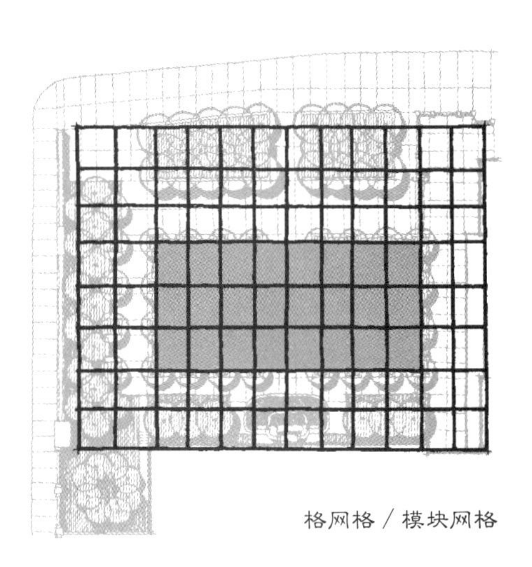

笔记/手绘

网格的变量 | Grid Variables

4 种基本正交网格类型中的每一种都为设计者提供了一个用于景园的清晰结构。如其定义所示，这些基本类型都有固定间距的统一网格以及针对线条、交叉点和内部模块的同质处理方式。如欲对景园加以统一处理，这种手法是合适的，但对于追求变化的环境则不太恰当。要摆脱同质的基本网格，可以对一系列变量加以调整。这包括间距、构图修饰、方向及复杂布局。

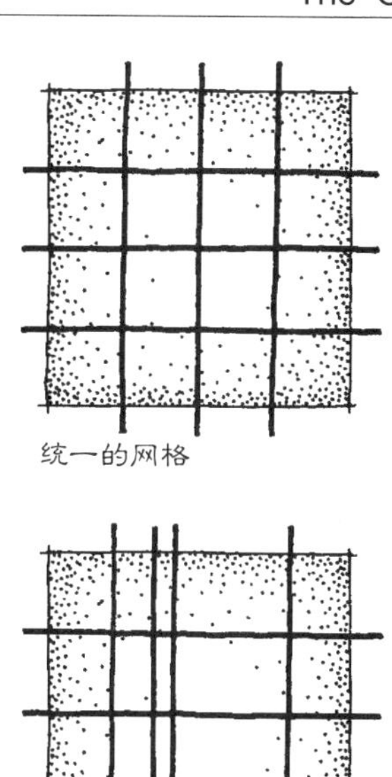

统一的网格

间距 | Spacing

4 种基本正交网格类型中的线都具有间距相等的属性。为了视觉情趣和更大的设计灵活性，可沿一个或两个方向改变网格线的间距，以创造多样大小的正方形和/或矩形网格（图 6.21）。这种调整尤为适用于网格线和/或模块最为明显的线网格、格网格和模块网格。形式多样的网格为更多的空间组织变化奠定了基础，使它们更有可能用于多样化的景园，并富于弹性更大的场地条件适应能力。

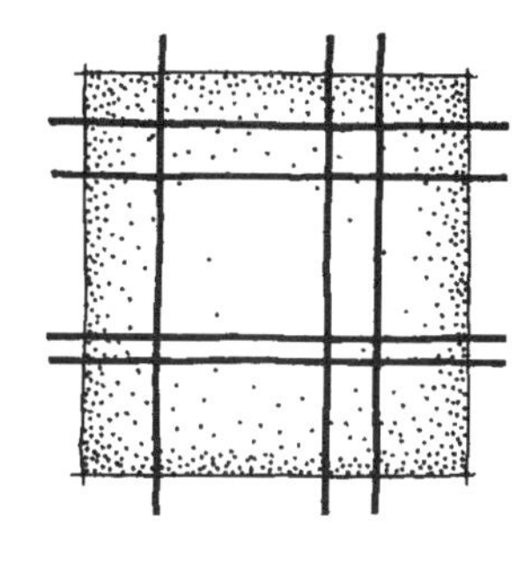

形式多样的网格

构图修饰 | Compositional Makeup

另一种变量是网格线、模块和/或交叉点的大小、形状、材料、色彩，等等。例如，网格线的宽度和/或内容可按重复的图形变化，或干脆随机变化，以体现等级、节奏或视觉技巧（图 6.22 左）。模块网格的空间内部构图和点网格中用于确定交叉点的元素同样可以改变（图 6.22 中和右）。综合起来，这些变化导致了更广泛的设计可能性（图 6.23）。

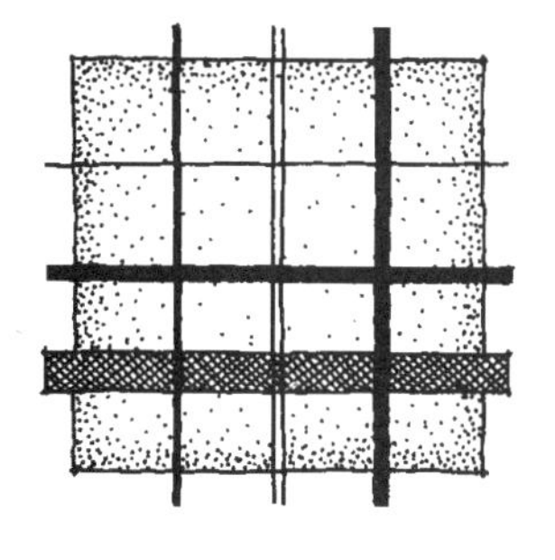

线的宽度

模块内涵

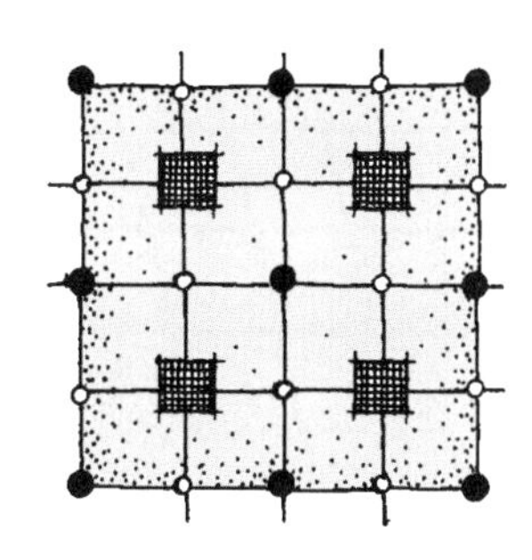

点内涵

图 6.21 上：网格线间距的变化。

图 6.22 左：构图修饰的变化。

笔记/手绘

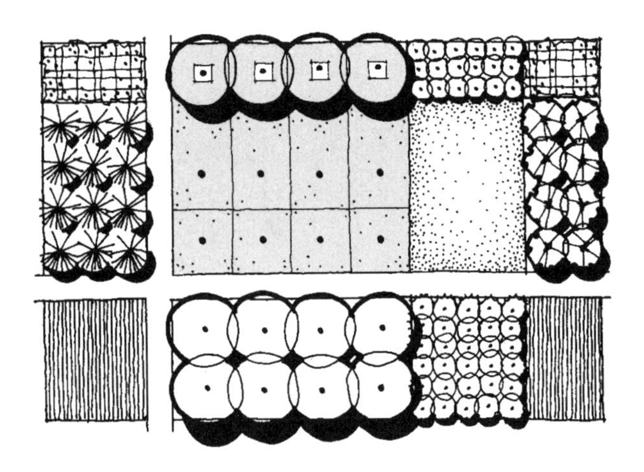

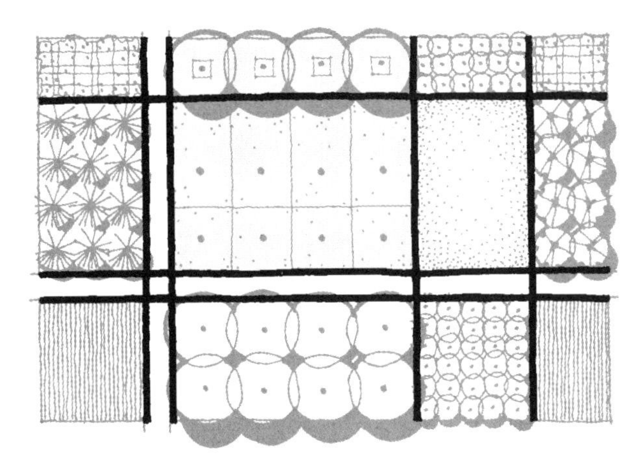

图 6.23 改变线的间距和模块构图来创造富有情趣的设计。

方向 | Orientation

第三种变量是网格线的彼此相对方向。可以改变网格线间典型的平行和垂直关系，建立非正交的线及直接与此相关的平行四边形（图 6.24 左和中）。这种组合所适应的设计布局目标在于改变一个构图组织的方向，或避免严苛的直角几何形。非正交网格同样适用于场地中一些既有元素不平行或同其他成分不构成直角的时候。尽管直角关系消失，非正交网格在总体特征、空间和功能配置、植物组团组织以及流线等方面仍应保持一个典型网格的本质（图 6.25）。非正交网格的另一种情形是其一组或两组网格线都由曲线来确定，造就弯曲的网格（图 6.24 右）。这种网格类型富于塑性和流动的运动感。它适应于田园景色组织，使网格服从起伏的地形，或把典型的正交网格转译为不加严格限定的景园图形。

图 6.24 可以改变网格线的方向以创造非正交网格。

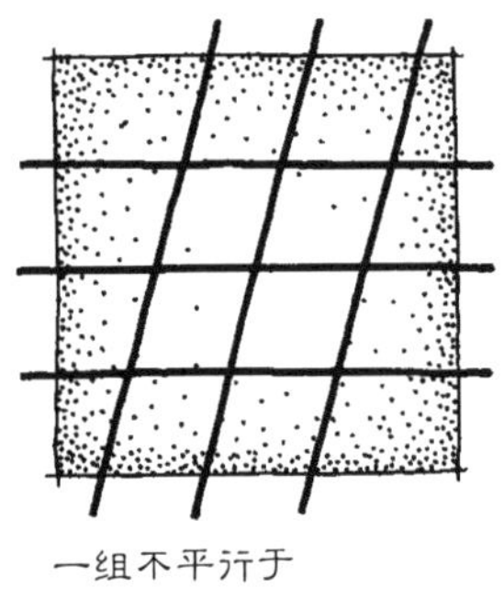

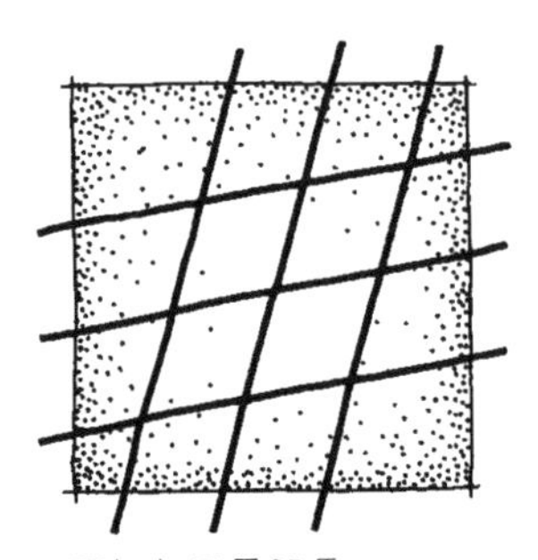

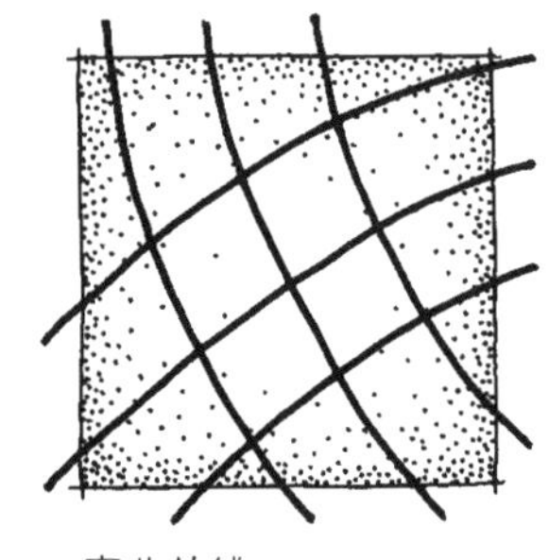

笔记/手绘

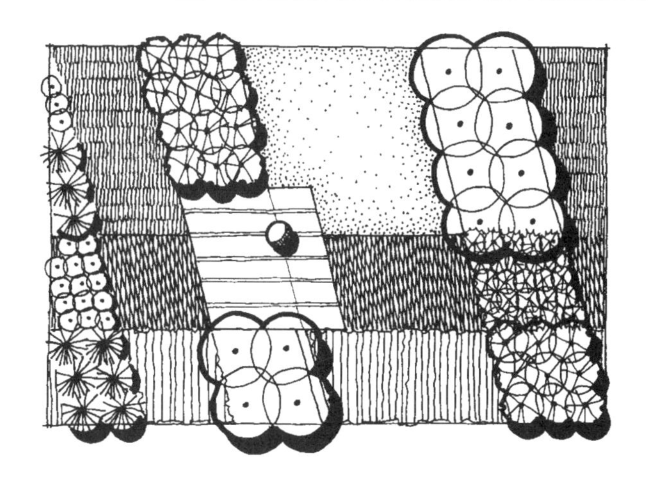

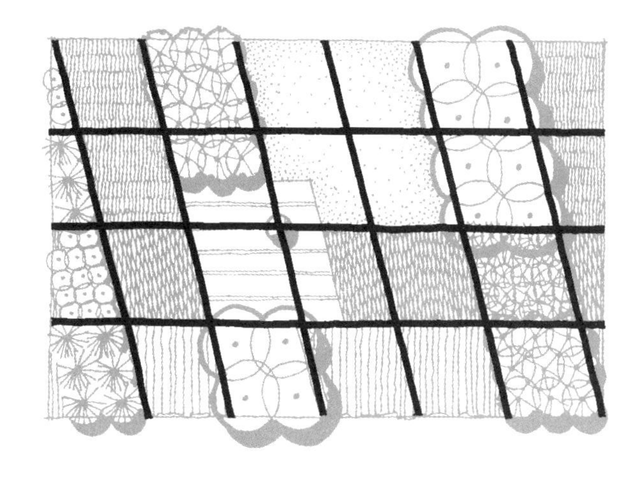

图 6.25 依据不同方向网格线的设计。

复杂布局 | Complexity

再一种变量是几组网格线共同出现于构图中。4 种基本网格类型都以两组平行线彼此成直角为典型。在原有的网格组织上再加入成组的网格，造就了多重网格叠加的构图。这样做的一种技巧是网格的彼此偏置（图 6.26 左）。这种配置既保留了一个常规网格的基本特质，又为这个图案增加了复杂性与深度。它在景园中的实施，可以是用一种特定材料表达一组网格线，用其他材料来确定另一组网格线。更多的变化还有，把一组网格线加以旋转，置于第二组网格线上（图 6.26 中和右）。由这个网格形成的组合构图，为具有不同空间与材料的、复杂与高度精致的景园提供了支撑（图 6.27）。体现这一点的一个案例是彼得·沃克事务所设计的德国慕尼黑机场毗连凯宾斯基酒店（the Kempinski Hotel）的花床园林（图 6.28）。

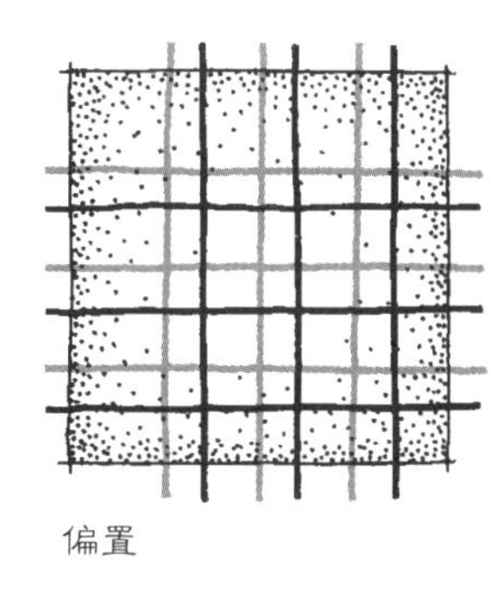

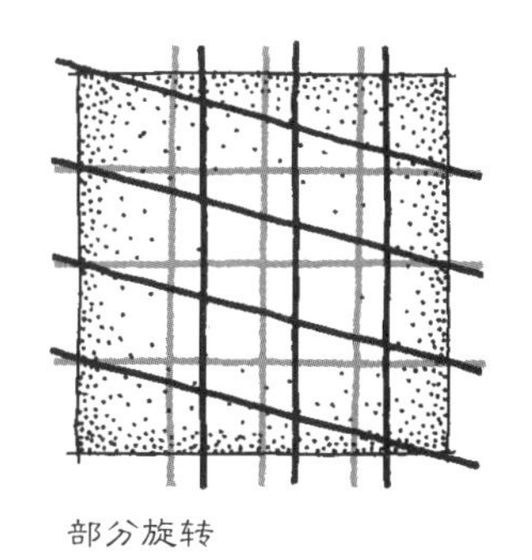

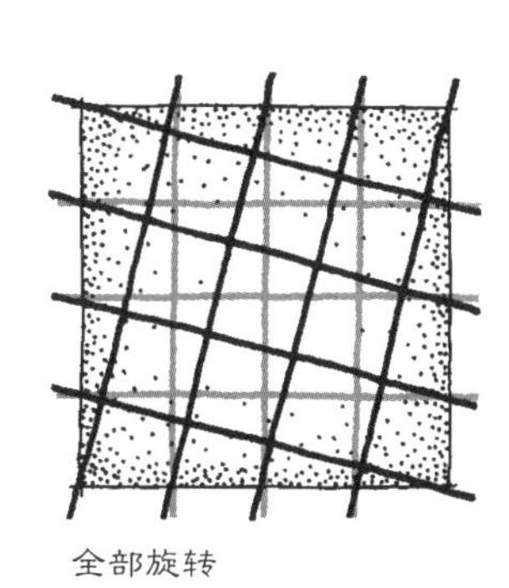

图 6.26 包含了一组或多组网格线的组合网格带来更复杂的设计结构。

笔记/手绘

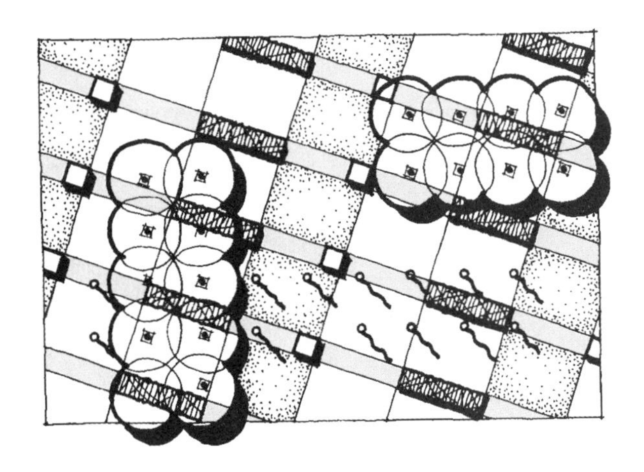

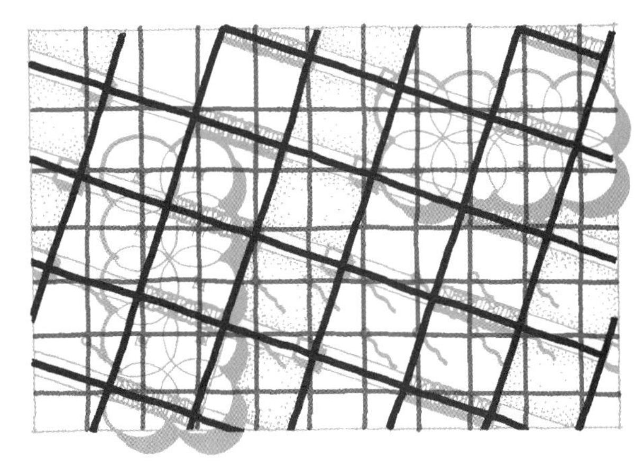

图 6.27 上：依据组合网格线的设计。

图 6.28 右：凯宾斯基酒店花床园林场地规划。

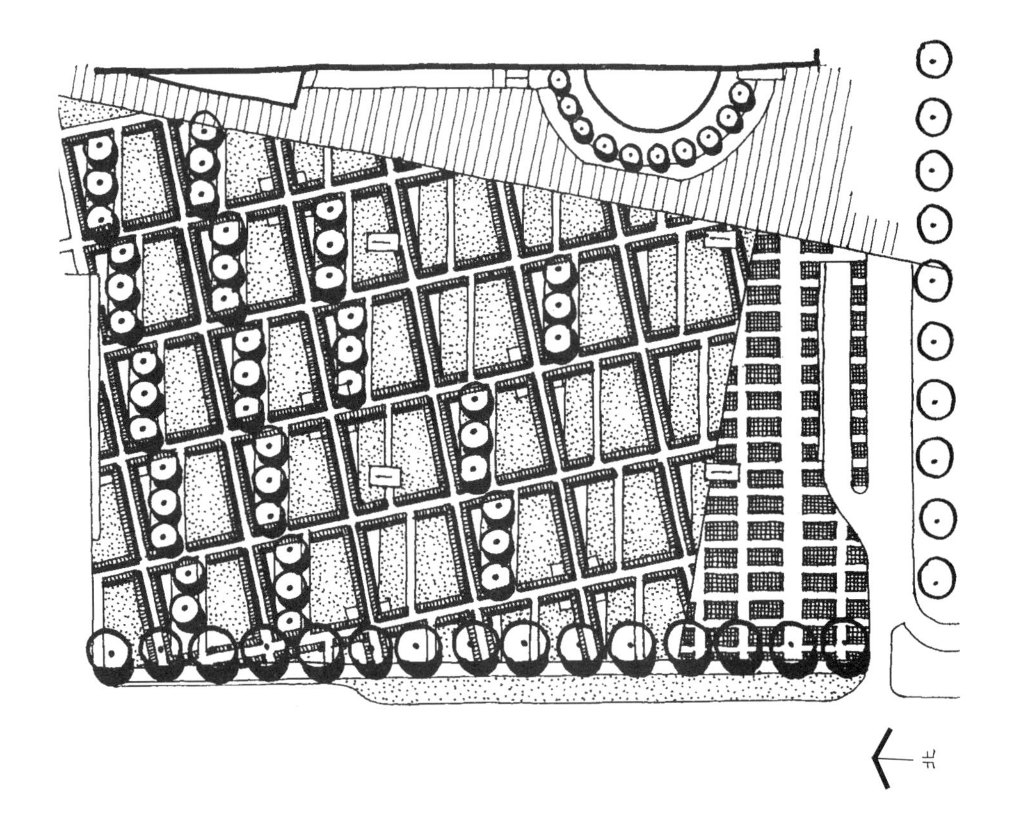

笔记/手绘

景园效用 | Landscape Uses

在场地设计中，网格是极其多样化的结构组织系统，可以用来展示从整体组织到细节选择与材料构图的许多设计意图。网格在设计中的特定效用包括：空间基础、场地协调、场地细节以及迎合城市环境。

空间基础 | Spatial Foundation

作为在第1章中就讨论过的主要组织结构之一，网格可以被用作基础骨架，在景园中塑造单一空间或复合空间。在拥有许多其他正交空间特征的同时，网格为一系列具有多种配置和特性变化的空间类型提供了基础。

单一空间。正交网格作为基础骨架，可以用于一处在景园中独自坐落或位于其他空间中的单一独立空间。以网格为基础的单一空间有许多同前两章讨论的正方形和矩形相似的空间性质（图4.15～图4.17）。即，一个单独的空间可以是包容性的或体量化的，围合的或开敞的，简单的或复杂的，还可拥有距空间底面高度各异的竖直边缘。在许多情况下，以正交网格为基础的一个独立空间同以正方形或矩形为基础的空间没有什么不同。

然而，正交网格空间还是有一种同正方形或矩形空间差别显著的特性：潜在的灵活性。这种特性在空间的边缘上尤其明显，在这里进行的转化可以是添加和/或减去网格模块，造就一个富于凸凹的空间周边（图6.29）。这使网格空间能达到比简单正方形或矩形更复杂、更迷人的程度。网格可变的边缘还允许它适应场地情况的变化。应该注意，网格空间并非一定要拥有这种特性，但如果必要，它就可以拥有。

图6.29　以网格为基础的空间可以有灵活变化的边缘。

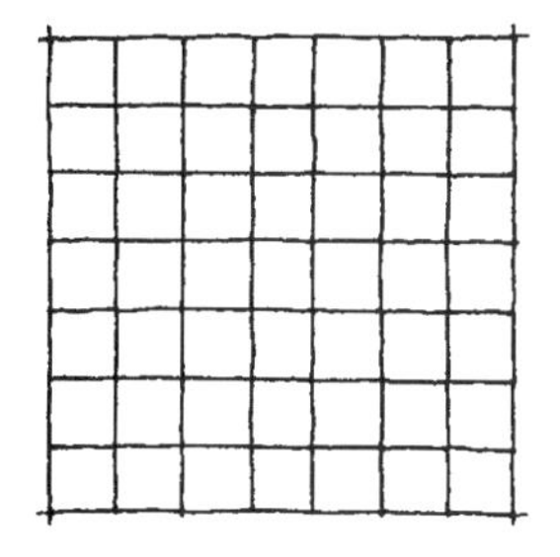

网格结构

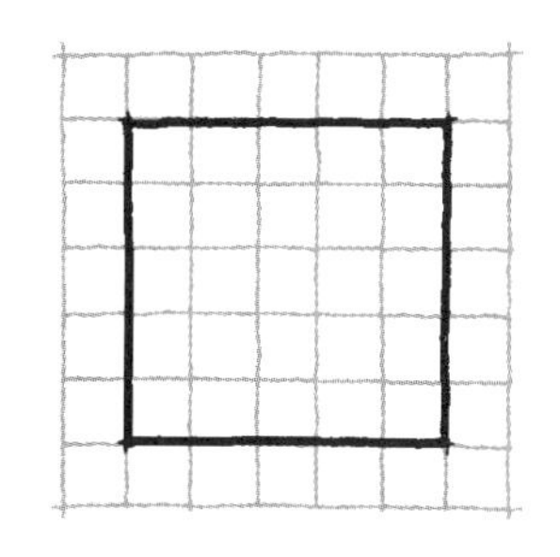

原始边缘

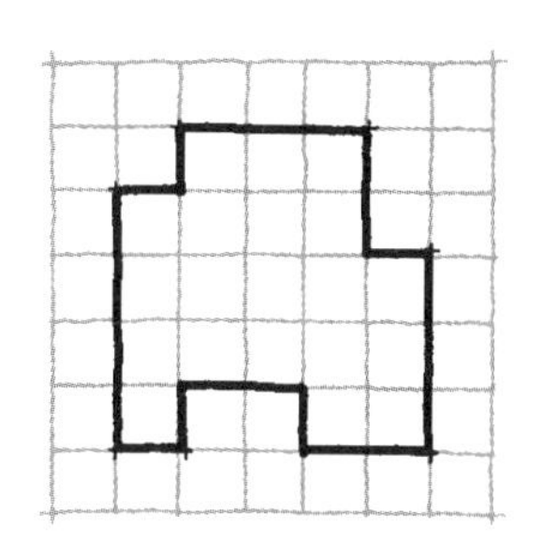

由减法改变的边缘

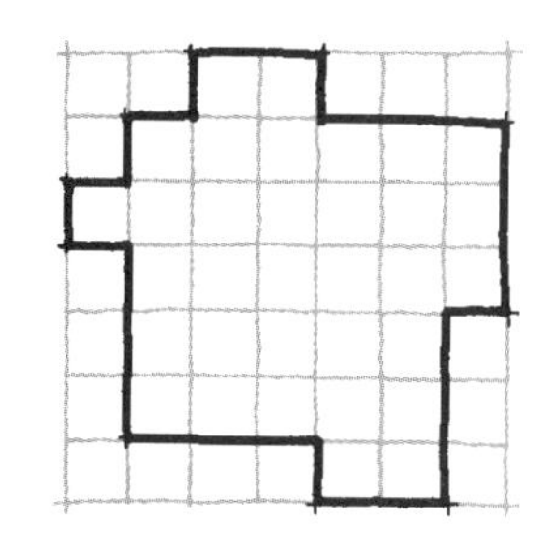

由加法改变的边缘

笔记/手绘

以既定网格为基础的单一空间的另一种独特特征，是底面、竖直面和顶面上的所有设计元素都被置于网格结构上，或与之严谨排列（见场地协调）。设计元素被联结到网格上，因而建立了一种内在的构图秩序，甚至在网格并未得到清晰表达时也一样。

最后，正交网格容许塑造出与之背离的空间角色。一方面，以网格为基础的空间可以是规则严格的构图，设计元素在其中的位置非常有序，而且经常是一连串的重复（图 6.7，图 6.28，图 6.30 上）。以这种方法运用网格，是逻辑理性优先的左脑思维方式。另一方面，网格可用于创造体现自发性的户外空间（图 6.30 下）。设计元素自由地交混、叠加，没有规则有序的位置，却仍然被网格所左右。后面这种方式是运用即兴决断和创造性的右脑思维过程。

图 6.30　网格是许多空间类型的基础。

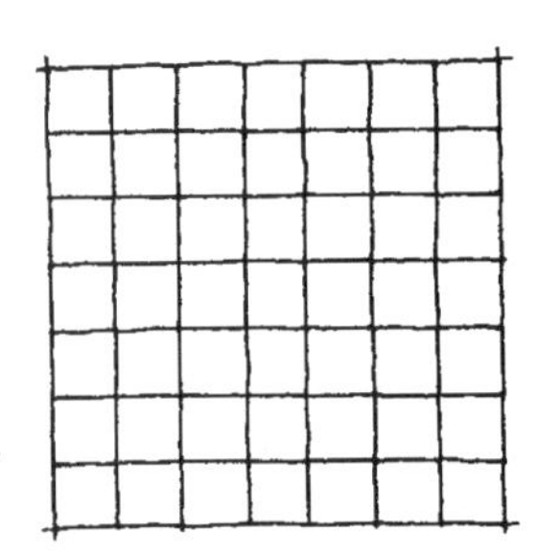

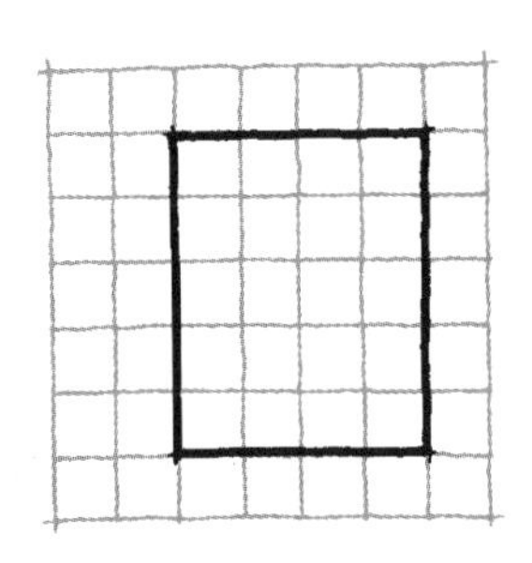

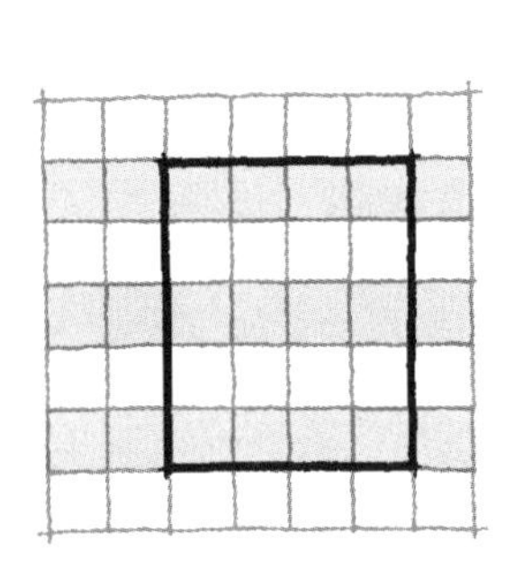

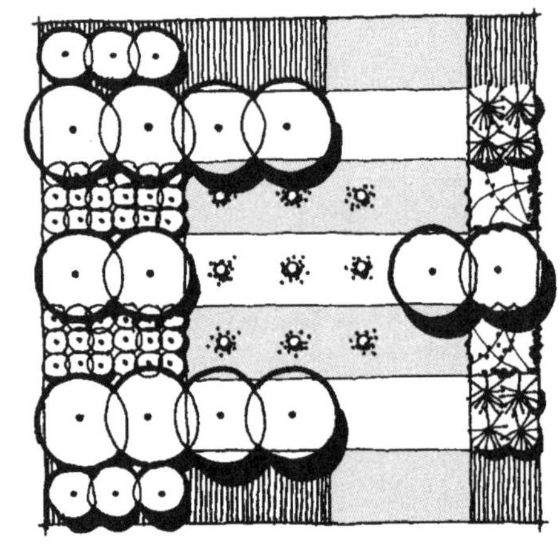

系列空间

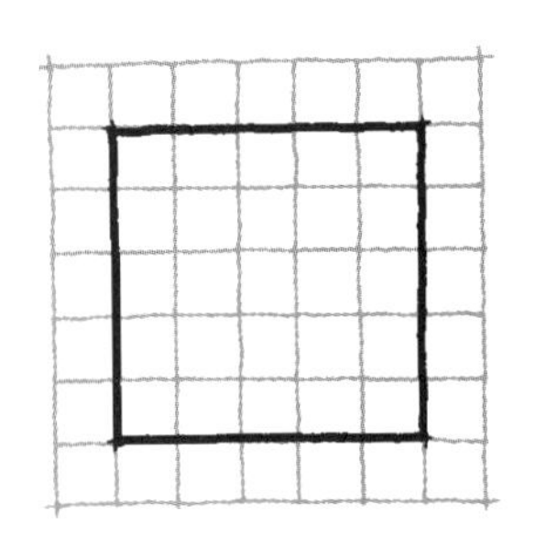

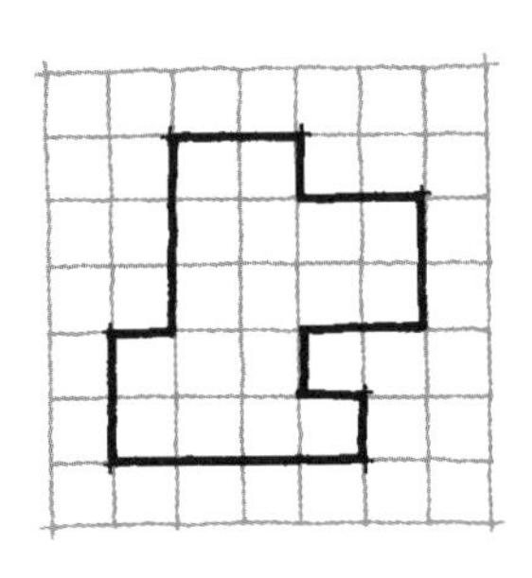

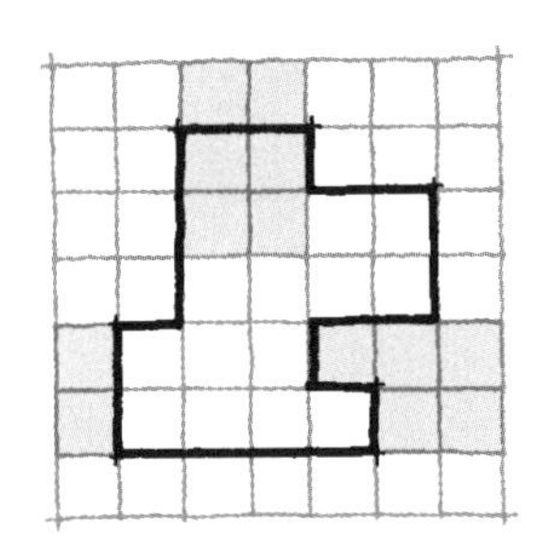

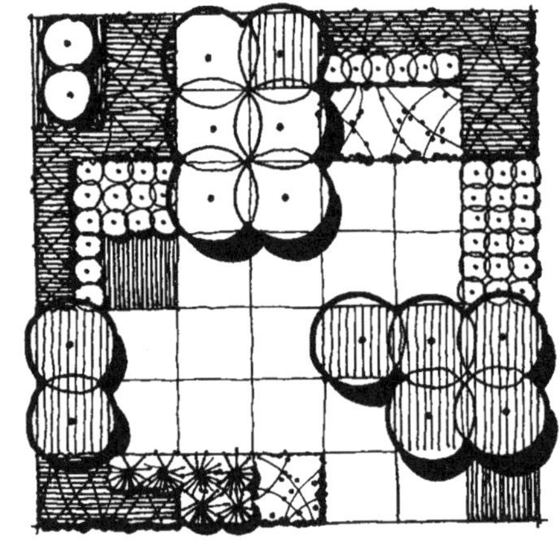

不对称空间

笔记/手绘

复合空间。在协调景园中的多重相关空间方面，正交网格同样是一个弹性结构。除了作为骨架，基础网格还提供了一种系统化的设计渠道，因而使不同的空间和元素都彼此协调适应。除了可能的空间大小、围合性、材料修饰之类的变化，复合空间还可以通过展现遍布场地的连续模块来融合。

把网格当作一个整合系统，使许多空间和用途合为一体的范例是新泽西州南奥兰治（South Orange）的一个住宅园林，由詹姆斯·罗斯设计于20世纪40年代（图6.31）。罗斯提出了“模块园林”（modular gardens）的概念，把它当作一种组织住宅园林的方式，以及一种可用于任何园林布局的、造就高效标准化设计构成体系的手段（Rose 1958，17）。罗斯的模块园林以3英尺（0.9米）见方的正方形为基础，以此确定所有铺装地块、草皮带、种植床、树木布置以及场地建构体（Rose 1958，17）。

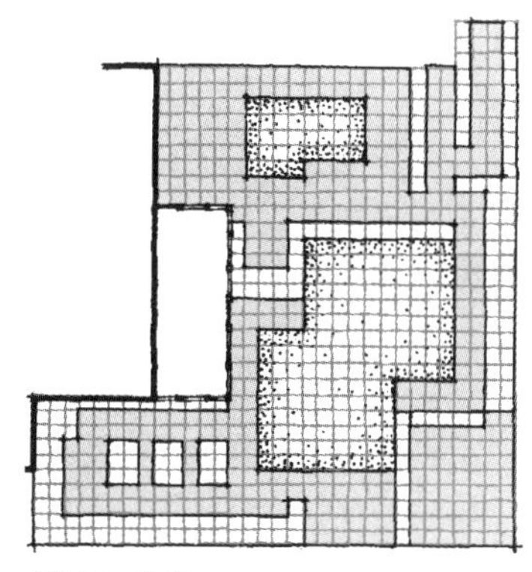

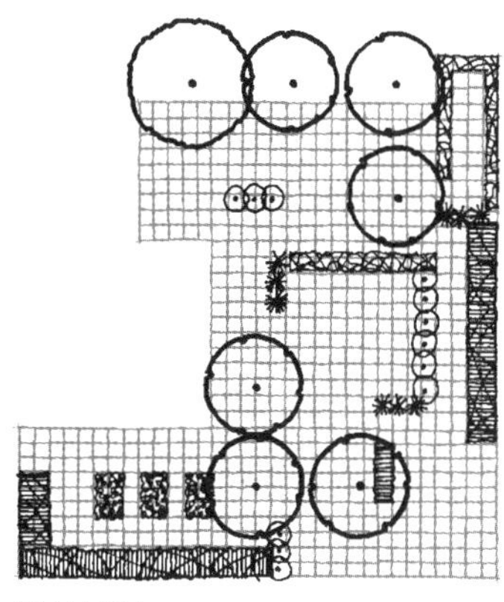

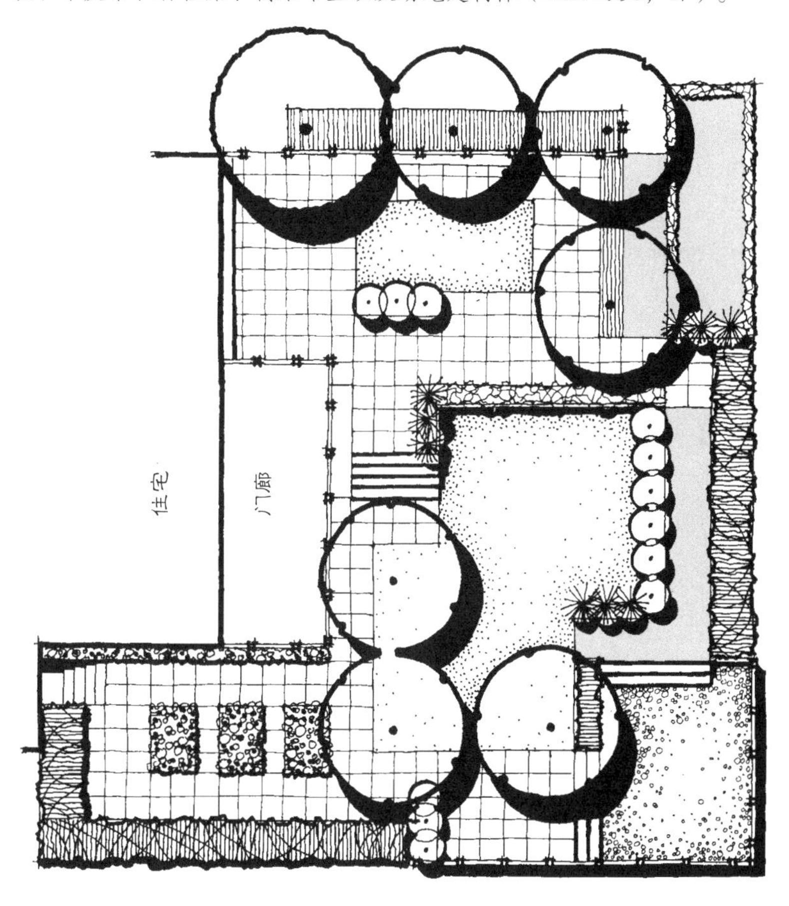

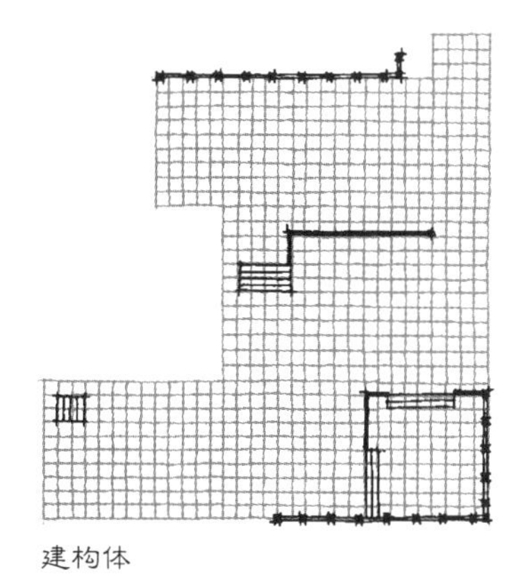

图6.31 南奥兰治的园林以3英尺（0.9米）网格为基础。

笔记/手绘

下面各段列出了几种不同变量，作用于如何利用网格来建构复合空间。

对称 / 不对称。当在景园中为集合多个空间而采用一种框架时，正交网格有附增的对称或不对称方式（图 6.32）。依据场地环境和设计意图，位于网格内的空间可以围绕轴线来对称组织，也可以用直觉均衡的手法来安排。这样，一个衔接了多个空间的网格总是要么对称，要么不对称。然而，反过来却并非一定如此。正交的对称和不对称组织都可以并且的确经常采用网格，但它们并非一定是为了协调地组织复合的景园空间（见第 7、8 章）。

网格表达。在正交网格中设计复合空间的另一种不同方式，是建构性网格的表达程度。一种选择是，通过以空间和材料的边缘、铺地图案之类来显示其存在，明确展现具有根本意义的网格。这在设计中造就了清晰的统一感，并可以使对立的空间性质与材料在视觉中相互配合（另见场地协调）。反过来，通过部分或全部隐藏在设计布局中，可以含蓄地表现网格。在有意地把网格当作统一的基础，同时又不必让每个空间边缘或元素都与之准确对应时，很适合如此。

后者的一个典范例证是丹・克雷与住宅建筑设计者埃罗・沙里宁（Eero Saarinen）合作设计的印第安纳州哥伦布（Columbus）的米勒住宅（Miller Residence）（图 6.33）。一个九宫格被用作这里的整体框架，因为它提供了一个位居中央，可以用作空间的正方形地块，而不像田字格的中央那样是一个实体（Johnson 1991，25）。有趣的是，这个完美的方格网被转化来吻合项目任务需求和对空间对比的追求。克雷用成行成丛的树木确定空间及其边缘，但没有强迫所有元素都准确地对应于网格线。其结果是，呈现了一种与空间类型和性质的显著变化相互对照的内在一致性。

建构网格

对称设计

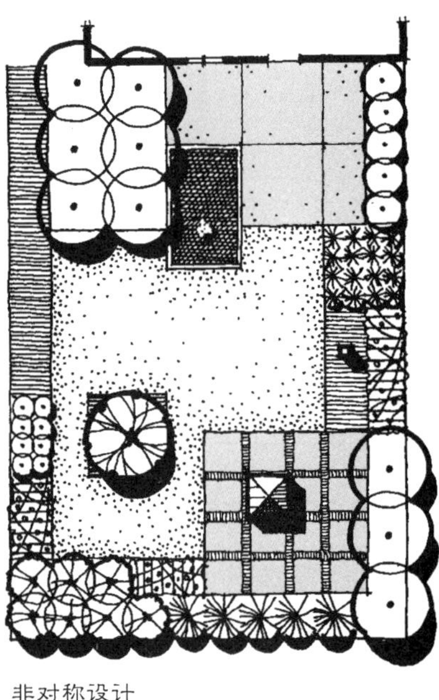
非对称设计

图 6.32　网格不是形成对称结构，就是形成非对称结构。

笔记/手绘

图 6.33 米勒住宅。

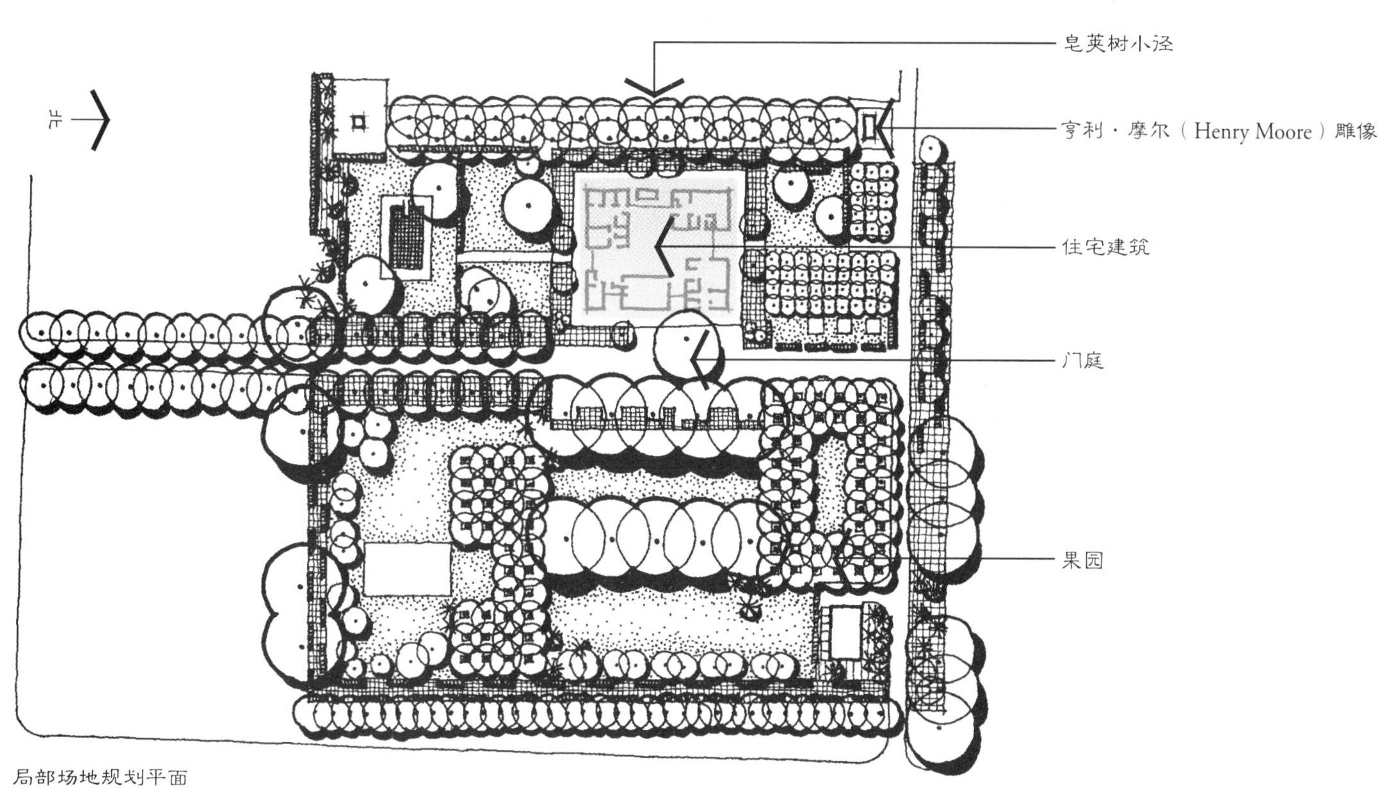

局部场地规划平面

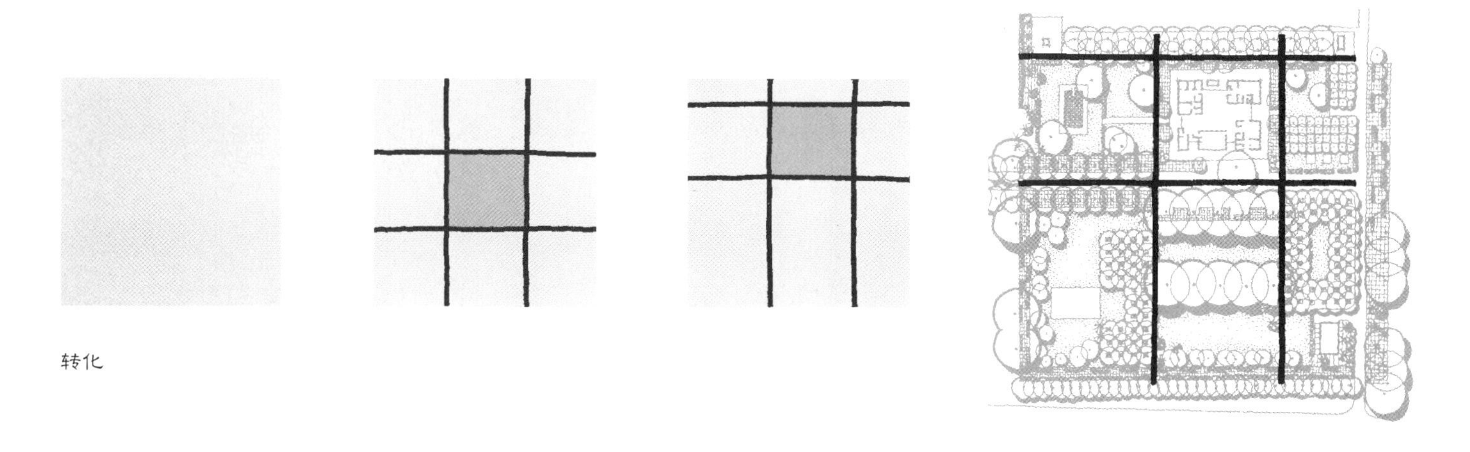

转化

笔记/手绘

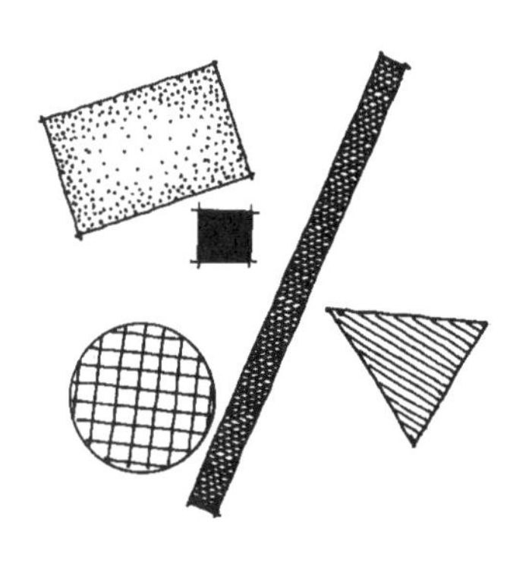

不相关元素

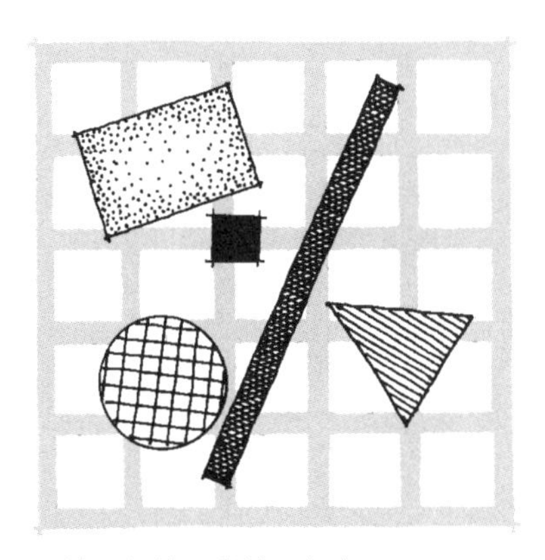

通过网格将元素统一起来

图 6.34 上：网格可作为共同的背景来统一一组不相干的元素。

图 6.35 右：为康威街和迎客中心广场所做的场地规划。

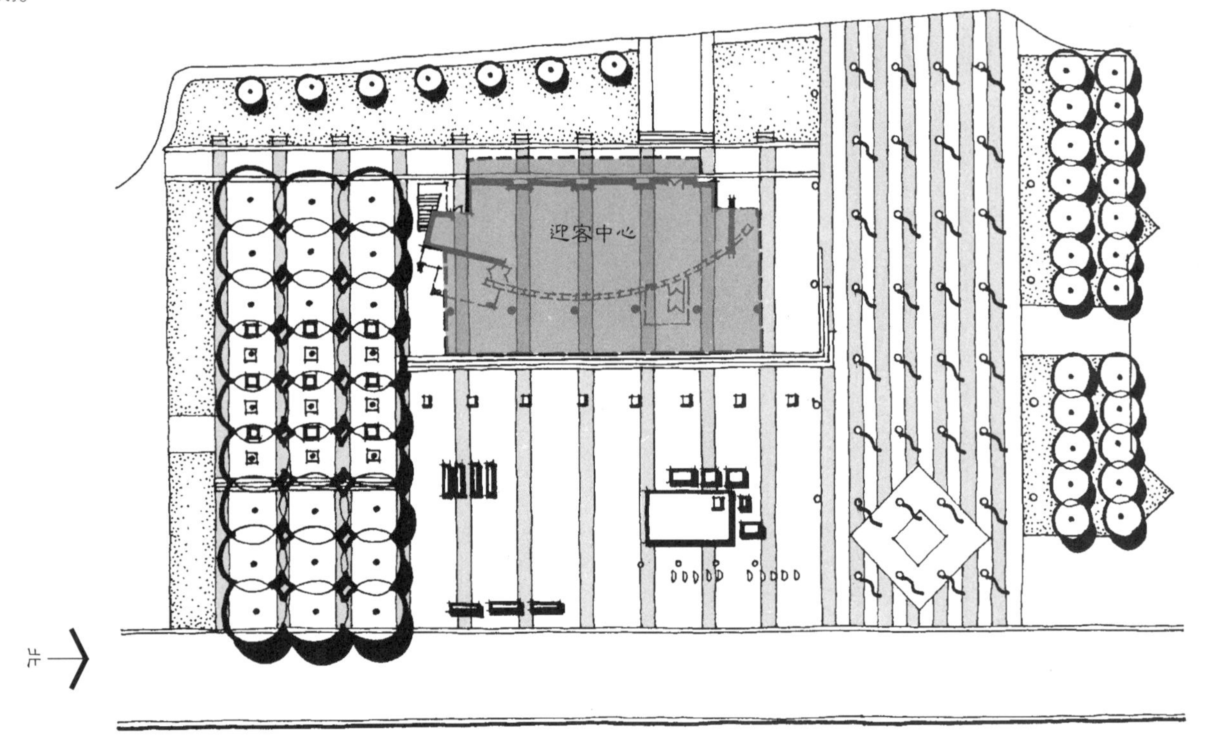

笔记/手绘

场地协调 | Site Coordination

在一处场地上，网格可用来以数种方式协调和统一各种各样的空间和元素。网格规整与重复的结构提供了一个共享图案，使位于其领域内的所有元素都可在视觉上成为一个整体。用网格对场地进行的协调，可以通过共有底面、主导网格或视觉衔接的方式来完成。

共有底面。4种基本网格类型可独立或彼此结合，用以建立一个明晰的底面图形来统一场地设计。清晰完整的网格带来主导性的秩序，缓和其范围内每个个体间可能的形状、大小和方向的差异（图 6.34）。落在底面上的网格特性越强，它支持一个统一领域的效能越高。当网格展现在铺地图案中的时候，它具有共有底面的典型功能，尽管其他底面材料也能发挥这种作用。在场地规划上，网格化的铺地图案可用于协调全然不同的既有元素，或为可能的树木、墙体、灯柱、旗杆、排水池渠等建立一个统一的组织结构。

在巴尔的摩内港（Inner Harbor）的康威街（Conway Street）和迎客中心广场（Welcome Center Plaza）设计竞赛中，玛莎·施瓦茨景园建筑设计事务所（Martha Schwartz Partners）完成的场地规划是一个例证（图 6.35）。场地铺地上的东西向线网格使跨越场地的大量空间和元素成为整体。它甚至伸延到了迎客中心内部，成为在视觉上使中心同周围城市广场融合的手段。玛莎·施瓦茨景园建筑设计事务所还为明尼苏达州明尼阿波利斯设计了另一个相似的方案，即联邦法院广场（the Federal Courthouse Plaza）铺地图案（图 6.36）。同样，这里的线网格在视觉上统一了一系列分离的小丘和各种场地附属设施。通过把一种铺地图案加在整个场地上，作为共有底面的网格对整合形状奇特或支离破碎的场地同样有效（图 6.37）。

图 6.36 上：联邦法院广场。

图 6.37 以网格为基础的共有铺地图案统一了形状奇特或支离破碎的场地。

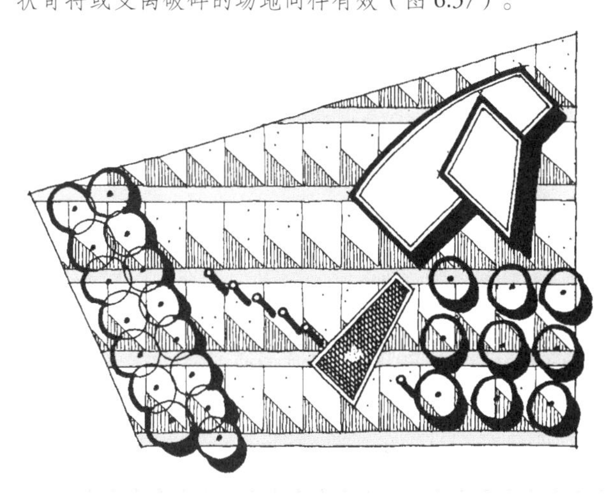

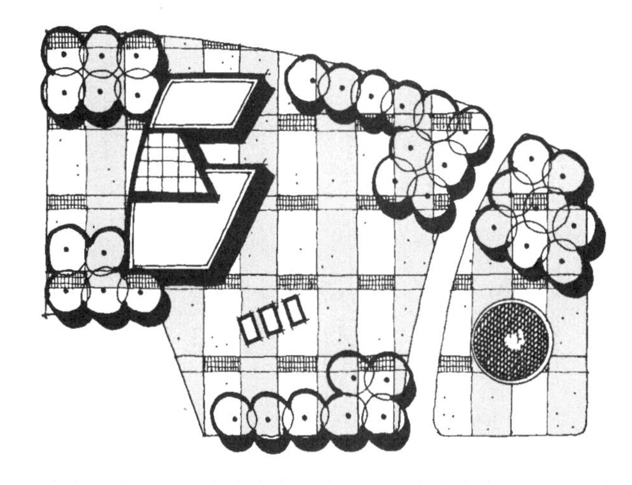

笔记/手绘

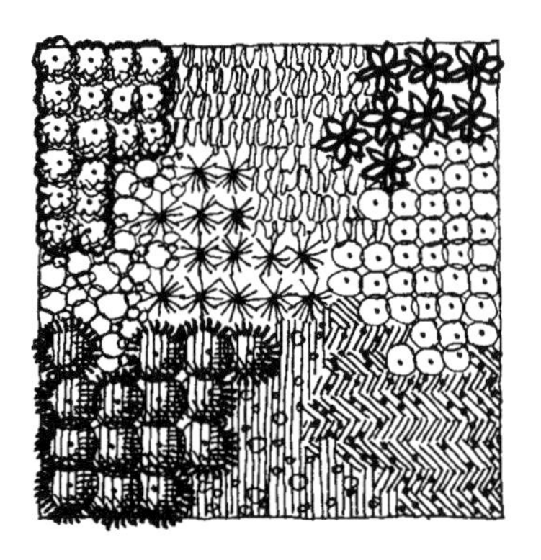
不相干的植物

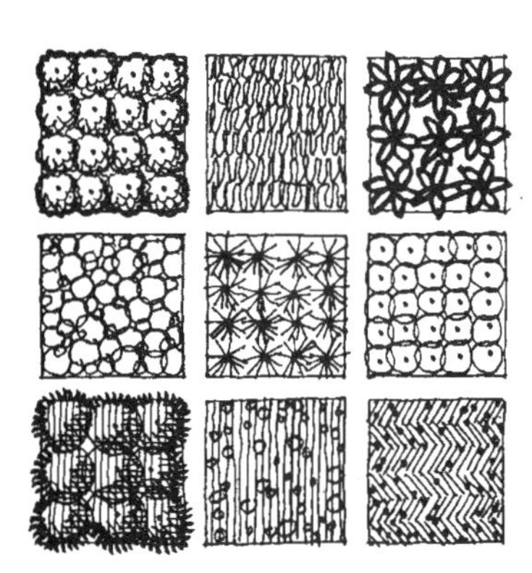
被网格统一的植物

图 6.38　右：主导性网格的框格统一了不如此便不相干的植被材料。

图 6.39　下：网格从视觉上协调了场地和毗邻建筑的效用。

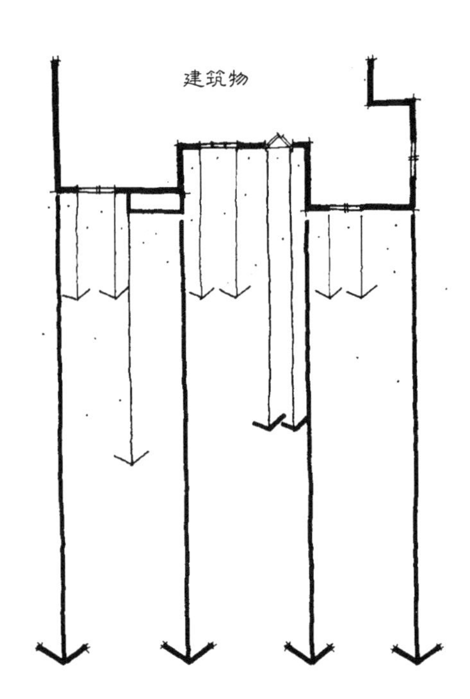

从建筑物的显著部位伸向场地的线

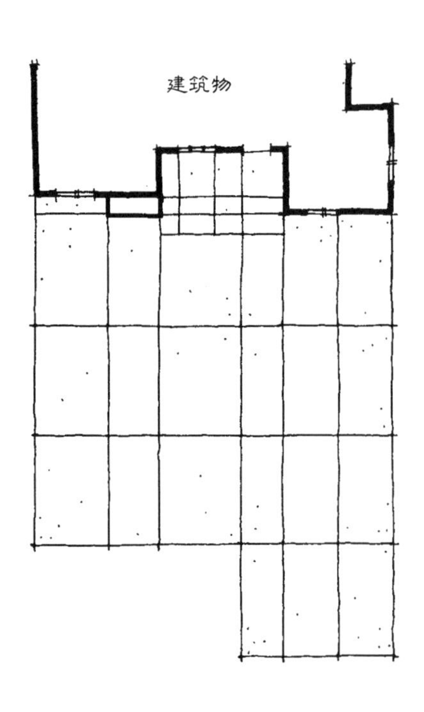

以毗邻建筑为基础的网格

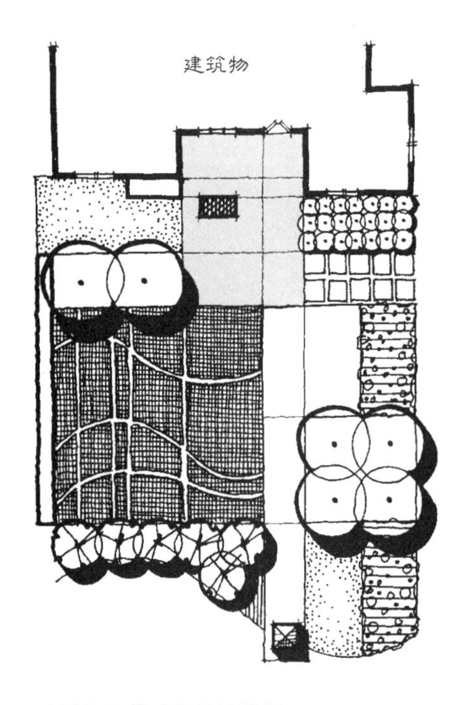

以网格为基础的场地规划

笔记/手绘

主导框格。使不同的构图元素成为一体的另一策略是把它们置于一个网格化框架组织内。网格模块绝对连续性的大小和形状，同样缓解了模块边界内材料大小、形状、色彩和肌理不同的情况。模块的秩序在功能上类似军队、司法系统或公司内不同人群所穿的制服。这种技巧适用于在园林中统一范围很广的植物种类，特别是有意展示植物园中的植物。占主导地位的网格结构框格缩小了植被材料的差异（图 6.38）。

视觉衔接。网格可用来从视觉上把建筑物与毗邻的景园衔接在一起。网格作为工具，可用于创造直接与关键建筑特征相关联并共同排布的场地设计，因而，建筑物及其连带景园就在设计中相互依存，融为一体了。实现这一点的第一步，是从建筑物引出进入场地的线（图 6.39 左）。最关键的那些线联系于建筑体量凸出、凹进的转角或其他边缘位置。仅次于它们的是那些同建筑立面上延伸到地面的门洞边角或材料变化相关联的线。最后，那些并不很重要的线对应的是建筑立面上不触及地面的窗口边角或其他元素。这些线合起来伸延出一系列穿越场地的平行线（图 6.39 中）。完成网格的第二组线是那些平行于建筑立面的线。如何确定它们要随意得多，可依据任何逻辑尺寸或由建筑立面一边的凸凹所决定。在图 6.39 中，平行于建筑的网格线间距依据了建筑东立面突出部的进深。如同前面所讨论的，一旦网格得以确立，场地设计就可以有众多的构成方式了。应该牢记，作为一种协调措施的网格在位于建筑附近时最为有效，其意义随着远离建筑而逐步减弱。因此可以推断，应该让紧邻建筑的网格最清晰，随着与建筑的距离加大，就可以不那么容易辨识了（图 6.39 右）。

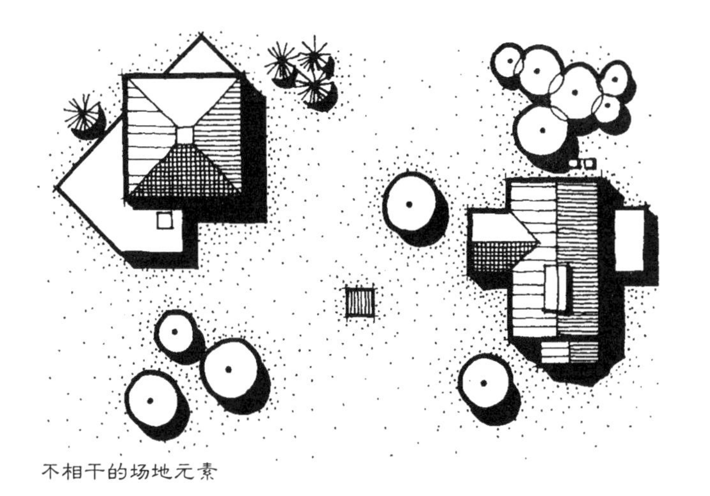

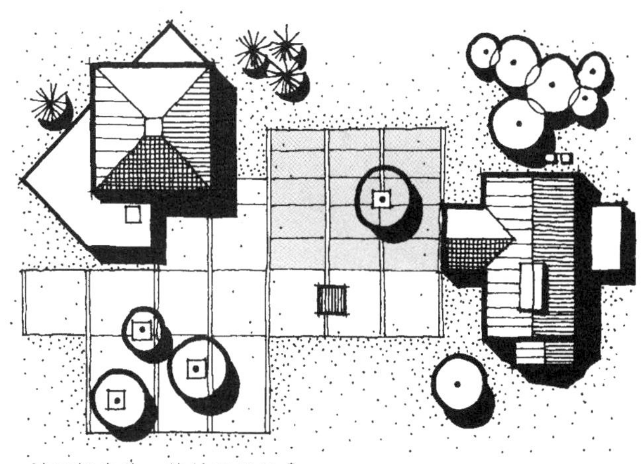

图 6.40　网格用于整合不如此便不相干的场地元素。

笔记/手绘

左：不相干的地块

右：被网格联系起来的地块

图 6.41　上：网格用于协调不同地面材料的毗邻地块。

图 6.42　下：与场地网格一致的场地细节示例。

与此相似的一种方法，是延伸始于各个建筑的线，形成由协调的线相互联系所构成的格子，让这个网格从构图上把分散在景园中的建筑物或其他元素合为一体（图 6.40）。同样，当网格线从每个建筑的转角或中轴之类显著部位伸向毗邻的景园时，它们的功能得到最有效的发挥。由此看来，用于造就视觉衔接的网格经常会是随意的，坦率地对应于它所连接的建筑物或场地要素。

采用网格来协调场地的第三种技巧，是使地面上的毗连材料相互关联。景园中遍布彼此并列的不同地面材料，但除了协调其色彩和/或肌理外，通常缺乏整合它们的尝试（图 6.41 左）。伸展在两个或更多地面材料间的网格，通过提供一个共有的结构并与延伸的线条组织排列从而把它们统一起来（图 6.41 右）。

场地细节 | Site Detail

除了作为塑造景园设计总体布局的一种方式，网格还是借以排布和协调诸如花盆、水池、墙体、顶部结构、长凳、旗杆、护栏柱、排水篦子等一系列场地元素的途径。同样，网格也可用来组织铺地、墙体、篱笆、长凳和顶部结构的图案。在网格的这类效用中，最容易应用和见到的是发挥背景作用的铺地表面网格图案，把网格上面或旁边的各种场地材料整合为一体（图 6.42～图 6.43）。

对细节元素如形状、大小和位置所做的决定，都应该基于场地网格的脉络关系，这是一个在很大程度上取决于预想和规划，贯穿于从概念设计到施工图的整个设计过程的任务。这还需要与设计中的基础设施密切配合，包括排水篦子的分级和设置、管道和电线的位置、灯具的排布，等等。这必定涉及很多人和行业间的交流。一旦水到渠成，在各种程度的设计中应用网格，都能创造一处无可置疑的和谐风景。

笔记/手绘

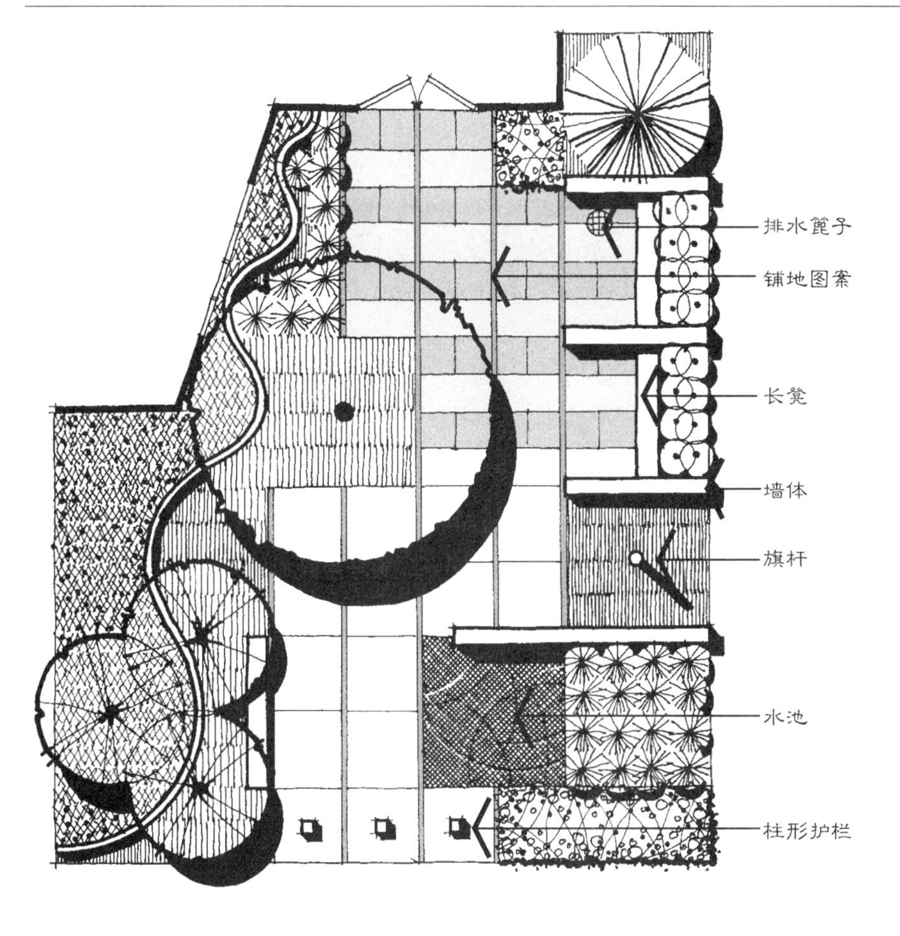

图 6.43 左：网格应作用于场地细节和元素的位置与大小。

图 6.44 下：网格吻合城市景观而同自然风景对立。

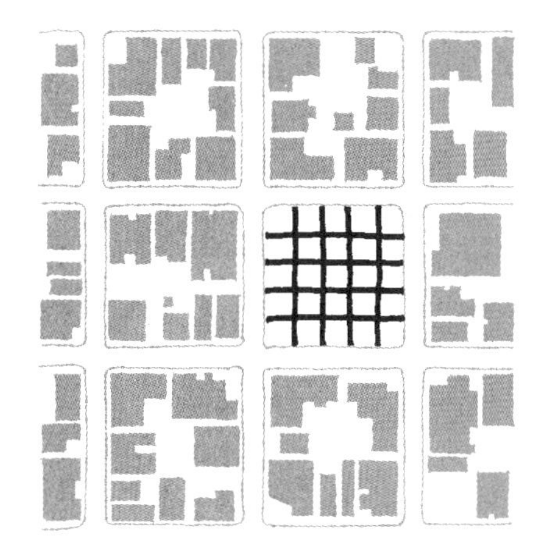

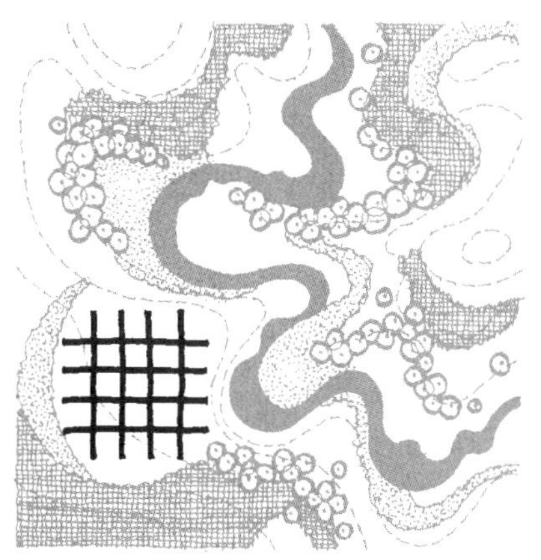

迎合城市环境｜ Urban Fit

大多数美国城乡都被赋予了网格般的街道图案和地产划分结构，在由这种图案和结构主宰的城镇地带，网格是最适合的场地设计组织系统之一（图 6.44 上）。城市设施中的广场、街区小公园、公共性的前庭、围起来的院子、住宅房前屋后的空间，等等，都可以采用网格组织框架设计，以相互间的一致性来适应其周围关系（图 6.7、图 6.20 及图 6.35）。依据网格的设计可融入城市肌理，并且是其周围二维和三维形式的连续。

相反，采用网格组织的场地设计与未开发的乡野风景相冲突（图 6.44 下）。网格明显背离了乡野，带来与周围环境全然不同的设计。像大多数正交设计一样，网格代表了人类的组织，与见于自然的随机性相对立。这倒不一定是必然有害的，特别是在明确认识到其设计特点，而且决心要在环境布局中造就一种独特表现的时候。

笔记/手绘

设计准则 | Design Guidelines

在以网格为基础进行景园设计时，下面几段中列出的一些准则应加以考虑。

恰当的网格类型 | Appropriate Grid Type

在采用网格进行设计前，必须要选择最能完满实现设计意图的网格类型。4 种基本网格类型中的每一种都是以其独有的方式建立的，因而，适于强化不同的设计效用：

- 线网格：顺向与序列行进
- 格网格：相互联系的运动
- 模块网格：块面和内涵
- 点网格：个体化的标记或点缀

所以，最重要的是预先决定要在设计中追求上述哪种品质，然后选择一个或多个可以达到目的的网格类型。

网格 / 场地关系 | Grid/Site Relationship

一旦决定了最恰当的网格，下一步就是探索如何在场地上建立网格。像大多数设计过程一样，相关技巧可以有许多种，而最基本的是直接用预先确定的固定网格模度来划分整个场地地段。这就创建了一个遍布场地的统一网格，尽管沿一些场地边缘经常仅留下不完整的网格。在各种选择中，这是最无视场地特征的手段，因为网格模度并非直接来自场地。

建立网格的第二种手段是从场地整体地块出发，以数理方式渐次划分出更小的模度，直至达到合适的模度尺寸。这种方法的过程是从大到小。就正方形或矩形场地来看，场地的每个方向通常都划分成 1/2、1/3、1/4、1/5、1/6 之类的小块片段（图 6.45 左）。如果需要，可把以此确定的各部分再行划分。用这种方式建立网格的优点，在于其网格总是与场地吻合，没有残余零头，尽管网格可能不一定是正方形的。

建立网格的第三种手段采用了相反的方式。这种手段不是从场地整体地块出发，而是依据相对较小的设计元素，如铺地单元、长凳、树池和下水篦子之类的大小。接下来就要向外重复与扩展这种模度尺寸，直到遍布整个场地（图 6.45 中）。这种方式的优点是，确保了个体元素与网格结构的吻合。进一步看，这种技巧倾向于造就具有舒适人体尺度的网格模块，因为它始于已经适合人体的元素。

最后一种划分场地网格的技巧，是让它依据场地毗邻建构体的边缘（图 6.39、图 6.45 右）。如前面曾讨论过的，这个过程将创造场地与相关建筑物的视觉联系。采用这种技巧的划分结果，是网格模度很有可能是弹性的，其变化呼应了附近的建筑物。

笔记/手绘

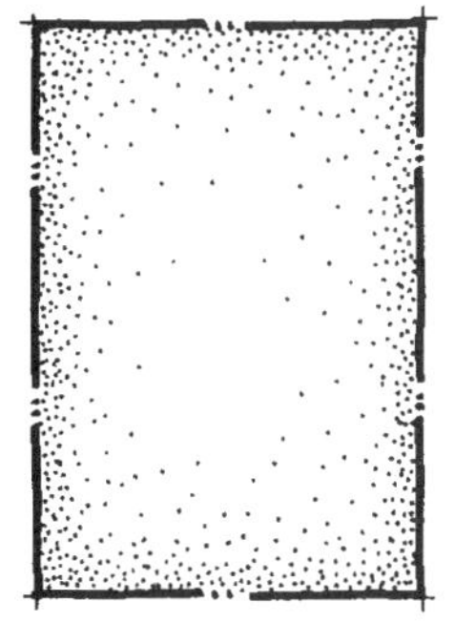

图 6.45　在一个场地上建立网格的不同过程。

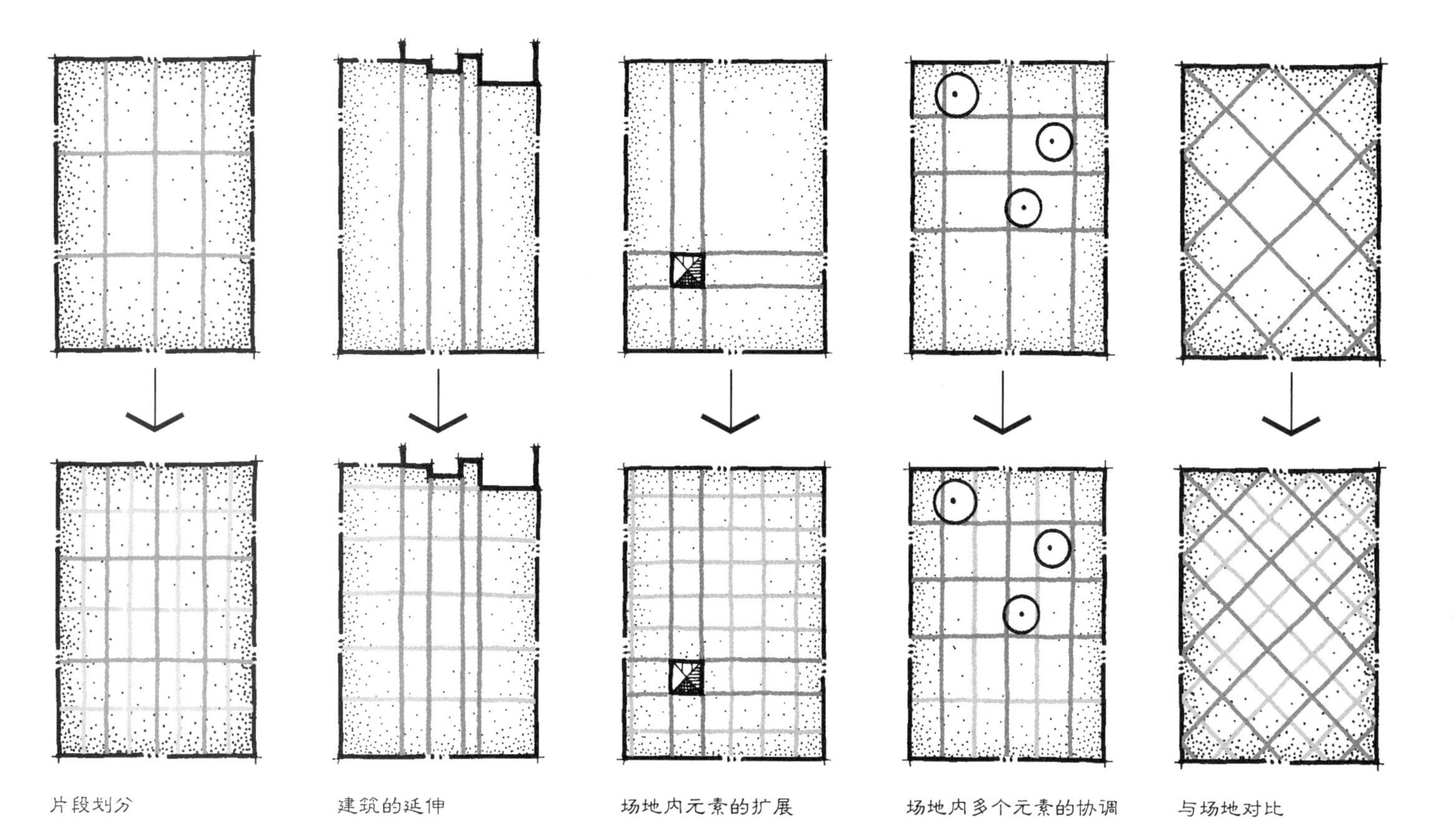

笔记/手绘

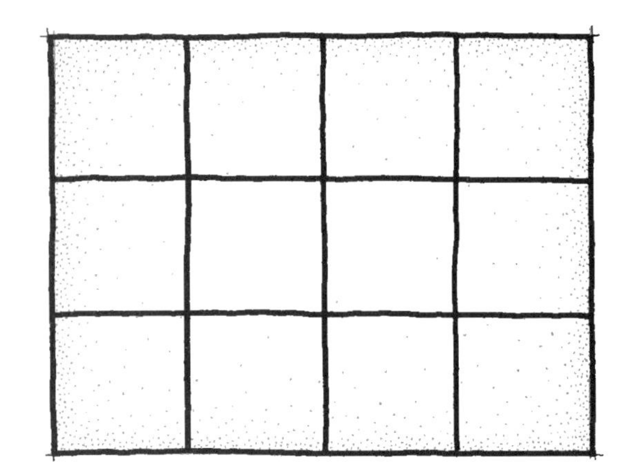
模度过大的网格

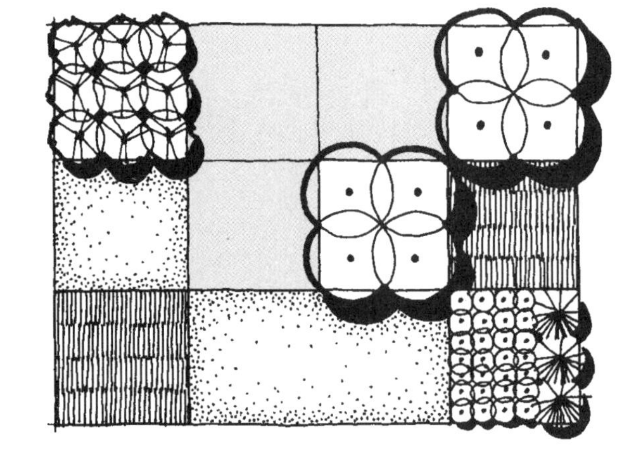

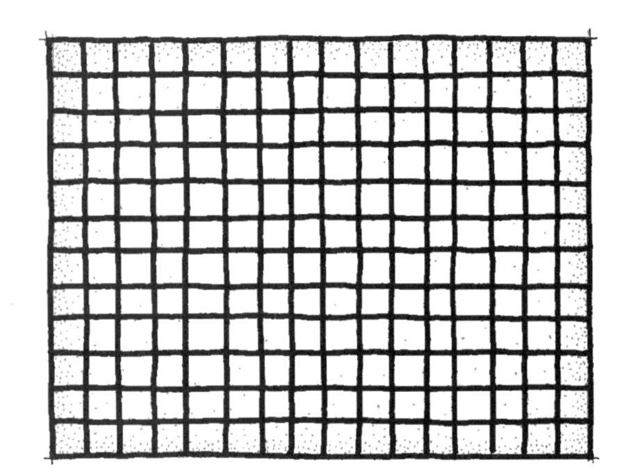
模度过小的网格

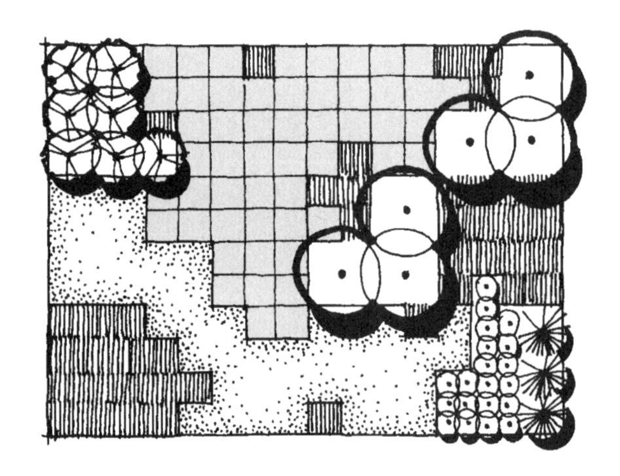

图 6.46 网格模度尺寸不应过大或过小。

网格大小 | Grid Size

不管在一处场地上怎样设置网格，精心探究网格模度的大小都很关键，其结果要使设计恰当吻合场地的关系脉络，同场地大小及预计用途相称，并具有恰当的人体尺度。太大的网格模度形成的骨干结构所能提供的设计选择过少，为设置空间和元素边缘所提供的引导也不充分。大比例的网格适合或导致尺度非人性的粗放设计和空间，特别在面积超过 1 公顷的场地上是这样的（图 6.46 上）。不过，太小的网格模度则会带来过多的选项，很容易在确定空间和材料边缘时造成困扰：可能的选择太多了。结果，太小的网格模度容易使设计过碎，而且毫无必要地复杂化（图 6.46 下）。在设计过程中，可能要经历一些曲折和错误才能得出在两个极端之间的网格大小，从而最恰当地符合设计条件。

笔记/手绘

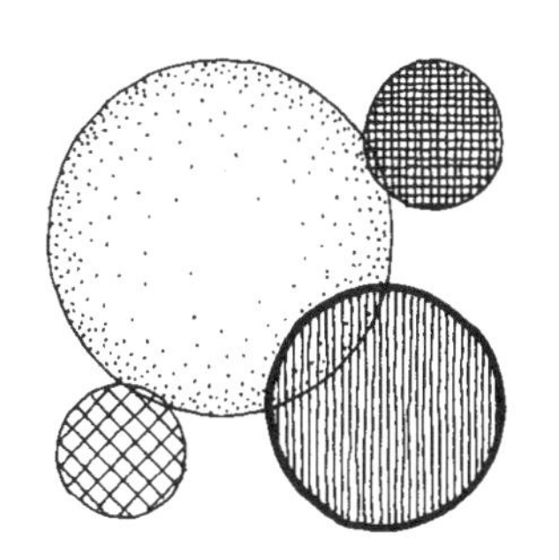

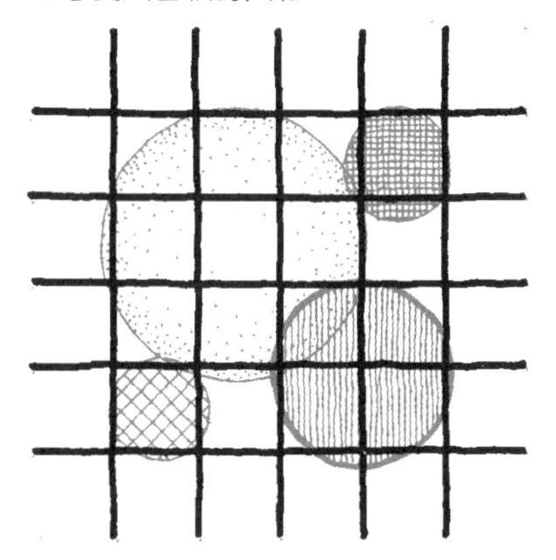

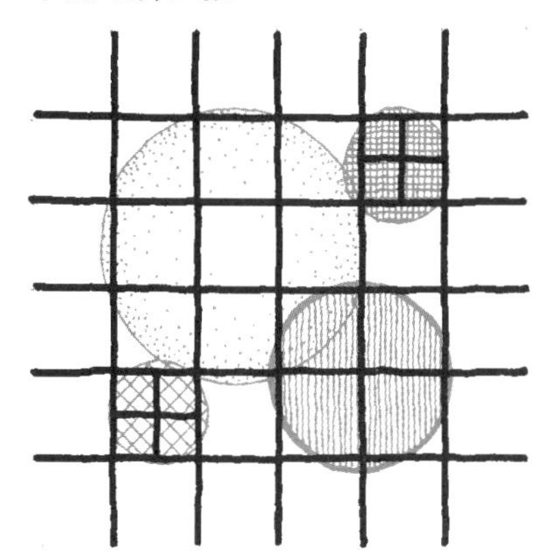

网格模度的大小还应与组成设计的空间和元素所要求的面积相联系。在理想情况下，它应适应每个空间和元素的面积，不致强迫它们没必要地扩大或缩小。当做法正确时，在项目所需的元素和网格模度间就会产生血缘般的相互联系，彼此呼应（图 6.47）。应该记住，采用网格的优点之一，就是其模度大小很容易增减，使它有可能适应不同的场地需求（图 6.47 右）。

图 6.47　网格模度的大小应与项目所需空间的面积相互呼应。

网格方向 | Grid Orientation

另一个需要考虑的问题是场地上的网格方向。在方正的场地上，没有特定倾向的情况是平行于场地侧边，然而在一些时候，人们可能希望用网格的方位来强化指向性，面对场地外某一醒目的点或轨迹线（图 6.48 左）。对于非正交场地，网格的方向相对不明显，应该与场地内外值得注意的建筑物、毗邻道路、重要入口等特征协调一致（图 6.48 中和右）。

图 6.48　网格的方向可依据场地内外的特定元素来确定。

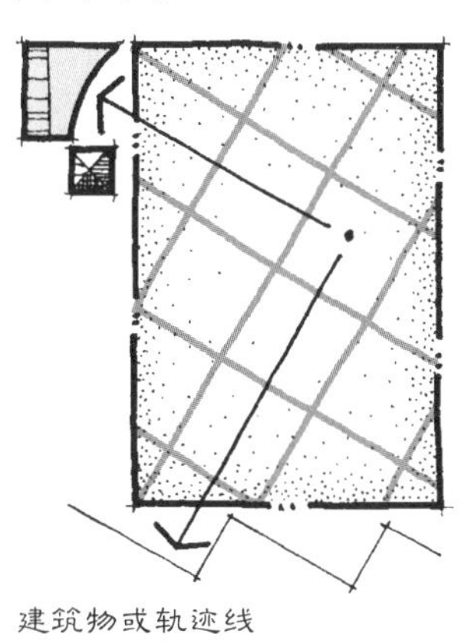

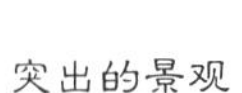

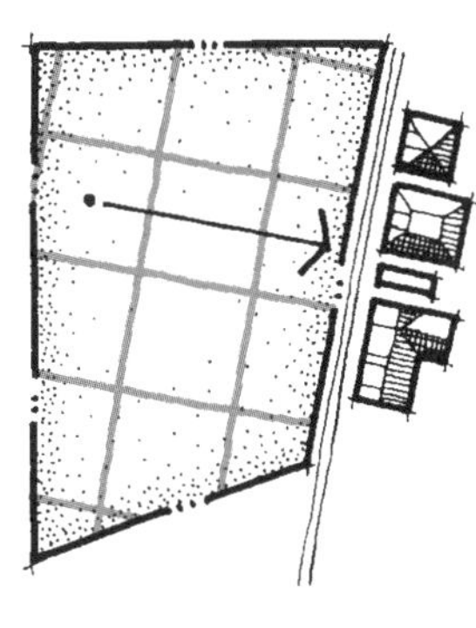

笔记/手绘

第三维 | Third Dimension

网格对于景园结构的效用经常是在一个平整基面上实现的，尤其在当代设计中，以此来突出构图的整齐划一和图形的重复。如彼得·沃克等人的大量设计作品显示的那样，其卓越的二维图形超越了三维表达，带来了视觉上的严谨和一致性。在这种观念为许多公共和城市设施带来良好效果的同时，它经常是造成一种没有清晰空间感的开敞景园。应该记住，网格可以像其他许多结构系统一样得到有效开发，促成探索与发现从而创造出空间与迷人的景观。对第三维的考虑应从研究底面开始。像网格中的任何其他情况一样，底面的变化也应发生在网格框格内，并通常表现为相对水平但高度不同的台地，使底面具有一种建构特征。在一个网格系统中，阶梯和挡土墙是整体中最关键的第三维元素（图 6.49）。植被材料、独立的墙体和建造物等应该用于补充底面，以增加空间变化。

图 6.49　对第三维的处理应配合网格。

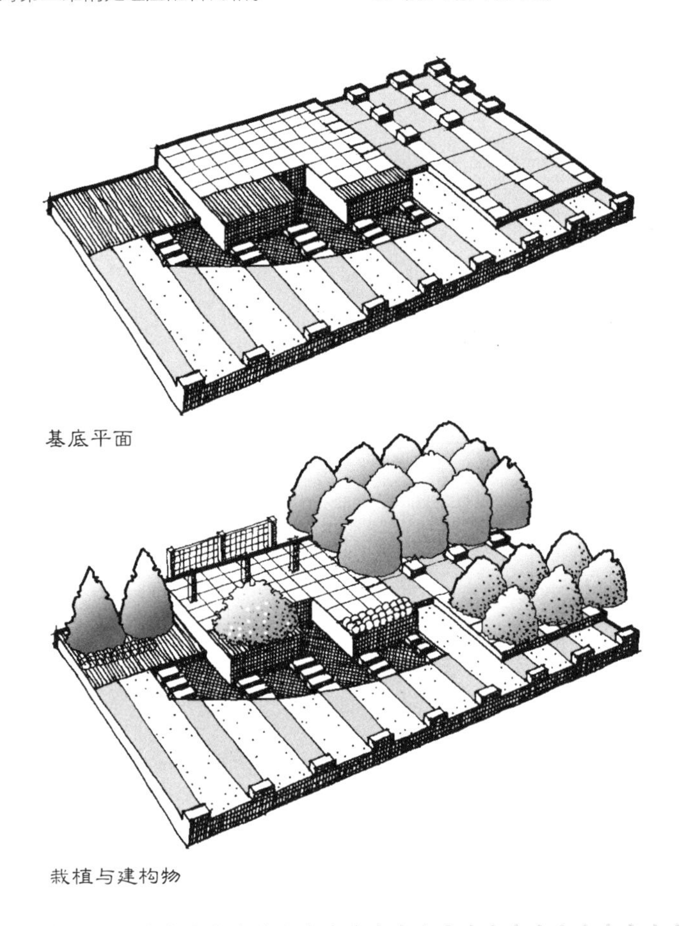

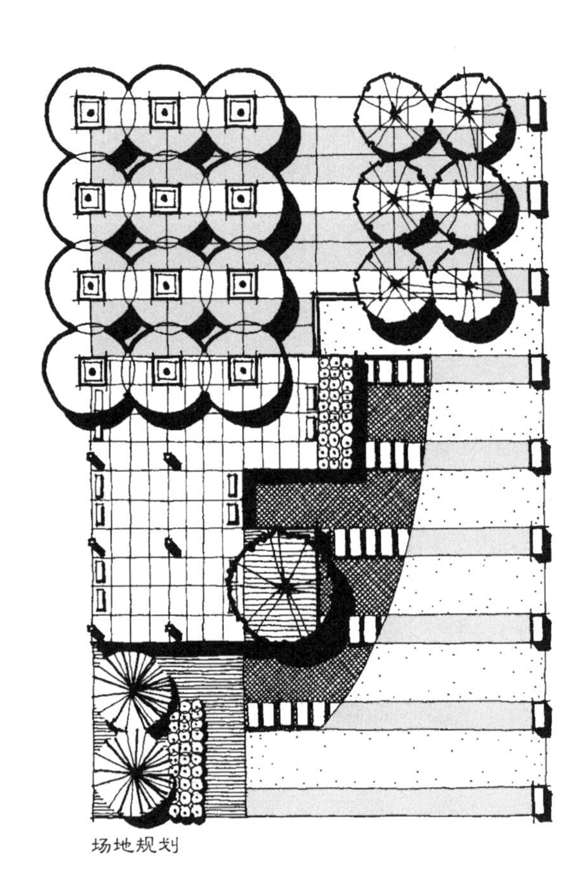

笔记/手绘

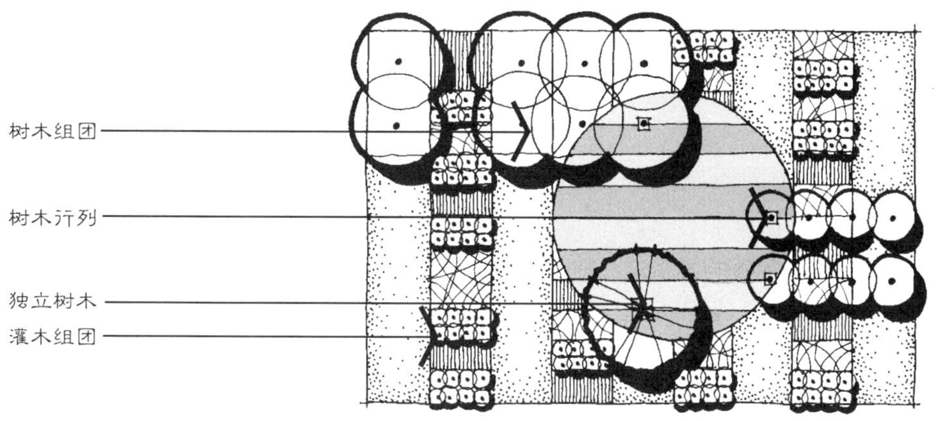

图 6.50 左：网格中的植物栽植应排成组团或行列。

图 6.51 下：树木可以是连续的网格组团或片断化的组团。

图 6.52 下左：草本植被材料只要是处于网格模块内便可以是簇丛状的。

材料搭配 | Material Coordination

木本植被材料应该像其他材料一样，排成与基础网格对应的行列和正交组团，以吻合并强化网格结构（图 6.50）。大范围的蔓延或“自然主义”（naturalistic）的木本植物组群是不适宜的，但这并不意味着应该忽视合乎逻辑的环境实践。相反，精心设计的混合品种组织，在保证网格结构要求的同时可以带来必要的差异。除了构成密实的组团或树丛外，通过把选定的树木从密实组团中删减出去，还可以采用更片断化一些的方式来组织树木（图 6.51）。这样就建立了一个开放的结构，容许更多的光线进入一个空间。一棵棵独立的树木同样可用于网格布局，只要它们不致因为过多而在构图中成为斑点。与木本植物不同，草本植被材料的组织可以更放任自由并随机混合，只要它们能共同确定网格中的块面（图 6.52）。

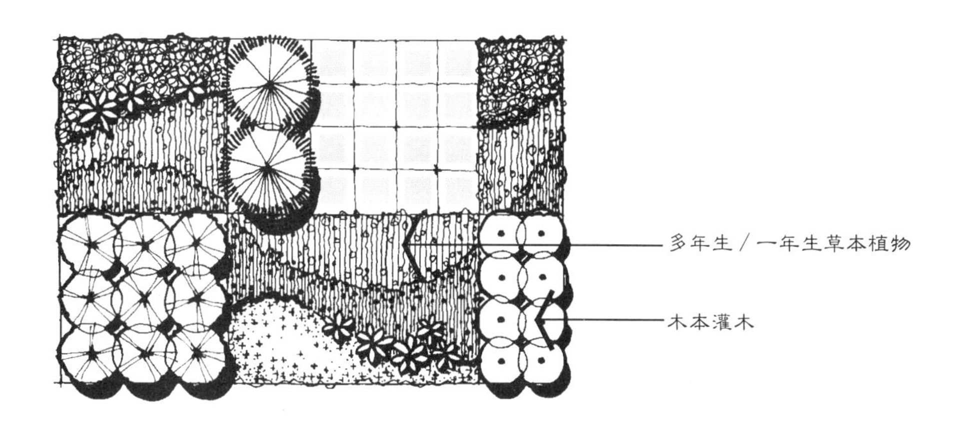

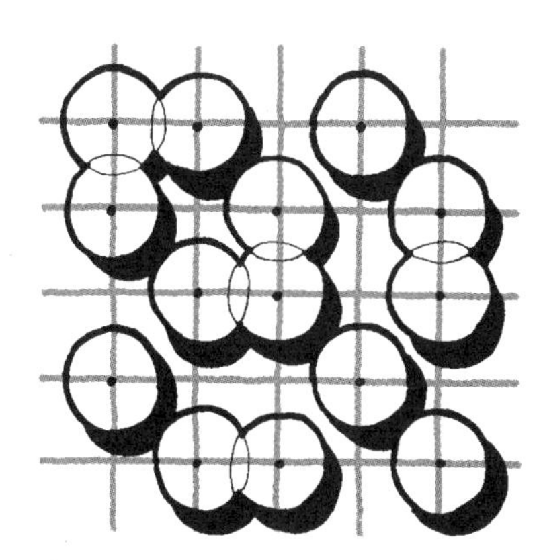

笔记/手绘

参考资料 | Referenced Resources

Condon, Patrick Michael. "Cubist Space, Volumetric Space, and Landscape Architecture." *Landscape Journal* (Vol. 7, No. 2), Spring 1988.

Johnson, Jory. *Modern Landscape Architecture: Refining the Garden*. New York: Abbeville, 1991.

"NTT Musashino Research and Development Center," *Land Forum 13*. Berkeley, CA: Spacemaker Press, 2002.

Rose, James C. *Creative Gardens*. New York: Reinhold, 1958.

Scherr, Richard. *The Grid: Form and Process in Architectural Design*. New York: Universalia, 2001.

Walker, Peter. *Minimalist Gardens*. Cambridge, MA: Spacemaker Press, 1997.

其他资料 | Further Resources

Amidon, Jane. *Radical Landscapes: Reinventing Outdoor Space*. New York: Thames & Hudson, 2001.

Baker, Geoffrey H. *Design Strategies in Architecture: An Approach to Analysis of Form*, 2nd ed. New York: Van Nostrand Reinhold, 1996.

Ching, Francis D. K. *Architecture: Form, Space, & Order*. Hoboken, NJ: John Wiley & Sons, 2007.

Margolin, Victor. *Design Discourse: History, Theory, Criticism*. Chicago: University of Chicago Press, 1989.

Schwartz, Martha. *Transfiguration of the Commonplace*. Cambridge, MA: Spacemaker Press, 1997.

Thompson, J. William. "A Passion for Restraint." *Landscape Architecture* (Vol. 81, No. 12) December 1991, pp. 61-67.

网上资料 | Internet Resources

Yoji Sasaki: www.ohtori-c.com/information.html

Peter Walker and Partners: www.pwpla.com

笔记/手绘

正交形式 | Orthogonal Forms

对称 | Symmetry 7

如同早在第 1 章中讨论过的所有对称组织一样，正交对称的特色是沿着一条或多条轴线布置空间。正交对称的独有之处，在于主导轴线是彼此垂直和/或平行的，因而形成一个成直角的中心线的网络（图 7.1）。基于正方形或矩形的个体空间或元素以轴线为其中线来设置，或镜像般两两成对位于轴线两侧。为了对比、突出重点或作为次要一些的元素，另一些形式不时也可被接纳进来。

正交对称具有的理性、可预见性与权威性等性质，使其成为历史上最悠久的组织系统之一。从最早期文明到 20 世纪，这种几何题材尤其是西方园林的象征，包括早期的罗马式、意大利文艺复兴式、法国文艺复兴式、荷兰式、英国规则式、美国殖民地式以及从 19 世纪到 20 世纪的美国住宅园林。在一些富于空间性质和材料革新的当代景园建筑学设计中，它仍是一个得到持续探究的设计系统。

本章探讨正交对称在景园建筑学场地设计中的独有特征和显著效用，其特定各节为：

- 对称类型
- 景园效用
- 设计准则

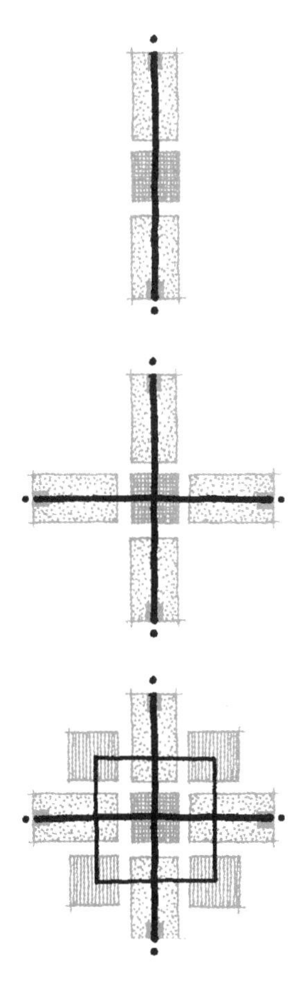

图 7.1　成直角的轴线网络是正交对称所特有的。

对称类型 | Symmetrical Typologies

以是否呈现网格和坚持严格对称平衡的程度为基础，对称的正交几何形可以被分成 3 种类型：网格正交对称、多样正交对称以及隐含正交对称。一般而言，就像下面将要讨论的，从最严格到最不严格，这些组织类型的每一种都有其自身的组织框架和特征。

网格正交对称 | Grid Orthogonal Symmetry

正如其称谓所示，这种对称类型的组织以正方形或矩形网格为基础，并分享着上一章所讨论的许多网格特点。然而，对称网格更值得注意的是它有一条明显确立了构图中心线的轴线。依据同轴线的关系，对称网格可以归纳为 4 种基本式样：中轴网格、交叉轴网格、集合网格及再划分网格。

中轴网格。有如第 1 章所讨论的，中轴对称设计组织是沿着一条主导轴线设置所有的空间和元素（图 1.44 左）。同样，通过使每个模块都直接以轴线为中线，中轴网格把各网格模块都设置在一条轴线上，因此，模块被一分为二，成为相同的两半（图 7.1 上，图 7.2 左）。由于处在模块之内，轴线就成为各个模块不可或缺的组成部分，同时又是使相邻网格结成一个整体的连线。依据网格大小，每个网格模块自身可以被明确当作一个空间，或与其他模块相加，构成更大空间的基础（图 7.2 右）。

以创建中轴网格为基本手段的一个著名例证，是意大利巴尼亚亚（Bagnaia）的兰特别墅（Villa Lante）设计。其整体设计由对称居中组织在一条中轴线上的3个正方形模块所统御（图7.3 ~ 图7.4）。每个正方形模块都被当作设计中的3层基本台地之一的基础结构。依据辅助性横轴的位置，北部的两个模块被进一步分成更小的台地和空间。从高处自然式岩洞那嶙峋封闭的性质，到低处开敞优美的花床园林面貌，这 3 个正方形模块是空间序列沿山坡自上而下的基础，花床园林的主导是四分几何形。

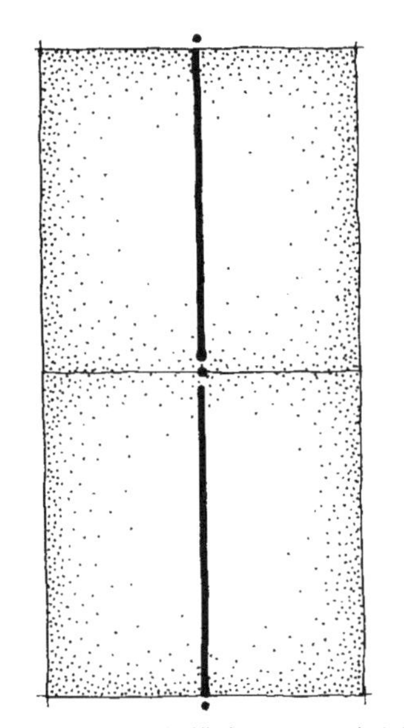

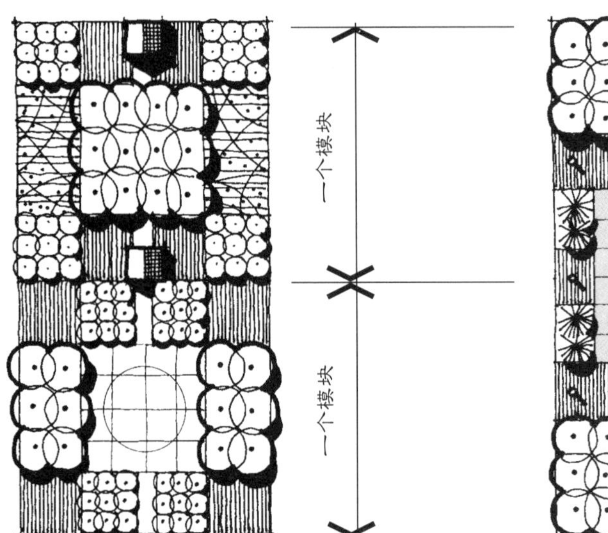

图 7.2 网格模块可以是一个空间或多个分开空间的基础。

笔记/手绘

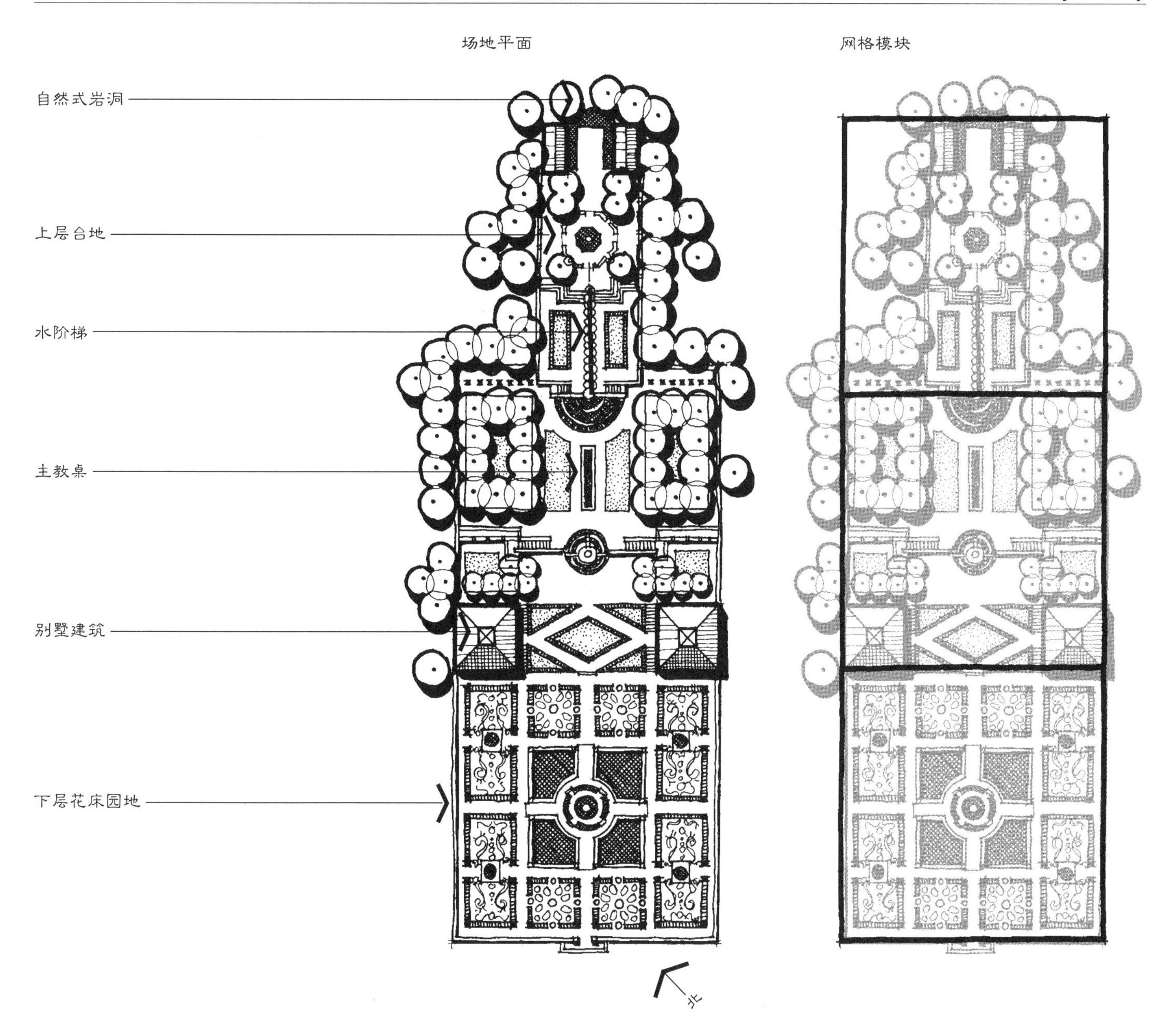

图 7.3 兰特别墅场地平面和网格模块。

笔记/手绘

图 7.4 上：灯泉（Fountain of Lights）
下：下层花床园地

图 7.5 右：兰特别墅 3 个正方形的结构和各设计组成部分间的关系。

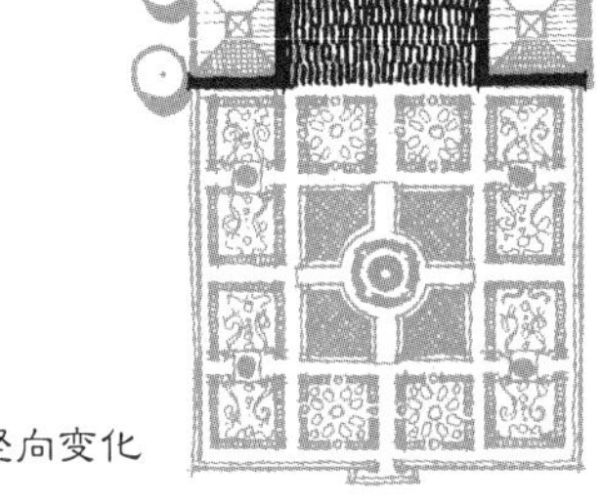

笔记/手绘

虽然并非所有设计元素都准确对应于正方形模块的边缘，它们显然也从未抵触这些模块和轴线。事实上，所有设计成分的设置，包含竖向变化、空间围合、水景和基本流线，都具有同这些正方形网格模块的联系（图 7.5）。尤为有趣的是，注意台地间的竖向变化如何迎合了次要横轴以及模块与模块之间的边缘，相关情况使这个园林吻合了其场地自北向南的下行斜坡。

以轴线为中心的网格模块系统的一种变异，是在轴线两侧对称布置成对的网格（图 7.6）。这些成对对应的网格可形成完整的构图，也可同位居中央的模块结合起来，造就不时从轴线向外扩展出去的富于变化的空间序列（图 7.7）。在典型情况下，轴线的作用是在两两对折般的网格模块之间成为共有的边和铰接轴，而不像以模块中线对应轴线时那样，作为一种内部支柱。

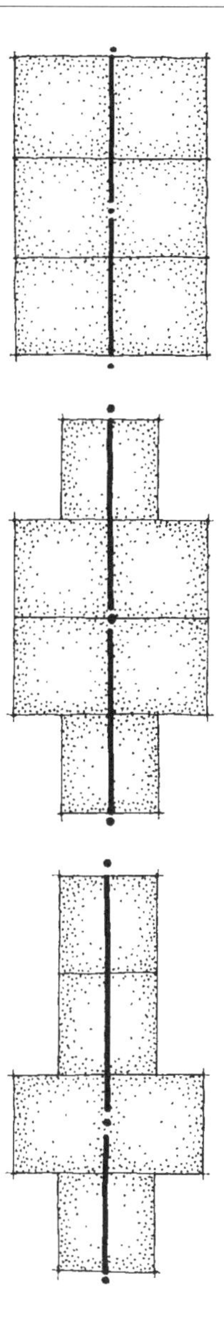

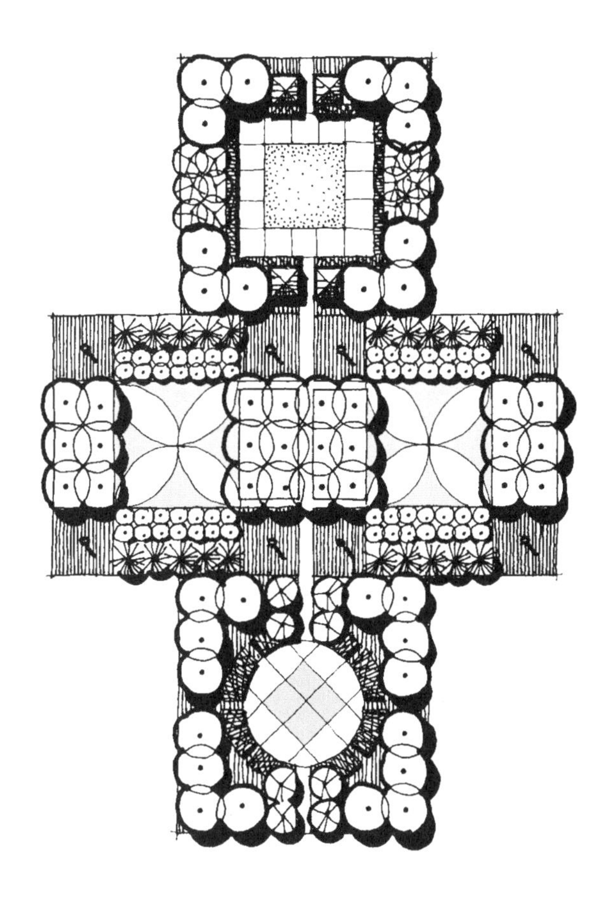

图 7.6　上：沿着中轴对称组织、成对应用的网格模块。

图 7.7　左：结合了轴线两侧成对模块的中轴对称设计。

笔记/手绘

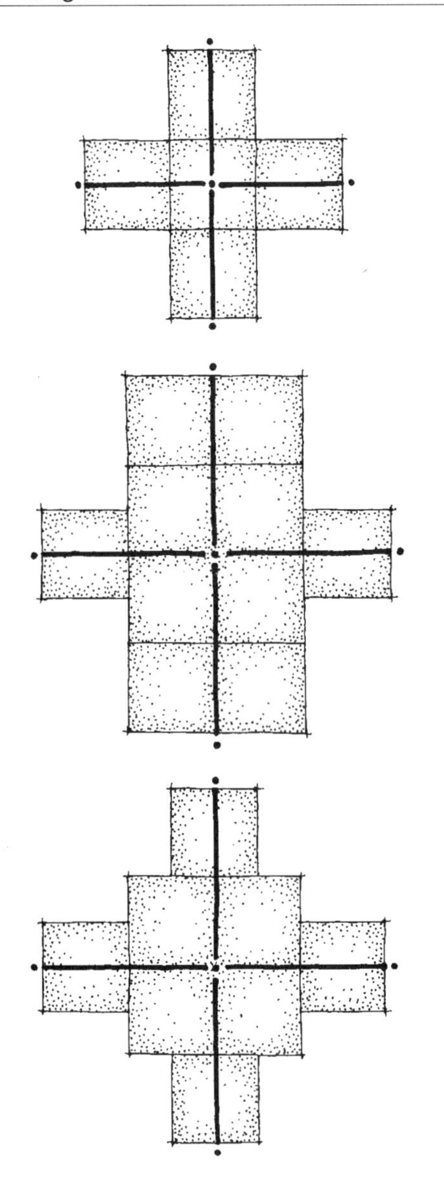

交叉轴网格。交叉轴网格结构沿着两条或更多的轴线来布置网格模块（图 1.44 中）。与中轴构图相似，其网格模块可以作为一个个单一整体直接居中置于轴线上，也可在轴线两边成对对称布置（图 7.8 ~ 图 7.9）。第一种方式提供了一个建立网格的简单化手段，而第二种技巧使其间的设计更复杂并有更多选项。注意图 7.9 中存在的流线选择和不同空间体验。在平坦和 / 或可做成台地的场地上，交叉轴设计效果最好（见设计准则）。

集合网格。为奠定景园设计基础而建立对称正交网格的第三种原则，是自轴线处向外扩展网格（图 7.10）。这种方案在同轴线直接关联的网格模块之外增加了更多模块，塑造出一片扩展领域。只要模块保持着围绕轴线的对称平衡，它们就可以无限添加。另外，与那些用在中轴对称或交叉轴对称网格中的模块相比，这种情况下的网格模块

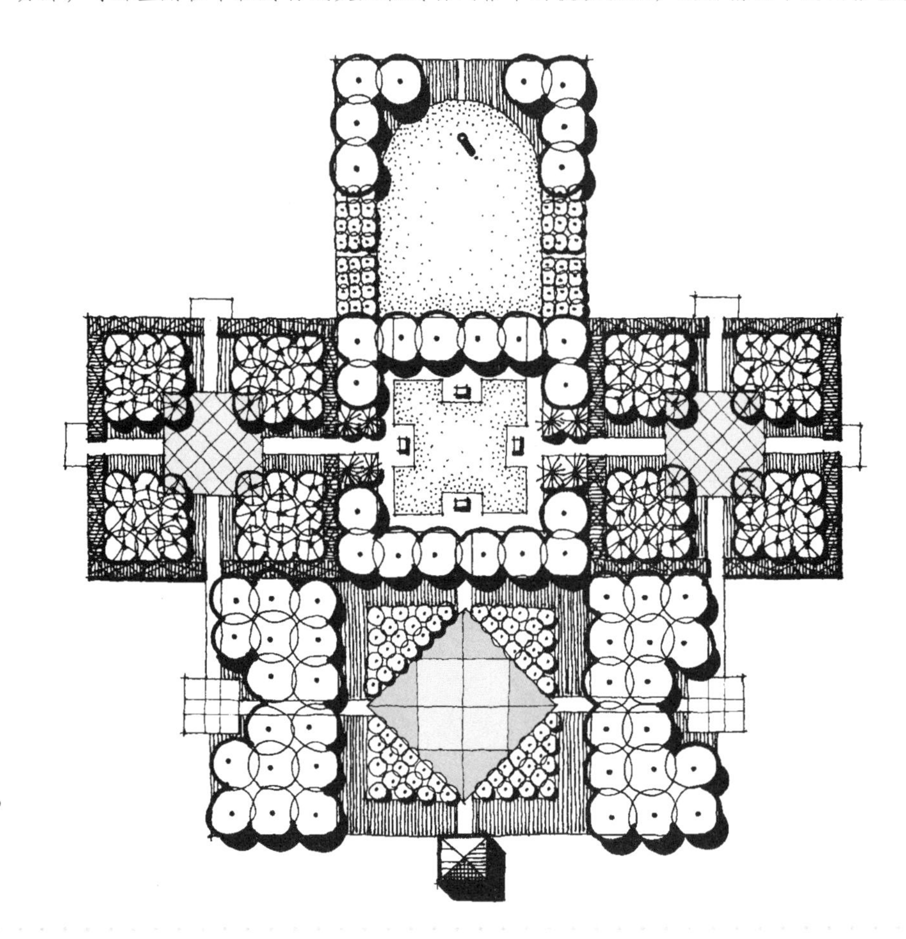

图 7.8　上：沿两条轴线成对组织的网格。

图 7.9　右：结合了成对网格模块的交叉轴设计。

笔记/手绘

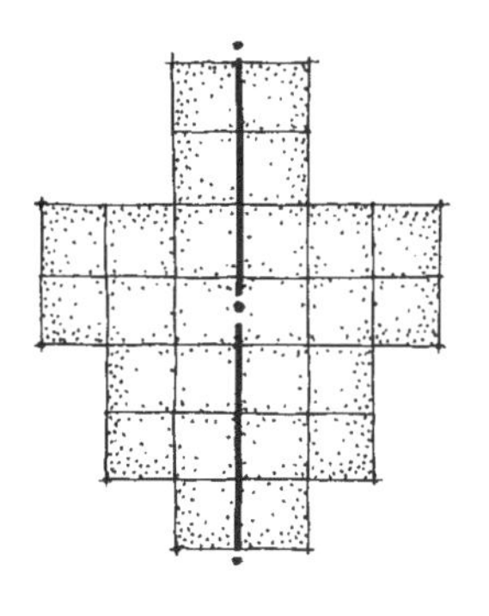

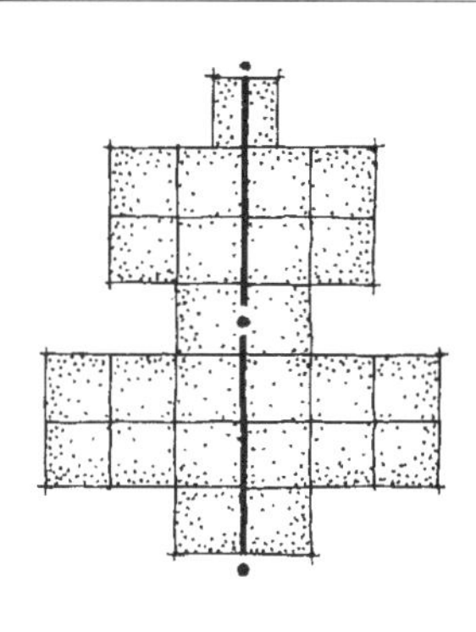

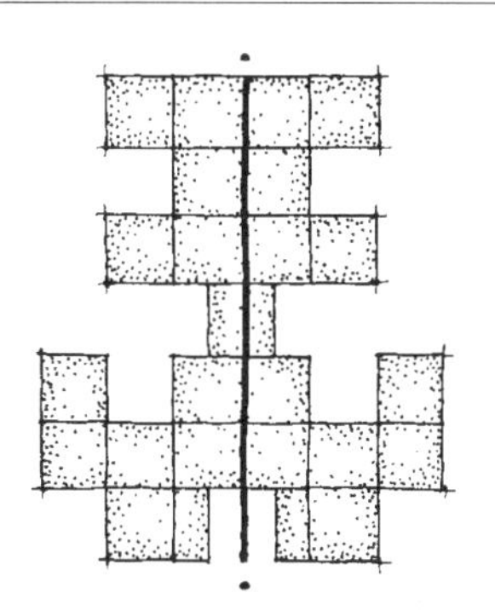

图 7.10 左：集合网格模块。

图 7.11 下：以集合网格为基础的对称设计示例。

笔记/手绘

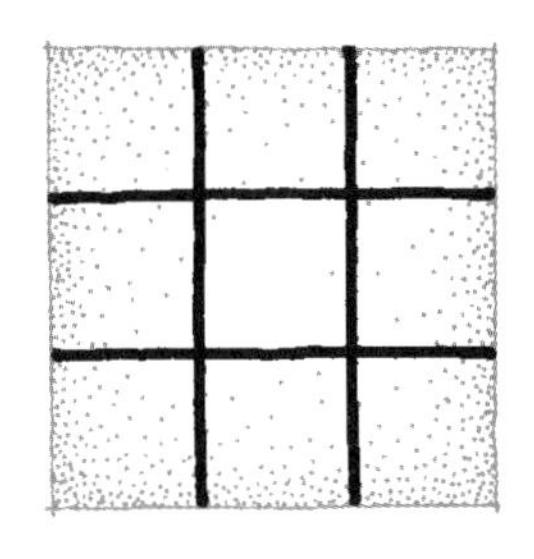

1/3

1/4

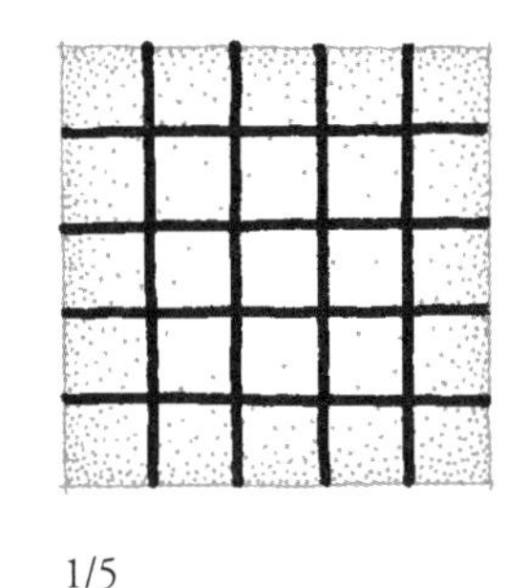

1/5

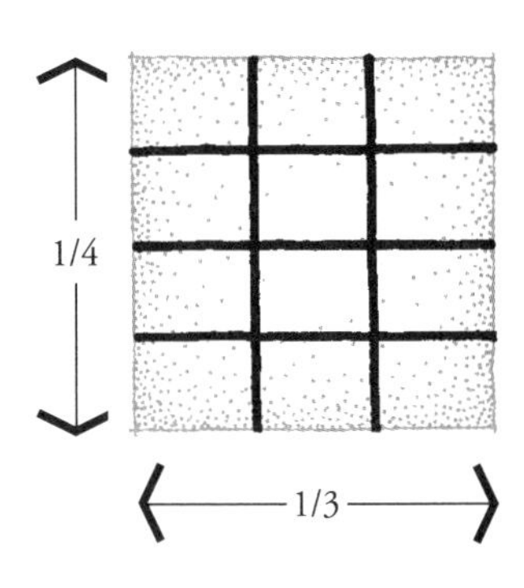

图 7.12　正方形模块的再划分。

常常小一些，因而带来一个内部尺度更精致的设计框架。结果是，一个集合对称网格支持有着多重空间和多种元素的、具有潜在复杂性和差别性的设计（图 7.11）。其设计中的运动和视线多变，并不一定准确对应设计的基本轴线，因此可以造成各种各样的体验。

再划分网格。就像上面刚刚阐释过的，中轴对称、交叉轴和集合网格可以各自形成一个对称设计组织的整体结构。在许多情况下，网格的大小正好适于在设计中限定空间和元素，所以，不必对网格进一步加以操作。然而，仍然有些情况使人们应该确定更小的网格，带来更精致的脉络系统，在其间进行设计。

进一步的划分始于单独的一个正方形或矩形，并结合其固有的轴线结构，把地块进一步分为更小的网格。这种分割一般通过沿着正方形或矩形的两个维度方向等距划分来完成，创造作为整体不同等分片段（1/2、1/3、1/4、1/5 等）的块面（图 7.12）。沿着一个方向的划分可以与另一个方向上的划分保持一致或不同。

无论怎样划分，等分片段分割都建立了一个框架网格，成为在设计中勾画不同块面和材料的基础结构。图 7.13 显示一个经历了对毗邻空间加以再划分的对称设计进程。这个进程中的每一步都把空间分为更小的领域，最终产生出一种如挂毯般的由多样化材料构成的组织布局。人们应牢记基本的构图和空间原则，但网格对做出各种决定都会是最关键的因素。

笔记/手绘

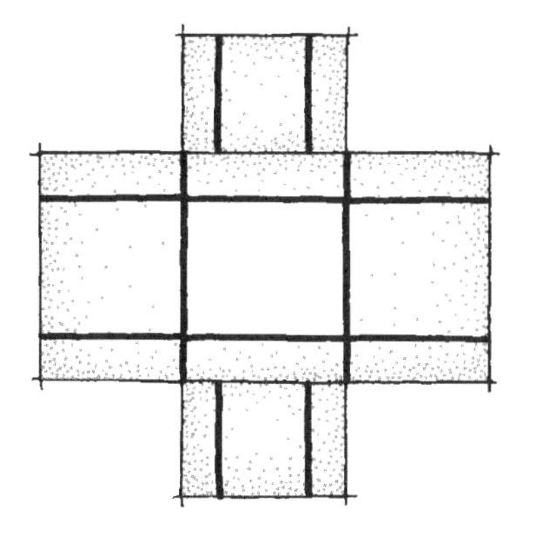

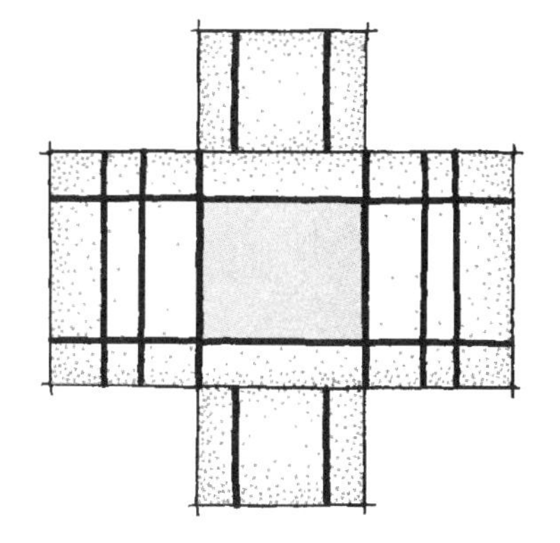

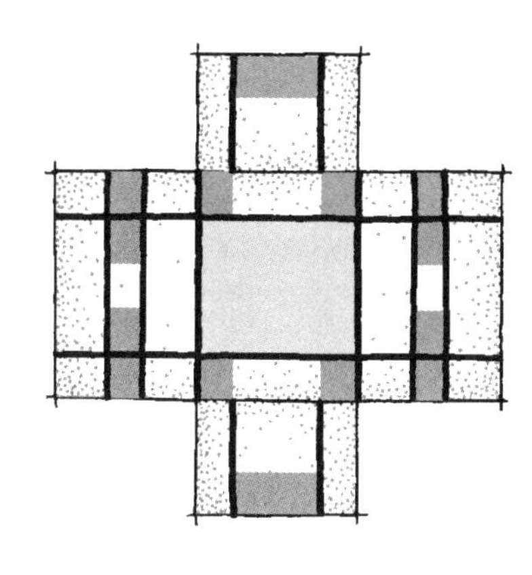

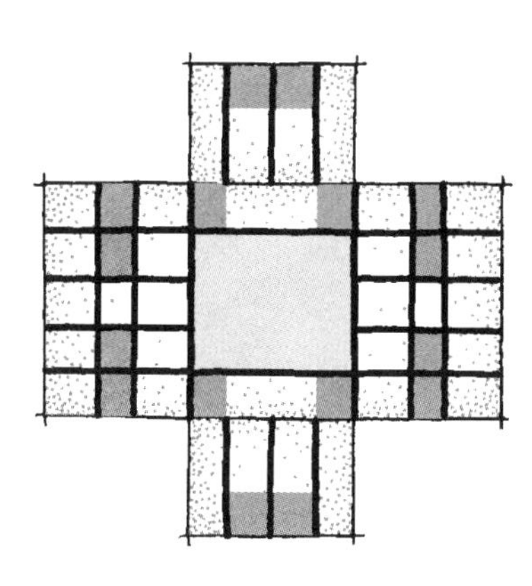

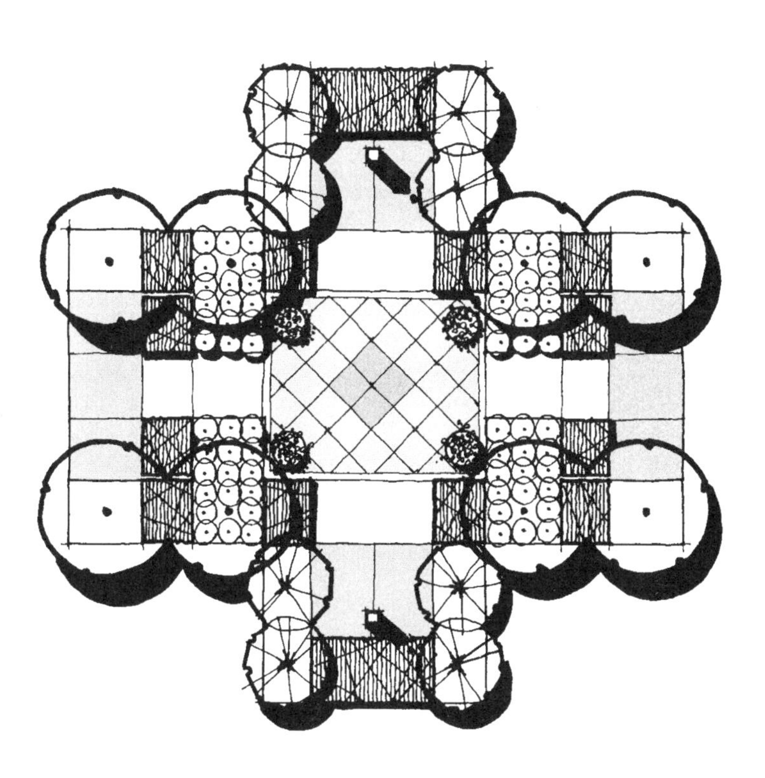

图 7.13 把毗邻空间逐步分成更小网格的过程，为一个对称设计打下基础。

笔记/手绘

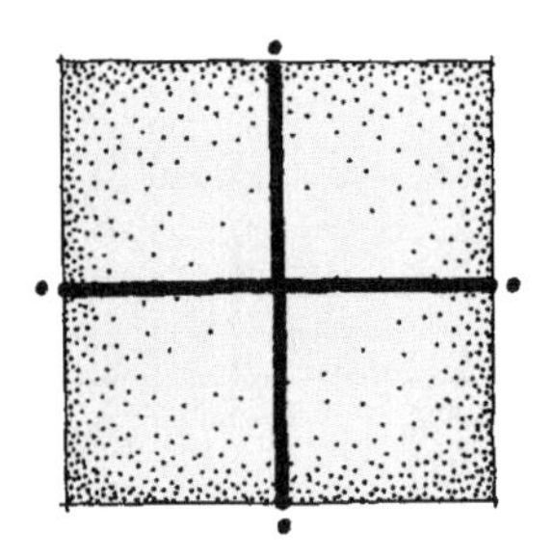
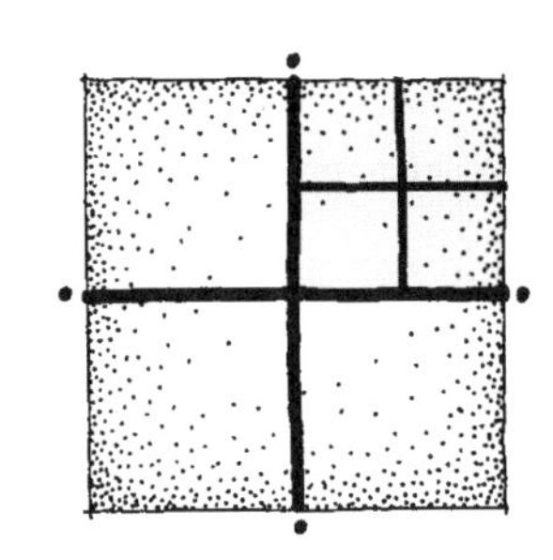
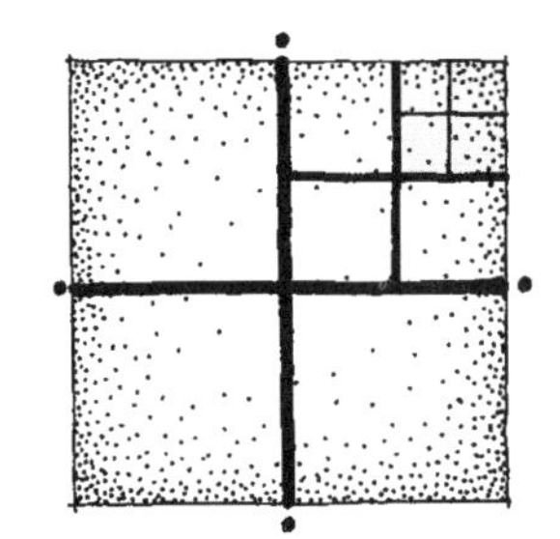

图 7.14 正方形模块的再划分。

四分设计。四分设计是以正交模块的固有再划分为基础的一种特定设计结构类型，它利用正方形或矩形的两条基本轴线，在其边界内确定出 4 个等分的四分之一部分所构成的对称组织（图 7.14）。另外，两条轴的交点本身就是模块内部固有的聚焦中心（图 7.15）。继而，这个点常常恰如其分地由一个雕塑或水景之类景观重点元素加以确认。四分划分的原则也可用于每个四分之一中，把它再分成四份，产生一个越来越小、却同整体间具有固定比例关系的正交形式系统。从根本上说，四分构图是一个可持续分成 4 份的正方形或矩形网格。

图 7.15 四分结构形成固有的重点。

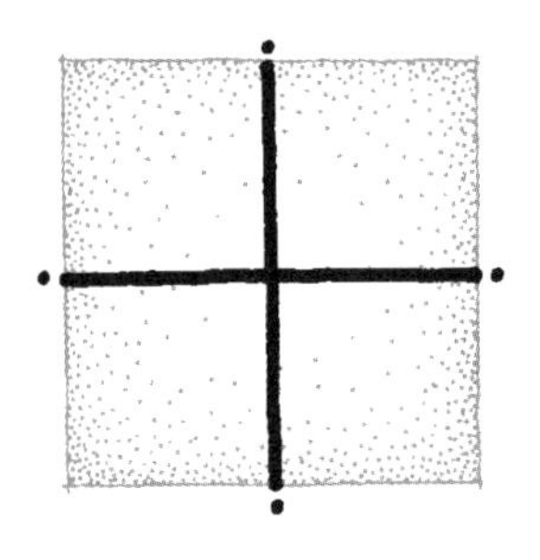
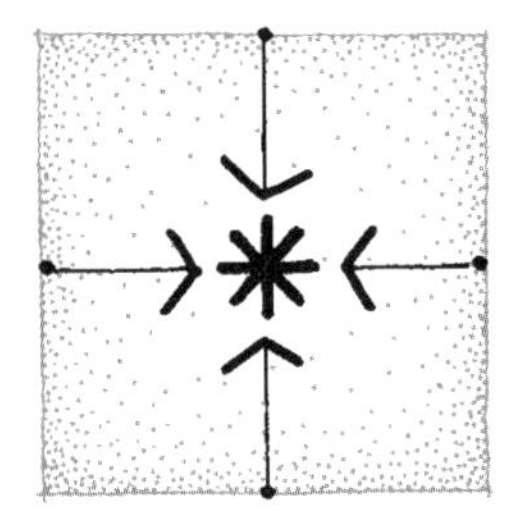

在历史上，四分设计曾长期被用作正交对称秩序的主要形式。波斯园林和大量著名的伊斯兰园林都采用了这种设计结构，如西班牙的阿尔罕布拉宫中的狮子院（the Court of the Lions at Alhambra）和印度的泰姬・玛哈尔陵（the Taj Majal）。同样，意大利文艺复兴园林，如埃斯特别墅园（Villa d'Este）（图 7.16）和兰特别墅园（图 7.3）中一些部分的比例也采用了四分构图组织。在意大利蒂沃利（Tivoli）的埃斯特别墅，自建筑延伸出的轴线与带来倒影的水池所形成的交叉轴划出了 4 个主要的四分成分。四分划分的结构在这个园林的北半部最明显，在那里又勾勒出了更小的空间和园林地块。

多样正交对称 | Multiform Orthogonal Symmetry

正交对称的第二种常见类型仍是围绕一条轴线来组合正交形式，但没有了作为基础骨架的网格结构。其情况是，正交形式呼应项目任务、既有场地条件与脉络关系以及基本设计原则的要求而形成对称布局。多样正交对称的限制性不像以网格为基础的对称那样严格，因而更能适应不同任务和／或场地条件。多样正交对称又有两种一般类型：对称组织形式与不对称组织形式。

笔记/手绘

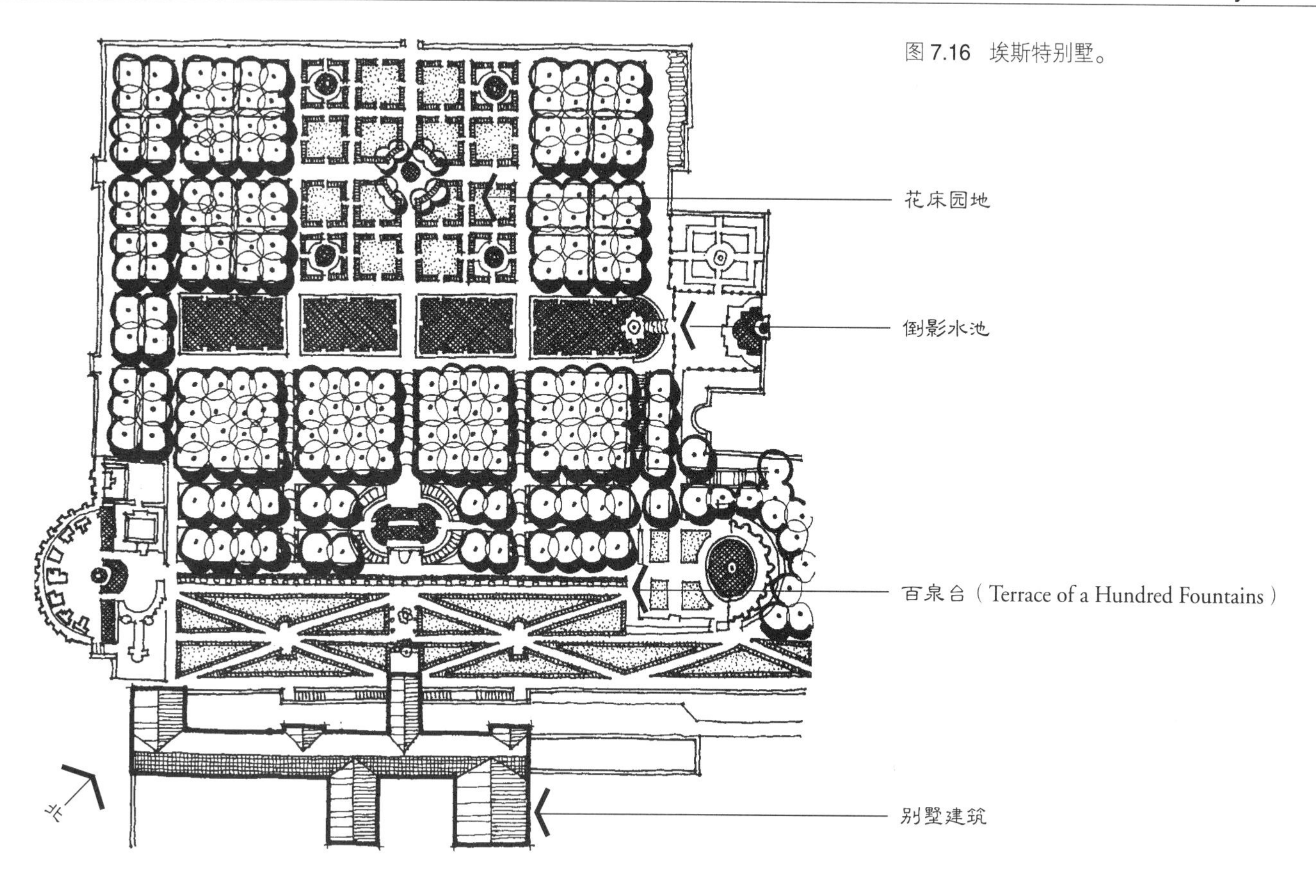

图 7.16　埃斯特别墅。

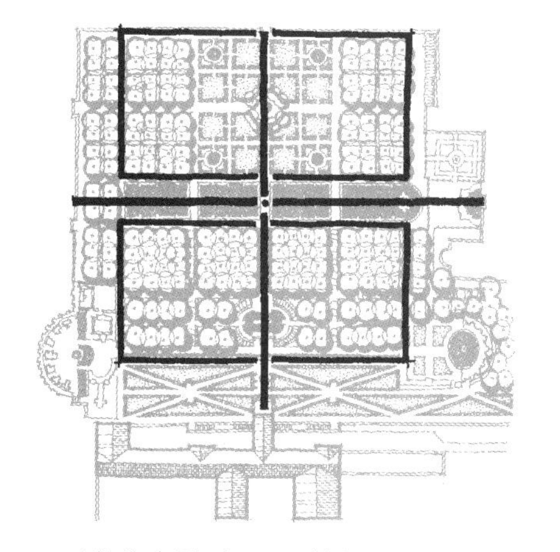

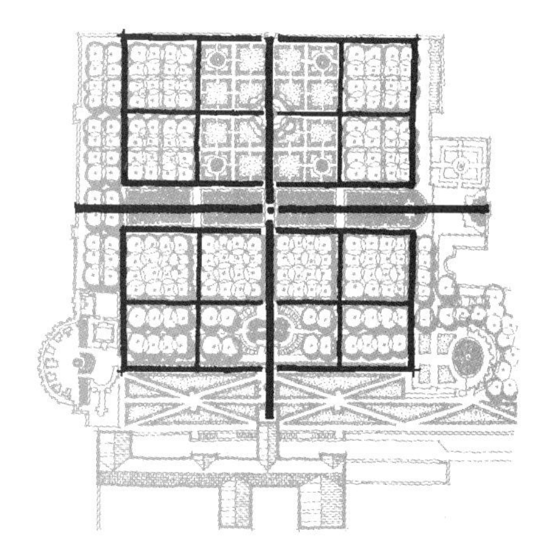

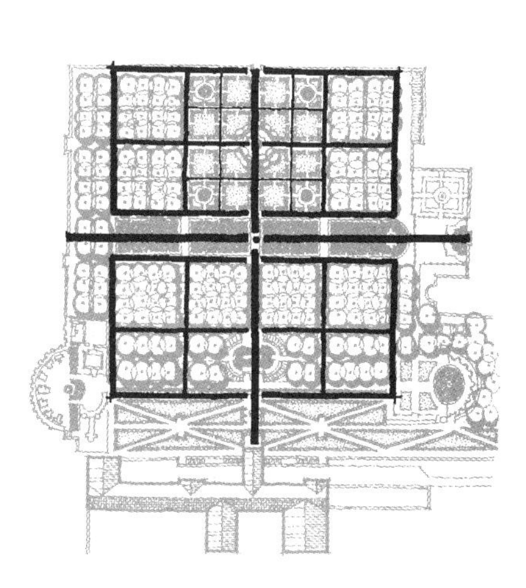

四分结构内再划分四分结构

笔记/手绘

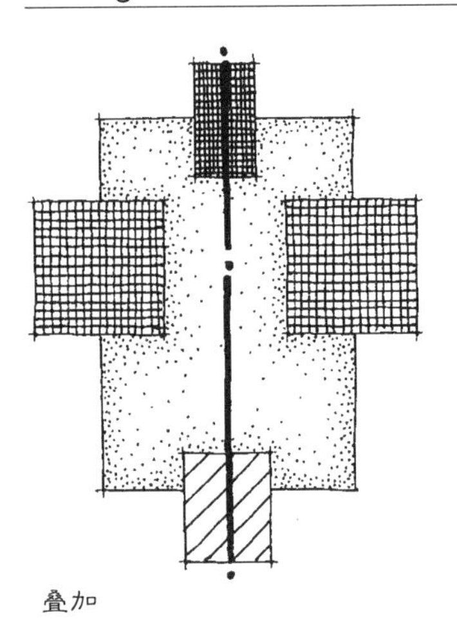

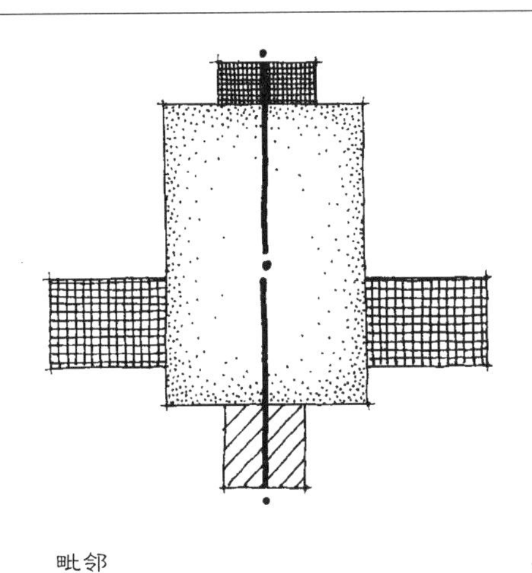

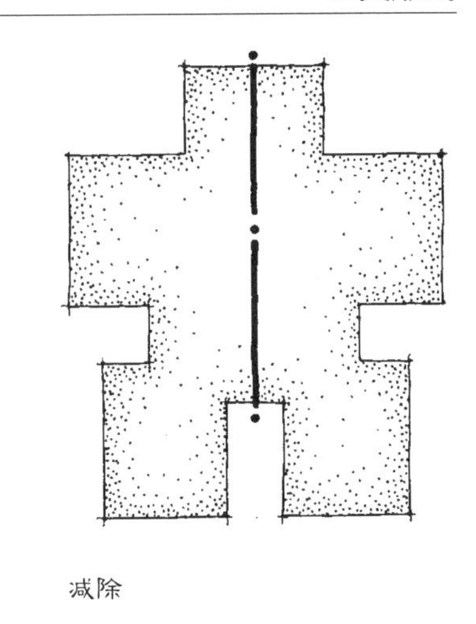

图 7.17　用于创建多样对称设计的不同示意图。

图 7.18　为了实现差异与对比，可在多样对称构图中插入非正交形式。

对称组织形式。创造多样对称的最简单技巧，是沿着一条中轴线汇集不同的正交形式。这些形式可以相互毗邻、叠加和/或彼此减除来为一个设计创建基础（图 7.17）。同样，还可以为了突出重点或支持空间变化而嵌入非正交的形式（图 7.18）。不同空间也可以有大小变化，便于设计适应不同的项目任务需求。此时并非必要却很典型的一种情况是，某个空间发挥主导作用，其他空间是次要的子空间或辅助性的毗邻区域。用各种不同形式、大小和材料对这一空间框架的各区域内部进一步划分，可使这种设计策略所具有的空间多样性更加丰富（图 7.19）。内部选定块面的非正交方位则可以增加更进一步的鲜明个性，使注意力摆脱强势的直角系统。无论用怎样的形式和方位来勾勒空间及其内部区域，在一条或多条基本组织轴线间持续保持的直角关系仍然维系了设计的正交性质。

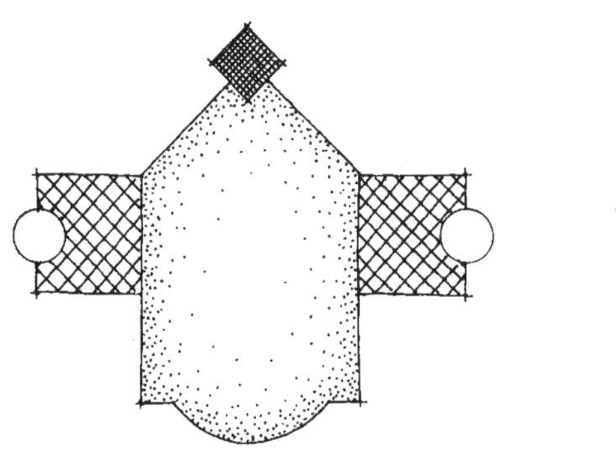

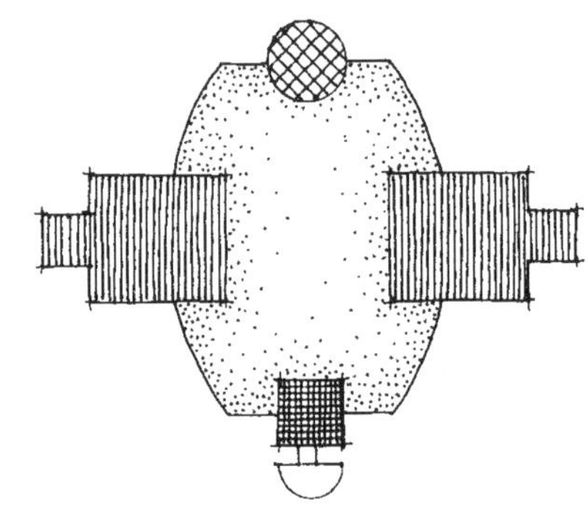

笔记/手绘

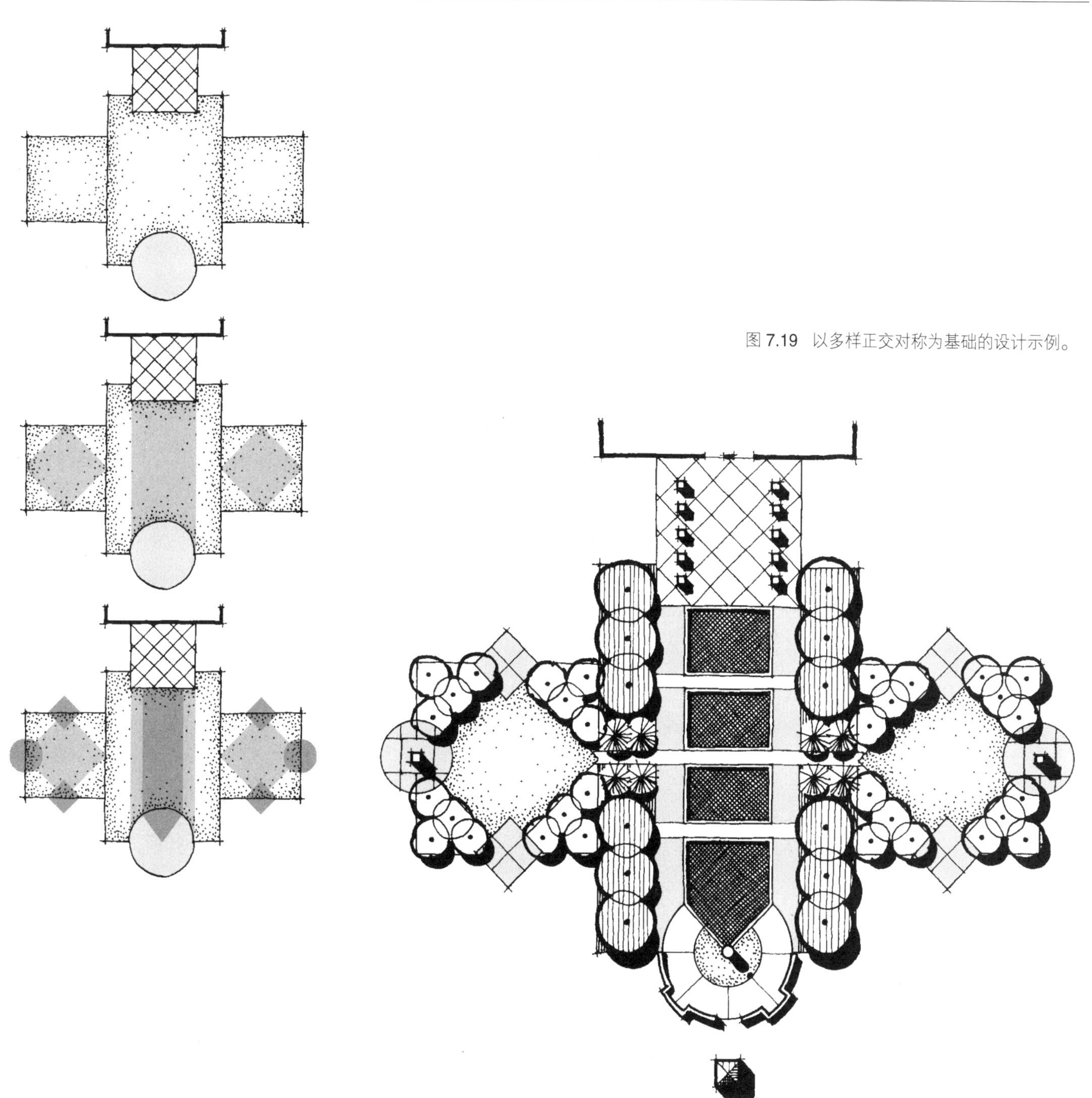

图 7.19 以多样正交对称为基础的设计示例。

笔记/手绘

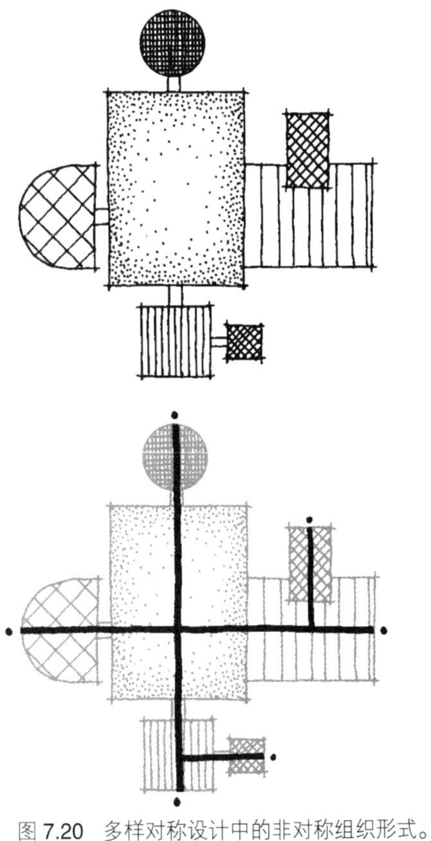

图 7.20 多样对称设计中的非对称组织形式。

图 7.21 为了空间变化和视线控制而采用的多样化形式结构。

不对称组织形式。建立多样化对称的第二种手法，是创造一系列汇聚组合于非对称构图中的正交空间（图 7.20 上）。此时的空间组合成分是一系列通常在大小、特征、材料搭配、围合感和/或甚至在形式上也相互有别的空间。不过，尽管各有其特征，每个空间的构成仍然都是对称的。为完成这样的整体设计，空间个体要沿一条或多条轴线来组合，这些轴线是用来统一整个设计的共有脊线。这些轴线同样可以有不同的长度、主导力和方向，但彼此几乎总是维持着正交关系（图 7.20 下）。其最终景园设计是多个对称的个体空间的组合体，它们合在一起产生了一个不对称布局。

当人们穿越这种设计中的各色空间时，其设计结构经常带来多变的、令人兴奋的体验（图 7.21）。当轴线的共有性统一起整体的同时，差异得到了弘扬。进而，这种设计风格可以塑造一个景观序列，在精心策划好第三维的情况下，有意隐藏或展示一些关键节点处的场景。当人们到达某个点，见到此前被隐藏因而也未曾料到的景致时，一些效果甚至会令人惊讶。整体上的不对称组织还使得为设计添加各种后续空间单体成为可能，允许整个构图有些像有机体一般随着时间演化。

一些著名的英国园林，如希德科特庄园（Hidcote Manor Garden）、西辛赫斯特城堡花园（Sissinghurst Castle Garden）和福莱农庄（Folly Farm），展现了这种设计的许多特征（图 7.22）。其中最后一个是由埃德温·鲁琴斯（Edwin Lutyens）和格特鲁德·杰基尔（Gertrude Jekyll）在英格兰伯克郡（Birkshire）设计的，它有着沿数条主轴线和步道组织并紧密衔接的多重空间。每个空间都被当成独特的空间来对待，由常常把它们与近旁空间分开

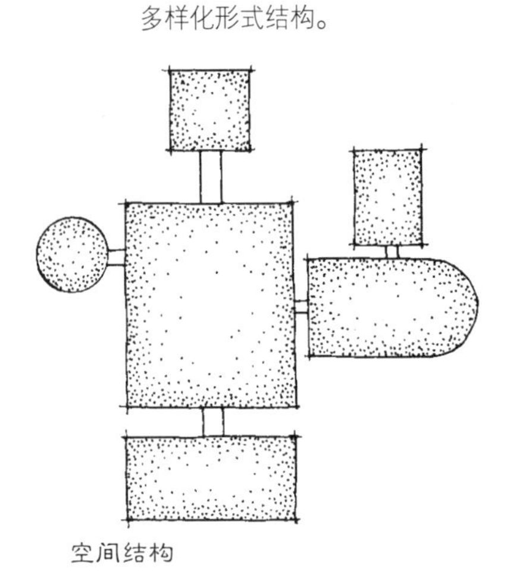

空间结构

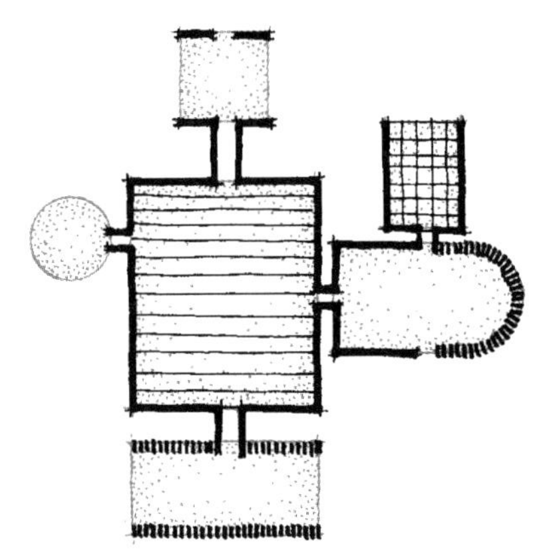

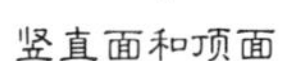

竖直面和顶面

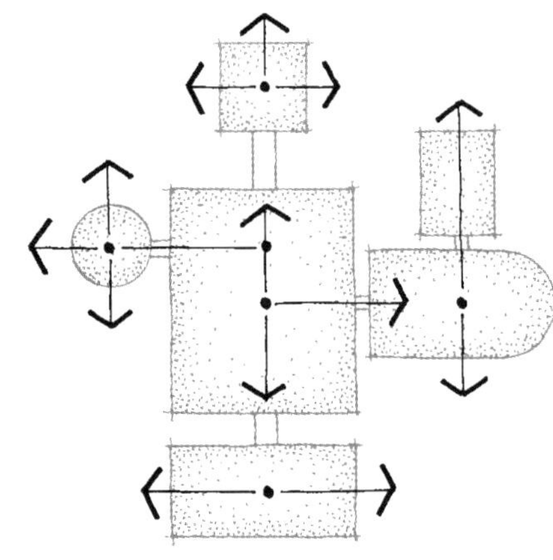

精心策划的视线

笔记/手绘

的墙体或绿篱围合。各组主导元素和材料搭配进一步区分了每个空间。但是，由于同主要轴线脉络的连接，这里仍然有一种结合的整体感。通过从住宅关键点处开始的扩展，南北向的主轴线还在视觉上使园林与庄园住宅相呼应。

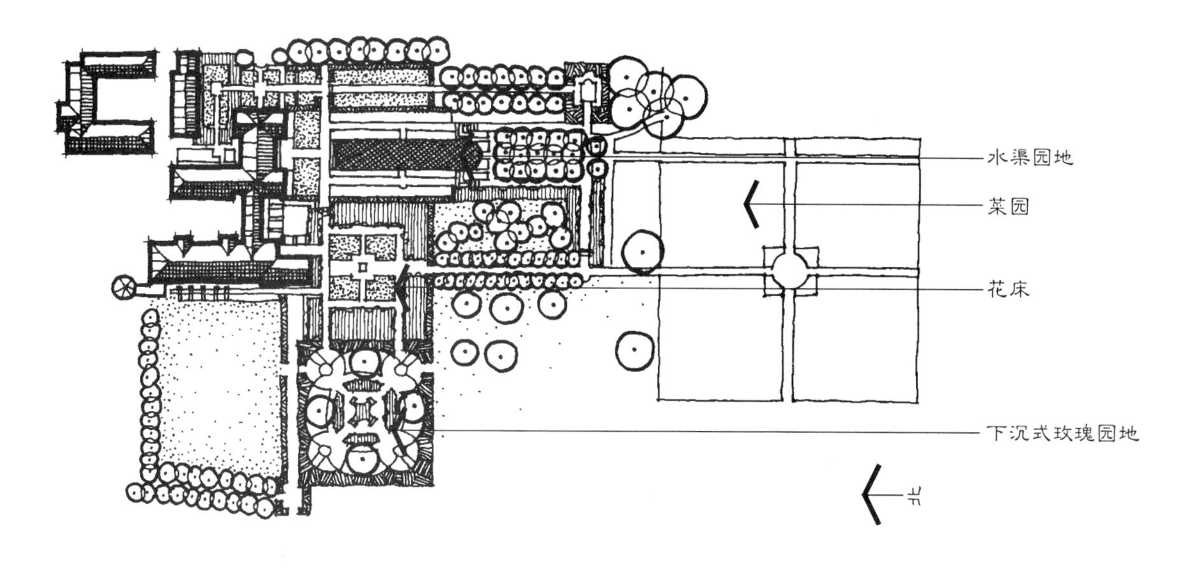

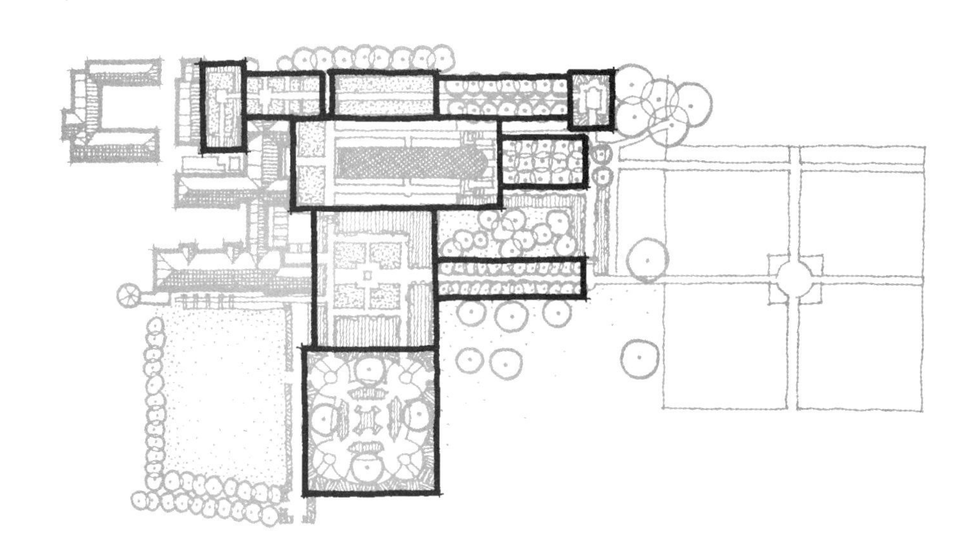

图 7.22 福莱农庄的不同模块。

笔记/手绘

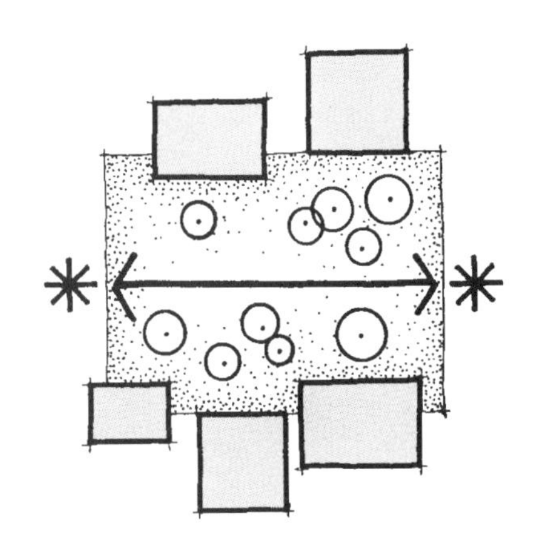

隐含正交对称 | Implied Orthogonal Symmetry

正交对称分类的第三种，是在一个正方形或矩形框架内形成相似均衡的错觉，但没有严格坚持的对称。隐含正交对称是正交对称中最缺乏严谨组织和集中约束的类型。它的组成通常包含一条处在正交围合区域内的轴线，其一端或两端有醒目的端点（图7.23）。在这个布局中，一些元素可依据轴线呈对称关系设置，另一些则不然。然而，轴线的主导性能带来均衡的印象，甚至在并不能完整呈现成对元素时也一样。

一种熟悉的隐含正交对称范例体现在许多高校校园中心绿地空间布局中。加州大学戴维斯分校（UC Davis）、伊利诺斯大学（University of Illinois）和雪城大学（Syracuse University）的“四方院”（the “quad”）（图7.24~图7.25）以及哈佛园（Harvard Yard）和衣阿华州立大学（Iowa State University）的中心草皮，都是隐含正交对称的例子。大多数这类校园的核心空间都有以一端或两端的恢宏建筑为终点的主轴线。空间两边的建筑则并非依据轴线对称，也没有统一的建筑设计。结果是，在隐含轴线的规则性与建筑物、植被材料的不规则性之间，这些空间通常体现出一种惬意的关联。同样的情形还见于19世纪末和20世纪初设计的许多公园中。

图7.23 上：隐含正交对称的概念。

图7.24 右：雪城大学“四方院”平面。

图7.25 下：雪城大学“四方院”外观。

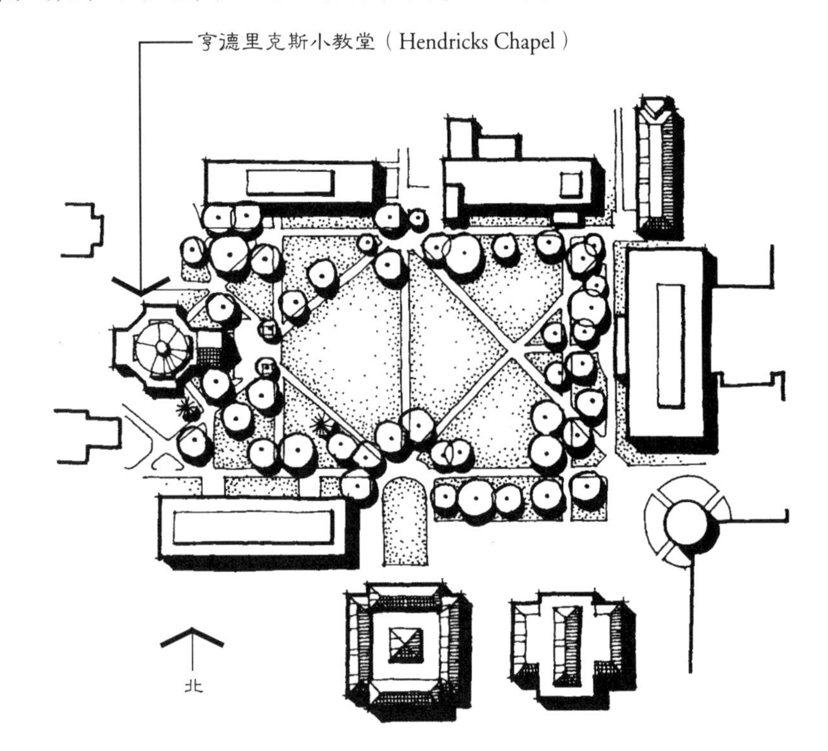

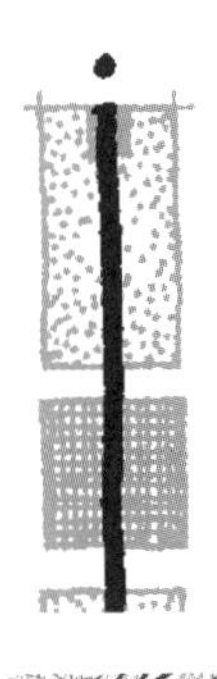

笔记/手绘

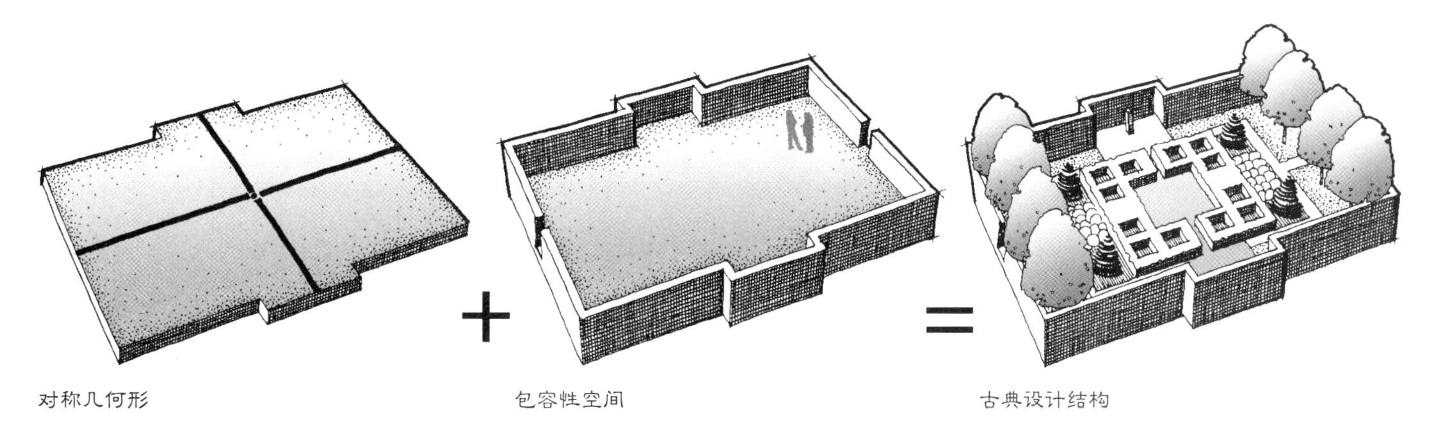

景园效用 | Landscape Uses

正交对称在景园中有多种应用可能性。有如其他那些基本组织系统，这些可能的效用中有许多可以相互包容，使正交系统能同时实现多种功能。正交对称的主要作用是：作为空间基础、强化正向景观、建筑艺术延伸以及暗示人类的操控。

图 7.26 上：对称几何形是古典设计结构的基础。

图 7.27 下：古典设计结构示例。

空间基础 | Spatial Foundation

正交对称的最基本景园效用是被当作户外空间的基础。人们常把这种景园空间风格当作古典的或“规则的”（formal），是西方世界自古代至今最悠久的设计风格。下面各段将阐释单一和复合典型空间的特有性质和效用。

单一空间。每个正交对称空间个体的基础都是正方形或矩形。因而，这两种几何形式的大多数空间特征，如前面第 4 章和第 5 章讨论过的直角转折、再划分手段、可能的边缘构成以及景观重点，也适用于单一对称空间，但又有一些明显的差异。大多数正交对称空间具有包容性特点（图 7.26）。在古典设计中，建筑物、墙体、树木组团、绿篱等通常都环绕在空间周边，形成围墙般的直白边缘。因而就有了被清楚分开的内部空间和外部空间，如果外部边缘的高度到达或超过人眼，还有进一步的孤立隔离与向内聚焦感。与此相反，古典包容性空间的典型内部却是开敞的，呈对称图形布置着低矮的元素，允许无遮挡的视线从一个边缘穿向另一边缘。一个由围墙环绕的、花床华美的对称园林是古典设计的原型（图 7.27）。

笔记/手绘

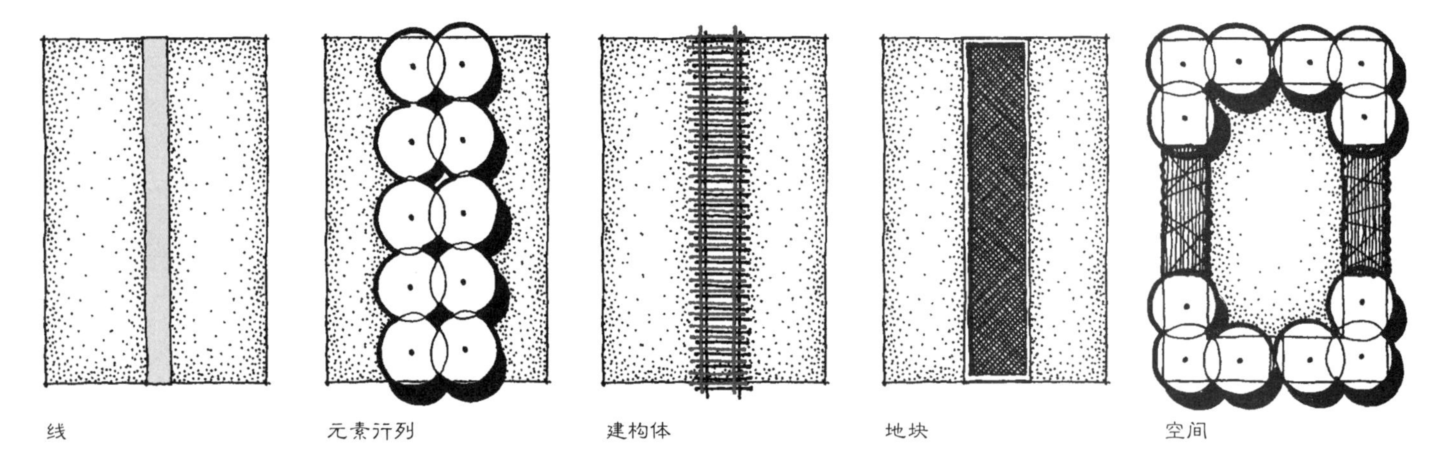

图 7.28 上：在古典空间中表达轴线的不同方式。

图 7.29 下：对称正交空间的标准组成部分。

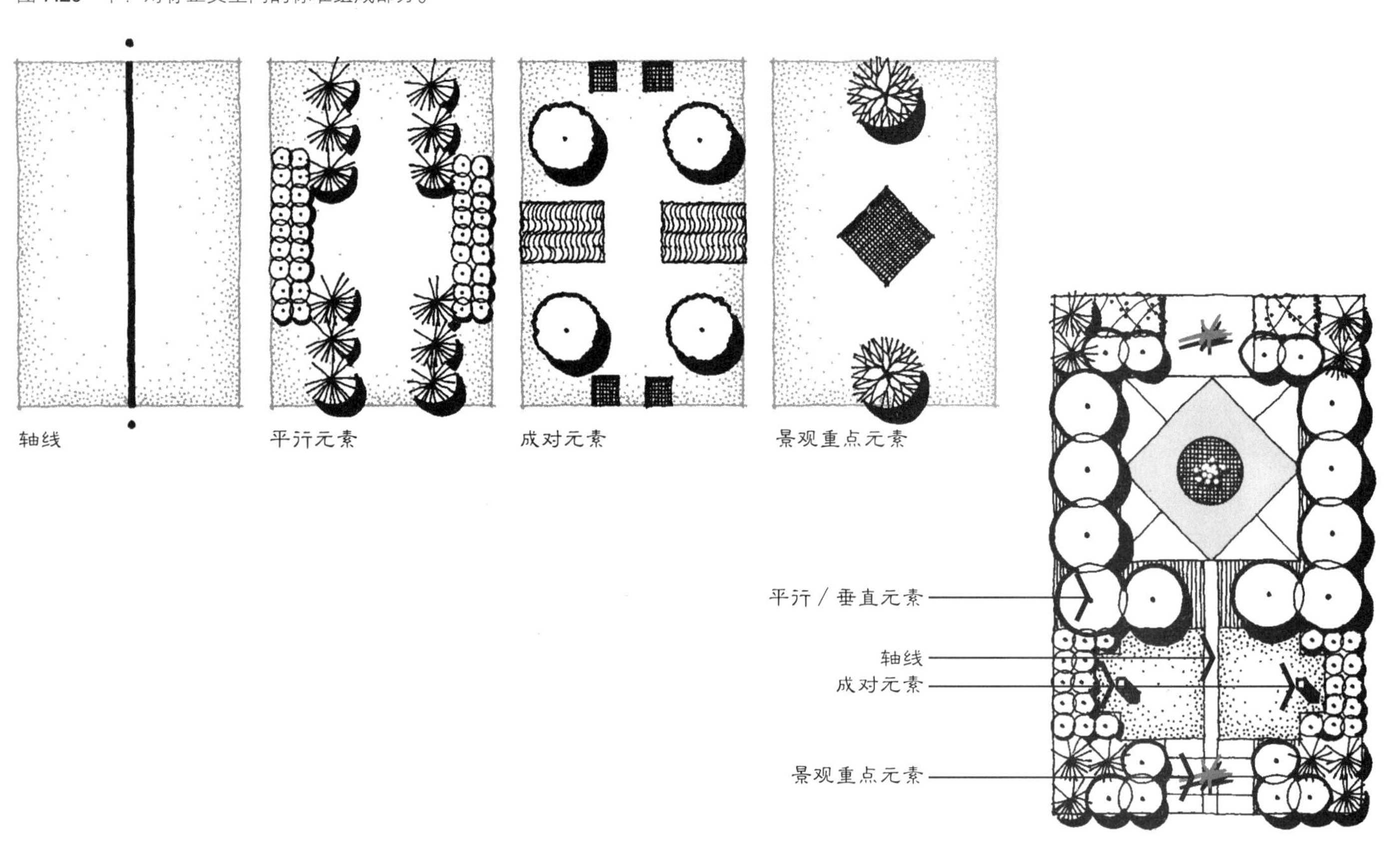

笔记/手绘

单一对称空间的另一个显著特点是，总要实际展示出一条鲜明的轴线元素，并以此影响着空间中的其他构图成分。轴线是可以用多种方式表达的一条线性支撑轴（图 7.28）。最鲜明与直接的方式，可能是用穿越空间的路径这样的线来划定轴线。这条线可以是位于地面的二维元素，或是在第三维上得以强化的一行树木之类的平行元素。线性的格架凉廊或水池之类建构也可以用来确立轴线。前者可以步行穿越，而后者延伸了视线，但在穿过场地时只能绕行。最后，轴线也可设计为一个线性空间，这是一种确定轴线的隐含方式，并且显示出轴线可以是一处虚空，并非一定是实体元素。

不管轴线是怎样呈现出来的，它都会影响一个对称正交空间的所有特征。第一，轴线为一个空间建立了一种既定的组织系统，用于在空间中设置其他一切元素和材料地块（图 7.29）。这个结构要求一些设计元素与轴线平行或垂直，以便突出轴线。这些元素的具体形式与位置取决于要在多大程度上突出轴线。那些不与轴线直接联系的元素和材料块面也必须成双成对地组织，即不管在轴线一侧做了什么，都须在另一侧得到反映。第二，单一设计元素应用于景观重点，因而直接放在轴线上，处在同其他轴线的交点、轴线终端，或主轴旁边通常是次要轴线交叉点的位置上。

通过让人只能沿着限定路径穿行，一条轴线还规范了穿越空间的运动，这条路径总是笔直向前，并为所有穿行者带来了同样的体验（图 7.30 中）。这种严谨性有时被用于创造一个谦卑的进程，面对一个具有象征意义的终点，如一座文化纪念碑或神圣的雕像。在其他情况下，穿越对称空间的运动可能临时从轴线上转向一些次要路径，或一个不严谨的开放空间（图 7.30 右）。这样的线路变化通常要返回主轴线，尤其是在离开一个空间之前。

图 7.30　轴线统御着穿越对称空间的运动。

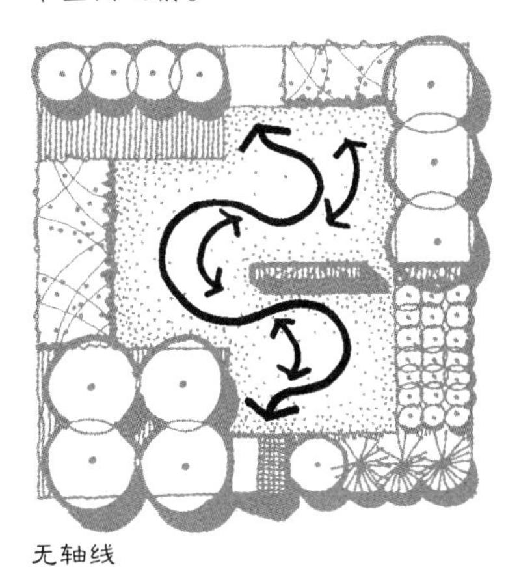

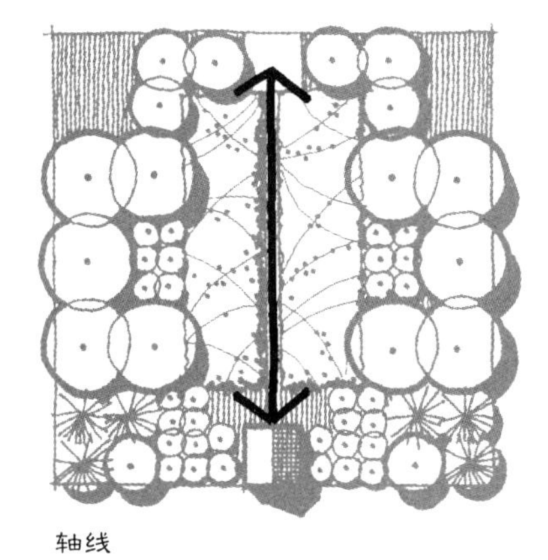

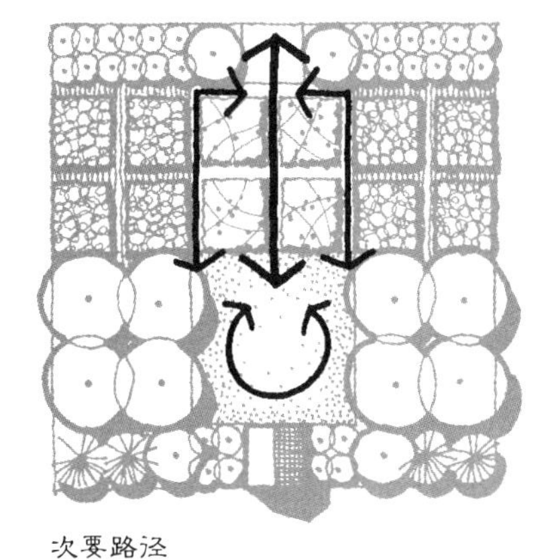

笔记/手绘

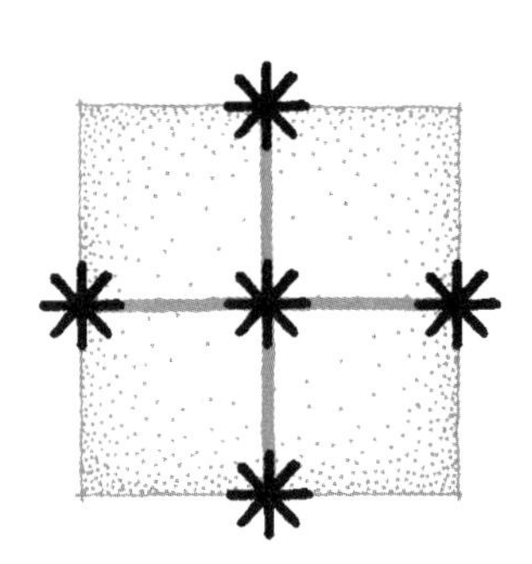

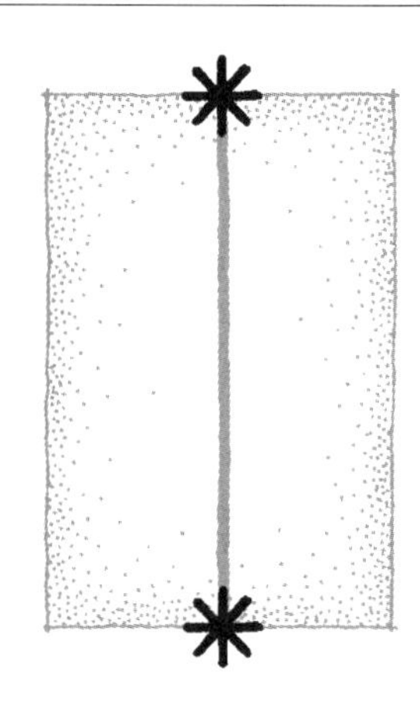

图 7.31 对称正交空间中的固有重点。

图 7.32 空间边缘上的轴线终点示例。

同样，对称设计中的轴线左右着视线。就像刚在关于流线中谈到的那样，人们经常可以只需通过一条轴线或一些次要轴线来体验周围空间，这就限制了探索和从其他有利位置观赏这个空间的可能（另见这一节中的正面景观）。与此同时，轴线沿着自身的长向把人的注意力集中于同其他轴线的交叉点，或空间边缘处的轴线终点（图 7.31）。即使视线可以在对称空间中自由游弋，它也不断被引回这些重要的基本点位。因为，那些显著的交点总是恰如其分地被一个主导空间或重点元素标志出来，如方尖碑、雕塑、水体元素，等等。同样，位于空间边缘上的终点也有板有眼地由壁龛、门廊和/或对一处带远景的景框开洞来张扬（图 7.32）。

复合空间。有如遍及本章的大量图例所展示并阐明的，对称的正交设计结构同样能使自己在景园中组合起复合空间。除了有着轴线数量、对称类型以及结果复杂程度的众多变化外，几乎所有的复合对称空间设计从根本上说都是线性组织。即，每个空间都沿一条线或轴线依序衔接下一个空间。不管一条轴线还是多条轴线都一样。

因此，在景园中组织复合对称空间的根本设计对策，首先是在场地上设定一条或不止一条轴线。这就确立了设计的整体结构，并决定了在何处怎样加入各种空间。轴线的位置决定于特定的场地条件，以及在设计准则一节中要进一步讨论的设计意图。一旦设置了轴线，就可以依据本章在前面展示的一种或多种对称类型，在轴线上居中或在轴线旁布置一处处个体空间了（图 7.33）。

笔记/手绘

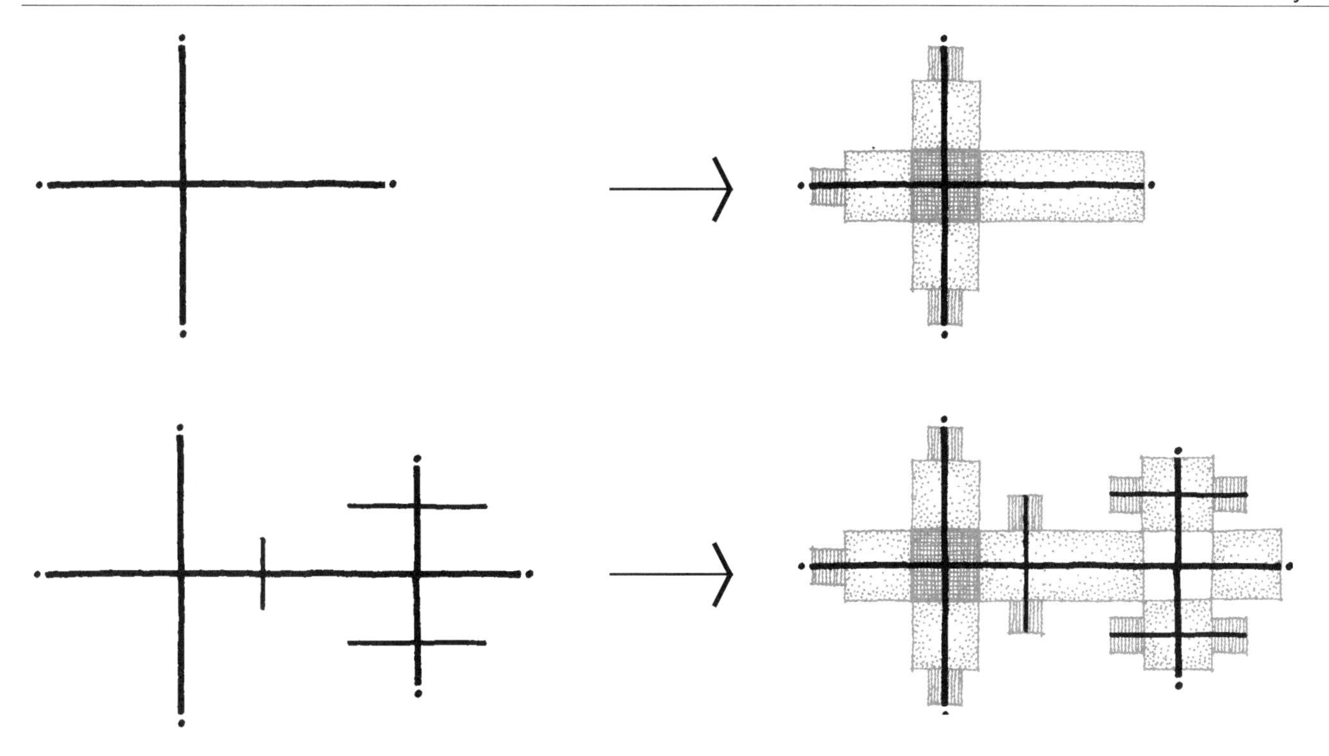

图 7.33 上：复合对称空间沿着轴线衔接。

图 7.34 下：毗邻对称空间之间的突然转换示例。

对称正交空间的组合体还有另一些典型特点。第一，如前面指出的，每一个体空间的边缘都得到了清晰的限定。因此，常有从一个空间到下一个空间的明显转换，有时还很突然（图 7.34）。当毗邻空间明显具有不同特色的时候，这样的进程会由于可能的突变而颇具戏剧性。想象一下突然从一个天篷下的阴影空间转入一个阳光灿烂、四季植物斑斓的空间是什么情况。同样，当像设计准则中讨论的那样恰当引入了第三维处理方法时，空间之间的快速转换有时也可带来惊喜。

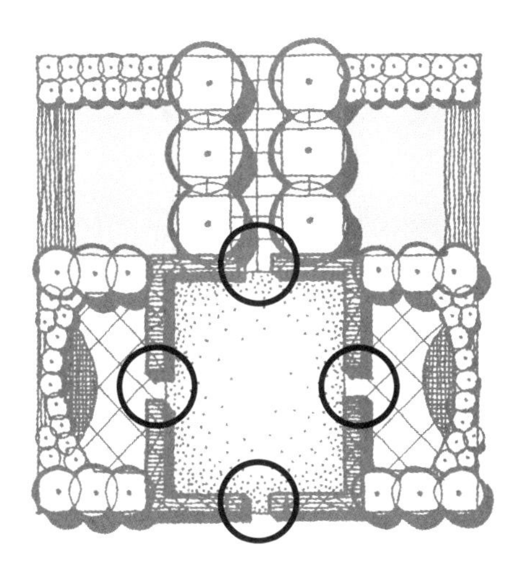

第二，毗邻空间转换联系的特色还有，它们几乎总是发生在轴线上。像一个个体空间内的流线一样，对称空间之间的流线也受到特定出入口的严格控制与限定。这进一步严格规定了一个设计的总体体验，并保证对每个人都一样。

笔记/手绘

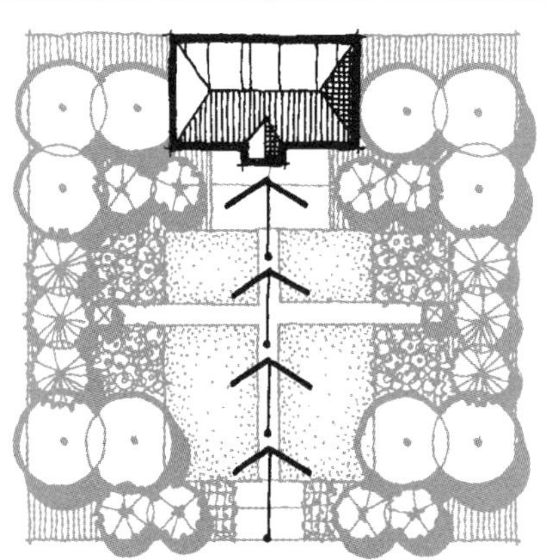

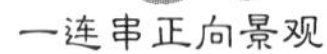

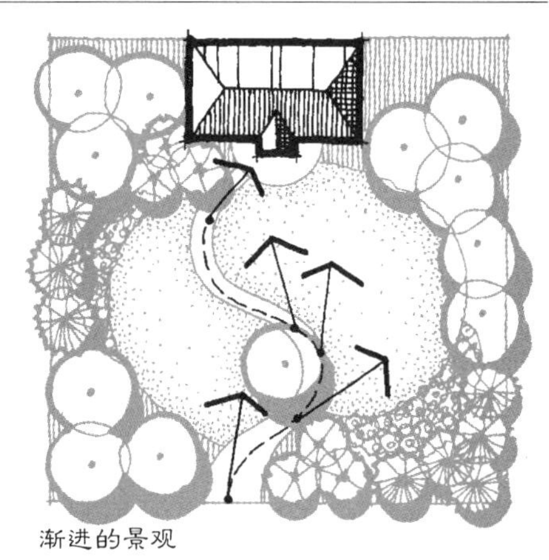

图 7.35　右：对称正交设计确立了一个终点的一连串正向景观。

图 7.36　下：加利福尼亚萨克拉门托，加利福尼亚州政府正向景观。

强化正向景观｜Emphasize Frontal Views

正如前面所指出的，对称设计规定了穿越景园的有序运动经历，使之面对既定焦点的正向景观。一个个视觉景观重点被置于轴线终点和/或交叉处，强制人们在沿轴线行进的时候始终把目光放在焦点所在一面（图 7.35 ~ 图 7.36，并同图 15.9 比较）。唯一可变的是人们同焦点间的距离。正向景观的强化能很好地通过持续聚焦于一点来造就焦点的庄重感。

建筑艺术延伸｜Architectural Extension

前面一些章节已经讨论过，对于以正交为基础的毗邻建筑来说，所有的正交形式都可以是其视觉效果的延伸。通过让户外空间与建筑轴线对中，或与另一些平行于建筑物的轴线重叠，正交对称适用于让一处景园同相邻的对称建筑产生互动（图 7.37）。这就建立了一个由相关元素组成的完整构图，在从意大利文艺复兴别墅到当代设计布局的历史上，这个概念一直得到应用。

图 7.37　对称正交设计可把对称建筑物同毗邻风景统一在一起。

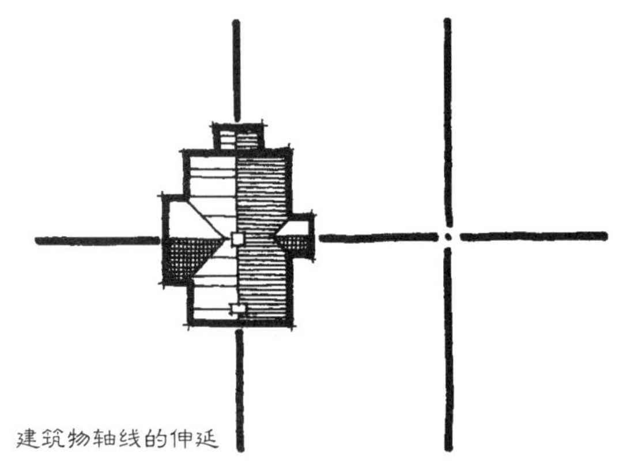

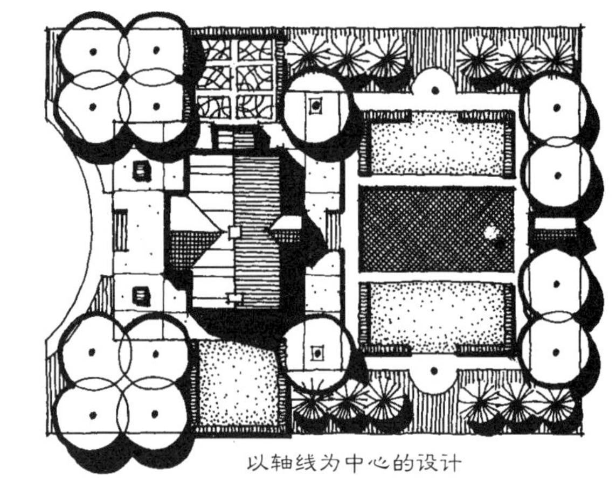

笔记/手绘

暗示人类的操控 | Imply Human Control

正交对称最后一个可能的景园效用是在其中展示人类的秩序，这是一种深深嵌刻于本节已经讨论过的所有效用中的功能。回顾第3章会使人想起，直线同样有这种景园效用。不过，正交对称系统暗示着人类所操控的领域之广，远远超越了一条线性廊道。其整个构图都是人类规范景园的能力和嗜好的体现。它那二维结构的严谨性很多时候伸展到了第三维，结果使包括植被材料形状在内的整个景园都成为人类所谋划设计的（图7.38）。伊恩·麦克哈格（Ian McHarg）在其《设计结合自然》（*Design with Nature*）书中论及西方园林风格时重申了这种看法："在这种传统中，装饰性的、驯服的植物按简单几何形来布置，被当作一种容易理解的形而上学象征，表达那个人类创造的谦恭有序的世界"（McHarg 1971，71）。对称的环境因人类的介入和长期操纵而存在，是可持续景园的对立面。

在许多情况下，对称正交形式更进一步表明了对自然的漠视，特别是人们有时不顾及自然地形、水文、土壤、植被、小气候模式，等等，把这种几何形式强加到风景中。即使在考虑到这些内容时，原有场地的面貌也会被重塑，例如水体的形状，有时还要改变位置，以迎合正交几何的轴线、正方形和矩形。唐纳德·威廉·梅尼格（Donald William Meinig）在其《关注的目光》（*The Beholding Eye*）一文中的话反映了这种情形："一个严格的线性几何形很不和谐却很坚决地被加到起伏多变的自然之上"（Meinig 1979，37）。

总之，单一对称正交空间必定是一个规则严谨的环境，严格规定着人们观赏或穿越其中的经历。在场所布局要求其各内部空间和元素具有数理排布的理性气氛时，这种方式是恰当的。然而，这并非意味着拘谨刻板，因为第三维的处理（见设计准则）和材料选择都可能有助于造就生动活泼的空间感。

图7.38 对称正交几何形体现人类操控的示例。
左：荷兰罗宫（Het Loo）
右：英国利文斯厅（Levens Hall）

笔记/手绘

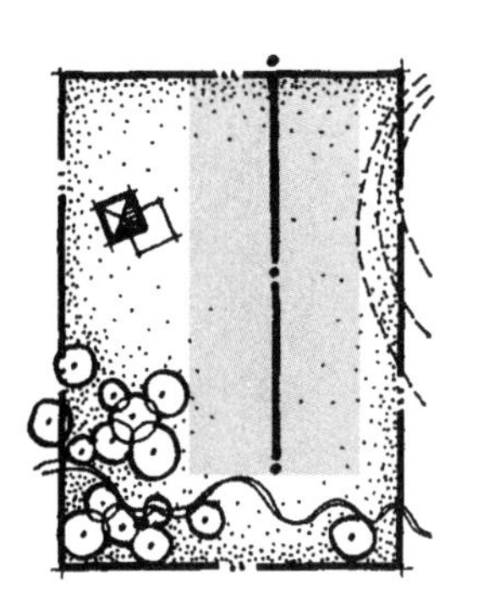

场地内有一些约束

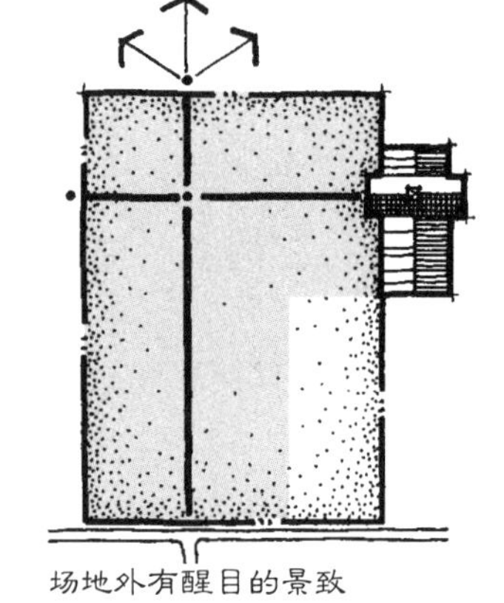

场地外有醒目的景致

图 7.39 轴线的位置应该迎合既有场地的条件。

设计准则 | Design Guidelines

下面是建议用于组织正交对称景园设计的一些准则。

轴线的位置与朝向 | Axis Location and Orientation

轴线的重要性使它在一个场地内的位置应该谨慎设定。对于一个简单的正交场地，轴线位置一般就该在其中心线上，在这里强化场地的一些固有焦点。这种定位适用于场地内外都没有特定景致可引人注目、并具有很强统一感的场地。然而，当场地具有轮廓变化、地形起伏，并有散落的树木、偶尔有建造物之类的时候，这种想当然的位置就不恰当了。此时，轴线应该置于使整体设计规避场地的困难或敏感地块的其他位置上（图 7.39 左）。围绕场地边缘的重要建筑物或建筑入口，步道、景致等，也示意轴线的方向认可这些独一无二的特征（图 7.39 右）。这两种对策的结果，都使正交设计并非填满整个场地，也并不与整个场地保持对称（图 7.40）。

图 7.40 非正交形状场地上的轴线方向可以依据场地内外引人注目的元素。

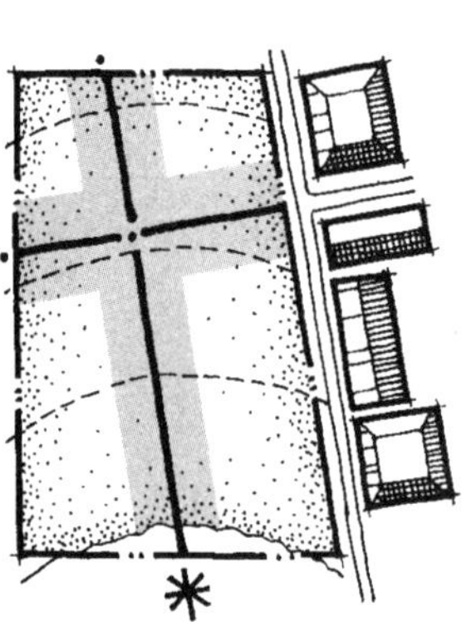

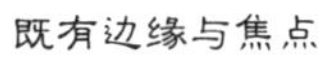

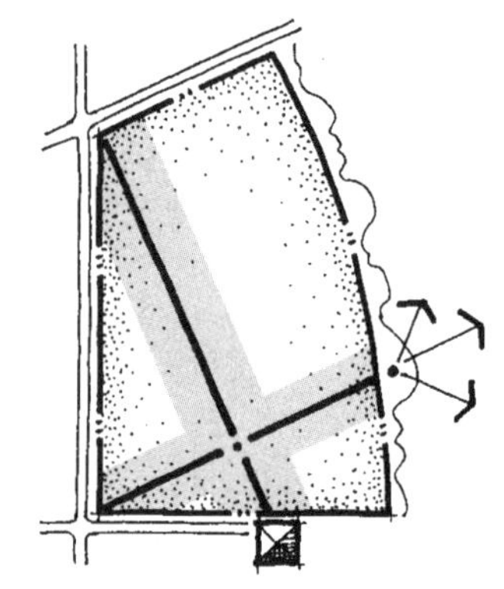

交叉路口与引人注目的建筑物

笔记/手绘

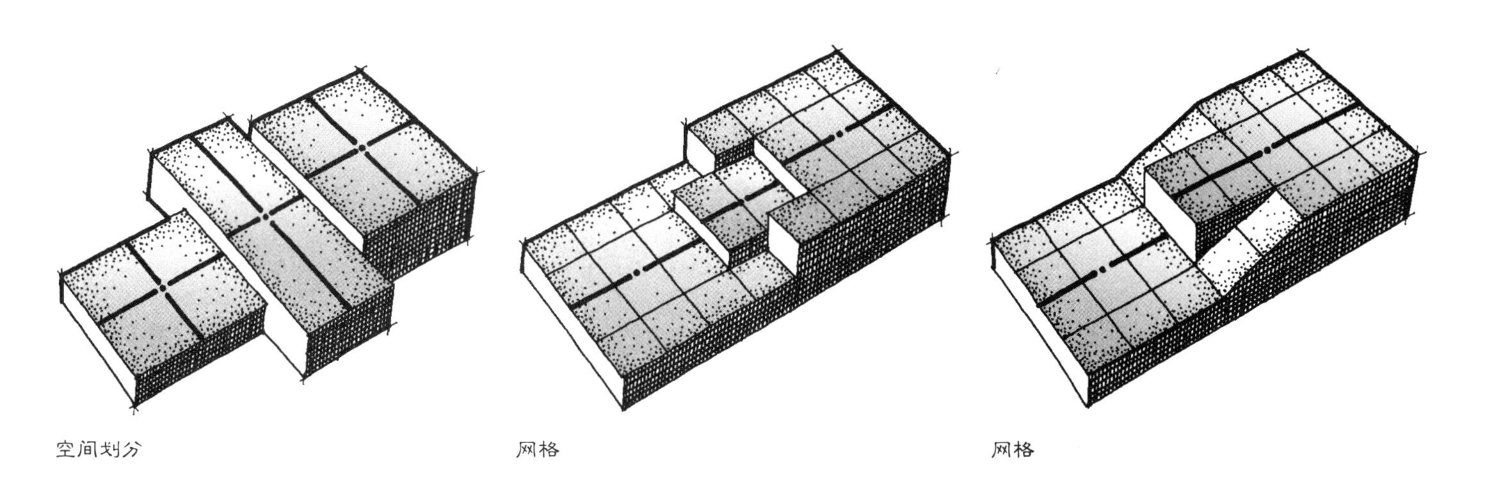

图 7.41　竖向变化应该吻合空间或网格的划分。

同地形的关系 | Relation to Topography

与直线相似，在处于相对平整的地面或坡度一致的斜坡上时，正交对称的整体几何关系最为完整，能最有效地淋漓尽致表现与发挥功能。对于单一对称空间维持其轴线和相关元素的视觉连续性来说，这尤为重要。在构图组织范围内有高点突起或脊线穿越的地方应避免正交对称，因为它们会把设计分成看上去被割裂的片断。

如果非要对坡地施加正交对称设计，应把地面做成台地，造就一系列由挡土墙或斜坡划分的水平面。这样的竖向变化应位于一个个的空间之间，或直接对应于轴线和场地内的模块划分（图 7.41）。大量意大利文艺复兴园林娴熟地采用这种方式迎合了斜坡地形，如兰特别墅（图 7.3~ 图 7.5）。

笔记/手绘

图 7.42 第三维的缺失导致设计没有空间情趣。

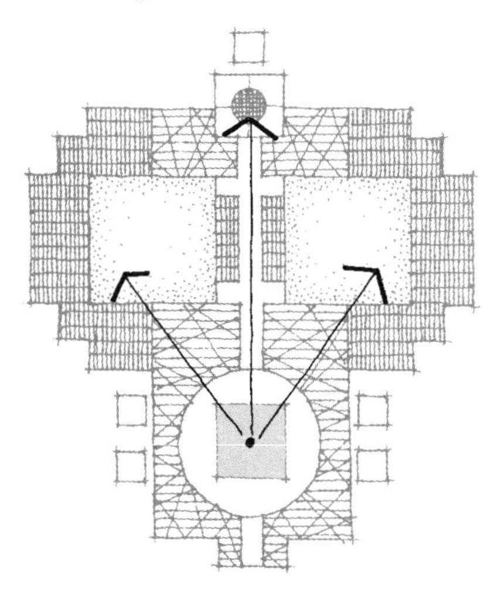

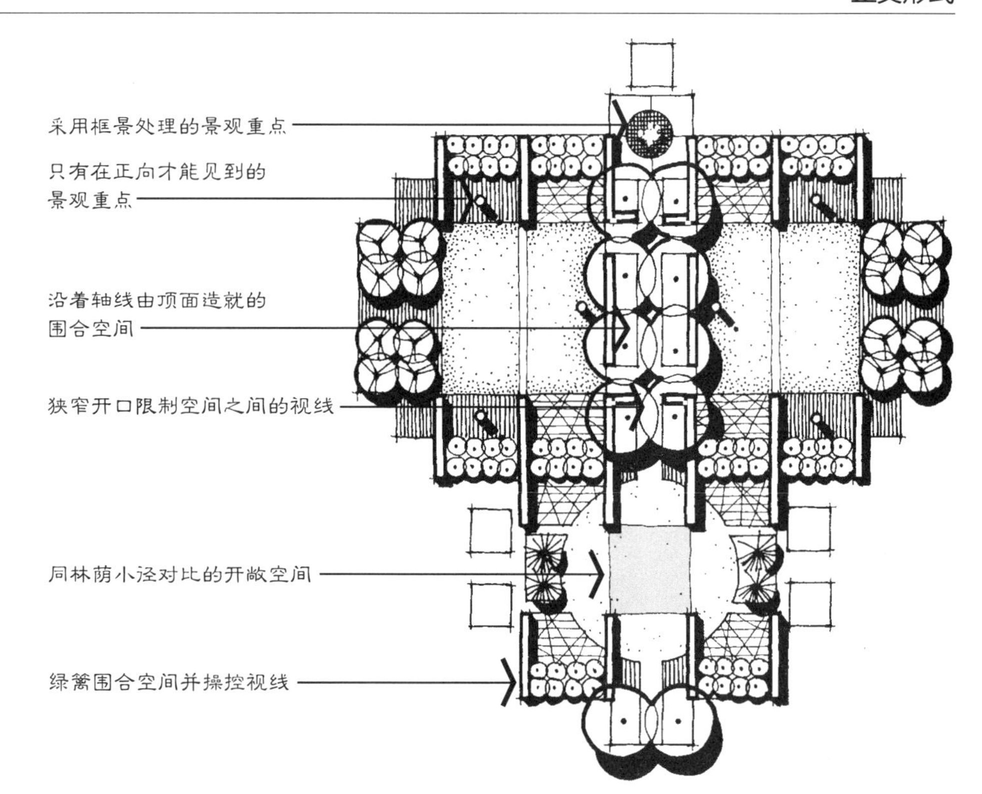

图 7.43 右：造就空间和各种空间体验的场地平面表达策略。

图 7.44 下：竖直面和顶面被用来创造多变的空间体验。

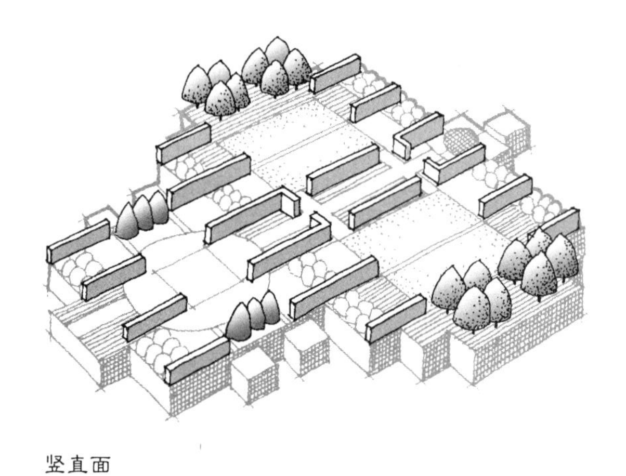

竖直面

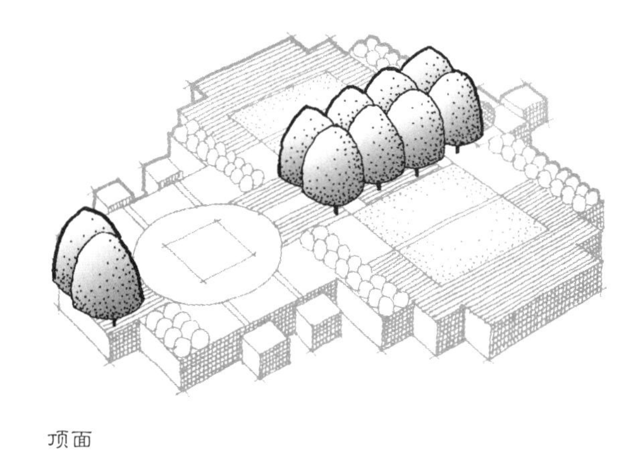

顶面

笔记/手绘

图 7.45 西辛赫斯特城堡花园中的狭窄墙体开口聚拢并限制了空间之间的视线。

第三维 | Third Dimension

正交对称中的第三维处理手法很广。这种设计范式的一个极端，是处理成仿如一个二维图形在景园中展开一样，许多法国文艺复兴园林是其典型。在这里，由于各部分都可看到并在视觉上相互配合，空间是开敞而统一的。然而，这样的风景可能缺乏人的尺度感，同时，由于整个构图可以在一个有利的视点上一览无余，因此常常并不鼓励运动与探索（图 7.42）。

与之不同的另一种方式是运用第三维来显著加强围合，并从空间上进一步划分一个对称设计。一些最迷人的对称景园是这样的：它们拥有以树木、墙体、绿篱等形式出现的、强有力的第三维度，因而造就了个性鲜明的不同空间，其特征与围合度都有差异（图 7.43 ~ 图 7.44）。这种设计一般都利用精心筹划的各种地面、竖向和顶面变化，造就富于差异的空间序列。空间之间的视觉联系经常受到限制，只在轴线上有狭窄的通道，使人很难预料自身所在之外的空间（图 7.45）。因而，这就诱导人们从一个空间到另一空间的实际移动，在这个过程中实现探寻与发现。由于可在一些预设的视点上看到先前曾被遮挡的景观，于是就经常发生视觉惊艳。请注意这是如何伴着精心设计的墙体在图 7.44 中实现的。当第三维的形象得到恰当的表现，正交对称就超越一般想象中那种一切都在意料之中的单调体验。事实上，它可能恰恰相反，每个小片段都能像其他设计范式一样迷人。

笔记/手绘

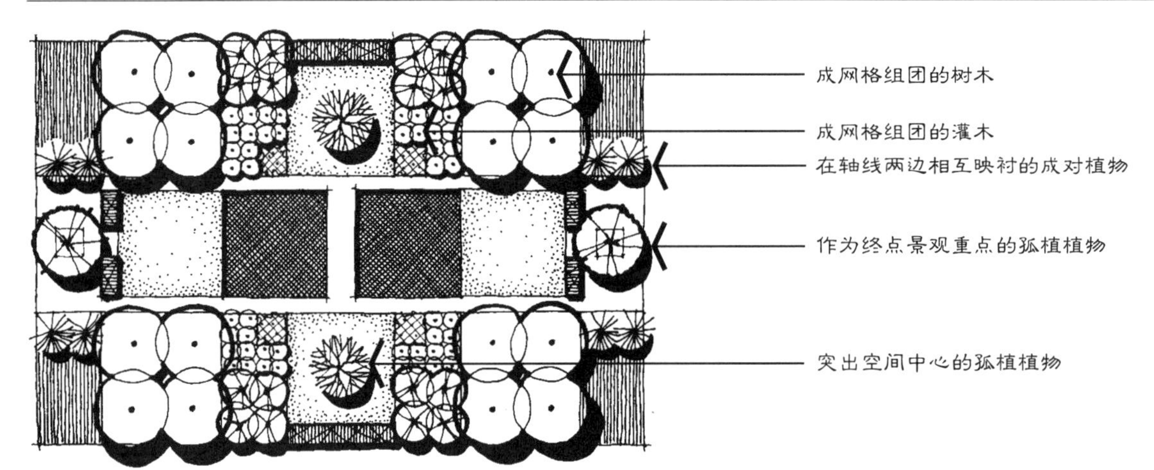

图 7.46 在正交对称设计中应用多样化植被材料的技巧。

材料搭配 | Material Coordination

如曾经在关于网格部分所建议的（见第 6 章中的设计准则），木本或具有结构感的植被材料一般应组织成直线行列和网格组团。当然，植被材料还应同等地围绕轴线，以便取得均衡，在轴线两侧成对呼应（图 7.46）。那些孤植的植物最好用于景观重点，置于轴线端头、复合轴线的交点，或一个空间的中心。据此对策布局的植物应该是一些特定品种，富于雕塑感并突出叶冠、花卉和/或果实。同在网格中一样，在对称景园中不鼓励簇丛或自然主义的种植方式，除非是处在一个正交地块的边界之内（图 7.47）。在针对一年生或多年生草本植物时，这种意识最为适用。最后，应该注意到，对称的种植方案有时因缺乏可持续性与植物多样性而受到批评。然而，这通常更多取决于选择什么植物，而不是它们的布局。事实上，对称设计的确可以有变化多端的植物，增进生态的多样化与生长环境的健康（图 7.48）。

图 7.47 植被材料应排列成行、网格组团式种植或位于一个正交种植地块之内。

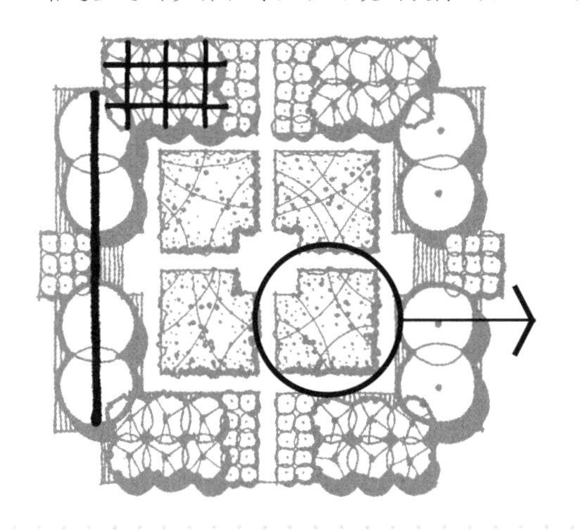

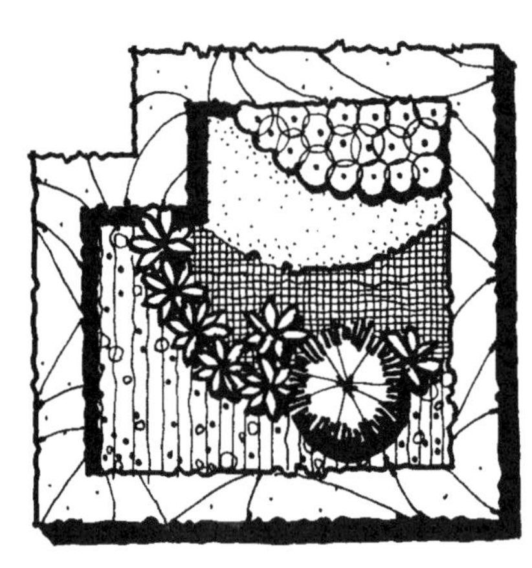

笔记/手绘

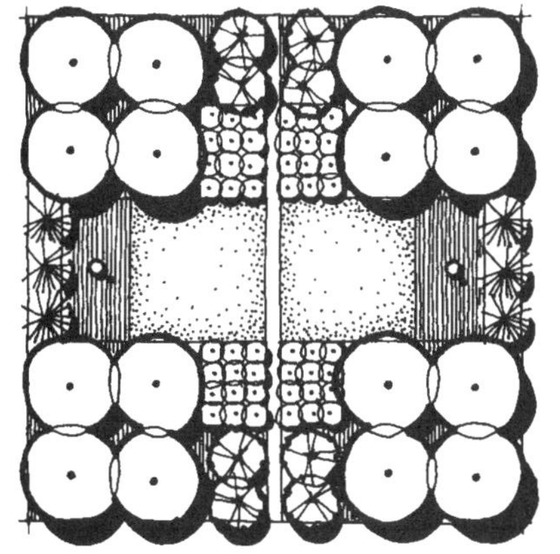

较少的植物变化

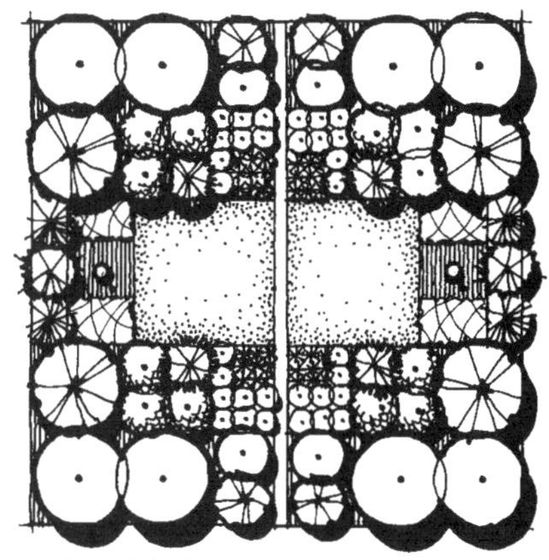
较多的植物变化

图 7.48 为生态健康而结合多样植物的对称设计。

对准则的挑战 | Challenge the Guidelines

在对称设计中，遵循前面的准则导致一种严谨的构图结构。它适合处在一种需要正统回应的周围环境中，但可能不适于要求具有更当代或先锋意向的地方。在一些情况下，挑战轴线的固定性，为设计注入创造性能量是很有成效的。要实现这一点，可先利用基本的空间和元素布局来建立对称的基础结构。在图 7.49 左中，地面铺装、树木组团和其他种植地块都布置在一个四分结构中，造就了正交对称的结构。接下来，插入的精选组织成分带来了对比以及一定程度上对既有结构的反抗。在图 7.49 右中，让最初的轴线偏离中心，并设置多种不沿轴线对称的聚焦点与植物组团，避免了完全的对称。再有，一个不规则四边形水池穿越四分形式的布局构成，带来了随意性与视觉衬托。

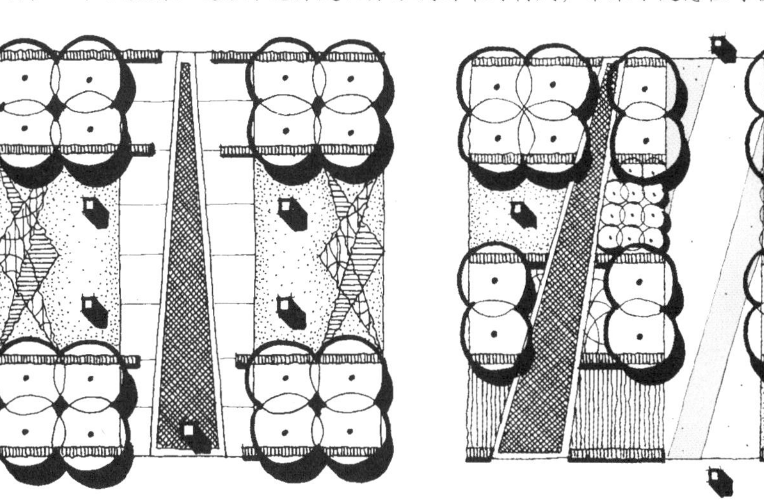

图 7.49 挑战正交对称固有观念的设计示例。

笔记/手绘

参考资料 | Referenced Resources

McHarg, Ian L. *Design with Nature*. New York: Doubleday/Natural History Press, 1971.

Meinig, D. W., ed. "The Beholding Eye; Ten Versions of the Same Scene." *The Interpretation of Ordinary Landscapes*. Oxford: Oxford University Press, 1979.

其他资料 | Further Resources

Ching, Francis D. K. *Architecture: Form, Space, & Order*. Hoboken, NJ: John Wiley & Sons, 2007.

Jellicoe, Geoffrey, and Susan Jellicoe, Patrick Goode, and Michael Lancaster. *The Oxford Companion to Gardens*. New York: Oxford University Press, 1986.

Jellicoe, G. A., and J. C. Shepherd. *Italian Gardens of the Renaissance*. New York: Princeton Architectural Press, 1993.

Mann, William A. *Landscape Architecture: An Illustrated History in Timelines, Site Plans, and Biography*. New York: John Wiley & Sons, 1993.

Newton, Norman. *Design on the Land*. Cambridge, MA: Belknap Press of the Harvard University Press, 1971.

Steenbergen, Clemens M., Wouter Reh, and Gerrit Smienk. *Architecture and Landscape: The Design Experiment of Great European Gardens and Landscapes*. New York: Prestel, 1996.

Tankard, Judith B. *Gardens of the Arts and Crafts Movement: Reality and Imagination*. New York: Harry N. Abram, 2004.

网上资料 | Internet Resources

Sissinghurst Castle and Gardens:www.nationaltrust.org.uk/main/w-vh/w-visits/w-findaplace/w-sissinghurst-castle/

Villa d'este: www.villadestetivoli.info/storiae.htm

Villa Lante: www.gardenvisit.com/garden/villa_lante

笔记/手绘

正交形式 | ORTHOGONAL FORMS

不对称 | Asymmetry 8

最后一种正交设计结构是不对称，即把直线、正方形和/或矩形排布成不规则却隐含着均衡的构图组织架构。同前面章节讨论的网格与对称相比，不对称使设计者在组合空间及其各种构成成分时相对更为自由。不对称是最不严格的正交组织，非常适合当今的审美取向。

不对称正交设计在20世纪早期凸显出来，是现代设计运动的主要设计结构之一。在绘画中，巴布罗·毕加索（Pablo Picasso）和乔治·布拉克（George Braque）等人以“立体主义”（Cubism）名义探索了多视点的视觉效果以及抽象几何形式。通过把艺术语言简化为正交的形状和几种基本色彩，皮特·蒙德里安向人们集中呈现了艺术中的抽象（图8.1）。勒·柯布西耶、沃尔特·格罗皮乌斯（Walter Gropius）、密斯·凡·德·罗以及弗兰克·劳埃德·赖特为他们20世纪30年代和40年代的作品中注入了一种不对称正交结构。一个标志性范例是密斯·凡·德·罗为1929年巴塞罗那世界博览会所做的巴塞罗那德国馆（Barcelona Pavilion）（图8.2）。平板的墙体、水平的屋面、开放的地平面以及室内外的相互作用，凸显了现代设计时期的核心概念。

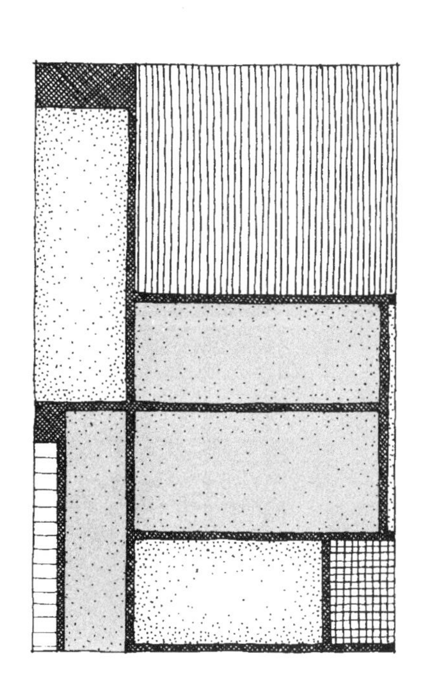

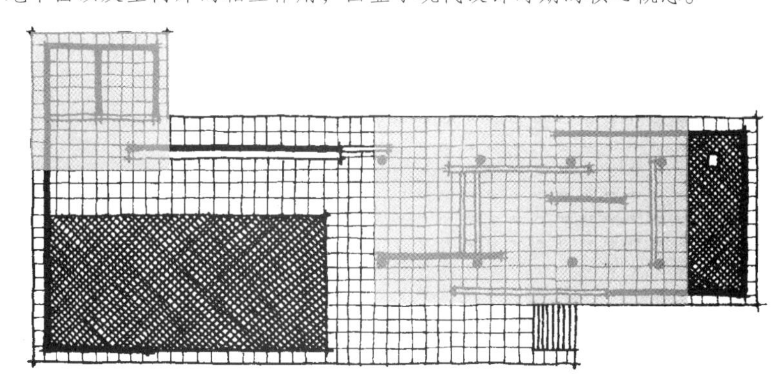

图8.1 上：皮特·蒙德里安的《画板1号》（*Tableau I*）。

图8.2 左：巴塞罗那德国馆平面。

不对称设计在景园建筑学中的最初应用归功于詹姆斯·罗斯、盖瑞特·埃克博、丹·克雷和托马斯·丘奇，他们在自己始于20世纪40年代的项目中采用了这种方式。这些早期的现代景园建筑学设计先行者把不对称正交组织当作使景园设计从对称的历史桎梏中解放出来的手段之一。当代景园建筑学持续应用着不对称正交设计，并伴着20世纪中期现代设计的“再发现”，发展出联系于没有附加装饰的、简单直率形式的审美新品味。

本章通过聚焦以下主题来探讨不对称正交设计的诸多方面：

- 一般特征
- 景园效用
- 设计准则

图8.3 网格、对称以及不对称正交设计结构比较。

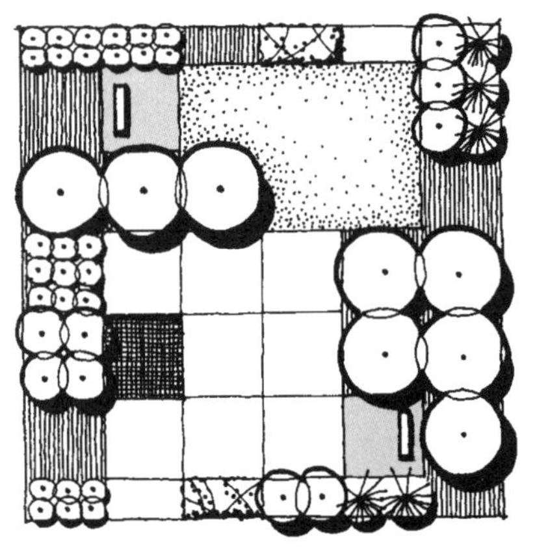
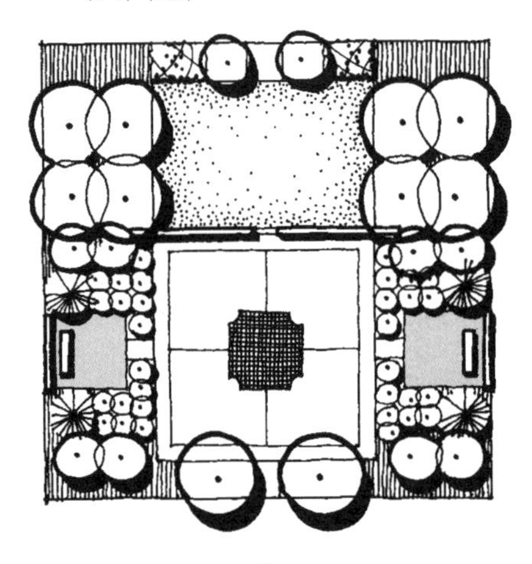
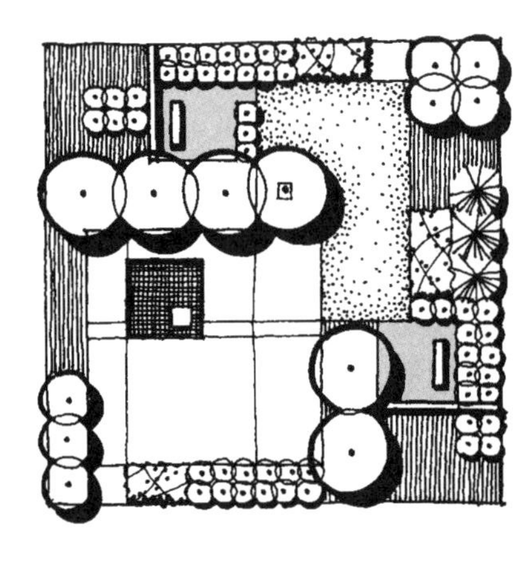

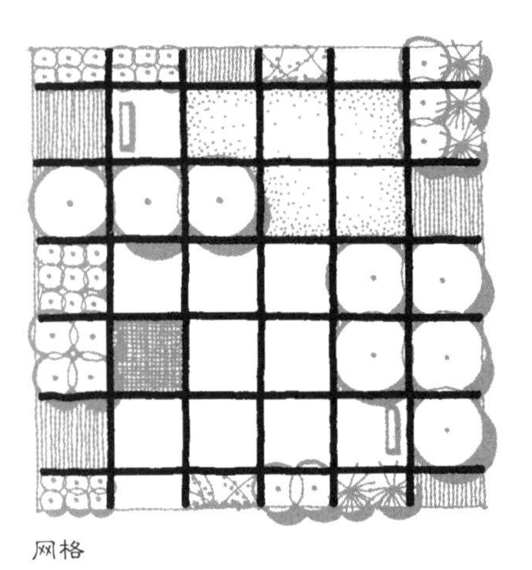
网格

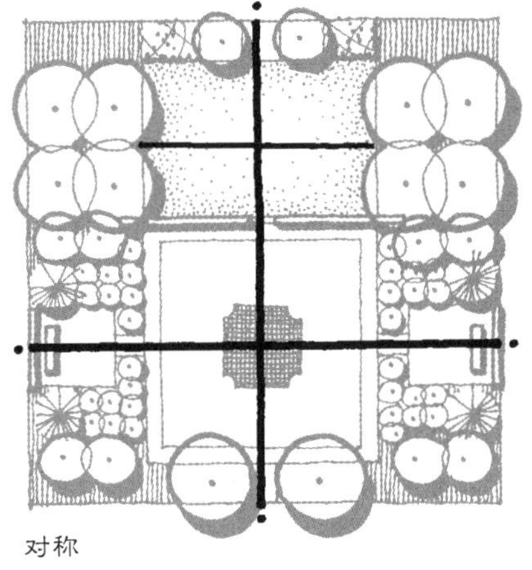
对称

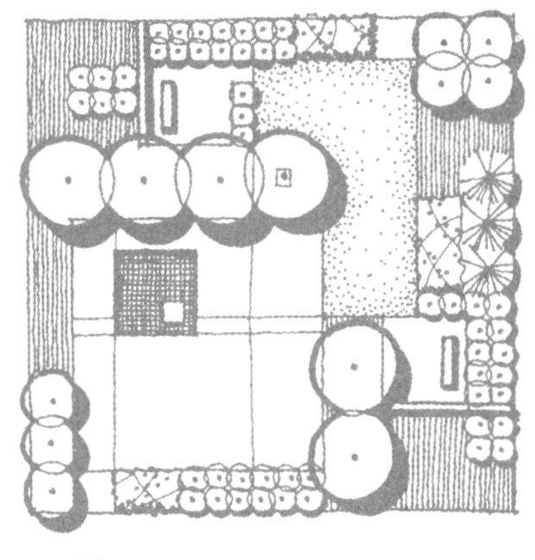
不对称

笔记/手绘

一般特征 | General Characteristics

本书第 1 章已展示了不对称的许多基本特质，及其同其他正交结构的差别（图 1.46~图 1.48）。应该记得，不对称构图的各组成部分，是被组织起来塑造一种不严格拘泥于基础网格或受主导轴线限制的、在主观感觉中取得均衡的设计（图 8.3）。不对称设计依据实际情况和功能来思考，同时也一样依赖感觉和直觉。结果是，不对称设计中的构成元素大小、位置和材料组合都有更多的可能性，同时它们又被成直角关系的主流正交形式所统一。

不对称设计的另一个显著特征，在于各设计局部同整体的关系。在对称设计中，所有的构成元素都服从于总体布局。即，它们作为众多组成成分之一的基本功能，都是共同为整体构图做出贡献。比较而言，不对称设计中的每个个体元素的重要性都可出自其自身特色。尽管它们应维持同整体的协调，可同整体的关系却不太重要。因此，个体空间和设计元素可以彼此分开来体验，欣赏各自的独立特征。进而，这在景园设计中允许甚至鼓励更大的差异，无论是整体还是细节。

在一个不对称正交设计中，直线、正方形和矩形的固有性质永远都能呈现出来，为它注入同其他正交类型一样的人类印记。然而，源于空间与元素很容易被感受到的随机布置，不对称正交几何形还展示了一种自发性。以主观冲动而不是理性手法为基础，这种设计结构使设计者的创造相对自由。如果一头是受高度操控的设计，另一头是完全任意的设计，不对称正交结构大体处于它们连续变化的中点位置，因而其设计组织可任意结合一种品质。

景园效用 | Landscape Uses

不对称正交设计组织在景园建筑学场地设计中有好几种可能的效用，其中一些与前面阐释的其他正交类型效用相似，另一些则显然基于不对称的固有性质，即，同建构形式有密切关联的那种隐含均衡。不对称正交形式在景园建筑学设计中的主要效用包括：空间基础、探索性体验、城市适用性、建筑的延伸以及场地适应性。

笔记/手绘

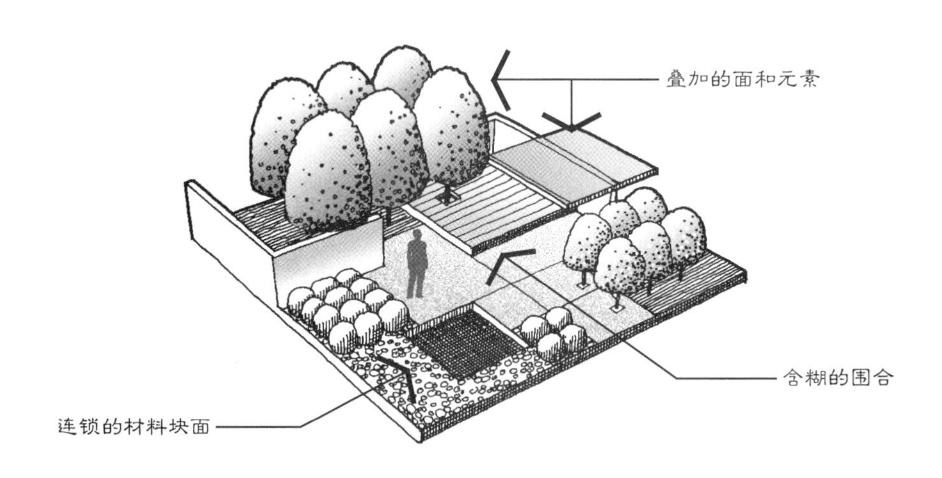

图 8.4 不对称正交空间的典型空间性质。

空间基础 | Spatial Foundation

不对称在场地设计中的主要效用，是为个体的或复合的户外空间提供基础。就像下面各段所讨论的，不对称正交设计是好几种各具独到之处的空间性质的基石。

图 8.5 一个现代风格设计中的地面材料叠加示例。

单一空间。在景园中，不对称设计组织既可用来塑造包容性空间，也可用于体量化空间，不过，后者是在一个空间之内布置元素，最能迎合不对称所具有的相对自由的特质。如在第 2 章中讨论过的，体量化空间是由位于空间周边及空间自身内部的设计元素勾勒出来的，作为最终的空间有的处在围合元素之间，有的围绕着这些元素（图 2.19）（Condon 1988）。再者，单一的不对称空间特别容易接纳多种形式和元素，把它们置于各种距离和相对空间地面的各种高度上，是比一个简单的、塑形而成的空间更精致的组织形式（图 2.24 ~ 图 2.25）。

通过叠加一些跨越不同材料地块的地面材料和伸向空中的竖直板面，以及未必同地面或竖向板面对应的顶面，不对称正交形式的体量化空间有时是交错组织构成的（还可参见复合空间的加法转化）（图 8.4 ~ 图 8.5）。从而，一个典型不对称空间的边界经常是部分向其关联者开放的，模棱两可的。不对称正交空间的围合通常是暗示的，而不是由简单明了的面来直白界定的。这种空间的另一种相似性质，是可能没有一个让人概览其全貌的优越视点（见探索性体验）。一些空间领域可能被凸出在空间中的板面或元素部分遮挡或完全遮挡。最后，不对称正交空间经常拥有一些巧妙设置的景观重点，其位置在整个空间中并非对称也不统一（见设计准则）。它们带来连续的情趣点，可以诱导人们在空间中游动，寻找新的优越视点，发现曾被遮挡的区域。

笔记/手绘

复合空间。除了塑造一个空间个体的形态，不对称正交组织还可以用来在景园中创造一组相关的空间。这类创造的最主要方法是减法和加法，即在第 1 章中阐释过的两种转化方法（图 1.12、图 1.16、图 1.17 和图 1.21）。这两种操作过程的结果，都是一个整合起来看同不对称单一空间特征相似的正交空间序列。

减法。减法是一个拿掉的过程，因而也是把一个场地整体划分为更小空间和地块的恰当转化技巧（图 1.14 ~ 图 1.16）。这个操作过程同网格的运用很相似。即，整个场地被一步步分成越来越小的地块，直至达到每个地块的预计规模。其结果是一系列毗邻或面对面的空间，整体具有与网格类似的拼接效果，但没有网格的重复以及对模块的可能局限（图 8.6）。每个毗邻空间具有其自身的个性，整体又保持着前面讨论过的单一不对称空间的那类空间性质。

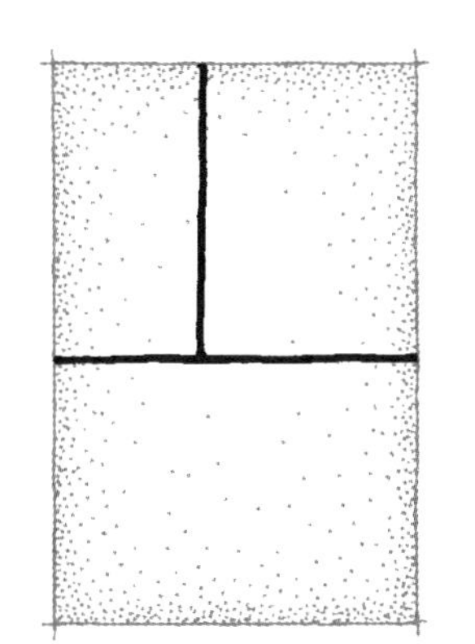

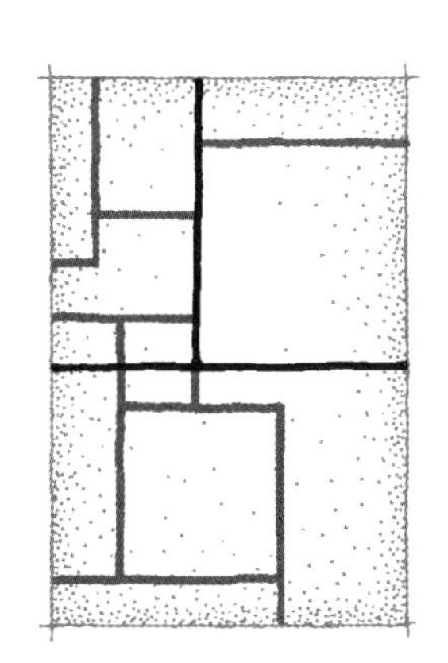

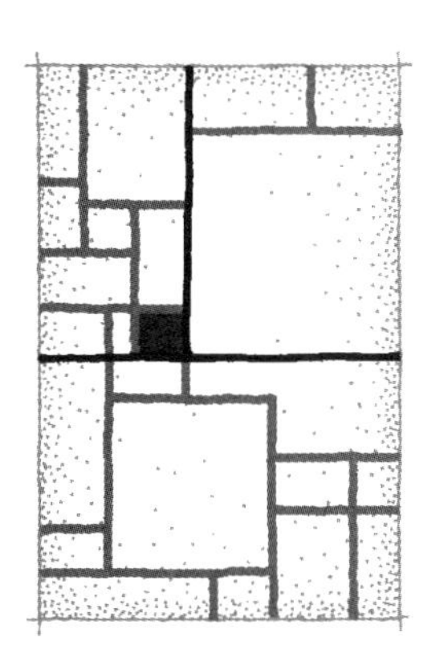

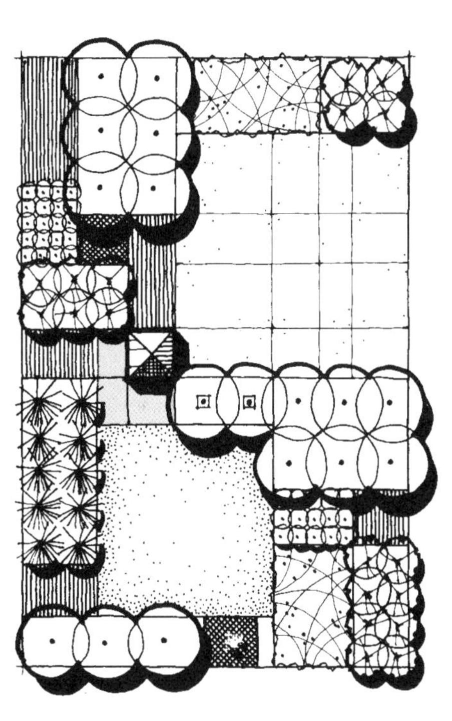

图 8.6　以减法为基础的场地设计示例。

笔记/手绘

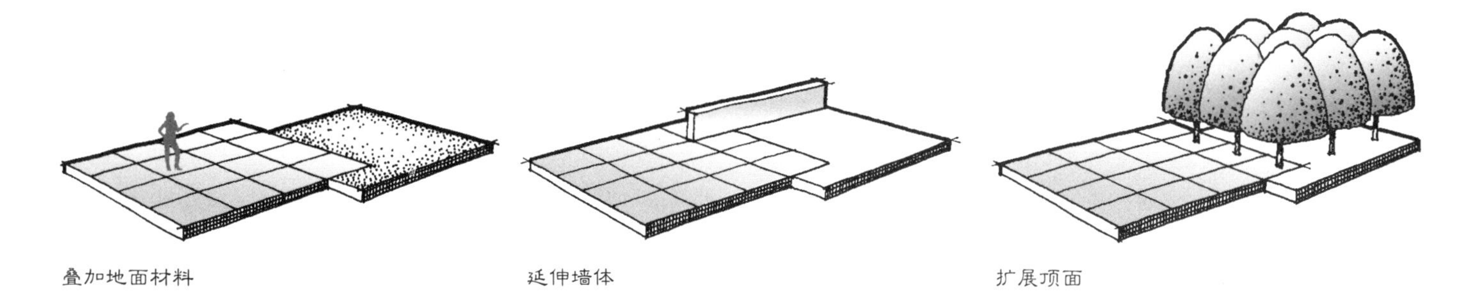

图 8.7　叠加设计元素的不同方式。

加法。在景园中造就复合不对称空间的第二种技巧，是通过加法的手段。加法是一步步在已有空间和地块上添建的转化过程，导致一个向外扩张至毗邻景园的设计组织形式（图 1.17、图 1.21）。造就复合不对称空间的加法转化技巧有 3 种：连锁、面对面和空间张拉。

连锁相加转化产生一个彼此交接和叠加的正交形式构图，在景园中，它是一种可以通过设计三维空间各个面上的元素来实施的技巧（图 8.7）。在底面上，一个块面的材料可伸入或部分覆盖相邻块面的材料。墙体、篱笆、绿篱、树木行列和灯杆之类可从一个空间延伸到相邻空间中。同样，竖直板面也可以彼此交叉或穿越。在顶面中，树冠、篷幕和其顶面建构可在连续的各个空间之间以部分覆盖单个空间的方式伸展。这种技巧的综合效果，是模糊材料和空间的边缘，使一个领域渐进转换到下一个（图 8.8）。这种空间性质明显不同于对称设计和其他不对称组织类型所固有的性质。连锁不对称结构要求设计者基于整体构图来思考三维关系。

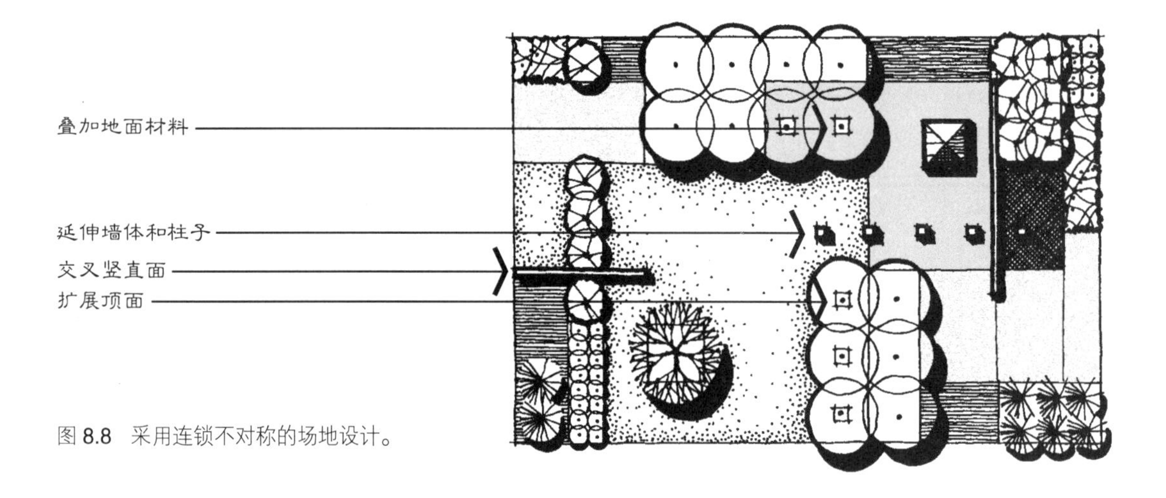

图 8.8　采用连锁不对称的场地设计。

笔记/手绘

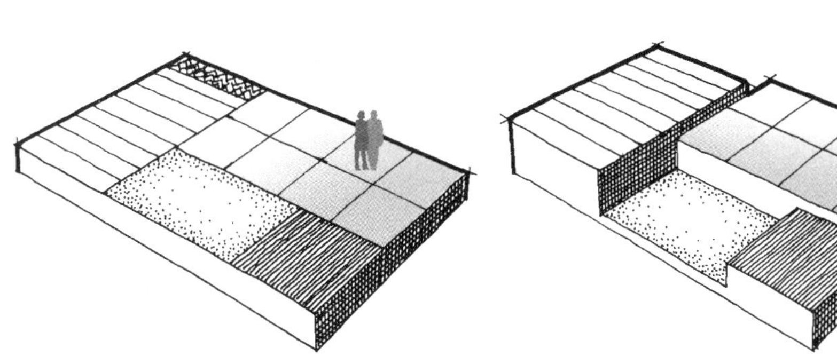

图 8.9　上：限定面对面空间的不同方式。

再有一种不对称空间彼此相加的技巧是并置或面对面转化。在景园中，这种方式把并置的不同空间与功能彼此紧挨在一起。通过高度变化或由灌木、墙体和树木之类的三维元素造就的空间限定，每个空间都可因其基底上的不同材料而区别于毗邻领域（图 8.9）。进而，毗邻空间的相互关联也可以有从完全隔离到直白通透的变化。这种做法是许多现代风格设计的基础，如盖瑞特·埃克博还是哈佛大学学生时曾做过的一处后院设计（图 8.10）。

第三种不对称空间加法转化的技巧是空间张拉。这种方法以距离和空间把不同地块和设计组成彼此分开，造就一种分散的构图。在这种组织中，位于正交的组成部分之间的空间是一种补充成分，并且在构图中同那些正交形式自身一样重要。当一些正交地

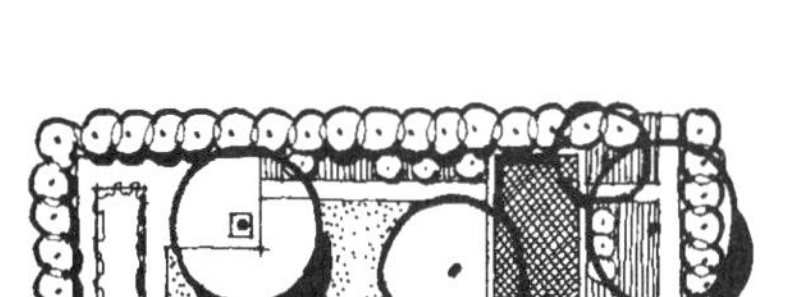

图 8.10　上：埃克博基于面对面和连锁不对称的设计。

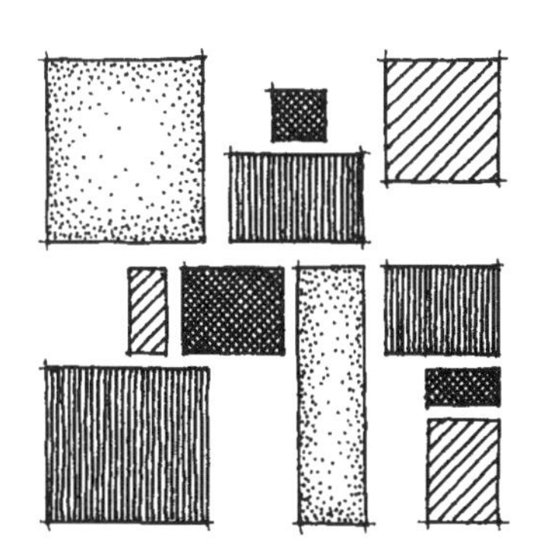

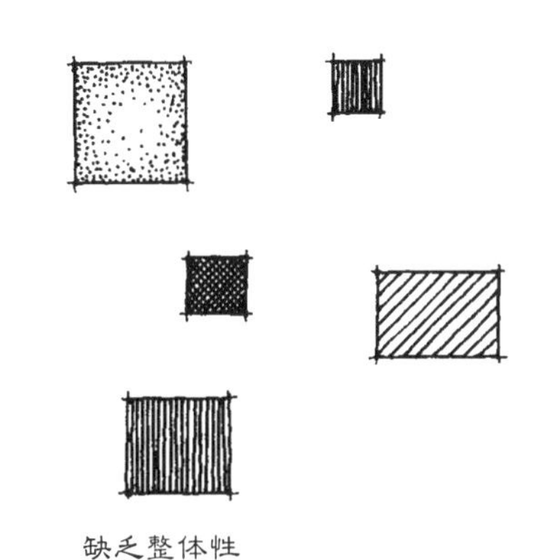

图 8.11　左：间距对整体性的作用。

笔记/手绘

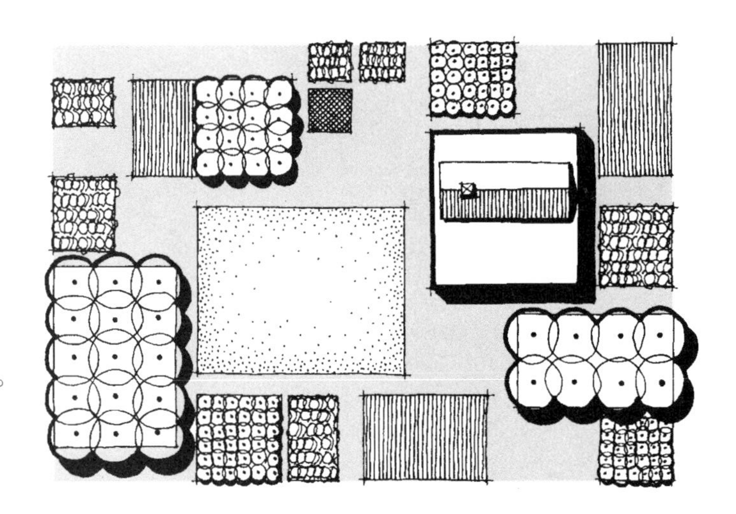

图 8.12　右：采用空间张拉的场地规划示例。

图 8.13　下：埃克博的水体花园设计所展示的空间张拉效用。

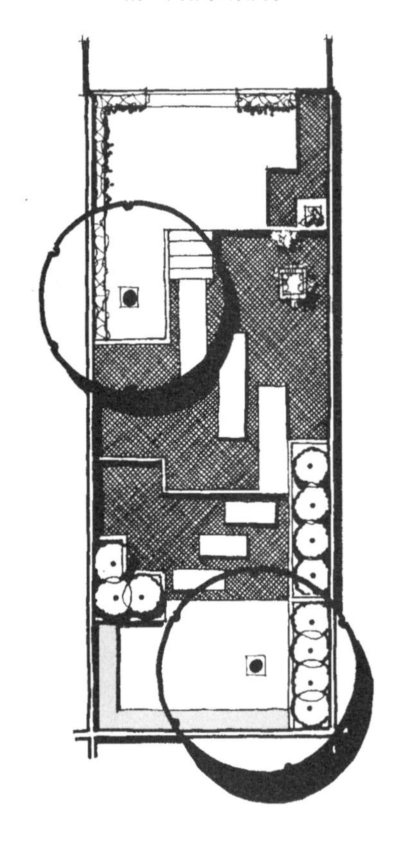

块的位置非常近时，其间隔空间在构图中发挥着统合共性的作用（图 8.11 左）。当正交体块间的空间增大时，凝聚感就会减弱，甚至走向这样的极端：其布局只是一些个体元素间几乎没有视觉关联的松散汇合（图 8.11 右）。

空间拉伸在景园中有数种应用方式。其一，是作为一组被相对狭窄的步道和节点（底）分开的正交用途地块（图）的框格（图 8.12）。其中的每个正交地块都是景园中的独立元素或空间，而它们之间的间隙空间都采用同样的材料，是发挥整合作用的流线路径。每个正交地块的大小、位置和材料装饰都要精心处理，以便确立一个主导领域，由遍布于构图中其他部分的二维与三维块面所烘托。进而，还要注意那些间隙空间，以便为人们聚集与活动的各个中心创造精心设置的交接点。

在小尺度园林设计中也可采用类似的空间张拉，用它来建构运动。盖瑞特·埃克博为一个私人水景园所做的方案是一个范例，其中的正交块面被当作穿越水池（底）的步行平台（图 8.13）。在这里，负空间也成为突出正交形式的整体背景。在其他一些情况下，基底面可以是地被植物、沙砾或低矮植被材料。

笔记/手绘

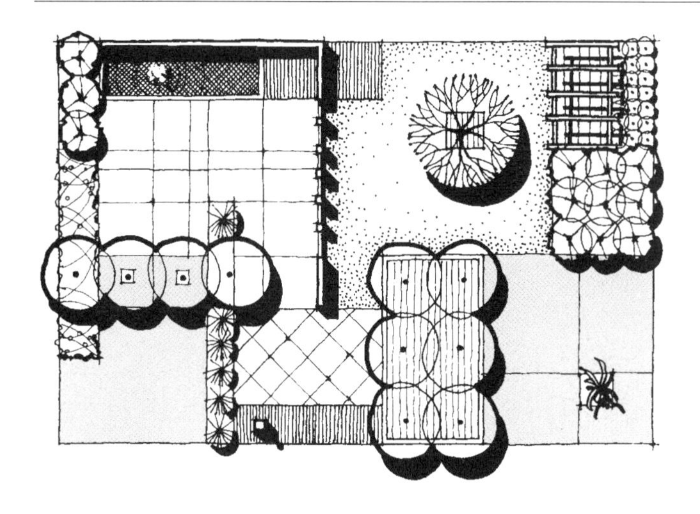

图 8.14　不对称设计鼓励探索性的体验。

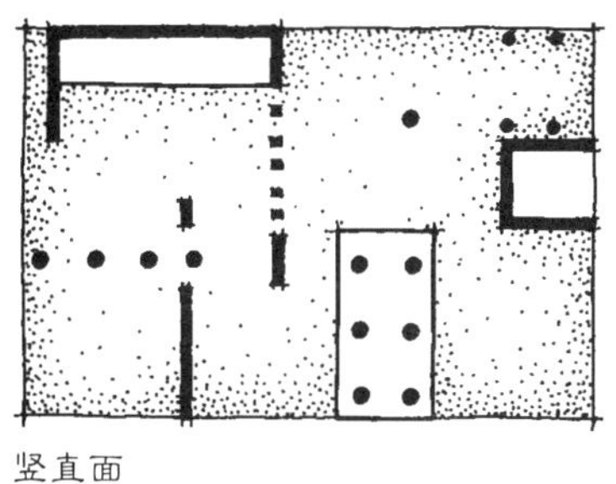

竖直面

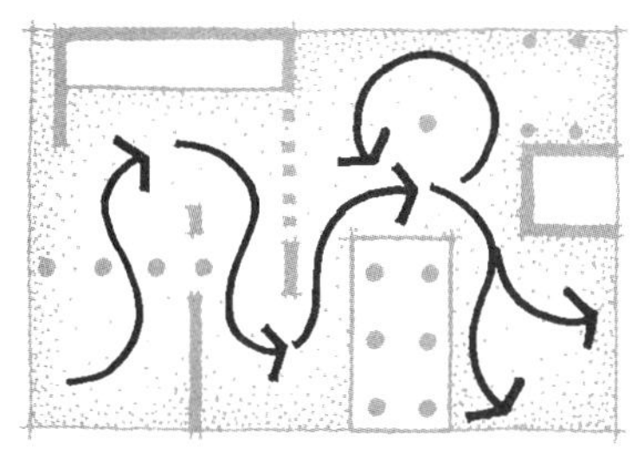

流线

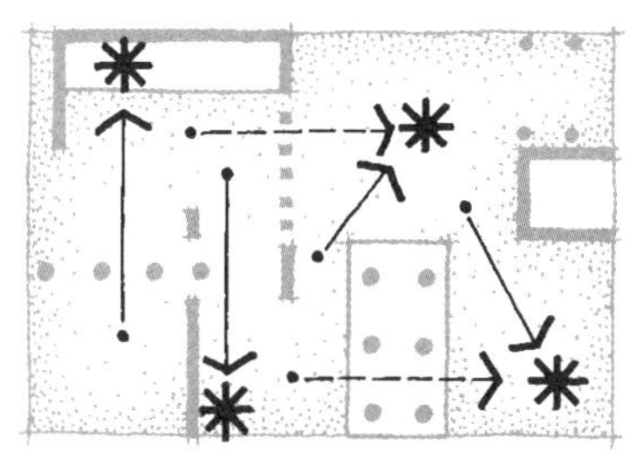

焦点和视线

探索性体验 | Exploratory Experience

不对称正交设计结构可以在景园中产生一种前面介绍过的探索性体验。与发生在其他许多基于对称和网格设计中的、可预计的一直前行运动不同，人们在不对称景园中经历着不时改变方向的路径（图 8.8、图 8.14；并同图 11.25、图 15.19 比较）。在自然中，伴随着一处处各异的景色在人们行进中不断展开，人的运动趋于转圜不定（图 8.14 中）。然而，这种体验并非像在形式上更弯曲的路径和空间中发生的那样偶然或不确定。不对称正交组织与此紧密相关的品质，是容纳了多个聚焦点，其巧妙的设置刻意捕捉人们的视线，吸引人们到这里来（图 8.14 右、图 8.32）。娴熟地处理第三维可以隐藏或部分遮挡各角落附近的景观重点或视线，因而人们必须前行到可以看到先前隐藏着的景致的一些点。综合起来，在非对称景园中的体验激励探索和发现，找到新的景观。在这样的景园中，人们将成为主动参与者，而不仅仅是甘于观看的被动旁观者。

笔记/手绘

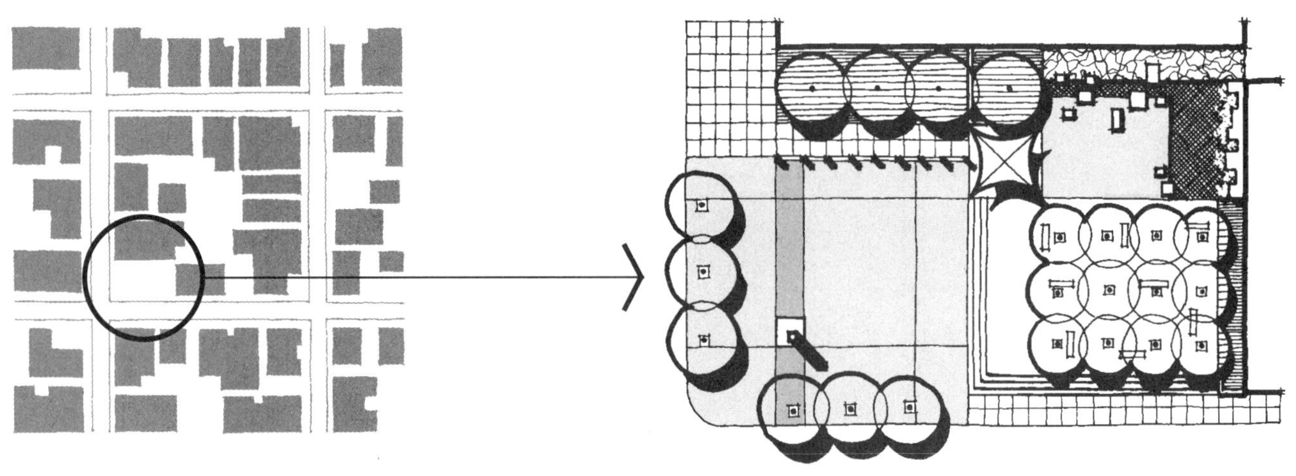

图 8.15 上：不对称几何形适合与城市肌理互动的关系。

图 8.16 下：从建构上吻合城市空间的示例。

图 8.17 右：不对称几何形用于公寓住宅小型园地的示例。

城市适用性｜Urban Fit

不对称正交空间适于塑造一种与城市肌理及其无所不在的矩形形体互动的关系。所有的正交类型都能适合城市格局，而不对称正交设计因其适应性和不规则性更容易这样。在可以使用同非对称正交几何形有着内在联系的阶梯直线、建筑艺术化墙体、植被材料组团以及矩形铺地图案的场地中，与之回应的平展房屋墙面、窗户图案和结构体系直接围绕着建筑物，运用不对称正交几何特别恰当（图 8.15～图 8.16）。同样，不对称正交结构也很适于城市小公园这类场地面积被明显限制的城镇小空间、房屋前庭、公寓住宅园地与屋顶花园等（图 8.17）。有限城镇空间中不对称几何形的典型例子包括纽约市的一亩绿公园（图 5.13～图 5.14）。不对称几何可以最有效地利用场地底面，避免浪费面积以及可能刻板的形式关系。

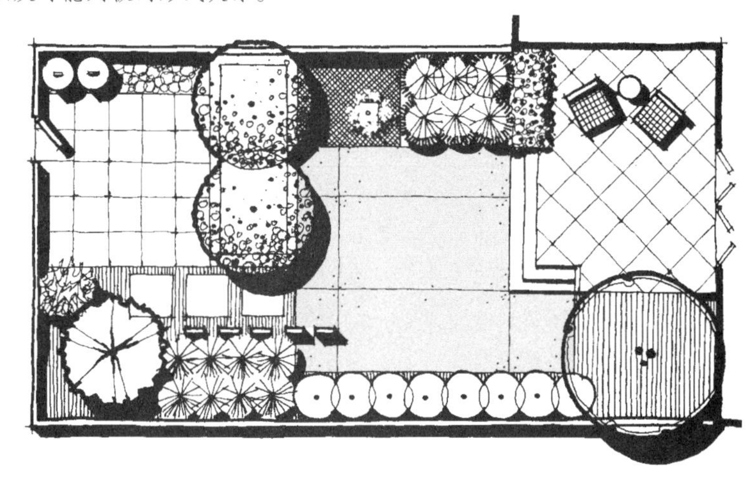

笔记/手绘

建筑的延伸 | Architectural Extension

不对称正交设计的一种相关效用是把不对称建筑物的布局伸延到毗邻场地中，建筑和景园因此得以被当成一个表达整体。让景园中的空间组织回应建筑的平面轮廓就可以达到这一点。另外，像网格与对称组织一样，醒目的建筑线条和边缘可以被拉伸到风景中（图 8.18 左）。由此，铺地边缘、墙体、建构物和植被地块都策略性地与建筑的关键墙体和立面特征排布在一起。场地与建筑物的关系非常紧密，其衔接显而易见，这一点尤为重要。为了最大限度地表达建筑与场地的一体性，不对称框格可以遍布整个场地（图 8.18 中）。在与建筑物紧密衔接处，不对称布局也可以作为转换枢纽，允许更远处的场地出现另外的几何结构（图 8.18 右）。

图 8.18 不对称几何形作为建筑的延伸和转换枢纽的效用。

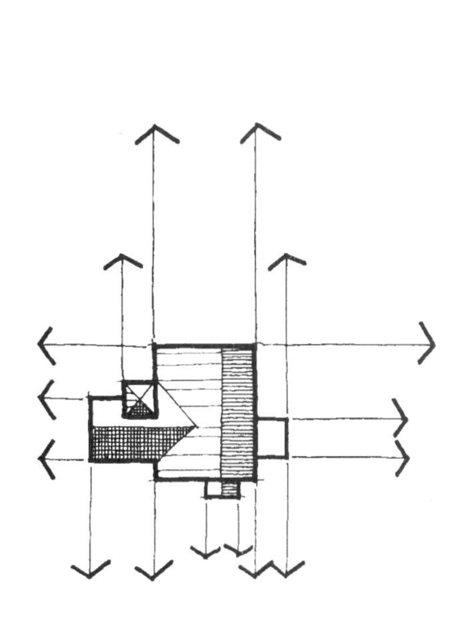

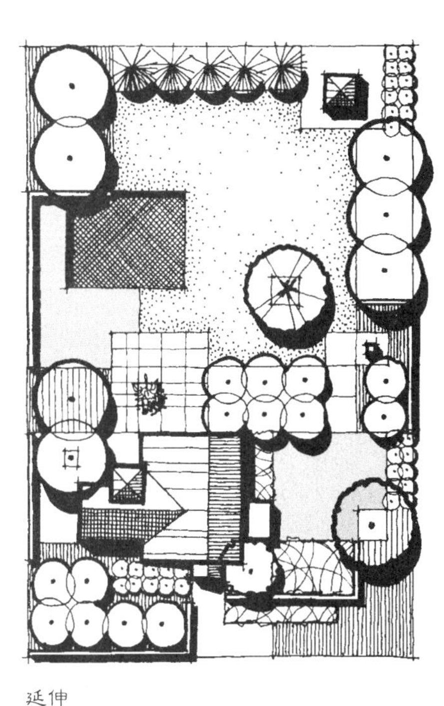

延伸

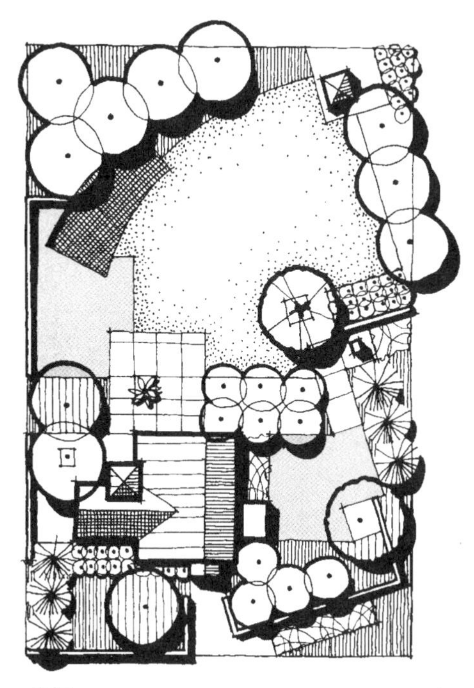

枢纽

笔记/手绘

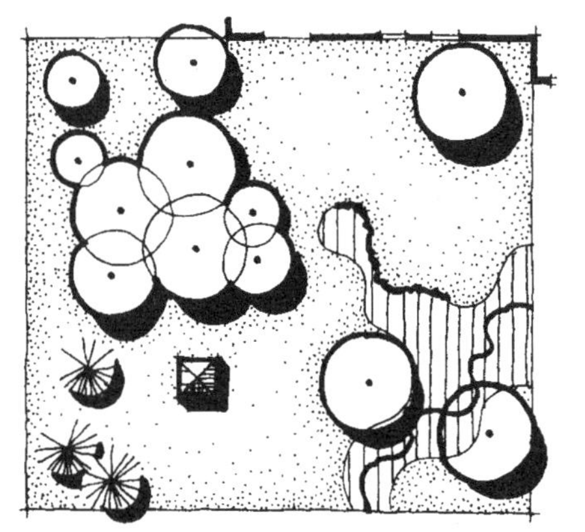
既有场地

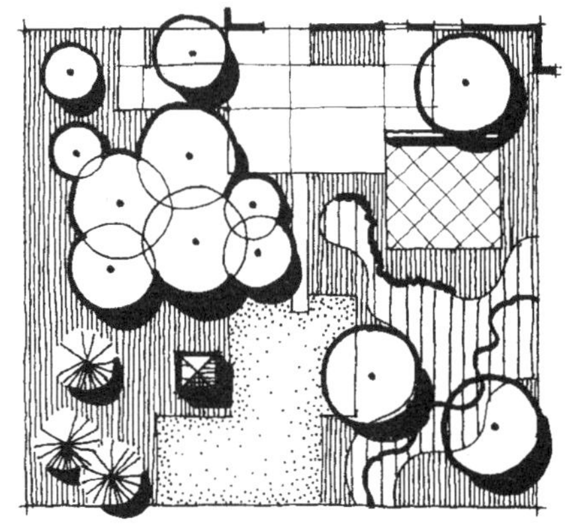
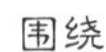
围绕

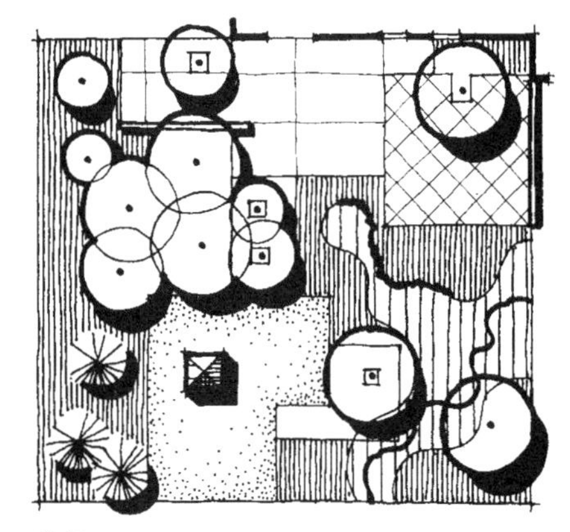
交织

图 8.19 不对称几何形很容易适应多变的场地条件。

场地适应性 | Site Adaptability

在所有正交类型中，不对称是最富弹性与最易把握的，因此，也是能应对多变的既有条件的恰当组织框格。这使人联想到，对于多样化的场地条件来说，网格和对称是有明显局限的，它们更适应富于一致性的场地，在那里更容易完成重复并坚持严格镜像平衡。通过把设计用途和空间穿插、围绕在树木、陡坡、各类不适宜的地表条件以及沟渠之间，不对称正交设计更容易适应需要做出各种反应的场地条件（图 8.19 中）。不干扰那些脆弱的地段，也就保护了它们。另一种适应概念，是把建筑物、墙体、特定种类的树木之类在视觉上吸引人的场地元素融入不对称的设计结构组织中（图 8.19 右）。这种结合技巧围绕着值得注目的元素，并在设计中让它们具有关键地位。不对称正交设计同样适应富于变化的地形起伏，可以用迎合的方式在陡坡上做上行或下行的平台空间（见设计准则）。

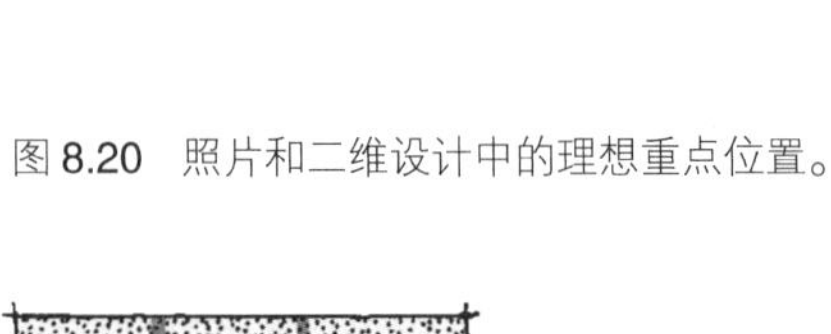

图 8.20 照片和二维设计中的理想重点位置。

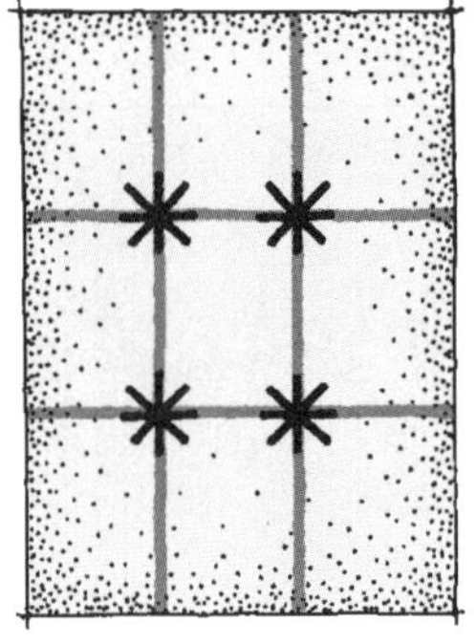

设计准则 | Design Guidelines

在应用不对称正交结构进行设计时，要注意一系列设计原则。其中一些是作用于许多设计领域的基本构图原则，另一些是特别针对景园的。

三分法则 | Rule of Thirds

二维设计构图的一个基本原则是把设计元素组织在分成 3 部分的基础上。这种在摄影、绘画、图形设计中完满构建起的“法则”（rule）意味着，把构图焦点放在将一个图形范围分成 3 份的线条所造成的交点之一上（图 8.20）。值得推荐的做法是依据黄金分割的神圣比例（1：1.618 033 988 74）的划分，它可被简化为 1/3 和 2/3 比值（图 2.3）。这里应该记住，神圣比例或黄金分割是无数设计的基础，无数客观事物呈现在人类眼

笔记/手绘

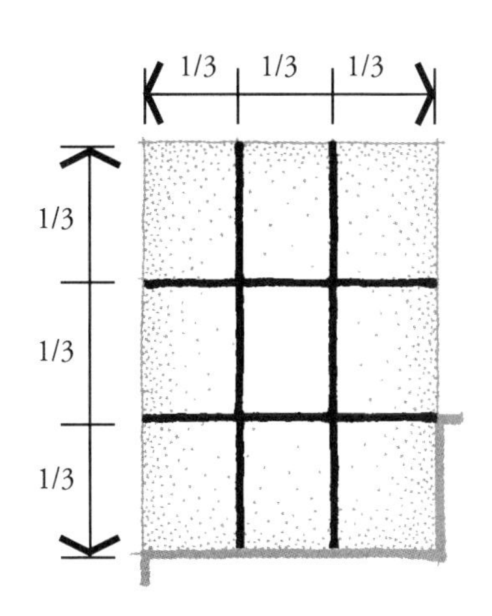

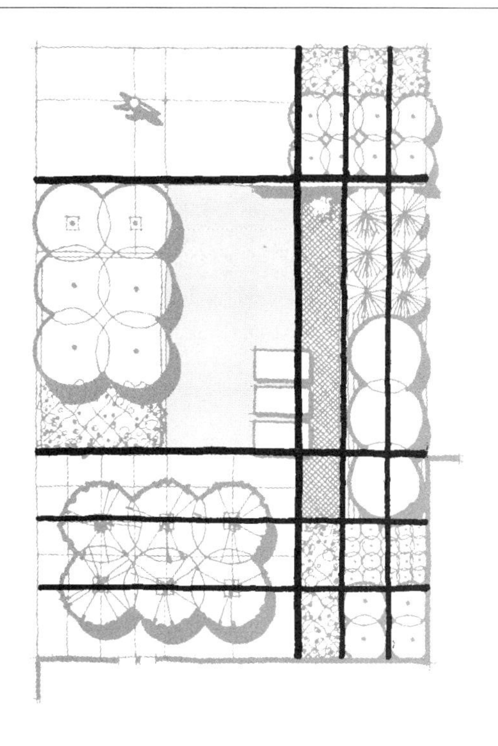

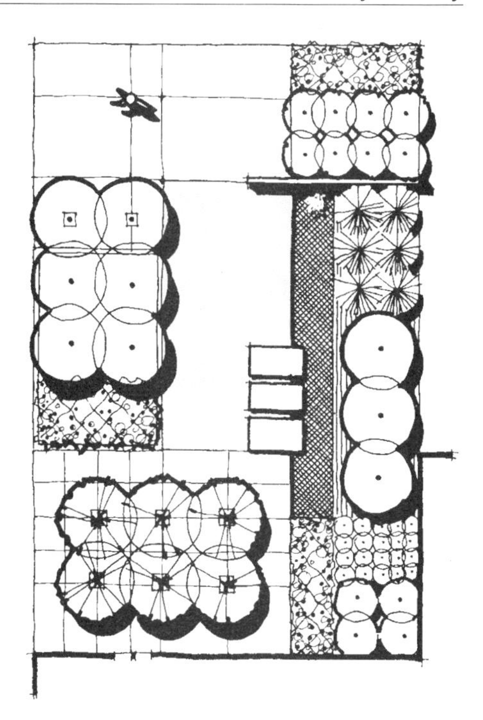

图 8.21 在设计中把 1/3 比例当作空间和元素布局基础的示例。

中的天然形态也是如此（见第 5 章）。

在不对称正交景园设计中，三分比率可有几种应用方式。其一，可以从一开始就用间距大致把长宽都分成 1/3 的线来贯穿场地，在其中设置空间和元素。这些轮廓线的作用是，以同随机网格非常相像的方式，作为预计空间与元素边缘的定位导线（图 6.21、图 8.21）。这种设计之内的空间也可以按三分法划分，以此方式布置其中的元素，或这些元素与紧密毗邻元素的衔接。这样，三分概念可以作为设计中既决定规模也决定位置的手段，用于越来越小的块面。

另一个应用三分比率的相似方法，是作用于单个正交元素的彼此连接。拥有共同边缘的面对面正交形式彼此沿边线的拉伸距离，应该大体依据其中一条边的 1/3（图 8.22）。应该避免大约 1/2 的共同边缘，因为这看上去将把块面分成两部分，其同等性更像对称构图而不是不对称构图。同样，在连锁的正交形式彼此延伸到对方之中时，应一方或双方都取 1/3 的面积。太少的叠加使连接看上去很薄弱，而过多的叠加将有碍于其中一个形式的视觉效果（图 8.23 左和右）。另外，还要注意本章另一些图形示例中的正交形式彼此叠加的方式。

笔记/手绘

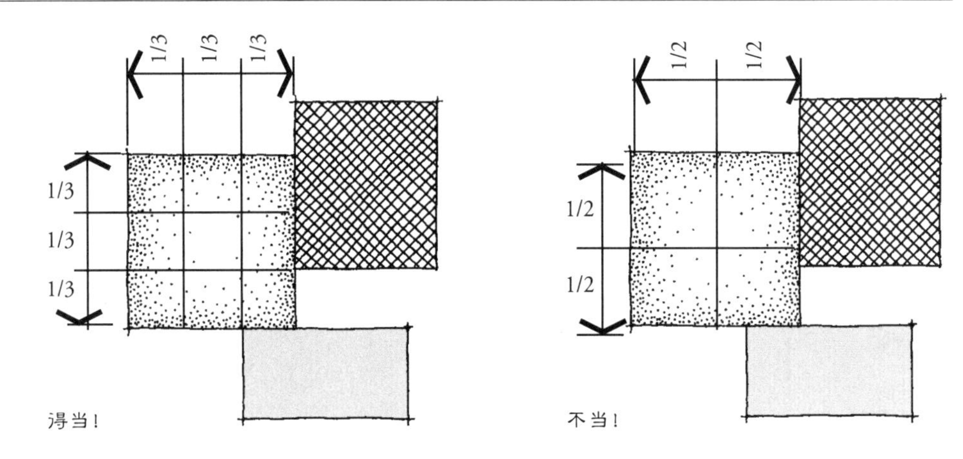

图 8.22 毗邻形式沿共有边缘的理想叠加是其边长的大约 1/3。

关于三分比率的一些告诫应使设计者注意。第一，要把它当作建议而不是法则。它并非适用于任何情况，而且必须同时考虑大量其他事项，如既有场地条件、需要的场地面积、功能、空间特色及预计的材料。如果应用过度，三分比率可能过于公式化，使设计过于雷同。第二，三分比率也不必非要精准，在应用中只要差不多就完全可以达到同样的效果。第三，也是最关键的，不要忘记不对称的整体格调，要以强化这种格调的方式来组织各种设计成分。有经验的设计者是凭借对良好比例和构图的直觉来应用三分比率的。

图 8.23 基于三分比率来叠加元素的设计示例。

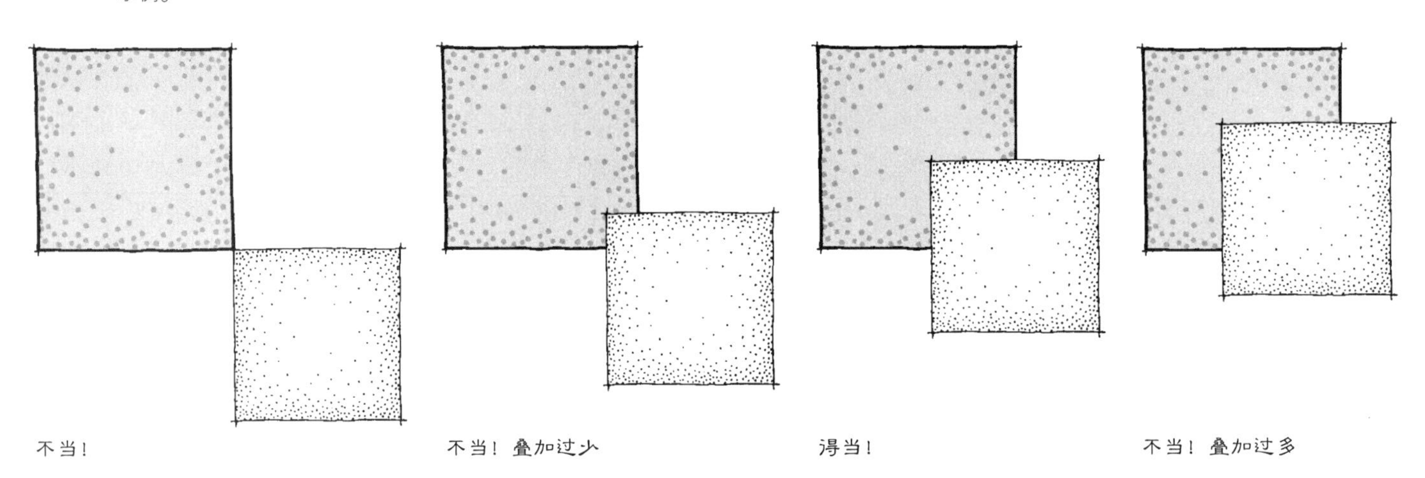

笔记/手绘

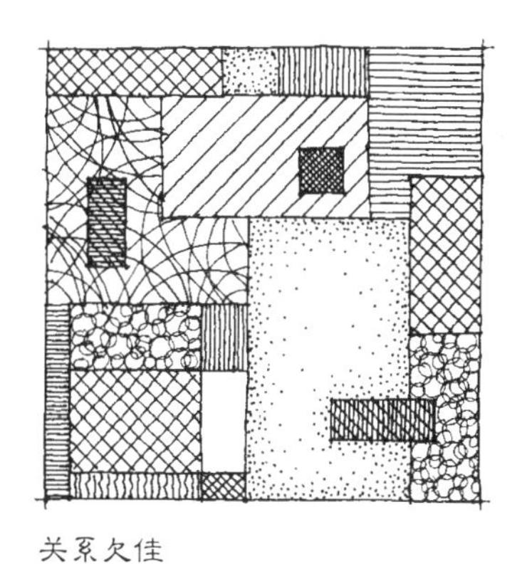

关系更佳

边缘的排列

图 8.24 上：让选定的正交形式边缘彼此对位。

排列 | Alignment

另一个同三分比率相关的准则，是倡导不对称设计中的那些正交形式要有彼此边缘间的排列（图 8.24）。这种方法减少了随意性，为相互分离的设计元素带来视觉上的关联（图 8.9、图 8.25）。其结果是，各种边缘和元素间看上去彼此在视觉上协调一致，犹如在网格式设计中必然发生的那样。

这一准则的结果，肯定是阻止那些由正交形式相邻所造就的直线不加打断地从设计的一端延伸到另一端（图 8.26 左）。完全穿越一个不对称设计的线条会在视觉上割裂它，损害它的整体性。一条有可能穿越不对称结构的线条，应该在其到达场地另一端之前就用一个跨越其行进路线的正交块面来终结，或通过墙体、绿篱、植物组团之类的三维元素来阻碍它伸向另一边的连续性（图 8.25、图 8.26 右）。

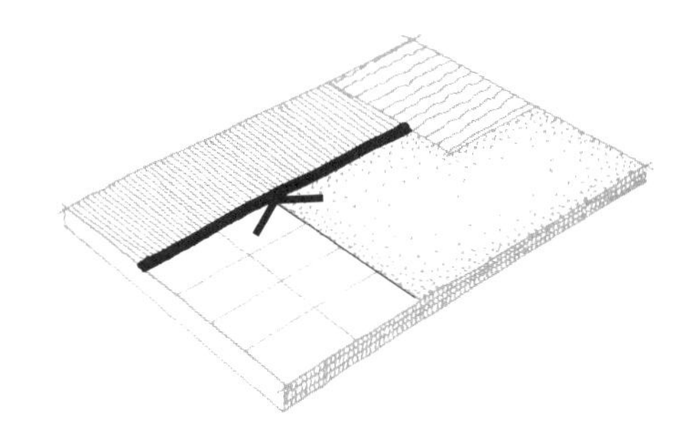

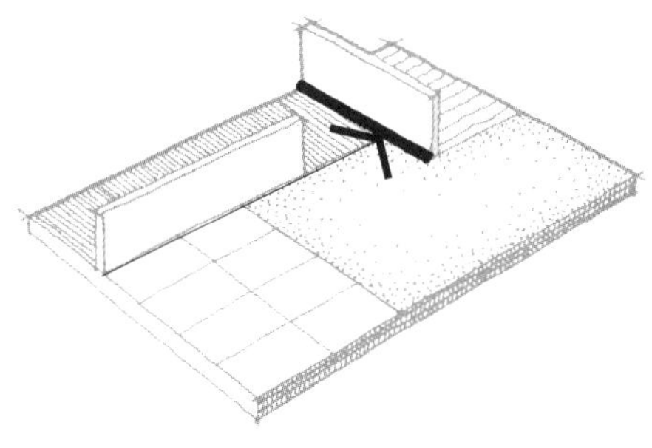

图 8.25 上：穿越场地的线条在到达另一端前被截断。

图 8.26 左：二维正交块面和竖直面截断了可能穿越设计的线条。

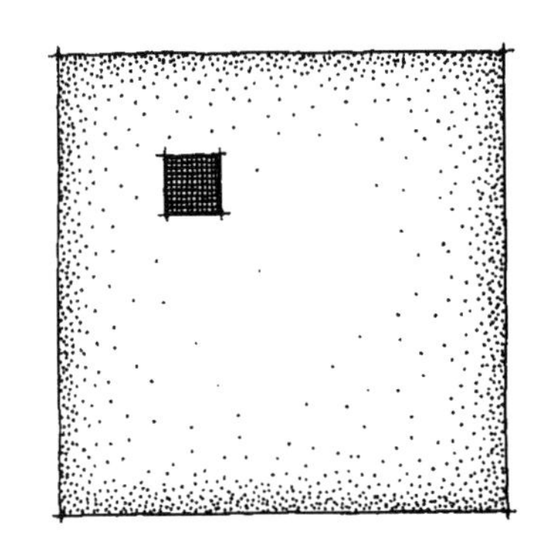

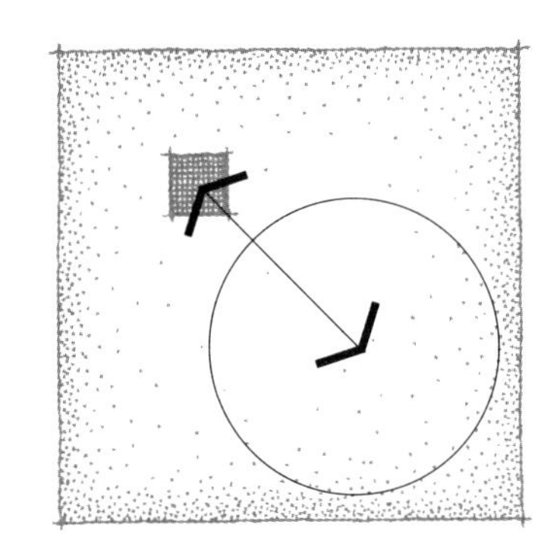

图 8.27　右：设计中设置的重点由右下部分占较大比例的面积来平衡。

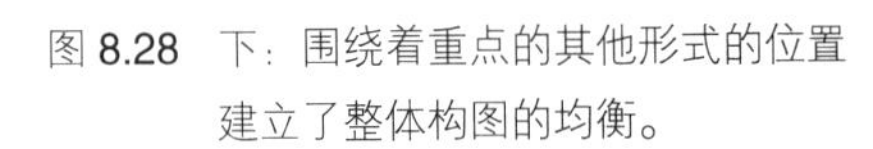

图 8.28　下：围绕着重点的其他形式的位置建立了整体构图的均衡。

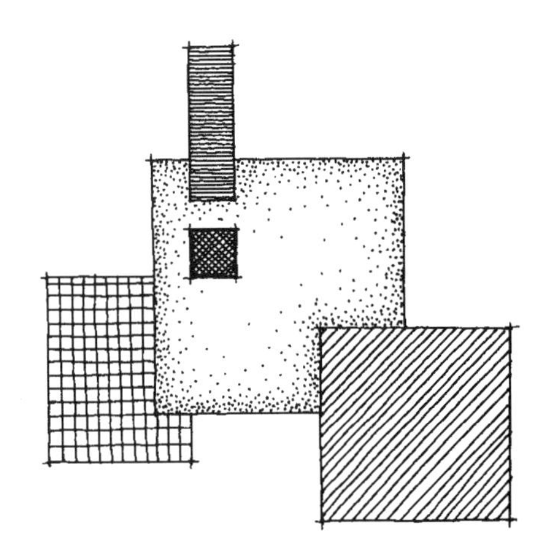

景观重点的设置 | Accent Location

在对称设计中，视觉景观重点的位置是显而易见的，在不对称组织中却不然。不对称正交设计中不存在一个明确的醒目中心位置，不过，也要记住一些基本原则。从简单的构图角度来说，不对称设计的景观重点最好偏离中心，同时由构图内任意一处具有同样视觉强度的显要块面取得视觉平衡。在抽象设计中，相对较大的块面可以同较小却更富聚焦力的点互补（图 8.27）。同样，在一个景观重点旁边不同方位上精心汇聚的正交形式，也可中和它的视觉支配力（图 8.28）。在上述所有情况下，构图焦点的位置都决定于直觉判断，而不是理性度量。

在不对称正交风景设计中也要这样考虑问题。在一个场地整体领域内，雕塑、水景、醒目的树木、独特的建构之类有意设置的焦点应偏离中心，并由其他元素来互补平衡（图 8.29 左）。另一种方法是采用多个视觉焦点，置于诱导人们穿行于景园之中的关键点上（图 8.29 中和图 8.14）。这样的焦点设置既发挥吸引作用，又鼓励推进。一处相对较大的开敞空间或虚空同样可作为构图重点，由精心布置在场地范围内任何其他位置的“实体”设计元素来平衡（图 8.29 右）。

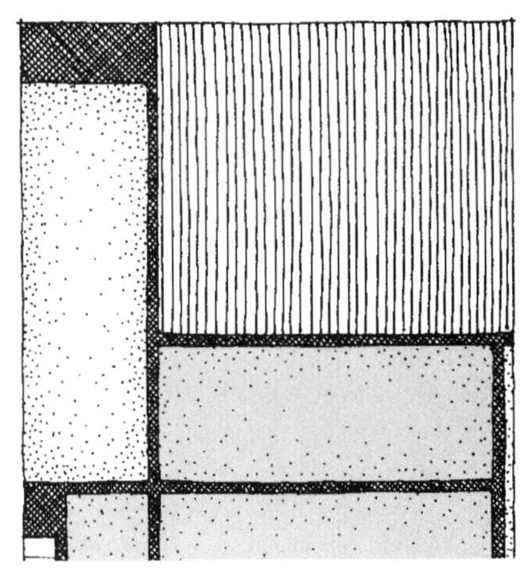

笔记/手绘

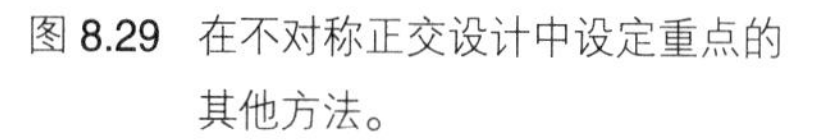

图 8.29　在不对称正交设计中设定重点的其他方法。

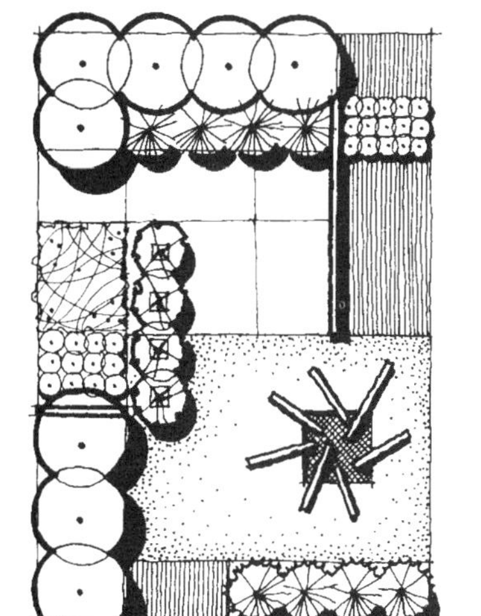

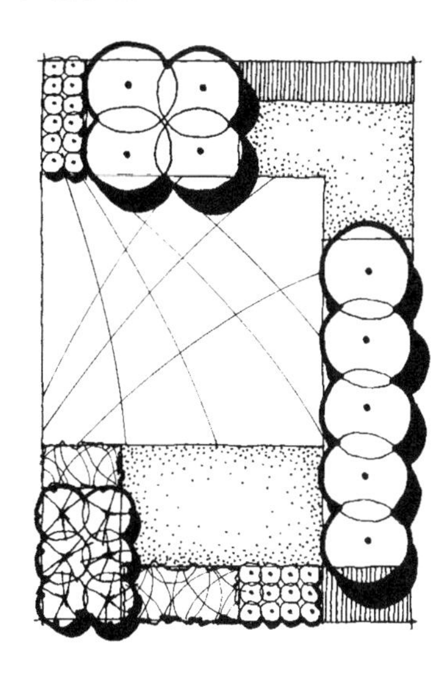

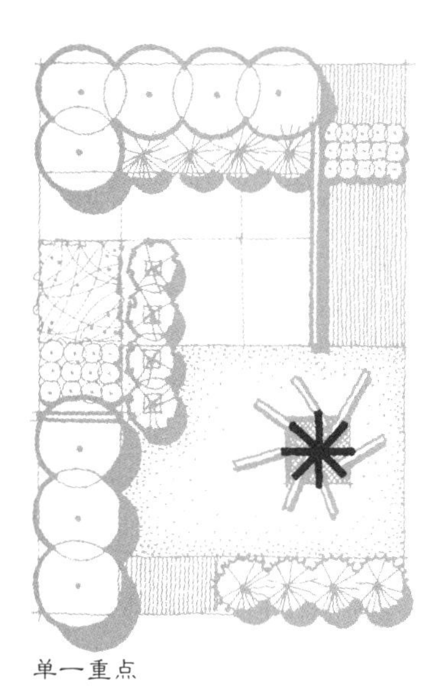

单一重点

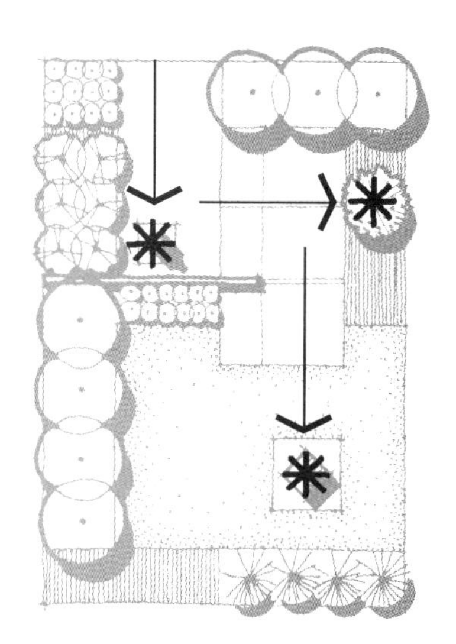

序列化的多个重点

主导性空间

笔记/手绘

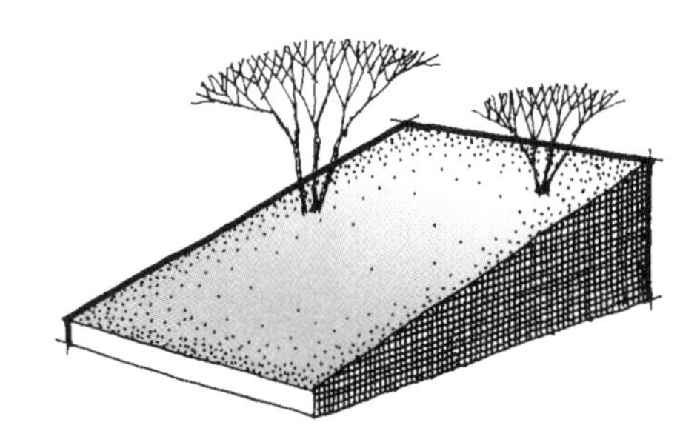

图 8.30 采用平台和抬高的平面来适应坡地和多变的场地条件。

图 8.31 弗科特喷泉中地形层次式的叠加。

同地形的关系 | Relation to Topography

不对称正交几何形最好置于相对平坦的底面上，使其平面性质可得到清晰表达。同其他正交类型一样，不对称组织也可以由一系列上下斜坡的平台来适应有坡度的场地（图 8.30）。在调整倾斜情况时，不对称结构为适应既有元素和场地条件带来了很大弹性。平台大小和位置的确定都可避开树木、裸露岩石、集水沟、易滑坡的土壤等，最低程度地干扰场地的脆弱地段。不对称几何形的另一独特性质，是它鼓励从地面上抬升或悬挑一些伸出斜坡的平台空间的可能性。这允许上、下各层的毗邻空间相互穿插扩张，有些类似在底面自身上进行的毗邻块面叠加（图 8.7 ~ 图 8.9）。这种不同高度上的平面添加带来层叠地层般的形象，就像劳伦斯・哈普林（Lawrence Halprin）在设计俄勒冈州波特兰的弗科特喷泉（Forecourt Fountain）中所做的那样（图 8.31）。

图 8.32 3 个主要栽植层次的竖向设置概念。

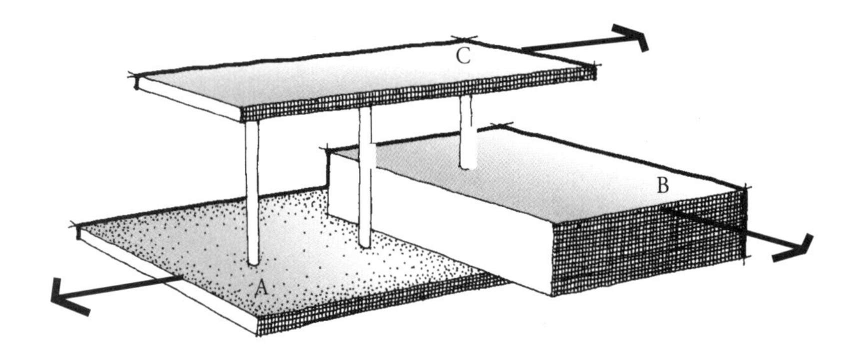

A：地表 / 草皮植物
B：灌木组团
C：顶面的树冠

笔记/手绘

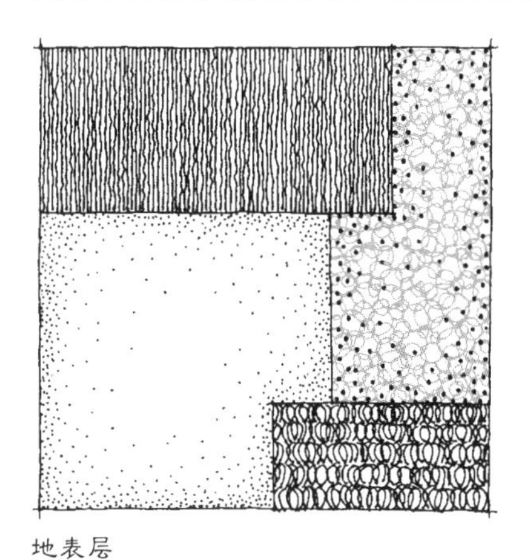

地表层

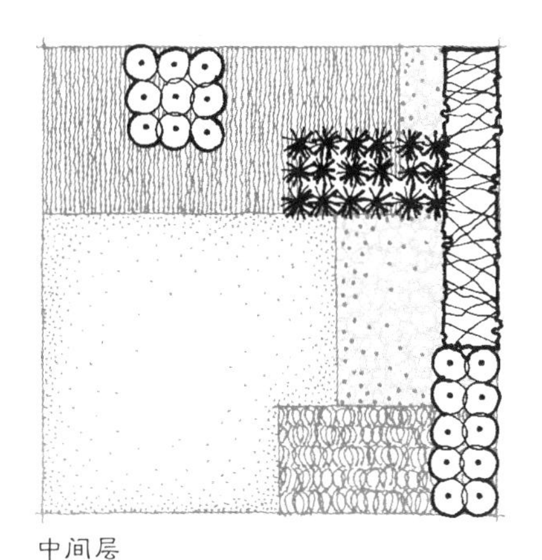

中间层

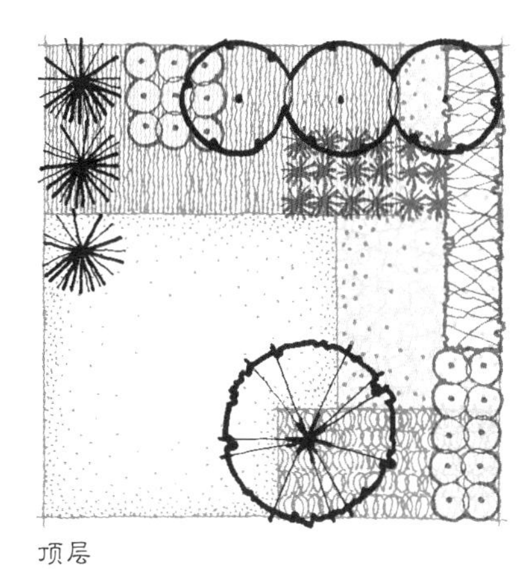

顶层

图 8.33 不对称正交设计中的分层种植过程。

材料搭配 | Material Coordination

在不对称设计中，具有建构效果的木本植物布局，应该依据前面关于正方形和矩形中讲到的设计准则。植物种植在不对称正交构思中所具有的独特性是，它提供了分别处理植被材料的3个基本层次的机会，不过，发挥协调作用的那层可以伸延到其他各层的下面或上面(图8.32)。在植物设计中，典型的是要考虑处在最底层的地被植物/草皮、位于中层的灌木以及顶层的树冠设计。在不对称正交方案中，这3个层次可以在竖向上进行交织拼接，以便在整个设计中的每一层都同其他各层呈现不同的关系。这种方式的特有过程，始于依据色彩、肌理、季节性以及功能关系，把地面布置成不同材料的块面（图8.33左）。然后加入中层的灌木，其中一些组团同地被层对应，另一些则扩展到毗邻的地表材料领域（图8.33中）。最后，把作为顶层的树木加到地表层与

图 8.34 引入其他形式与不对称正交设计互补。

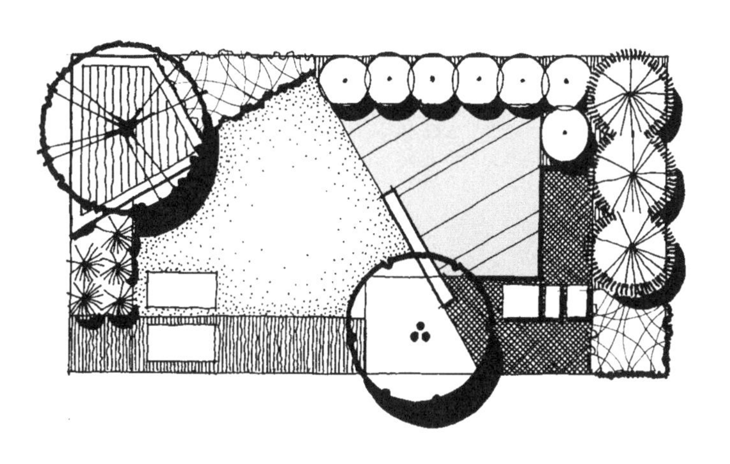

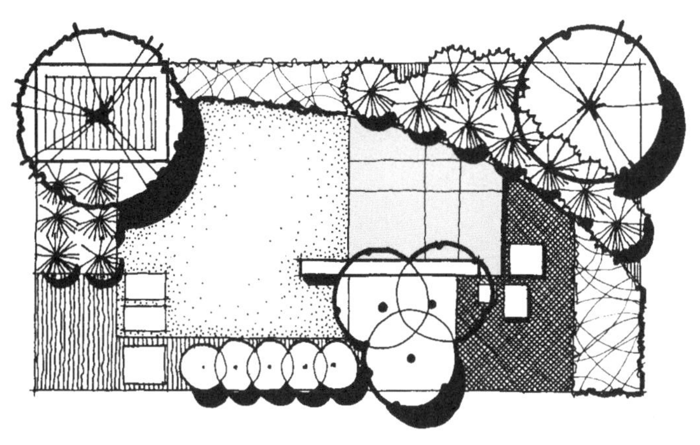

笔记/手绘

中间层中的精选地段之上（图 8.33 右）。然而，作为一种理想的方法，实际上必须同时考虑所有这 3 个层次，必须造就一种进退协调，保证它们所有都能形成不对称三维植物的层次化组织。

变化 | Variations

利用不对称正交几何形来设计的最后一个准则，是在设计环境允许或包含对比形式时，一定要考虑对它们的整合。如前所述，应用任何正交结构的设计都可能导致一般化或特别容易预见，在设计布局时追求新颖或前卫语言时尤其如此。在这种情况下，伴随着能很好展现变化的另一些形式，不对称正交组织框架的效果可以得到强化。仅仅几处斜线形象或一条简单优雅的曲线，可能就是在占优势的正交结构中造就对比时所需要的（图 8.34）。事实上，通常应该精心考虑互补的形式，有限制地设置它们，这样它们才能以最少的努力达到最大的震撼性。进而，有必要保证其他形式完好地吻合正交几何形，不要造成怪诞的角度。当整体性完好时，在带来构图力量的同时，对比的形式就在正交结构中得到顺畅的表达。

参考资料 | Referenced Resources

Condon, Patrick Michael. "Cubist Space, Volumetric Space, and Landscape Architecture." *Landscape Journal* (Vol. 7, No. 2), Spring 1988.

其他资料 | Further Resources

Brown, Jane. *The Modern Garden*. Princeton, NJ: Princeton Architectural Press, 2000.

Burton, Pamela, and Marie Botnick. *Private Landscapes: Modernist Gardens in Southern California*. New York: Princeton Architectural Press, 2002.

Church, Thomas, Grace Hall, and Michael Laurie. *Gardens Are for People*, 2nd edition. New York: McGraw-Hill, 1983.

Treib, Marc. *Modern Landscape Architecture: A Critical Review*. Cambridge, MA: MIT Press, 1993.

Treib, Marc, and Dorothee Imbert. *Garrett Eckbo: Modern Landscapes for Living*. Berkeley: University of California Press, 1997.

网上资料 | Internet Resources

Art of Europe: www.artofeurope.com/mondrian/thumbs.htm

笔记/手绘

非正交形式 | Angular Forms

斜线 | The Diagonal 9

有如直线同正交形式的关系，非正交几何形研究的恰当起点是其最起码的元素：斜线。这种基本构图成分包括三角形及其他非正交多边形的边线、轴线以及内部对角间的连线。斜线还是一个可独自用在景园中来展现其特定性质的设计元素。斜线虽然是直的，但很少在构图中平行或垂直地对应于其他设计元素。其结果是，斜线体现了正交形式的相似性与有机形式的无规则之间的转换。

尽管在自然中很少见，斜线还是一种实现多种特殊用途的独特元素。在历史上的古典园林中，斜线有时被用作正方形和圆形的从属组成部分，通常作为一种廊道引导视线和运动穿越设计的精微之处。在当代景园建筑学设计中，斜线自身长期被用作特定的元素，通常嵌入其他几何结构，或作为奇异的衬托者来张扬不如此便会沦为平庸的构图。

本章考察斜线在景园建筑学设计中的不同方面，注意力集中于以下主题：

- 定义
- 类型
- 景园效用
- 设计准则

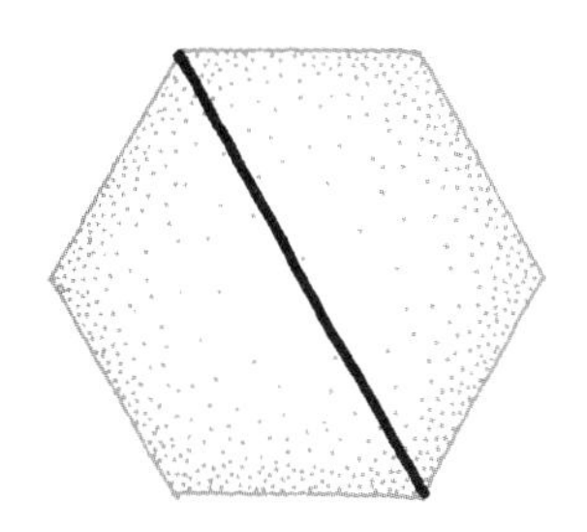

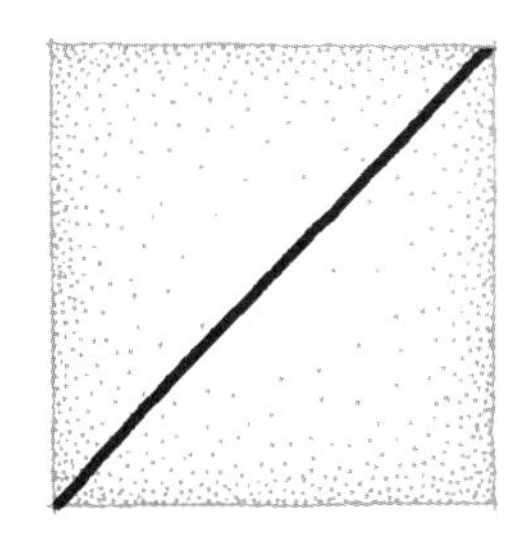

图 9.1　斜线是在任意多边形中两个不相邻点的连线。

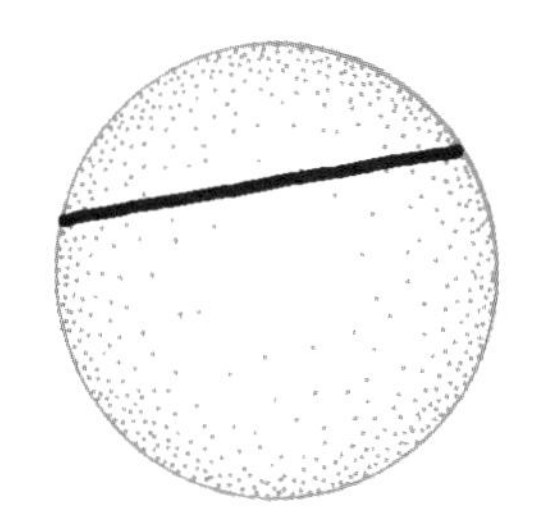

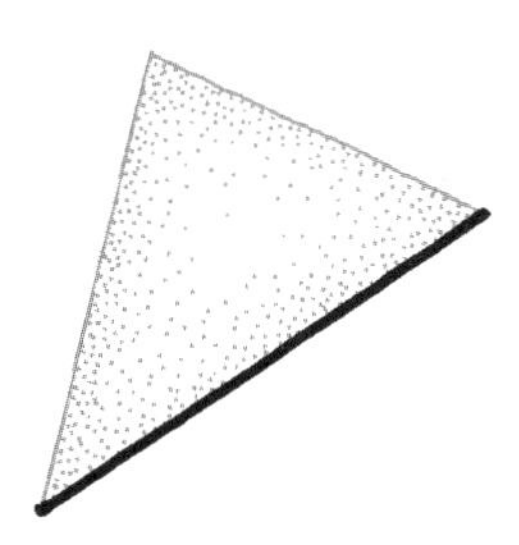

图 9.2　圆形和三角形中的斜线。

定义 | Definition

“斜线”（diagonal）一词源自拉丁语 diagonus，意思是“倾斜的线”，作为专业术语定义任何多边形内非相邻角的连线（图 9.1）。在正方形和矩形内，斜线可见于连接两个对角的平分线。斜线还可见于圆形内非基准方向的直径或弦（图 9.2 左）。当与相邻的线或形式成一定角度的位置时，三角形的边也可看作是斜线（图 9.2 右）。

在上述所有情况下，斜线都是其他几何系统的派生物，同它们成倾斜的关系。斜线的倾斜排列并非这种线或形自身的性质，而是出自它同毗邻线、形的关系。所以，斜线之所以为斜线是相对的，不一定同东、西、南、北基准线成一定角度。因而，本书对“斜线”的解译更宽泛，把它定义为同占主导地位的几何形不平行或不垂直的任何线或形。

图 9.3　作为线的斜线。

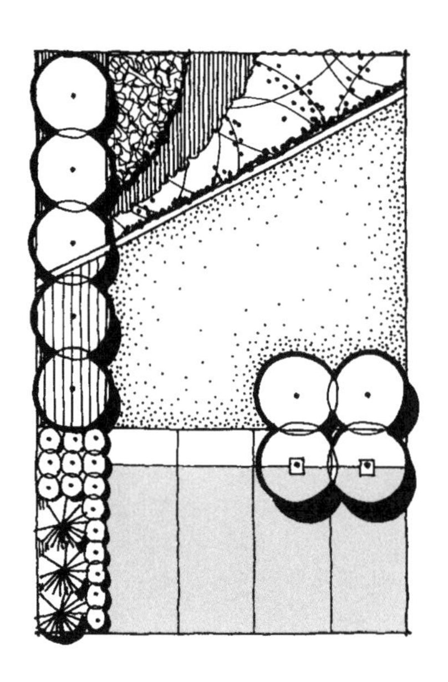

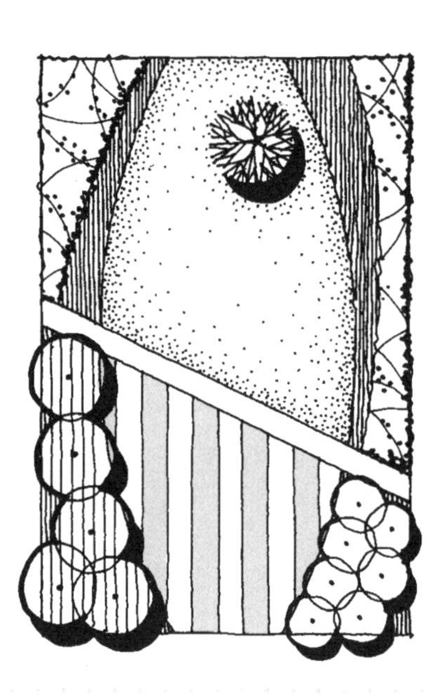

笔记/手绘

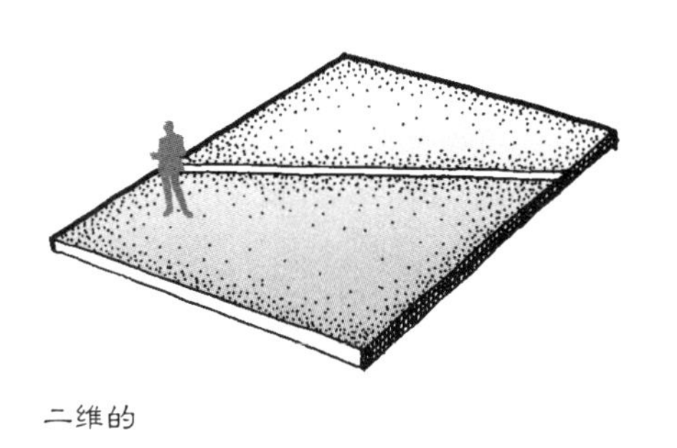

二维的

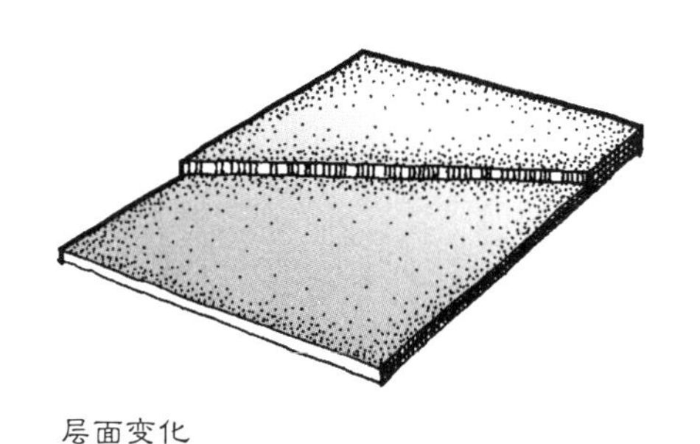

层面变化

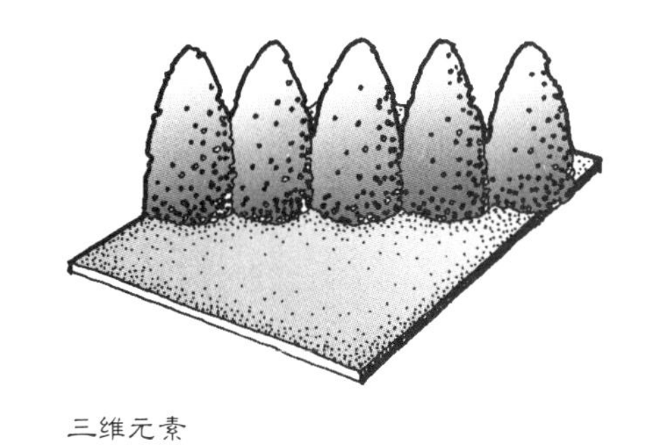

三维元素

图 9.4 展示斜线的各种方式。

类型 | Typologies

景园中的基本斜线类型有 3 种。尽管它们彼此各有特点，却都满足前面的定义，在既定场地中倾斜于主导几何形。

线 | Line

同其周围环境呈倾斜关系的一条直线，是景园中最显明的斜线类型（图 9.3）。除了斜向排列外，斜线是一种具有正交直线大部分典型性质的单一元素（见第 3 章，直线）。斜线可以表现为底面上的二维元素、清晰的高度变化，或体现为从基面上抬升的任何数目的元素（图 9.4）。在第三维中，斜线可以是均匀连续升高的，或者作为一种生动变化的形象贯穿景园（图 9.5）。

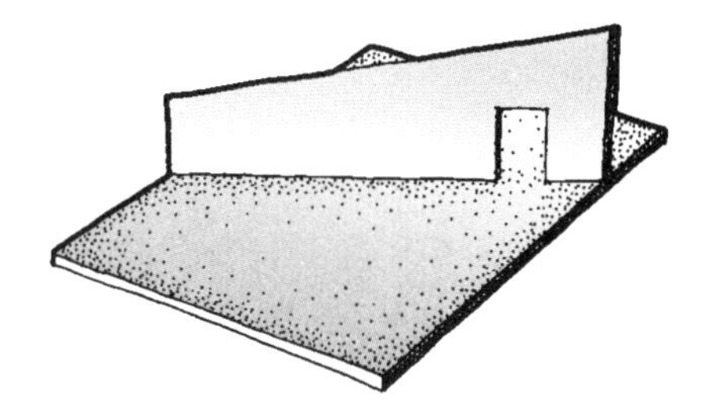

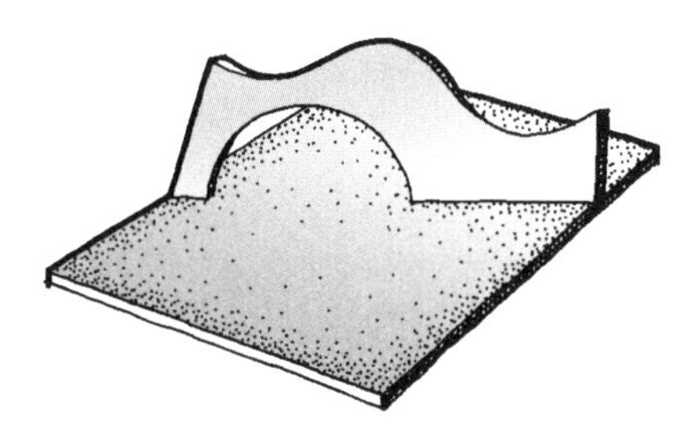

图 9.5 一个斜线可以是均匀连续升高的，也可以是多变的。

笔记/手绘

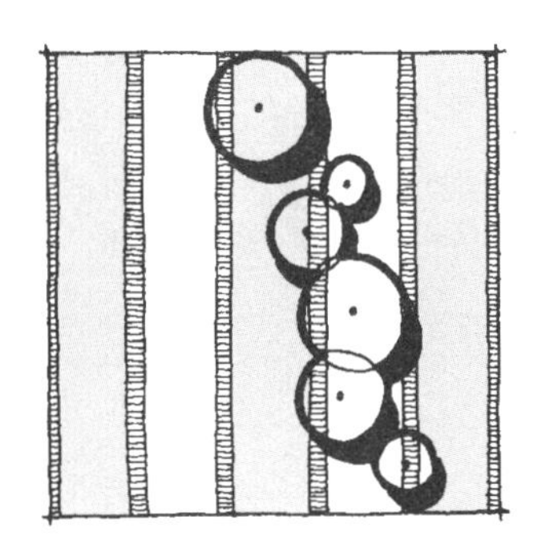

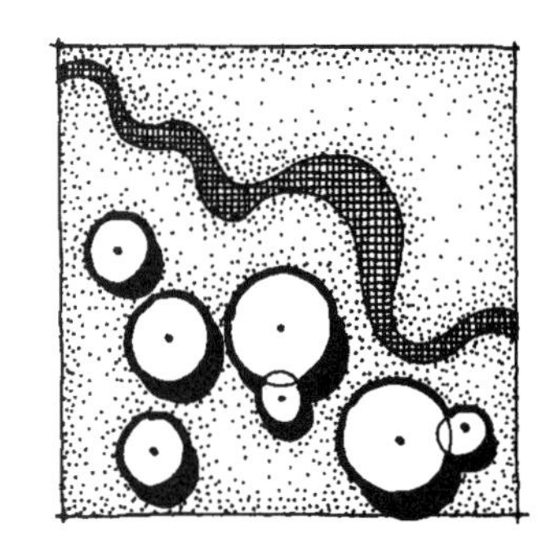

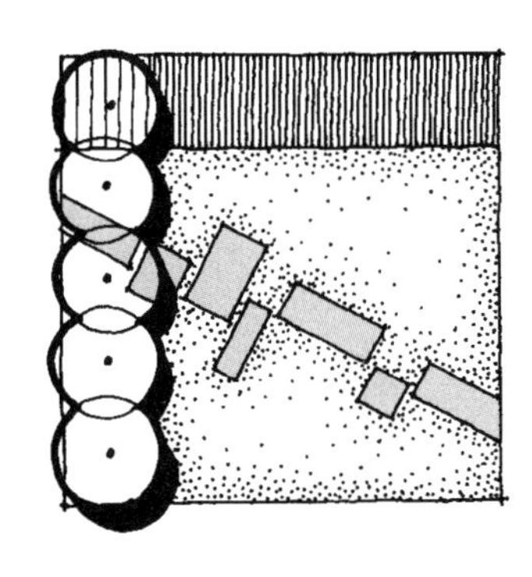

图 9.6 造就隐含斜线的不同技巧。

隐含的斜线 | Implied Diagonal

隐含的斜线是一些线和/或元素的组合，共同在景园中显示为一条斜线（图 9.6）。就这些线和元素自身来看，它们有自己的几何布局系统，可以同场地的结构组织一样，也可以不一样。隐含的斜线可以体现为材料边缘、长凳、墙体、绿篱、树木组团，等等。

常见的一种隐含斜线是“Z”形，一系列连续的直角转折同其周围环境呈一定角度。“Z”形显然是一种正交结构，但通过与一个常规正交场地边界的斜向关系（图 9.7 上），或同一种整体呈倾斜的旋转排列构成一定角度，显示了隐含着的斜线（见旋转）（图 9.7 下）。“Z”形被认为追随了立体派的审美，首先在作为现代运动早期先例的欧洲园林中得到尝试（Treib 1993，96-99）。继而，“Z”形在盖瑞特·埃克博、托马斯·丘奇等人设计的无数现代主义园林中得到效仿。其实例之一是托马斯·丘奇 1948 年设计的加利福尼亚州阿普托斯（Aptos）海滩度假地的马丁园（Martin Garden）（图 9.8）。在这里，一条木头矮长凳被设计成锯齿状元素，位于一条斜向排列的棋盘格式露台的边缘，提示人们坐到凹处。长凳自身的设计是正交的，但其设置暗示了游戏沙坑的一条斜边，并吻合露台的图形。

更近的一个“Z”形例子是彼得·沃克 1979 年设计的坎布里奇中心屋顶花园（Cambridge Center roof garden）（图 9.9）。这项设计很大程度上基于布满屋面表层的花台所确定的网格。这些花台的图案效仿了法国文艺复兴园林花床，又点缀了一系列抽象树木般的金属结构（Sasaki 1989，82）。网格在场地中部逐步削弱，产生了围着一个开敞空间的“Z”形花台图形，并把人们的注意力聚集于沿屋顶南缘的入口。

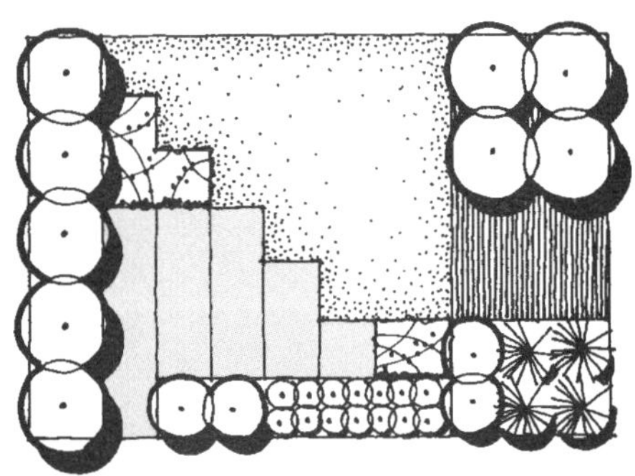

正交设计

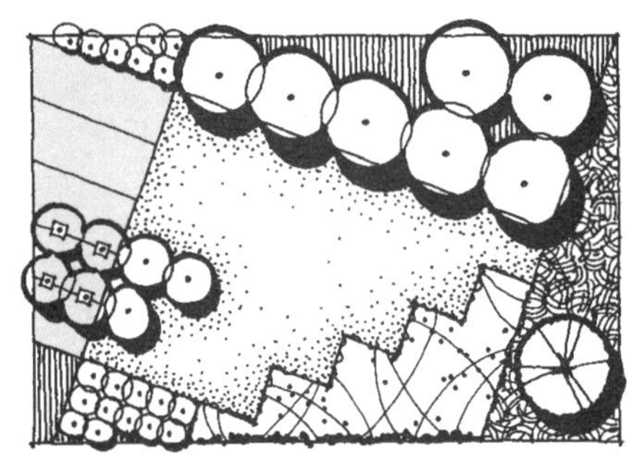

旋转设计

图 9.7 隐含的“Z”形斜线同周围设计环境相关。

笔记/手绘

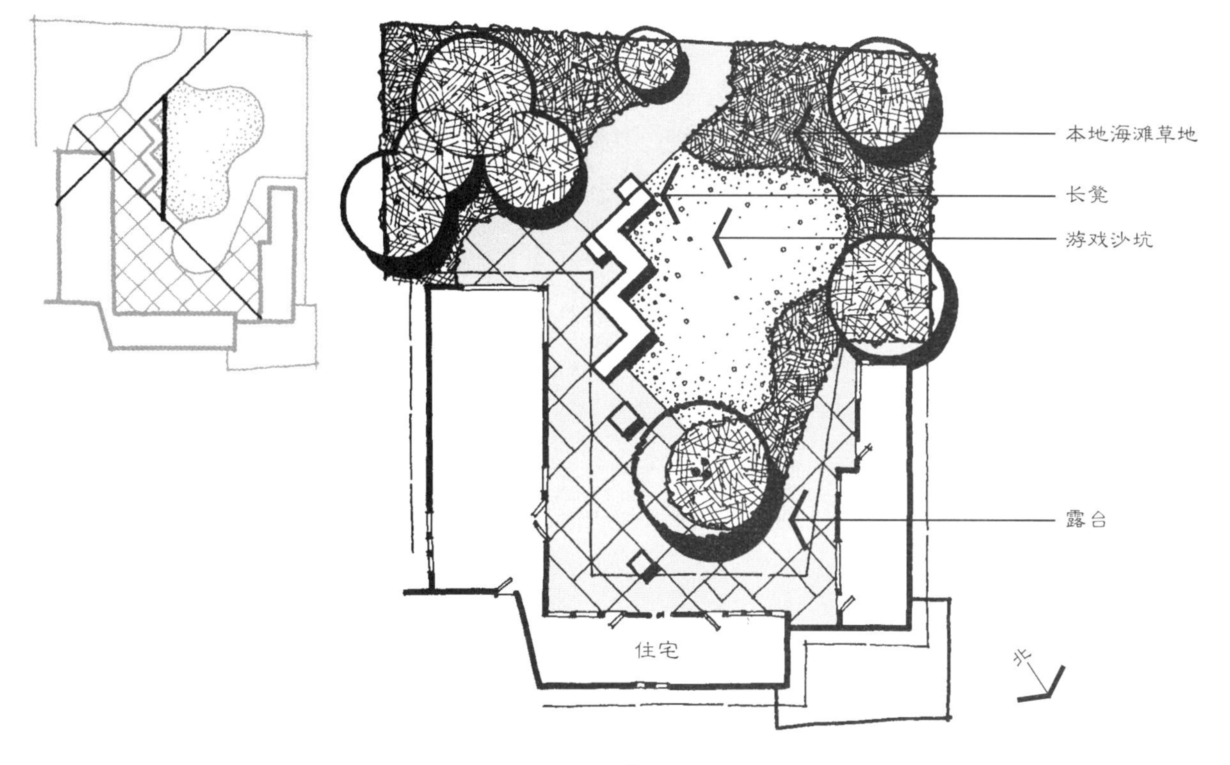

图 9.8 上：马丁园。

图 9.9 下：坎布里奇中心屋顶花园。

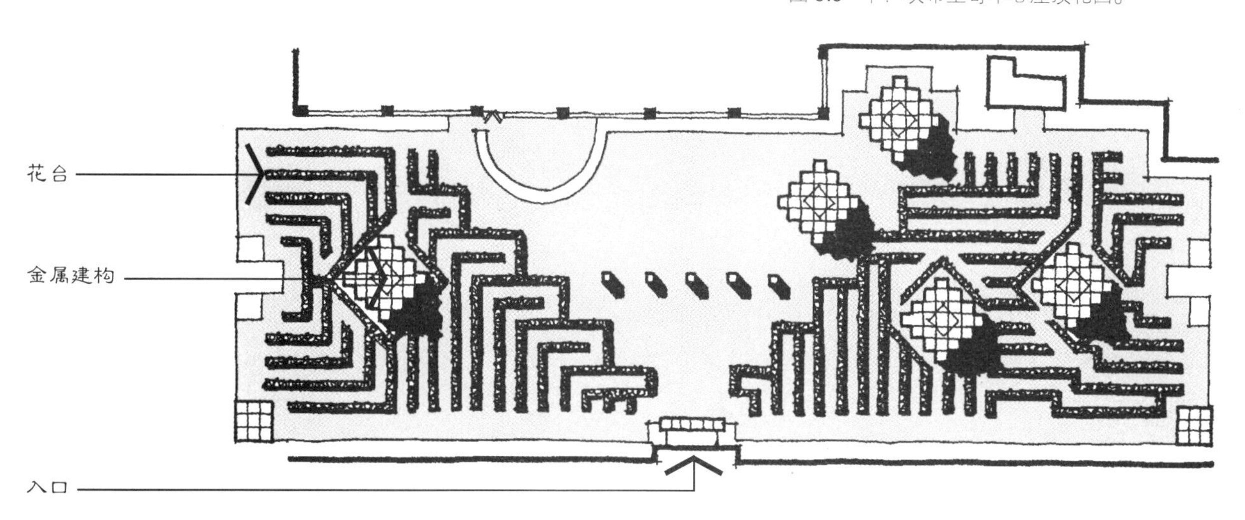

笔记/手绘

正交设计

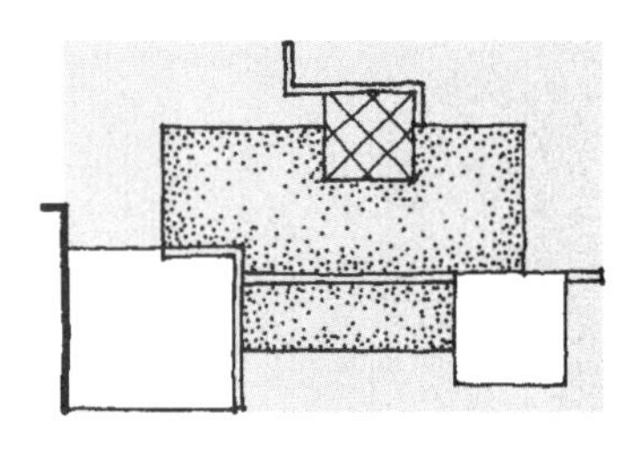

旋转成倾斜的

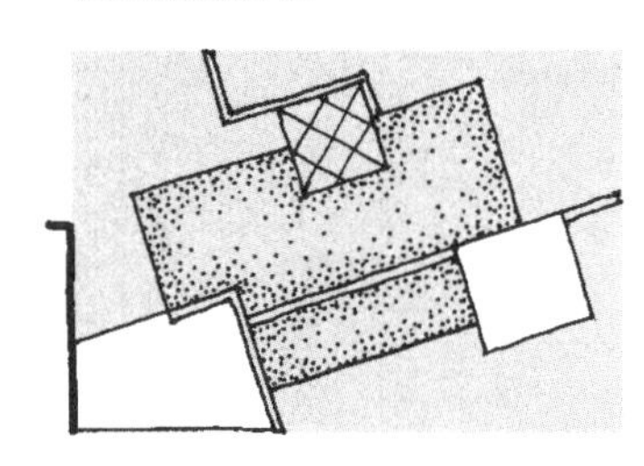

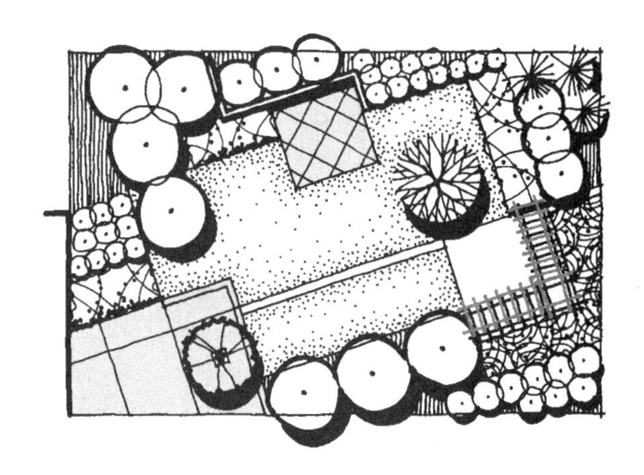

图 9.10　通过相对场地边缘的整体旋转设计构成的倾斜。

旋转 | Rotation

景园中的第三种斜线类型，是整个几何系统相对于场地边界、毗邻建筑和 / 或周围树木的旋转。最常见的旋转是同周围关系呈现一定角度的正交设计（图 9.10）。如果不看周围环境，其正交组织形式的设计同其他任何直角关系的设计概念一样，因此拥有了与这种设计结构相关的所有空间的与经历的性质。只有沿着正交组织的边缘或向外扩展视野时，构图的旋转才能显示出来。这种旋转概念还可应用于其他意欲同周围关系相关的几何形组织，不过，有时会因难以捉摸而显得离谱（图 9.11）。旋转是斜线中蕴含最深的类型，因为它包含整个场地，而不是另两种倾斜类型那样的单一元素。

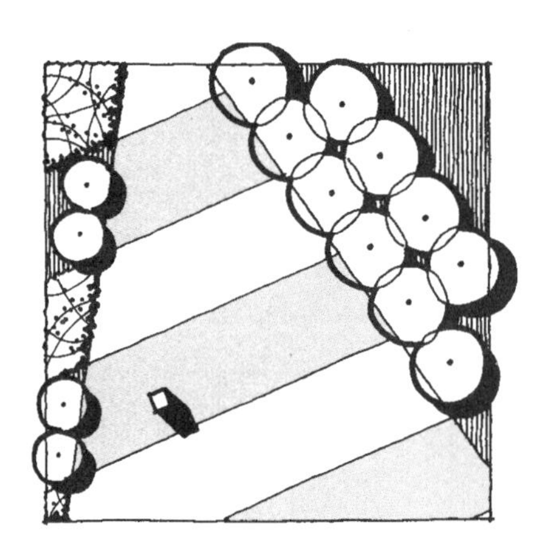

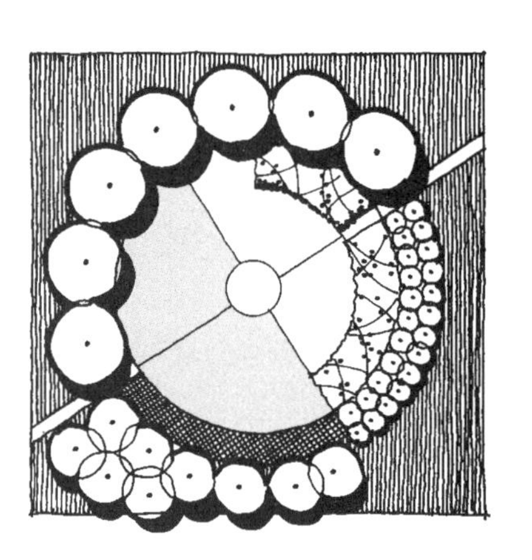

图 9.11　旋转形成的斜线可在不同几何组织中实现。

笔记/手绘

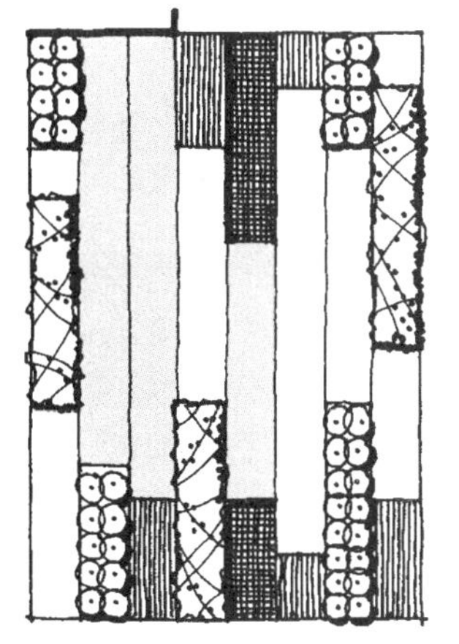

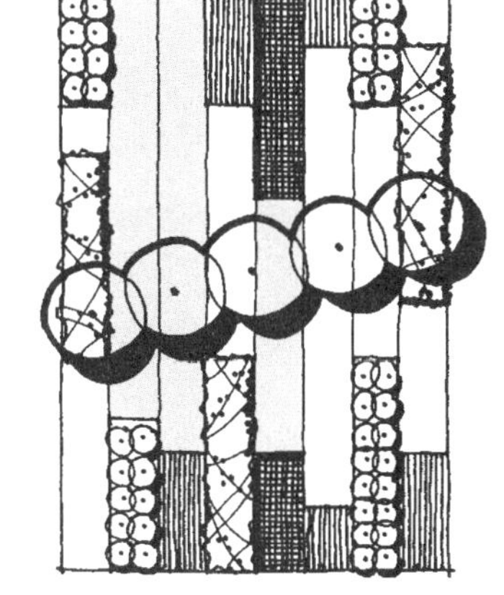

图 9.12 左：用作嵌入的斜线示例。

图 9.13 下：斜线的嵌入在同周围强烈对比时最为显著。

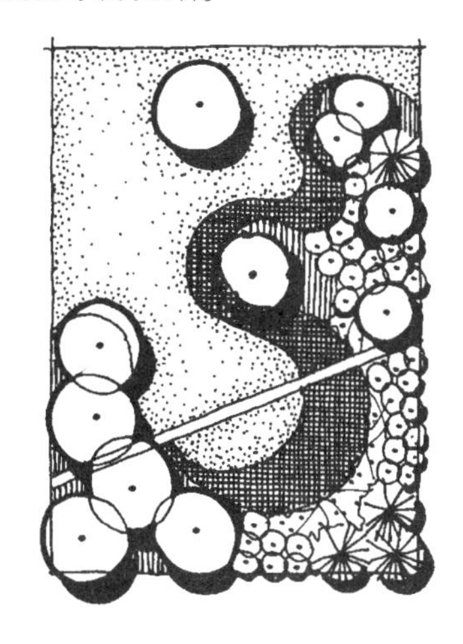

景园效用 | Landscape Uses

景园中的斜线用于满足对其斜向具有内在要求的特定功能。针对一些要求的最佳满足联系于某一种斜线类型；而对另一些要求，3 种类型中的任意一种都有同样的效果。斜线和旋转设计结构同直线与正交几何形共有的基本性质已经得到阐释，它们的景园效用有相应的共性。例如，以斜线方式可同直线一样引导视线，激励运动，带来建筑特征的延伸，并创造节奏（第 3 章）。不过，斜线还有其特殊性，有能力达到下述景园效用：嵌入、划分边缘、转变方位、距离错觉以及调节流线。

嵌入 | Intervention

斜线同其周围关系不一致的性质使它在景园中成为一种理想的嵌入元素。置于正交组织中的斜线，是打断设计连续性的一个切口，带来同常例之间的视觉冲突（图 9.12）。这样的割裂经常以其不连贯来刺激构图，避免整体一致的结构可能存在的枯燥感。同样，斜线的方向倾斜和边缘锐利的秉性也同圆弧和曲线设计的优雅伸展形成对比（图 9.13）。在发挥这种作用时，斜线以其相反的特征强化了其他几何形的波动。当隐含的斜线明显区别于附近的形式和边缘时，像在马丁园中那样，它也是对景园的嵌入（图 9.8）。旋转斜线设计结构相对其周围关系也是一种嵌入，通常因为其性质的特异而形成很炫目的景园（图 9.14）。

图 9.14 旋转斜向设计可以是对场地周边环境的嵌入。

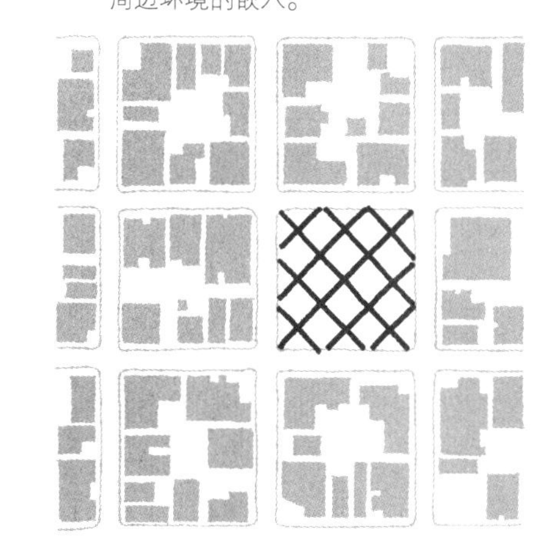

笔记/手绘

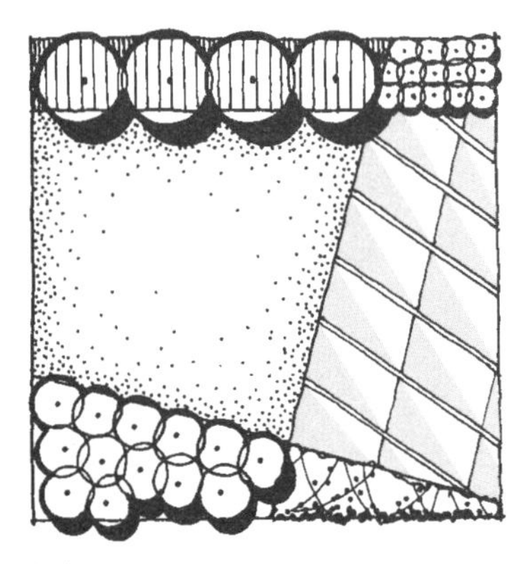

材料

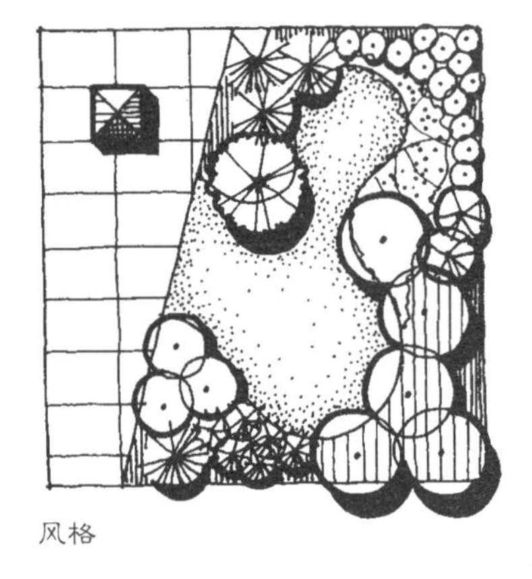

风格

图 9.15 斜线可用于划分一个设计中的不同品质。

图 9.16 右：一些设计元素应同时出现在斜线两边，避免分裂的构图。

划分边缘 | Dividing Edge

斜线在景园中的类似应用还在于带来一种有意的割裂，造就不同用途、设计风格和/或材料之间的明显边缘（图 9.3、图 9.15）。直线也拥有满足这种功能的可能性（第 3 章），但由于同毗邻的线与形式的显著差别，斜线尤为适于突出划分感。这种割裂性质突出了位于斜线两边的东西。然而也要小心，别让斜线在实践中造成分裂的构图。应该用一些富于共性的材料、边缘等跨越斜线切口，使毗邻的两边在拥有明显差别时又共享一些确定的特征（图 9.16）。彼得·沃克设计的加利福尼亚州纳帕的美国红酒、食物与艺术中心，是有意用斜线在设计中造就划分的一个例子（图 3.12～图 3.13）。

转变方位 | Transform Orientation

斜线的基本性质之一，是在有别于其周围关系的方向上捕捉并引导视线的能力。斜线建立一些新的参照点和面，改变人们的方向感。当场地边缘过于明显或约束性过强时，这是有效的技巧（图 9.17）。尽管一条单一斜线就可在景园中影响方向感，斜向旋转设计组织却具有发挥这种作用的最根本能力，因为它贯彻在整个空间或场地内（图 9.10）。旋转斜向的空间边缘和形式共同引导视线，为周围风景，有时还包括难辨方位的点，提供了另一种感知关系。在一些周围关系中这可能很令人困惑，但其他时候却因其能带来未曾预期的特征而成为一种刺激。

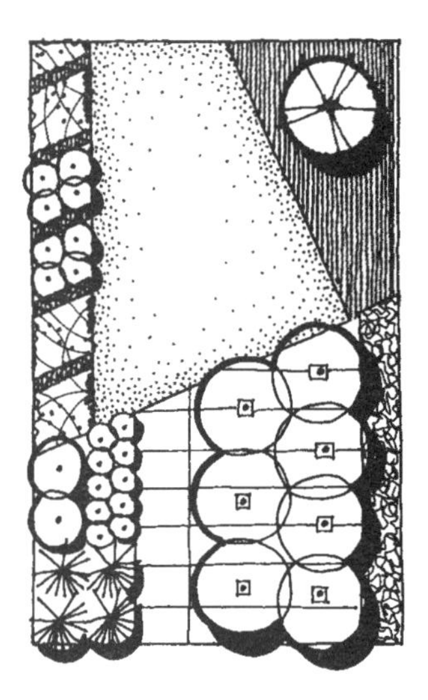

分裂的构图

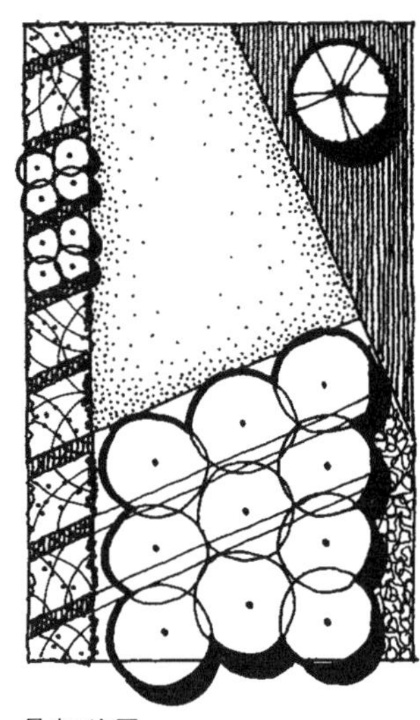

局部分开

笔记/手绘

正交方向

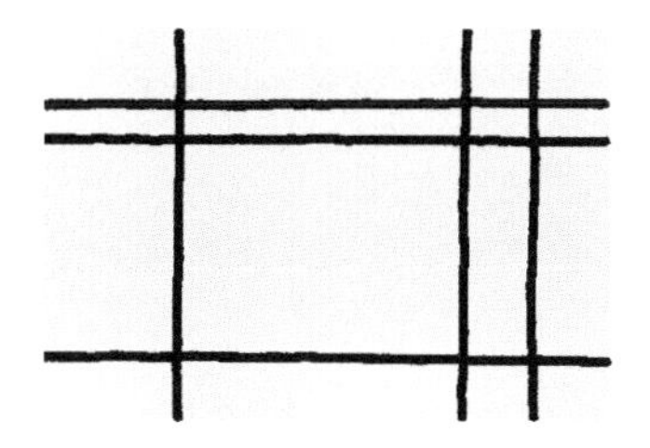

叠加斜线

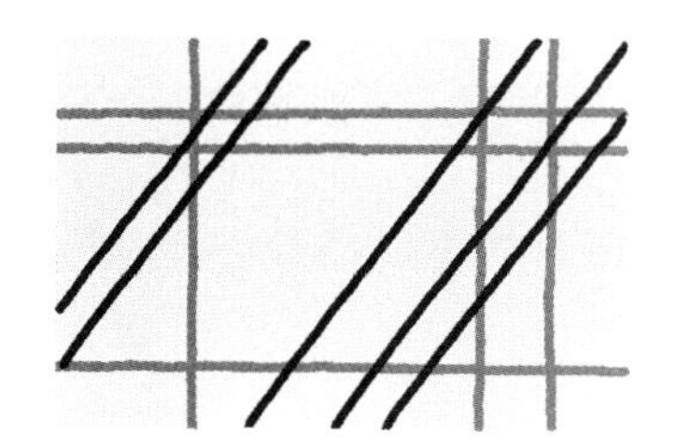

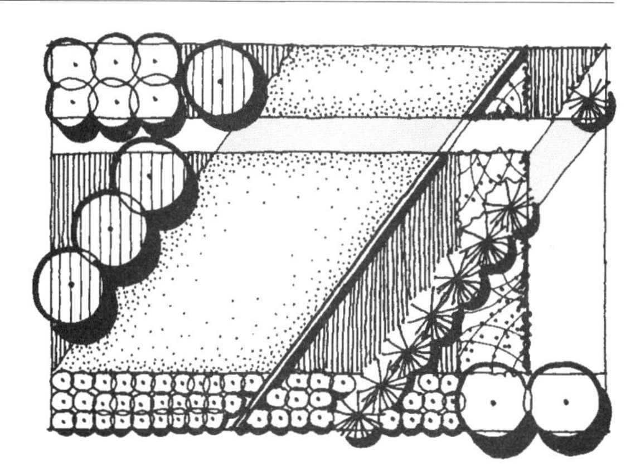

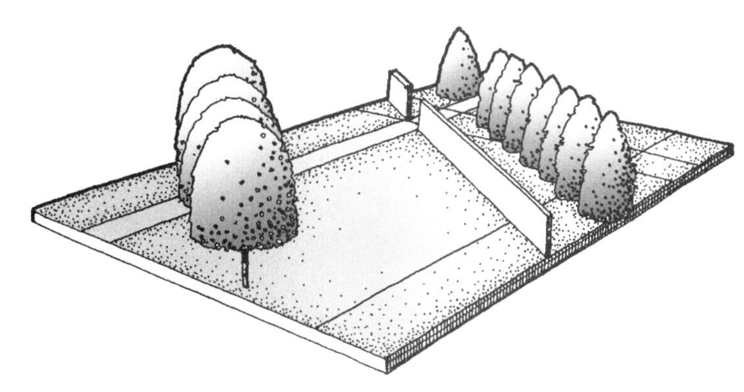

图 9.17　上：斜线可在场地内改变方向感。

图 9.18　左：斜线可以引导视线面向场地内或场地外的点。

场地内

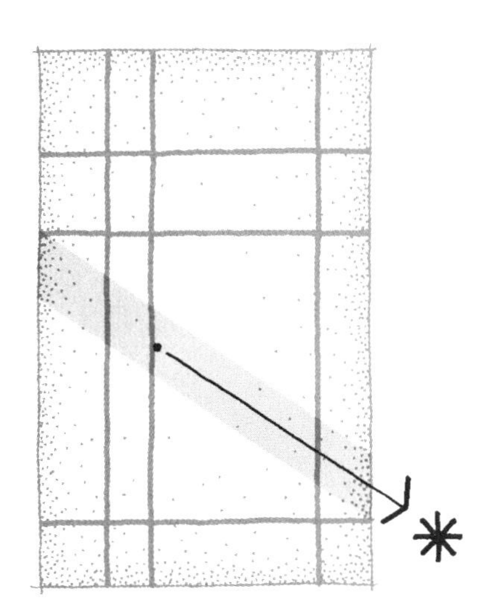

场地外

笔记/手绘

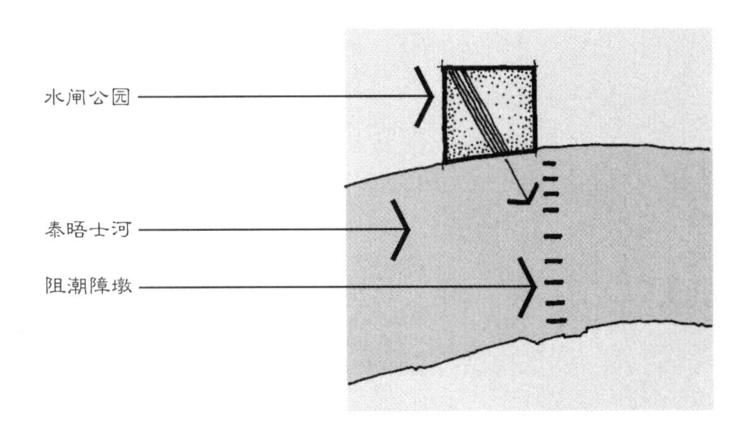

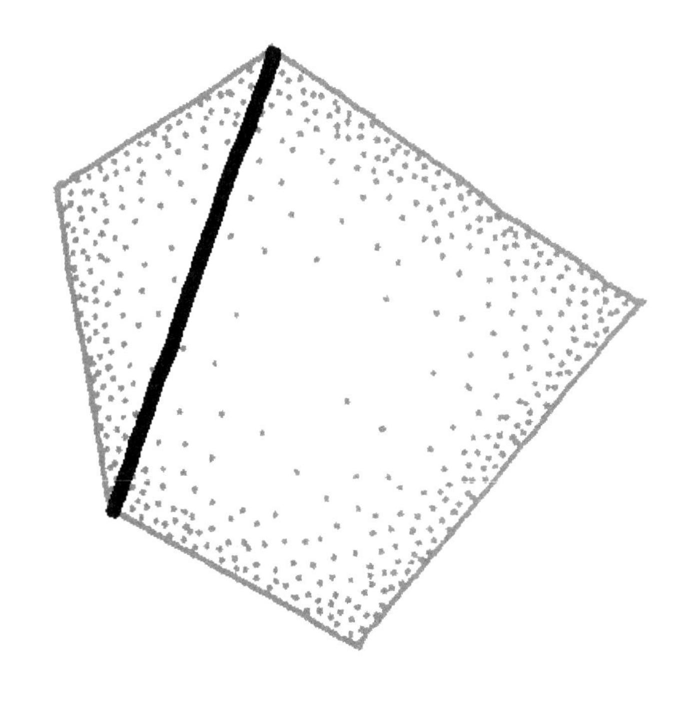

图 9.19 右：泰晤士河水闸公园。

图 9.20 下：铺地旋转示例。

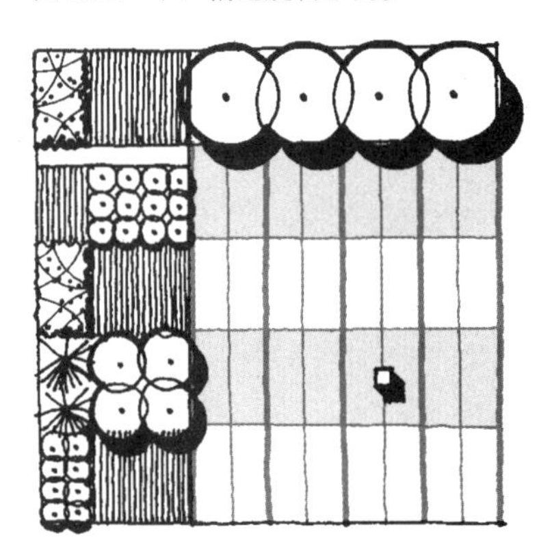

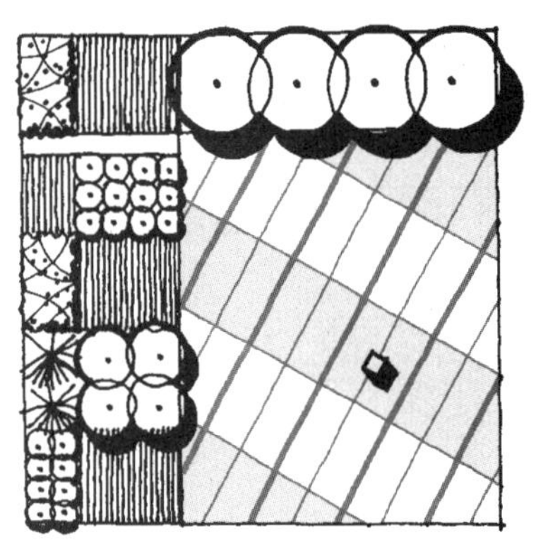

同样，鲜明的斜线、面或廊道可有意地沿着一条同周围景园不一致的途径引导人们的注意力。斜线可能把视线引向其一端的特定位置，或把注意的焦点引向空间或场地外与之成相对斜向的景致（图 9.18）。一个这类的例子是伦敦泰晤士河水闸公园（Thames Barrier Park）。它那由一系列线性植物种植所组成的主要空间是斜向的，把注意力组织起来面对泰晤士河中雕塑般的阻潮障墩（图 9.19）。斜线同样适应主要出入口位于场地角落时的流线组织。

旋转斜向结构可更精致地用作一个单一空间内的铺地图案（图 9.20）。这种技巧把视线只集中于地面，传达一定范围内的方向变换，不改变整体空间或场地的排布。它还是一种可以暗示更大空间规模的技巧（见下一节）。

笔记/手绘

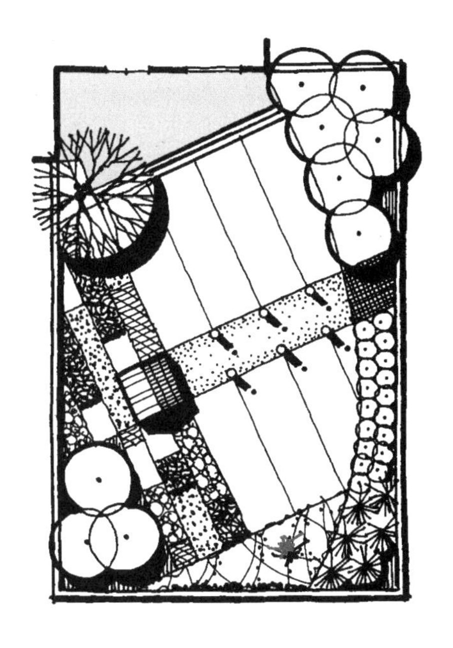

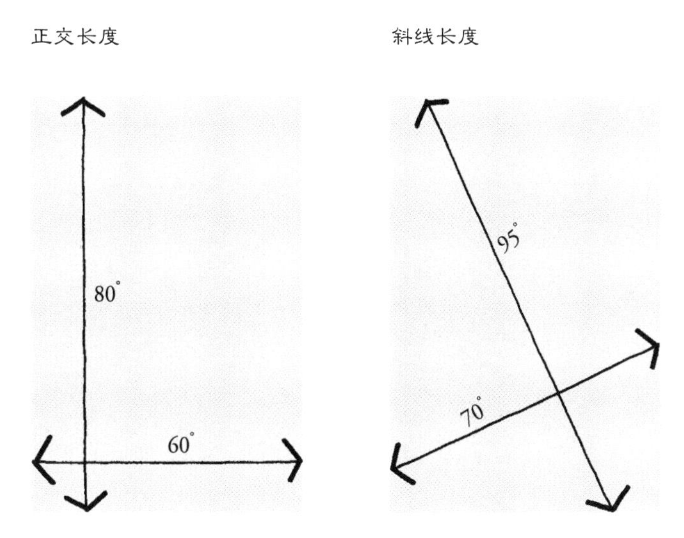

图 9.21 斜线可在有限的场地内混淆距离感。

距离错觉 | Illusion of Distance

在景园中，斜线是用来拉长印象中距离的极佳手段。由于斜线的方位在一个正交场地上成一定角度，其伸展就跨越了比平行于场地边界的线或形更长的距离（图 9.21）。这种情形有利于加大场地在感觉中的规模，使它比同场地边缘对应的设计组织显得更大。这种技巧可特别用于被建筑物、围墙或篱笆环绕、小面积的或受约束的城市场地。旋转斜向组织形式可为整个场地带来比实际规模显得更大的混淆感。

笔记/手绘

调节流线 | Accommodate Circulation

在应对空间或场地对角之间、沿着随机的“理想线路”（desire lines）以及为陡坡提供舒适的运动方面，斜线都是有效的组成成分。在大多数城市布局与一些对称正交设计中，最基本的运动途径是沿着各个空间的外边缘（图 9.25）。这使街道与轴线的交叉点成为基本的汇聚节点，从这里出发去往环境中的其他地方。许多时候，有必要在这些关键交点之间创造直接的流线路径，穿过场地而不是绕过它。斜线廊道是对这种需要的理想应对，并对许多情况都非常适应，因为斜线是方形、矩形和圆形的内在组成成分（图 4.1、图 9.22）。

图 9.22　在正交布局中，斜线可调节对角间的流线。

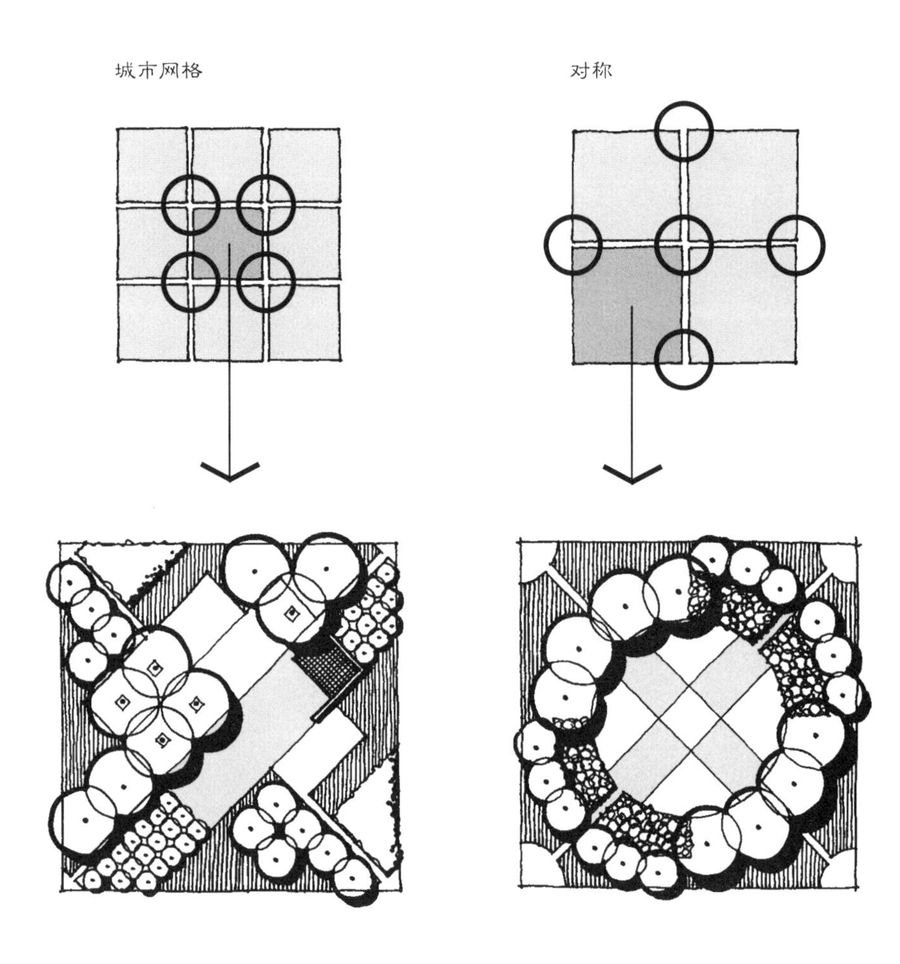

笔记/手绘

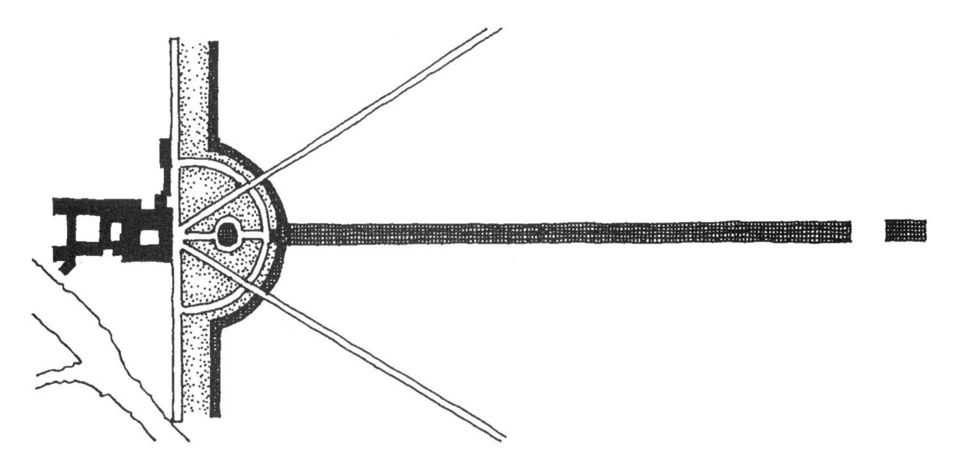

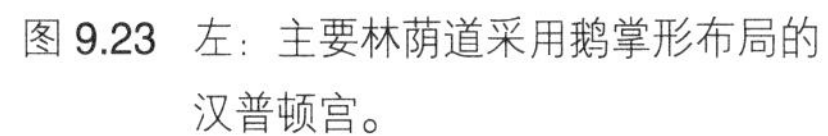

图 9.23　左：主要林荫道采用鹅掌形布局的汉普顿宫。

图 9.24　下：鹅掌形平面。

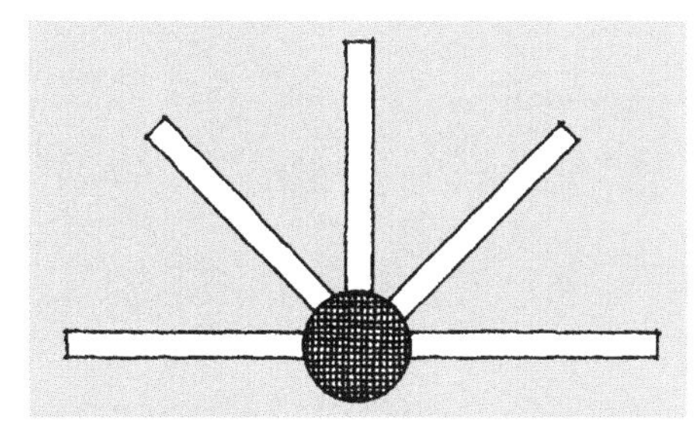

在对称组织中，斜线在流线方面的一种特定应用，是一系列步道或林荫道从一个中心点岔开出去的“鹅掌”（goose foot）（图 9.24）。这种设计运用在法国文艺复兴园林中，是使穿越景园的视野得以扩展的手段，也是造就通往或离开一处枢纽位置的流线的方式。在许多应用鹅掌形的规划中，有法国凡尔赛宫、英国汉普顿宫（图 9.23）以及华盛顿特区规划等。

斜线迎合运动的另一种常见效用，是提供沿着“理想线路”的路径。这样的行进路径是真实的运动路径，在景园中构成各目的地间的人行步道，通常不去刻意迎合预先决定的规整线形。相反，像在许多校园、公园和城市广场中见到的，理想线路是随机设置在需要之处的（图 9.25 左）。斜线步道有效服务于这类穿越景园的运动，迎合了既要简明又要设置多条路径的设计挑战（图 9.25 右）。

图 9.25　斜线路径适应穿越风景的理想线路。

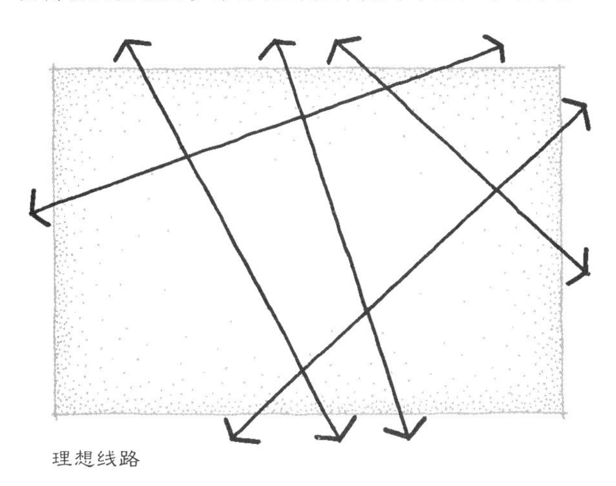

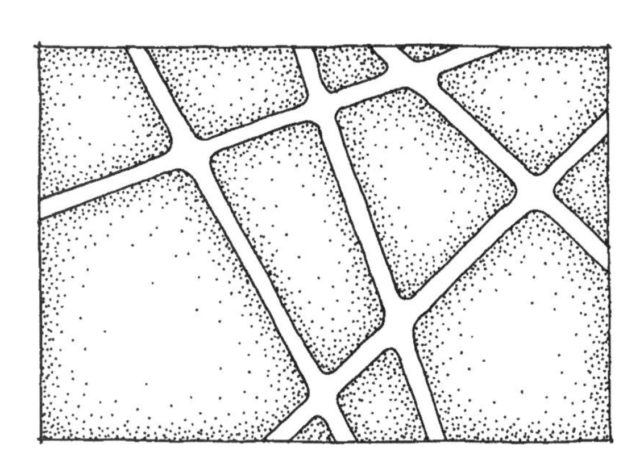

笔记/手绘

图 9.26 右：密歇根大学校园菱地布局场地规划。

图 9.27 下："菱地"。

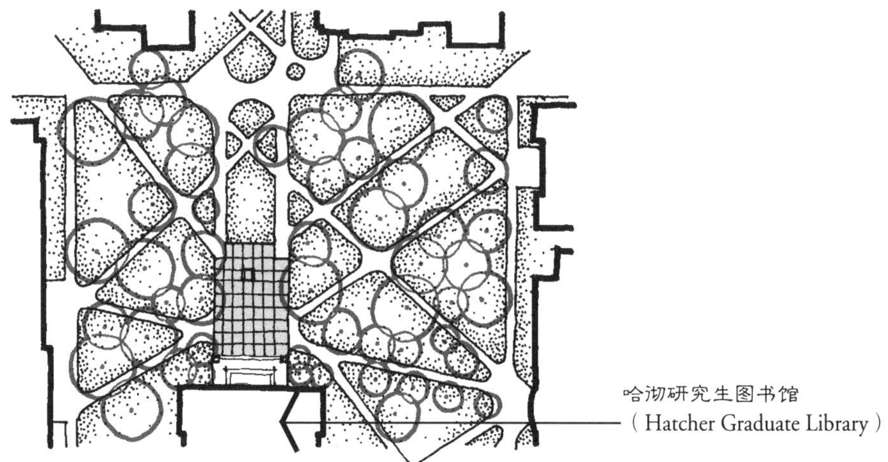

安娜堡（Ann Arbor）的密歇根大学（University of Michigan）校园菱地布局（the Diag）和哥伦布（Columbus）的俄亥俄州立大学（Ohio State University）校园椭圆形布局（the Oval），是两个在大学校园中以斜线服务于步行人流的例子（图 9.26 ~ 图 9.27、图 14.21）。菱地，有时被称为"对角绿地"（the Diagonal Green），是一处开敞的中心空间，无数斜向路径相交成三角形的铺装路径穿过它。这里是校园的象征性心脏，发生过无数有计划的和自发的事件。

第三种用斜线服务于穿越景园路径的情况，是在陡坡上减缓上升路径坡度的方式。垂直于陡坡等高线方向的路径坡度经常会超出了允许的 5% 极限（图 9.28 左）。陡急的上坡路径被称为"坡道"（ramp），必须遵循其设计准则，包括最大 8.33% 的坡度。然而，贯通斜坡的斜线路径常带来小于 5% 的坡度，并可以"Z"形方式穿过斜坡（图 9.28 右）。当这种方式被用于一些环境中时，挡土墙和扶手可能是必要的设计细节。

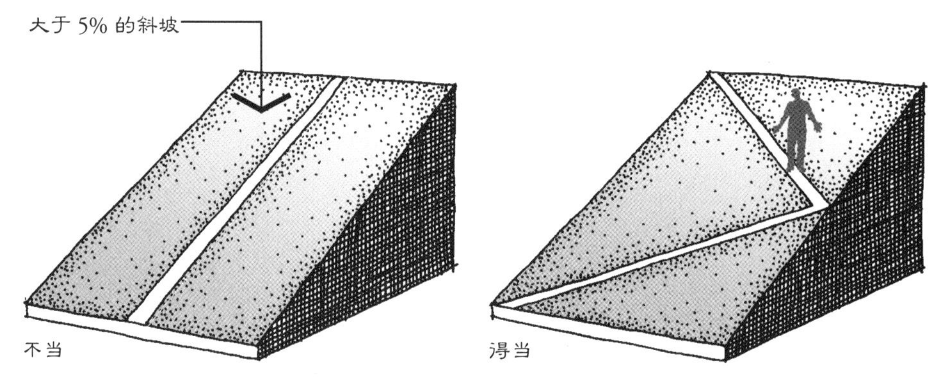

图 9.28 陡坡上的斜向步道经常有 5% 或以下的坡度。

笔记/手绘

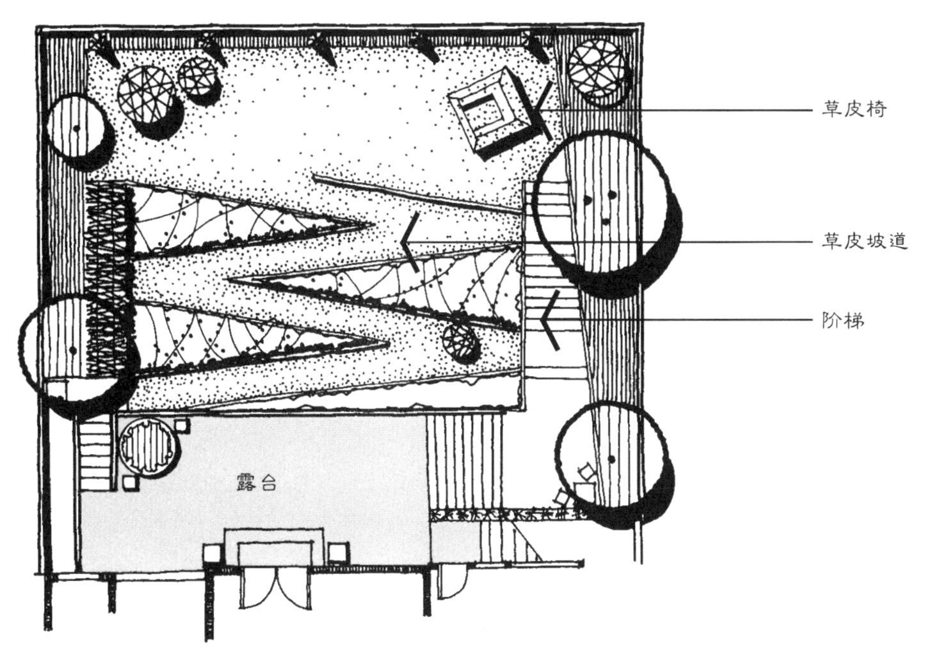

图 9.29 太平洋高地（A Pacific Heights），加利福尼亚州，运用斜线坡道提供穿行陡坡路径的园林。

斜线步道系统效用的一个应用实例是安德烈·科克伦景园建筑设计事务所（Andrea Cochran Landscape Architecture）设计的旧金山一处山脚园林（图 9.29）。其中，一部宽阔的阶梯与“Z”形草皮坡道衔接了住宅背面与较低的院子间 10 英尺（3.048 米）的高度变化。考顿钢（Corten steel）被用作挡土墙，把坡道固定在其位置上，并造就了鲜明的边缘（Carlock 2005，115-116）。

设计准则 | Design Guidelines

下面提出一些在景园建筑学设计中应用斜线的有益设计准则。与通常情况一样，这些忠告应同时考虑整体设计意图中的周围关系以及任何既有场地的环境条件。

明确使用意图 | Use Intentionally

斜线同其周围关系特有的冲突，使其成为强有力的设计元素，在景园中有力地集聚注意力。因此，在采用斜线时应深思熟虑。要实现前一节谈到的一种或多种景园效用，而不应随机或轻易采用。斜线是一种特异元素，也应得到特殊应用，否则就会使一个设计中的斜线成为破坏性因素，打破构图的完整性。还有，构思不良的斜线有可能不必要地把注意力引向场地内、外不恰当的地方。所以，要审慎应用斜线，当它适合一处景园时，调动它可拥有的全部形象和刚劲力量。

笔记/手绘

图 9.30 斜线同其周围的设计应有鲜明的对比。

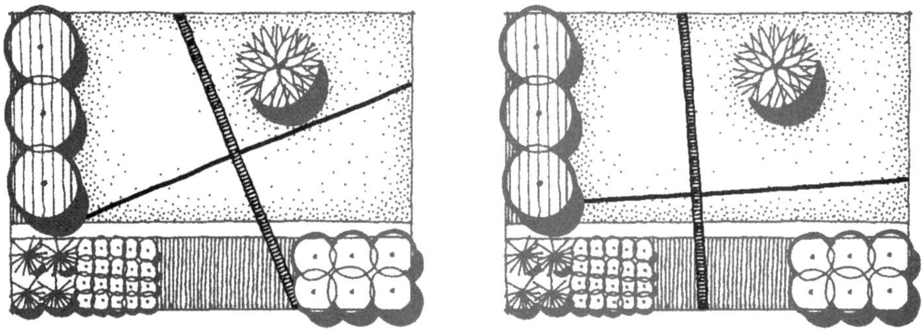

鲜明对比

对比过小

设计中的位置 | Location in Design

除了深思是否要采用斜线，在景园设计中还要精心设定斜线和隐含斜线的位置。达到这一点的方式之一，是使斜线的方向同其参照框架之间具有清晰鲜明的排列关系。同周围环境基准差别太小的变化将貌似失误，而不像精心谋划的取向（图 9.30）。还有，应使斜线的位置不至于分裂功能上要求成为一体的空间，或出现干扰流线的情况。在一项设计中，并非所有地块都能接受斜线并实现其预想的意向。同样，斜线不应形成太小并在构图上毫无意义的、无法使用的零碎空间（图 9.31）。所有这些建议都要求一开始就把斜线当作整体要素的一分子来吻合设计。如果斜线看上去是添加到一个完整设计上去的，它肯定会是不太成功的典型。

图 9.31 斜线不应造成无用的零碎空间。

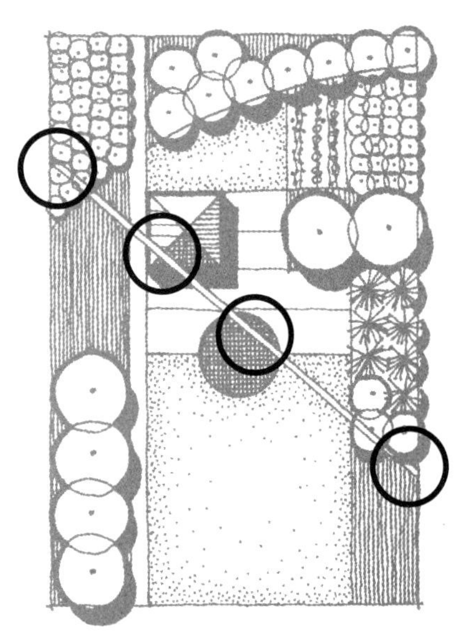

同周围环境的衔接 | Connection to Context

斜线总会同其周围环境有别，这自然就产生了如何同毗邻形式和线条衔接的问题。结论是，多数关于三角形的设计准则（见第 10 章中的设计准则）也适用于斜线。而最首要的建议是，设计中的斜线位置同附近形式之间不要出现锐角（图 9.32）。如在第 10 章中讨论的，锐角会产生应该避免的大量功能与构图问题。

同样的思考也适用于旋转斜向结构。在应用这种形式时，应小心设定它同场地边缘和连续建筑物的衔接，避免出现问题的潜在可能性。一些时候可以考虑同周围环境决然断开，使视觉上的不协调形式成为可以忍受的（图 9.33 左）。另一些情况下，最好在斜线系统和其周围环境之间造就一种转化，使不同设计组成部分间的衔接更为流畅（图 9.33 右）。

笔记/手绘

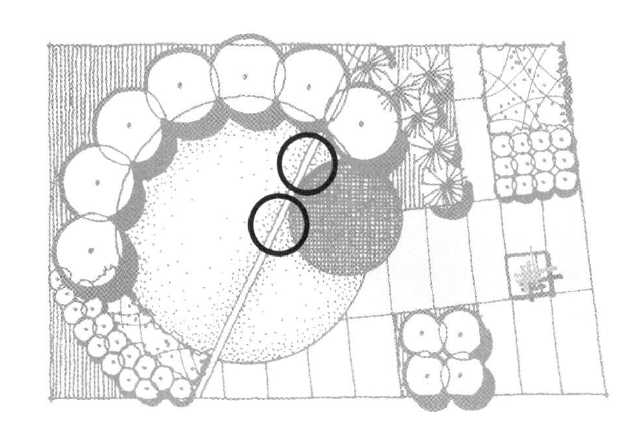

图 9.32 斜线不应同其他场地元素形成锐角。

材料搭配 | Material Coordination

处理沿着一条斜线的材料应该与处理沿着一条直线的材料一样。植被材料，特别是树木和其他有建构效果的木本植物，可沿斜线长向有效加强它的指向性，以及它作为空间边缘的效果（图 9.14、图 9.18 右）。旋转斜向结构中的材料应符合正交设计组织中的准则，又体现同场地及周围关系的恰当衔接（见第 4~ 第 8 章的设计准则）。

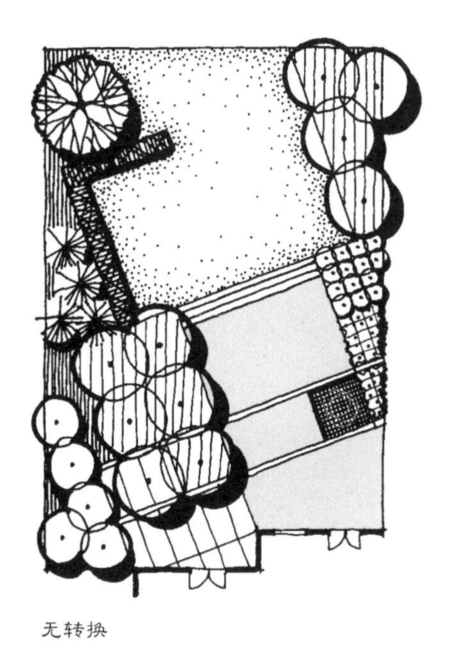

无转换

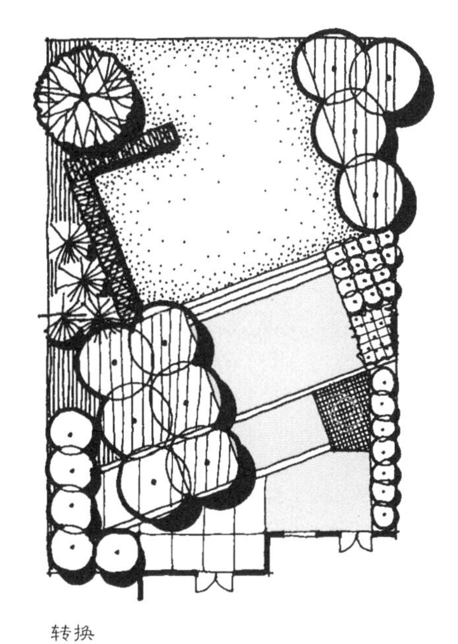

转换

图 9.33 应精心研究斜线设计与场地边缘间的转换。

笔记/手绘

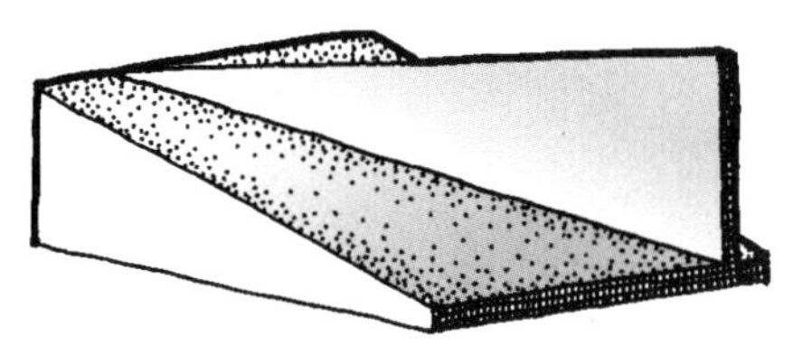

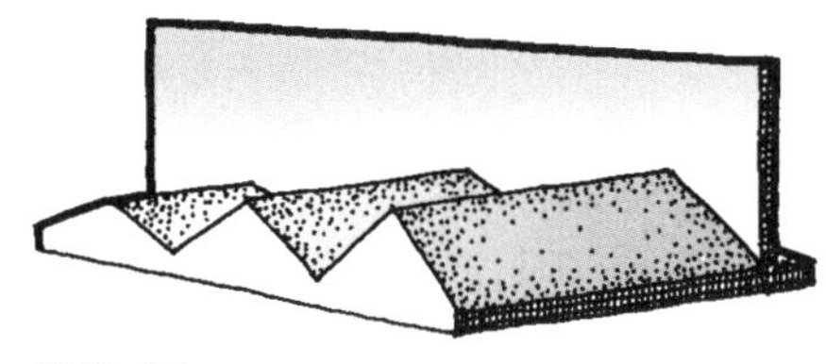

图 9.34 斜线的墙体、绿篱等可有高度变化或在不平整的地形上伸延。

地形 | Topography

斜线像直线一样要求一些三维方向的坚实形象，以保证其在景园中伸展的构图力度。相对较平的斜线，如步道、小河水面、矮墙、绿篱等，应像直线那样位于平地或规整坡地上（图 3.24）。由墙体、树木行列展现的三维斜线更加灵活。这样的线只要能在周围环境中看到，就可以设置在富于变化的地形中。在一些情况下，这要求线条保持连续的顶部高度，另一些时候可有高度变换（图 9.5、图 9.34）。在旋转斜向设计布局中，地形基础应像网格或不对称正交设计结构那样处理（见第 6、8 章的设计准则）。

参考资料 | Referenced Resources

Carlock, Marty. "The Short, Glamorous Life of a Show Garden." *Landscape Architecture*, April 2005.

Treib, Marc. *Modern Landscape Architecture: A Critical Review*. Cambridge: MIT Press, 1993.

Sasaki, Yoji, ed. *Peter Walker: Landscape as Art*. Tokyo: Process Architecture, 1989.

其他资料 | Futher Resources

Church, Thomas D., Grace Hall, and Michael Laurie. *Gardens Are for People*, 2nd edition. New York: McGraw-Hill, 1983.

Discover Thames Barrier Park. London Development Agency.

网上资料 | Internet Resources

Hampton Court: www.hrp.org.uk/HamptonCourtPalace

Peter Walker and Partners Landscape Architecture: www.pwpla.com

Thames Barrier Park: www.thamesbarrierpark.org.uk

笔记/手绘

非正交形式 | Angular Forms

三角形 | The Triangle 10

三角形是第1章中就已经明确的3种基本形式之一，可在景园建筑学设计中被用作一种纯净的几何形式，同其他三角形结合，或通过转化形成更复杂的几何组织形式。采用三角形主要是一种现代设计运动的现象，它是从20世纪头10年的抽象和立体主义发展而来。盖瑞特·埃克博是最早探索使用三角形的景园建筑师之一，在他早期的一些居住环境设计中采用了它们（图10.22）。虽然三角形从未成为一种普遍的设计体裁，它们仍在场地设计中成为并且一直是一种富于活力的设计因素，用于表现创造性，活跃风景，化解特殊场地条件。本章考察三角形在景园建筑学设计中的各种不同特征，其内容包括：

- 几何性质
- 景园效用
- 设计准则

几何性质 | Geometric Qualities

三角形是试图用多条线来围合一个空间时得到的第一个，也是最基本的多边形。三角形的各条边连接起在空间关系中呈非线性的3个点，其交角的内角和为180°或正方形内角和的一半（图10.1）。有趣的是，依据边长来同其他任何多边形比较，三角形的边同比围合了最大面积。三角形还有下面各节要阐释的、区别于正方形和圆形的其他属性。

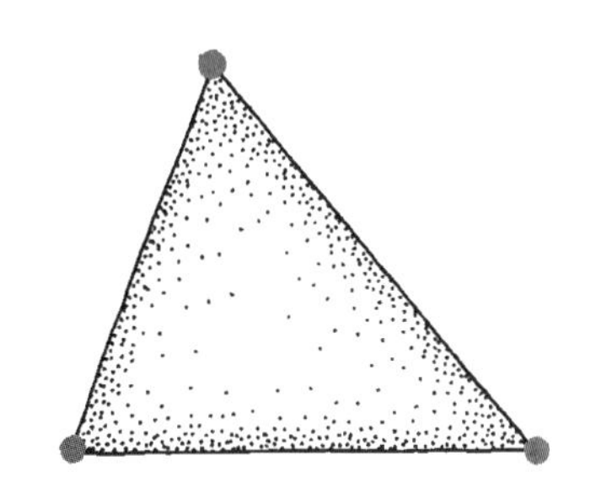

图10.1　三角形由连接非线性的3个点形成。

角 | Angles

三角形最突出的特征可能是由其各边相交形成的鲜明交角。三角形的最核心本质暗示着凸出到空间中的尖角，这是有关其主要象征性的基础（见景园效用）。与正方

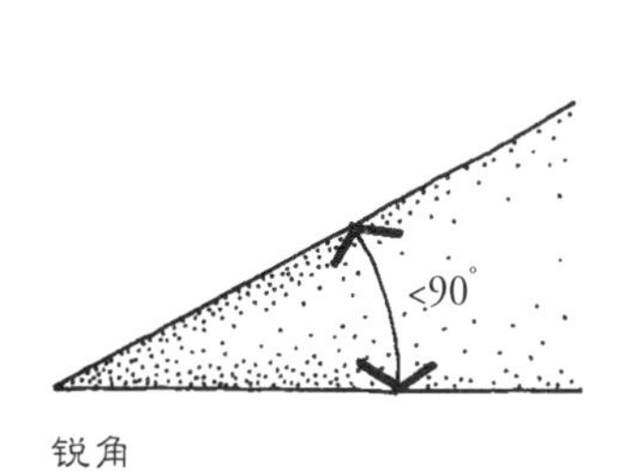

锐角

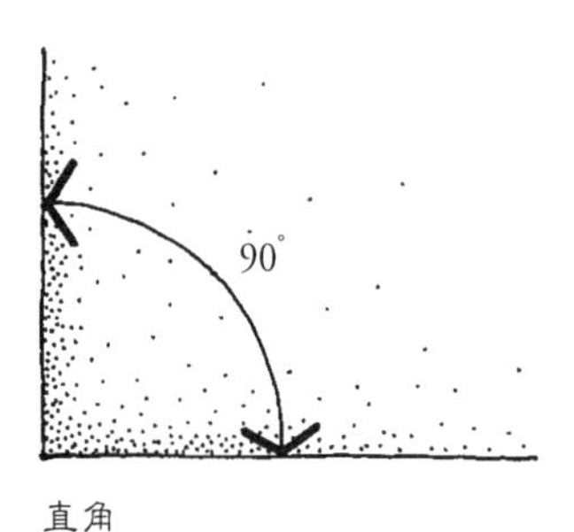

直角

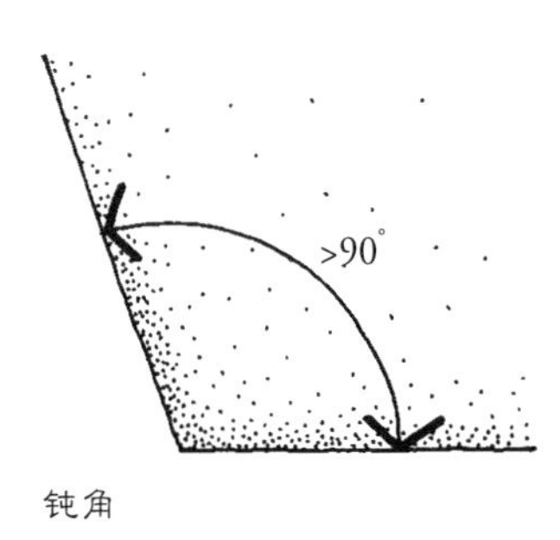

钝角

图 10.2 内角的类型。

形不同，三角形的内角大小可以变化，形成了 3 种基本类型，即锐角、直角和钝角，每一种都有自己的特性与设计应用领域：锐角是小于 90°的角，并且是最鲜明的角（图 10.2 左）。其相交的边有力地把注意力引向顶点，角越小这种效果就越显著（图 10.3 左）。当锐角是地面上的二维形式时，这种决断的指向性把视线引向超出三角形范围之外的事物（图 10.3 中）（见景园效用）。当三角形的各边构成竖直面时，锐角的角部捕捉并抓牢人们的目光，这种作用的效果远远超出正方形的角（图 10.3 右）。这不仅构成了围合感，还引起令人不平静的吸引感，当围合的面高度升高和 / 或人们更接近于角部时尤为如此。结果是，锐角三角形在景园建筑学设计中都有空间和心理上的问题（见设计准则）。

三角形的 90°内角分享所有正方形的转角性质（图 10.2 中）。三角形内的钝角大于 90°，是相对弱的角（图 10.2 右），从而，它也是感觉中最模糊的角，因为除非构图材

图 10.3 锐角捕捉人的视线并把它引向顶点。

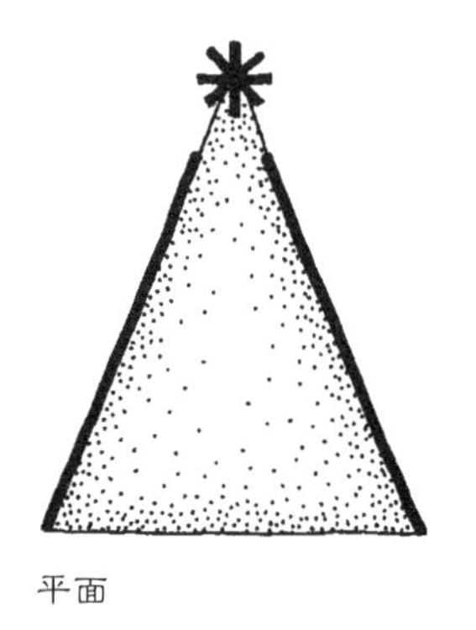

平面

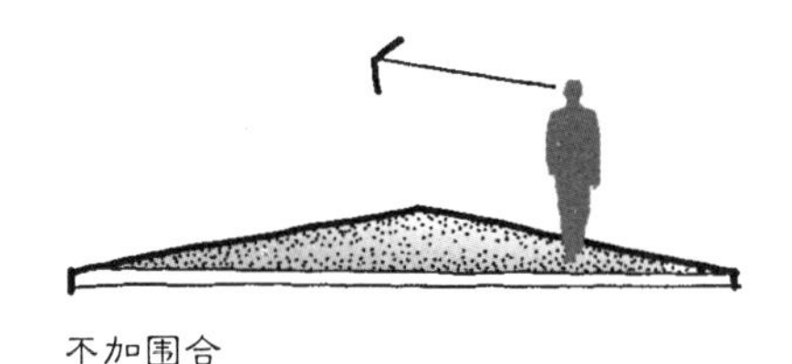

不加围合

围合

笔记/手绘

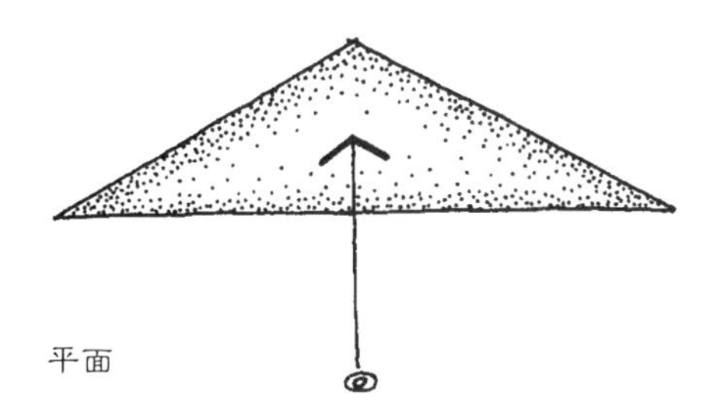

图 10.4 在几乎没有个性差别时，钝角的两条边产生的角很弱。

料显著不同，它相交的两条边在视觉上有合一的趋势（图 10.4）。钝角的两条边从正面看时很容易被看成一条连续的边缘。同样，钝角缺乏锐角和直角的对折性质，其围合感几乎完全依赖于高度。

由于三角形的各内角直接作用于对边的长度，三角形各边同样有彼此在度量比例上的差异。因此，三角形的整体协调性逊于正方形或圆形，在设计应用中更具挑战性。在一些环境中，三角形的多样化能力值得发挥，用来生成有意分化的设计构图（图 10.5 左）。各种各样的大小和比例，以不规则的轮廓造就随机与混合的构图。与此相对，大小和 / 或比例相同的三角形则有必要组成具有统一感的图形。另外，这些三角形的设置必须以彼此一样的边角相对应（图 10.5 右）。

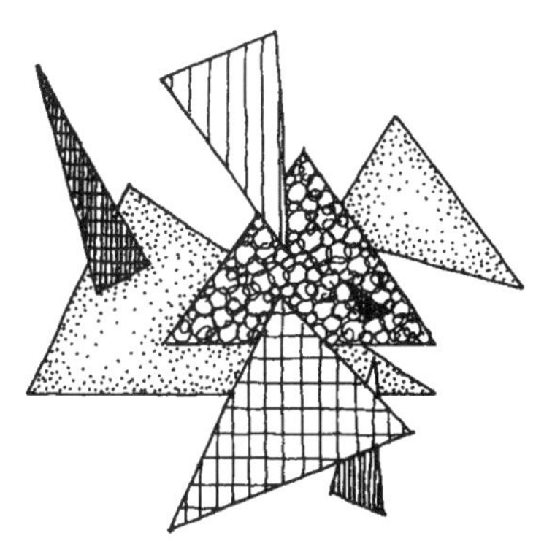

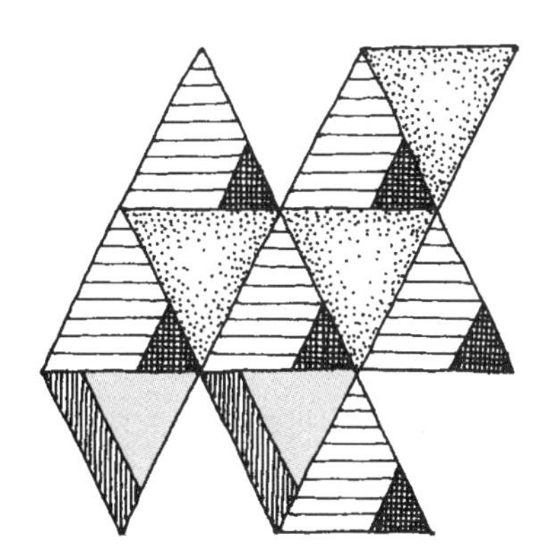

图 10.5 多个三角形的统一性取决于它们在设计中如何组织。

笔记/手绘

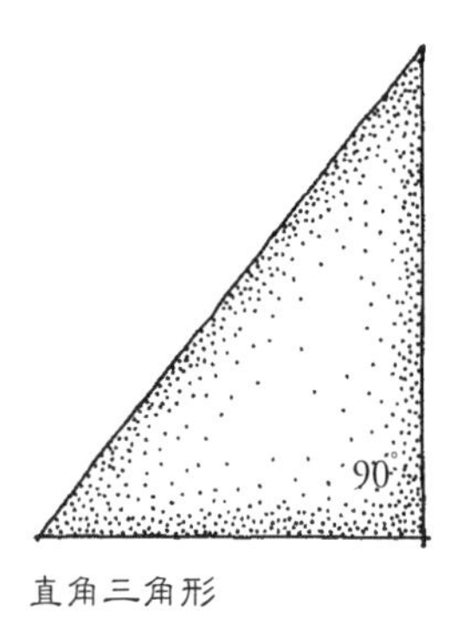

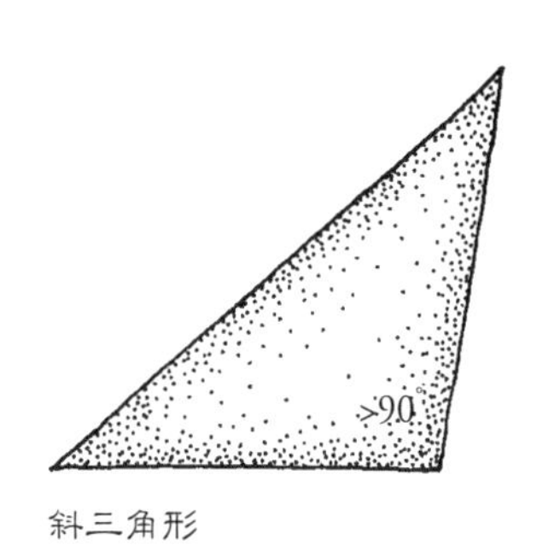

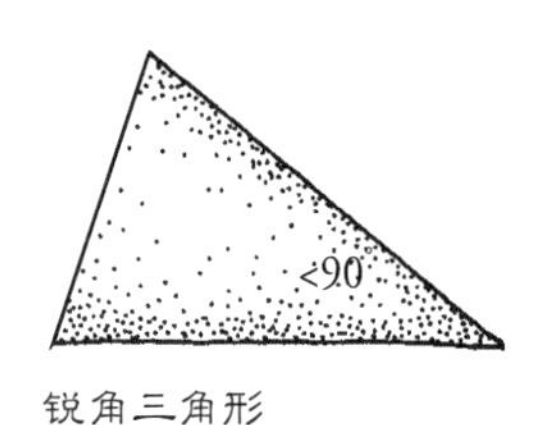

图 10.6 依据内角的三角形分类。

三角形的类型 | Types of Triangles

三角形可变的内角造就了多种三角形。对它们的一种分类依据相对于 90° 的内角大小。有一个 90° 内角的三角形被认作“直角三角形”（right triangle）（图 10.6 左）。有一个角大于 90° 的三角形为“斜三角形”（oblique triangle，汉语多称“钝角三角形”——译者）（图 10.6 中），而三个内角都小于 90° 的三角形被称作“锐角三角形”（acute triangle）（图 10.6 右）。

另一个划分三角形的方法是依据三条边和三个角的相对比。等边三角形表示三个内角都是 60°，并对应三条相等的边（图 10.7 左）。等边三角形是对称的，并与正方形和圆形拥有一些相同的性质，包括把其内部各个角一分为二的轴线。等腰三角形有两个相同的内角，因而也有两条长度一样的边（图 10.7 中）。不等边三角形中的各角和对边都不相等，使它成为最不规则的三角形（图 10.7 右）。

图 10.7 依据各边相关比的三角形分类。

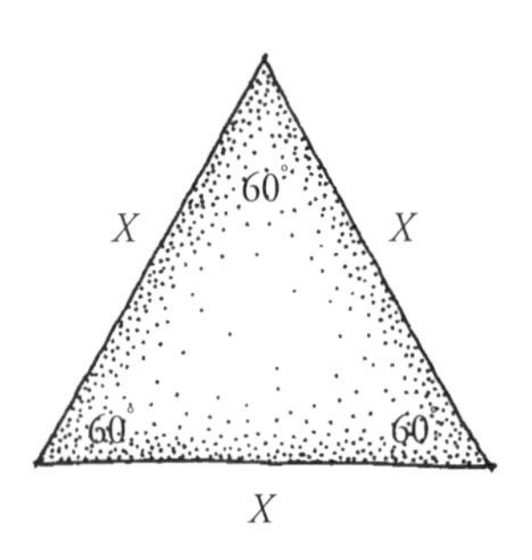

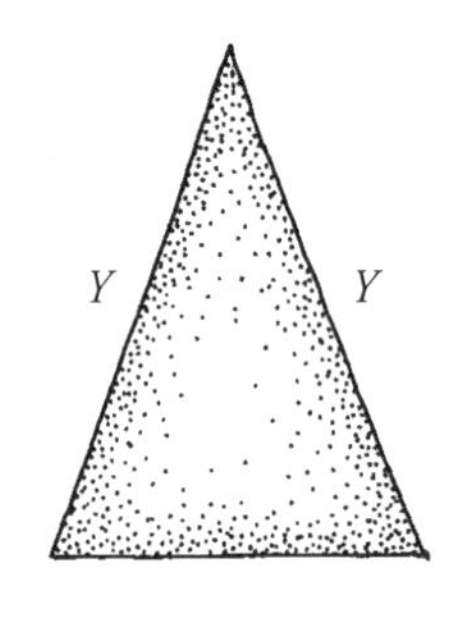

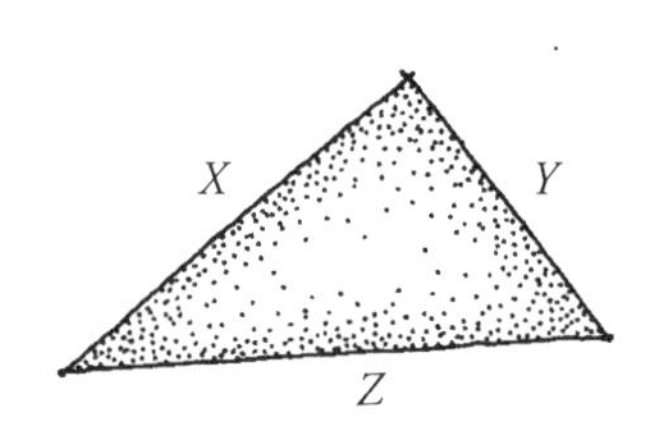

笔记/手绘

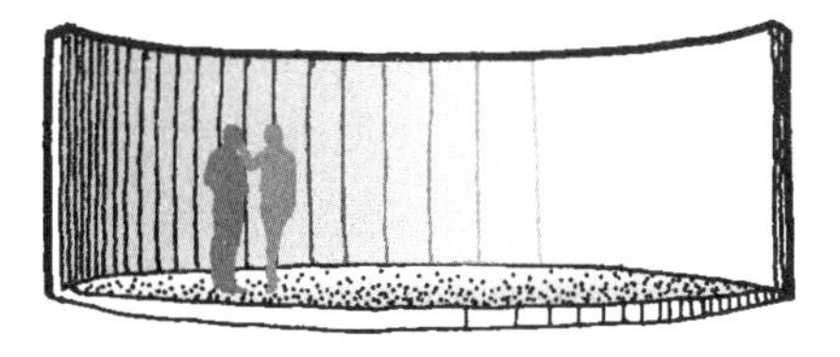

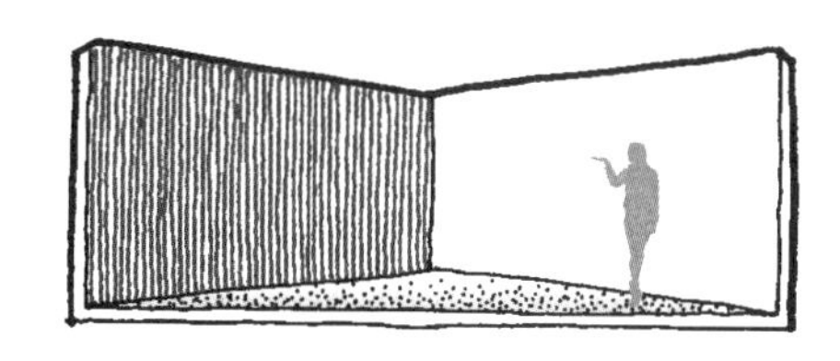

景园效用 | Landscape Uses

在景园建筑学场地设计中，三角形既可以作为单一整体，也可以是多个三角形的组合，有着包括空间基础、变化方位、引导视线、引导运动、嵌入、适应零碎场地、雕塑般的景观重点以及表达象征意义等一系列可能效用。

空间基础 | Spatial Foundation

在景园建筑学设计中，尽管三角形的包容能力因其固有几何性质而受到较多限制，它仍同正方形和圆形一样，可用作户外空间的基础。有如正方形的情况，三角形可以生成两种基本空间类型：（1）单一空间，（2）相互关联的复合空间。

单一空间。单一的三角形空间最适于用来指引视线，引导运动，实现嵌入和/或适应不规则场地（见本节其他景园效用）。与正方形和圆形不同，三角形的空间因其两边向着一点收缩而不很适应集会和其他一般功能（图 10.8）。如同前面指出的，向着顶点持续变窄的两边使这里的面积对大多数景园用途来说都将过小。

单一的三角形空间可以是包容性空间，也可以是体量化空间。这两种基本空间类型一开始就在第 2 章中讨论过了。开敞的包容性空间通过墙体、呈块面组团的植被材料、树木行列等塑造三角形的各边而建立（图 10.10）。这样的空间有清晰的围合感，但如前面所说，它倾向于把注意力集中到空间的转角处。体量化空间通过 3 个围合面的连锁形式和/或在空间中插入的元素构成。体量化空间的设计元素之间有着更复杂的相互作用，抵消转角处总会呈现出的吸引力（图 10.9 下、图 10.10）。由于没有正交的边，不能对应于东、西、南、北正方位，两种类型的三角空间都可使人失去方向感。

图 10.8 上：由 3 种基本形状创建的空间围合比较。

图 10.9 下：基于三角形的包容性空间和体量化空间。

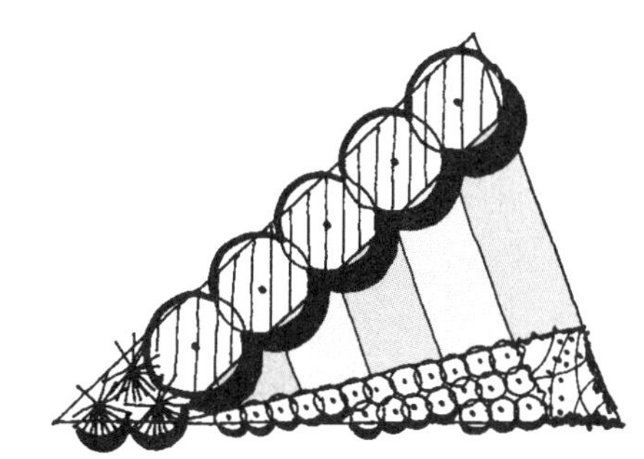

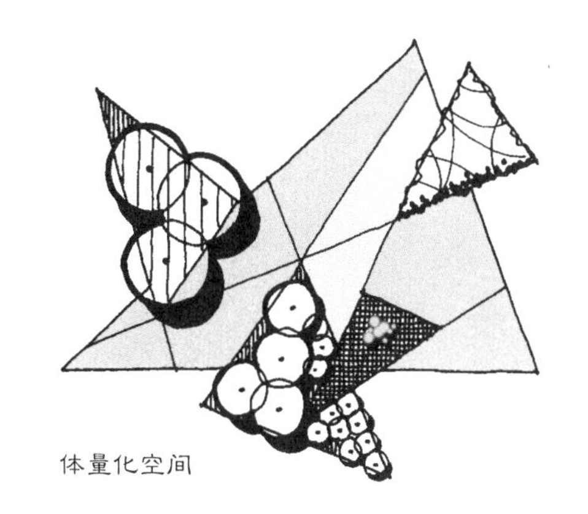

笔记/手绘

图 10.10 三角形空间的限定性质可以被其内部元素和板面所弱化。

尽管不如带有轴线、固有网格结构或直接暗示内部更小块面的正方形和圆形那么清晰，三角形的包容性空间和体量化空间也都可以被进一步划分出不同材料的块面。划分三角形的一种相对简单方法，是在三角形周边内创建小三角形（图 10.11）。较小三角形块面的位置、大小和比例应该依据项目任务以及有关良好比例的直觉。另一种方式可以是建立一个平行于三角形一边或不止一边的网格（图 10.12 左）。或者，还可以把三角形当作一个框格，任何类型的形式都可作为划分手段插入其中（图 10.12 右）。无论怎样完成划分，三角形空间越精致就越迷人，不过，这也会承担在感觉上被割裂，因而难于理解为一个整体空间单元的危险。

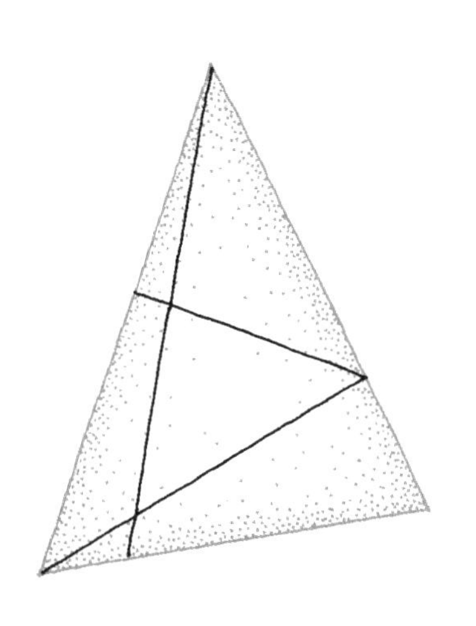

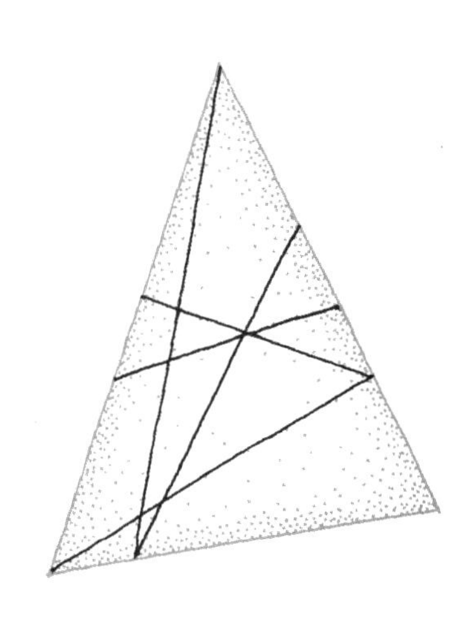

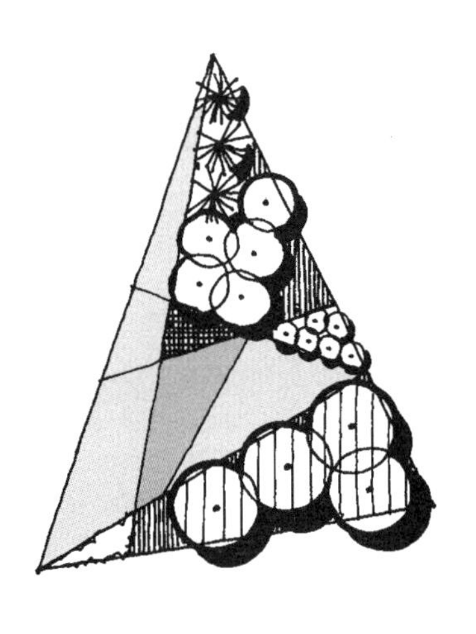

图 10.11 上：以更小的三角形划分一个三角形空间。

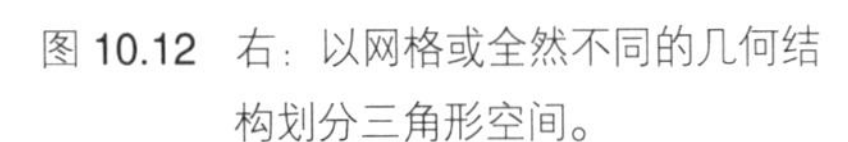

图 10.12 右：以网格或全然不同的几何结构划分三角形空间。

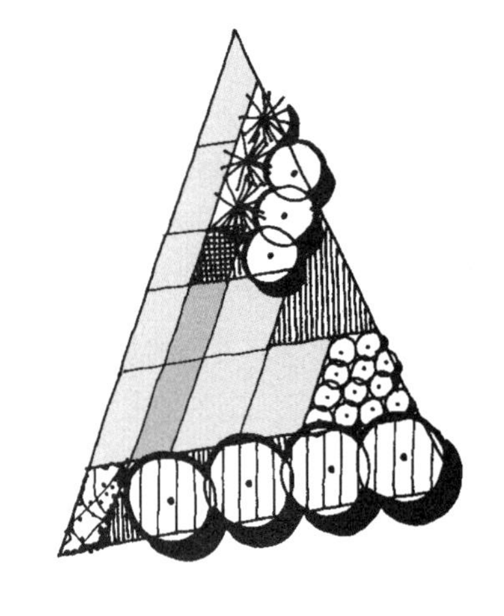

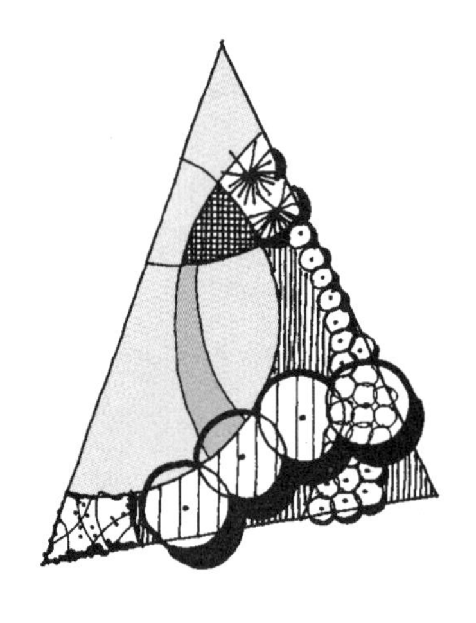

笔记/手绘

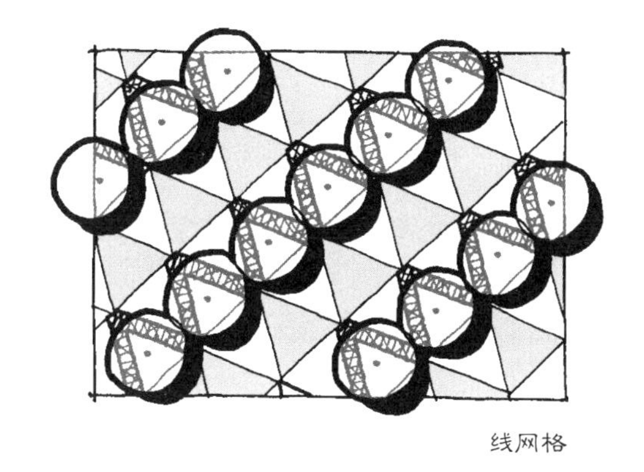

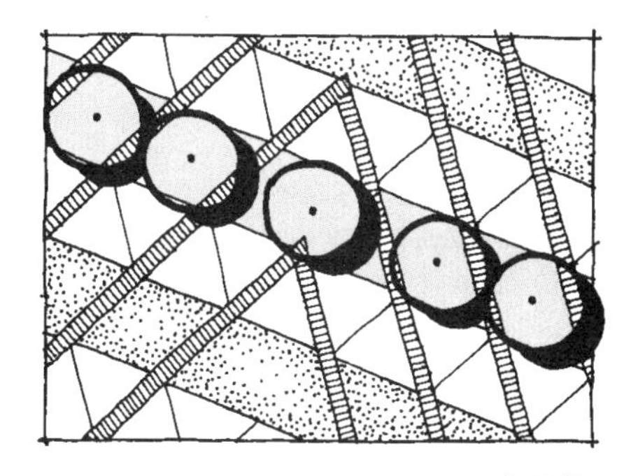

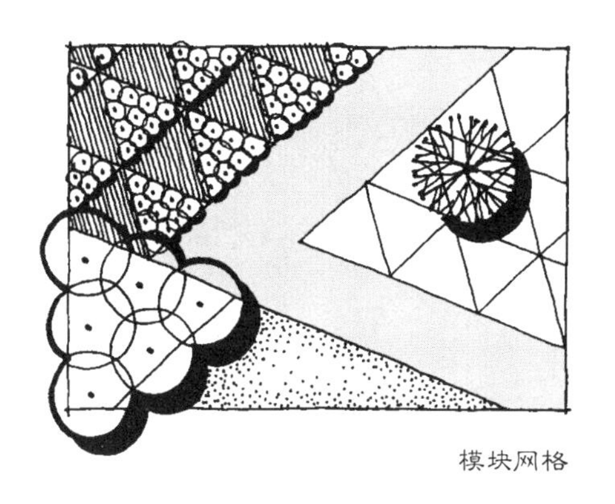

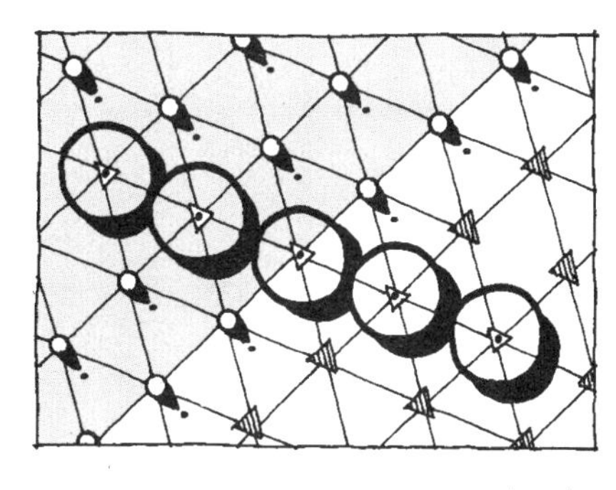

图 10.13 三角形网格类型。

复合空间。三角形还可以被用作一种搭建体块来集合相关用途，集合起来具有多个空间单元间更复杂的相互作用，以及满足单一三角形所不能实现的一系列可能的景园效用。第 1 章中讨论过的网格、对称和不对称，是集合多个三角形的 3 种主要组织结构。

网格。把多个三角形当作景园设计的基础来布局的最简单窍门，是这种在第 6 章讨论过的网格，通常与正交几何形联系在一起的组织构成。不过，如果仅仅把网格视为基于同样形状的重复图形，包括三角形在内的任何形式就都能塑造一种连续的、不具等级感的领域。三角形网格可以通过等边、等腰或直角三角形来建立，造就出线网格、格网格、模块网格或点网格（图 10.13）。不等边三角形由于自身不一样的边长而不适用于网格。如同正交网格，三角形网格是在景园中协调各种空间和元素的严谨而系统性的方式。

笔记/手绘

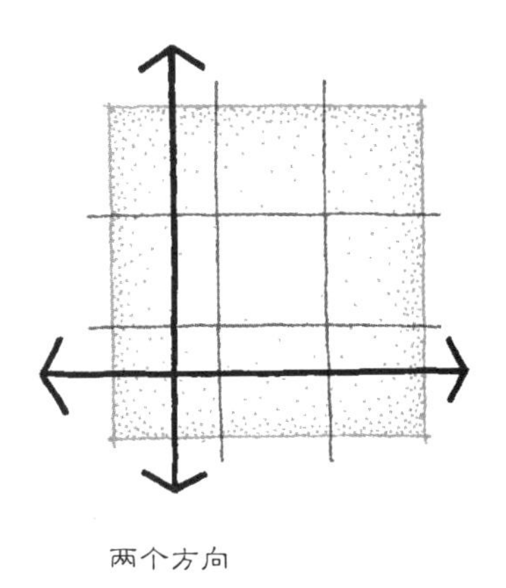

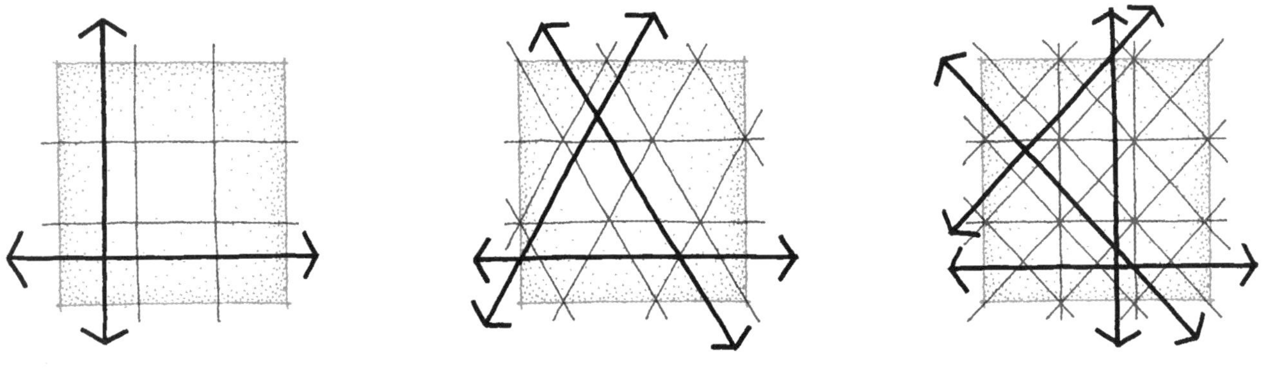

三个方向

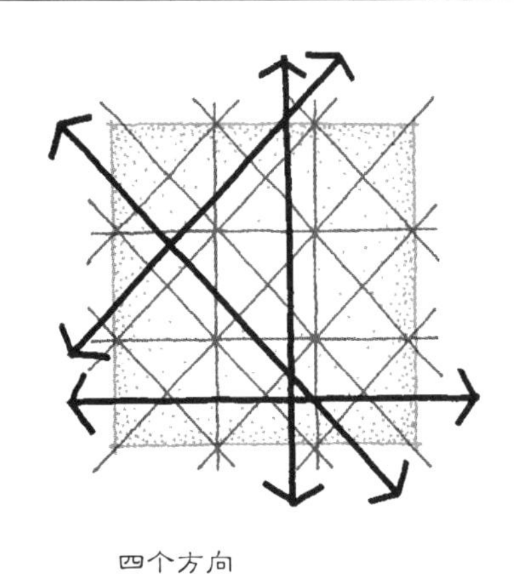

图 10.14　三角形网格有多种排列方向。

图 10.15　丰田汽车北美销售总部庭院。

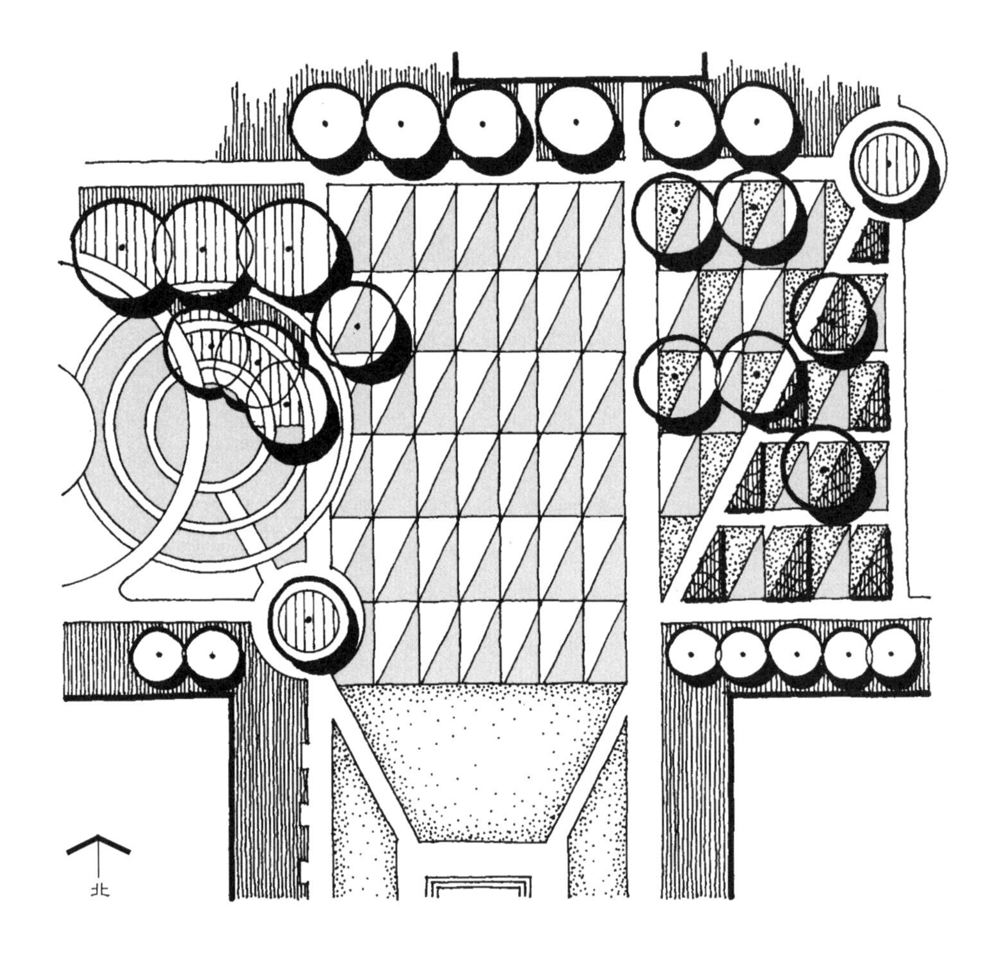

笔记/手绘

比之正交网格，三角形网格有一些独特的性质。第一，它有3个或4个排列方向而不是两个（图10.14）。等腰和等边三角形形成具有3个方向的结构，而直角三角形的网格有4个方向。多出来的斜向带来网格中更多的运动选项。三角形网格的第二个鲜明性质，是两条边的夹角不像正交网格中那样固定。其结果是，三角形网格可以使自己适于吻合场地形状、既有场地条件、既定流线路径、构图目标，等等。

三角形网格的一个形象表达见于洛杉矶郊区丰田汽车北美销售总部（the North American Toyota Motor Sales Headquarters）的主庭院（图10.15）。这个由LPA公司设计的获奖方案把直角三角形当作庭院的网格基础。引人注目的图案令人想起摩尔人的瓷砖图案，既规定铺地内部，又限定着由树木、黄杨、草皮和长凳组成的园林地段（Newman 2006，118-125）。网格还标示了由南面的入口庭园到东北面另一处绿色空间的斜向流线路径。

对称。与正交形式一样，三角形可以沿着一条或多条轴线来组织，不过这些结构因三角形的交接难度而很少应用于景园建筑学设计中。多个三角形个体的对称构图很容易画在纸面上，但现实中却很难实施，因为无论怎样汇聚它们，三角形最终必须彼此在一个点上相交（图10.16）。一个切实有益于三角形对称组织的技巧是网格。通过把三角形聚集成一个有序的图形，三角形彼此衔接的一些问题虽不能完全消除但可以被缓解（图10.17）。另一种在景园中可行的三角形对称组织是把一个三角形进一步分为更小的组成部分。

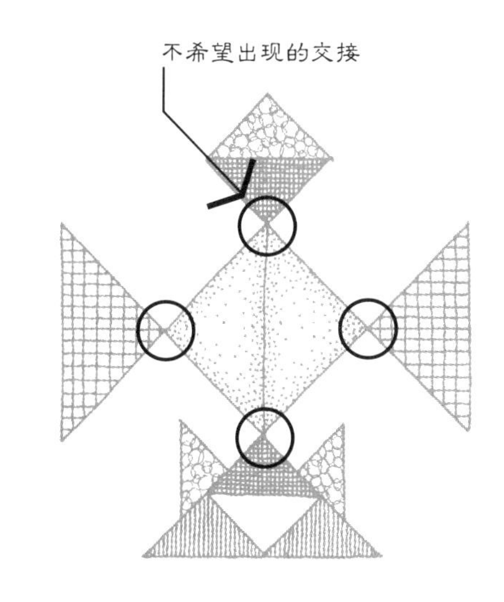

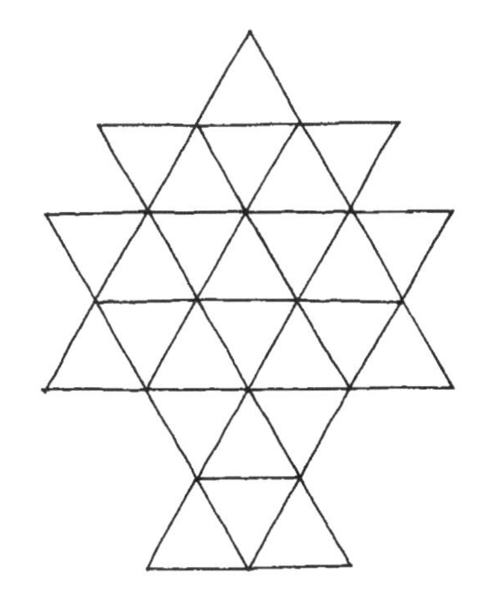

图10.16 上：三角形的对称可能产生三角形间的交接问题。

图10.17 左：作为三角形对称基础的网格示例。

笔记/手绘

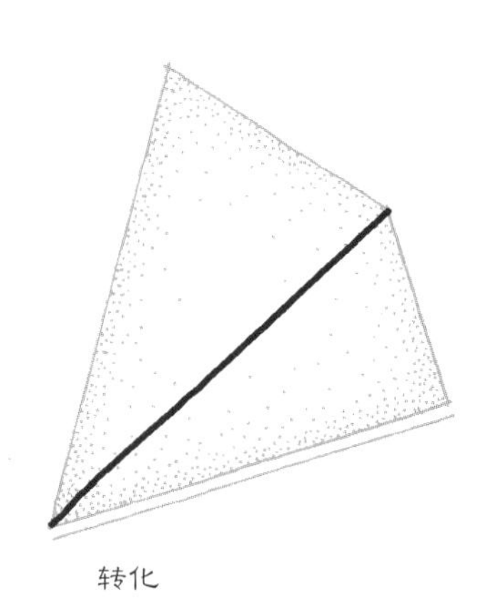

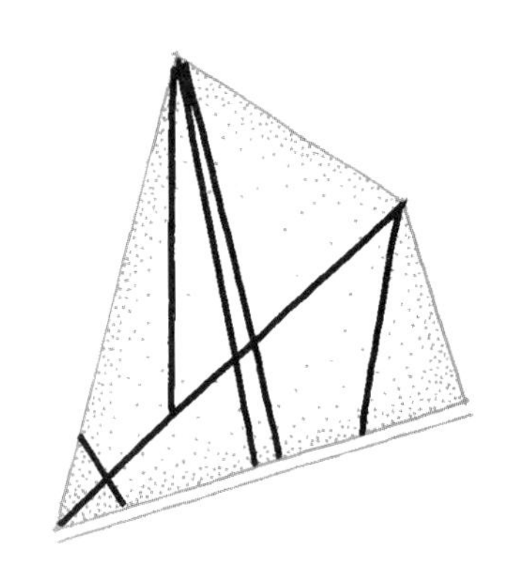

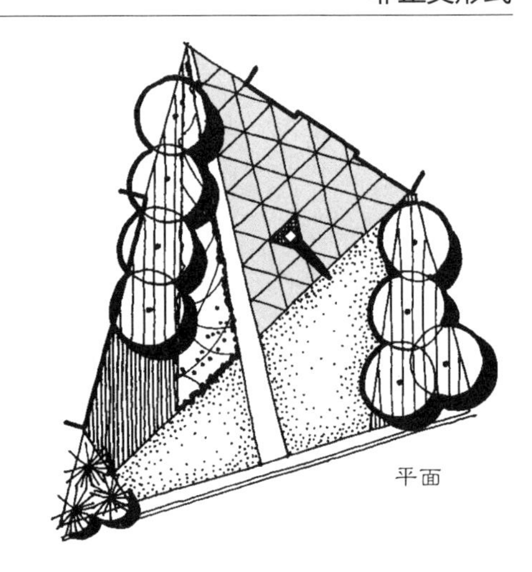

图 10.18 用减法创建迎合奇特场地形状的设计。

图 10.19 下：面对面相加示例。

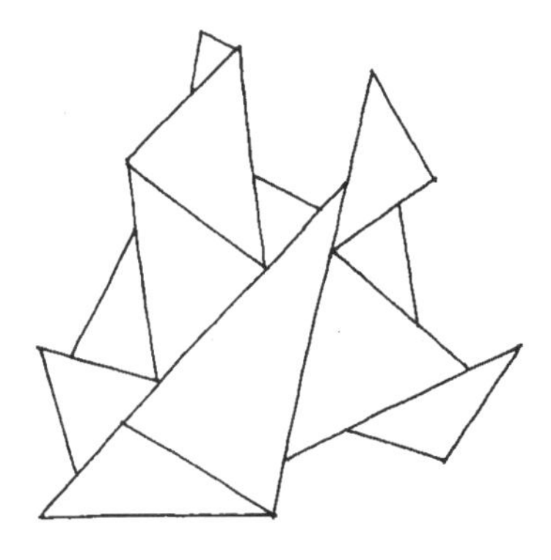

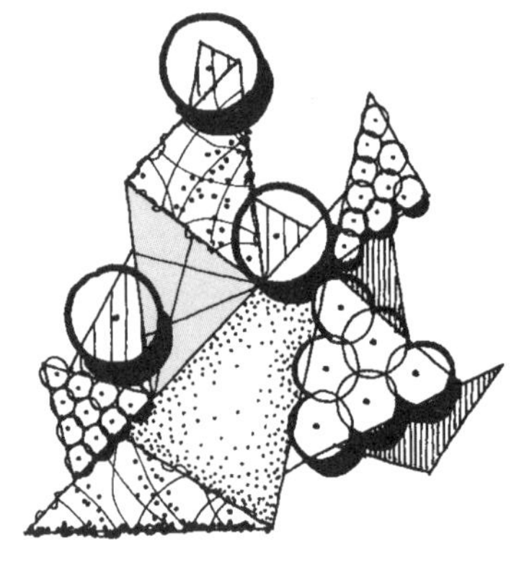

笔记/手绘

不对称。三角形的不对称组合适于作为景园建筑学设计的基础，因为它利用了三角形固有的多样性效益以及潜在的视觉力度。把三角形转化为一个不对称构图的主要手段同用在正交形式中的一样：减法和加法。

减法。从一个块面上去除或对它加以划分的过程最适合用于三角形或不规则的场地，因为这允许把那些不寻常的场地逐步划分成更小的地块，它们是整体场地结构的反映，也就在视觉上与它保持一致（图 10.18）（另见景园效用）。与正交形式中的减法不同的是，由于前面讨论过的不确定性，三角形的划分缺乏具有普遍性的一般方法。因此，三角形中的减法是一种随时应对每一边独特特征的反应过程。

加法。通过连锁、面对面和空间张拉，加法可以使三角形组群多样化（图 10.19）。依据所采用的三角形类型、相似度、排列和空间布局，这些技巧可产生一系列不同的户外空间。在众多可能性中，三角形的相加特别适于编排体量化空间（图 2.19、图 10.9 ~ 图 10.10、图 10.20 ~ 图 10.21）。它所产生的三角形组合造就了碎片式的构图，有着歪斜的线和面、集中和发散的空间边缘，并具有创造无数个良好视点的可能。竖直面和顶面在空间中穿插并彼此叠加，可弱化空间边缘的清晰性。流线是漫游性的，并反复无常地沿着转折的路径引导。所有这些特点在景园中的结果，是富于无休止的、不安定的、紧张的整体气氛。这种扰动的能量很有刺激性，的确可能是不安定和扰乱方向感的。最终，以三角形为基础的不对称场地设计很少有特别吻合其布局的条件，尽管可适合一处高度刺激性的城市设施或要求特殊表现的场地。

平面

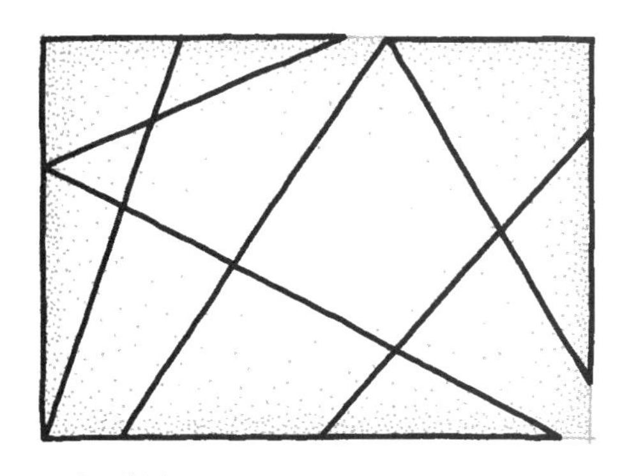

三角形结构

图 10.20　左：用三角形造就体量化空间的基础。

图 10.21　下：联系于三角形结构的 3 种围合面。

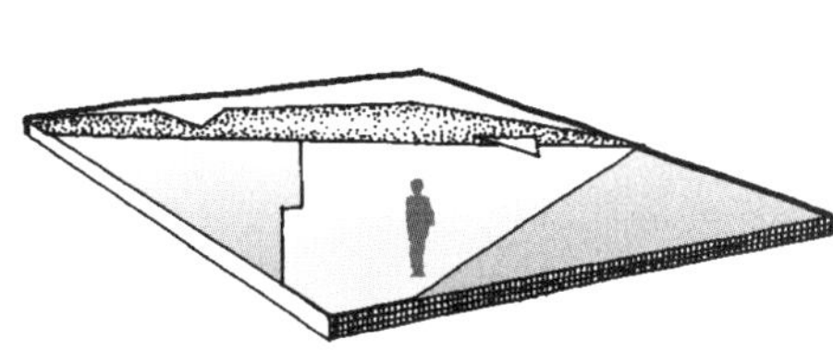

地面

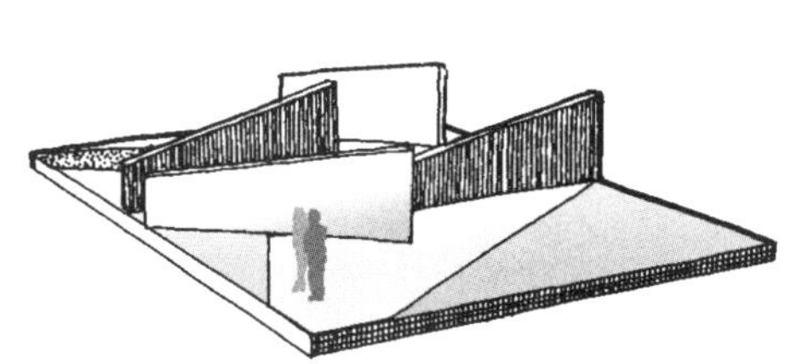

墙体

墙体和树木

笔记/手绘

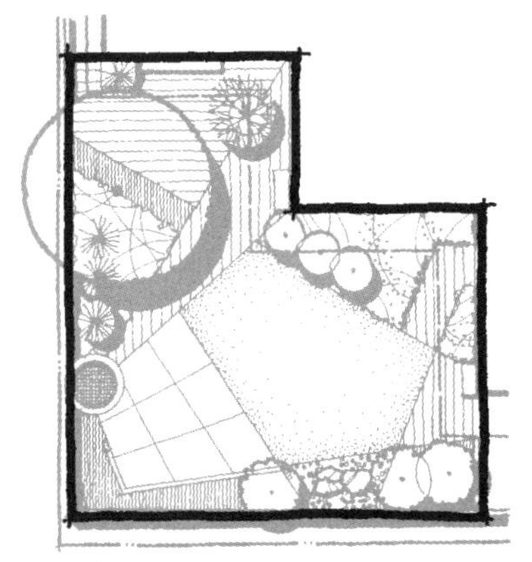

正交框格

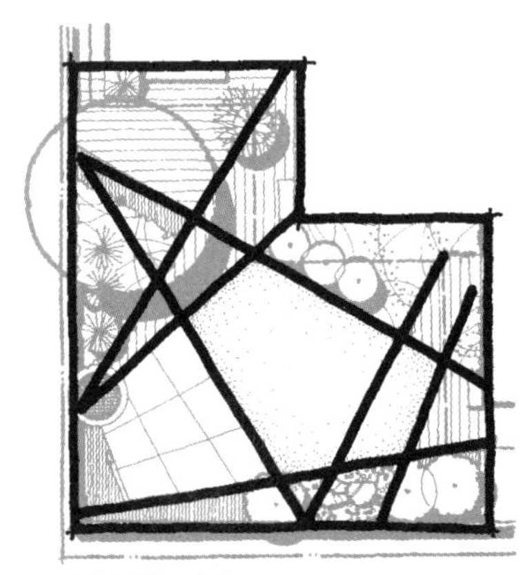

三角形的对位

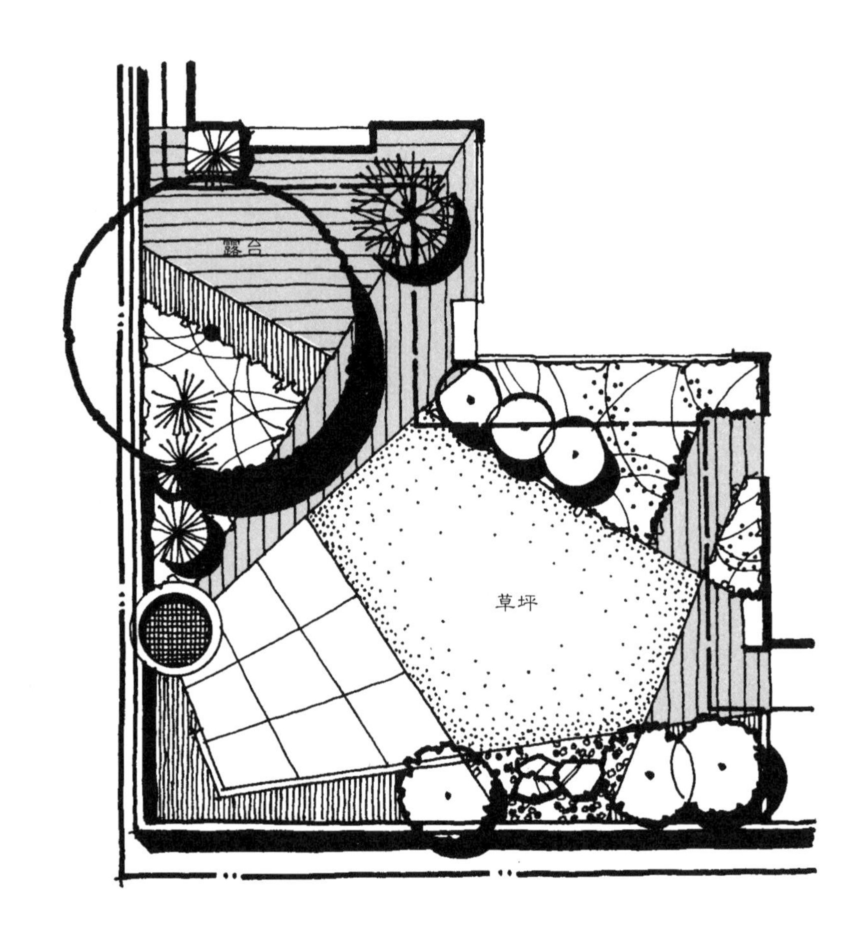

图 10.22 琼斯住宅。

变化方位 | Alter Orientation

同前一章讨论的斜线一样，三角形可以改变人在景园中的方向和方位感。然而，这种作用在三角形这里更深切，因为它们固有的可变性，可以在一个场地内暗示无数方向。这种效果适于用在设计意图是缓解小型正交场地的局限处，或者目标是为建立同场地非正交的外部景观的视觉联系的时候。前一种意图的一个设计例子，是盖瑞特·埃克博 1940 年前后设计的紧密围合的琼斯住宅（Jones Residence）园林方案（图 10.22）。三角形的叠加缓解了周围正交方盒子的限制感，把视线分散到包括朝着圆形水景在内的好几个方向。场地边缘全然成了一个衬托内部迷人设计的背景框格。

笔记/手绘

引导视线 | Direct Views

在景园中，当三角形聚合于一点的两条边通过建筑物、墙体、地形和植物呈现在第三维中时，它们就引导了视线（图 10.3）。浮现于三角形中的竖直面的作用就像障碍物一样屏蔽了外面的元素，并把人的注意力集中到围合面的交汇点。可以有意利用这种现象，把视线导向关键的位置或元素（图 10.23）。这种作用是强有力的，应该只用于值得集中注意力的焦点所在。

与此相关的一种三角形用途是在景园中造就人为突出的透视效果。当人们的视线沿平行的边穿越空间时，这些边延伸得越远，其距离在视觉中就好像越近（图 10.24 左）。这是一种常见现象，带来视觉深度感。当空间的两条边像在三角形中那样真的汇聚时，就强化了这种现象，因此迷惑了视觉，使它相信端点更远一些（图 10.24 中）。在景园中，当视线穿越想象中两条边应平行的空间时，同样的现象可以用来产生深度增大的幻觉。

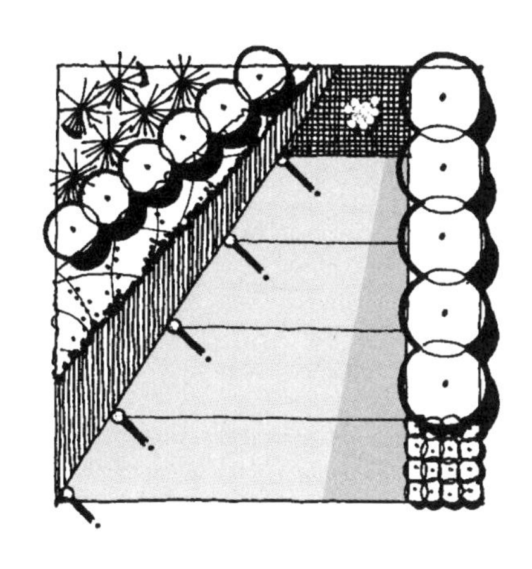

图 10.23　上：三角形空间可把视线积聚到一个景观重点上。

图 10.24　下：两边的汇聚对深度感的作用。

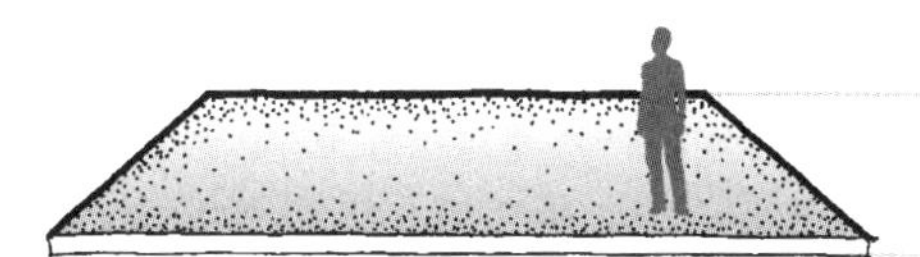

沿着矩形的景象

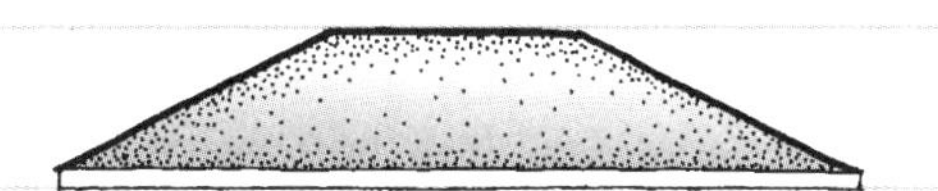

沿着截去端点的三角形的景象

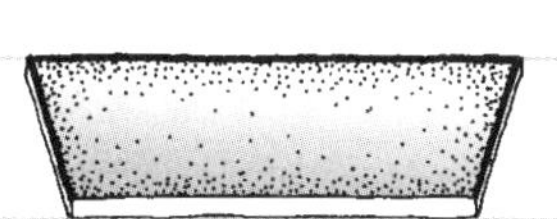

从相反一端沿着截去端点的三角形的景象

注意：所有景象中的深度都一样。

笔记/手绘

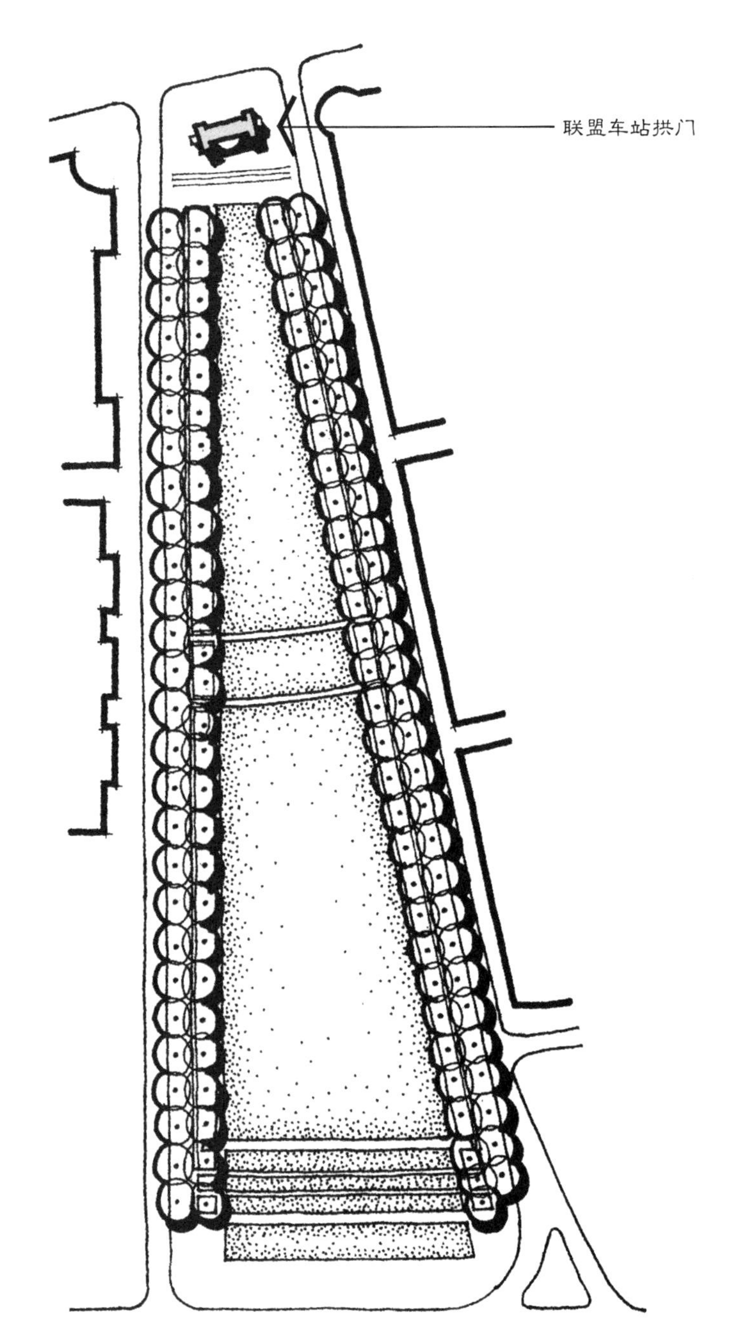

图 10.25 右：麦克菲尔森公共绿地场地规划。

图 10.26 下：麦克菲尔森公共绿地。

笔记/手绘

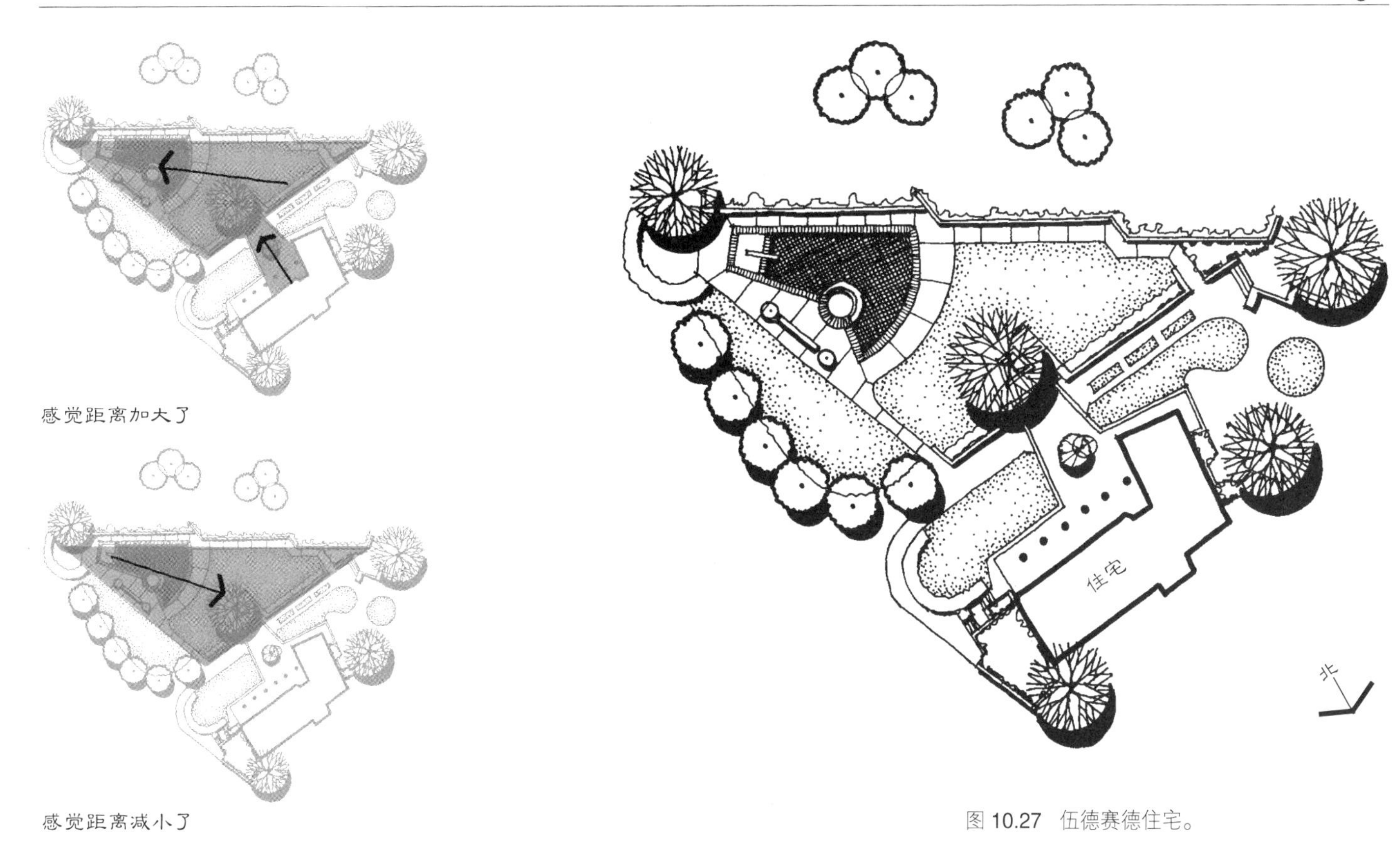

感觉距离加大了

感觉距离减小了

图 10.27 伍德赛德住宅。

在景园中应用三角形来聚焦视线并放大距离的一个例子，是 MSI 景园建筑设计公司（the Landscape Architectural Firm of MSI）设计的俄亥俄州哥伦布的麦克菲尔森公共绿地（McFerson Commons）（图 10.25 ~ 图 10.26）。这个开放空间位于竞技场区（Arena District）的核心地带，是一个综合了办公、零售商业、居住空间以及全国性竞技场（Nationwide Arena）的大型开发项目，毗连的建筑、街道和树木行列沿着这个公共绿地伸延，限定出公园的三角形。这些元素协力把注意力引向联盟车站拱门（Union Station Arch），它是历史上曾位于数个街区外的著名火车站的建筑遗构。这个拱门是竞技场区域核心地带的象征，因此恰当地得到强化。从场地空间的南端开始，这个公共绿地的三角形放大了南北距离，使它看上去比实际的长。

景园中的三角形也可用于完全相反的效果。即，当人们从三角形狭窄的一端看向对边时，三角形逐渐分开的两边缩小了深度，造成空间尽端离人们的观景点更近一些的感受（图 10.24 右）。所以，取决于人与三角形的相对位置，三角形能在景园中造成两种全然相反的大小与深度感。这种感受的一个很好形象展示是托马斯·丘奇 1953 年在加利福尼亚伍德塞德（Woodside）设计的一处住宅景园（图 10.27）（Church 1983，200）。在这里，从建筑和门廊处观看，增加的深度感使拥有树木、草皮和泳池的很显眼的后院看上去更大。反过来，从泳池的跳板一端看向住宅的视觉距离则被缩短了，感觉住宅和树木更接近泳池。

笔记/手绘

图 10.28 右：类似于三角形的转换可汇聚或发散运动。

图 10.29 下：三角形的转换示例。

图 10.30 底：三角形用于满足从许多方向穿越场地的流线。

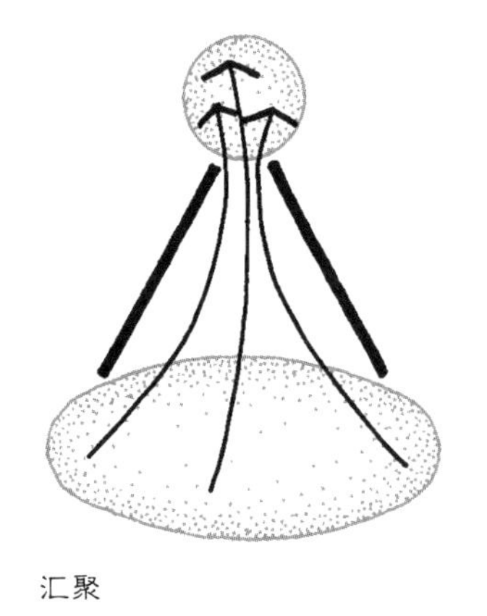

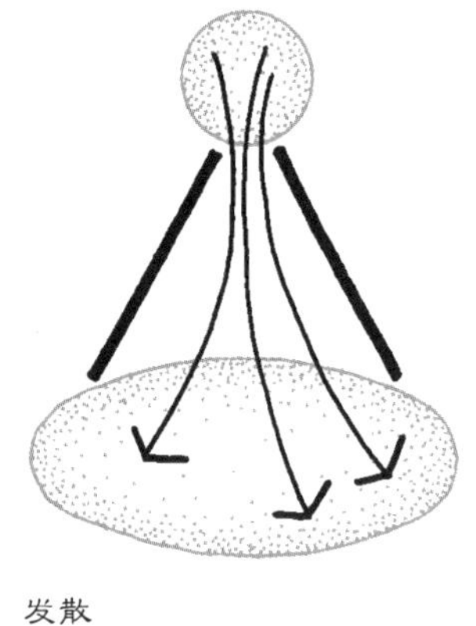

引导运动丨Guide Movement

三角形与此相似的一种景园效用，是在门户处汇聚和发散同毗连户外空间之间的运动流线。当三角形的边伸延进入竖向的面，其作用就像在一个宽阔的开敞空间中伸开双臂围拢并引导人流，引向自己尽端较窄的开口（图 10.28 左）。相反，从狭窄开口处到更丰富的空间一面，三角形表达的是一个使运动发散到多个方向的开端（图 10.28 右）。这种关于入口的经典概念不拘于任何景园状况，只要在组织空间中的路径时有意制造空间扩展与收缩共存的戏剧性效果即可。入口的概念可以由三角形来满足，也可用其他再现了三角形的扩张与收缩的竖直面形式来满足（图 10.29）。

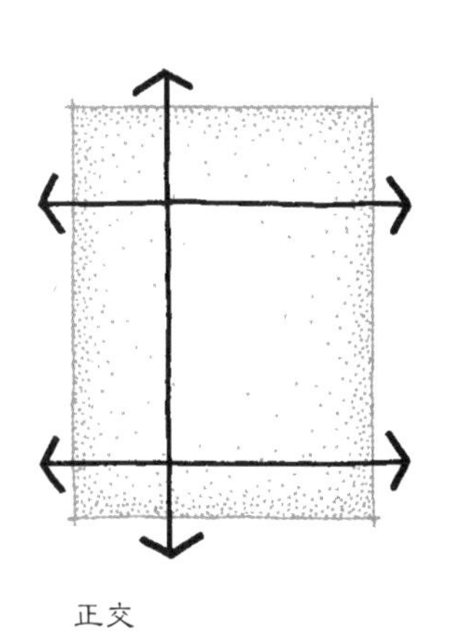

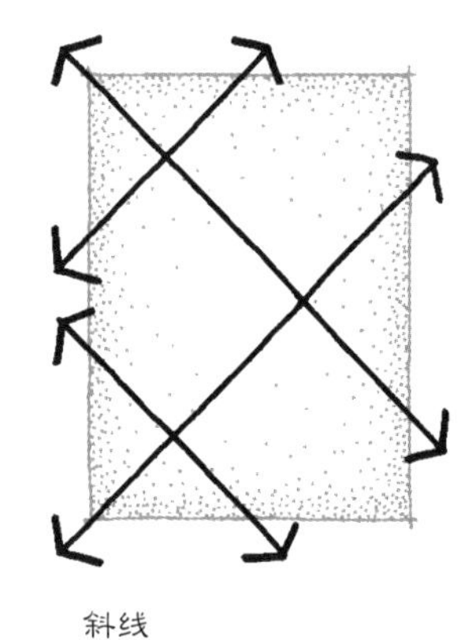

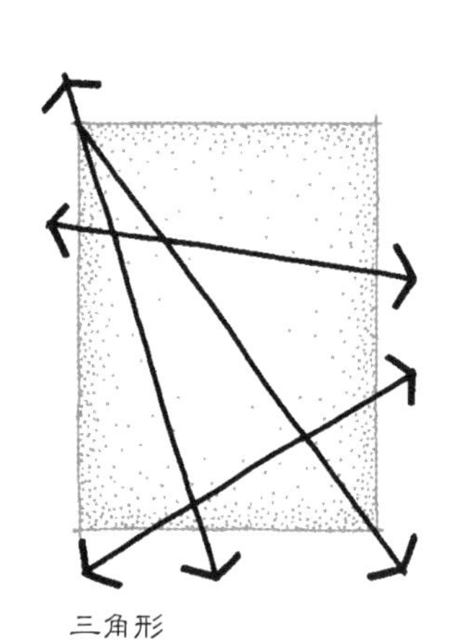

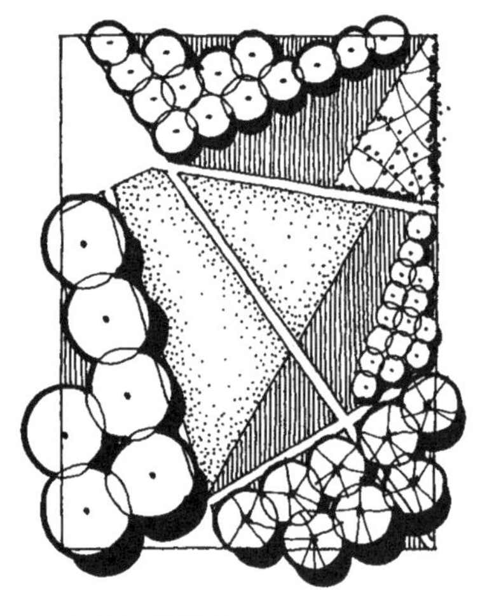

笔记/手绘

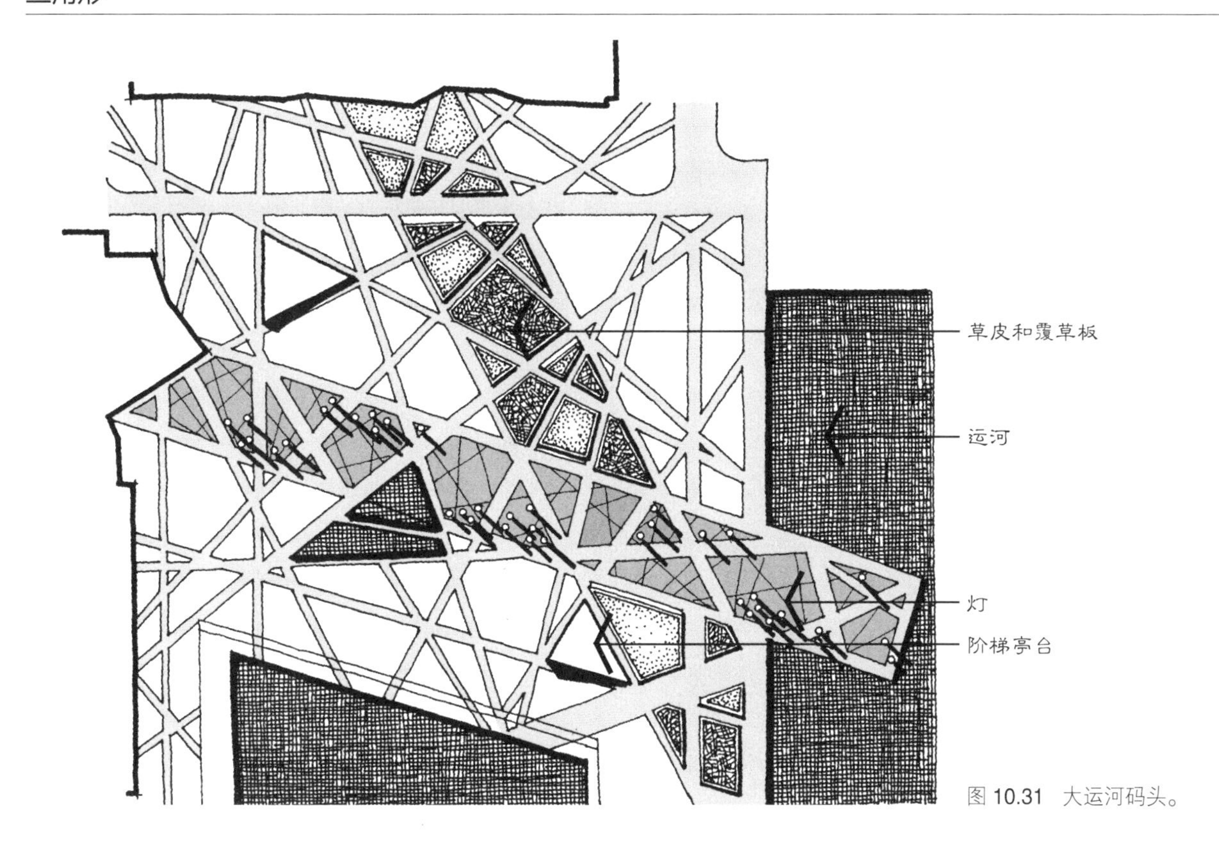

图 10.31　大运河码头。

三角形同样可以用来容纳同场地边界斜交的复合流线路径。尽管这种景园效用同斜线带来非正交运动路径的能力一样，它仍因三角形设计结构迎合无数各有独立朝向的运动而不同，每个三角形都有自己的方位（图 10.30）。如同前面曾指出的，甚至一个三角形网格也有提供更多运动方向的能力，超过了正交或斜线的网格。另外，三角形结构可塑造一种支撑并强化穿越场地流线的完整空间体验。

用三角形来表达多样流线路径的一个形象化展示，是玛莎·施瓦茨景园建筑设计事务所设计的爱尔兰都柏林大运河码头（Grand Canal Dock）的方案（图 10.31）。作为码头区域地段再开发的中央部分，这个公共广场意欲成为一个重要的聚集空间以及一座酒店、剧院和商贸建筑的环境。三角形构图以流线所需求的路线为基础，组织成毗邻和叠加的复杂三角形图案（Kelley 2006，40-46）。包括不同地面铺装材料地段、水景和一座亭台在内的所有项目任务要素，都精心整合到一个三角形结构中，用于促成戏剧化的布局。

笔记/手绘

嵌入 | Intervention

三角形的相关应用还有嵌入，这是在第 1 章中讨论过的基本转化过程之一。因为三角形同正交与圆形的明显形式差异，它很容易被有意当作一种对比来嵌入一处场地，产生同场地内和 / 或场地周围关系间明显的、并且可能相互冲突的不平衡（图 10.32）。在这种方式下，除了尽力缓解同相邻形式的交接，避免产生功能和建造问题外，很难试图让三角形形式吻合占主导地位的几何形。相反，三角形切入一个设计中并导致异向的指向力。

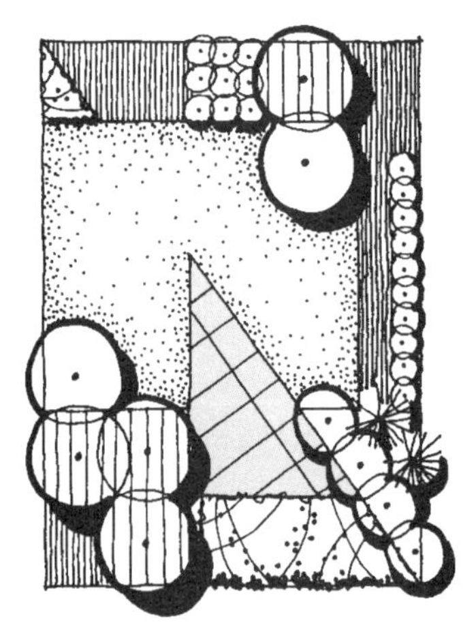

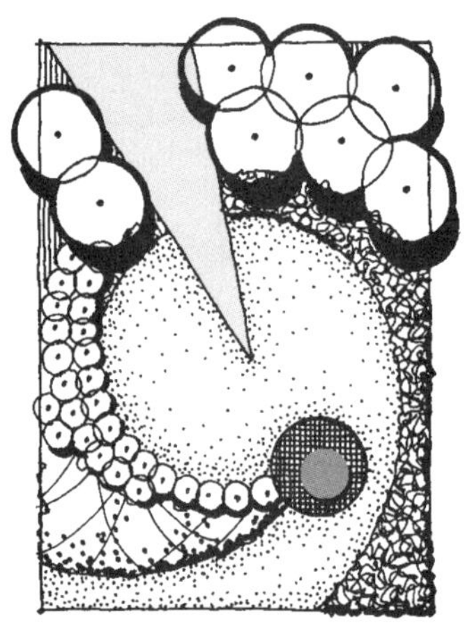

图 10.32 把三角形用作嵌入工具的示例。

嵌入三角形这种方式的一个形象化展示见于旧金山使命大街 560 号（560 Mission Street）的一个开放空间，设计者是哈特·豪沃顿（Hart Howerton）（Hinshaw 2004，76-83）（图 10.33）。其设计的基本结构依据一个线性网格，通过铺地图案把毗邻办公建筑的柱间距延伸到场地上。这一简单组织勾勒出一个水池的边缘、一系列草皮台面和一小群盆栽树木。主导网格被树丛间的一条斜向步道所截断，后者限定出场地以东一处密植竹子的三角形地块边缘。这个三角形插入一个枝叶密集的地带，产生了直接同场地西侧坚实、开敞特征对比的、葱郁亲密的嵌入环境。

适应零碎场地 | Fit Interstitial Sites

三角形组织的另一种可能效用是巧妙适应斜向街道、交叉口或斜角建筑物之类形成的边角或不规则剩余场地。精心竭力设计的许多当代建筑背离同附近街道和建筑物的习惯排列方式，也造成了形状奇特的场地。不管这类场地是如何产生的，最好都要接受它们的既有几何形状，而不是强行加入一个与之关系怪异的系统。三角形设计系统经常能与这些场地相互补足，比其他设计结构更有效地利用可使用面积。如此运用三角形的一个例子，是霍沃森设计事务所（Halvorson Design Partnership）设计的南波士顿海洋公园（South Boston Maritime Park）（图 10.34）。这个城市公园坐落于由 4 条街道截出的南波士顿滨水地段上，包括一片草皮、一处快餐厅、一些格架凉廊以及各种标示其位置的不同元素（Carlock 2004，78-79）。在最终由大量三角形地块构成的同时，公园的基本设计概念是通过两个对角间的斜线把场地一分为二，造就相邻的两个三角形。

笔记/手绘

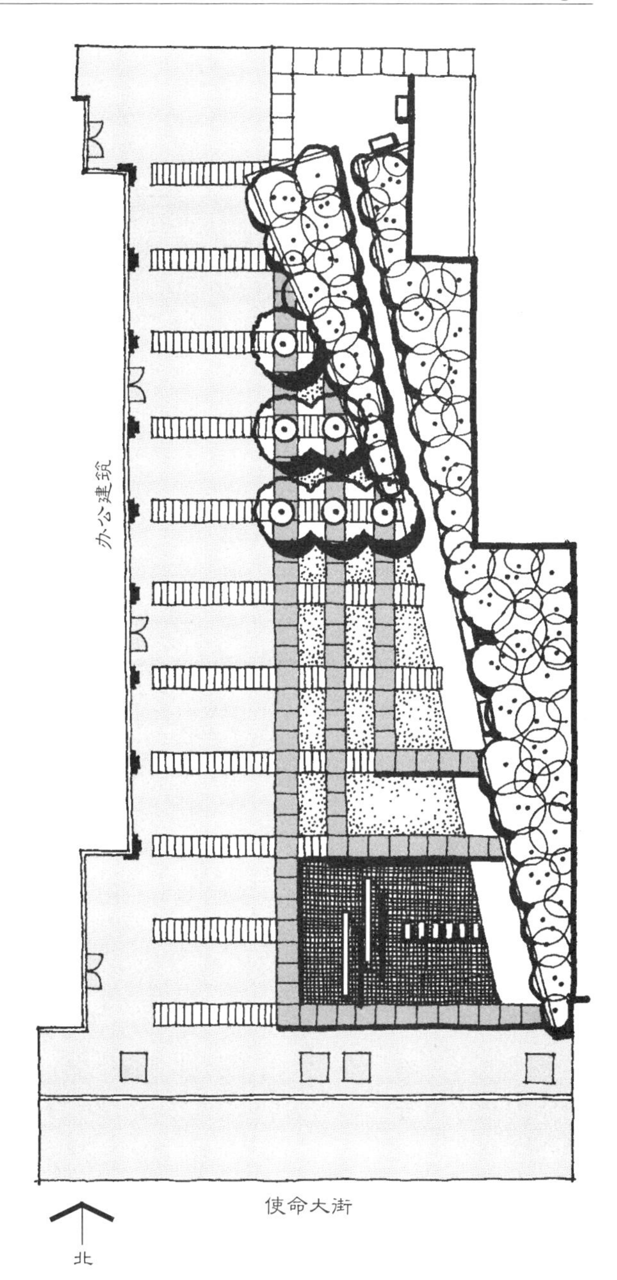

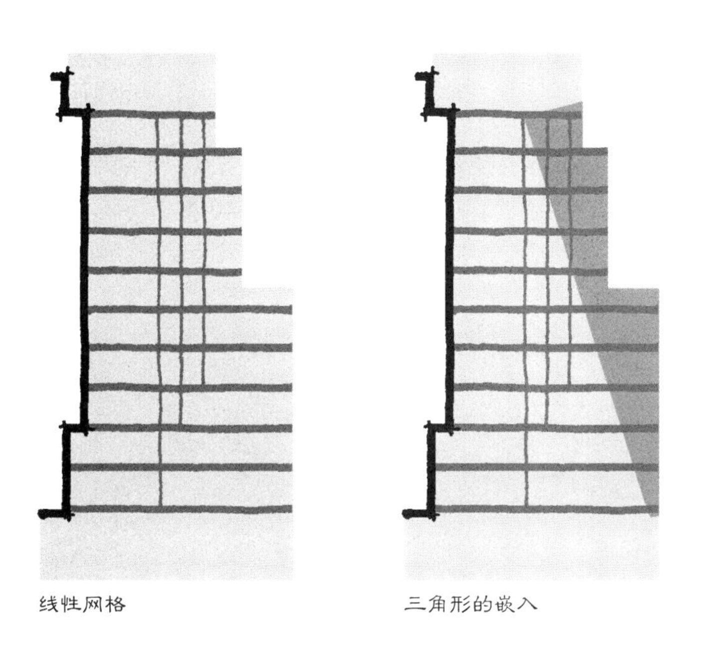

图 10.33 使命大街 560 号的开敞空间。

笔记/手绘

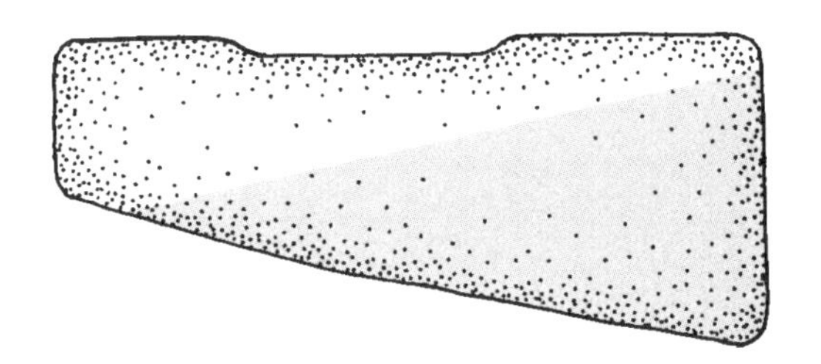

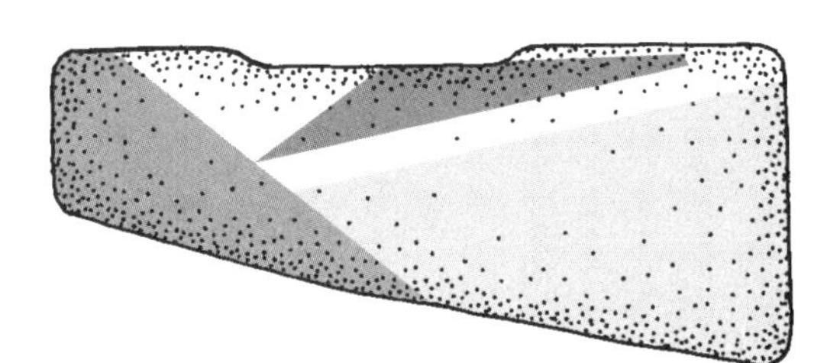

图 10.34　南波士顿海洋公园。

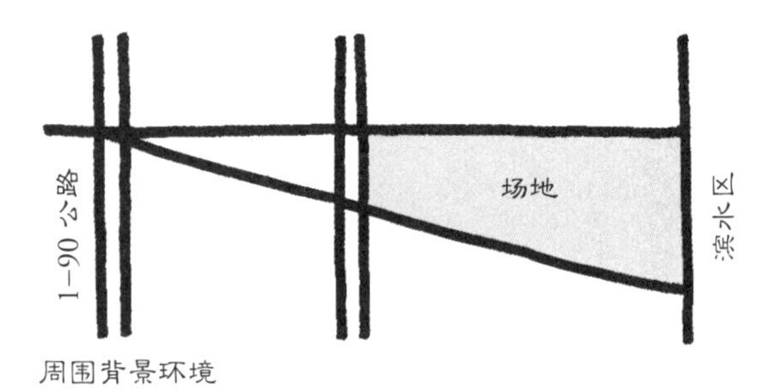

周围背景环境

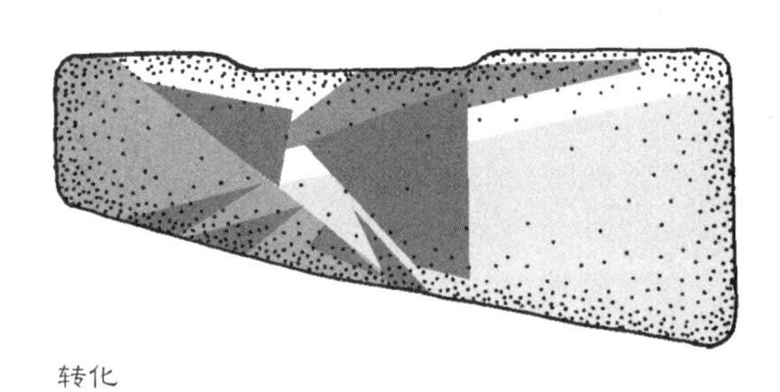
转化

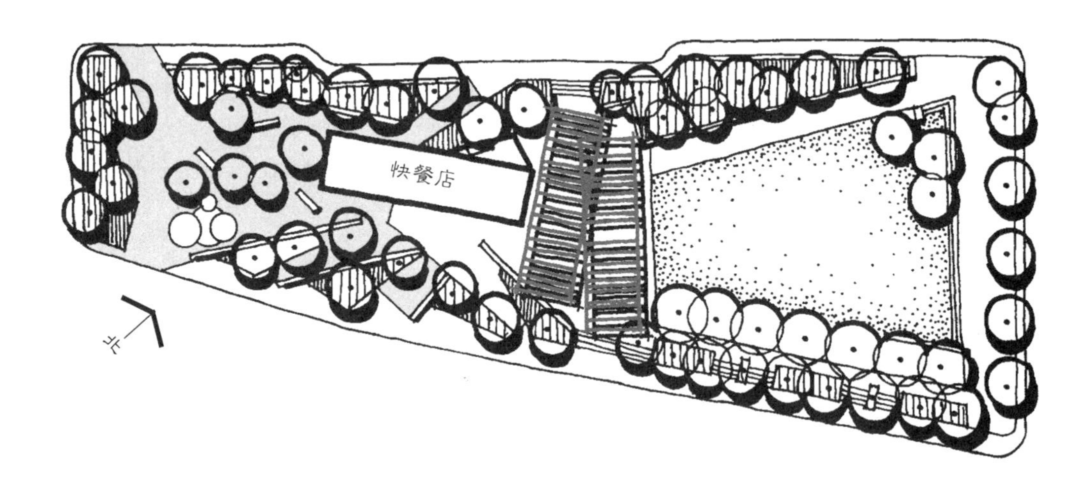

笔记/手绘

雕塑般的景观重点 | Sculptural Accent

贯穿本章讨论的那些以三角形为基础的设计特性都可加以利用，创造意欲表现非凡的景园，带来令人难忘的印象。当三角形构图被置于圆形、曲线形或自然风景中时，这种能力最为显著。在这样的周围关系中，尖角无疑至为鲜明（图 10.35），尖角形式传递冲突的力量，暗示着张力、焦虑，等等。一个利用了一组三角形的潜在雕塑特质的设计实例，是乌拉圭蒙得维的亚（Montevideo）的大屠杀纪念碑（Holocaust Memorial）（图 10.36）。这座由建筑师费尔南多·法比亚诺（Fernando Fabiano）、加斯顿·博埃罗（Gaston Boero）、希尔维娅·佩罗西奥（Sylvia Perossio）与景园设计师卡洛斯·佩莱格里诺（Carlos Pellegrino）共同设计的纪念碑，是献给大屠杀中的犹太牺牲者和家庭的（Martignoni 2006，117-120）。代表犹太人人生旅程的长长墙体在中间被危险堆砌的倾斜墙体体块所打断，后者象征着大屠杀本身。三角形设计非常适应传达这种信息，并作为一种景园象征。

象征意义 | Symbolic Meanings

有许多同三角形相关的象征性呈现在景园中，包括它同设计者的潜意识呼应的一面。如前面所指出的，锐角产生尖锐、生硬和矛头般的角落，直觉中令人不快，暗示着一种危险状态。因此，对三角形的固有反应是要躲避它。交通避让信号、汽车保险杠上的危险警示、国际通用的放射性警示符号以及放射尘埃民防隐蔽所的标志都同三角形有关。三角形令人不快的性质还被风水观念所强化，认为三角形的顶尖具有邪恶的能量，聚在那里难以逸出（Wong 1996，152）。

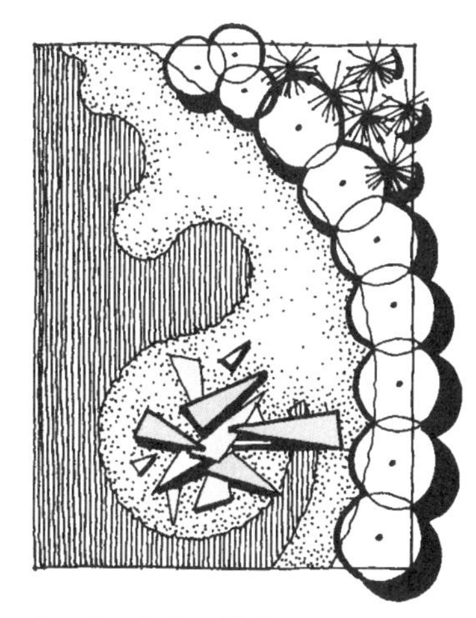

图 10.35 上：当同场地环境对比时，三角形可造就雕塑般的景观重点。

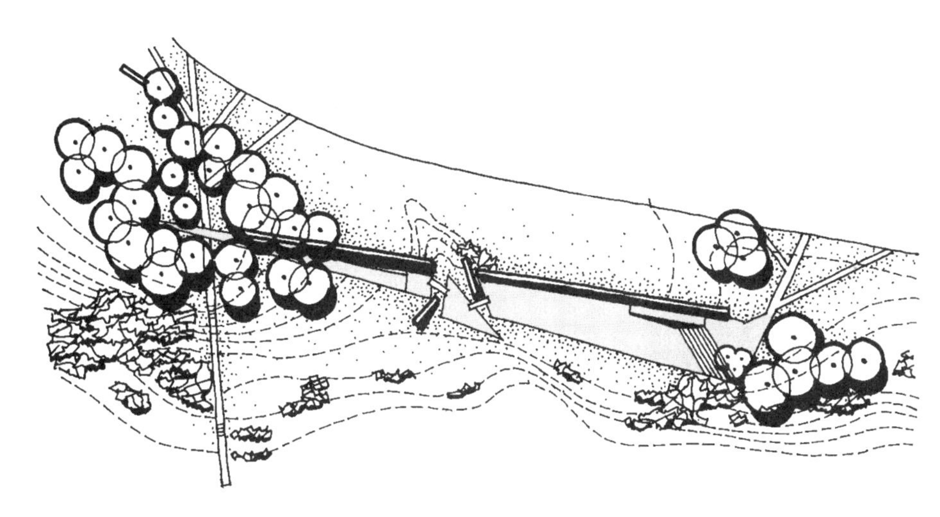

图 10.36 左：大屠杀纪念碑。

笔记/手绘

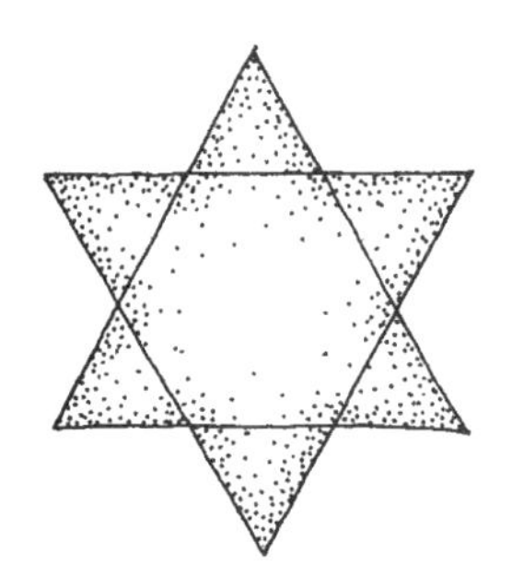

图 10.37 大卫星。

当顶点向上时，三角形还代表着活跃、运动、能量、渴望、生长、太阳和火（Tresidder 2005，487）。有时这被视为男性的象征，并且是前面讨论过的三角形捕捉和引导注意力能力的扩展。方向相反的三角形是女性的象征，并暗示着月亮、水和雨（Tresidder 2005，487）。当这两个相反的三角形结合并共享一个中心时，便形成一个六芒星或六角星（图 10.37）。这是所罗门的封印（the Seal of Solomon），并被广泛视为与犹太教信仰相关的大卫星（the Star of David）。这个象征表明均衡与神圣的统一。

三角形在其他宗教中同样也有特殊的意义。在基督教中，三角形象征把圣父、圣子和圣灵合为一个上帝的圣三位一体。在更广的意义上，由三而形成均等的概念是一个普遍接受的意识。两个点被认为意味着张拉和分离（图 10.38 上），第三点的出现在最初两点之间形成样貌和谐的均衡关系（图 10.38 下）。因其显示的视觉调和性，这种原则有时被用来进行元素组成数目为三的设计。

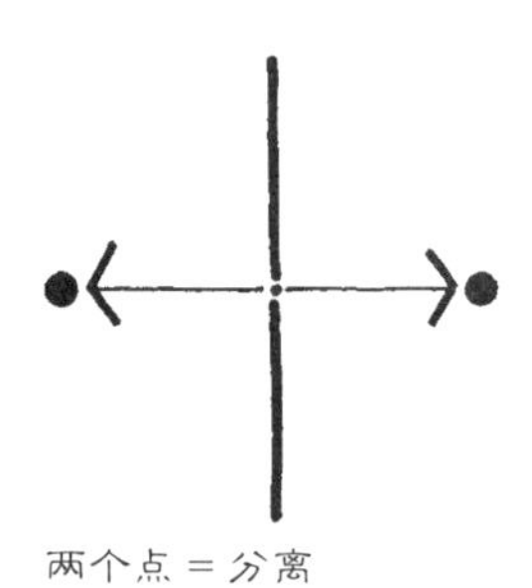

三个点 = 统一

图 10.38 三角形在三点间形成以三为一组的完整性。

设计准则｜Design Guidelines

如前面所委婉指出的，三角形在景园设计中可能是麻烦的形体，如果运用不当，会在功能和审美方面都产生错乱。在景园建筑学设计中，为避免可能的不当形状并开发三角形的固有性质，应该牢记一些建议。

恰当应用｜Appropriate Use

在作为一种组织元素用于景园中的时候，因其成尖角的边及其暗示的能量，三角形是一种具有强迫性的形状。然而，对景园建筑学和建筑学设计的回顾表明，三角形不经常被当作设计基础的主要原因是，其空间效率低。由于要方便家具和其他物件在包括屋角在内的各处摆放，大多数建筑物及其内部空间都是正交的。这不是三角形能做到的，因此相对难于用作大多数户外座席空间、聚集场所或其他要求最大限度采用直角边的用途。另外，许多建筑材料制作成正交形式，必须切割才能适应三角形。比之其他类型虽然不是不可能，但把材料加工调整出尖角还是特别需要技术高超的技工来完成的。考虑到这些限制，建议只把三角形用在前一节讨论过的可以完好展现独特性质的、有着明确价值的设计环境中。

笔记/手绘

锐角 | Acute Angles

在景园中应用三角形进行设计的最大挑战之一，是运用其固有的锐角。在何处如何采用锐角来设计应认真加以研究，因为它们直接影响设计的布局和实用性。按一般原则来说，如果不是锐角的角越小越可满足需要，就应尽量避免小于 45° 的锐角。这有两个基本原因。第一，三角形的许多不愉快联想，如焦虑和恐惧，在体现对内捕获或对外刺穿的小角度锐角中都更强烈。第二，在确定小锐角时，许多材料都在既要构图动人又要结构坚固方面存在困难。

坚硬的锐角在平面上很好画，但总难于真正实现，因为很少有材料特别容易塑造或切割来满足地面或三维中逐步缩小到角部顶点的边。锐角顶点处的空间字面上就是小、更小，最后无存（图 10.39）。这种相对小的块面难于用地砖这样坚硬的材料填充和建构，特别在锐角周围只有泥土或沙砾的时候。要吻合紧凑的锐角，经常需要更多的时间和高超的技艺来精确切割地砖。可即使把铺地设在被限定的地块中，从侧面和下面用适当的基础材料来支撑它也很困难（图 10.40 左）。很简单，各个方向都没有足够的面积来提供真正的支撑。结果是，狭窄锐角处的铺地非常脆弱，很容易由于磨损或冰冻／融化的循环而碎裂或散落（图 10.40 右、图 10.41）。在被更大的铺地地面所环抱，周围的铺地材料把锐角固定在其位置上的时候，锐角的铺地才更为实际一些。

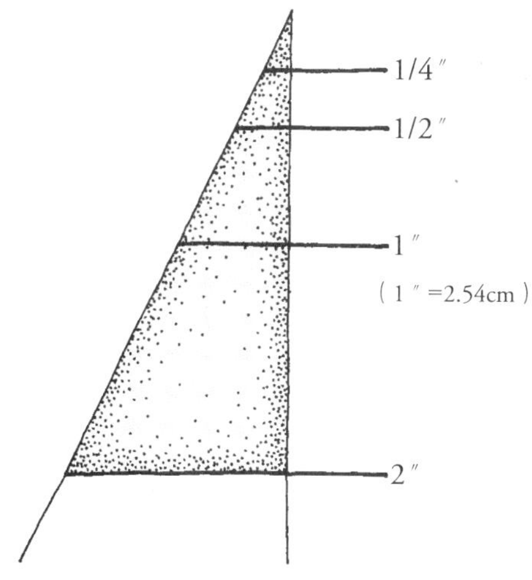

图 10.39　三角形顶点处的实际尺寸。

图 10.40　左：锐角三角形铺地难于支撑，容易开裂。

图 10.41　下：锐角处铺地碎裂示例。

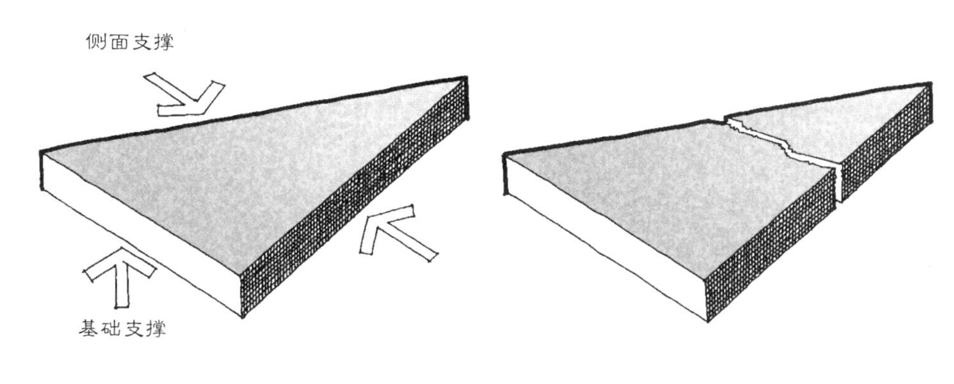

笔记／手绘

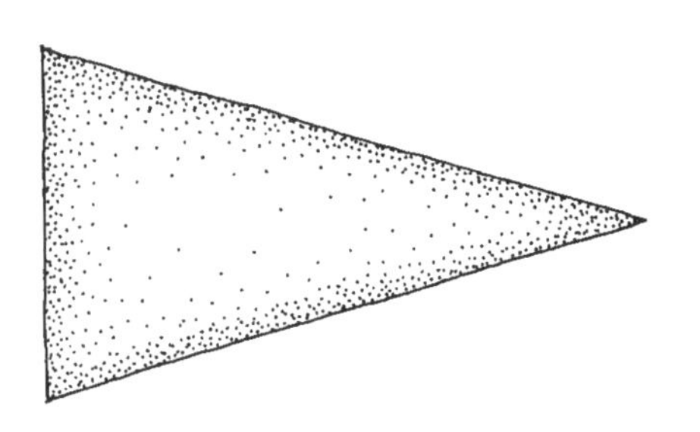

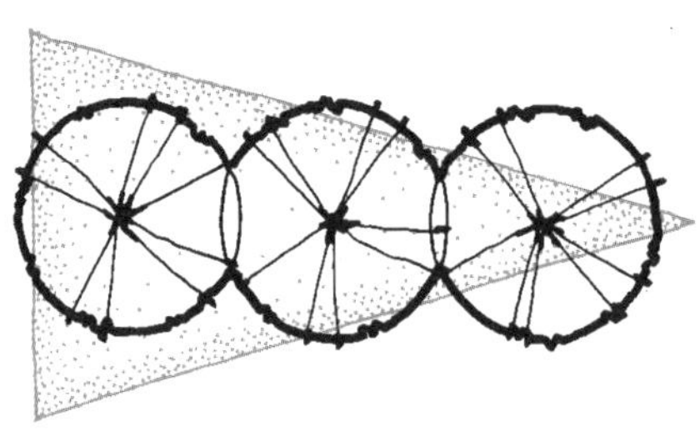

图 10.42 锐角内的空间不能由植被材料准确确定。

当尝试用植被材料确定锐角时，也会发生同样的问题，因为没有植物能够确定一个锐角最小的那部分。如果把植物置于一个三角形的顶点，它们经常会长到其范围以外，不再能强化最初创作在纸上或最初种植时的形式（图 10.42）。同样，受限于其两边，小锐角处的草皮也无法用机器来割除，只能采用手工或除草剪，这两种方式都需要更多的人力维护。

在景园设计中有几种减少锐角的策略。一种是尽最大可能采用直角三角形、等边三角形，或交角大于 45° 的三角形。另一种是在一些情况下，锐角三角形的顶点可被截去，这就回避了三角形最棘手的角（图 10.43 ~ 图 10.44）。最后一个建议的弊端是，截去锐角的顶部可能毁掉三角形设计的纯粹性，消弭三角形固有的一些生动感。

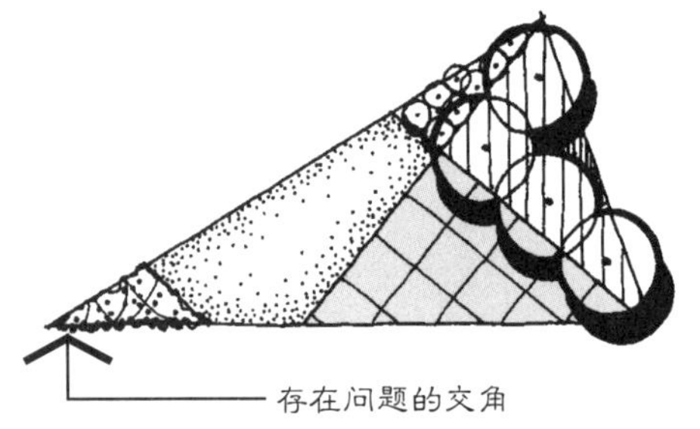

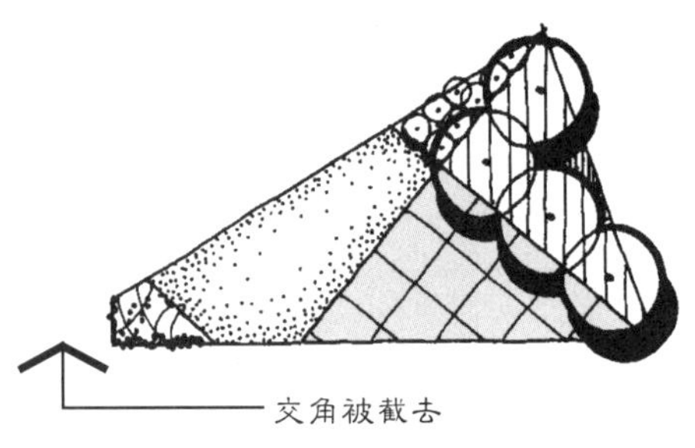

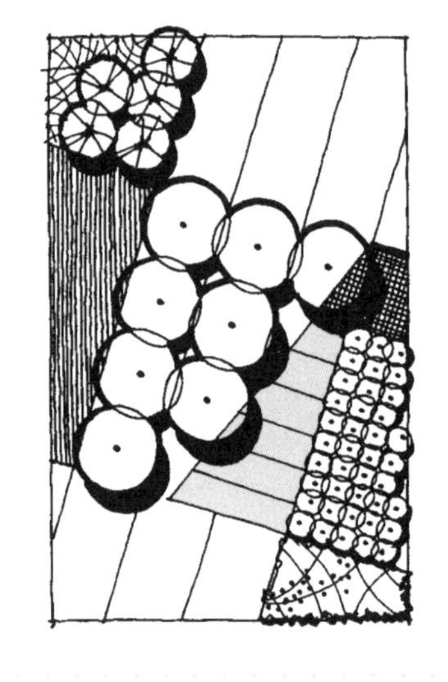

图 10.43 上：可以截断三角形以避免可能出现问题的顶点。

图 10.44 右：融入了截断三角形的设计。

笔记/手绘

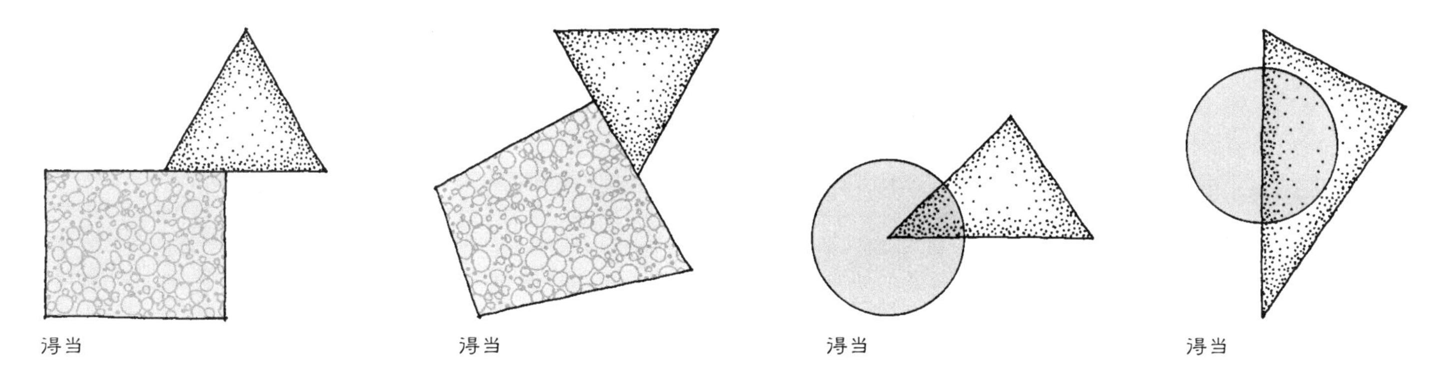

图 10.45　三角形与其他形式相交的理想方式。

构图衔接｜Compositional Connections

三角形因其是一种结构稳定形态而著称，历史上长期被用作房屋、桥梁、塔楼和其他建构不可或缺的组成部分，以保证它们的稳定性。然而，这种性质并不能直接转移到它作为二维构图形式在景园设计中的应用。当三角形的边平行或垂直于毗邻直线、正方形、矩形和其他多边形时，它看上去是最稳定的（图 10.45 左和中）。这产生了正交几何形固有的那种邻接形式或直角衔接间具有最大共有表面的并置。同样，当一个三角形的一条边与圆形的直径契合，并因此在圆周上形成两个形式间的垂直交角时，三角形同圆形又紧密结合（图 10.45 右）。最不稳定的关联发生在三角形的边同其他形式构成随意角度，或仅仅由三角形的一个角接触一个邻接形式时（图 10.46）。后者产生了一个不确定的点和构图紧张感。

图 10.46　带三角形的不稳定交接。

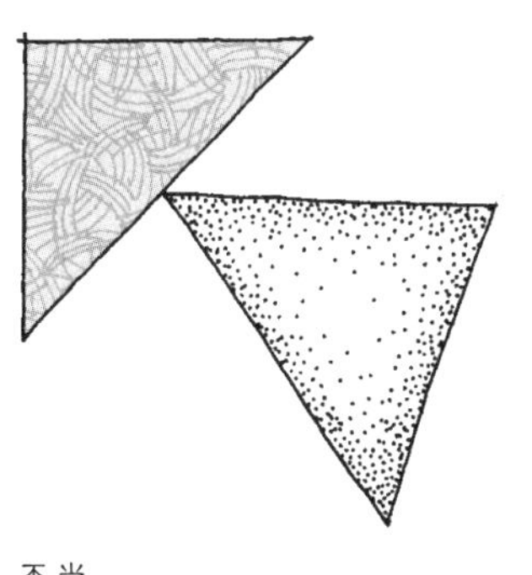

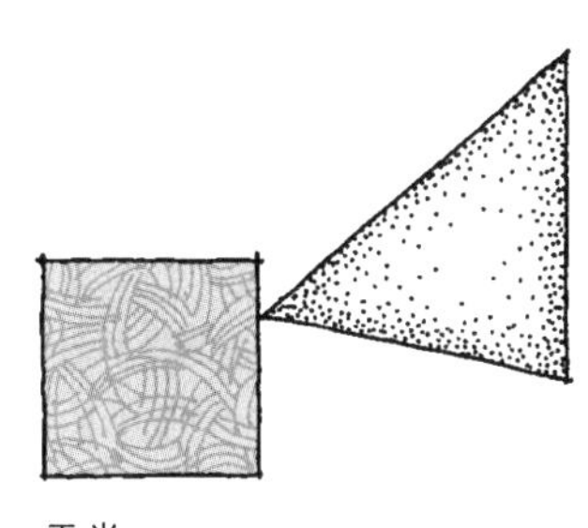

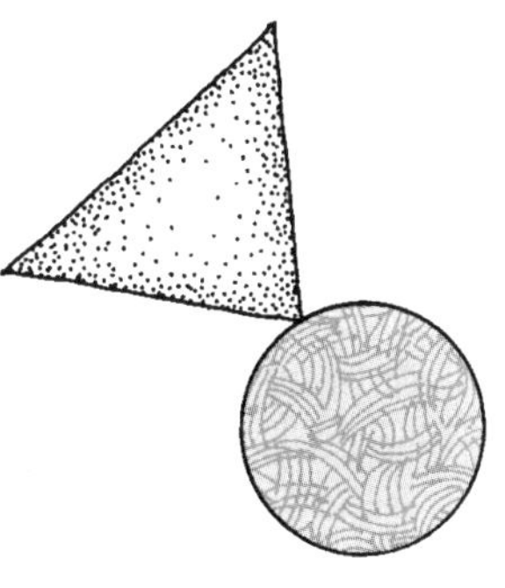

笔记/手绘

图 10.47 当一些三角形的边有序排列时，设计就更加协调。

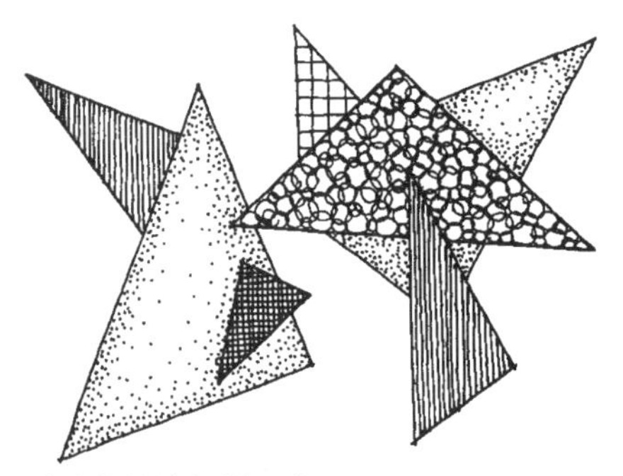

缺乏共同的排列方式

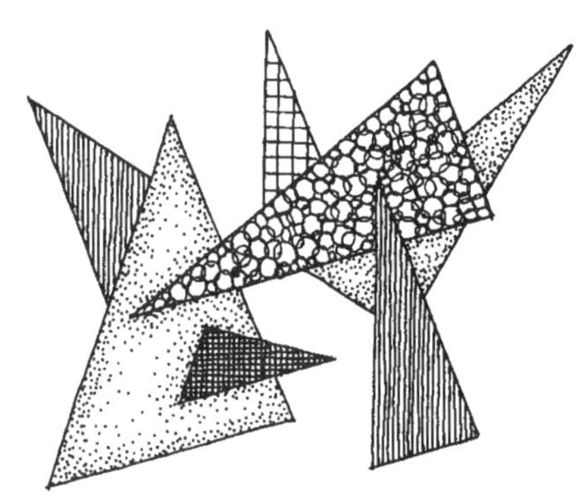

筛选出共同的排列方式

图 10.48 三角形最好应同场地边缘共享一些排列关系。

三角形的角和边之间多变的关系有些时候是有利的，但在三角形的组合中也有潜在的不利一面，特别是在不对称构图中，那些边之间的多种方向可能造成混乱。为了避免无序，在可能的时候显然应选择一些三角形，让它们的边成平行排列，以减少方向的数量（图 10.47）。这个原则的进一步强化，是把同样大小和比例的三角形用在一个构图中的时候。

同场地的关系 | Relation to Site

上述对构图的考虑也适用于三角形的设计同场地周边成怎样的关系，特别是那些由房屋、墙体、人行道或街道构成的边缘。此外，建议只要可能就应使三角形构图中一些选定的边平行和/或垂直于连续的场地边缘，从而在视觉上把场地内部构图锚固在它的周围关系中（图 10.48）。这一建议对于组织相对自由的不对称设计至为重要，但对网格和对称布局也是有益的（图 10.48 右）。应该牢记，三角形的一个有利之处是其各边间夹角的弹性，这使它们甚至在形状奇特的场地中也能塑造共同的排列方式。

除了排列方式，还有必要考察三角形如何同场地的直线边缘相接。对此有两个主要方式，很像基于多个圆形所做的景园设计（见第 12 章，设计准则）。第一种方式是用负空间或缓冲空间把三角形同场地边缘分开（图 10.49 左），精心考虑的交接由吻合整体设计特征的步行路径完成。第二种方式是让三角形的边同场地边缘以非锐角方式相接（图 10.49 中）。在上述任何时候，三角形的顶点都不应直接接触场地边缘，因为这会造成薄弱的关系，以及很难真正实现的场地内外间的流线（图 10.49 右）。

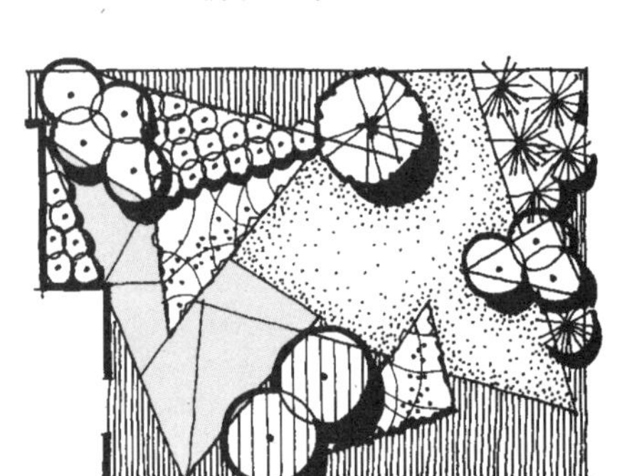

无关联

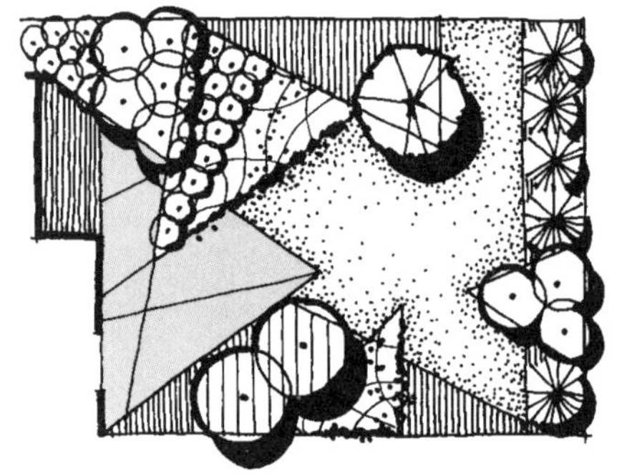

更具关联

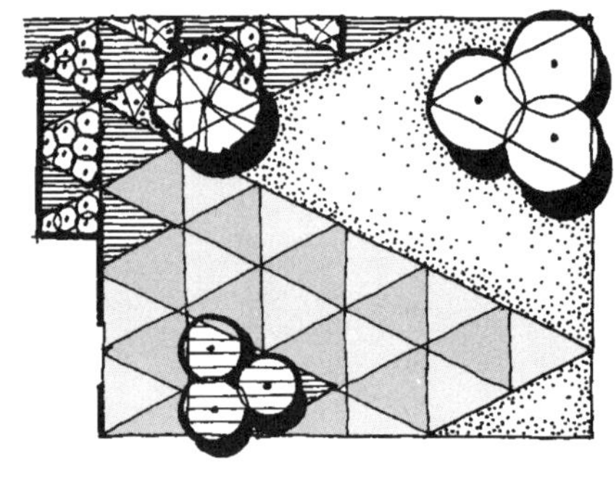

更具关联

笔记/手绘

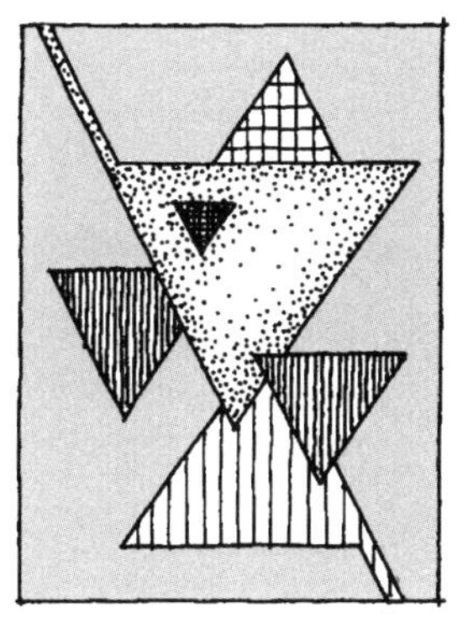

与边缘分离

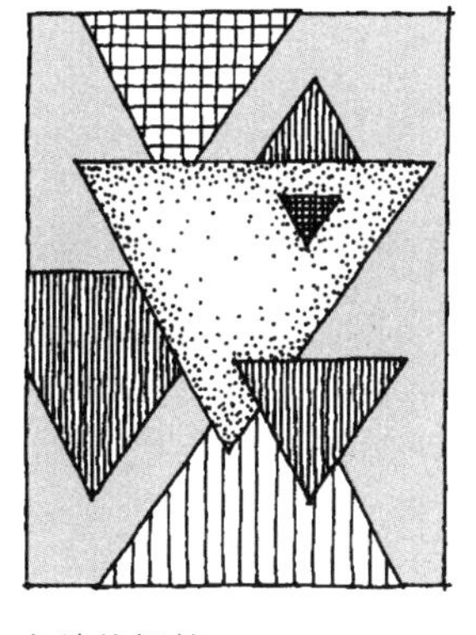

与边缘衔接

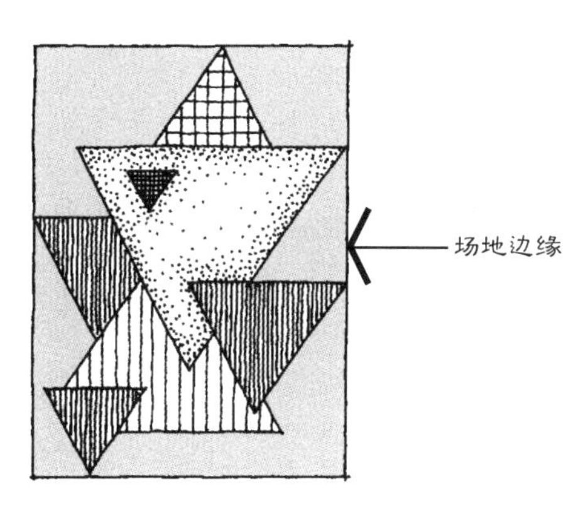

无关

图 10.49 同场地边缘的各种关系。

步骤 | Process

在景园中利用所有几何系统进行设计的推荐步骤，都是从整体概念开始，逐步发展至细部。当设计采用了一组三角形，可能产生不一致的多重方向时，这一忠告的价值更为突出。例如，应首先决定最大面积的三角形和/或穿越场地的最显著方向线。当采用加法设计过程，像许多对称和不对称构图中的那样从核心处向外扩展时，尺度是最重要的问题（图 10.50）。最大空间的位置和方向当然应该决定于项目任务和既有场地条件。当设计是把场地一步步分成更小地块的那类过程时，方向因素则是关键。在这种情况下，除了项目任务和场地因素外，三角形的基本线条和相关方向应该指示进入和穿越场地的基本流线路径（图 10.18）。

图 10.50 设计应从最大形状开始，逐步加入细节。

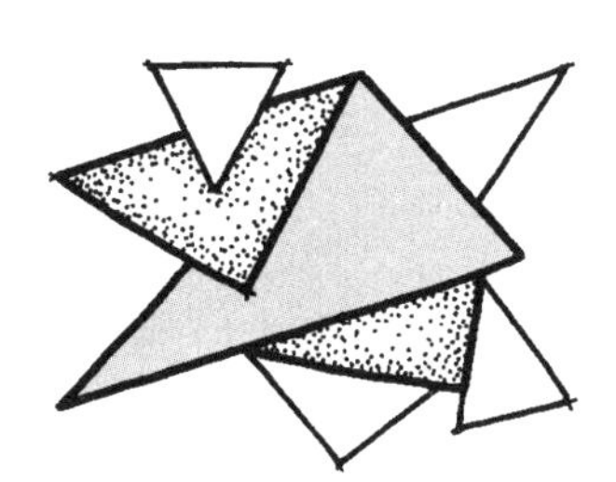

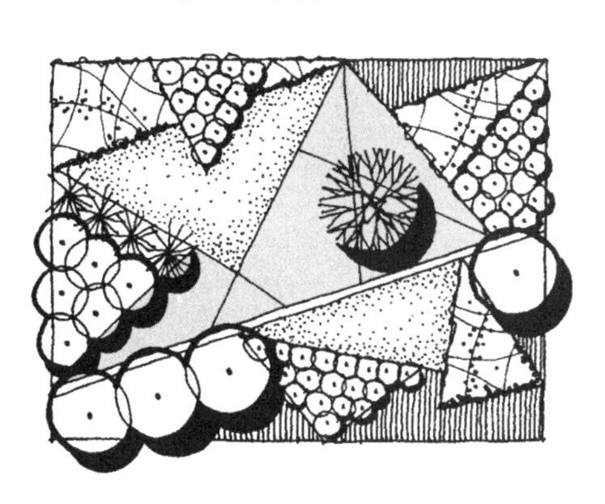

笔记/手绘

图 10.51 右：视线和运动应避开三角形形式的顶点。

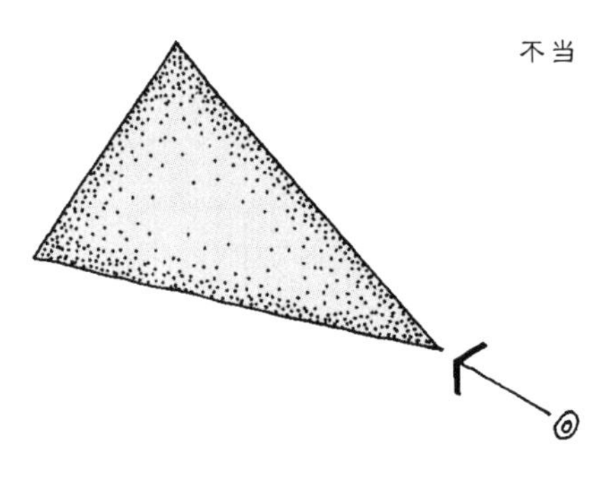

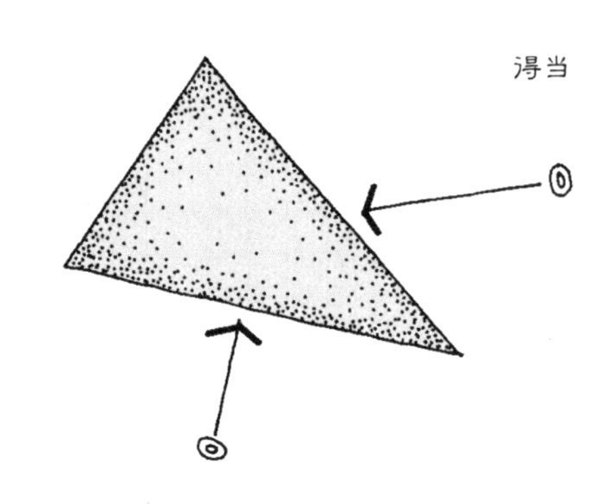

尖箭头 | Pointed Arrows

当用在景园中的时候，三角形的锐角位置和朝向设定应该避免造成尖箭头，即由顶点直接指向什么人的那种效果。这种尖利的点或刃带来的联想在角越小时越强，并且当三角形呈现在第三维中的时候更加明显。尤其是，锐角的角不应对着迎面而来的运动和视线，因为三角形锋利的边缘会像船头那样迎击并劈开它前面的东西（图 10.51 左～图 10.52）。被迫面对或走向三角形端头的感觉是不愉快的。接近一个三角形的最佳方式是沿着与其一边的斜向或垂直方向（图 10.51 右），或按前文所建议的，以截去三角形端头的方式缓和尖箭头的不良效果。

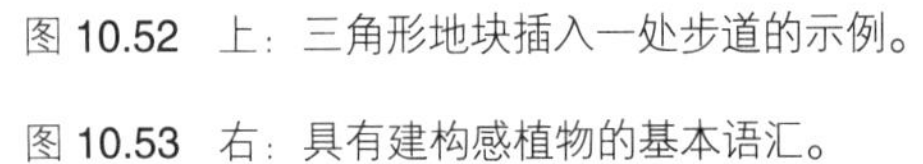

图 10.52 上：三角形地块插入一处步道的示例。

图 10.53 右：具有建构感植物的基本语汇。

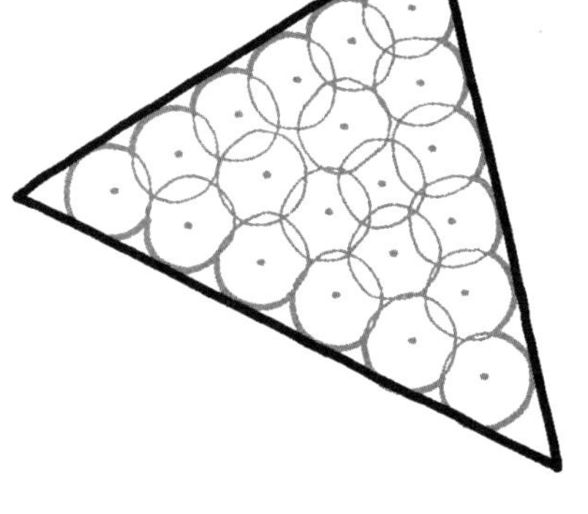
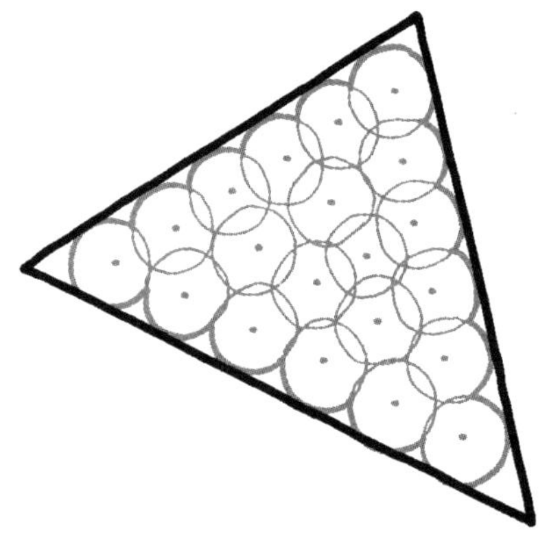

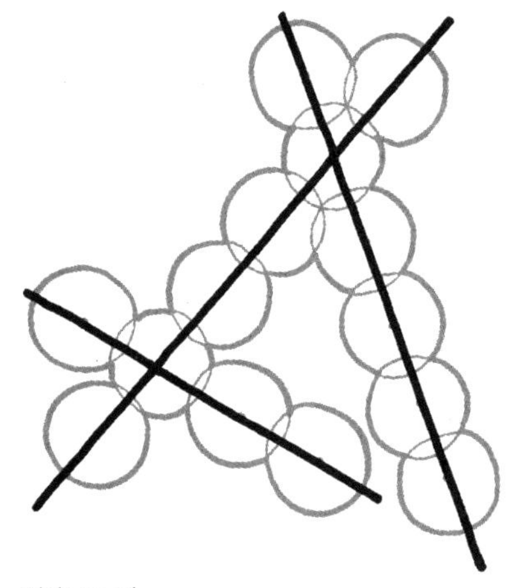

笔记/手绘

材料搭配 | Material Coordination

同其他基本几何形一样，各种材料应该组织在三角形之内，以加强其基本结构。典型的方式是把木本植物、墙体、构筑物、水体、铺地之类都用来强化三角形形状的各条直边及其内角。因此，植被材料应组织成直线行列或三角形组团，尽管前文指出实现这一点很不容易（图 10.53）。还有，必须特别注意三角形种植地段的比例和用来限定这个三角形的植物种类间的搭配。可以适应任何地块的多年生植物组团、地被植物或限定性的松散灌木运用起来最容易，而大型树木最难。像前面所指出的，三角形内的铺地图案可以统一，亦可进一步划分出其他三角形地块（图 10.54）。

平面规划

基本结构

图 10.54 元素和材料应该强化三角形设计的基本结构。

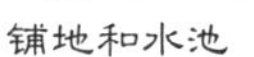

铺地和水池

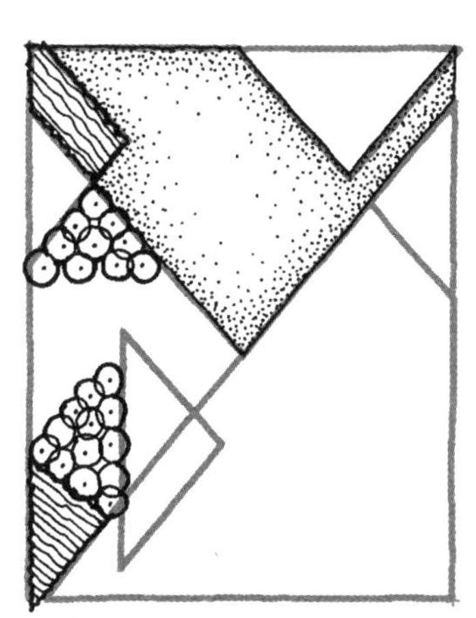

草皮和灌木组团

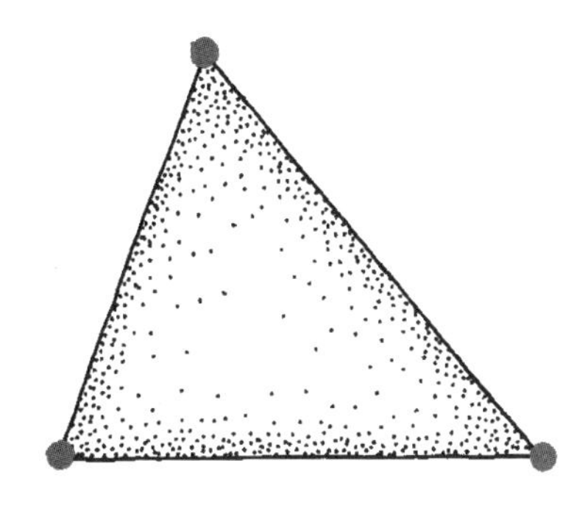

树木

笔记/手绘

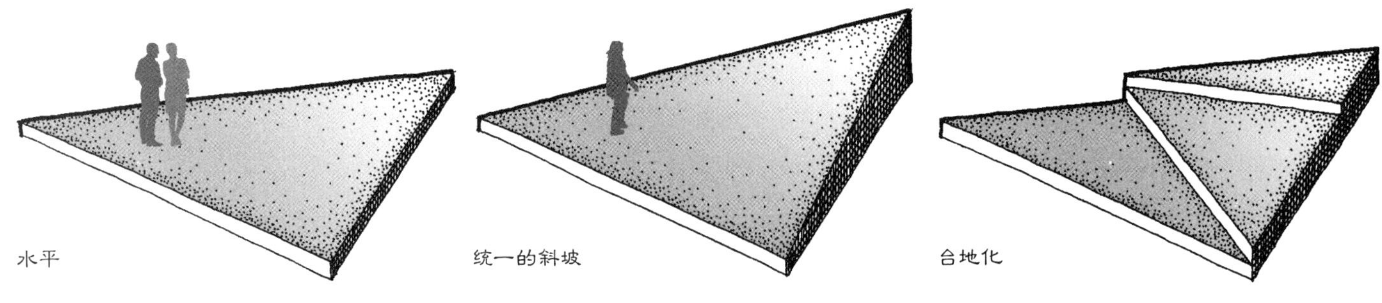

图 10.55 在一个三角形空间中迎合坡度变化的不同方式。

地形 | Topography

同正方形一样，在地形简单平坦的景园中，三角形通常被当作建筑艺术般的元素来对待，特别是在意欲使其成为具有统一整体用途的单一空间时（图 10.55 左）。同样，三角形可以倾斜，形成单一方向的连续斜坡（图 10.55 中）。为在三角形中制造更显著的层次变化，可以依据前面的再划分准则，用墙体和阶梯勾勒出不同高度的台地（图 10.55 右）。这些准则共同提示着，三角形并不是一个很容易适应显著地形变化的组织形式，除非它被当作一个刻意插入的非常规元素。

参考资料 | Referenced Resources

Carlock, Marty. "User Friendly in Boston." *Landscape Architecture*, October 2004.

Church, Thomas D., Grace Hall, and Michael Laurie. *Gardens Are for People*, 2nd edition. New York: McGraw-Hill, 1983.

Hinshaw, Mark. "Mission Statement." *Landscape Architecture*, January 2004.

Kelley, Stephen. "Dublin's Docklands: A Spectacle in Red, Green and Blue." *Landscape Architect and Specifier News*, August 2006.

Martignoni, Jimena. "For the Missing and Other Victims," *Landscape Architecture*, September 2006.

Tresidder, Jack, ed. *The Complete Dictionary of Symbols*. San Francisco, Chronicle Books, LLC, 2005.

Wong, Eva. *Feng-Shui: The Ancient Wisdom of Harmonious Living for Modern Times*. Boston: Shambhala, 1996.

其他资料 | Further Resources

Elam, Kimberly. *Geometry of Design: Studies in Proportion and Composition*. New York: Princeton Architectural Press, 2001.

Treib, Marc, and Dorothee Imbert. *Modern Landscapes for Living*. Berkeley: University of California Press, 1997.

网上资料 | Internet Resources

Halvorson Design Partnership: www.halvorsondesign.com

Hart Howerton: www.harthowerton.com

LPA: www.lpainc.com

MSI: www.msidesign.com

笔记/手绘

非正交形式 | Angular Forms

多边形 | The Polygon 11

如前两章所讨论的，斜线和三角形是一系列景园设计策略的基础。在各有自身独特性的同时，斜线和三角形类型共享创造以直线为边缘的非正交空间特色。另一种展现这些性质的非正交几何类型是面目多样的多边形。多边形扩展了非正交几何形在景园建筑学设计中的组织可能性，为设计者创造边缘硬朗的非正交景园提供了更多选择。这一章所探讨的多边形的几个方面为：

· 多边形类型
· 景园效用
· 设计准则

多边形类型 | Polygon Typologies

从定义上讲，多边形是任意一个由直线边缘围合的二维形状（图 11.1）。正方形、矩形和三角形都是多边形，而三角形是最基本的。本章主题所联系的多边形是由 4 条或更多的边以非正交内角相交构成的那些多边形。如同所有的基本几何形一样，依据本章中展示的边的数量、边和角的比例关系以及是否具有对称性，可把多边形分成几种不同类型。

图 11.1　多边形的示例。

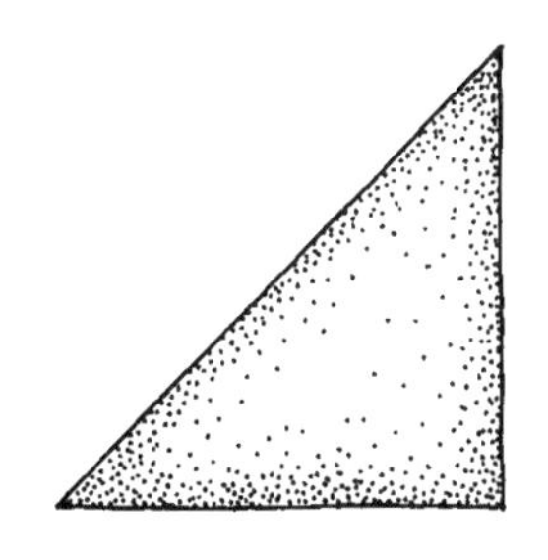
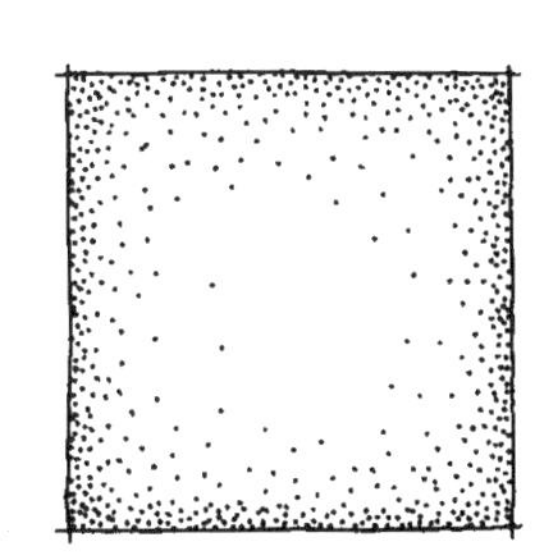
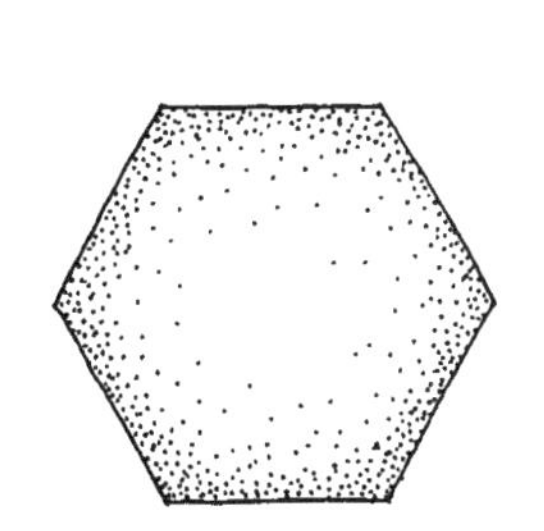
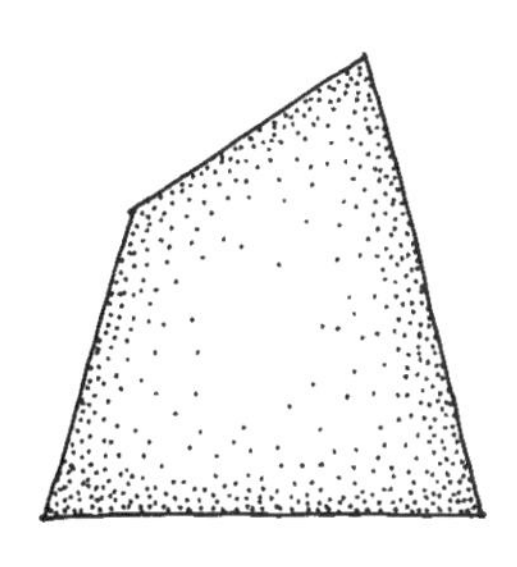
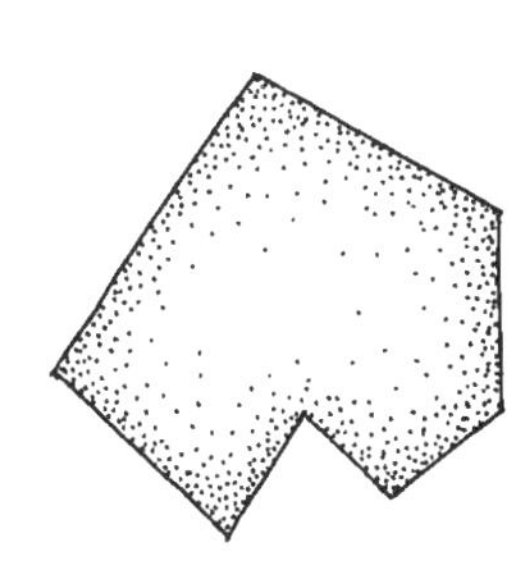

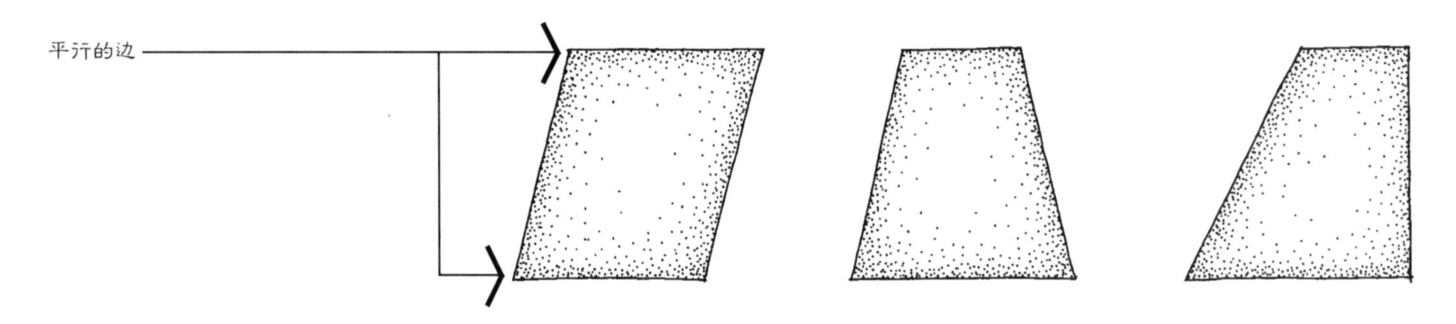

图 11.2 梯形示例。

图 11.3 下：六边形，一种对称多边形。

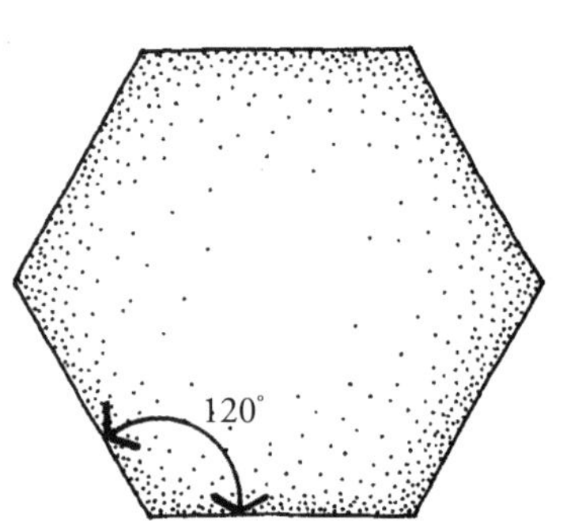

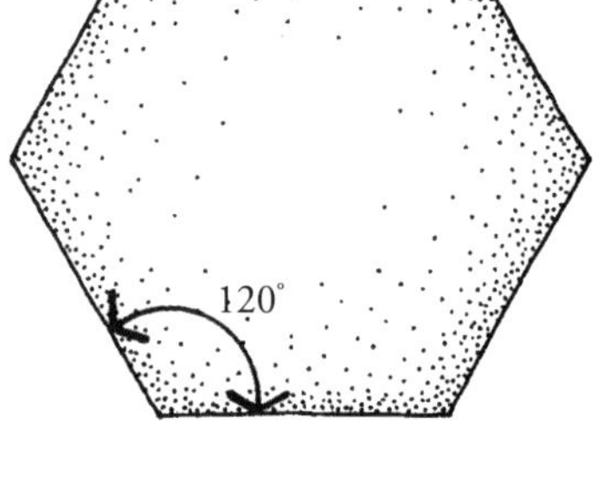

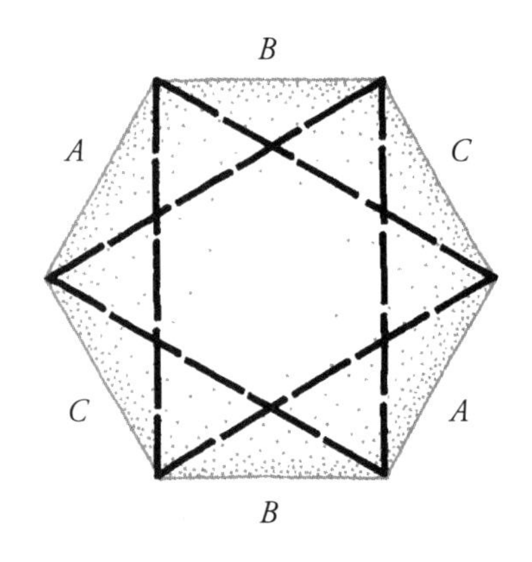

梯形 | Trapezoid

梯形是有一对平行边的四边形或 4 条边的图形（图 11.2）。从定义上看，正方形和矩形也是梯形，在此被排除是因为它们是正交的。梯形另两条不平行边的各种变化，造就了一系列可能的形状，包括两条不平行边拥有同样长度的等腰梯形。当采用梯形来设计时，建议要避免小于 45° 的内角，以防止会出现有问题的锐角；在其内角类似三角形性质的同时，平行的两边令人想起正交形式的性质（图 11.9）。

对称多边形 | Symmetrical Polygons

对称多边形由多条相等的边以固定角度的内角相交组成。其中，拥有 6 条边的六边形在景园建筑学设计中最富应用潜力（图 11.3）。六边形的一种独特性质，是它有 3 对平行的对边，因而同正方形、矩形和梯形具有共同点。六边形的内部因为那些 120° 角，并可由此分为两个叠加的等边三角形而著称。六边形是一种天然存在的形式，呈现在雪花、玄武岩柱之类的几何构造及蜂房中（图 11.16）。

拥有 5 条边的五边形和 8 条边的八边形是另外的对称多边形。然而，本节及本章后面各节都不讨论它们，因为景园建筑学很少采用它们从事设计。五边形的奇数条不平行边使它很难与正交的场地排列，并难以作为对称组织构成的基础。另外，五边形还不能集合成网格。八边形的局限是它有过多的边可资利用。

笔记/手绘

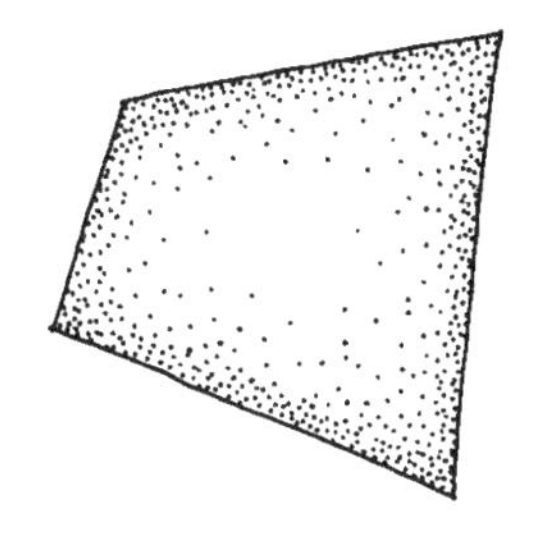
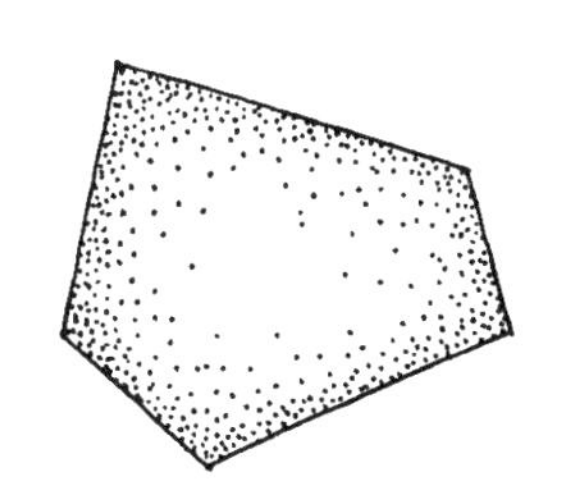
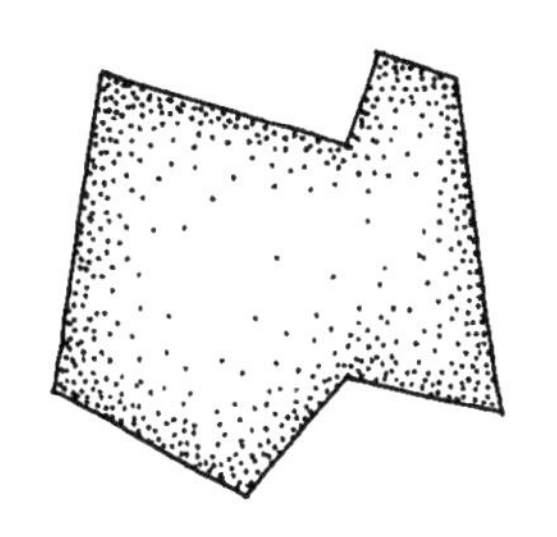

图 11.4 不对称多边形示例。

图 11.5 下：圆角的多边形示例。

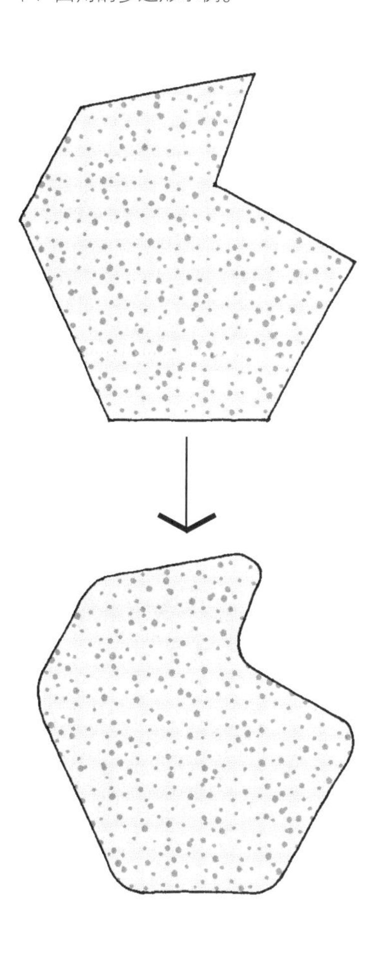

不对称多边形 | Asymmetrical Polygons

不对称多边形有时被认定为不规则的多边形，是由长度与方向各不相同的多条边所确定的（图 11.4）（Reid 2007，66）。这类多边形的组织构成呈现出比例和方向的差异。其形式可以是紧凑的，有各方面比较接近的均衡，也可以有强化某个特定维度方向的伸张。还有，不对称多边形可包含在围合过程中出现反折的边，它进而转回来完成一个完整的形状（图 11.4 右）。结果，不对称多边形是具有高度适应性的形式，可用于大量设计环境（见景园效用）。

不对称多边形的一个微妙变化，是把各边的交角变成圆润的。这种技巧使边和边逐步轻缓地相交，让整体形状得以柔和显现（图 11.5、图 11.31）。带圆角的多边形存在于自然中，如叶子的细胞和湿地岛屿的图形。这种多边形类型可以是 20 世纪 50 年代流行的“现代”图形和家具设计的标志。

景园效用 | Landscape Uses

多边形是各种异类形式的汇聚，这使它们在景园中有一系列可能的效能。其中一些，如表达多个流线方向、改变空间方位感以及适应不规则场地形状等，同斜线和三角形是一样的。另一些更具多边形独特性的效用包括空间基础、探索性的流线、协调不同的排列和崎岖的地形以及碎片化的景园。所有这些效用中的共有特征，是拥有许多直边和非 90° 角。

笔记/手绘

对称多边形

梯形

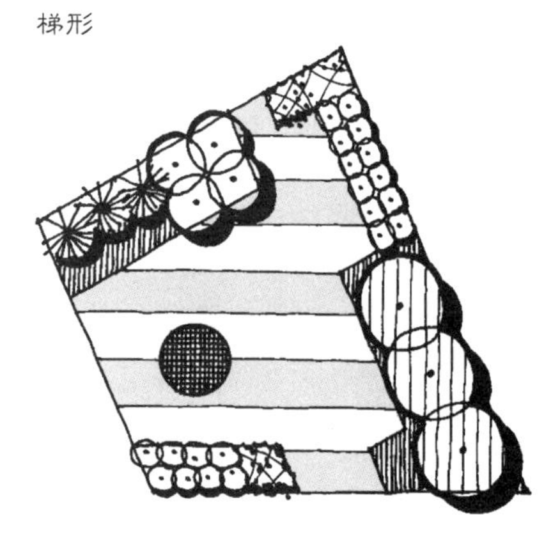

不对称多边形

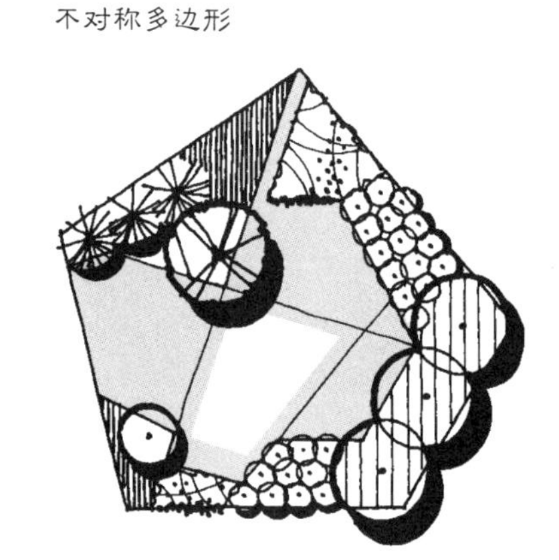

图 11.6 以各类多边形为基础的包容性空间。

空间基础 | Spatial Foundation

同正方形和三角形一样，多边形的一种基本功能是作为景园空间的支撑结构。利用前一节界定的一系列多边形基本形状，可以生成一系列空间类型，包括单一空间和数个空间的组合。

单一空间。单一景园空间通常是欲迎合一种主要用途的简单单元。这样的空间可以是独立存在的景园，或是位于其他空间中的一个单独空间。无论其位置如何，像前面章节中讨论的那样，这样的空间可以是包容性的也可以是体量化的。这令人回想起，包容性空间是一个开放的单元，不过其性质强烈依赖于空间基础是六边形的、梯形的还是不规则多边形的（图 11.6）。

图 11.7 上：六边形空间固有的向心聚焦性。

图 11.8 右：正方形和六边形内部转角的比较。

六边形创造出最简单的包容性空间，形成一个类似圆形围合的对称空间以及固有的向心聚焦性（图 11.6 左和图 11.7）。六边形的钝角转角在相交的边之间造成相对较弱的交点，这是前文关于三角形的内容中用于确定钝角的性质（图 10.4）。六边形的各边在视觉上趋于融合，除非它们用不同材料来限定（图 11.8）。结果，人们对其围合的感觉更多出自周边竖直面的高度，而不像正交形式那样由折角造成。单一六边形的包容性空间因其对称而适于作为中心节点和汇聚点。

正方形

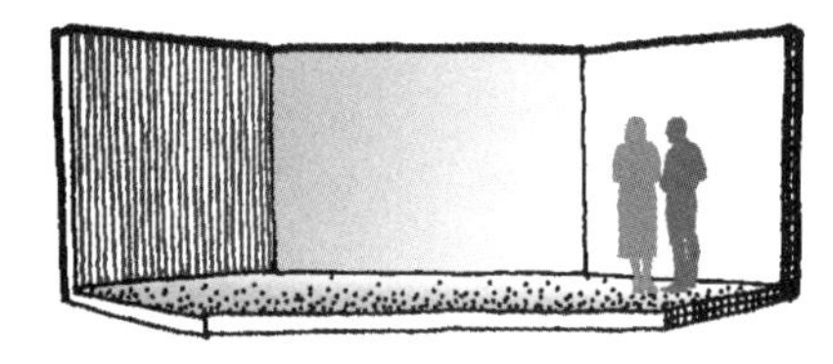

六边形

笔记/手绘

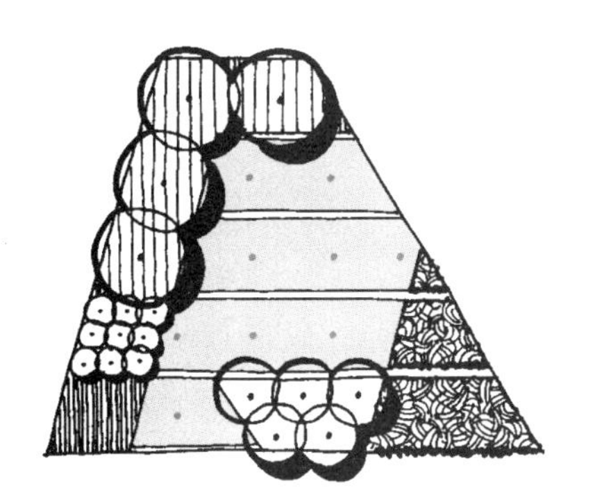

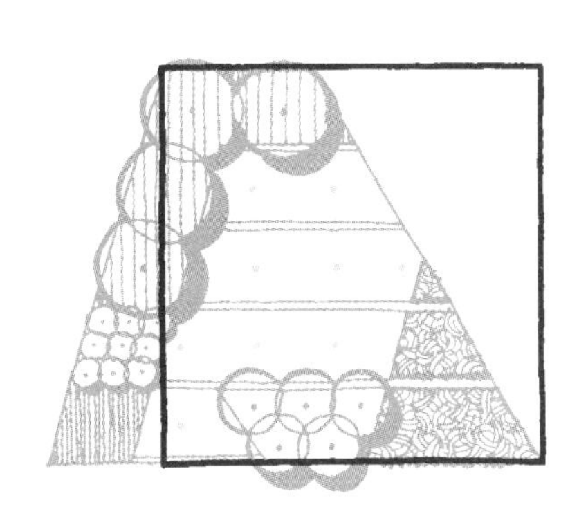

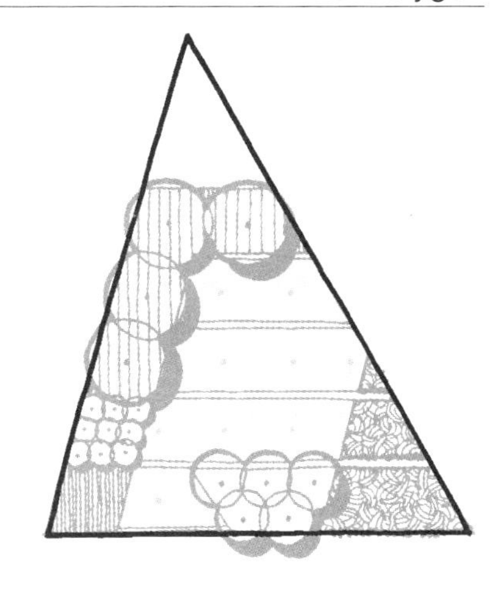

图 11.9 梯形产生带有正方形和三角形性质的空间。

梯形同样可以作为单一空间的基础，尽管其空间结果因梯形的可变性而可能更多样化（图 11.6 中）。大多数梯形空间有混淆矩形空间和三角形空间性质的趋向（图 11.9）。即，梯形的两条平行边体现了正方形和矩形空间的完整，同时，非正交的角吸收了三角形的特征。梯形的四条边和清晰的角制造了具有明确围合感的空间，以及人们可以隐身其中的转角（图 11.10）。梯形空间在正交和非正交空间之间形成很好的转换。

不对称多边形产生了最复杂、有机的包容性空间（图 11.6 右）。这种多边形空间的边缘在高度、方向和边的交角方面都完全可变。更甚一步，一些转角可以向空间内部突出，因而减弱了周围竖向围合的明晰性。这种突入的点使边缘成了可能的景观重点，带来了戏剧性效果，因为这可能使整体空间周边不一定在空间内的任何观景点上都能看到（图 11.11）。在需要气质上既迷人又有些粗鲁的直率、硬朗环境时，以不规则多边形为基础的包容性空间很合适（还可见野性的景观）。

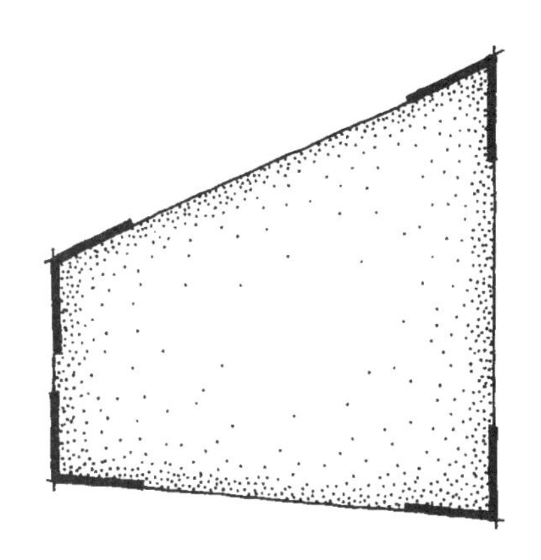

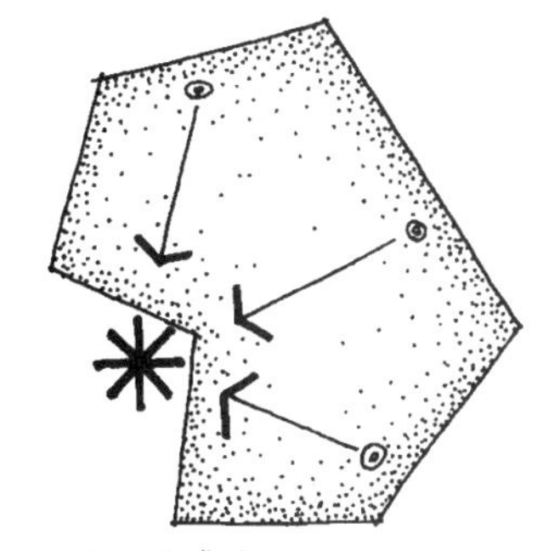

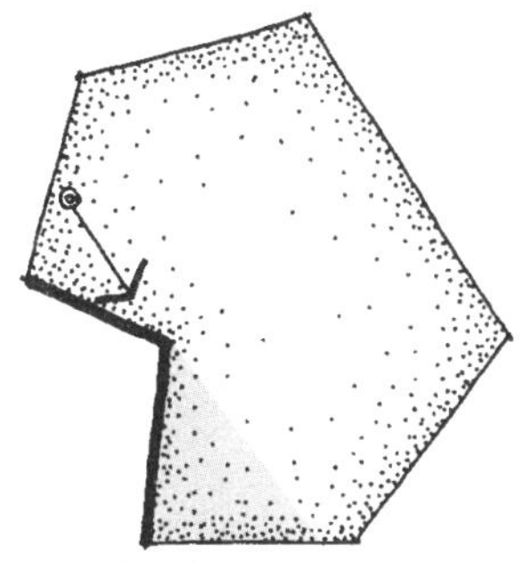

图 11.10 上：梯形空间呈现清晰和包覆性的转角。

图 11.11 左：不对称多边形空间可以有凸向空间内部的角。

笔记/手绘

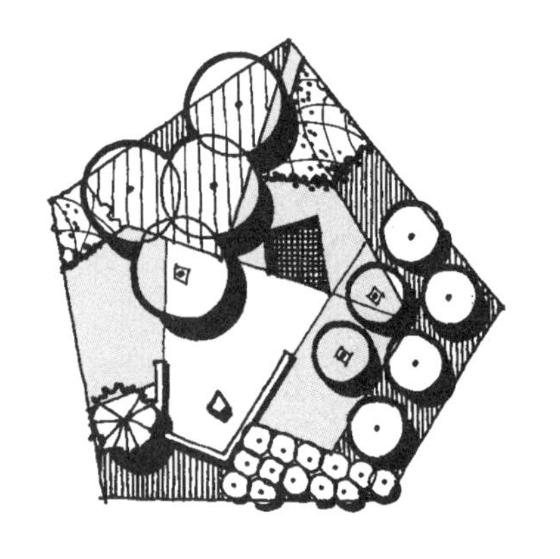

图 11.12 上：体量化空间示例（同图 11.6 右比较）。

图 11.13 下：划分梯形的各种方式。

除去各种差异，以多边形为基础的包容性空间都有许多边，以及从宽阔钝角到小于 90°角的各种转角。典型多边形空间没有前面章节谈到的三角形的那类交角问题，因而可用于很多用途。同样，多边形空间比正交空间更富于变化和潜在情趣，因为它们有更多样的边和角。众多的边和转角使多边形的包容性空间富于个性：这些空间是生动有力的，同时也是不平静、不安定的。

三类多边形都能勾勒出体量化空间，尽管梯形和不规则多边形最适应这种围合类型。这些形式的不对称和不规则本性乐见多层次的围合以及设置在空间内部的元素（图 11.12）。把元素和块面组织成体量化空间的手段有很多种，有赖于以哪种多边形作为几何基础。用在梯形中的一种手段，是使内部线条平行于侧边，特别是那组平行的边缘（图 11.13 上）。一种线的叠加系统建立起网格般的更小梯形框格组织，可以用来勾勒空间边缘。另一种再行划分梯形的方式，是连接对角线（图 11.13 下）。另一些线条也可被组织进来，如第 10 章讨论的那样，构成三角形叠加网络。

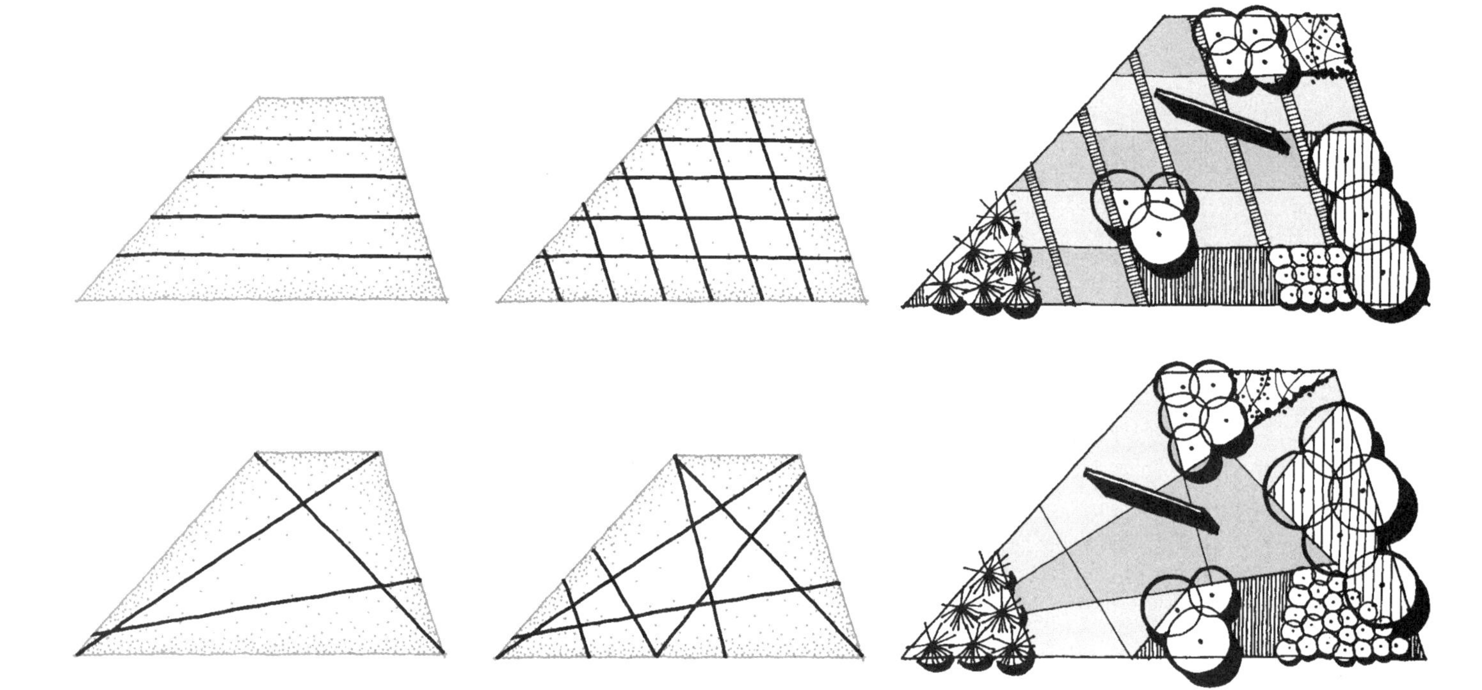

笔记/手绘

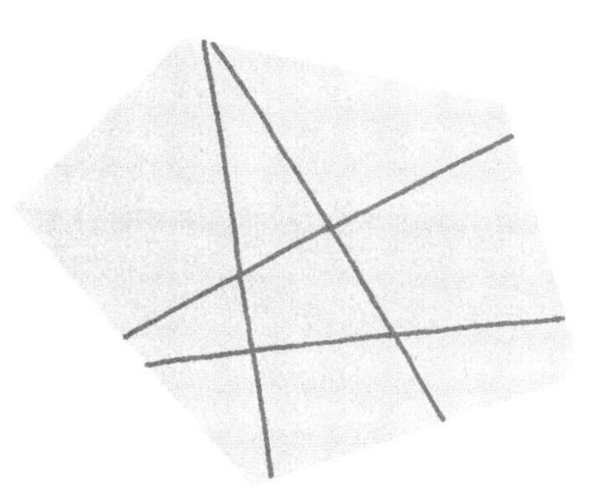

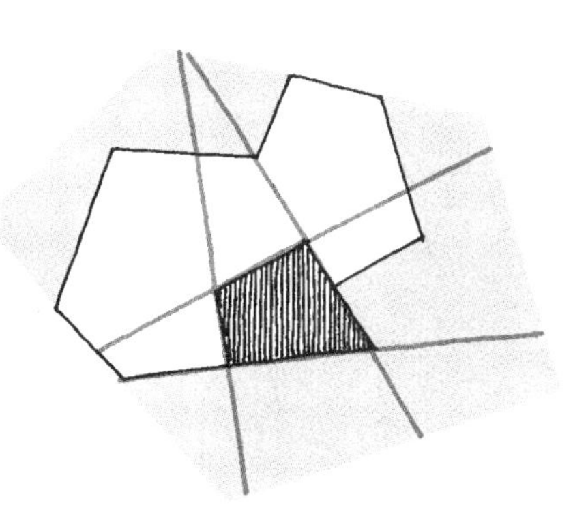

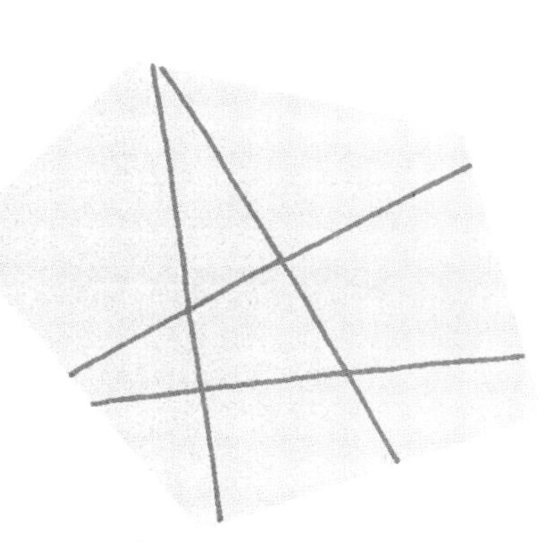

因为没有明显的固有构成成分需要考虑，在不对称多边形中，不同材料块面的建构没有很确定的方式，是一个更多靠直觉而不是研究计算的协调过程。一种技巧是以斜线跨越多边形来组织一个更小三角形和多边形的网络，它可以用来勾勒材料边缘（图11.14）。这些线不应该是任意的，而是经历了尝试组织空间和相关功能的试错性反复试验。整体方案除了创造组织良好而且吸引人的空间外，还应该张扬不对称多边形的感觉与气质。

图 11.14　划分不对称多边形空间的一种手段。

图 11.15　下：六边形网格示例。

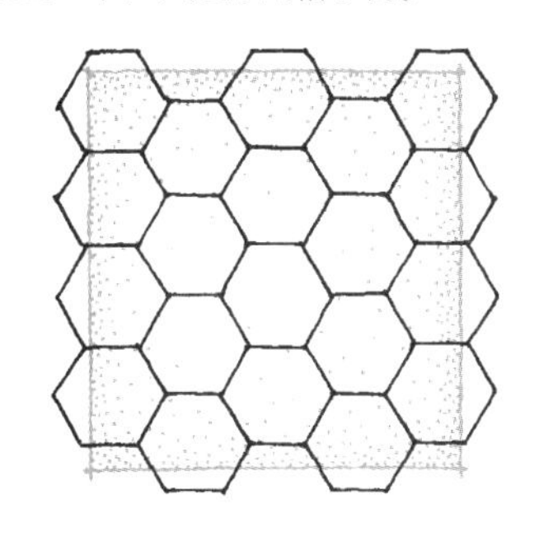

复合空间。像其他基本形式一样，多边形可以组合起来塑造空间组群，共同创造多变的空间，并迎合一系列用途。与正交形式和三角形一样，网格、对称和不对称都是集合了多个多边形的基本组织结构。无论何种方式，同另一些类型相比，多边形构图都有下面几段中所强调的独特特征。

网格。六边形是因其完整性而构成网格的最佳形式。边的数量和 120°的内角使一个六边形很容易衔接另一个，产生布满一定范围的连续六边形结构（图 11.15）。有意思的是，自然界中最有效、最具感染力的三条边呈 120°角衔接见于蜂房、黏液泡和玄武岩柱。蜂房的六边形网格结构只需要最少的建构材料，并且是最稳定的结构（图 11.16）（Murphy 1993，74-81）。不同于前面章节讨论过的正交和三角形网格，六边形网格没有穿越整个领域而不被打断的边。结果是，六边形是一种以其模块紧紧抓住人们眼球的严谨结构（图 11.17）。

图 11.16　蜂房是自然界中的六边形范例。

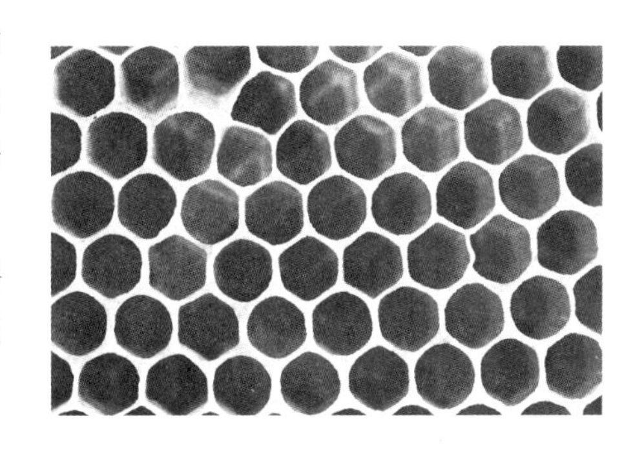

笔记/手绘

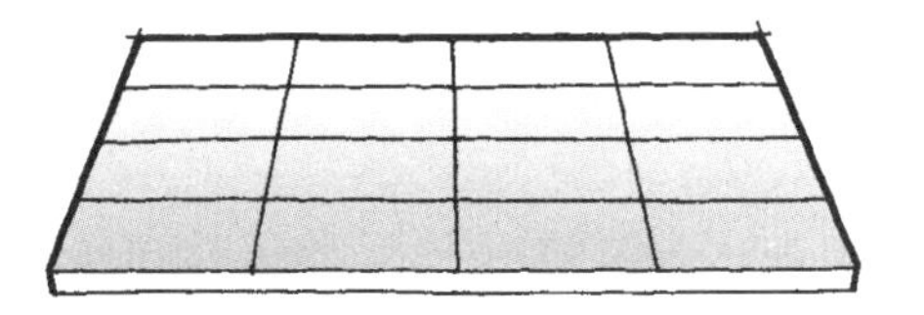

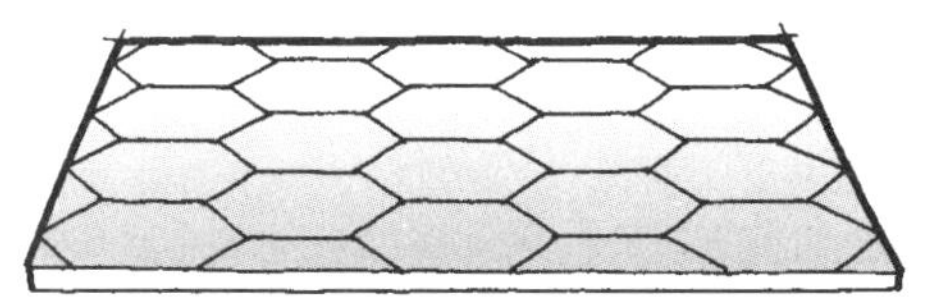

图 11.17 正交网格与六边形网格的指向性比较。

把六边形网格当作景园基础的一个范例，是舍伍—哈特里景园建筑设计公司（the Landscape Architectural Firm Shive-Hattery）设计的伊利诺斯州皮奥利高地（Peoria Heights）的塔园（Tower Park）（图 11.18）。六边形网格受到位于场地东南区域的乡村大厅（Village Hall）建筑竖向外观的启迪（Kelly 2006，77），采用了大小不同的六边形。最大的六边形恰当地限定了主要公共聚集空间，而小一些的六边形设计出幼儿游乐场、闲座空间和流线路径。

图 11.18 塔园。

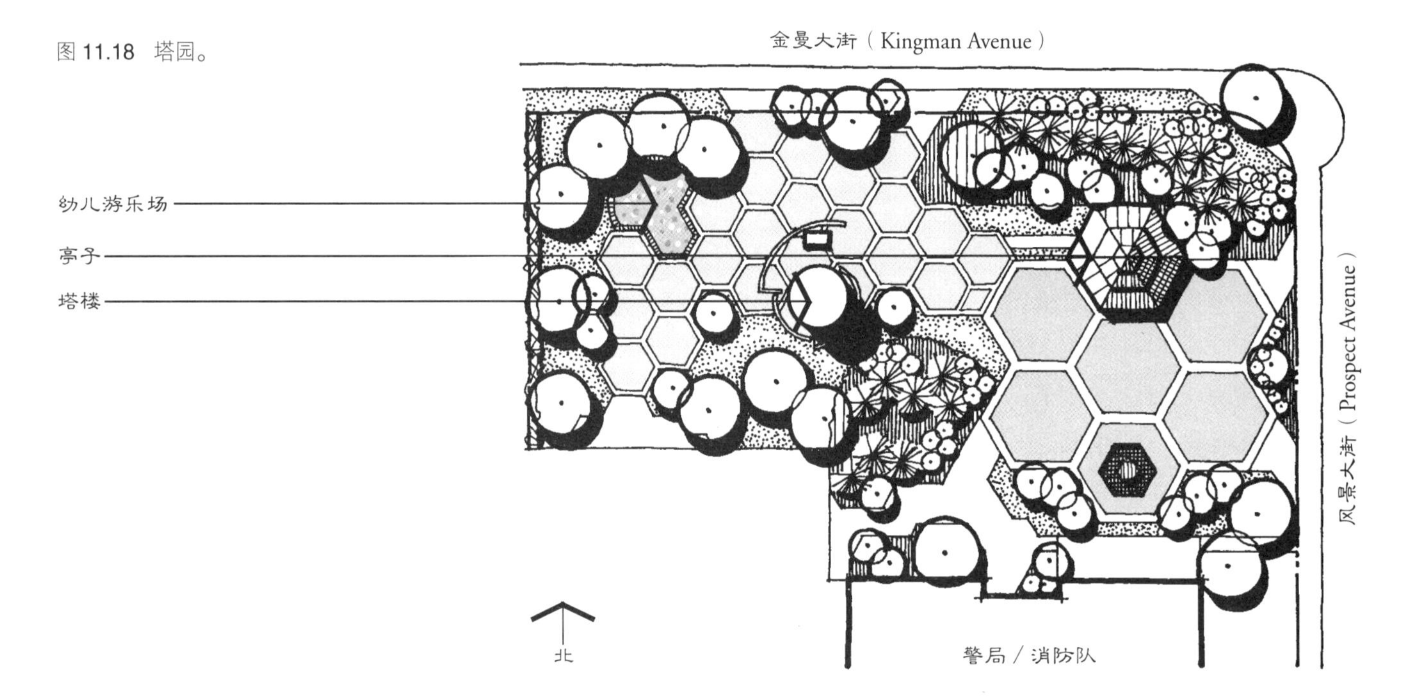

笔记/手绘

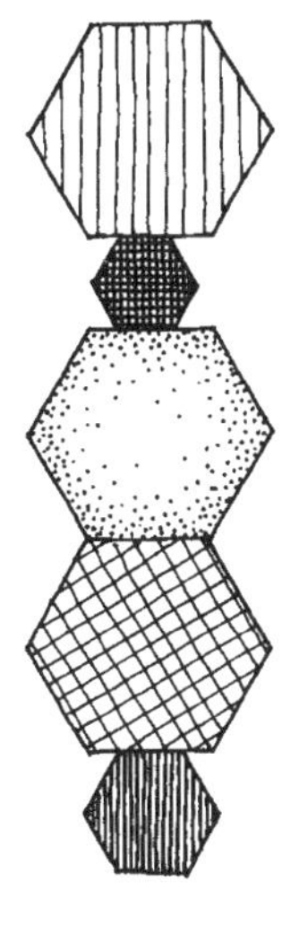
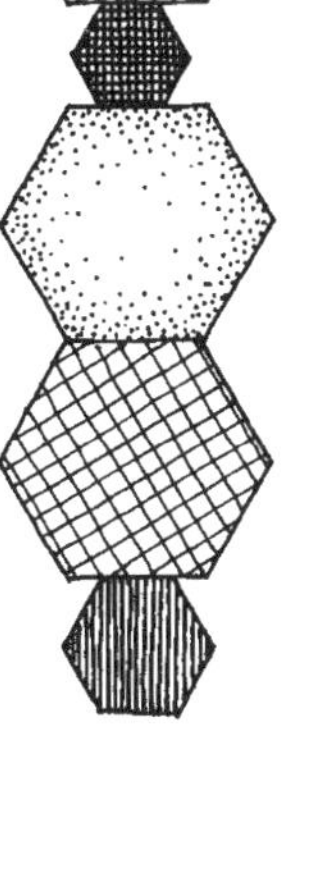

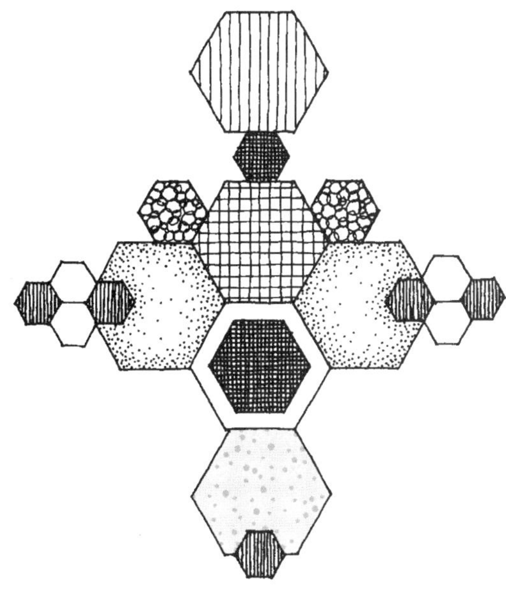

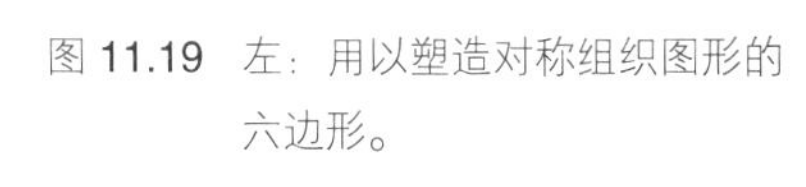

图 11.19 左：用以塑造对称组织图形的六边形。

图 11.20 下：六边形拥有 3 条非正交的轴线。

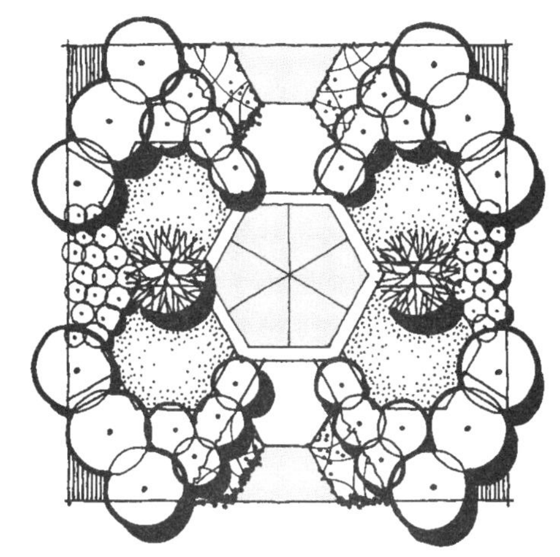

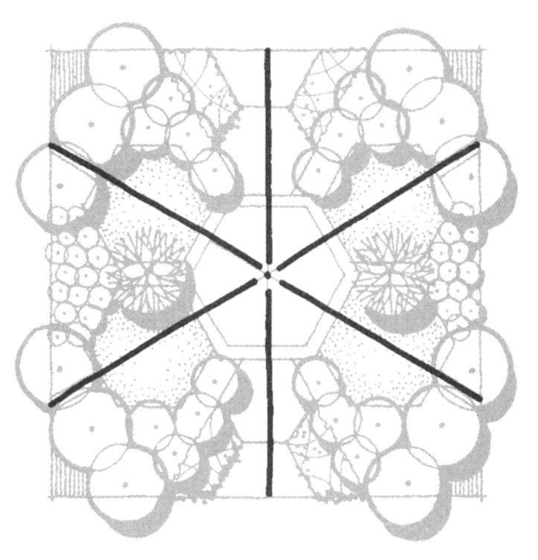

对称。尽管不像正交形式那么容易，六边形是使自身紧密联系于景园对称空间构形的唯一多边形。通过连接平行的边，多个六边形可以汇聚在一条单一轴线或数条交叉轴线上（图 11.19）。当不同大小和特征的空间完整结合时，这两种基本布局都带来花毯般的体验。六边形对称组织的鲜明性质，是有着 3 条非正交的交叉轴，它们是组织起交叠的视线和运动网络的基础（图 11.20）。这个系统有能力塑造出多样混合的选择和空间插曲，同时，由于其空间有大量的边以及每个空间有许多可能的出入点，又总是对设计构成挑战。此外，六边形结构的边只能沿着一条轴来契合正交场地，这就限制了正交场地内部和周边之间的协调。

笔记/手绘

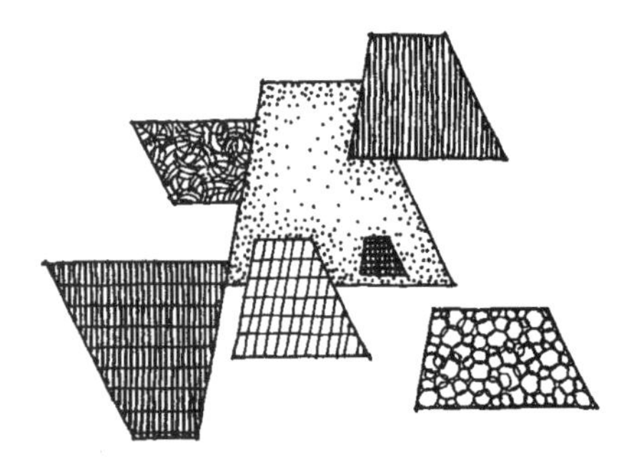

图 11.21 以加法转化汇聚多个多边形的示例。

图 11.22 右：复合多边形空间的各种修饰手段。

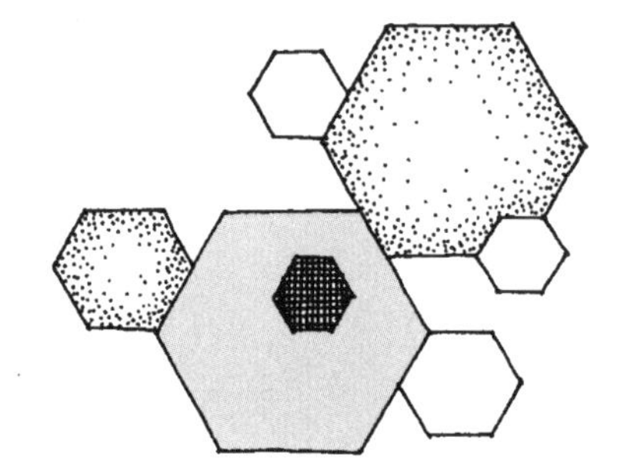

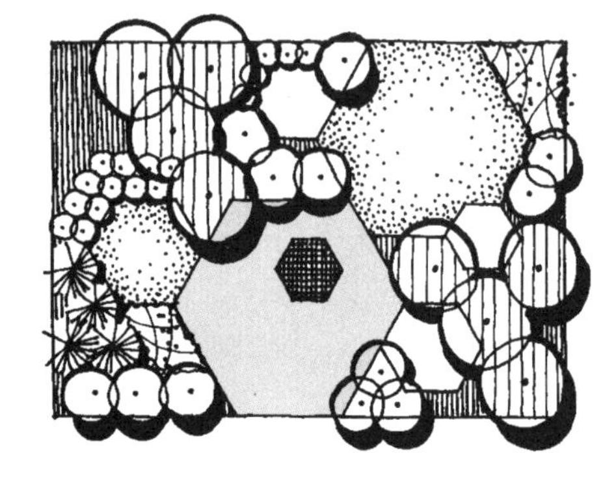

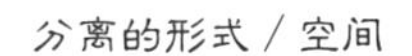

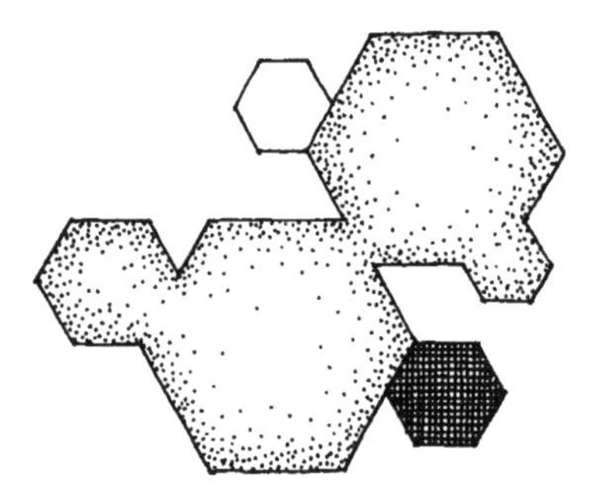

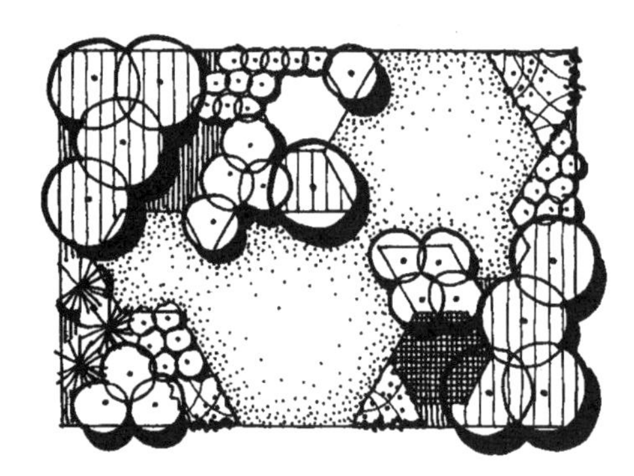

融合的形式／空间

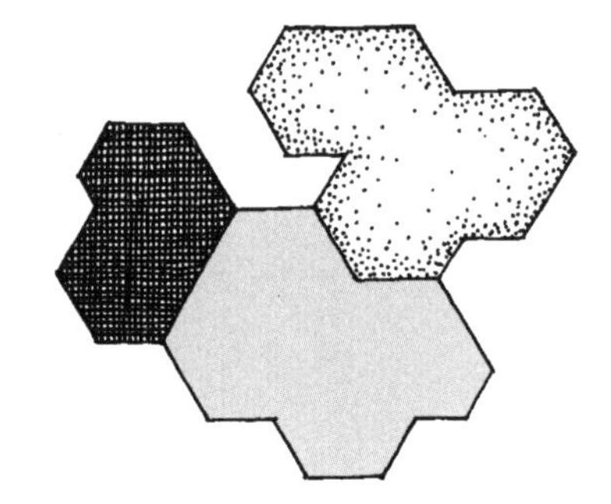

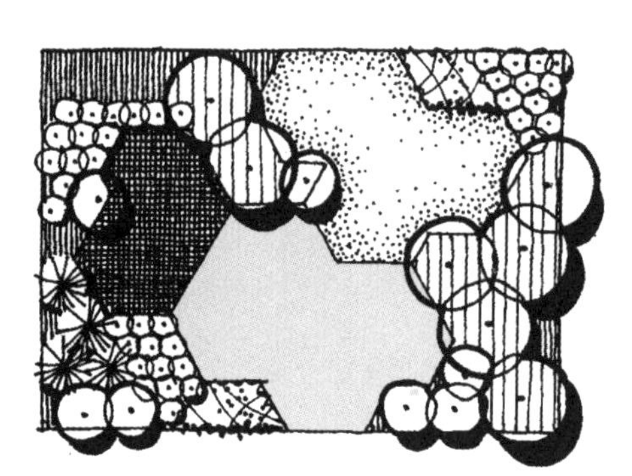

变化的形式／空间

笔记/手绘

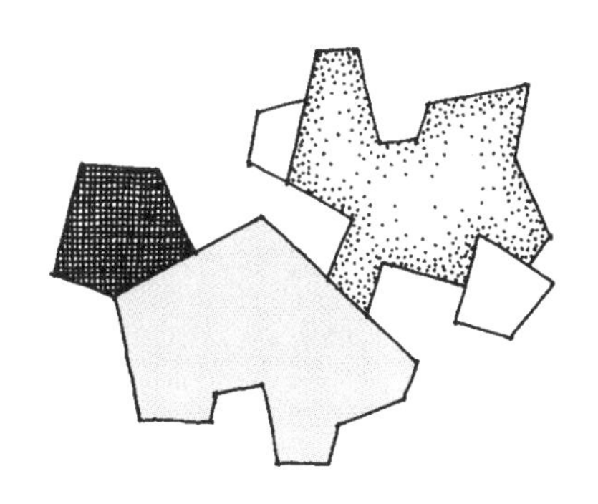

图 11.23 把不规则多边形当成不对称空间组织形式基础的示例。

不对称。在把多个多边形汇聚成一个空间序列结构时，不对称组织设计结构提供了最多的可能性，因为它比网格或对称更容易适应多边形的多样性本质。在把多边形组织成不规则布局的各种选择中，加法转化又提供了最大的可变性。

梯形和六边形通过一系列不同大小的彼此衔接、旋转和叠加来制造户外空间基础（图 11.21）。采用这些形式的优点在于，它们各边之间的固定夹角有助于一个景园设计的一贯性和内聚力。以不对称组织来设计梯形和六边形有两种方式。一种是，在设计中把每个多边形个体当作自身明确的空间或地块来单独处理（图 11.22 上）。改变每个空间的材料调配和尺度等，产生多变和感性的魅力。另一种技巧是，把数个单独的多边形汇聚成一个整体块面（图 11.22 中），它创造的空间更具边缘内凹、外凸和围绕角落的生动感。与此相似的一种创立不对称的设计手法，是在设计中利用梯形或六边形的角，却不把它们的形式直接融合在一起（图 11.22 下）。这种渠道使设计者有更多自由以随意的方式塑造设计，因为每个空间的各边长度都可独立变化。然而，边的夹角应该维持不变，以促进遍及整个构图的一致性。

在所有的多边形中，不对称形式的应用最富于弹性，因为它允许自然地形成设计形状，以吻合场地条件、项目任务需求以及设计者的构图判断（图 11.23）。还有，多边形空间的结果可能有边缘从空间单元中凸出或凹入的波动变化。这类空间很难从任何一个单一位置看清，因而鼓励在一个空间中去发现周围被转角隐藏了些什么的运动（见探索性体验）（图 11.24）。这种方法的自由也更具挑战性，尽管遵循一系列准则可以减少潜在的问题。

图 11.24 可以隐藏多边形中的一些特定区域来产生戏剧性效果。

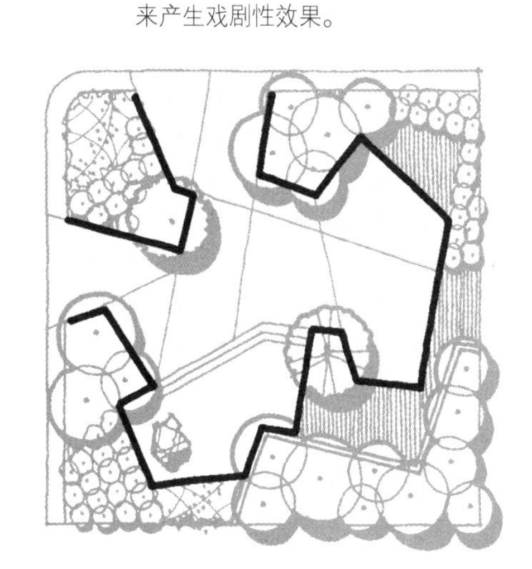

笔记/手绘

图 11.25 多边形空间组合序列可以产生探索性体验。

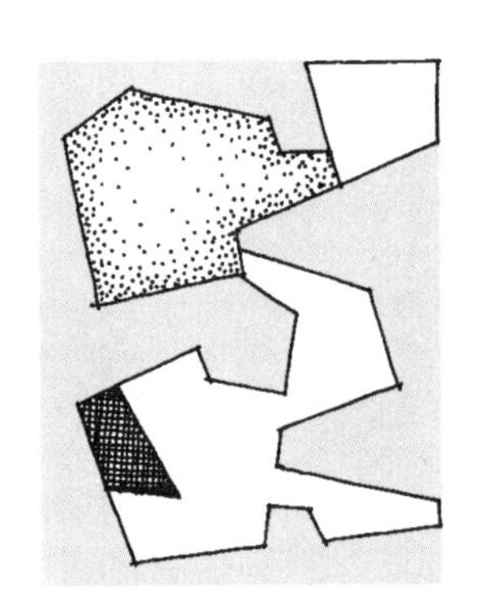

可步行的面

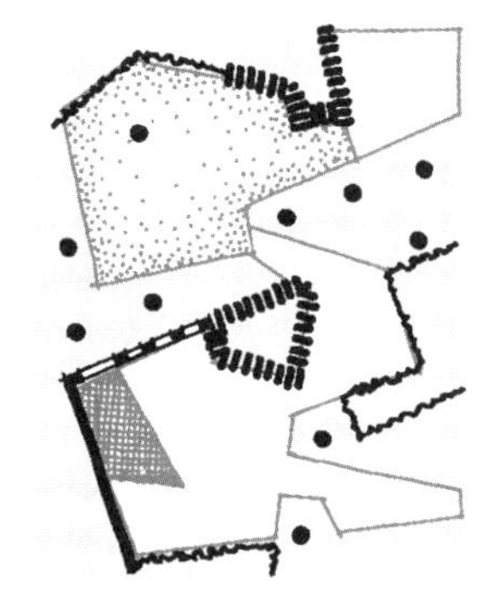

竖直面

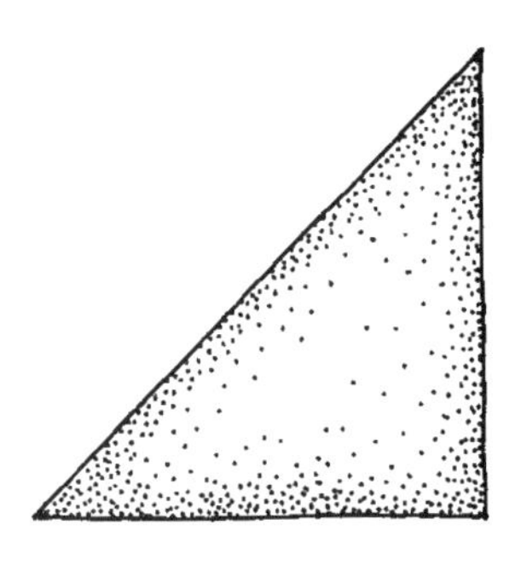

景象／聚焦点

探索性体验丨 Exploratory Experience

不对称多边形的片段化轮廓线有着大量位于转角附近的方向变化，可以在景园中勾勒出一种连续展开的路程（图 11.25）。这同穿越以不对称正交为基础的景园时的可能运动非常相似（图 6.20）。两种类型都呈现出焦点空间和领域的变化过程。一旦到达一处空间尽端并转过一个角落，另一种景象就伴着对其后再一种景象的些许暗示展现出来。通过暗示一转过弯就总会有更多的景象可以邂逅，这样一种体验序列激励了探索。

多边形的流线同其正交对应者的不同之处，在于多边形组织形式中的流线路程的各边总是处在彼此相对汇聚或发散当中。它们从不平行。这就加强了穿越空间时的感受，因为在人们的前行过程中，围合边缘总在时近时远地运动。这些不平行的边还能像前面谈到三角形时所讲的，加重或减缓距离感。还有，穿越基于多边形的景园是一种曲折的，并有某种间歇感的过程。

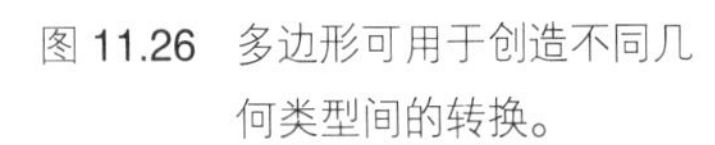

图 11.26 多边形可用于创造不同几何类型间的转换。

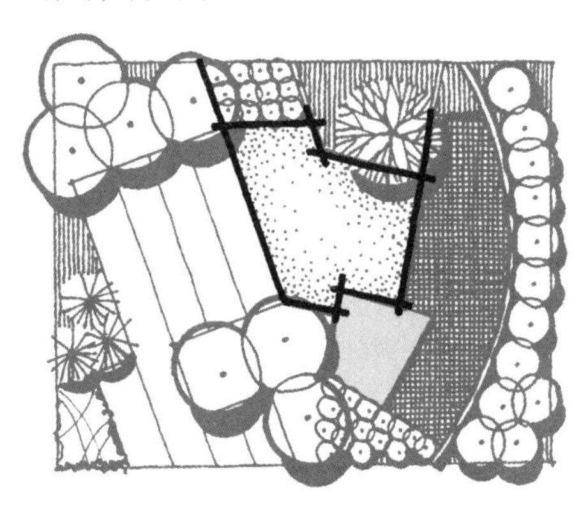

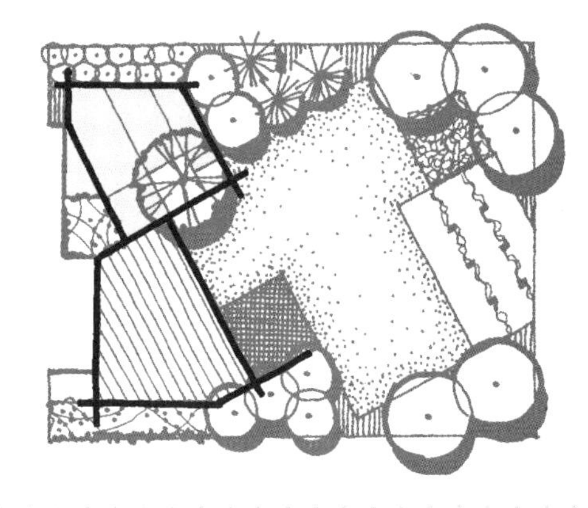

笔记/手绘

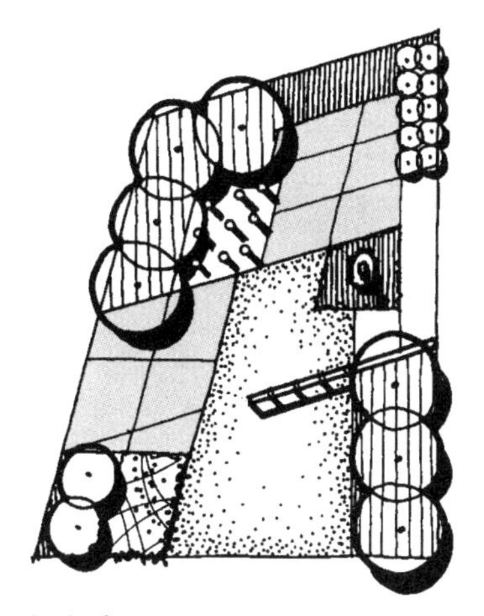

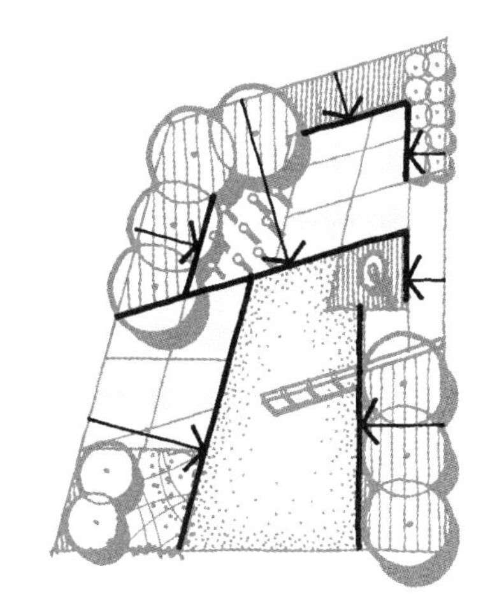

图 11.27 与场地边缘相关的多边形应用。

排列中介 | Alignment Mediator

多边形的另一种用途是作为不同几何组织构成的中介。其一种应用方法是，沿场地边缘设置，场地内的斜线设计方案必须衔接一个正交的场地边界或建筑物（图 11.26 左）。梯形或不对称多边形可在两个系统间搭起沟通桥梁，实现顺畅的转换。同样，多边形能够在一个场地内调和直边的形式与弯曲的、成角度的以及有机的边缘形式之间的关系（图 11.26 右）。最后，多边形可以提供一种设计结构，通过在场地的整个构图内重申选定的地界线的排列形式来适应场地周边奇异的轮廓（图 11.27）。

野性的景观 | Rugged Landscape

多边形最有特色的用途是模仿不平整的、有蛮荒感的自然景观。不对称多边形的轮廓线是一条折线，其形状可暗示嵯峨的地表岩石（图 11.28 上）（另见第 16 章）。这种斧凿般的轮廓具有雄健、粗鲁和顽强的气质，是一种在多边形的外廓线连续凸出或凹入时最明显的性质。有数种景园效用可利用这种特质。其一，是把不规则多边形当成掩饰人类介入的方式，作为崎岖和多岩设计的基础（图 11.28 下）。允许露头的卵石或岩石展现在多边形空间中，可进一步融合人与自然的领地。一种相反的景园效用是作为强烈对比，把多边形置于妙曼牧歌般波动起伏的地形和植被群当中。

图 11.28 不规则多边形线条暗示出野性的自然风景特征。

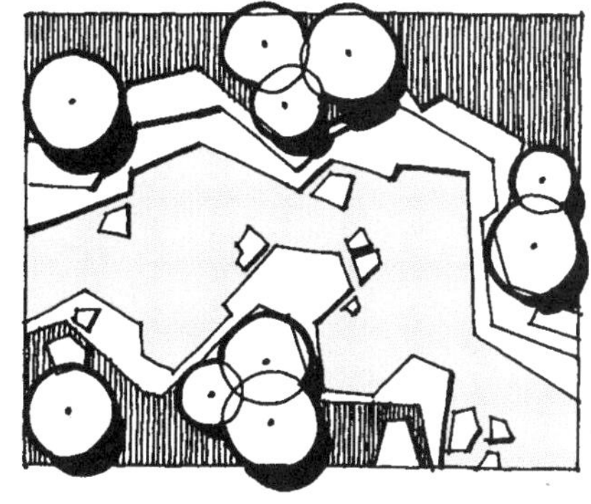

笔记/手绘

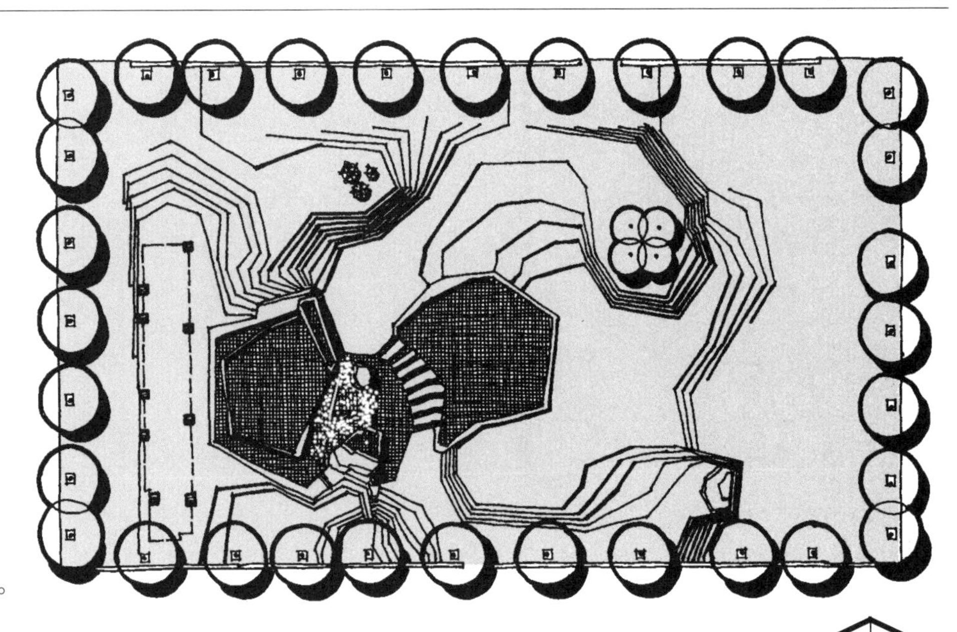

图 11.29 右：勒夫乔伊广场和喷泉场地规划。

图 11.30 下：勒夫乔伊广场景象。

以不规则多边形表现野性景观的第二种效用是用在城市设施中，与人类环境中占优势的正交结构形成对比。这类效用的一个完美例子是俄勒冈州波特兰的勒夫乔伊广场（Lovejoy Plaza）（图 11.29 ~ 图 11.30），由劳伦斯·哈普林于 1966 年设计。混凝土的广场由看上去像暴露的岩石断层的踏步所主导，像轮辐般离散地跨越场地。在一些地段，这些踏步伸展向上，限定出精妙的岬角。而在另一些地段，踏步伸向较低地平和一处大水池。一条瀑布从高处泻下，激荡着落入一个宁静的水池，在整个广场的连续性中形成一处停顿。这个广场以抽象岩石为基础的概念，源于哈普林曾多次实地探寻内华达山脉（Sierra Nevada Mountains）期间所做的广博研究和素描（*Process: Architecture No.4*. 1978，157-163）。

笔记/手绘

碎片化的景园 | Fragmented Landscape

不对称多边形不规则轮廓线的另一种效用，是创造一种带有一系列分离空间，并暗示先前的完整整体在破碎后留下残片的碎片化景园。原始场地地块被逐步分为更小的多边形，并被其间的负空间隔开（图 11.31 左）。依据项目任务要求，这些多边形空间可以更小并有不同用途。

那些间隙空间也可以依据设计尺度和需要而不同。对于一个小型园林空间来说，作为限定和分割各个空间的手段，负空间可以用植物或其他元素来填充。在公园、校园和植物园等更大的场地上，负空间经常被用作自由组织在整个场地上的流线路径。图 11.31 中的那些多边形形式被圆润化，便于缓和它们的形象并更容易适应转角处的运动（同图 13.19 和图 15.14 比较）。各个地块的分离感被统一的处理手法及遍及地块的简单、醒目的铺地图案所弥补。

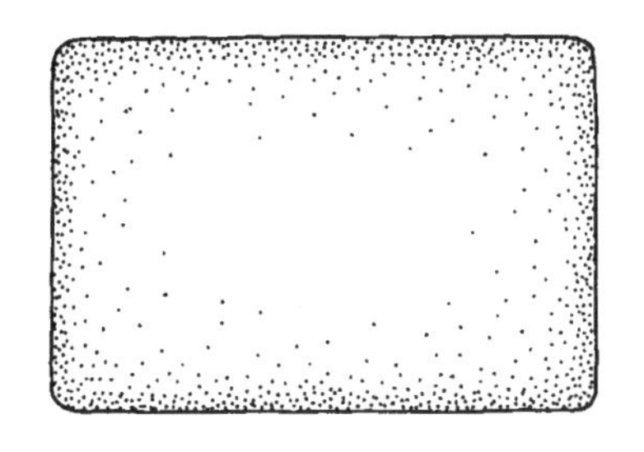

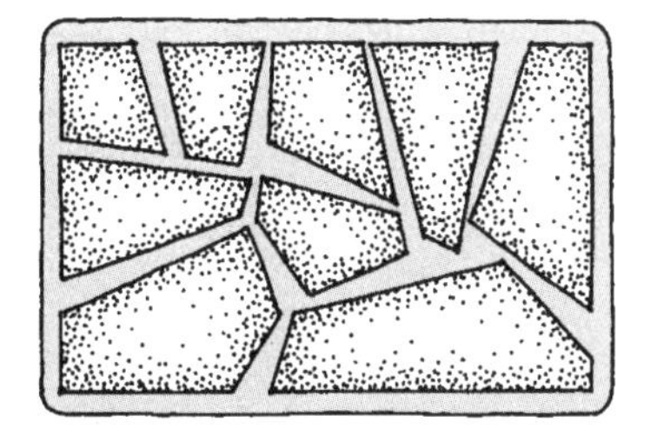

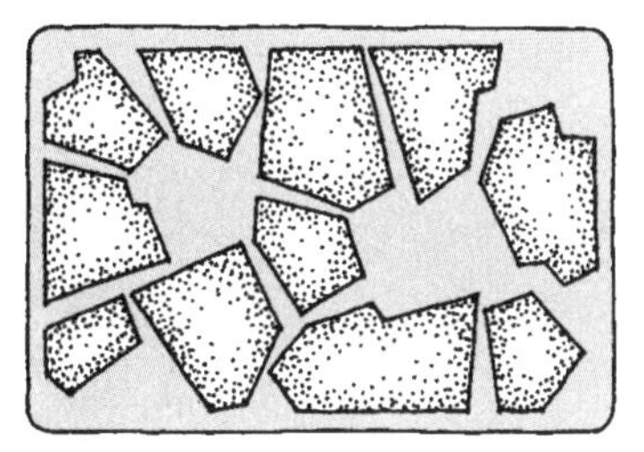

转化

图 11.31 创造碎片化景园设计的多边形效用。

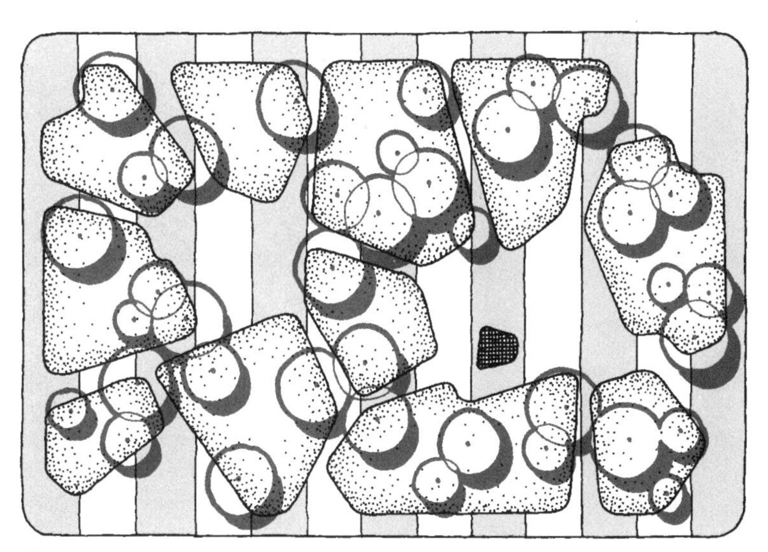

平面

笔记/手绘

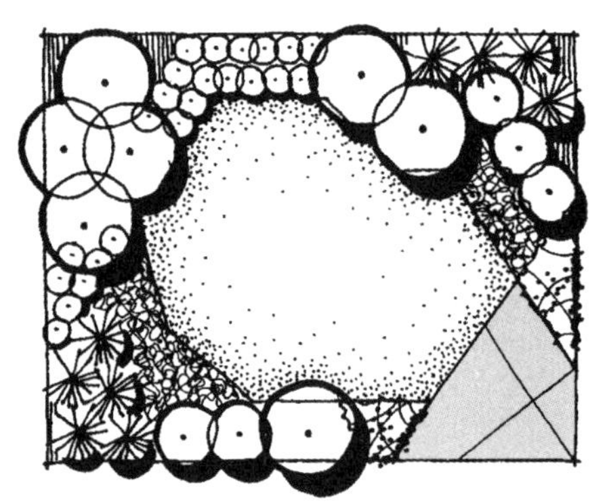

无力的内角

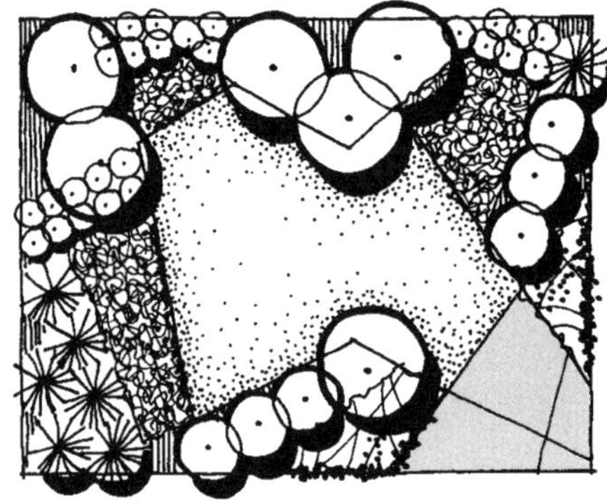

鲜明的内角

图 11.32　过宽的内角使不同边的明晰性过小。

设计准则丨Design Guidelines

当在景园建筑学场地设计中采用多边形时，下面的设计准则应该得到重视。像通常那样，这些建议应该适用于特定环境的设计布局。

内角丨Internal Angles

多边形的内角对于外观和功能等都很关键。按照前文申明的原因，应该避免小于 45° 的锐角。在另一个极端，也不应有过宽的内角，因为这样的交点沿着边缘造成的方向变化不够明显，并导致竖直面间很弱的转折感觉（图 11.32 左）。难以接受的宽大交角经常是在空间周遭有太多边的结果，它们迫使从一边到另一边的转折很小。120°~135° 的角有时被认为是适当的极限，不过，明确确定什么是过宽的角仍是一种主观判定（Reid 2007，21-29）。

图 11.33　应该注意角与边的排列。

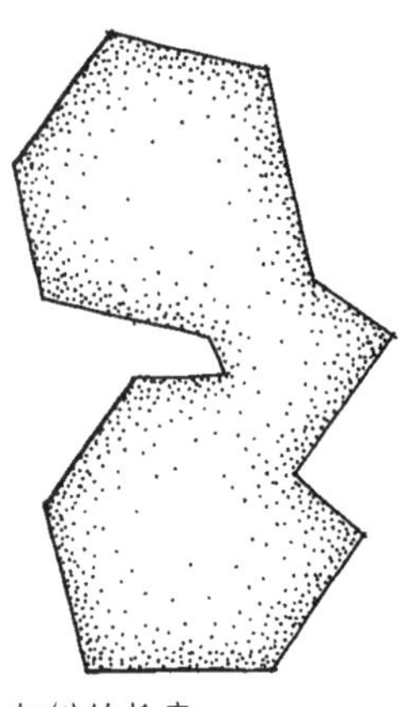

相似的长度

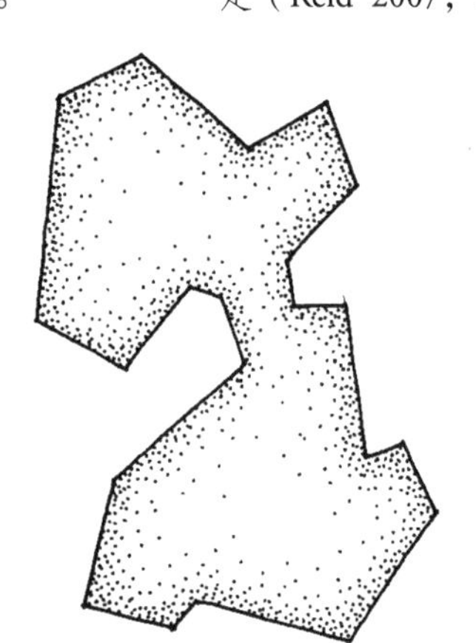

不同的长度

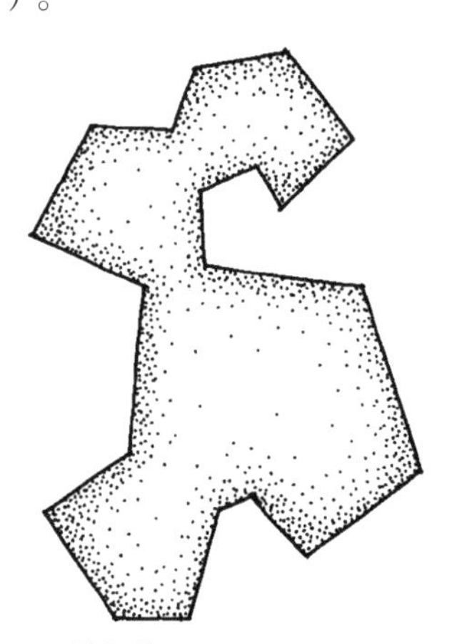

无平行边

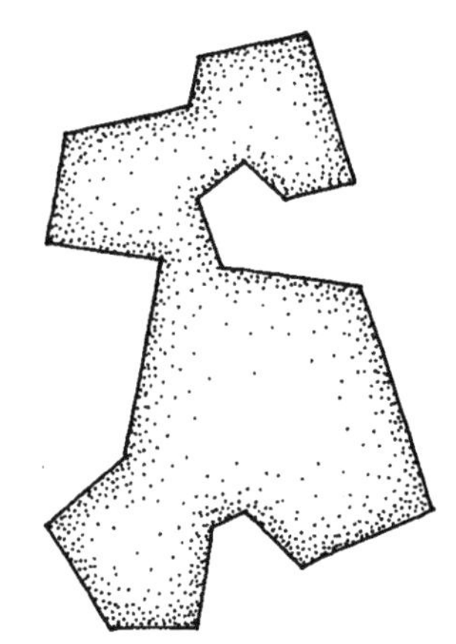

一些选定的边平行

笔记/手绘

边 | Sides

关于多边形的边有两条建议。第一条是为了视觉趣味并加强不规则感，不对称多边形的各边长度应有变化（图 11.33 左）。进而，各边长的差异还应该很明显。相邻两边之间不明显的长度对比给人以某种失误的印象，而不是有意造就的形象。

要强调的第二条是多边形设计结构中应该有一些边保持平行，以此带来视觉上的统一性（图 11.33 右）。应该有多少边采用相同的排列方式，完全取决于设计者的直觉判断。一般来说，相对简单的多边形可能不会受益于设计准则，但如果是比较复杂的组织形式，有一些边彼此平行就会使它更和谐统一。相对长度和 / 或排列方式的变化不要过多也不要过少，就可塑造出组织良好的优雅多边形构图的均衡。

同场地的关系 | Relation to Site

以多边形为基础的景园设计，应该考虑如何联系场地边缘和环境来体现多边形固有的非正交性质。同前面章节讨论的三角形一样，一般情况下应选择多边形设计中的一些边来平行 / 或垂直于醒目的场地边缘，如建筑立面、墙体、树木行列、街道路缘，等等（图 11.34）。这形成了场地内部布局同场地周边之间的共同之处，看上去彼此紧密相关。另外，一个多边形与一条场地直线边界的 90° 交角能成功地把这两种几何形锚固在一起。

图 11.34 多边形设计与场地边缘应该有序排列。

同场地侧边无序排列

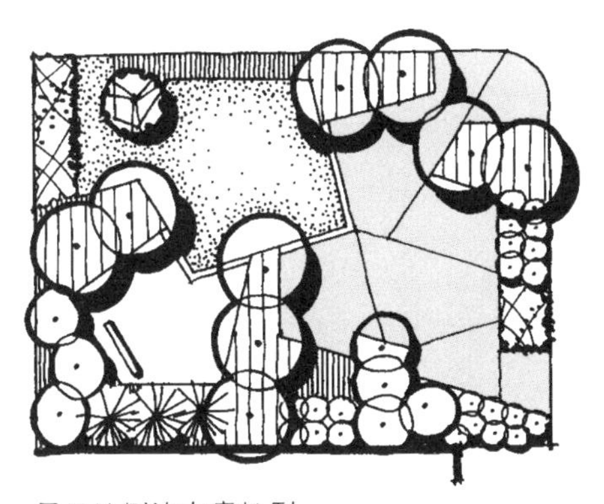

同场地侧边有序排列

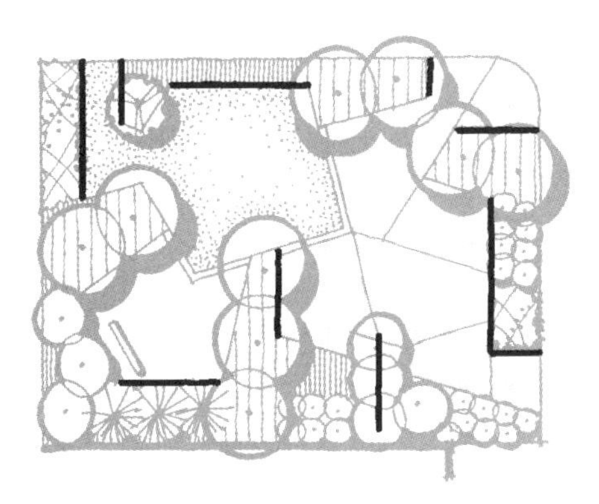

笔记/手绘

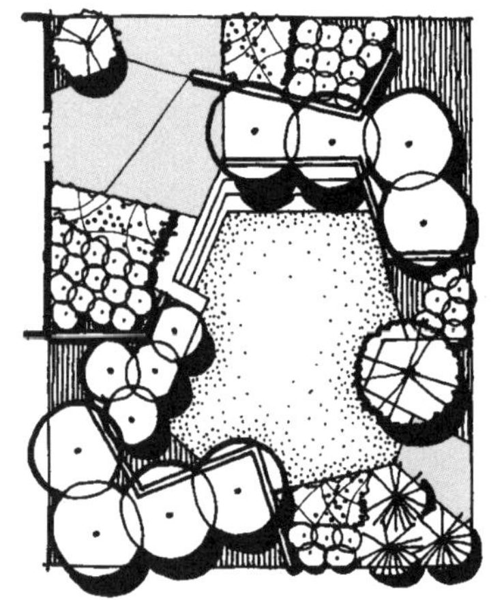
设计方案

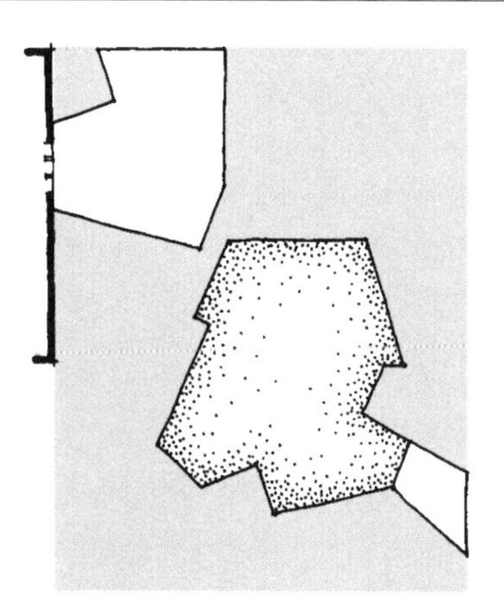
二维结构

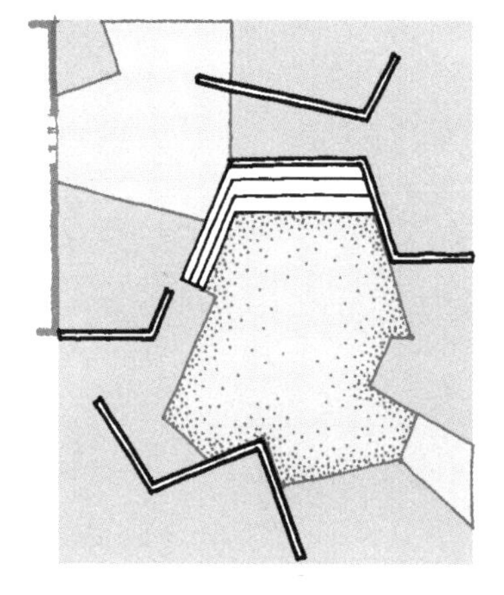
墙体和踏步

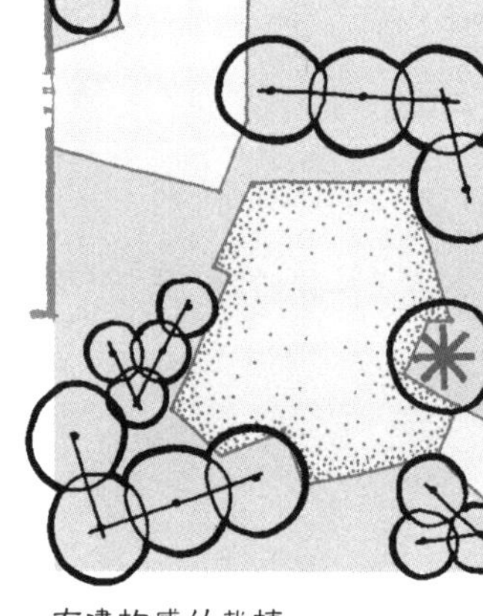
有建构感的栽植

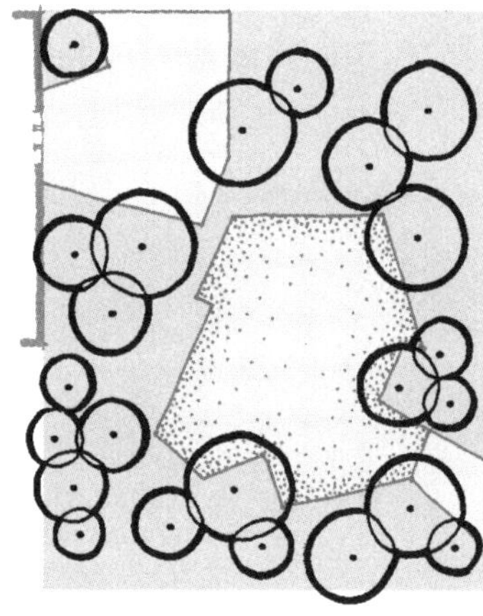
不规则栽植

图 11.35 所有材料和元素都应与多边形设计的基础结构协调。

材料搭配丨 Material Coordination

所有的材料与元素搭配都应强化多边形景园设计的基础结构。至于究竟如何取得这一效果，则取决于采用了哪类多边形以及所追求的空间品质。对于对称和梯形空间，一般应有组织地排列相关设计元素与多边形形式的各条边并突出这些边（图 11.6、图 11.13）。木本植被材料尤其应平行于选定空间的边，组织成行列或有建构感的组团。

对于不对称多边形来说，这种对策的规定性约束较小，此时可能存在元素和材料对多边形基础形式的直接强化作用，也可能没有（图 11.35）。重要的是，在不必直接反映多边形形状的时候也应吻合它的总体特色。例如，遴选的墙体在图 11.35 中就重复了

笔记/手绘

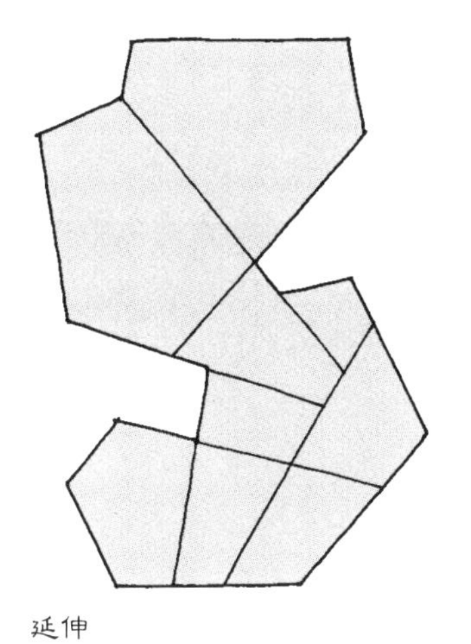
延伸

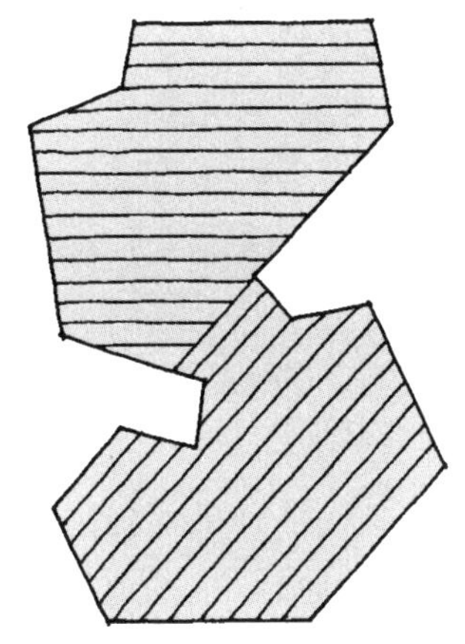
主导方向

图 11.36 在多边形设计中处理铺地图案的不同技巧。

地面形式的大体形状，但并非与之平行（下左）。对木本材料的应用也是如此。在公共性与更建构化的景园中，植物可以平行于地面形式的边，并由此让其形状突出成三维的（下中）。相反，在小型园林设施，或多边形类型形式被用于抽象自然地质构造的轮廓时，植被材料的布局可以更随意。随机的栽植方案特别适用于有大量凸凹边缘的设计中，在这些地方很容易有适于植物隐现的凹处（下右）。

地面铺装图案也应直接依据用于空间基础结构的多边形类型。在不对称多边形中的两种处理方式是，通过把相邻的边线延伸到铺地中，在地面上构成醒目的线条；或让模块或线性材料平行于主导边（图 11.36）。

图 11.37 多边形可按一系列等高线布置成层层台地。

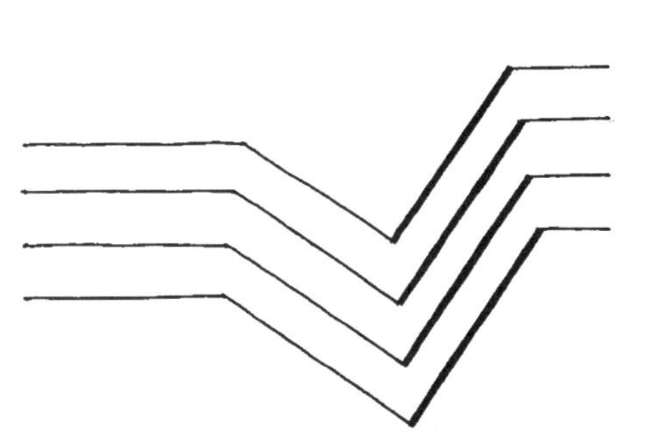
平面等高线轮廓

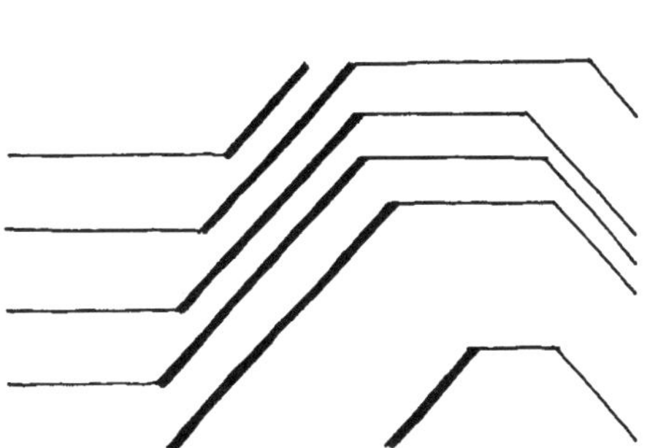
平面等高线轮廓

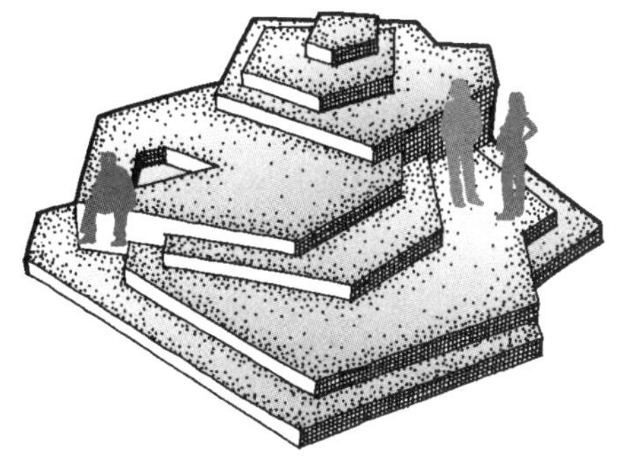
层层台地

笔记/手绘

地形 | Topography

要注意，单一多边形地面应像其他直边类型一样处理成平的或完整的坡面。然而，一组多边形空间则利于构成彼此间的高低关系，形成一系列交叠的台地。这种技巧中的“等高线”（contours）有时像在勒夫乔伊广场中那样，处理成游动的线条，制造一系列块状层台（图 11.29 ~ 图 11.30 和图 11.37 左）。每个台地可与另一个相似，也可在一定程度上独立处理，产生竖直面和各层排列形式的变化（图 11.37 右）。

参考资料 | Referenced Resources

Kelly, Stephen. “A New Spark for Tower Park.” *Landscape Architect and Specifier News*, February 2006.

Murphy, Pat. *By Nature's Design*. San Francisco: Chronicle Books, 1993.

Process: Architecture No.4: Lawrence Halprin. Tokyo, Japan: Process Architecture Publishing Company, 1978.

Reid, Grant. *From Concept to Form in Landscape Design*, 2nd edition. Hoboken, NJ: John Wiley & Sons, 2007.

网上资料 | Internet Resources

Lovejoy Plaza: www.greatbuildings.com/buildings/Lovejoy_Fountain_Plaza.html
www.altportland.com/consume/splash/play/lovejoy_plaza_f.shtml

Shive-Hattery: www.shive-hattery.com

笔记/手绘

圆弧形式 | Circular Forms

弧线 | The Arc 12

在景园建筑学设计中，之前8章讨论的正交和非正交形式是两种广泛应用于建构空间的形式类别。圆弧形式是第三种，它包括弧线、圆形、卵形以及曲线形状。其中，弧线是最原初的，而且是其他圆弧类型的基本组成部分。弧线还是一种线性元素，同直线（第3章）和斜线（第9章）有着许多共性，不过，它看上去更优雅，更富于诗意。弧线在历史上曾不时用于景园，而在当代景园建筑设计中，它已经被当成玛莎·施瓦茨、凯瑟琳·古斯塔夫森（Kathryn Gustafson）等人设计方案中所见的那种最主要的流行结构元素。这一章考察的各种特征弧线包括：

- 定义和类型
- 景园效用
- 设计准则

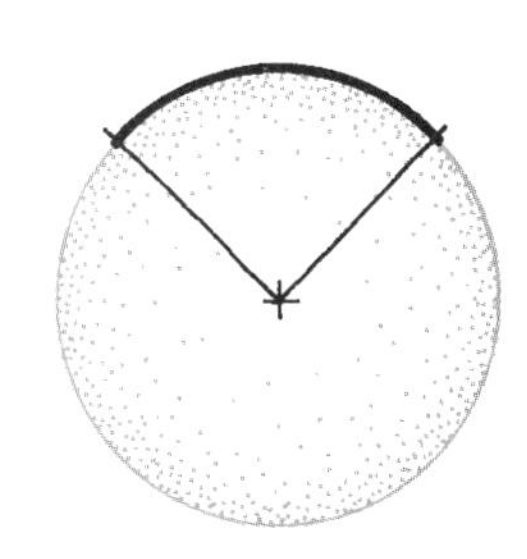

图 12.1　上：弧线是圆环的一个片段。

图 12.2　下：弧线的延伸应小于圆周的一半。

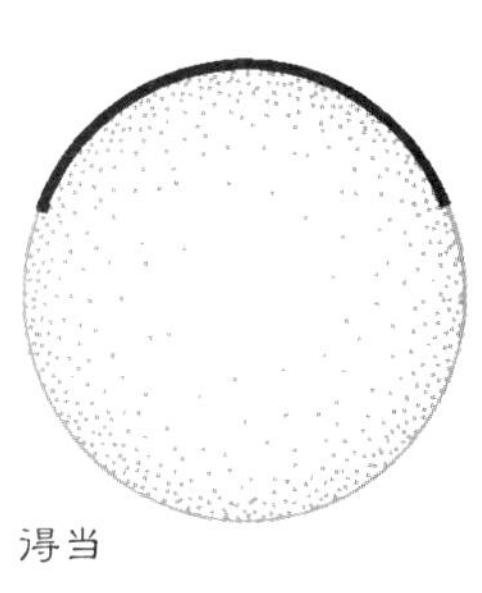

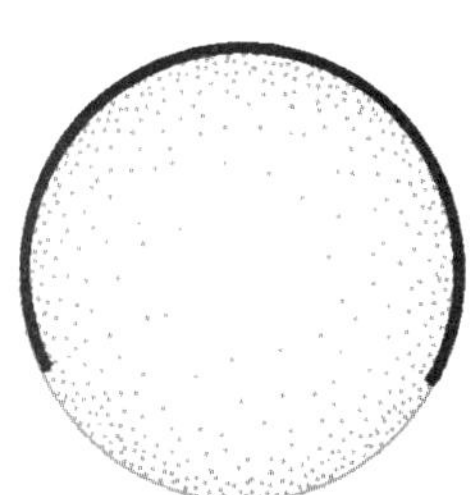

定义和类型 | Definition and Typologies

弧线是取自圆周一部分的曲线（图12.1）。只要小于半圆弧，弧线就可以有取决于布局和设计目标的任意曲率（图12.2）。超出这个限制的弧线就有了圆的性质。

弧线不能同月牙形混淆或互换。月牙是另一种几何形式，生成于两条弧线相交导致的半月形状（图12.3左）。沿一个大圆的圆周去除一个小圆同样得到一个月牙形（图12.3右）。不管怎么说，月牙形都不是弧线那样的线性片段，应将其自身考虑为一种特定形式。

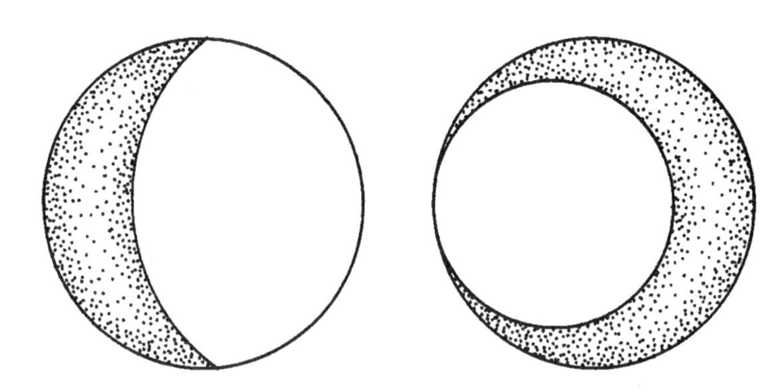

图 12.3 月牙形示例。

在景园中有两种基本弧线。

均匀弧线 | Uniform Arc

均匀弧线是最基本的、大量应用的弧线。其定义是整个弧线自始至终由单一圆心的同样半径所确定（图 12.4 上）。均匀弧线相对简单，使之成为两种类型里最容易建构并应用于景园设计中。

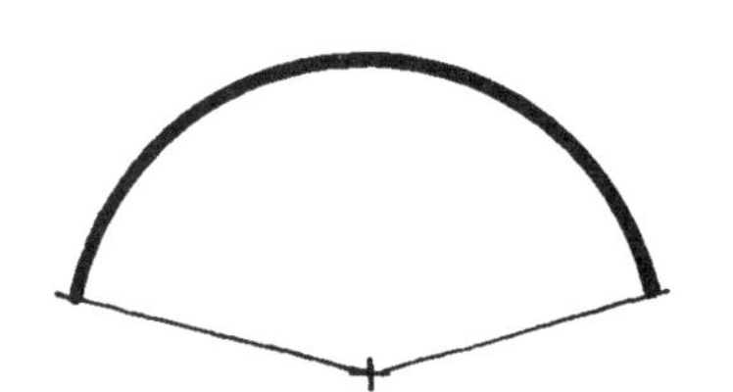

混合弧线 | Compound Arc

混合弧线是从一端到另一端间具有曲率变化的弧线（图 12.4 下）。如其名称所示，混合弧线由多条弧线构成，各自有它自己的半径和圆心。除了是多条弧线混合外，混合弧线仍保持为一条连续线，各片段不露痕迹地同接下来的片段衔接。

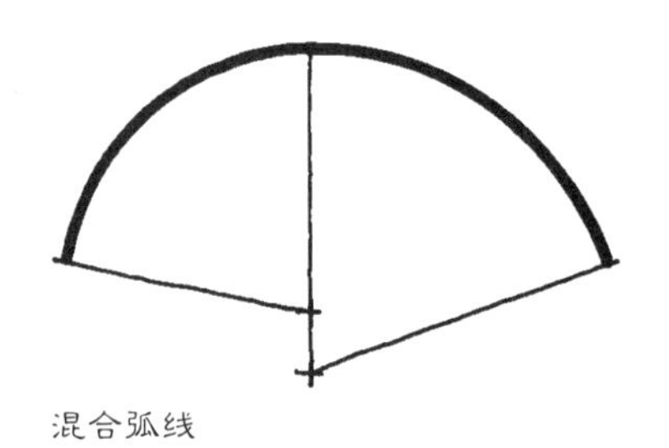

“螺旋曲线”（spiral curve）是通常与道路组织规划相关的一种特殊混合弧线形式。螺旋曲线是一条道路上的均匀弧线和直线片段的过渡转换部分（图 12.5）。它通常见于铁路和早期的园林式大道，是一种以保证车辆逐渐、安全地出入一段弯曲道路为目的，实现另两种组织排列类型间视觉衔接的方式。

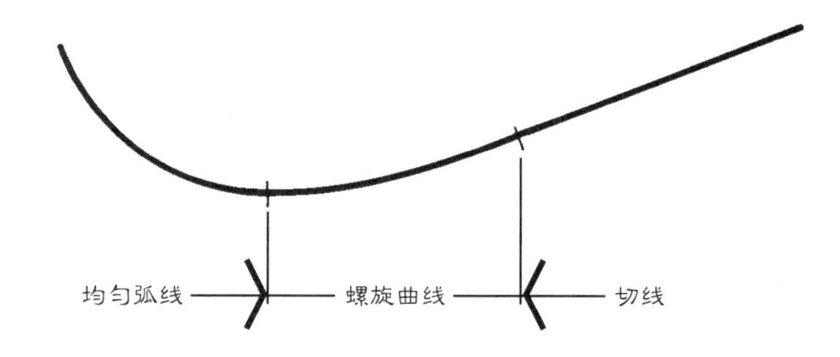

图 12.4 上：均匀弧线与混合弧线的比较。

图 12.5 右：螺旋曲线示例。

笔记/手绘

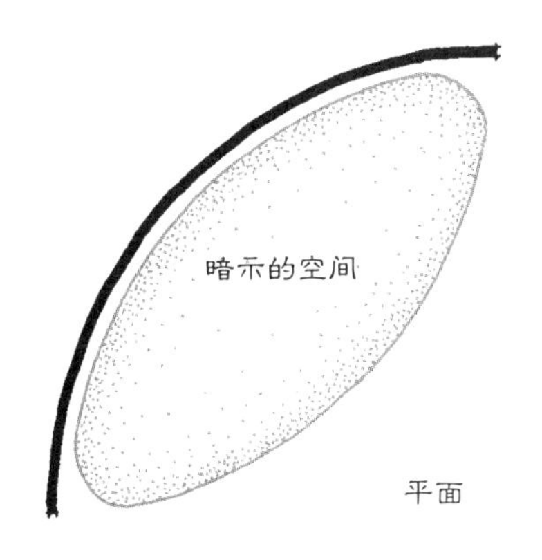

图 12.6 当伸展到第三维中时，弧线部分围合了一个空间。

景园效用 | Landscape Uses

综合来看，这两种基本弧线类型都能吻合多种景园建筑场地设计效用。尽管弧线总是以呈现各种渐变的弯曲为特色，一些效用仍同直线和斜线相似。弧线的基本效用包括空间基础、引导视线、迎合运动、视觉对比、掩饰转角以及容纳景观。

空间基础 | Spatial Foundation

由于其弯曲特征，弧线是围合空间的最有效单一线条。虽然弧线不能像圆一样完全围合一个空间，但它以环抱态势部分地包围一个领域的效能的确暗示了一种围合与庇护（图 12.6）。在弧线通过植物、墙体或地形呈现在第三维中时，更强化了这种微妙的空间意义。弧线的竖向表现还使它围蔽的空间具有自弧线向外的方向感（图 12.7）。对于让人在眺望远方风景时具有安全防护感来说，这种凹龛般的空间很是理想。

图 12.7 弧线可创造一个具有向外指向感的围蔽处。

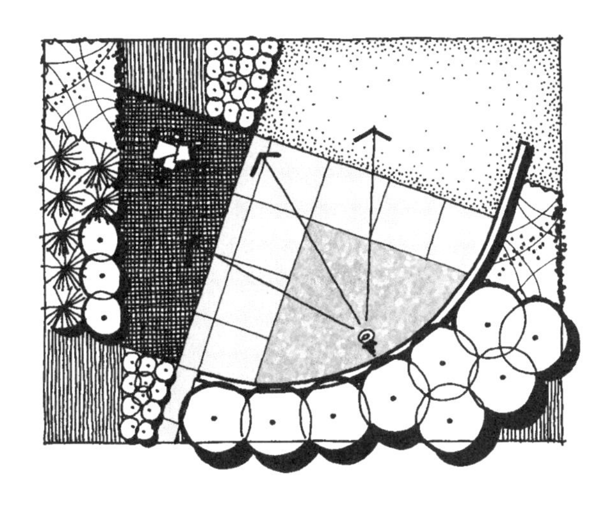

笔记/手绘

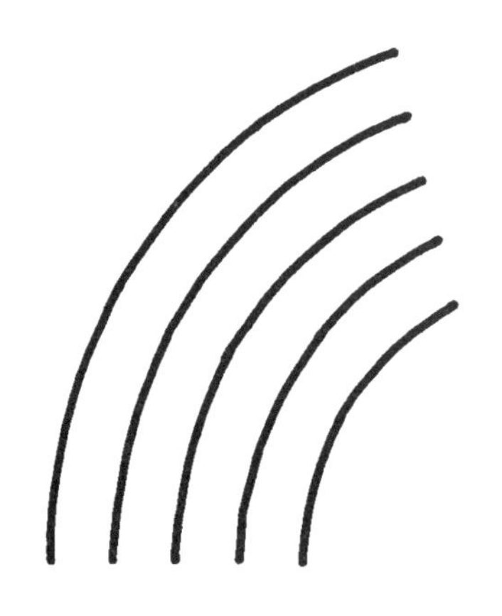

除了用作单一围合元素外，也有数种以多个弧线来建构空间的策略。第一种是以同心圆方式设置一系列弧线（图 12.8）。这从根本上更与同心圆组织系统一样，只是没有完全围合一个中心而已。弧线可以勾勒各种材料领域的边缘、不同元素的线条或发挥两者结合的作用（图 12.9 上）。

包括弧线间空间和其间的景园内涵在内，有几种可能的方式可以巧妙地用来形成同心圆弧线的丰富效果（图 12.9 下左、下中）。另一种变化出自弧线中心的设置。通过采用一个以上的中心，可使不同弧线在跨越一个地块的时候彼此接近或离散（图 12.9 右）。同心圆弧线结构适于要为弧线设定一处醒目中心的场合、以穿越景园的运动为最主要功能的场合，以及/或以创造形象弯曲的重复层次为设计意图的场合（图 12.10）。

图 12.8　上：多条同心圆弧线的概念。

图 12.9　下：各种同心圆弧线。

内涵变化因素

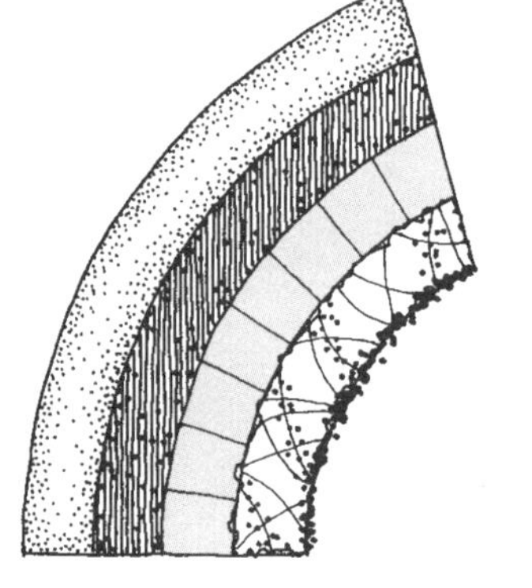
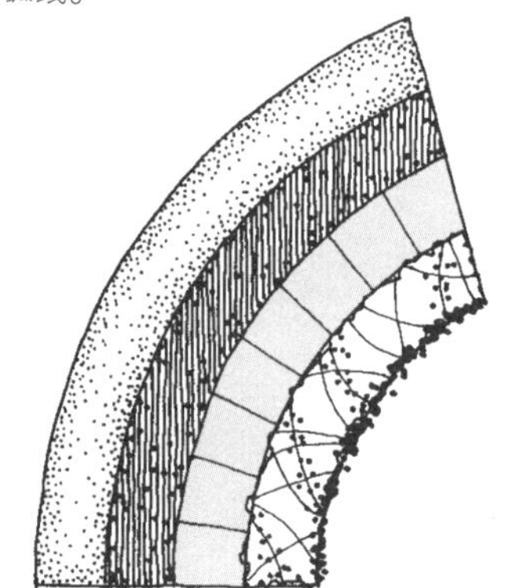

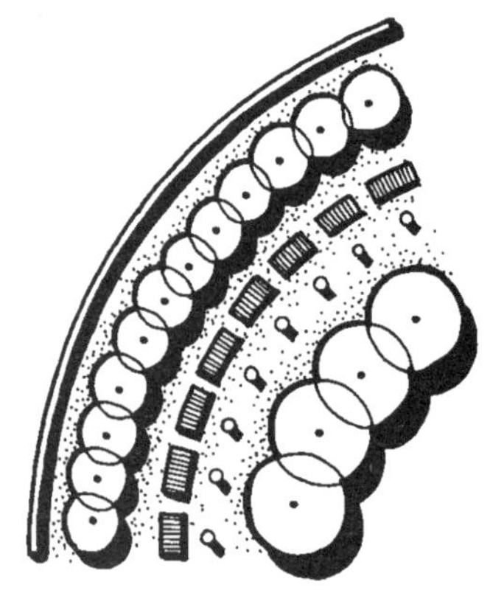

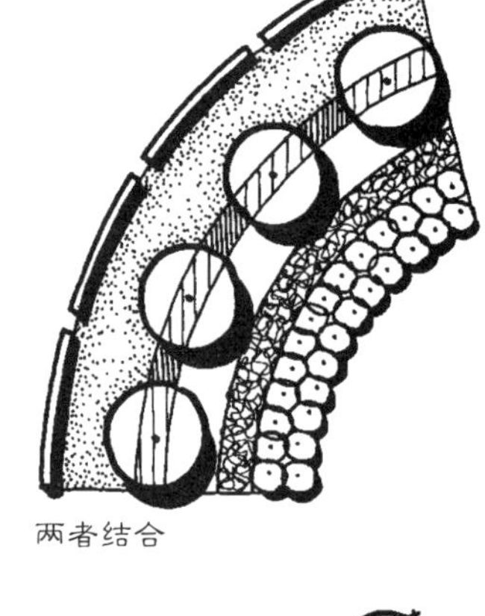

布局变化因素

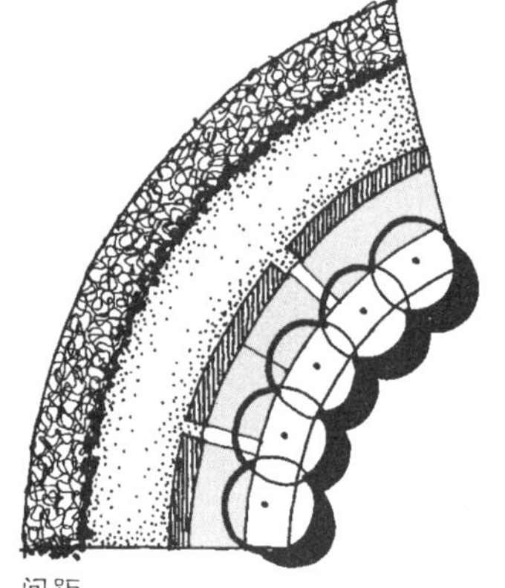

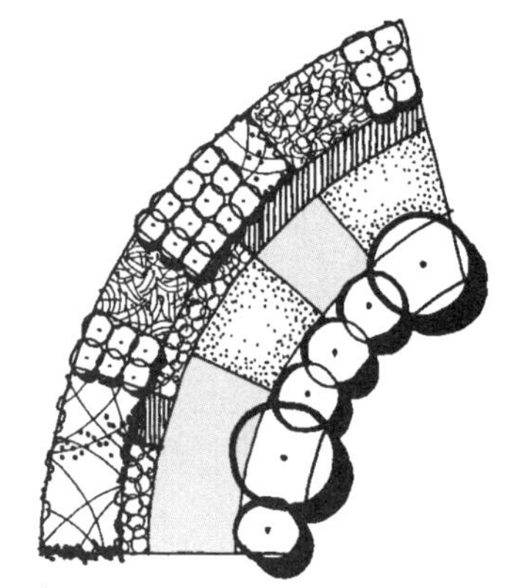

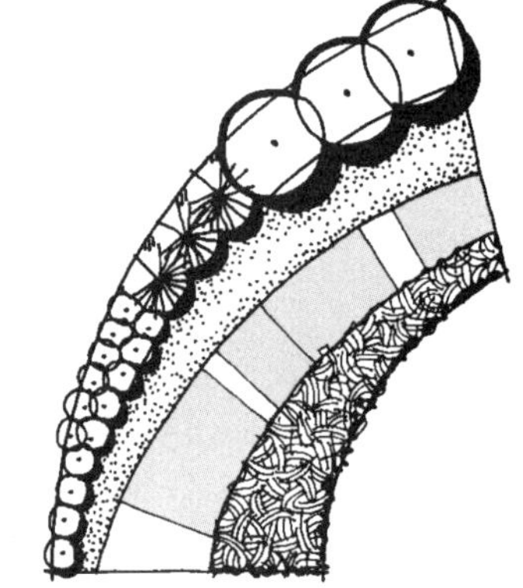

笔记/手绘

同心圆弧线的一个形象展示是亚利桑那州梅萨（Mesa）的梅萨娱乐与艺术中心（Mesa Entertainment and Arts Center），玛莎·施瓦茨景园建筑设计事务所和保拉建筑师事务所（Boora Architects）联合设计。一层层弧线在这里为整个组合体建立了一处中心人行路骨架（图 12.11）。这处弯曲的景园核心表现为由不同高度的树冠、篷布帆和空间开放状况构成的一处“遮阴步道”（Dollin 2007，96）。一条抽象的由岩石与水体构成的溪流加强了整个骨架的视觉连续性，并与当地风景有象征性关联。综合来说，层次化的弧线提供了一种适应运动的有效组织机能及完整的统合一系列空间、元素和相关体验的手段。

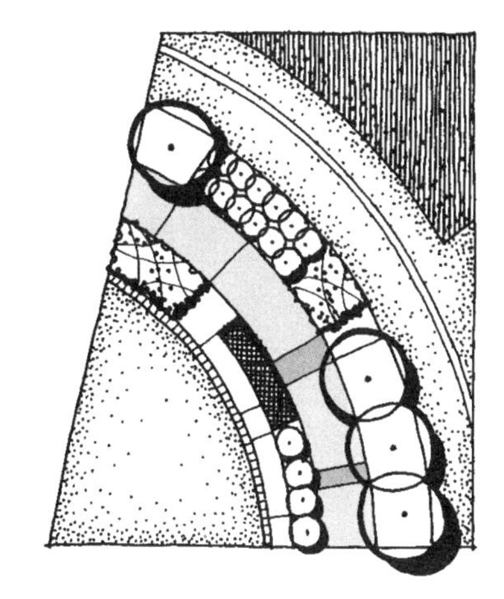

图 12.10　上：结合多条同心圆弧线的设计示例。

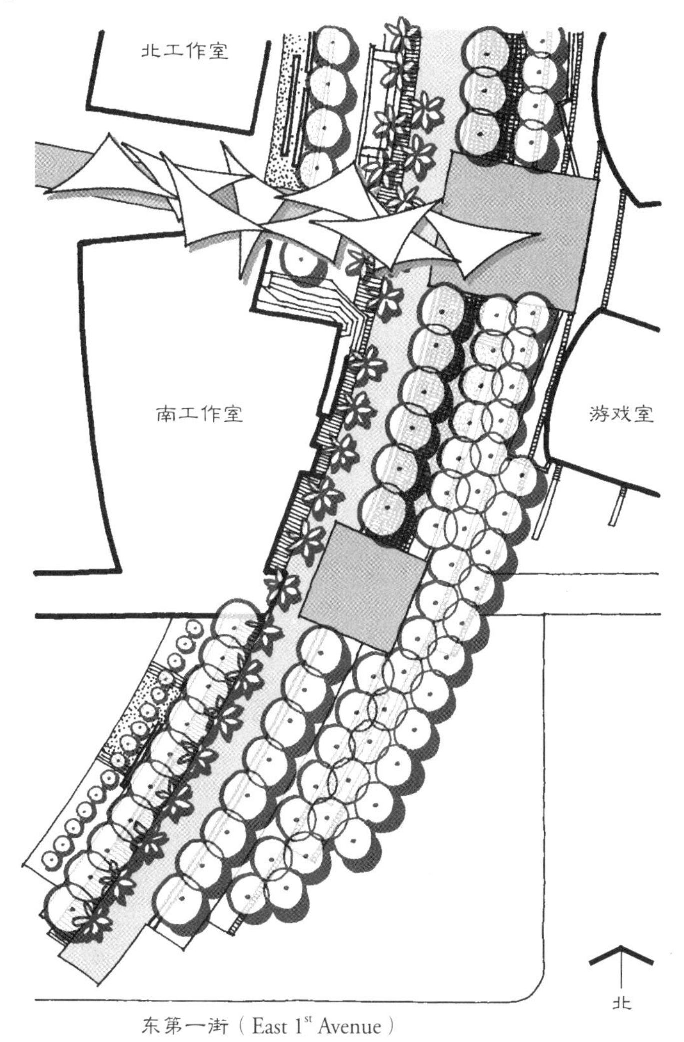

图 12.11　左：梅萨娱乐与艺术中心场地南部场地规划。

笔记/手绘

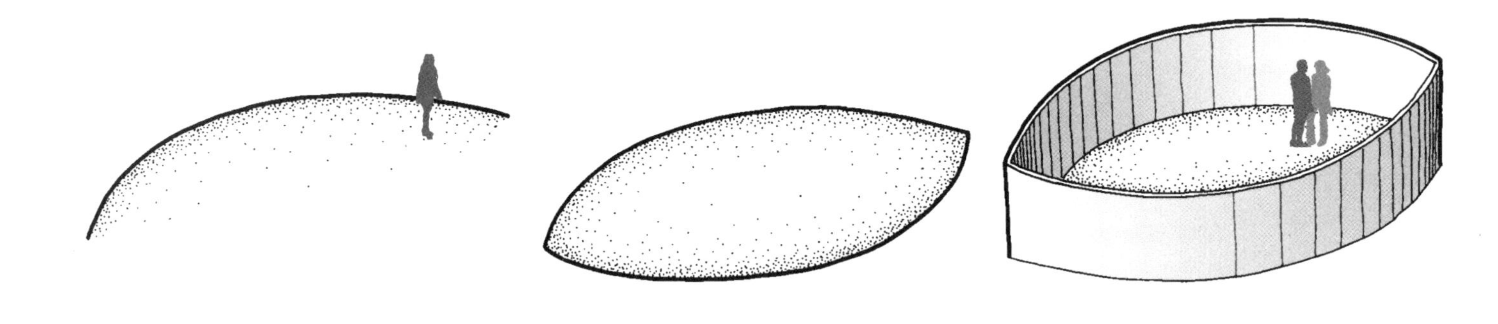

图 12.12　由单一弧线到复合弧线围合的转化。

利用多条弧线进行设计的另一种技巧，是面对面并彼此交叉布置，用以完全围合一个领域（图 12.12）。除了相交的边在空间端部突出为明确的交叉而不是卵形那种圆滑曲线外，其空间结果同卵形非常相像（见第 14 章）。这种设计策略可以扩展成创建一个遍布场地的弧线叠加网络，限定出多种多样的空间，迎合运动流线，并确立感人的材料蜿蜒变换效果（图 12.13）。

这种设计的一个很好实例，是伊利诺斯州芝加哥东湖岸居住邻里（Lakeshore East Neighborhood）住宅开发项目中的公园（图 12.14～图 12.15）。这个由詹姆斯·伯纳特事务所（The Office of James Burnett）与场地设计有限公司（Site Design Group Limited）一同联合设计的绿色空间，是一处新的城市居住区域核心，集合了大面积的草皮、一处游戏场、一个遛狗公园以及许多锻炼用的步道（Martin 2006，94-101）。弯曲的步道设置迎合了行人渴望的线路，并沿路提供了各种不同的景观。公园的弧线框格组织建立起牧歌般的布局，同围绕着它的主导城市网格形成鲜明对比。

图 12.13　多个弧线围绕并在空间中伸展的示例。

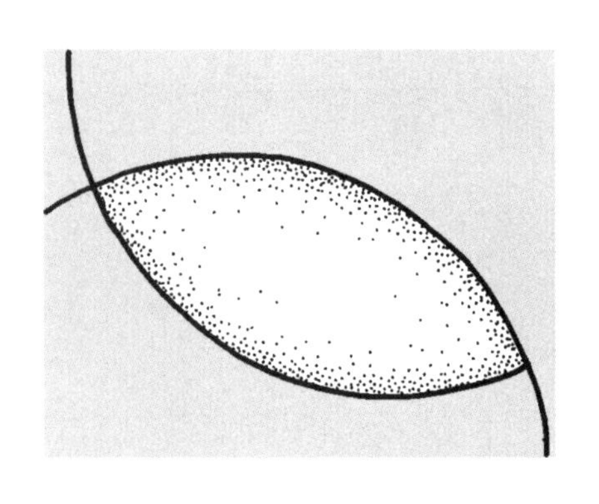

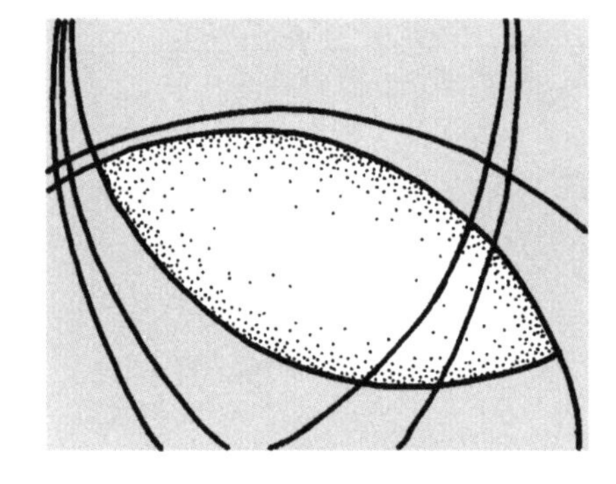

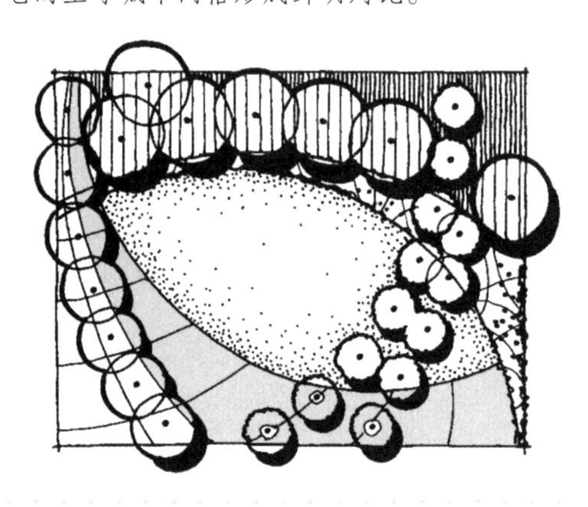

笔记/手绘

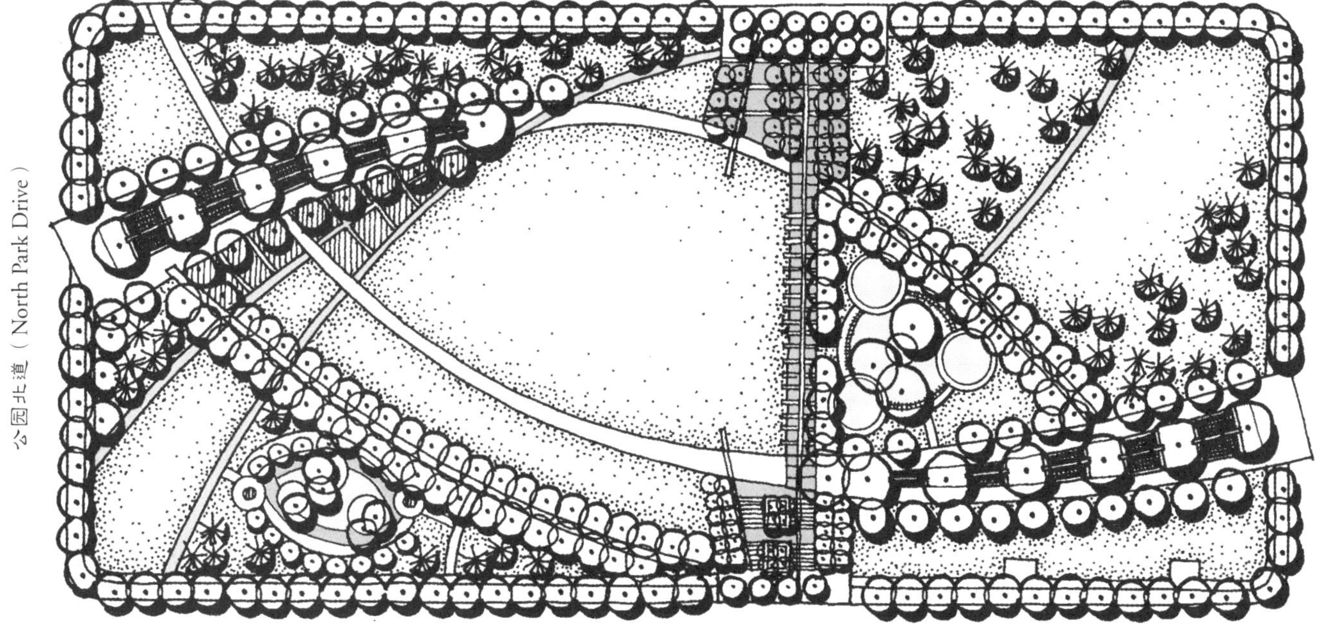

图 12.14　上：东湖岸公园场地规划。

图 12.15　下：东湖岸公园景象。

笔记/手绘

图 12.16 弧线捕捉并引导视线能力的示例。

引导视线 | Direct the Eye

同所有线形一样，弧线的一维性质具有捕捉视线并使其可以沿着线运动的固有能力（图 12.16）。而弧线这种引导力的独特之处在于其舒适、优雅，明显远离了直线的强制性和折角线的不安定感。当直接位于弧线边沿观望时，人的注意力轻快地顺从它的蜿蜒，同时被它的伸延及其侧面风景所吸引（图 12.17）。人的知觉中有多少被引向水平伸展的景观取决于弧线的曲率。弧线曲率的另一种结果是，由于弧线的弯曲及/或沿线竖向元素的高度不同，其终点可能超出视线之外。当这种情况发生时，弧线为景园增添了奇妙与神秘感（图 12.18）。

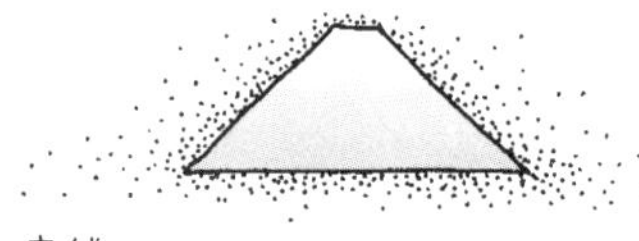

直线

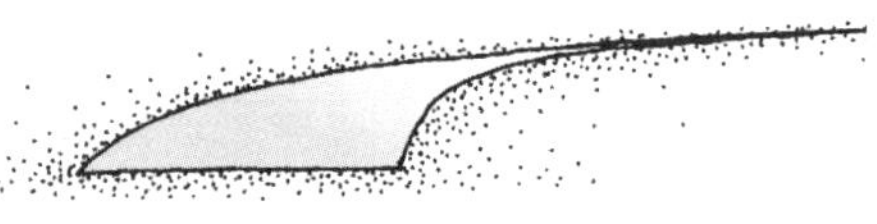

弧线

图 12.17 上：弧线同时向纵深与侧向引导视线。

图 12.18 右：弧线的消失造就神秘感。

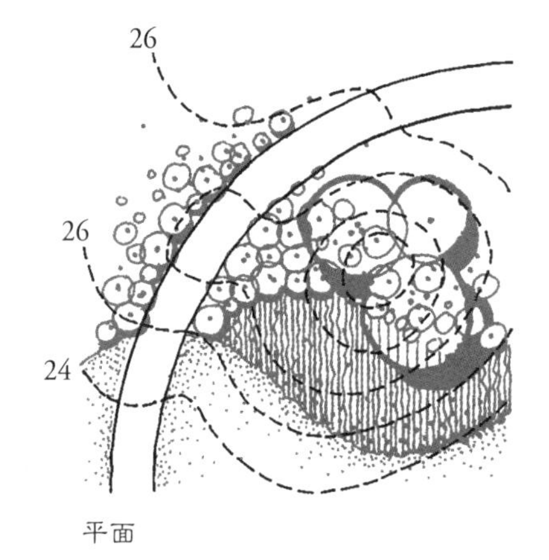

平面

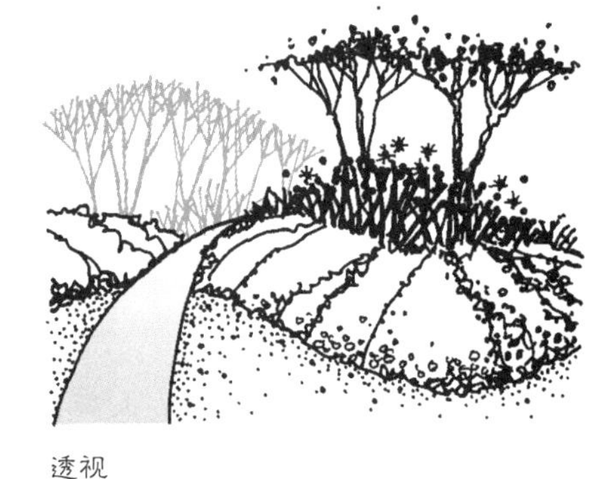

透视

笔记/手绘

图 12.19　左：穿过景园的弧线步道示例。

图 12.20　下：弧线把视线引向外侧的毗邻风景。

迎合运动丨Accommodate Movement

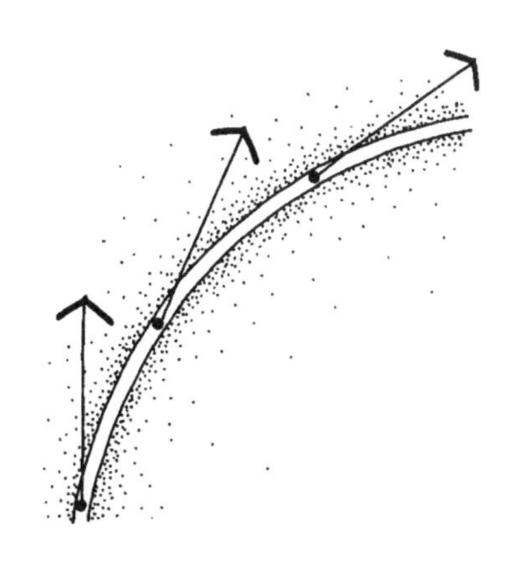

弧线同样可以作为景园中的实际运动导线，并在发挥这种作用时有3种引人注目的特色。第一，沿着弧线前行是流畅平顺的，这适合在一处设施中冥想、沉思式的散步。当弧线的曲率缓和并伸延距离很长时，这种特性愈发明显（图12.19）。弧线在流线方面的第二个性质，是人们的注意力被集中于弧线以外，而不是其中心（图12.20和图12.28）（另见设计准则）。结果是，行进在弧线上的人面对着不断展开的景观。弧线上的历程是由在弧线外看到的景观变化来衡量的，绝不仅仅是到其尽端的可见距离。最后一点，弧线非常适于从一个方向到另一个方向的流动渐变运动（图12.21）。很少有其他几何类型具有这种不知不觉改变流线走向的能力。

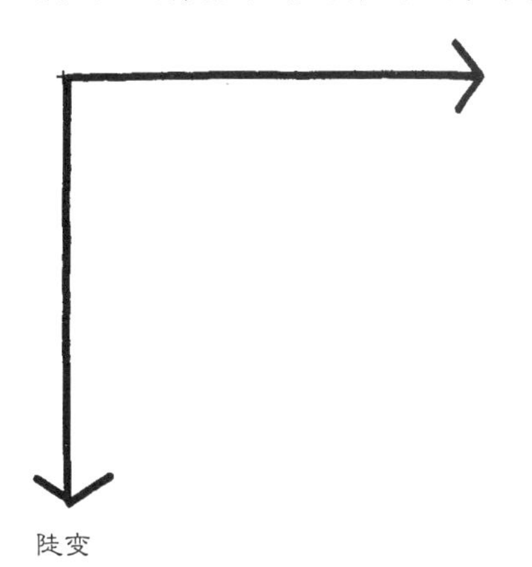

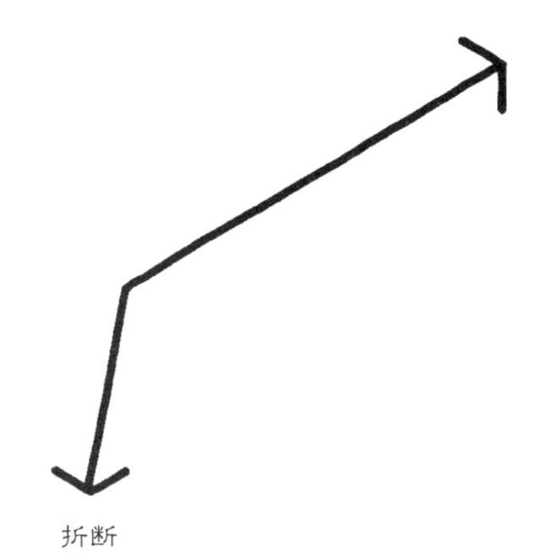

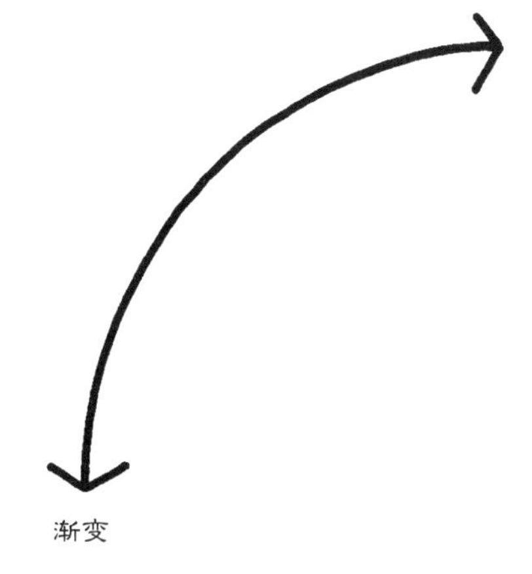

图 12.21　弧线伴随方向渐变的运动。

笔记/手绘

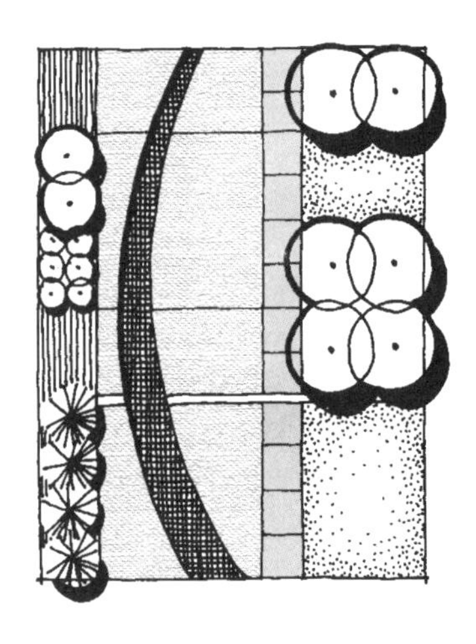

图 12.22　上：用弧线同正交设计对比的示例。

图 12.23　下：城市公园场地规划。

视觉对比丨Visual Counterpoint

不管是单一的线还是多条弧线的组合，弧线都同正交和交角的几何形构成视觉对比。把一条单一弧线插入直线形的设计结构，就在场地中造就了曲线柔顺的气质与主导性的生硬边缘和鲜明转角之间富于震撼力的差异（图 12.22）。还有，不同几何形的并置会强化各自的独有特性。当弧线平和的形象出现的时候，直线边缘的组织形式就显得更坚挺。这种设计技巧使整个设计富于活力，并缓解过分应用单一组织形式可能导致的枯燥。然而，这种观念也会有危险，即弧线与其布局无关，呈现为不和谐的异质元素。

融入弧线作为对比的一个景园建筑设计方案，是密苏里州圣路易斯（St.Louis）的城市花园（Citygarden）设计，由尼尔森·伯德·沃尔兹景园建筑设计事务所完成（图 12.23）。设想为在州首府（the State Capital）附近伸延并穿过圣路易斯商业中心的拱门林荫大道（Gateway Mall）的核心组成部分，这个城市公园意欲成为一处雕塑场地，唤起关于密西西比河与密苏里河地质和植物环境的记忆（Hazelrigg 2008，152-155）（Hazelrigg 2010，126-127）。表达河流岸线形状的墙体构成了弧线，并且成为公园内不同高差和特色环境区域的分界。弧线还显著烘托了场地及其周围的正交结构。

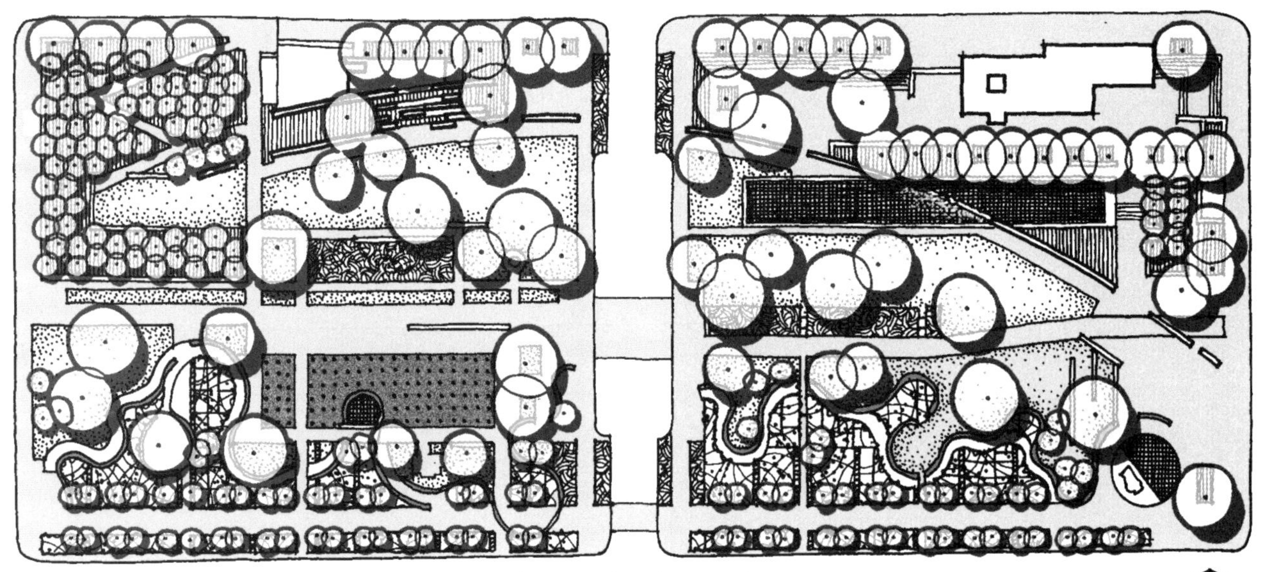

笔记/手绘

具有带吸引力转角的设计

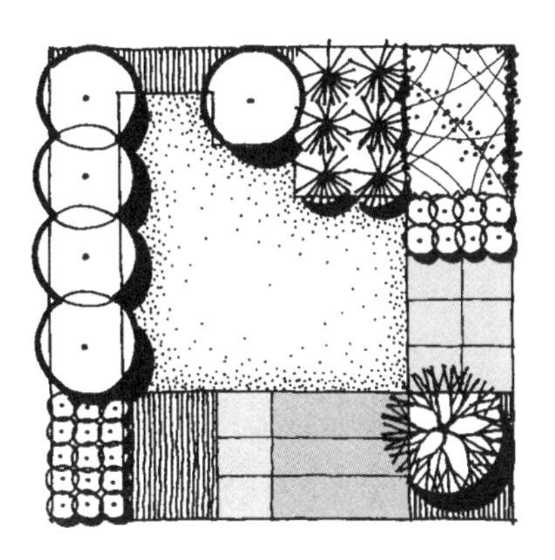

利用弧线的设计

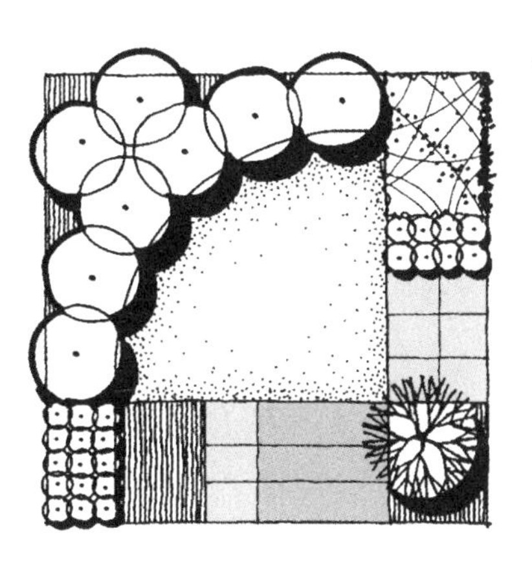

图 12.24　弧线可以消弭带有吸引力的转角。

掩饰转角 | Mask Corners

弧线是掩饰空间或场地上有问题角落的极佳设计形式。正交空间的转角，特别是当它们由墙体、篱笆或植物线条沿场地边缘限定时，必定像一个视觉圈套一样捕捉并限定视线（图 4.5 和图 12.24 上左）。空间的侧边退后或突出成一个转角同样吸引注意力（图 12.24 上右）。跨越转角设置一个由第三维来加强的弧线缓解了这类可能的状况（图 12.24 下）。弧线平滑地引导视线，使之不知不觉间从空间的一边滑到另一边，融合了不如此便会被转角分开的景观。

笔记/手绘

容纳景观 | View Receptacle

弧线产生一个凹龛般空间边缘的性质还使之成为景园中的景观容纳者。即，与半个正方形或半圆形一样的方式，弧线的内凹曲线聚拢并框住面向它的视线（图 12.25）。尽管没有三角形的那种决断力量，弧线柔和的弯曲还是具有类似三角形以其相交的边来强化其间物体的效能。当弧线是三维的并遮挡了后面东西的时候，它对自己前面景观重点的微妙容纳和框景最为显著。一道弧墙、弯曲的植物组团或内凹的坡地，都可以是景园布局中一个空间远端、轴线终点或一处私密场所的有效容纳者。

路德维希·格恩斯（Ludwig Gerns）设计的德国汉诺威一处住宅园林，是用弧线容纳景观的良好示例（图 12.26）。此处，带有锈色的低矮钢质挡土墙和植物组团形成的一系列弧线平台，在一处矩形水池尽端发挥了微妙的围合作用（Cooper and Taylor 1996, 85-89）。还有，这些弧线把视线汇聚到了尽端一处巧妙设置的水景。对于以规则对应不规则的空间来说，弧线是一种恰当的边界。

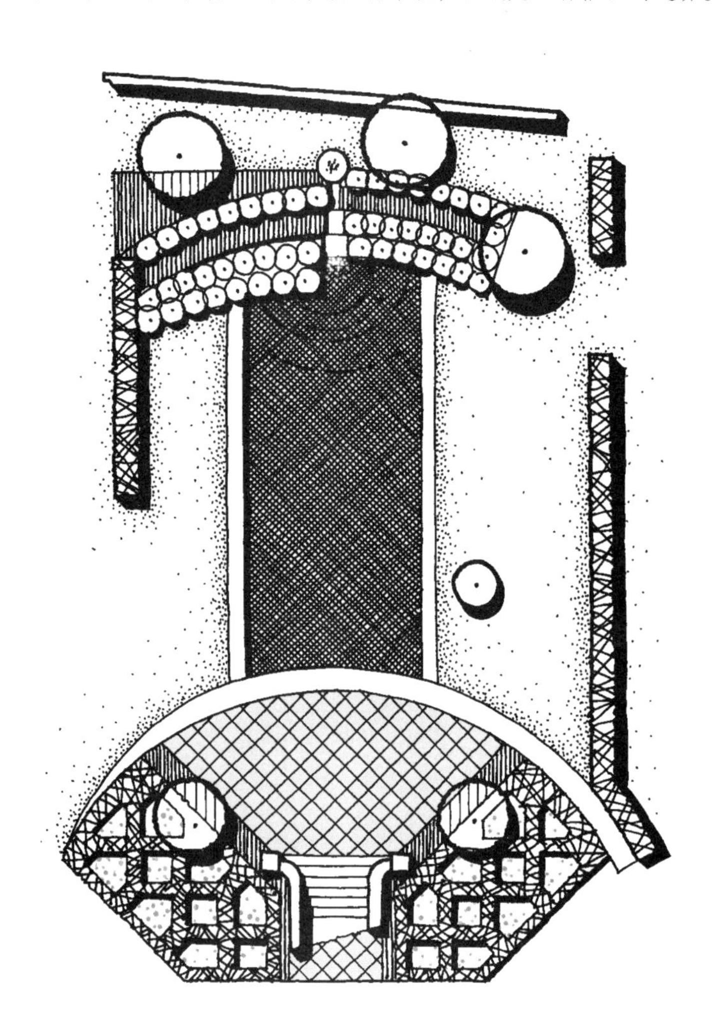

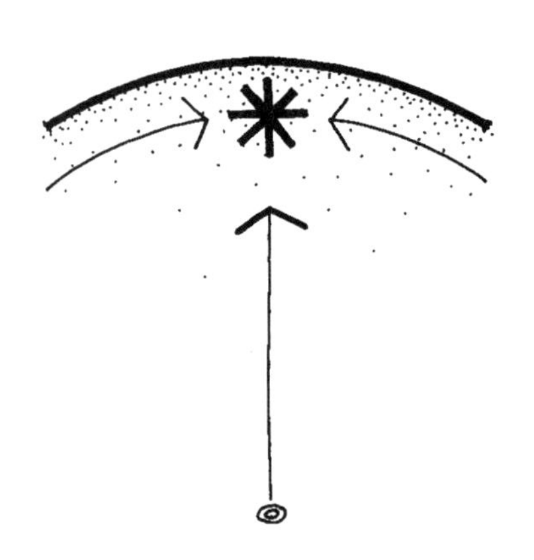

图 12.25 上：弧线巧妙捕捉视线的概念。

图 12.26 右：以弧线作为终端的园林设计。

笔记/手绘

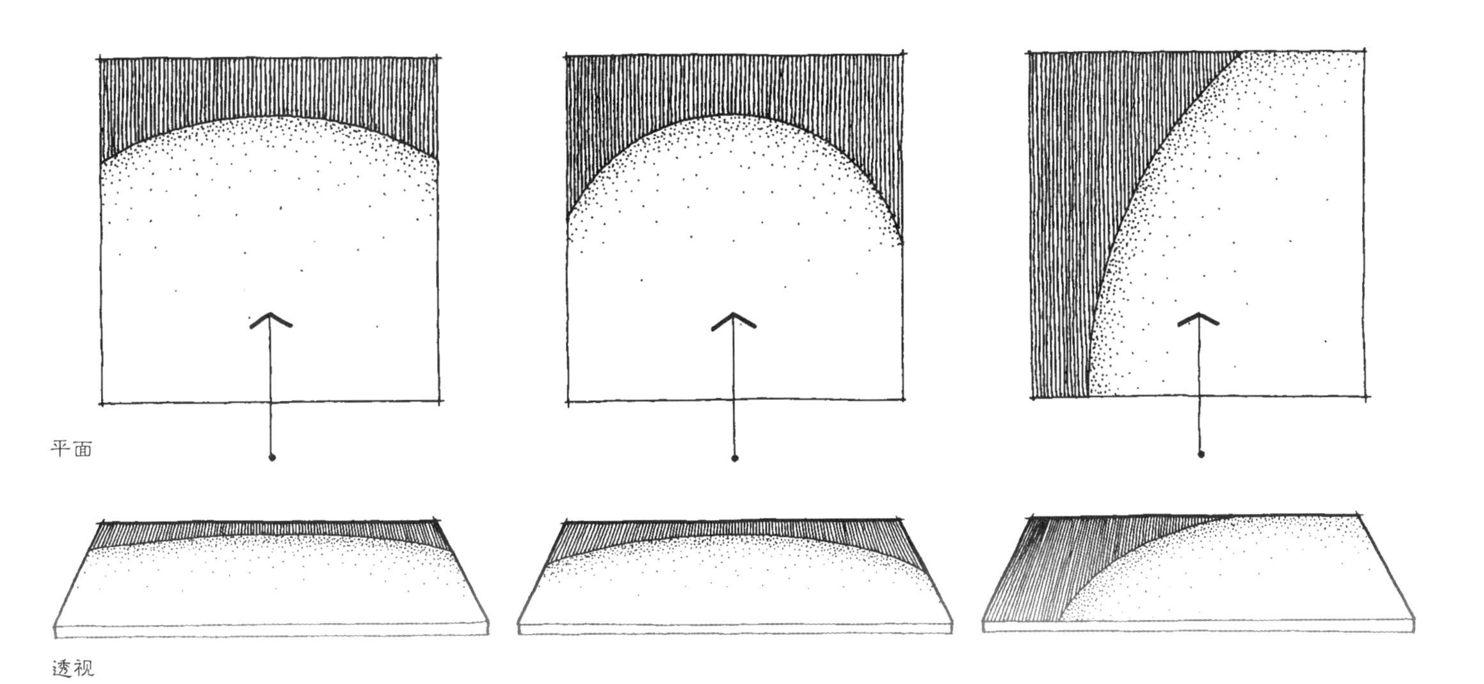

图 12.27 应认真考虑良好的观景点和曲率。

设计准则 | Design Guidelines

只要依循基本的构图原则，弧线在景园设计中是一种相对简单的几何形。在应用一条或多条弧线来设计时，应该遵守下面讨论的一些最根本原则。

曲率和长度 | Curvature and Length

要注意，在设计的早期就要认真考虑弧线的曲率和长度，因为它们的差异直接影响弧线在景园中的效果。建议要首先决定如何去看弧线。如果设计意图是看出弧线的弯曲，就应该记住让它表达得足够鲜明，因为弧线的弯曲是相对平缓的（图 12.27 左和中）。

比较而言，当沿着长向观看时，弧线的弯曲更容易辨别，因此，如果愿意，可以让曲率较缓和（图 12.27 右）。另外，人们应当考虑是要沿着其伸延看到整条弧线，还是让它蜿蜒到视线之外（见景园效用）。弧线长度和沿着弧线设置的三维要素都应加以仔细推敲，以达到预期结果。

笔记/手绘

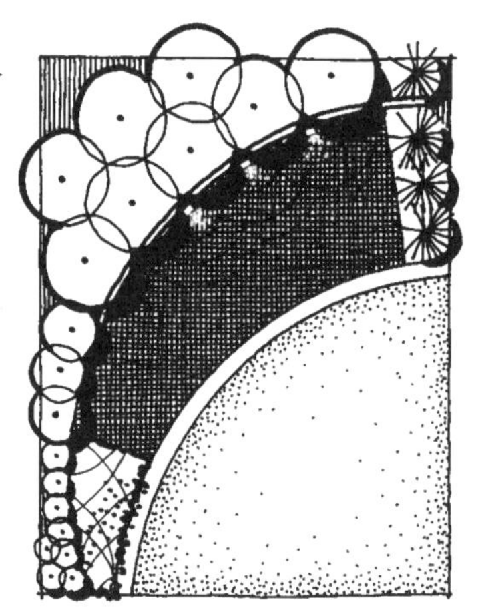

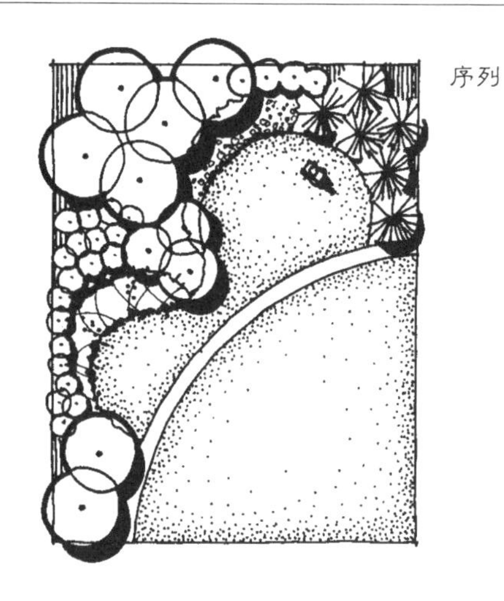

图 12.28 弧线步道外侧应值得付出注意力去面对它。

图 12.29 下：弧线端点同其他形式相遇应成理想的 90°。

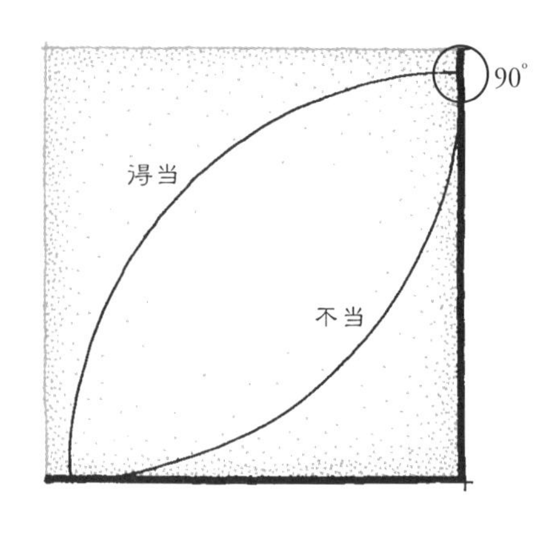

外侧边缘 | Outside Edge

应该精心考虑一条弧线步道的外侧，因为人们会悉心观赏这里。如前面讨论过的，当人们漫步在弧线上的时候，会直接看向这一区域，因此值得集中注意其修饰效果。突出弧线外侧的景观可以靠单一的重点元素，也可以是多种景观和形象在人们的行进中逐次展示它们自身（图 12.28）。

衔接 | Connections

应密切关注弧线在景园中如何面对和衔接其他形式，这一点像考虑其他曲线形式时一样重要。弧线的端点应与毗连形式构成精妙的直角相接，这样的接触才在结构与构图上最稳定（图 12.29）。当不能或不想这样时，弧线的端头同另一条边缘的相遇不应小于 45° 角，以避免同锐角相关的潜在问题（见第 10 章）。同样的准则还作用于弧线怎样沿着其长向插入另一种形式。理想情况是，相邻的线应同从弧线中心点伸展出的射线一致（图

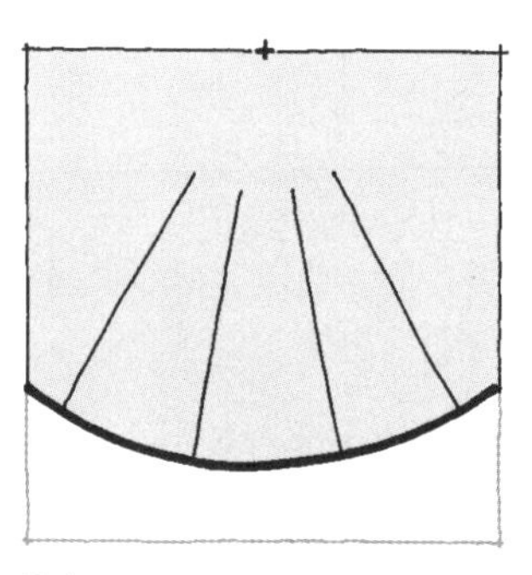

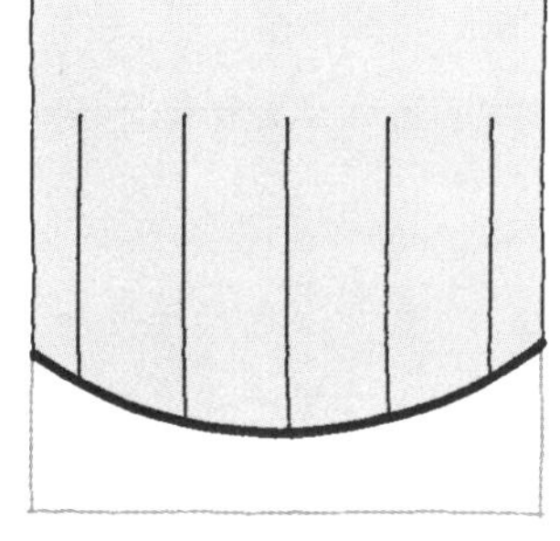

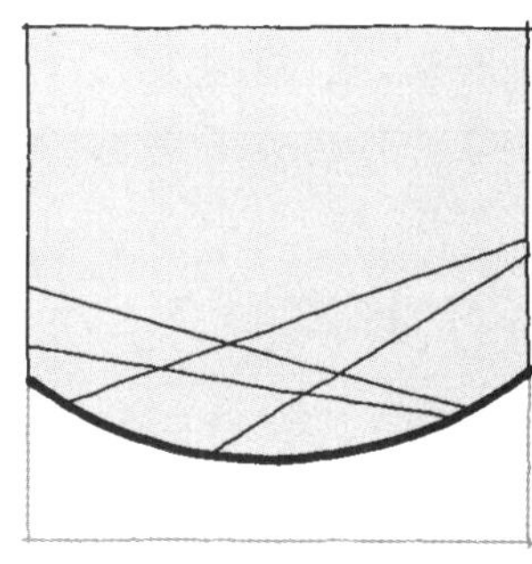

图 12.30 相邻的线应是从弧线中心放射伸展的。

笔记/手绘

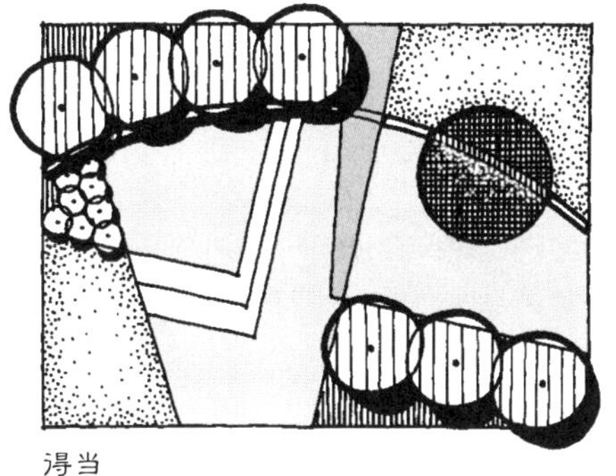

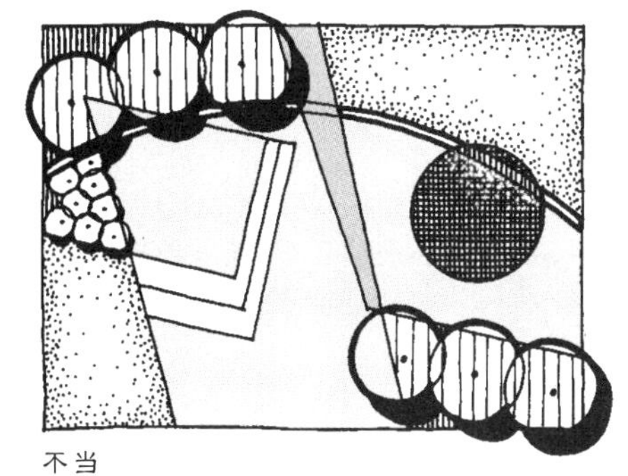

图 12.31 弧线不应切去小地块或造成棘手的衔接。

12.30 左)。成钝角相交的线也可以接受，而应该避免成锐角相遇的线(图 12.30 中和右)。同样，弧线的设置应该跨越全部材料和空间区域，而不是仅仅接触区域边缘，或突兀地切去区域的转角或小片段(图 12.31)。

第三维 | Third Dimension

弧线同地平面的基本关系同样应该加以考虑，因为其曲率造就了一系列在直线中不可行的设计可能性。这令人想起，置于平展地面上的直线最吻合其可能的景园效用(图 3.24)。弧线不是这样。例如，一条弧线步道在穿越风景时可逐渐上升或下降，这是一种强化其流动性和沿线运动体验的形态(图 12.32 左)。弧线同样可以优雅地在凸凹面地形中滑上滑下，适于倾斜地形或山丘(图 12.32 右)。总的来说，当采用弧线进行设计时，从三维角度考虑是根本。

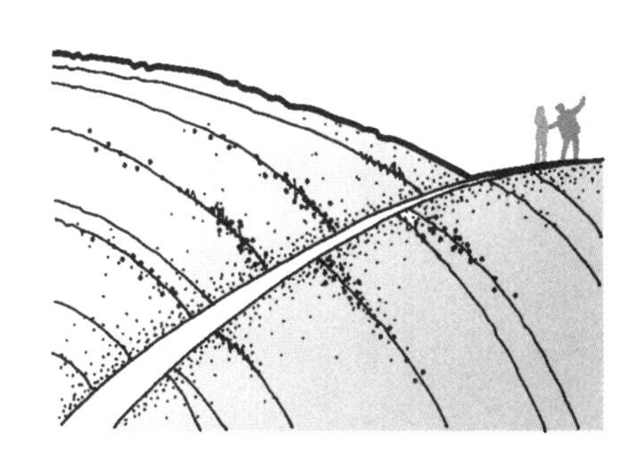

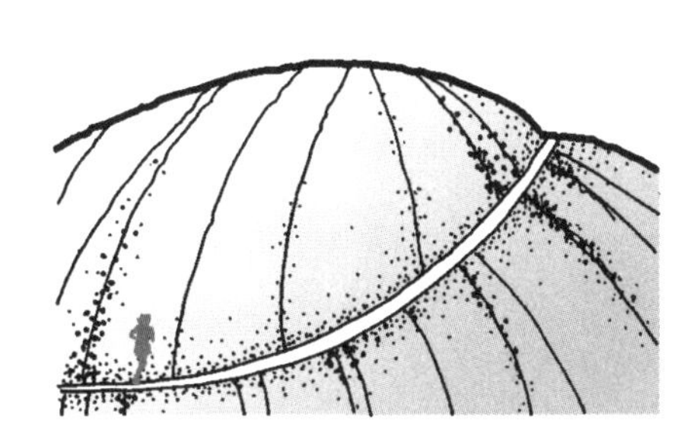

图 12.32 弧线容易适应并强化地形起伏。

笔记/手绘

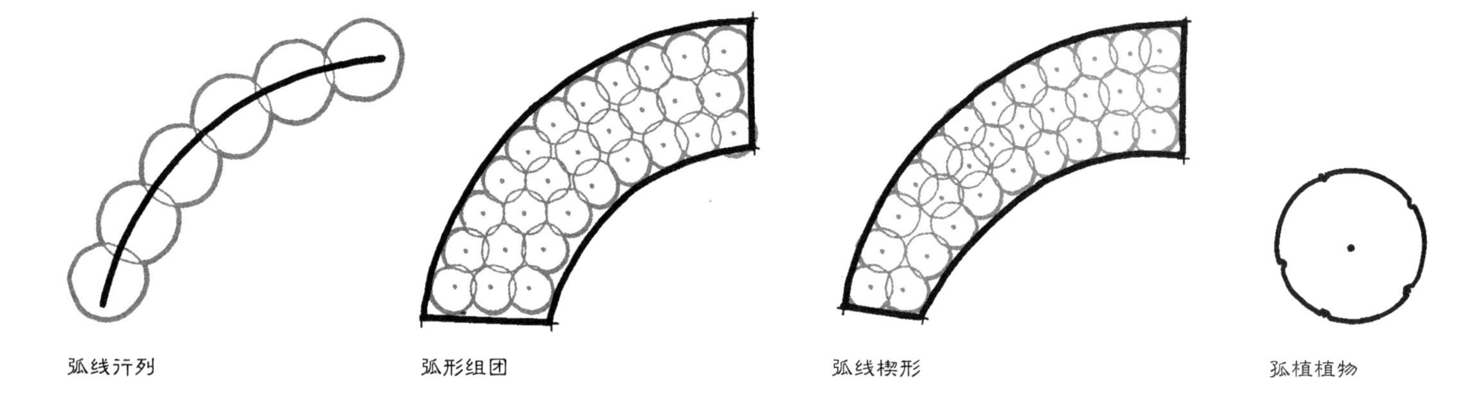

图 12.33 沿弧线组织植被材料的结构语汇。

材料搭配 | Material Coordination

同一条弧线相关的所有材料和元素都应以流动态势强化并/或呼应其曲率，展现能量和运动。对于植被材料来说，这转而形成 4 种可能的语汇：成弧线的行列、成弧形的组团、成弧线的楔形以及孤植植物（图 12.33）。弧线行列是简单的手段，并直接呼应弧线的线性特征。弧形组团和楔形带来种植深度和分量感，使设计超越单一的线或边缘。进一步看，在一个植物组团延伸进入或邻接另一个的时候，弧形组团和楔形提供了在高度、叶子色彩和肌理上拓展变化的机会。同所有的形式类型一样，单一植物通常用作设计中特定位置的突出点。

建构性的元素和材料应按同样的方式来组织。像墙体这样的三维元素是线性的，直接效仿弧线。踏步、花台、水体、铺地地块和其他地面元素具有宽度，可以布置成弧线形状，具有平行的侧边，或像楔形植物那样有展开的侧边。在这类地块内的线条和元素可以平行和/或垂直于弧形的侧边（图 12.34）。

图 12.34 在铺地上组织线和元素的手段变化。

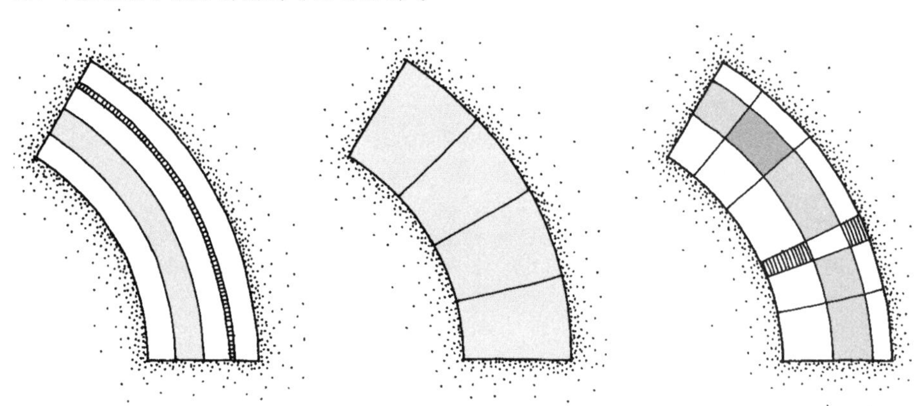

笔记/手绘

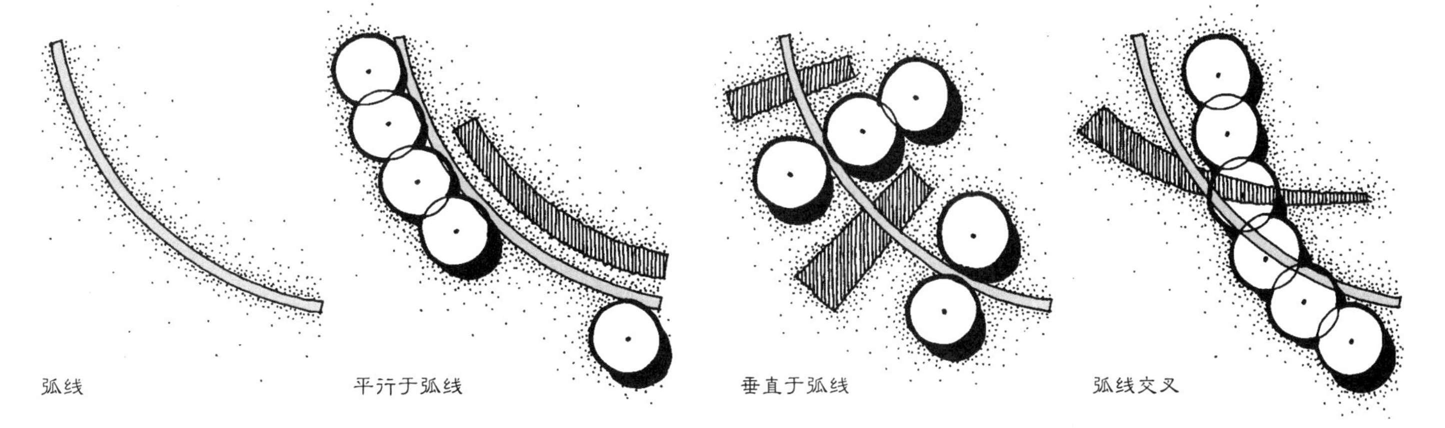

图 12.35 联系于弧线来组织元素的变化技巧。

沿着一条弧线组织材料和元素的一般技巧有 3 种。第一，是设置在同心圆环上的植被材料或结构元素直接与弧线平行（图 12.8 ~ 图 12.11、图 12.35 中左）。这种最基本的理念可以简单到只有一种元素，也可复杂到多层次元素和材料的组合。无论怎样展示它们，这种设计都能产生流畅的动感。结合弧线布置材料和元素的第二种手段，是让它们与弧线垂直（图 12.35 中右）。这样的位置使各元素都同弧线中心有序排列，并沿着弧线造就节奏感。组织元素和材料的第三种技巧，是使它们形成弧线的交叉编排（图 12.13 ~ 图 12.14、图 12.35 右）。这是一种更老练的元素组织手段，产生空间围合与材料的缠结。上述各种采用弧线的设计策略可单独使用，也可以创造性的方式综合发挥它们各自的固有性质（图 12.36）。

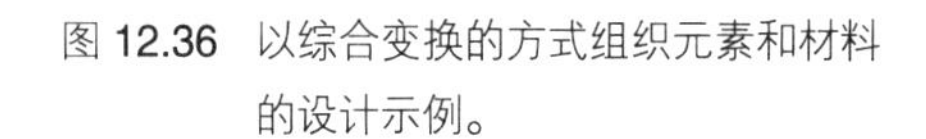
图 12.36 以综合变换的方式组织元素和材料的设计示例。

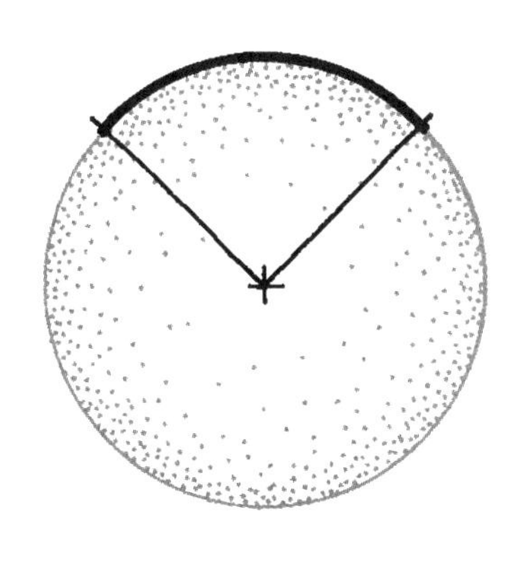

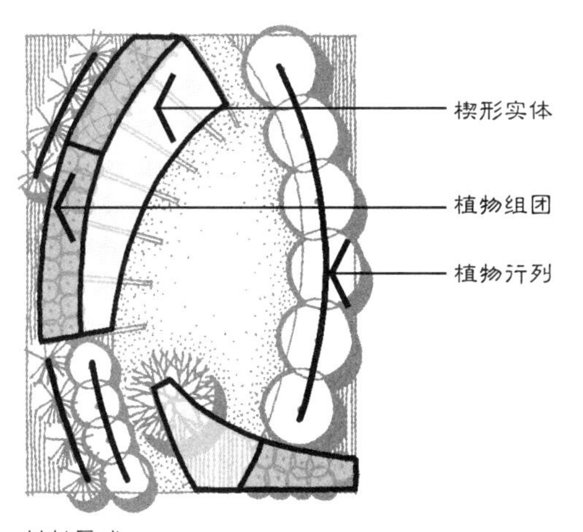

笔记/手绘

参考资料 | Referenced Resources

Cooper, Guy, and Gordon Taylor. *Paradise Transformed: The Private Garden for the 21st Century.* New York: Monacelli Press, 1996.

Dollin, Michael Bruce. "Mesa, Martha, and the Mac." *Landscape Architecture*, March 2007.

Hazelrigg, George. "Meet Me (Again) in St. Louis, Louis." *Landscape Architecture*, October 2008.

Hazelrigg, George. "Creating an Urban Oasis." *Landscape Architecture*, April 2010.

Martin, Frank Edgerton. "Preemptive Park." *Landscape Architecture*, November 2006.

网上资料 | Internet Resources

Citygarden: www.citygardenstl.org

Lakeshore East: www.magellandevelopment.com

Martha Schwartz Partners: www.marthaschwartz.com

Nelson Byrd Woltz: www.nbwla.com

The Office of James Burnett: www.ojb.com

笔记/手绘

圆弧形式 | Circular Forms

圆形 | The Circle 13

同正方形和三角形一样，圆形是优雅简洁，并能生成其他形式类型的基本形状之一。然而，圆形又与其他基本形状不同，它是唯一弯曲的，没有直边和转角。圆形的连续性和纯净性在所有形式中最为特殊。还有，圆形可见于自然中的日、月、各种花朵、水果、石头，等等。简单性与潜在复杂性共存，使圆形成为设计中需要依顺的形式，体现在广泛应用于所有设计领域，包括整个景园建筑场地设计的纵向时间历程。本章考察圆形的各个方面，包括：

- 几何性质
- 景园效用
- 设计准则

几何性质 | Geometric Qualities

圆形由同一平面上与固定中心距离相等的一系列点构成（图 13.1）。这些点合起来形成一条环转 360° 的连续周边，围合了一个圆形的领域。下面的几何性质进一步显示了圆形的独特之处。

组成部分 | Components

圆形有几个固定的组成部分。其中，中心和圆周最为明显，并在圆形的图形轮廓中很关键（参见圆心）。连接圆周上任意两点的直线是弦，而直径是穿过圆心连接正对着的两个点的特殊弦（图 13.2 左）。半径是直径的一半或圆心与圆周上一点的连线。

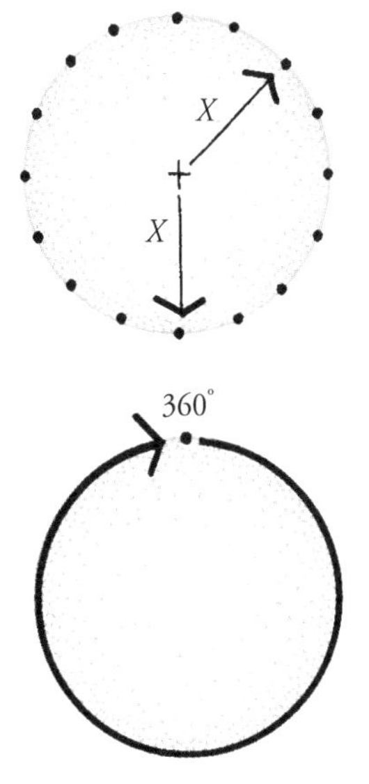

图 13.1　圆形是与固定中心距离相等的一系列点。

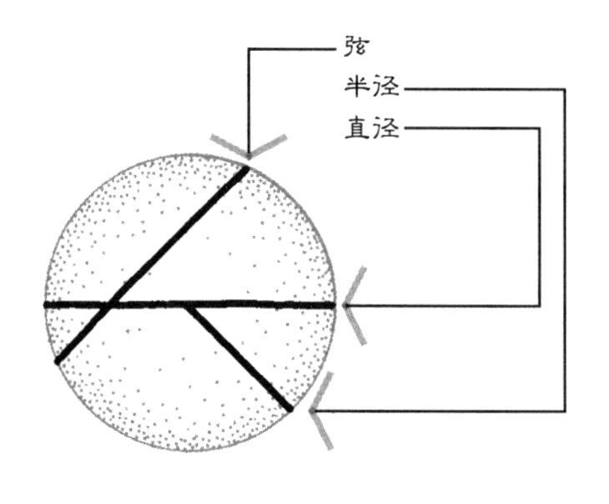

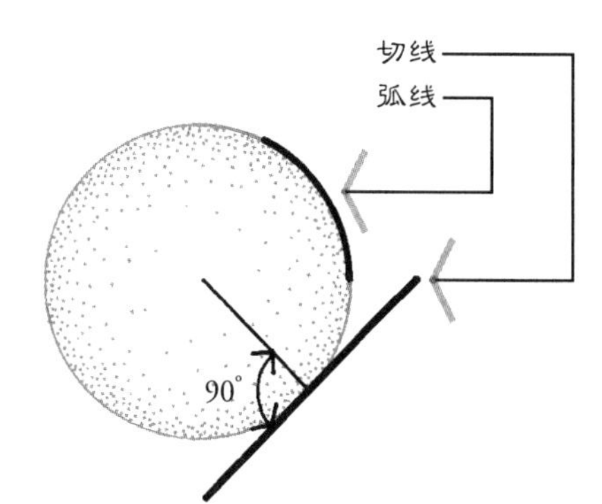

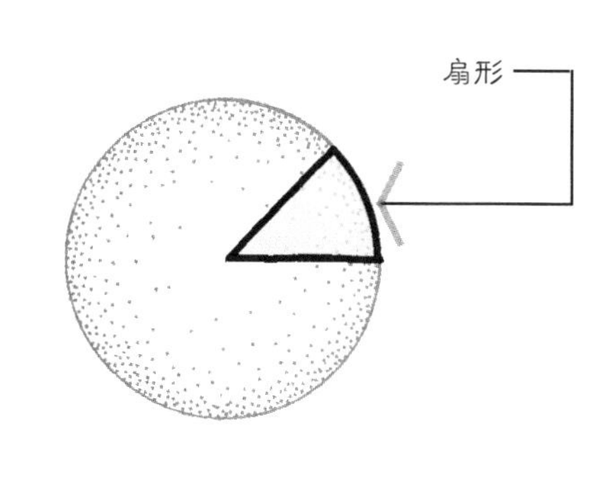

图 13.2 上：圆形的组成成分。

图 13.3 下：圆心向内或向外引导能量和注意力。

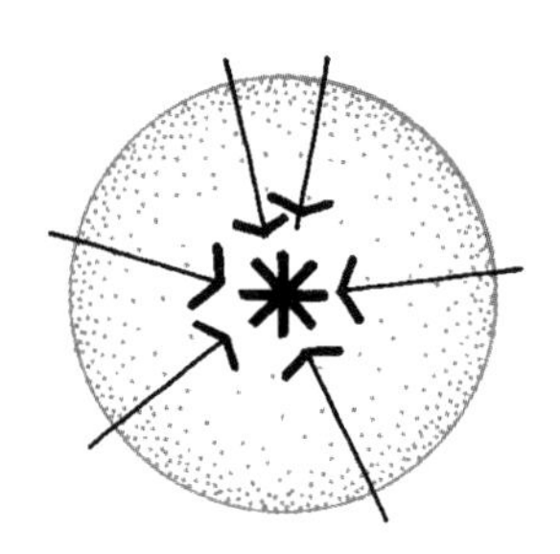

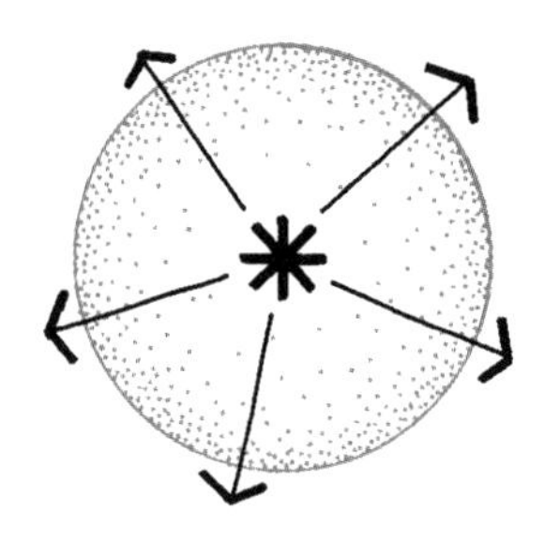

同圆周相关的线有两种。第一种是弧线，即前一章讨论的圆周的一部分（图 12.1，图 13.2 中）。而切线是一条接触圆周外缘的直线。尽管切线在接触圆时总是同交接点处的半径成 90°角，其长度和方向却可以是任意的。

最后，扇形是圆形中如馅饼般的一片，由两条半径和一条弧线组成（图 13.2 右）。扇形是划分圆形内部块面的一种方式，可用来在圆的范围内确定不同的材料和功能区域，这在下一节的单一空间中将要更详细地讨论。

圆心 | Center

圆形的中心比正方形的中心更明确，因为圆心表现着围绕中心的旋转。圆心在字面和图形上都是圆的核心，支配着圆形的其他所有方面。前面所定义的每个组成部分都与其相关并从属于它，有的穿越圆心，有的以直接同圆心相关的方式产生。圆形的视觉和象征性能量也同样自圆心扩散而来或向它积聚（图 13.3）。无法忽视这个核心，因而经常通过强化中心来明确显示，或以围绕着/发散自中心的组织元素间接确认（图 13.4）。

笔记/手绘

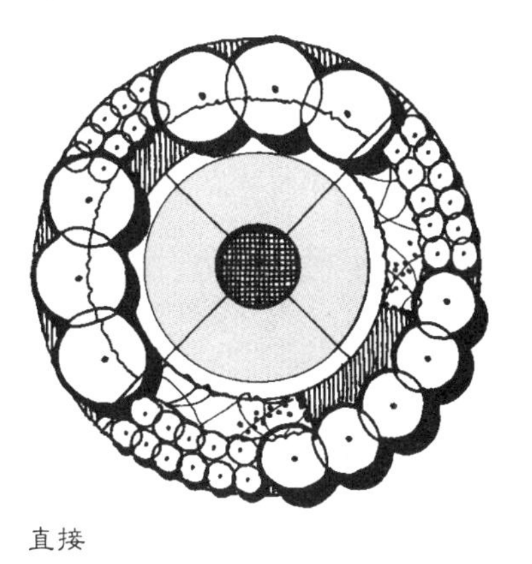

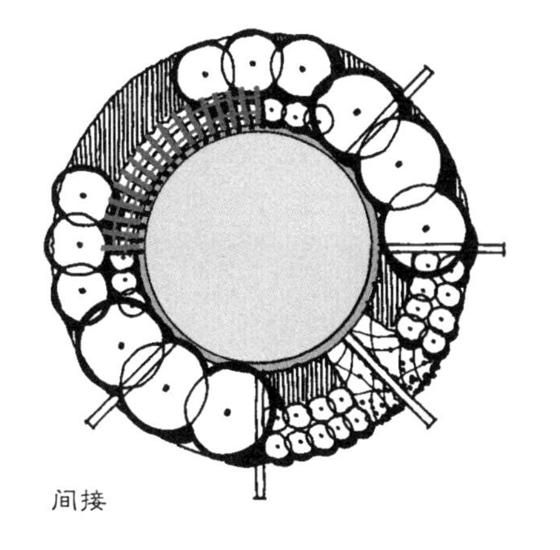

图 13.4 左：可以直接或间接表达圆的中心。

图 13.5 下：圆形的边缘是与其他基本形状不同的连续线。

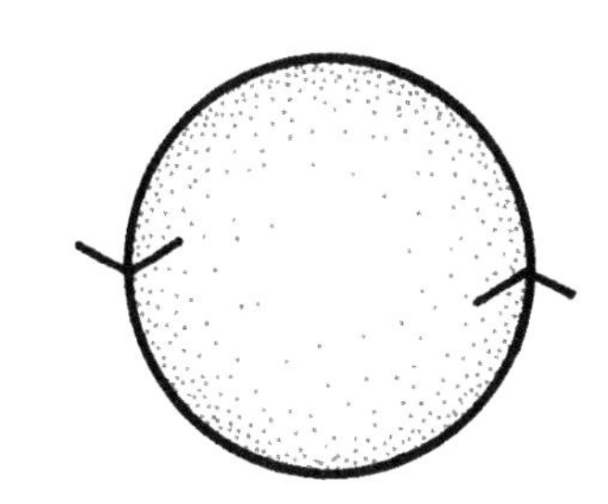

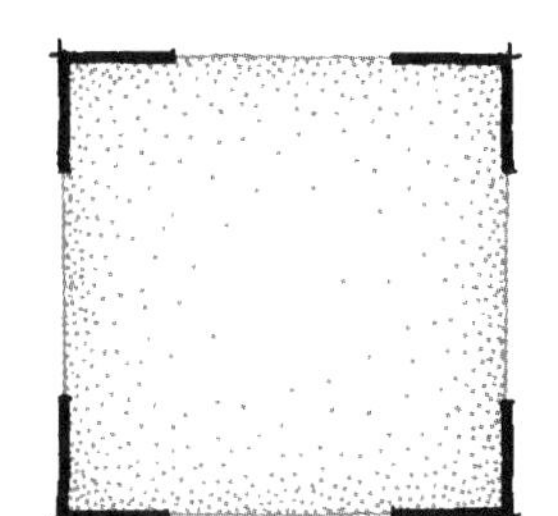

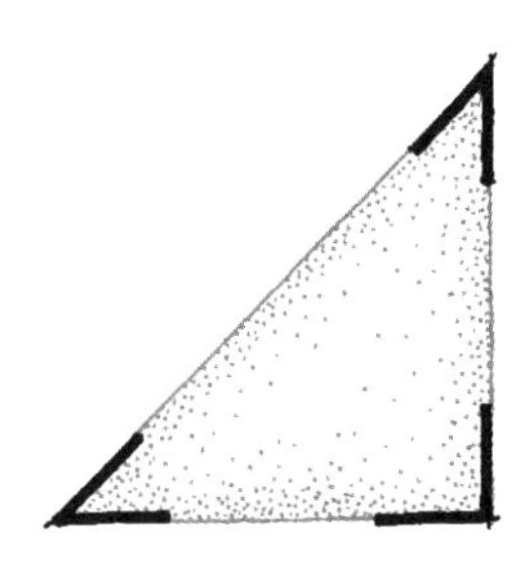

连续性 | Continuum

圆形的鲜明性质之一是其不间断的圆周（图 13.5）。与正方形或三角形具有明确的边和角不同，圆形没有独立的边和它们的交点。圆的周边是一条没有终结的线，永远完整接续。虽然有可能确认出圆上不同方位的对边或点，它们也从来都处在同一条线上并拥有同样的关系。所有的点还都同圆心距离相等，进一步强化了它们的同等性。简单地说，圆确立了组织的一体性和牢固性（见景园效用）。

景园效用 | Landscape Uses

如前所述，圆形是广泛用于设计的形式，可用来达到几种相互关联的景园效用。其中一些最值得注意的是：空间基础、构图重点、构图统合者、汇聚节点、聚焦与发散、迎合自然场景及象征性含义。

空间基础 | Spatial Foundation

圆形在景园建筑学设计中的主要功能之一，是作为单一空间和复合空间的汇聚枢纽。虽然有类型和气质的差异，所有的圆形空间都同样有从不隐晦的中心、围合的环抱感、优雅的构图配置并且不存在坚硬的转角。

单一空间。一个独立的圆形空间是自我包容的存在，其设计被限于圆周之内。入口庭院、城市广场、公共绿地空间、园林或圆形基地地块都可以是在景园中设置单一圆形的可能场所。另外，一个圆形空间也可存在于同多个其他空间的关联关系中。一个独立的圆形空间可以只用于塑造和围合空间，也可/或实现另外的可能效用，如构图中心、汇聚节点或暗示完整与均等（见其他景园效用）。

笔记/手绘

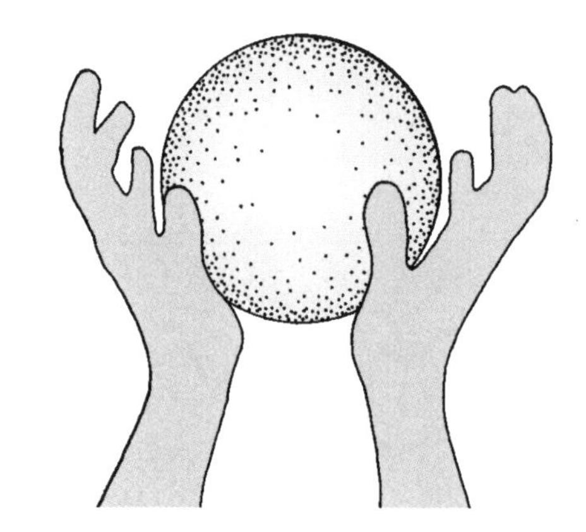

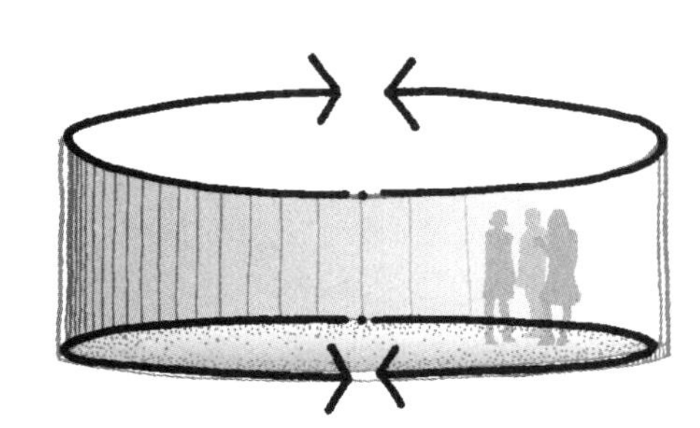

图 13.6 右：圆形连续的周边造就环抱的、蚕茧般的空间。

图 13.7 下：单一圆形空间类型。

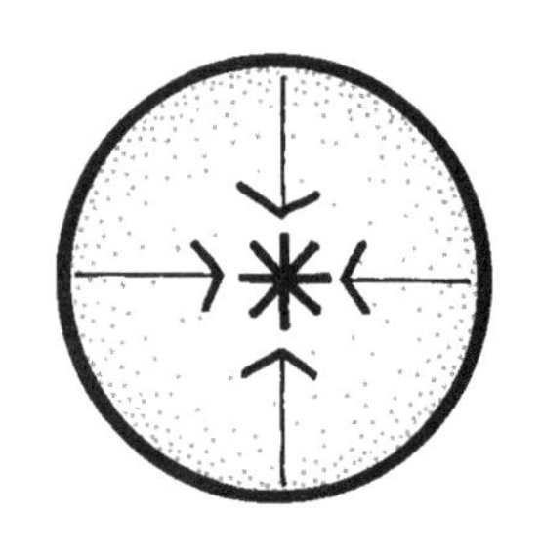

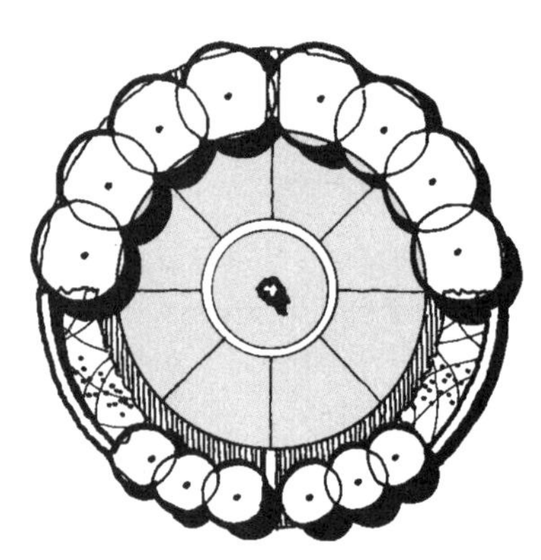

对称包容性空间

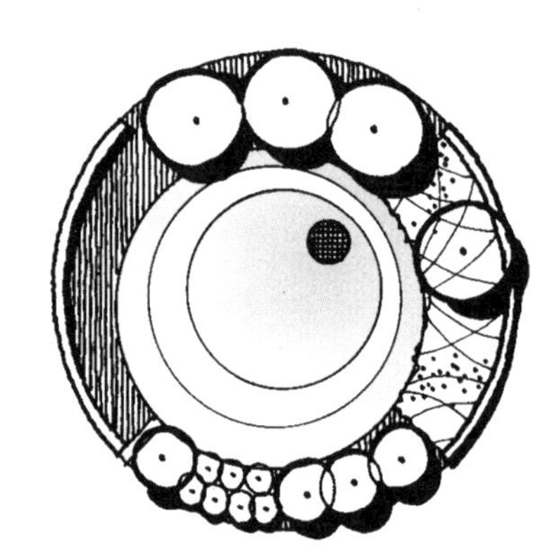

不对称包容性空间

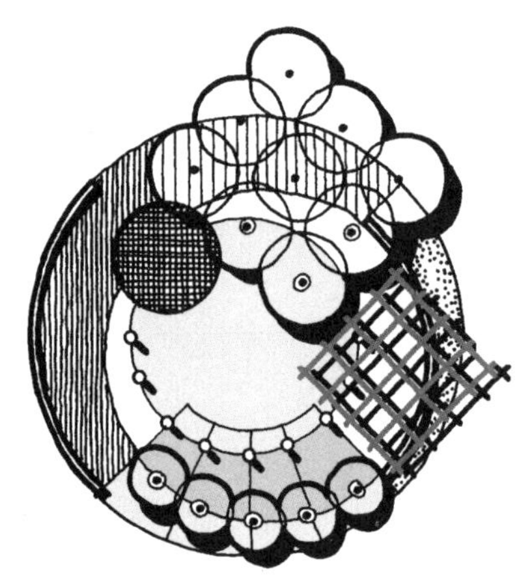

体量化空间

笔记/手绘

同正方形与矩形空间一样，单一圆形空间也可以是包容性的或体量化的，这取决于其边缘的连续性和对其内部的处理。最鲜明的包容性质来自连续的、比较柔和的边界，具有温和、顺从的气质。圆形顺滑的不间断周边造就了茧状包裹，以第三维来温润地围合、环抱一个空间（图 10.8、图 13.6）。“以圆环绕”意味着围合。观察者的目光不间断地沿着圆形的外缘面运动并优雅地折回，从字面和图形上都不会陷入转角角落中。

依据设计环境，圆形包容性空间的内部构成可以是对称的，也可以是不对称的。对称组织最适于伴随一个突出的明确中心，以及用射线和 / 或同心圆环限定地面图案的包容性空间（图 13.7 左）。这样一个空间适于作为一个中枢，汇聚处于对称关系中的条条轴线，它是一种开放的节点积聚，并 / 或趋于产生对一个中央醒目元素的敬仰。不对称布局没有与其相反的对称布局那样的戒律，可以由共同来造就围合的多种元素组成（图 13.7 中）。这类空间适用于不规则的设计布局，作为一个汇聚流线路径和 / 或表现独特场地平面的区域。

以圆形为基础的单一体量化空间缺少包容性围合那种空间的明晰、简洁性（图 13.7 右）。其典型周遭是由毗邻设置的多种元素组成，但不一定就处于圆周自身上。其内部空间被刻意设置的二维或三维元素所间断。体量化空间的整体组织经常不明确依据或直接表达圆形的内部几何性。相反，那些组成部分更反映和突出自身特征，而不是其实际位置。

按常例，包容性和体量化两种空间都必须进一步划分出有自身边界的不同用途和材料地段。一种划分方式是利用同心圆和射线。对于圆形来讲，同心圆和射线与正方形中的轴线和网格相似（图 4.1 ~ 图 4.2）。即，这些内部几何成分是把圆形进一步分为根本上同其母圆形状相关的更小块面的基础。同心圆是一层层以圆心为中心的环。在景园中，同心圆由置于它们之间的二维元素和 / 或沿着圆环的三维元素来确定（图 13.8）。同心圆间的间距以及位于其间并同圆心相关的材料与元素配置，是可加以巧妙处理来满足项目任务并适应既有场地条件的要素。所有同心圆组织构成的共性都具有沿着圆环层层包裹围合又放射能量的二重性。

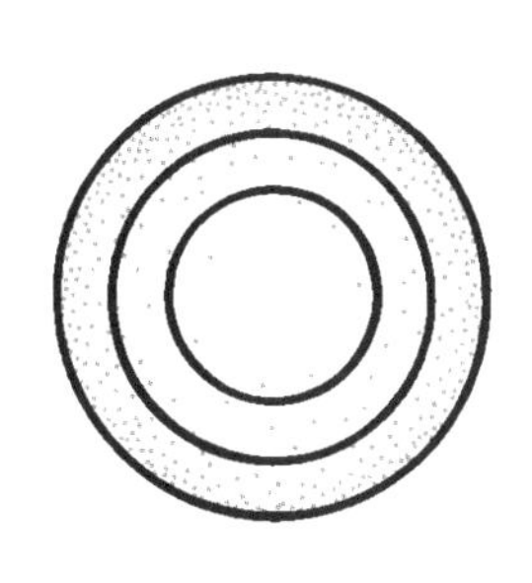

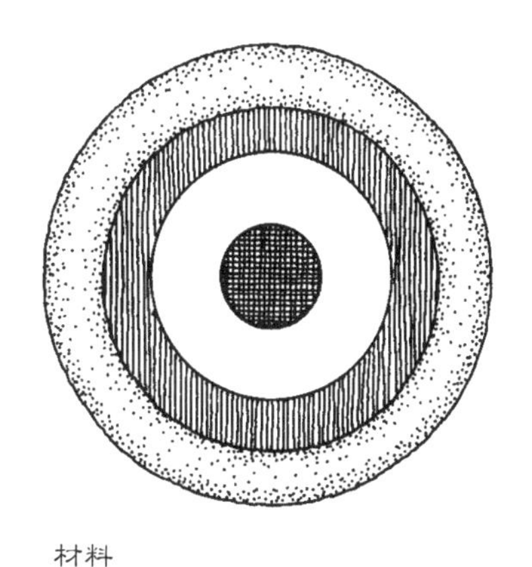

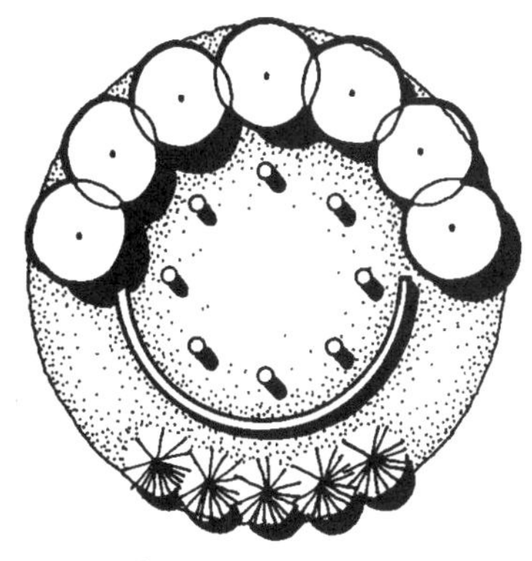

图 13.8　圆形可依据同心圆来进一步划分。

笔记 / 手绘

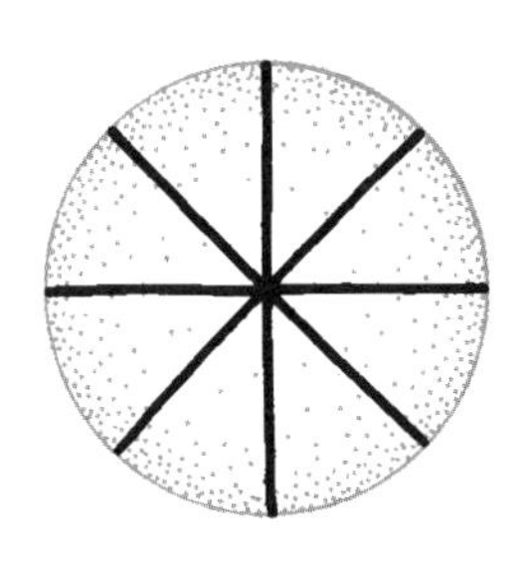

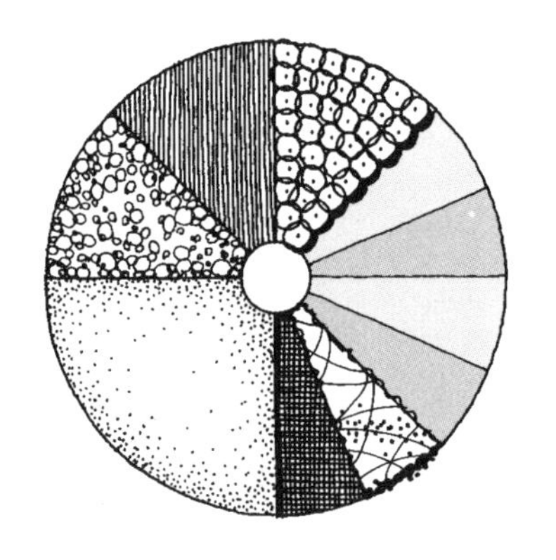

以扇形形式来表达

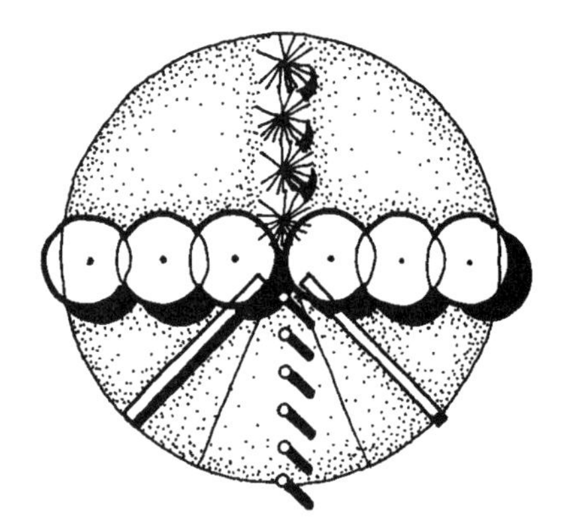

以射线形式来表达

图 13.9 圆形可以射线为基础来进一步划分。

放射线可用来以两种方式划分圆。一是把射线当作不同材料间的边缘，从而确定扇形或馅饼状的楔形，从圆心向外伸展到圆周上（图 13.9 中）。围绕圆心的素材大小、间距和均衡是可变的设计内容。依据放射线来设计的第二种策略，是直接在射线上设置三维元素或狭窄的地面材料对比条带，以此来明确地确定它们（图 13.9 右）。再有，射线的间距和其中的内容是可依据意愿来设计的要素。这种“轮辐”（spokes of a wheel）般图形的强有力特征，是自圆心发出或指向圆心的强大视觉能量，在运用射线时必须牢记在心。同心圆和放射线还可以共同作为圆内设计的基础（图 13.10）。这是比前文谈到的技巧更复杂的方法，但它提供了大量的设计可能性，通常是最受人欢迎的。这种方法的精髓，是同心圆与放射线联合构成了一个弧线与直线的网络，就像一个围绕圆心的弯曲网格。

图 13.10 通过同心圆和射线来划分圆的示例。

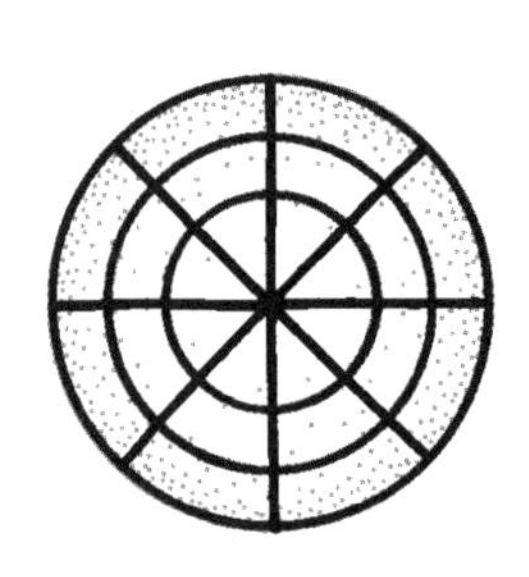

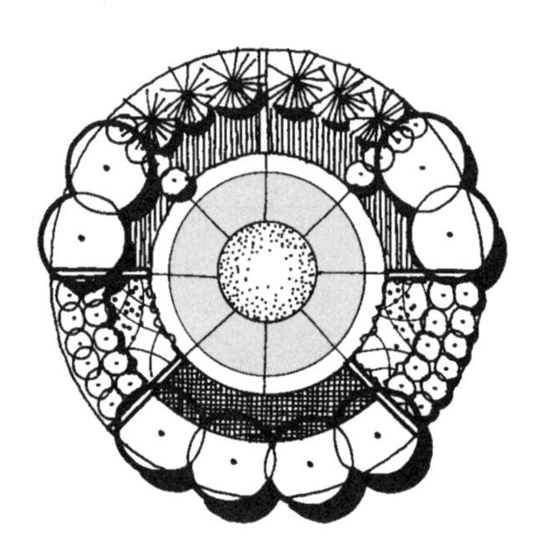

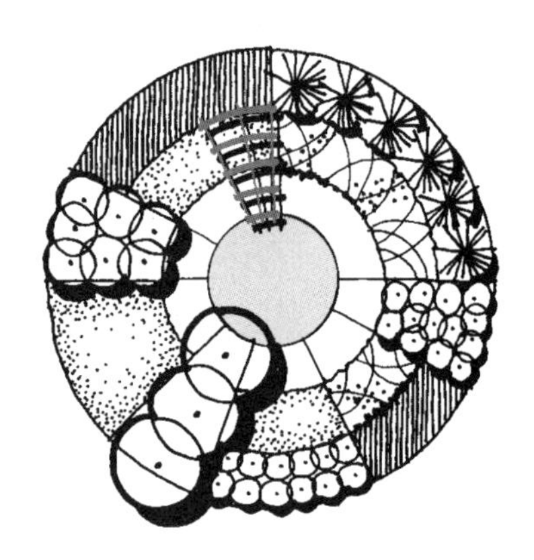

笔记/手绘

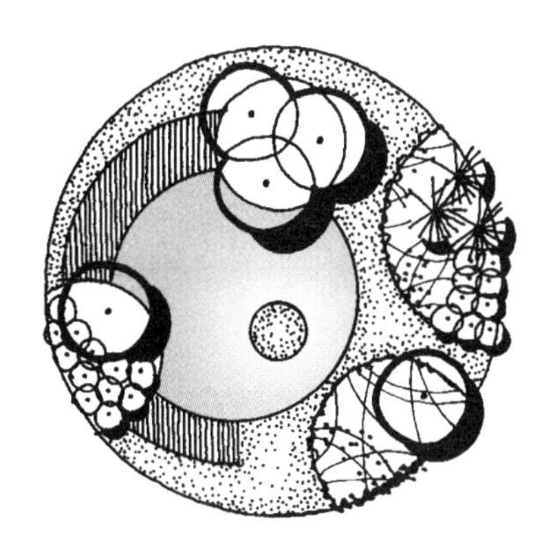
非同心圆

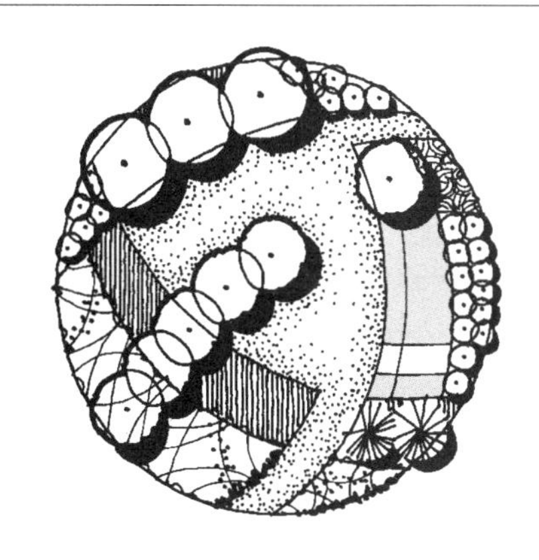
弧线

图 13.11 通过非同心圆和弧线划分圆形的示例。

对圆形内部加以设计的第二种一般方法，是用不同圆心的圆和/或弧线来建构功能和材料领域，这是一种并非依据圆的内部几何关系来显示圆形特征的方法。其手段之一，是叠加集合各种尺寸的圆形，让它们部分和/或完全位于一个母圆中（图 13.11 左）。同样，中心点位于母圆之外的弧线也可用来划分圆的内部（图 13.11 右）。这种方案产生一个圆的特定圆周片段被调换到了圆形内部的印象（还可见第 11 章）。

设计圆形内部的第三种综合方式是结合直线或以直线为基础的几何形（图 13.12）。这种设计方案导致同圆形的最强烈对比，而且仅仅把圆形当作一个外框来围绕一个完备的构图。与圆形的不同之处在于，这种方法使圆形的重要性比依据其自身进行设计的创造性降低了。但不管怎样，必须在设计中审慎处理这些根本不同的几何形的线条与圆周的衔接（见设计准则）。

图 13.12 通过直线划分圆形的示例。

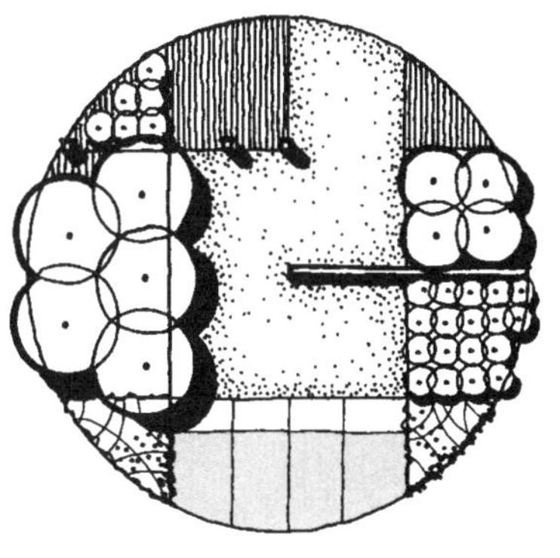
正交形式

三角形形式

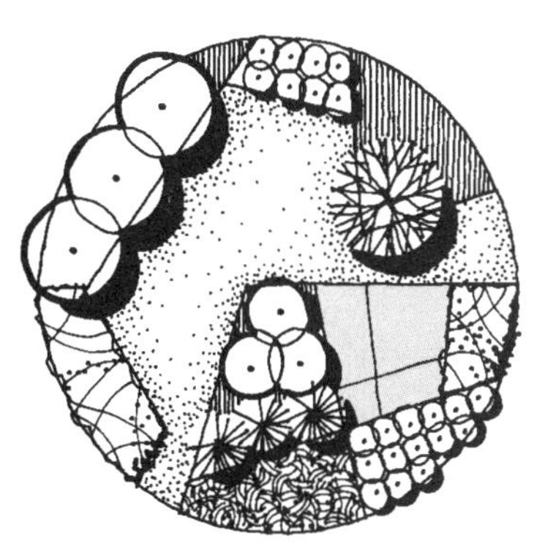
多边形形式

笔记/手绘

图 13.13 上：花朵是放射状对称的示例。

图 13.14 下：各种放射状对称的概念。

复合空间。圆形还可以是通过无数次重复来塑造空间组合的形式。促成这类设计的最便利方式有第 1 章讨论过的两种主要组织结构，对称和不对称。圆形也可以汇聚成一个网格，但其结果最适于二维图形，而不是景园的空间框架。

对称。以对称方式组合圆形的最可行技巧是放射状对称（图 1.44、图 13.13）。这种组织结构为一个主圆增添了空间，其方式是把它们置于主圆的延长射线上或因循主圆外的同心圆，也可以综合这两者（图 13.14）。据此，设计就可按意愿向外做各种程度的延伸。在前一种方式下，射线起着同正交设计中一样的轴线作用。后一种技巧没有轴线，只是一种整体的对称布局。在任何环境中，由于圆心对整个设计的枢纽作用，无论从使用与视觉上都应突出圆形作为核心的重要性。

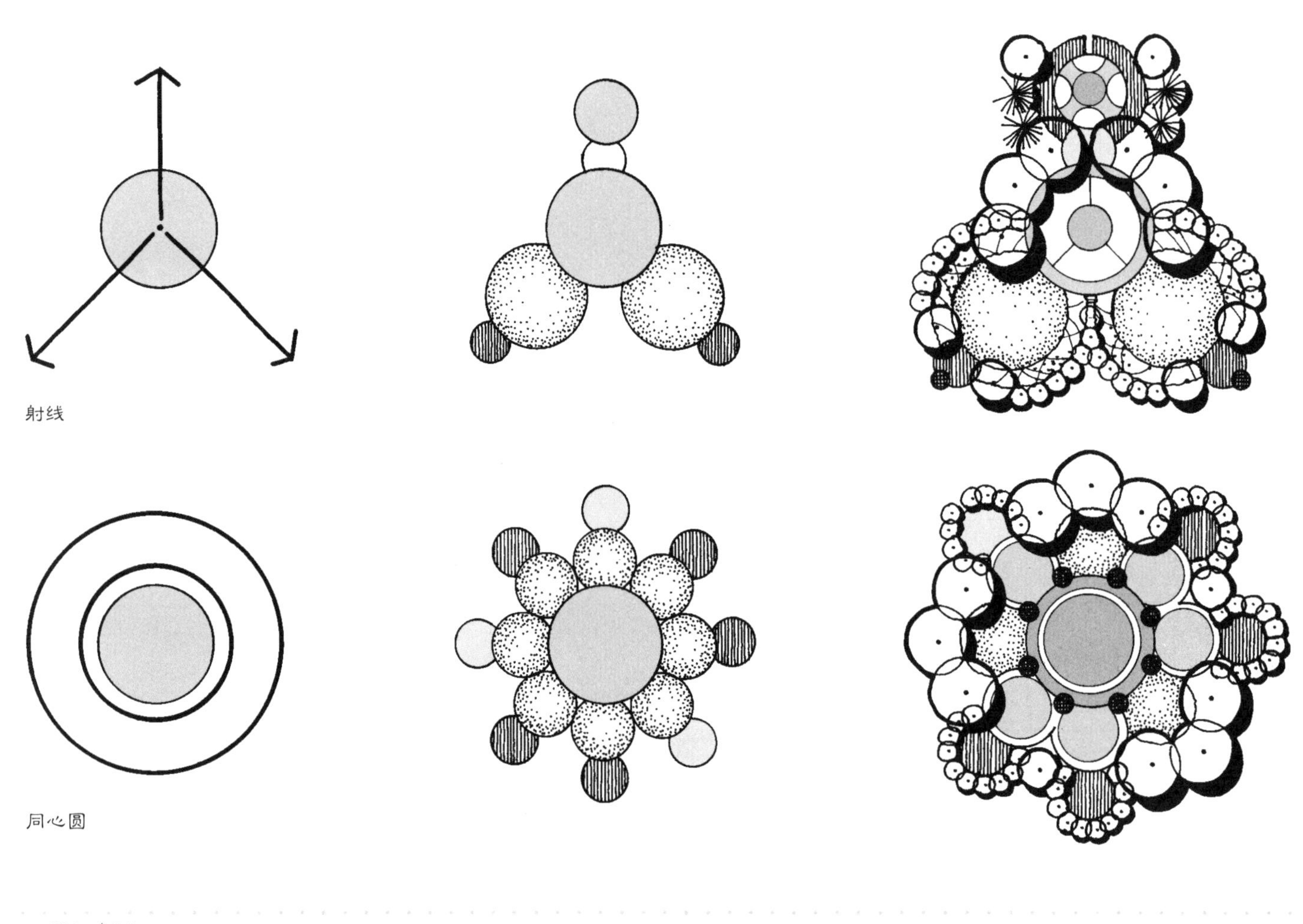

笔记/手绘

不对称。圆形复合空间的第二种组织结构是不对称，这是一种可以多种组织方式构成的设计。方式之一是利用连锁相加转化生成的一系列叠加空间，共同暗示一种缠绕运动和循环旋转旋涡（图 13.15）。由此圆形固有的自我返回能力，被大量因弧线叠加形象交织在一起的圆所扩散了（图 13.16）。叠加的圆还产生了外缘上的连锁弧线，当各个圆的轮廓以同样的元素伸向第三维时，这种效果尤为明显。这些圆形外廓的扇贝形状同它们以外领域的柔顺衔接，便于把圆形叠加结构妥帖地设置到其周围环境中。

面对面相加的转化不适于圆形，因为直接毗邻的圆形之间产生的连接单薄无力（见设计准则）。

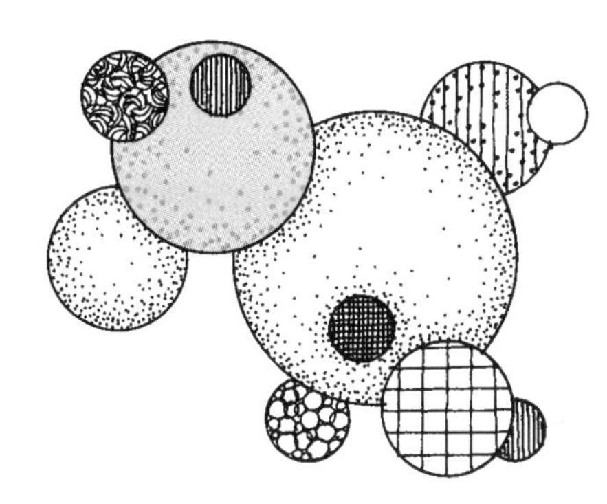

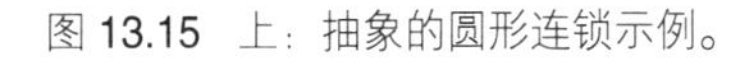

图 13.15 上：抽象的圆形连锁示例。

图 13.16 左：以圆形连锁为基础的设计示例。

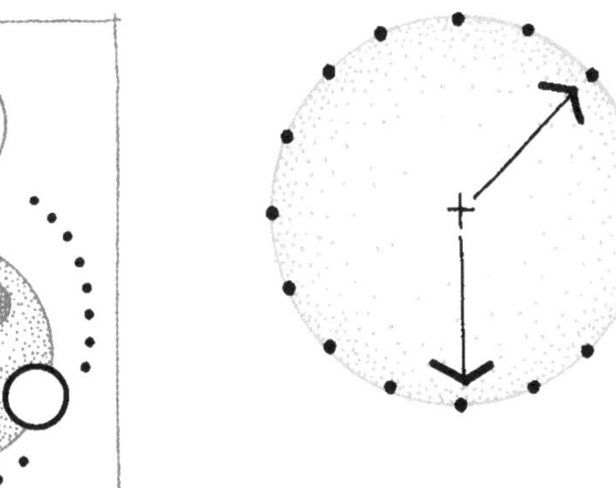

笔记/手绘

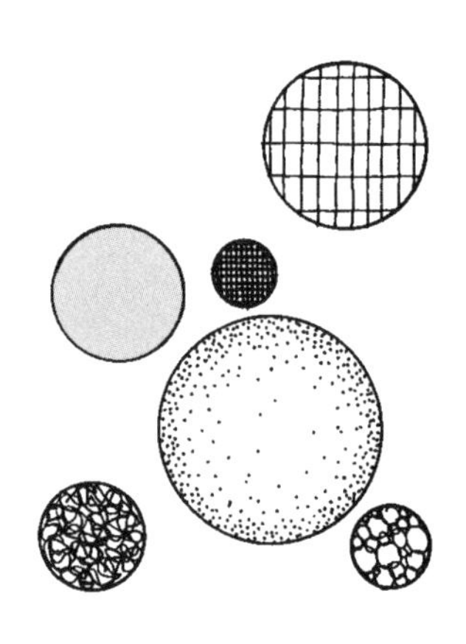

图 13.17 上：以空间张拉为基础的圆形设计示例。

建立复合圆形空间的第二种主要手段是采取空间张拉的方式。圆之间的负空间造成明确而分离的空间，它们彼此因为距离而独立，同时又被同样的形式所结合（图 13.17）。它们的独立感还可以被各个圆形的向心引力和视觉上抵制附近其他圆形的弯曲周边所进一步加强（图 13.18）。

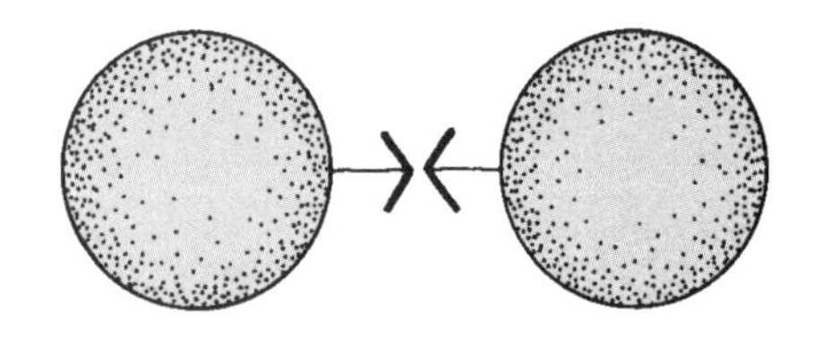

图 13.18 上：不同圆的周边看上去相互抵触。

以空间张拉手段组织复合圆形的另一种独有特征，是负空间实际倒转成图形，看上去很像一片点缀着孔洞的瑞士奶酪（图 13.19 左）。当采用同一种被当作底的元素，并且很好地吻合必须同时满足多个不同方向的流线时，缠绕弯曲的背景网络是一种有效的统一元素（图 13.19 中和右）。当各个圆形内的用途不会被杂乱的运动所拆散时，把运动流线放在它们周围的零碎空间中也是可取的。

图 13.19 下：把间隙空间用作多向运动流线的示例。

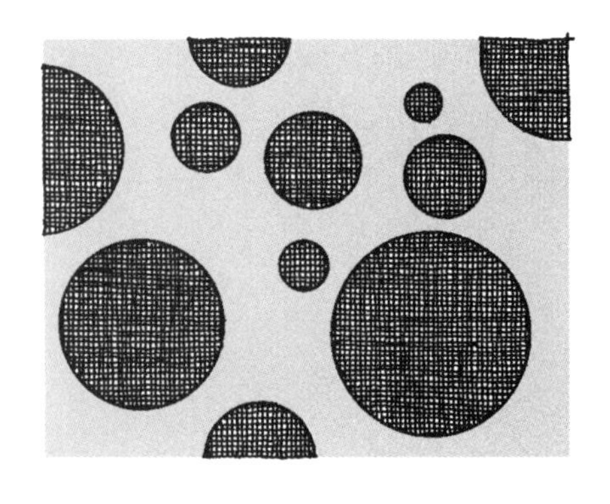

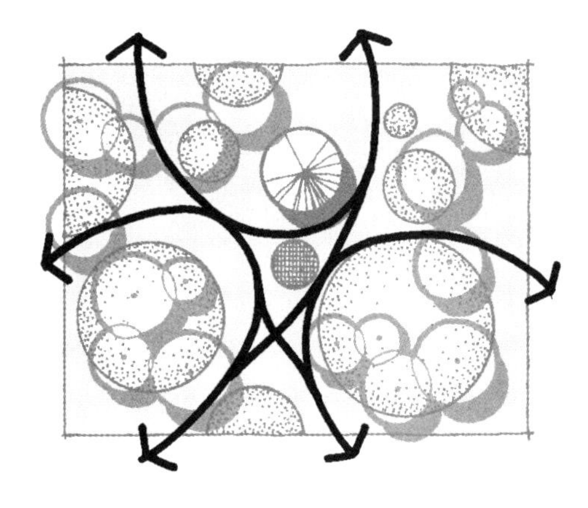

笔记/手绘

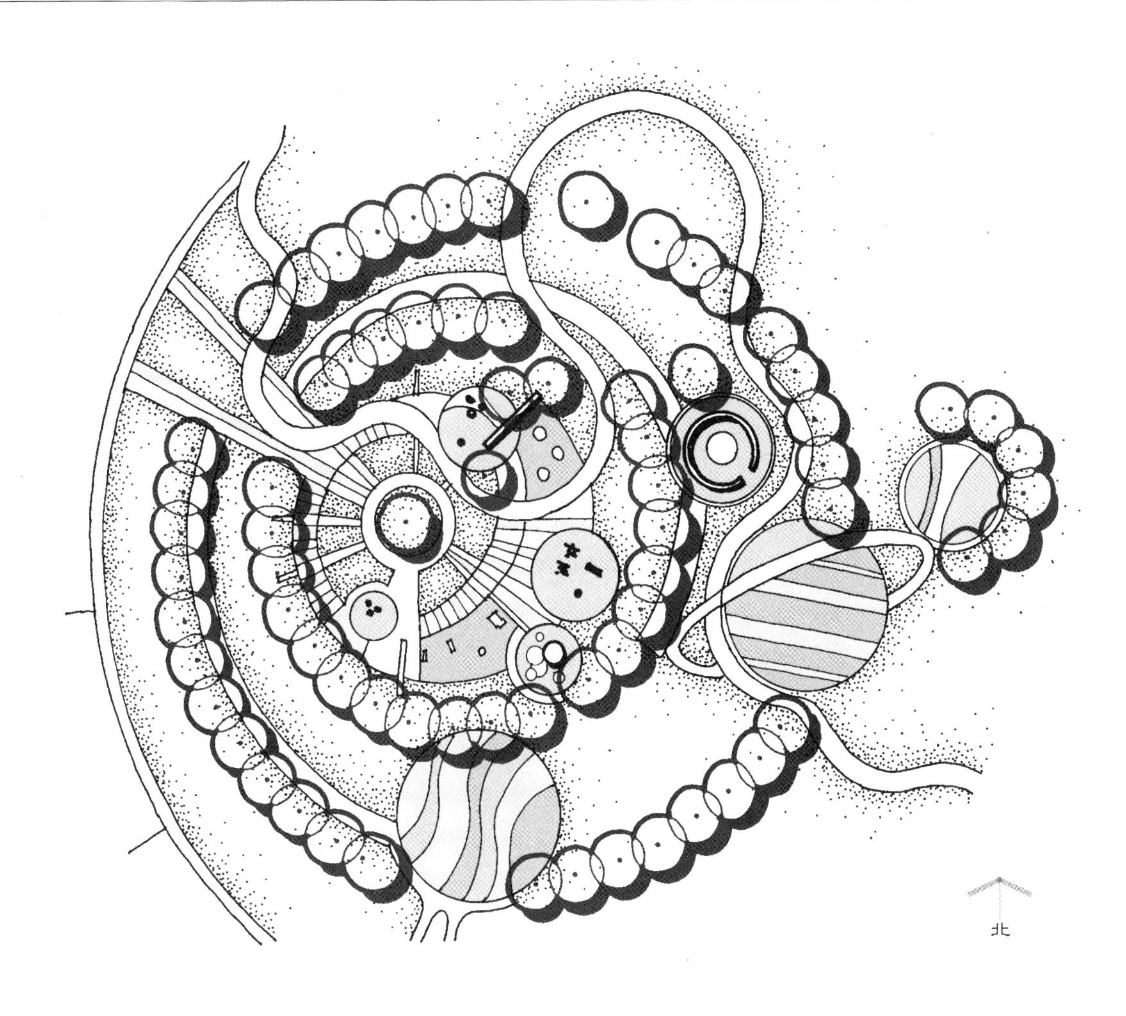

图 13.20 “发现新疆界”场地规划。

各种创造复合圆形空间的应用手段都可像前几页指明的那样，或综合起来为设计者提供更多的创造机会和渠道。融合不同圆形结构的一个例子是俄亥俄州格罗夫城（Grove City）的一个探险游乐园——“发现新疆界”（Discovery Frontier）（图 13.20）。其设计者是 MSI 景园建筑设计公司。在这里，通过兼有对称和不对称的连锁相加与空间张拉的方式设置了复合圆形空间。这个设计中的圆形刻画出太阳系的行星，以此表达经历一系列独特游乐空间的兴奋旅程。行星主题通过游乐器械、铺地图案和地面塑形的选择展现出来。圆形是很恰当的组织形式，因为它们提供了适合儿童玩耍随意本性的半柔和结构。

笔记/手绘

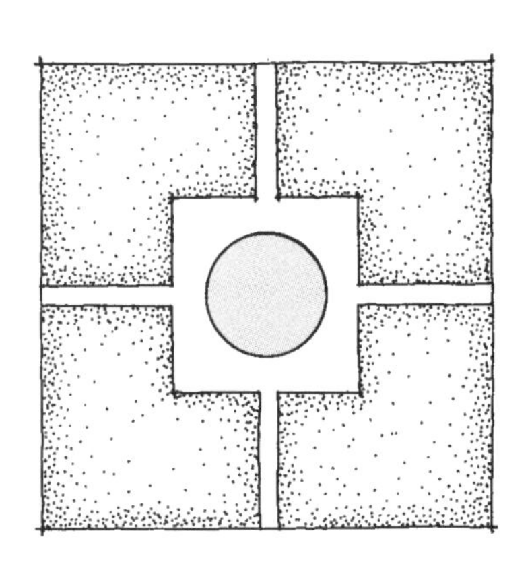

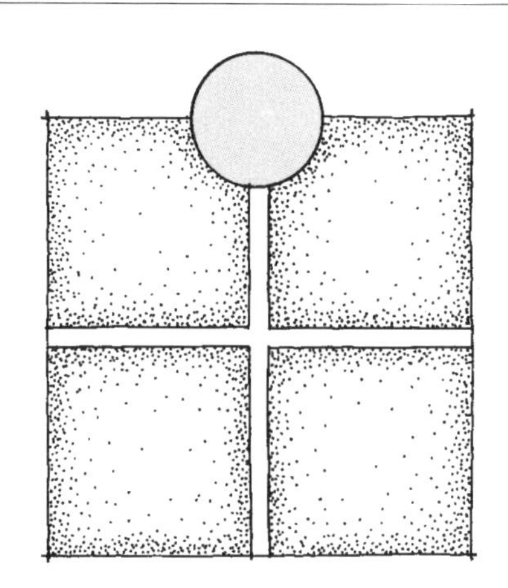

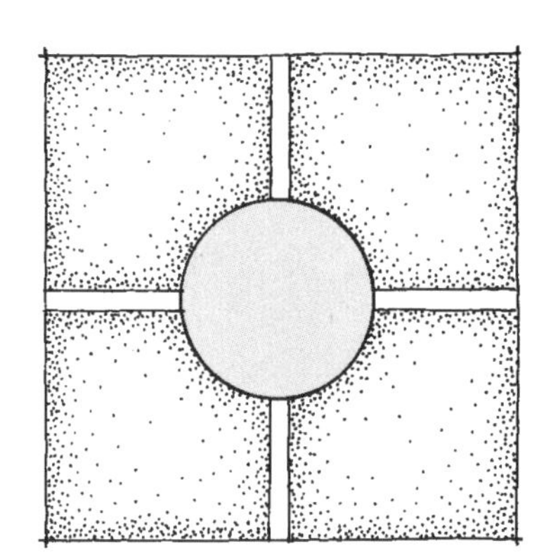

图 13.21 圆形很容易被用作对称设计组织中的重点。

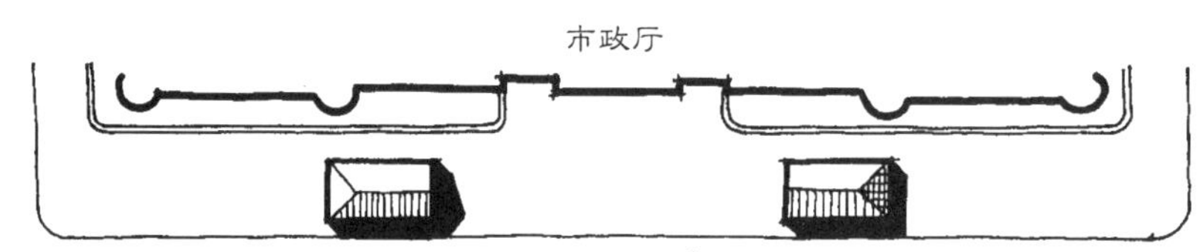

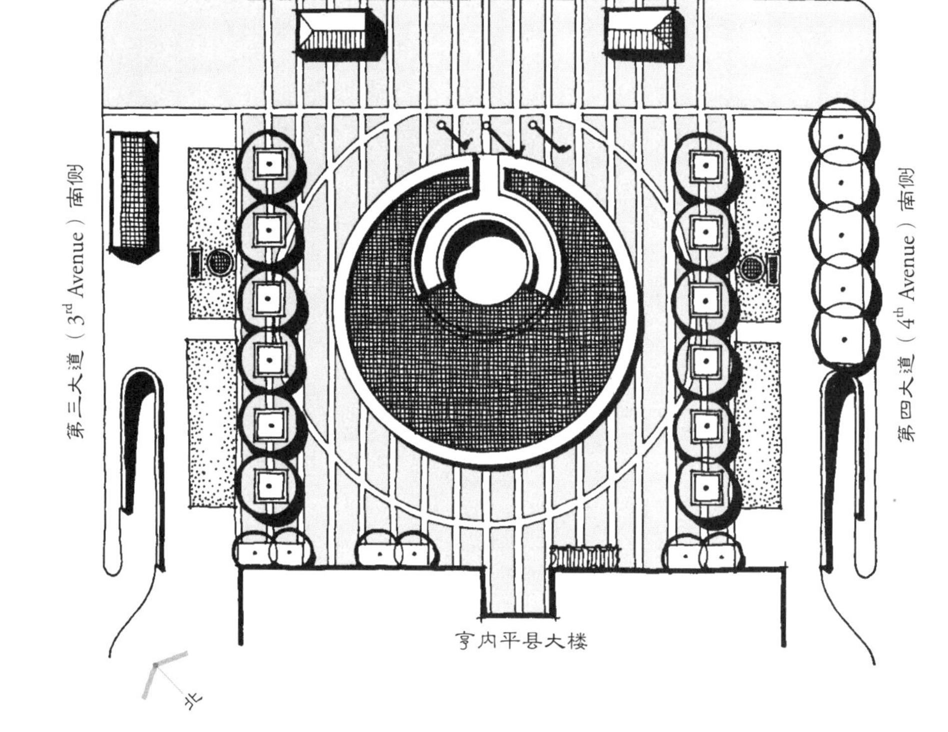

图 13.22 上：亨内平县行政中心北广场景观。

图 13.23 右：亨内平县行政中心北广场场地规划。

笔记/手绘

构图重点 | Compositional Accent

单一圆形的简单完整性，使它在恰当地放在其他形式之中时很容易加以识别，因而是有效的构图聚焦点。圆形的这种功效得到广泛应用。在对称设计中，圆形通常被当作重点放在两条或更多轴线的交叉点位置，或单一轴线的端点上（图 13.21）。在上述任何位置，圆形可能表达整体空间的组织形式，或作为一个空间内部由步道设计、栽植区域、水景或三维元素确定的构成元素（图 7.19）。这种用途的例子包括兰特别墅低矮的花床园林（图 7.3）和明尼苏达州明尼阿波利斯亨内平县行政中心北广场（North Plaza of Hennepin County Government Center）（图 13.22～图 13.23）。

另外，圆形还可以是不对称空间中迷人的重点，特别是在正交和三角形设计中，圆形同主导性的直线形成对比。圆形可以独立设置来突出其独立性，也可作为构图中不太显眼的一环，不过它永远是有重要意义的元素（图 13.24、图 13.28）。在以曲线和弧线为主导的设计中，单一圆形还可以起到充当醒目形象的作用，就如托马斯·丘奇设计的一个山脚荒漠景园中的水池那样（图 13.25）。

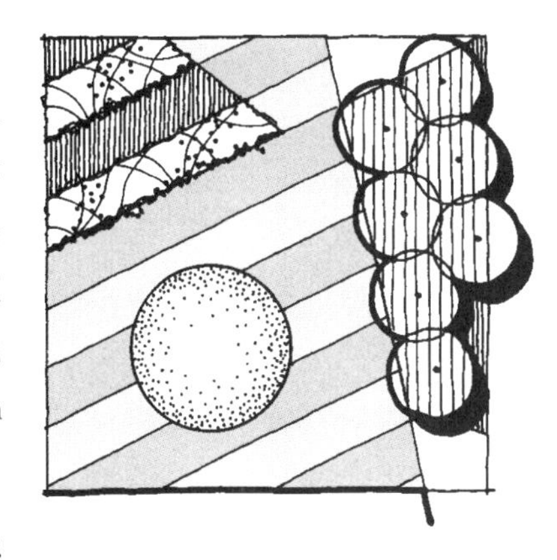

图 13.24 上：在对比性设计结构中把圆形当作一个重点的示例。

图 13.25 下：在一处山脚荒漠园林中直接发挥重点作用的圆形水池。

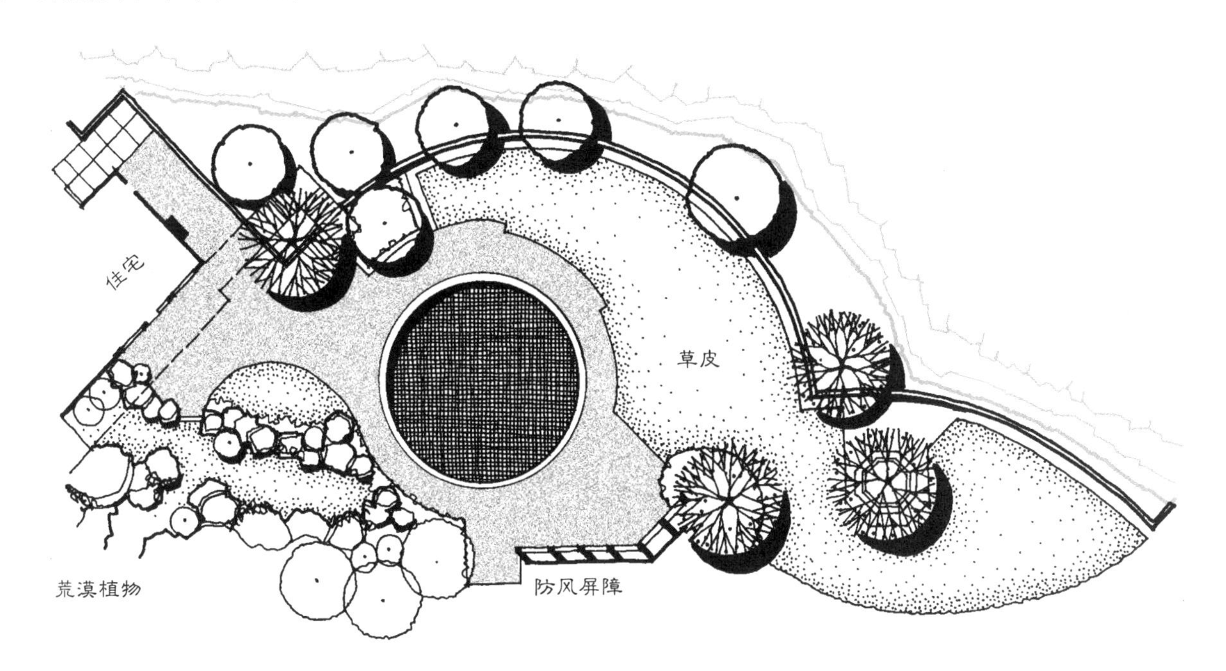

笔记/手绘

图 13.26 圆形可衔接起来自各个方向的线。

构图统合者 | Compositional Unifier

圆形具有同质性并且没有转角，使它能很好地衔接其他彼此没有明显排列关系的线条和图形。圆形能使根本不同的形式紧密锚固并铰接在一起，成为一个组织形式整体。圆形这种功效的应用之一，是融合彼此角度不同的多条相交线，这经常发生于公园或校园的交叉路径处（图 13.26）。圆心被置于这些线的交叉点上，产生一个中央空间，所有的线都同样接触它。这种技巧不仅创造了一种路径枢纽，还以一个具有潜在显要性的空间来张扬这个交叉点。另外，圆形的存在消弭了交叉处可能的锐角，并允许流线在这些路径间运动而不必介意其间的表面材质。同样的概念也用于公路交通环岛，是连接多条非直角相交道路的有效设施。

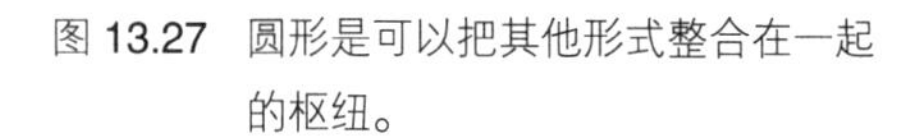

图 13.27 圆形是可以把其他形式整合在一起的枢纽。

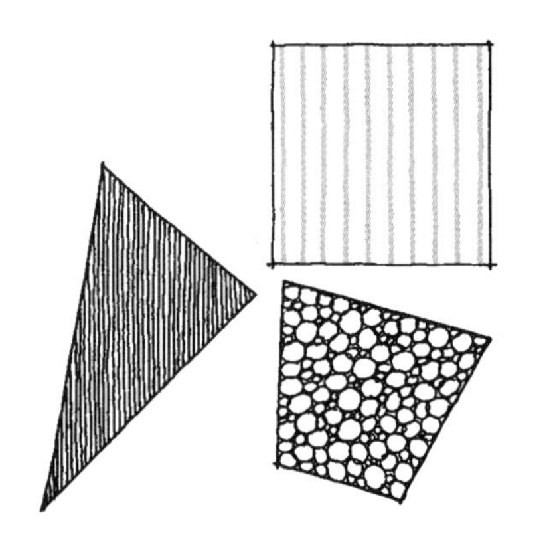

不相干的形式

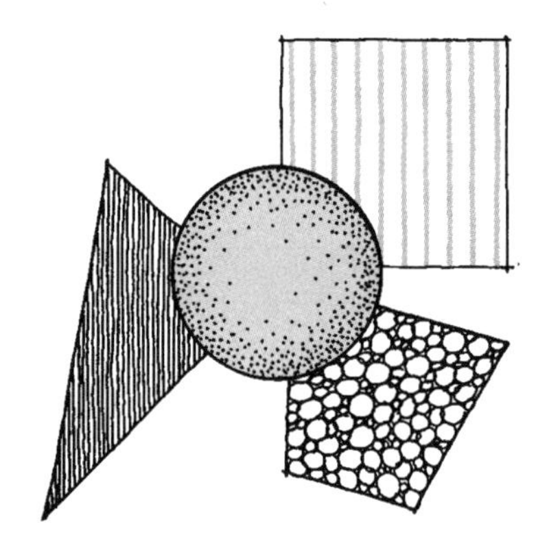

圆形是一个统合不相干形式的枢纽

进一步看，在化解毗邻或距离很近的地块以不相配的形状和排列形式造成的棘手衔接问题方面，圆形是一种非常好的形式（图 13.27）。精心考虑圆形的位置和大小，就可使邻近形式的边缘以直角同圆的周边相遇。在同时组织所有地块的构图时，这种技巧很容易实现其目标，但如果一些地块已经存在就比较困难了。圆形从构图上统合邻近的元素，同时，还产生了一个可能作为中央汇聚点的共有空间（图 13.28）。

当圆形被设在常见于城市地段的那种多样元素、材料和建筑风格所构成的景园中时，它同样可以是一个形式统合元素。这种用途的一个示例是加州大学伯克利分校校园圆形矿业广场（Mining Circle）更新设计方案（图 13.29），设计者是佐佐木事务所。矿业广场调和了周围学校建筑的差异，是汇集流线路径的结合部，并且是一处共享聚集空间（见下页汇聚节点）。

图 13.28 上：圆形作为其他空间构图枢纽的示例。

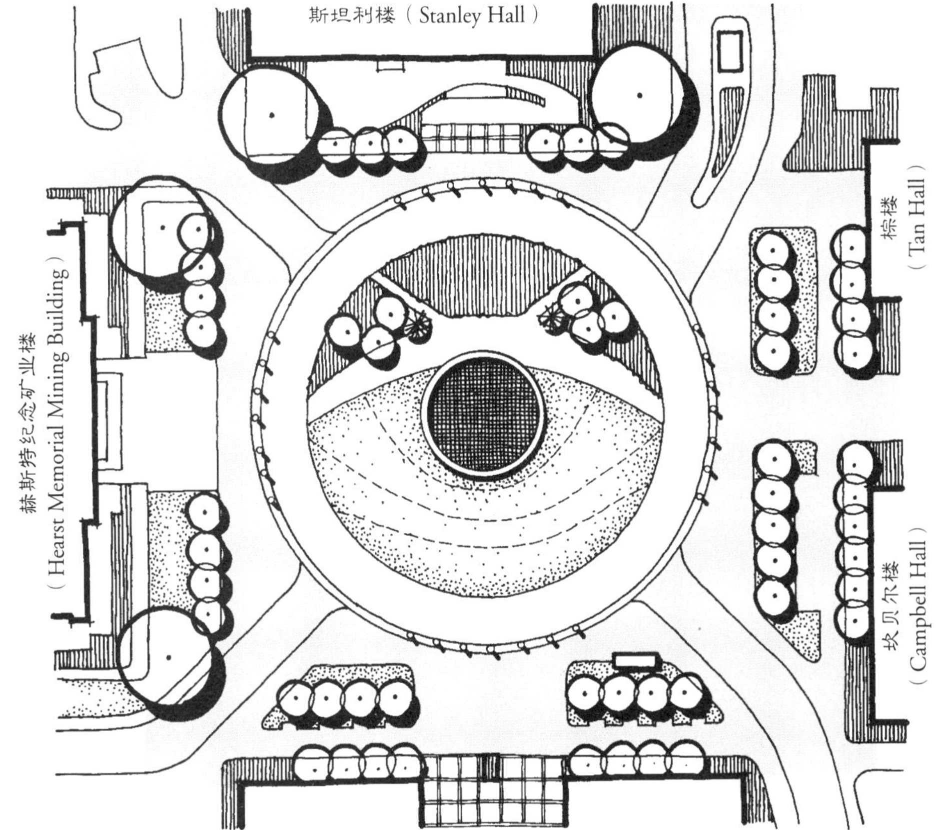

图 13.29 左：矿业广场场地规划方案。

笔记/手绘

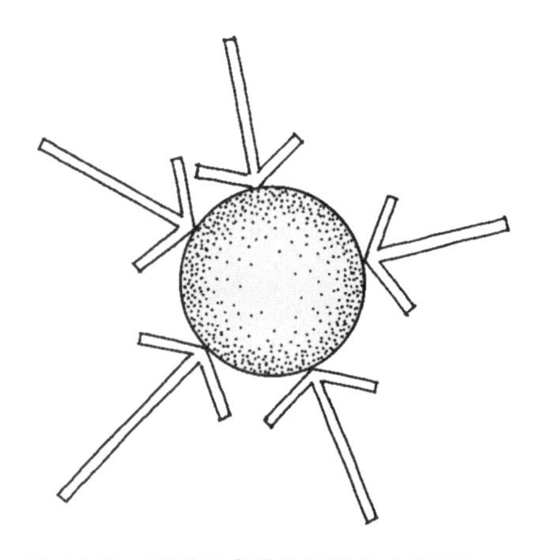

图 13.30 圆形具有作为汇聚节点的固有能力。

汇聚节点 | Gathering Node

如同第 4 章中所讨论的，圆形同正方形一样是理想的汇聚性形式，而由于其固有的聚焦性，圆形甚至更适合于聚合功能。圆形连续不变的曲率暗示来自各方的人们受到同等欢迎（图 13.30）。在人们汇聚时，如果圆形不是太大，就适合那些围着圆周的人们进行面部交流和对话。容易看到围成圆形的其他人，并把注意力集中于位于其中心的人或活动，增进了家庭或社团的感觉。圆形的这种效用还有助于聚集者的相互依存感，并且体现了“朋友圈”（circle of friends）一词的含义（另见象征性含义）。

圆形在汇聚方面的应用有很长时间的历史，体现在大量遍及欧洲的古代环状巨石阵中，史前人类把它们作为宗教聚集、墓地和天文观测处。英格兰索尔兹伯里平川（Salisbury Plains）上一座座整块砂岩柱子构成的巨石阵可能是其中最著名的（图 13.31 ~ 图 13.32）。长时期以来，针对这些石头的排列方式，人们推测这个“圆环石构”（henge）或围合圈是用来进行夏至和冬至仪典的，不过，近来的研究表明它也用于葬礼和医疗仪式（Alexander 2008，34-59）。

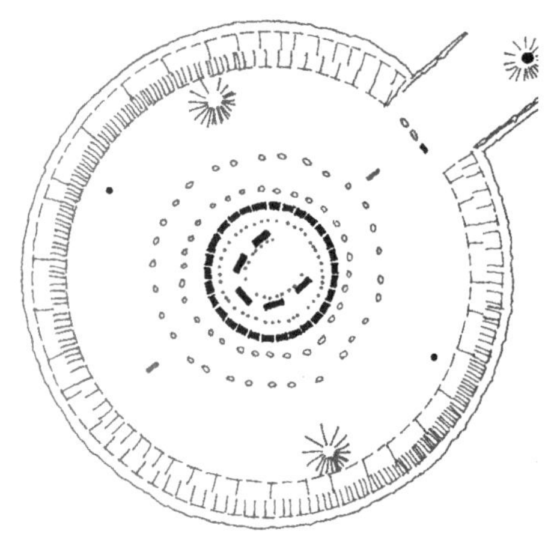

用环状巨石阵来表示一个特定场所并暗示汇聚的当代用途，有彼得·沃克在哈佛大学校园中设计的坦纳喷泉（Tanner Fountain）（图 13.33 ~ 图 13.34）。159 块石头被置于不规则的同心圆上，嵌在不同设计地段的草皮、柏油和混凝土地面背景上。环状石块的中心装点了由 32 个隐藏喷嘴组成的喷泉，夏日喷出水雾，冬日形成蒸汽。其结果是似有云雾笼罩在圆环上，同阳光相互作用，带来不同季节和昼夜效果。构成圆环的石头大约与坐凳同高，可让人们沿着圆周散坐在上面。最终，坦纳喷泉成为一处汇聚场所，一处相互作用的重点以及一个充满象征性的地方（Walker 1997，124-125）。

图 13.31 上：设想巨石阵曾经的平面。

图 13.32 右：巨石阵景象。

笔记/手绘

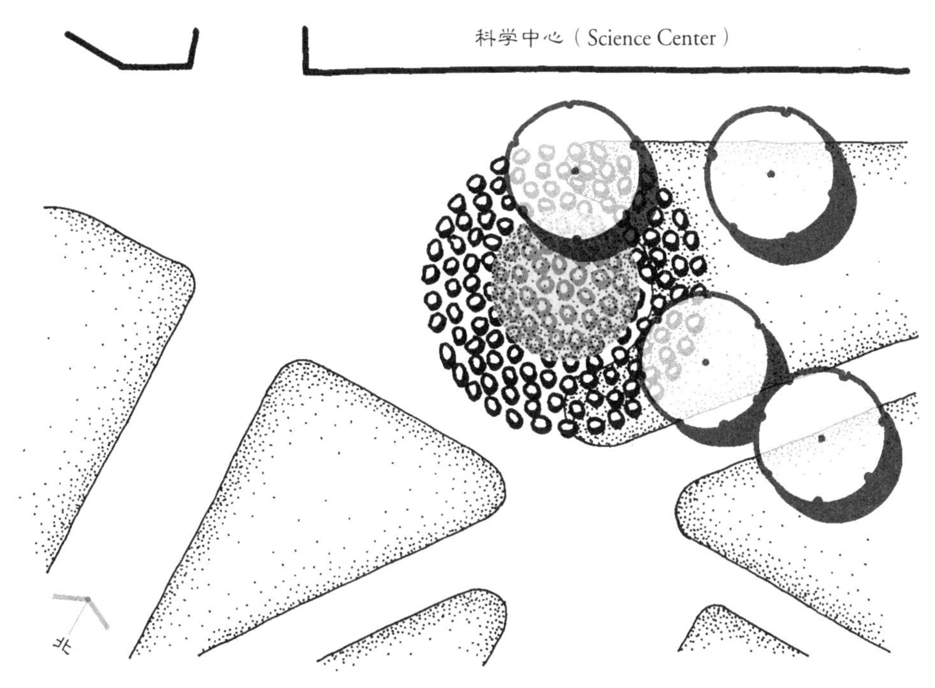

历史上许多把环状巨石阵用作一种汇聚用建筑的现象，启发了景园建筑学设计中的同样效用。其著名例子之一是詹斯·詹森（Jens Jensen）的“议事圈”（council ring），这是他在美国中西部的公园和地产设计中的标志。议事圈由围着一个火塘的矮石墙或石凳组成，通常位于一处可以向外观望的林地边缘（图 13.35）。其功能是提供一些坐处，使人们可以集合起来以平等民主的气氛聊天、听诗歌朗诵、观看小型表演或静心欣赏周围的自然（Grese 1992，176-178）。圆形自身同样适合家宅后院的相聚空间、营地集会场所、学习性园地的教学场所、餐厅外的社交空间以及与学校或图书馆相关的读书会，等等。

图 13.33 左：坦纳喷泉场地规划。

图 13.34 上：坦纳喷泉景象。

图 13.35 詹斯·詹森的议事圈。左：林肯纪念园（Lincoln Memorial Garden）；右：洁净之所（The Clearing）。

笔记/手绘

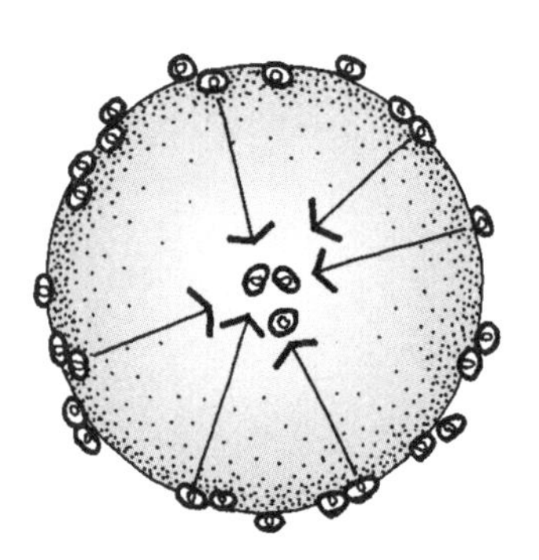

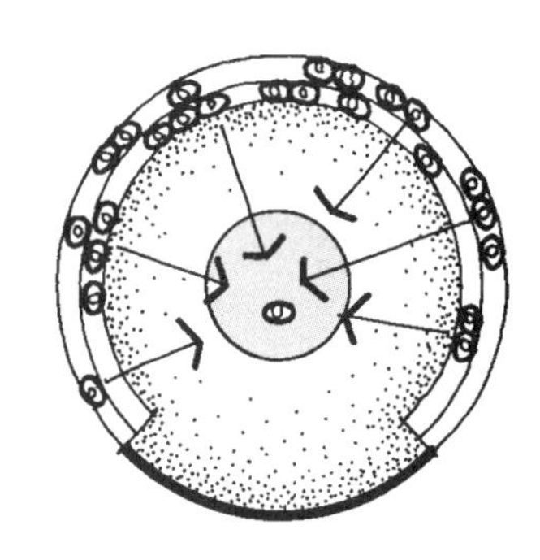

图 13.36 右：圆形本身就支持其内部的观看活动。

聚焦与发散 | Focus and Dispersal

圆形空间可以是一处向内聚焦的场所，也可以是一个面对外面的地方，这取决于其内部处理、围合程度以及周围关系。不可避免的内向性，使圆形成为观看其中心处活动或表演的很好空间形式。围着圆圈坐、立的人们不可能不观望发生在其中间的事情（图 13.36）。进一步说，不管在圆上的什么位置，圆形都给予了同样的视线。圆形空间的确适合户外表演空间、教室等。半圆形也有同样的优势，并适合在一个一般的良好视点上最好地观看中心处的活动，或者在户外圆形剧场所经常要求的坡地地形中观赏（图 13.37）。

圆形的一种完全相反的性质，是其周边的向外弯曲所表达的离心倾向（图 13.38 左）。尽管并不是圆形最明显或最强有力的特色，可以用来使视线和运动自圆处离散仍然是圆形的一种特征。因此，圆形空间适于欣赏紧密环绕它的周围景致，或为观赏更广远的风景提供一个全景平台（图 13.38 右）。当圆的一面被围起来，以此把注意力引向

图 13.37 上：以圆形为基础的圆形剧场示例。

图 13.38 右：圆可以提供面对周围风景的对外指向。

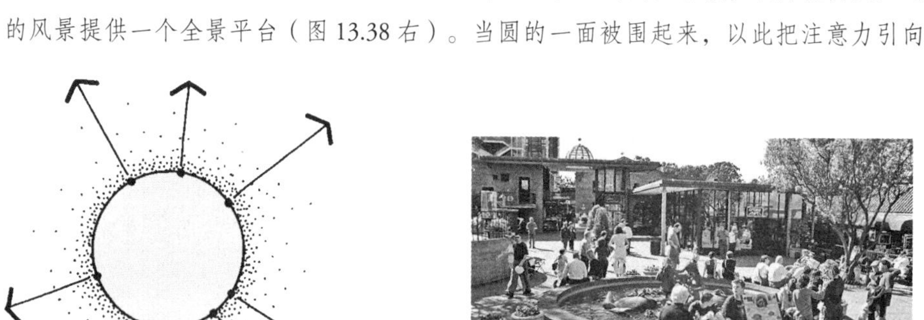

笔记/手绘

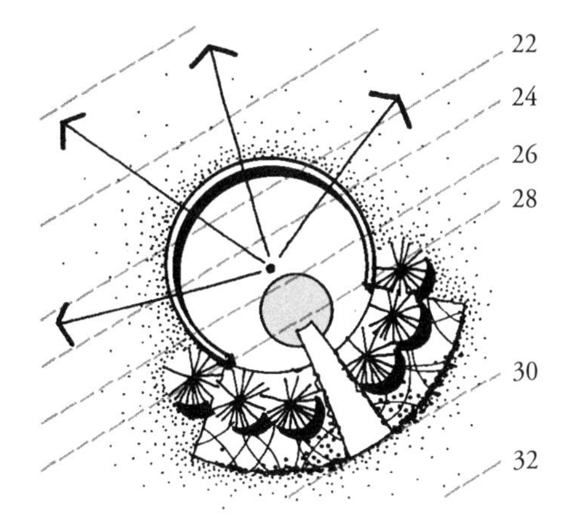

图 13.39 圆形可以迫使注意力和运动朝向外面的周围风景。

开敞一面时，就形成了更有方向性的聚焦（图 13.39）。同三角形一样，圆和半圆都可把人行流线发散到相对宽广的风景中，尤其在被置于一条限定性步道或轴线终端的时候（另见第 10 章的景园效用）。

迎合自然场景 | Fit Natural Settings

圆形还能适应处在未被干扰的乡村风景中的各种功能和空间。圆形组合空间特别适合波状起伏的地形、团状和富于流动感的植物，以及/或弯曲的水体为特色的场地。在这类场景中，圆形吻合树干、花朵、圆形石头、球状叶冠、水体波纹，等等，并因此形成同自然环境的和睦关系。还有，由于前面指出的富于适应能力的结构，多个圆形的不对称布局可以最小的干扰影响插入这些场所（图 13.40）。但是，由于具有明确的边缘和可能表现人类存在的结构材料，圆形最终仍是人为的。因此，复合圆形是在视觉和象征意义上把自然世界和人为世界编织在一起的最佳形式。

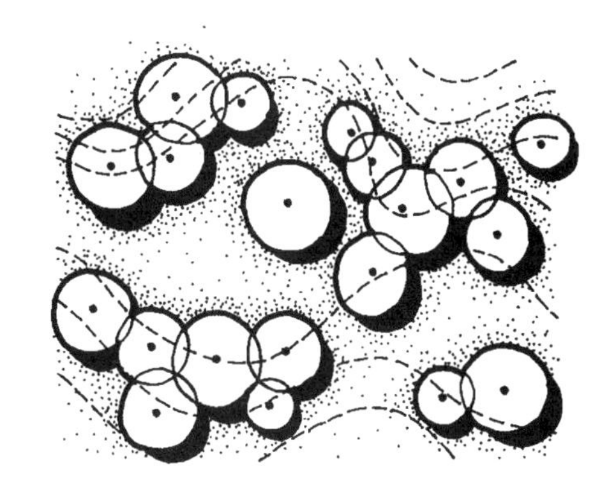

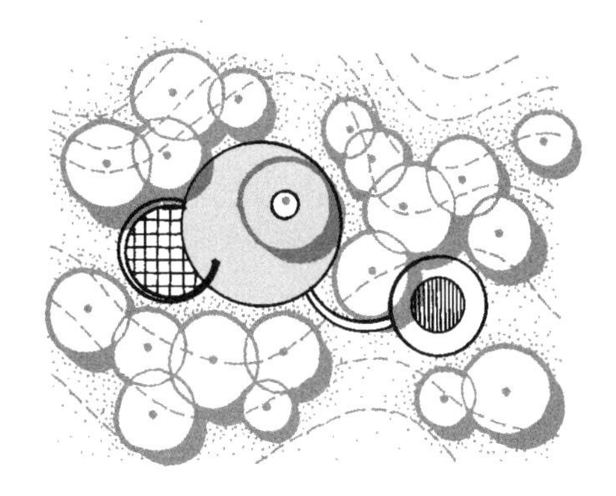

图 13.40 圆形空间组合迎合波状起伏的地形和树木组团等自然风景。

笔记/手绘

图 13.41 列奥纳多·达·芬奇的维特鲁威人。

象征性含义 | Symbolic Meanings

圆，“无始无终的完美形式”（prefect form with no beginning and no ending），具有丰富的象征意蕴，使自己在景园中有无数的相关释义。圆没有侧边、转角和分区，这使它具有简单、均质和对称的完美。把圆当成完满图形的观念可上溯到古希腊人那里，包括柏拉图（Plato）及其追随者，他们认为圆是最基本的形式（Biedermann 1992，70）。到文艺复兴时期，人们认为圆的典型特质呈现在了列奥纳多·达·芬奇（Leonardo da Vinci）的维特鲁威人（Vitruvian Man）中，人伸开的手指和脚趾完美吻合圆的周边（图13.41）（Tresidder 2005，119）。在文艺复兴时期并自此之后，维特鲁威人在建筑学和设计中一直被当成完美比例的基础。

圆形最容易理解的象征是其交织在一起的统一、均等、完全、整体和永恒意义。圆周上所有的点共享同圆心的固定关系，并且都位于同一条线上。没有一个点统御或从属于另一点，圆周上的所有位置都融合在绝对平等之中。这一特点展现在了20世纪60年代为结束越南战争的巴黎和会中。经过初期的争议，大家同意把谈判桌设为圆形，以此表达各方代表在位置和距离上都彼此平等（图13.42）。正方形或矩形桌子会产生明显的侧边，把桌边的人们分出轻重等级。同样，把人们聚在圆桌边以鼓励意见融合的观念，也时常出现在城市议会、教室、宗教聚会、心理治疗中，等等。

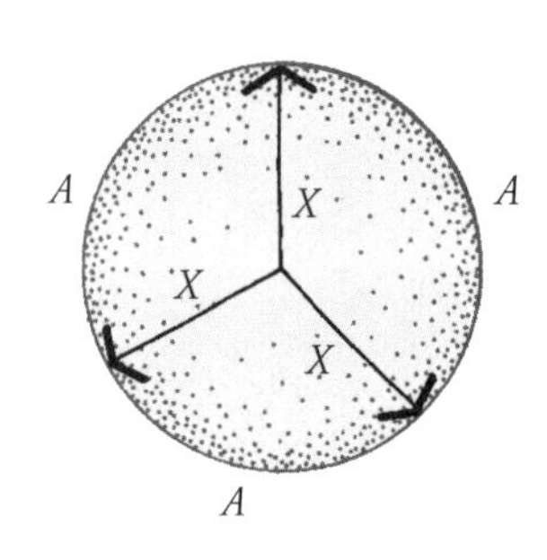

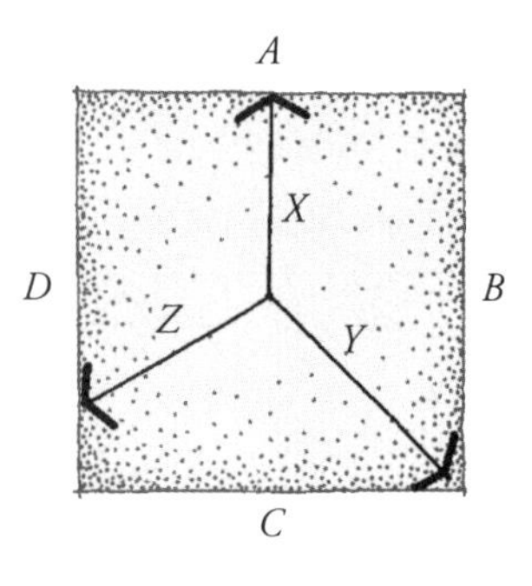

图 13.42 圆和方各自形成的均等比较。

设计准则 | Design Guidelines

圆形要求人们特别注意应对它的形状所造成的各种设计挑战。下面的设计准则提供了把握那些可能问题的方式，并保证作为结构形式的圆形在景园设计中发挥其最大潜力。

圆心 | Center

当在景园中采用圆形来设计时，圆心的构图和象征意义应永远牢记在心。这一点一直贯穿本章，但因为圆形具有至高无上的支配性而仍须反复强调。圆的核心是其所有内部几何组成部分的参照点及隐喻的灵魂，对发生在圆内或圆形附近的一切都有深刻影响。与此类似，突出圆心的设计结构表明与圆形的一体关系，相反则不是这样。然而，如前面提到的，在一些环境中拒绝圆心是深思熟虑的智慧，如果这样的意向全面考虑了怎样去做及其可能的构图结果，也是可以成功的。

笔记/手绘

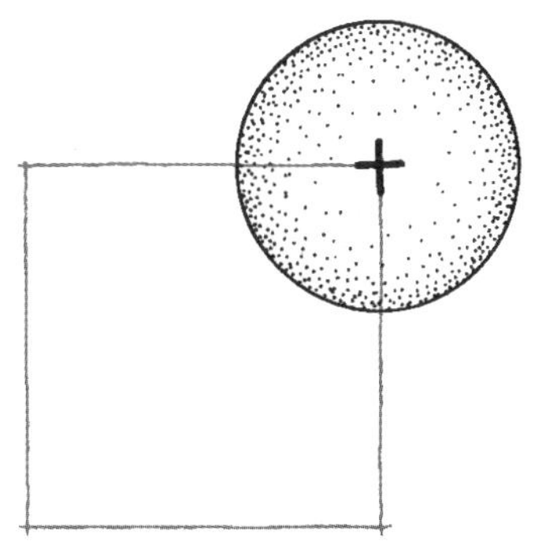
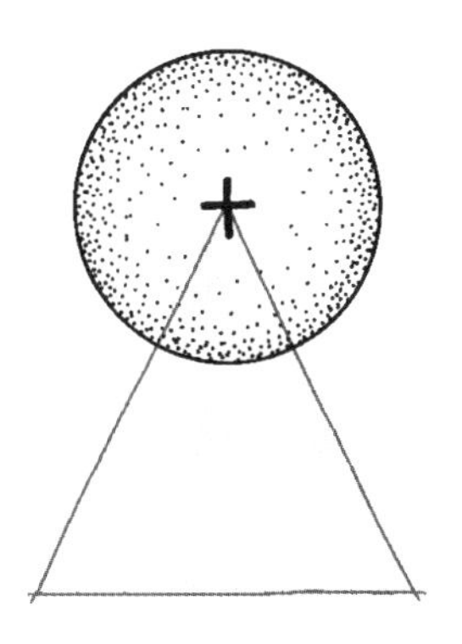

圆心位于转角

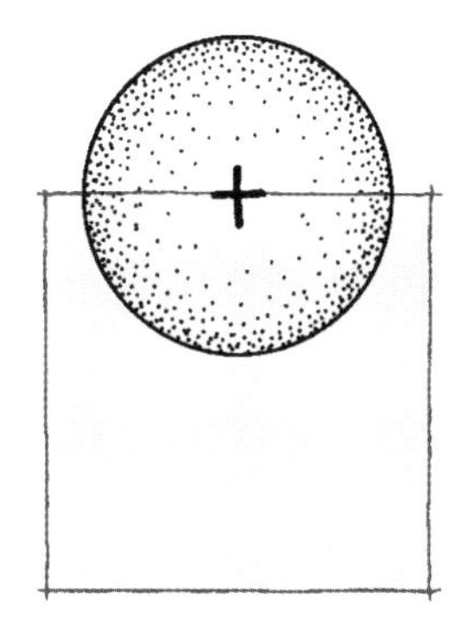
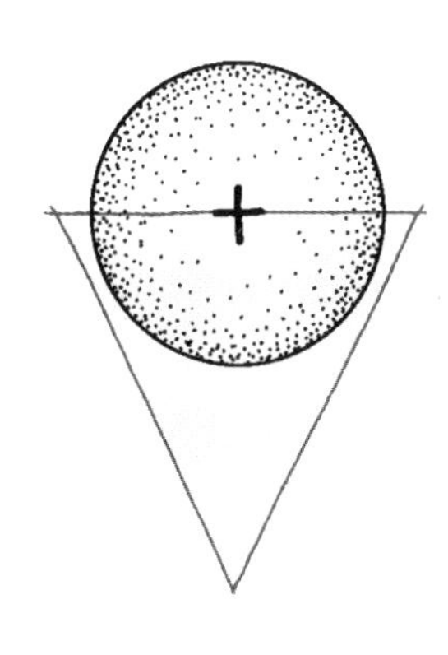

圆心位于边缘

图 13.43 圆形和其他基本形式的理想交接。

交接点 | Connections

圆形润滑的边缘气质优雅，但在同其他形式的关系上容易出问题。圆周是弯曲的，不能实现在正交和三角形中可行的那种毗邻形式间面对面的连续接触（图 4.6、图 10.45）。圆形只能在一个单一的点上"接触"（touch）毗邻形式，因此就难以塑造紧密的设计组织结构（图 1.19）。这样的交接会在负空间中产生锐角，由于一些构图和现实原因，应该避免这种情况（见第 10 章的设计准则）。

基于上述缘由，圆应该以一定距离同邻近形式分开，或同其他形式叠加（图 13.15 及图 13.17）。圆形与其他形式的理想交接，是把圆心直接置于毗邻形状的边或转角上（图 13.43）。这就确保了圆周同其他块面的交叉点形成直角。如果这做不到，则叠加部分不应过大或过小（图 13.44）。

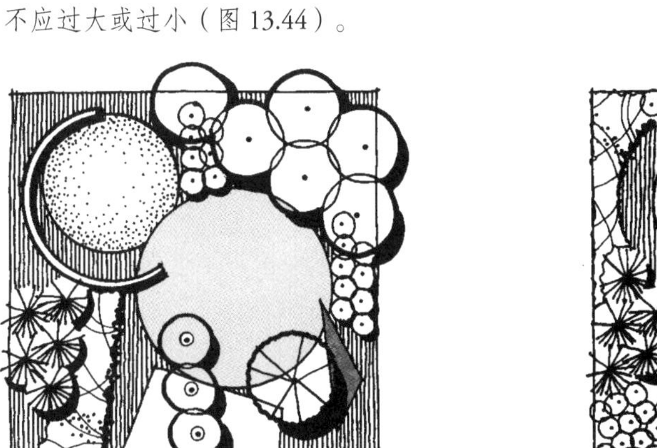

不当

得当

图 13.44 显示同圆的交接恰当与否的设计示例。

笔记/手绘

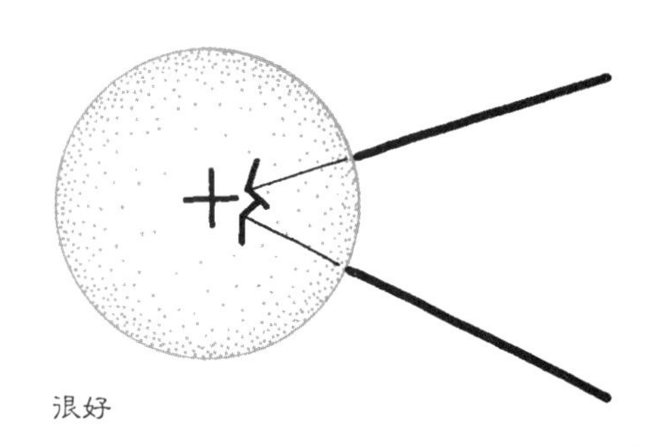

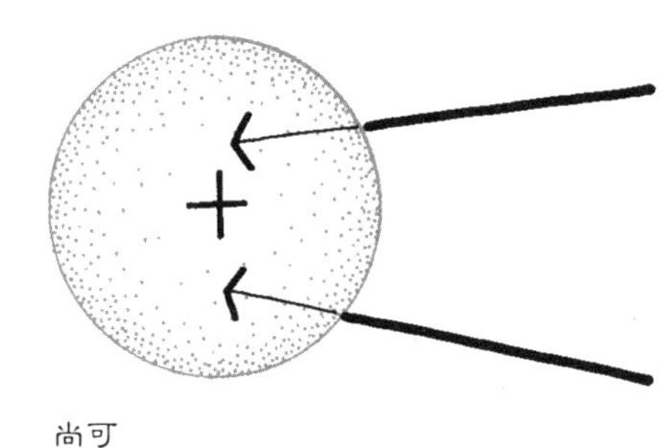

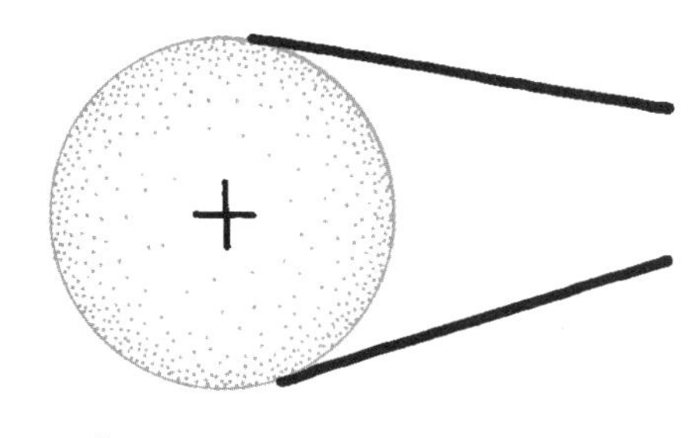

图 13.45 应恰当排列毗连的线与圆心。

应该注意，当圆心位于一个毗邻正交或三角形式的边缘上的时候，圆的射线就吻合了相交形式的边。任何直接吻合射线延长线的线或边缘都确立了同圆形的稳定关系（图 13.45）（另见景园效用中的构图统合者）。

图 13.46 上：应该避免圆形同毗邻建构的此类交接。

图 13.47 右：使圆形空间联系场地边缘的不同策略。

同场地的关系 | Relation to Site

同样，圆也不应接触场地边缘，特别当它是一个诸如房屋、围墙之类建构元素的时候（图 13.46）。避免这一点可有 3 种方式。第一是缩小圆的尺度，让它们完全被容纳在场地内，并由场地上的元素来限定。延伸的射线或自场地边缘弯向圆的缓和弧线，可以形成同外部呈线性连接的流线（图 13.47 左）。第二种技巧是把圆扩大，使它同边界叠加。由于圆在此时是不完整的，这种技巧就暗示了一个比实际表现更大的、暗中潜藏的场地（图 13.47 右）。第三种方式是用其他形式来实现向着场地边缘的转换。

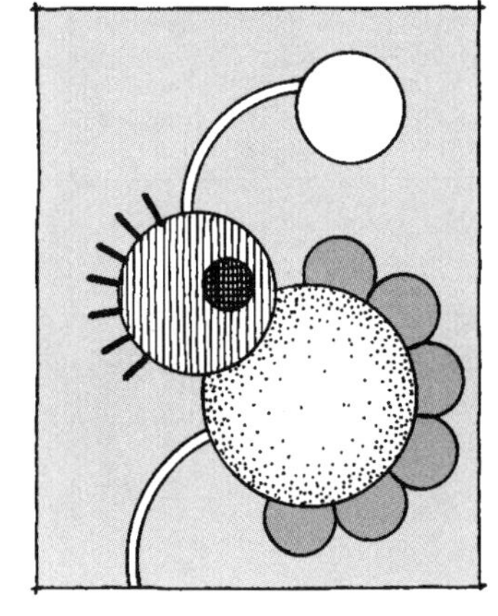

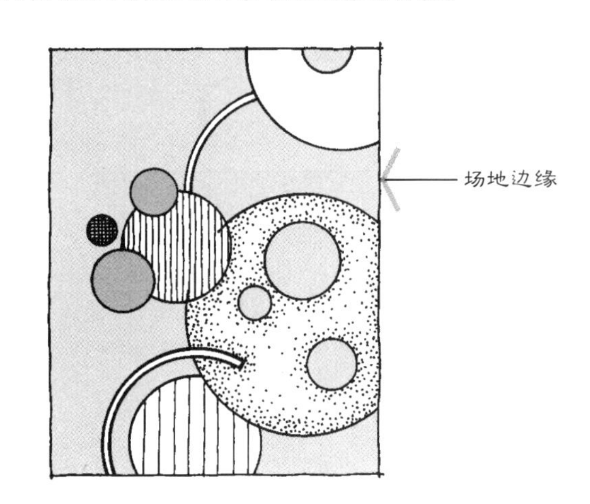

笔记/手绘

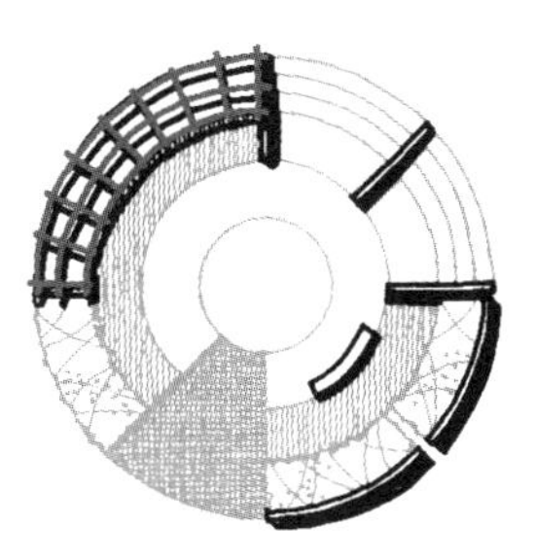

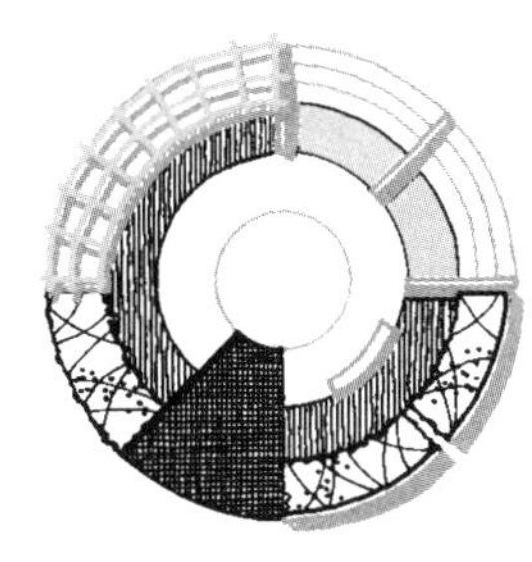

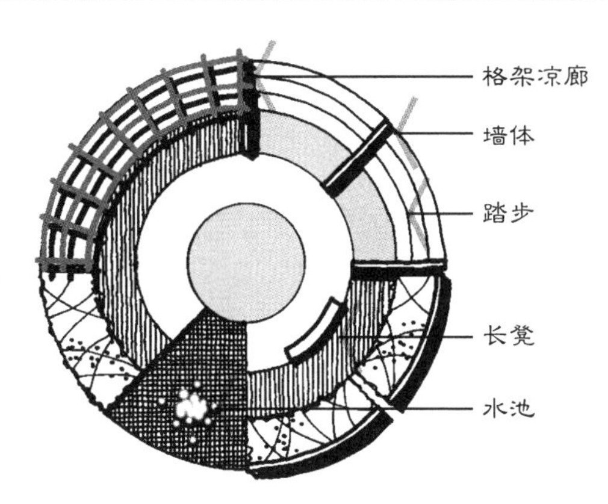

图 13.48 圆内的建构性材料和元素的形状语汇。

材料搭配 | Material Coordination

圆形之内或围绕圆形的材料与元素，如铺地、水池、墙体、踏步、格架凉廊和其他建构的安排，应符合前面讨论过的单一空间设计手法之一（见空间基础）。在这些方法中，圆形的放射线以及圆内隐含的同心圆是发挥准绳作用的最关键组成部分。当射线和同心圆相结合时，它们就导致4个可容纳材料和元素的形状语汇：射线、线性的弧、楔形和面状的弧形（图 13.48）。这些形状可单独应用，也可彼此结合，在圆内制造复杂的材料与元素组织形式。

圆形设计中木本植被材料的组织依据的是圆的数量。对于单一的圆或以一个圆来主导的设计来说，线性或成排的植物应位于圆的射线和/或围着中心的弧线上。成片或成团的植物应该形成弧形的面和/或楔形（图 13.49）。

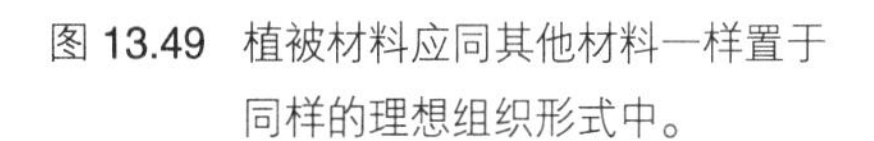

图 13.49 植被材料应同其他材料一样置于同样的理想组织形式中。

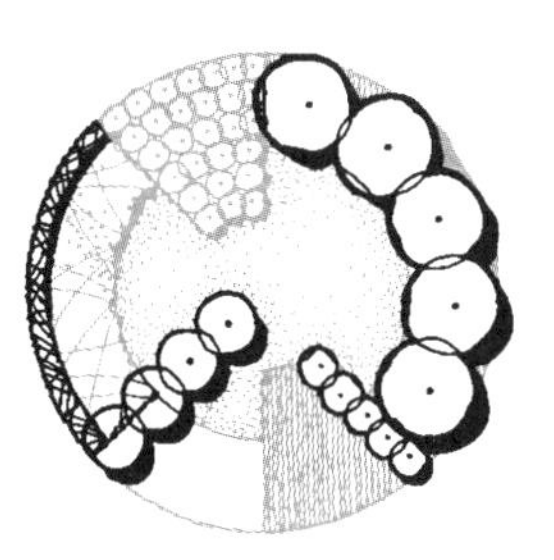

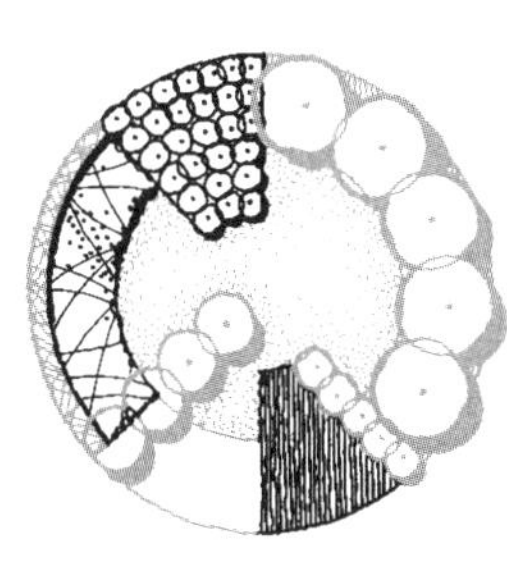

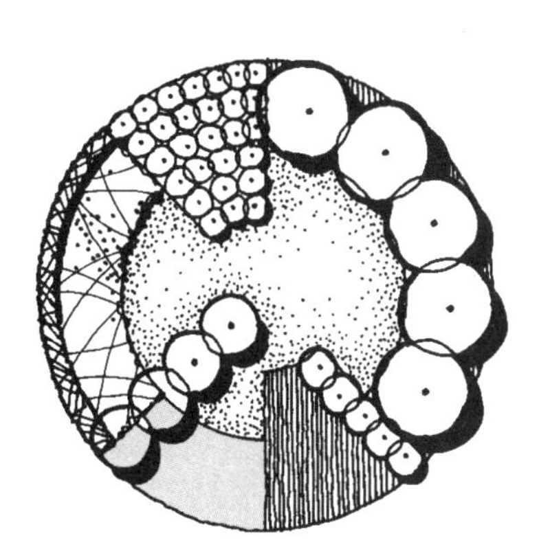

笔记/手绘

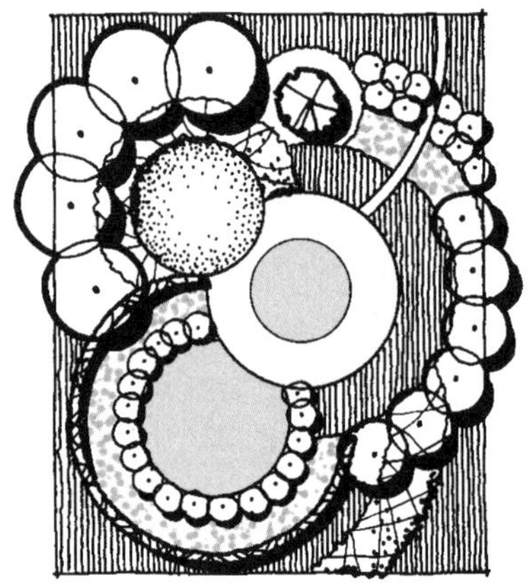

图 13.50 围绕复合圆形来组织植被材料的不同技巧。

围绕复合圆形来组织植物有两种宽泛的方式。第一种是依照有关单一圆形的准则，让植被沿着射线和/或在带状圆弧中延伸（图 13.50 左）。就圆内来说，这种简单的方式对任何既有的圆都有效，但从圆外来看就可能不那么成功了，因为植物带很可能彼此冲突。更进一步看，同心圆的外层不能与正交的场地合为一体，并可能同场地边界形成别扭的交角。解决这类问题可采用另一种办法，即把植被材料布置成弧线或流线型，朝着圆或相反的方向弯曲流动（图 13.50 右）。这符合圆的气质，又不必完全复制它们，在视觉中使设计的内部核心开放，同周围场地融为一体。

地形 | Topography

把圆形用于地面设计有几种选择。其一是把基面当作平的表面，这种方法保持了圆形这种基本几何形式同正方形和三角形一样的完整性（见第 4、10 章的设计准则）。这种方法还使可用面积最大化，当圆是一个要被占用的空间时非常恰当。另一种概念是以圆可显示的同心环和/或射线为基础，创造边界清晰的踏步或台地。同心圆可步步上升形成视觉重点，或一处向外观赏周围风景的场所（图 13.51 左）。或者，也可下行形成一处圆形剧场般的空间，服务于汇聚和向中心观望的要求（图 13.51 中）。圆的射线同样可以台地方式表明竖向变化（图 13.51 右）。所有这些技巧都构成了竖向变化的明确表现，适合城市环境或制约性很强的环境。

其二在圆形内确定基面的综合方式，是把地面当作柔软的、可塑的泥土，能够和缓地上凸或下凹（图 13.52）。前者创造圆形的堆积体，后者塑造了碗状的空间。这两种方式都应表现泥土的柔软属性，适用于土壤和植被丰饶的田园环境。

复合圆形空间之间的竖向抬升可在各层场所或台地间保持相对固定，适应和缓的斜坡或区分毗邻空间（图 13.53 左）。最夸张的时候，这种构想可创造一系列小瀑布般的跌落，暗示水波有节奏地沿坡冲刷而下，就像雅典娜·塔查（Athena Tacha）1974 年设计的查尔斯河阶梯雕塑（Charles River Step Sculpture）方案一样（图 13.53 右）。

笔记/手绘

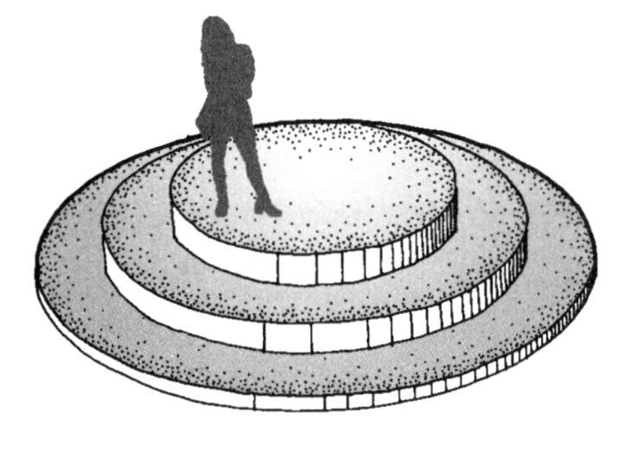

步步上升

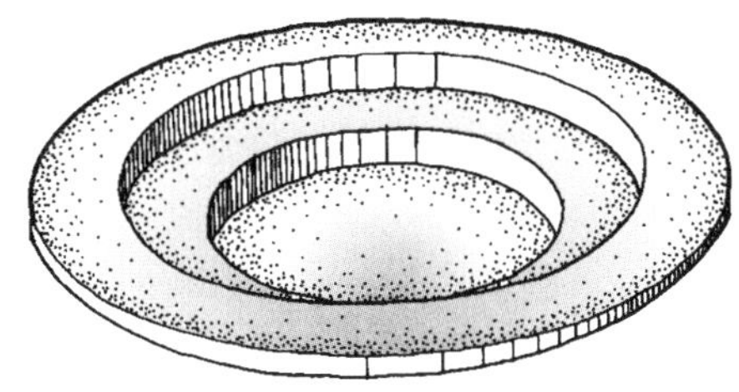

步步下行

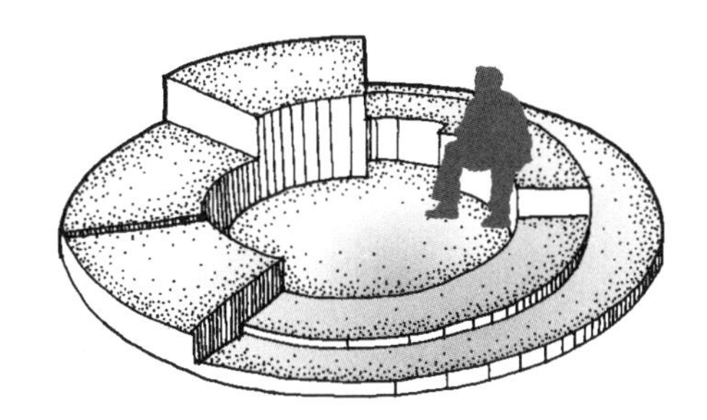

两者结合

图 13.51 上：在圆内利用竖向变化的操作技巧。

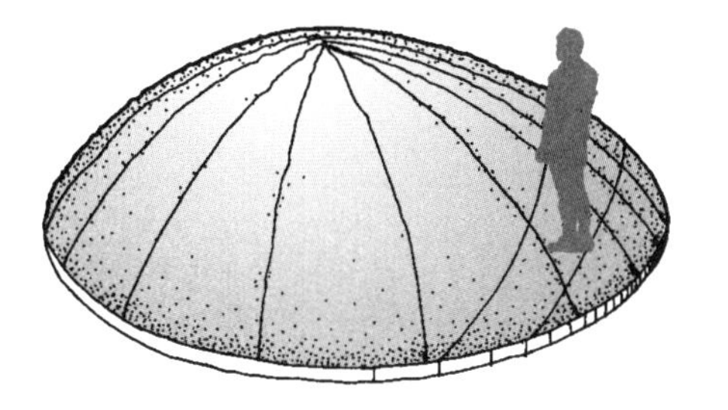

堆积

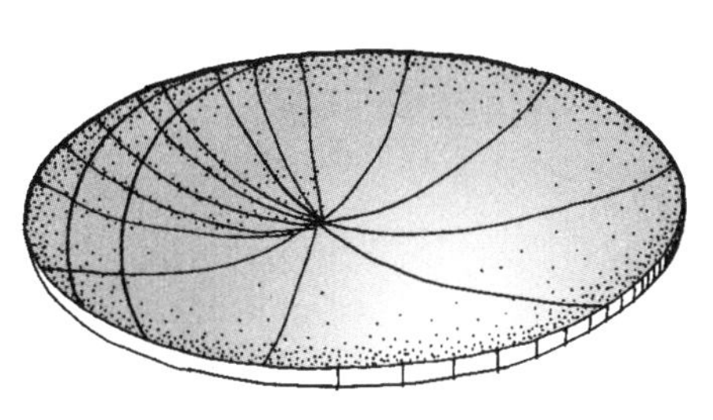

凹陷

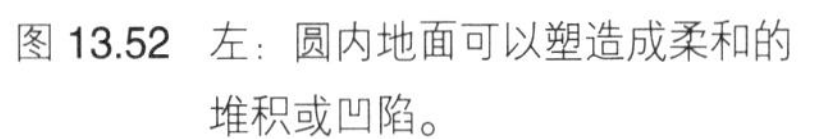

图 13.52 左：圆内地面可以塑造成柔和的堆积或凹陷。

图 13.53 下：多个圆形可形成沿坡上下的阶梯台地。

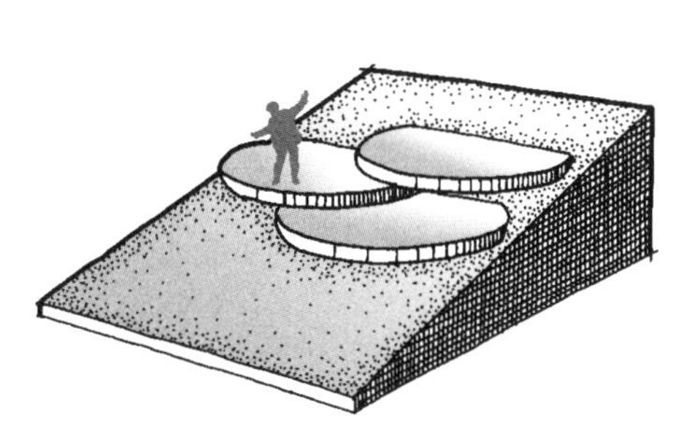

简单台地

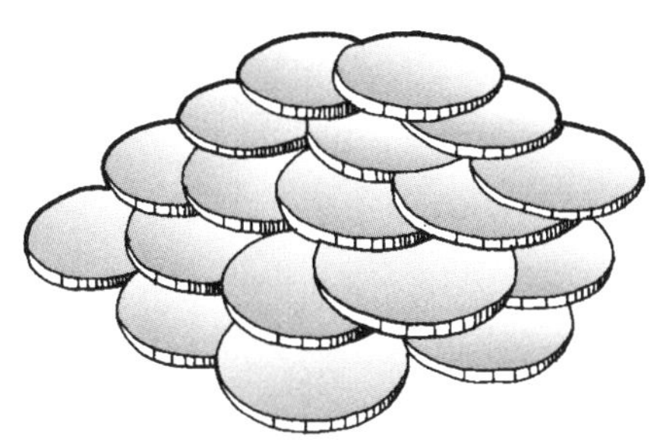

波状效果

笔记/手绘

参考资料 | Referenced Resources

Alexander, Caroline. "If the Stone Could Speak: Searching for the Meaning of Stonehenge." *National Geographic*, June 2008.

Biedermann, Hans. *Dictionary of Symbolism: Cultural Icons and the Meaning Behind Them*. New York: Facts on File, 1992.

Grese, Robert E. *Jens Jensen: Maker of Natural Parks and Gardens*. Baltimore: Johns Hopkins University Press, 1992.

Tresidder, Jack, ed. *The Complete Dictionary of Symbols*. San Francisco: Chronicle Books, LLC, 2005.

Walker, Peter. *Minimalist Gardens*. Cambridge, MA: Spacemaker Press, 1997.

其他资料 | Further Resources

Church, Thomas D., Grace Hall, and Michael Laurie. *Gardens Are for People*, 2nd edition. New York: McGraw-Hill, 1983.

Flanagan, Regina M. "Rhythm as Form, Rhythm as Place." *Landscape Architecture*, March 2007.

Tacha, Athena. "Rhythm as Form." *Landscape Architecture*, May 1978.

Tacha, Athena, and Harriet F. Senie; interview by Glenn Harper; James Grayson Trulove, ed. *Dancing in the Landscape: The Sculpture of Athena Tacha*. London: Hi Marketing, 2000.

Viani, Lisa Owens. "Reweaving the Campus Tapestry." *Landscape Architecture*, September 2005.

网上资料 | Internet Resources

Athena Tacha: www.oberlin.edu/art/athena/tacha.html

Berkeley Landscape Heritage Plan: www.cp.berkeley.edu/lhp/index_flash.html

MSI: www.msidesign.com

Peter Walker and Partners: www.pwpla.com

Sasaki Associates: www.sasaki.com

Stonehenge: www.sacred-destinations.com/england/stonehenge

Tanner Fountain: http://epd372.blogspot.com/2008/05/tanner-fountain.html

笔记/手绘

圆弧形式 | Circular Forms

卵形 | The Oval 14

卵形，各种形状中优美迷人的宝石，是可以用来建构景园的另一种弧线几何类型。既适于永恒的对称设计，又是当代景园的鲜明标记，卵形是一种不太显眼但富于能量的形式，拥有众多个性和设计可能性。本章考察卵形在景园建筑学场地设计中的如下方面：

- 几何性质
- 景园效用
- 设计准则

几何性质 | Geometric Qualities

卵形是一种长圆、蛋状的形状，最容易共同确定一个连续、流动和对称围合的四圆叠加组成（图 14.1）。在景园中，这种圆形叠加概念可以很好地确定大多数卵形，但也要注意，卵形的构成也可多于 4 条简单弧线，其中一些可能形成在自然中（图 14.8）。无论卵形是如何形成的，它总是长向超过宽度，并由润滑而且具有流动感的边缘环绕。卵形拥有圆形、矩形和三角形的许多几何性质，又保有自己独特的形式。下面各段详细探讨卵形同上述另一些形式的相似之处以及它自身的独特所在。

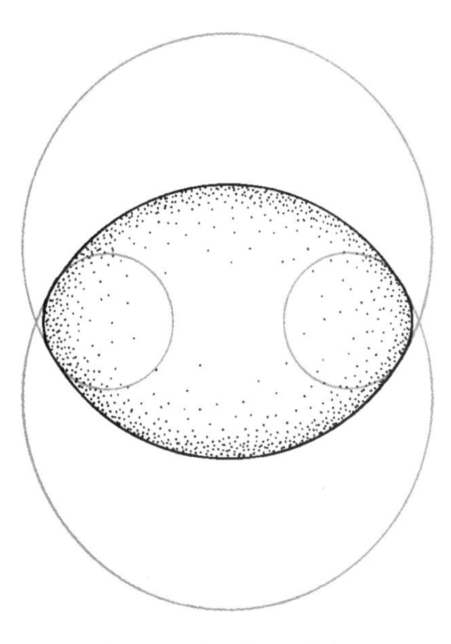

图 14.1　卵形由 4 个圆的叠加构成。

对称 | Symmetry

卵形大都有一条沿着其长向位于中心的主轴（图 14.2 左）。这条主导线拥有对卵形各方面的支配力，在成镜像的两侧确定了一个中轴对称形状，引导注意力和能量沿着其走向运动。卵形还经常拥有同前者垂直相交的次要轴线，这使它的对称成为双向的（图 14.2 中）。典型卵形的各条围合弧线的圆心与轴线吻合，虽然这些弧线本身的尺寸并非总是一样的（图 14.2 右、图 14.8）。

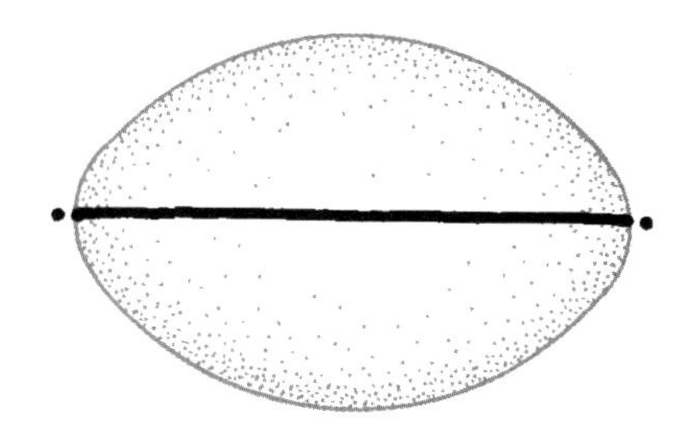

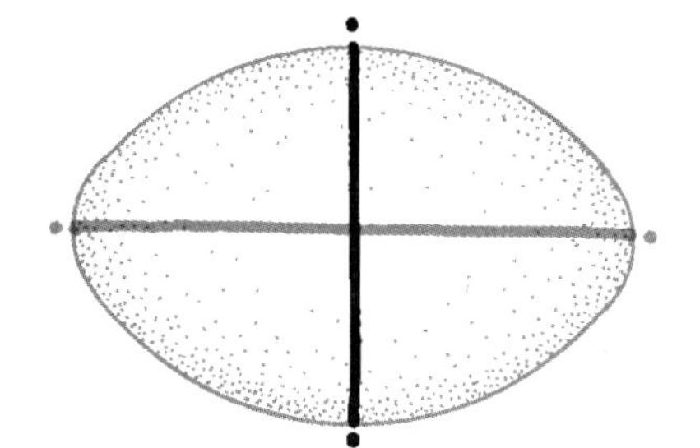

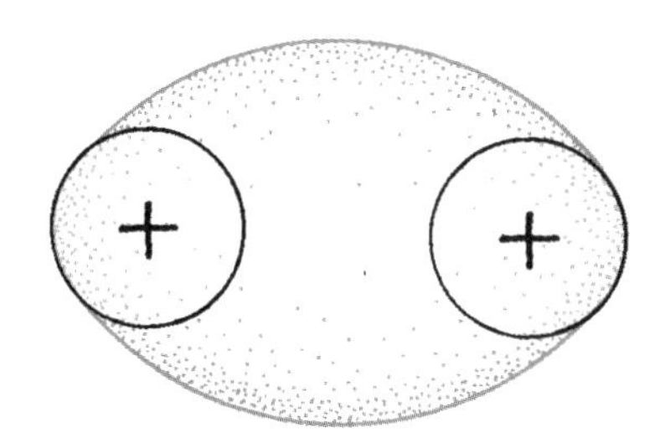

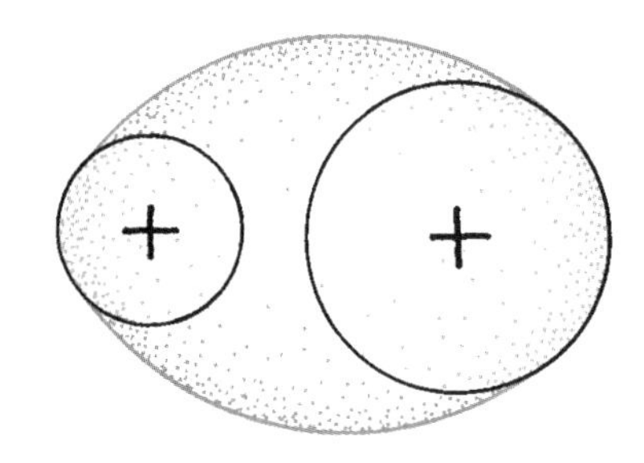

图 14.2 上：卵形的主要几何构成。

图 14.3 下：椭圆。

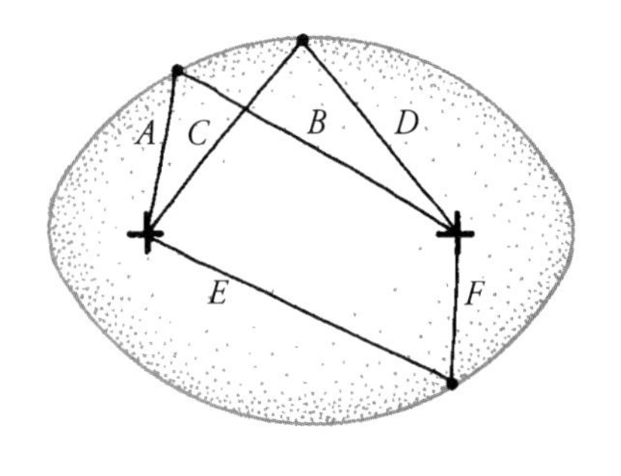

卵形的一种特殊类型是椭圆，其两条垂直轴线上的对称取得了均衡。椭圆由一个平面中与一条轴线上的两个固定点间的距离之和相等的一系列点组成（图 14.3）。*A* 加 *B* 等于 *C* 加 *D*、*E* 加 *F*，以及周边上任何其他一点到轴线上两个固定点的距离之和。“卵形”（oval）和“椭圆”（ellipse）两个词有时可互换，表达同样的形式。不过，椭圆是卵形，但反过来却不总是正确的。

指向与聚焦 | Directionality and Focus

卵形可被视为在某个方向上被拉长的圆，它把矩形的指向性与三角形的焦点控制结合在了一起。区别于圆形的稳定性，卵形伸长的长向赋予它明确的指向与运动感。从沿着其长向看时，卵形有远强于圆形的距离感，这实际表现为卵形拉伸了垂直于眼睛的视线长度（图 14.4 左和中）。当从卵形的短向看时，其结果又是相反的了（图 14.4 右）。从这样的主导视点看，距离感被削弱，而且对面那弯曲的弧线看上去也变平缓了。应该意识到，如果曲率过于缓和，卵形“平缓”（flat）一面的弯曲可能很不显眼。

笔记/手绘

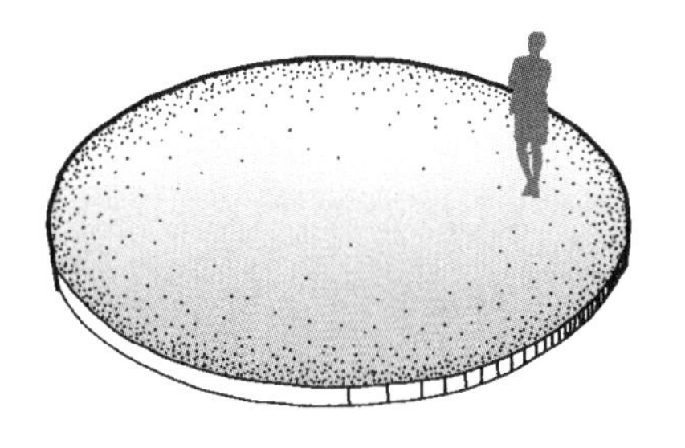

穿越圆形观察

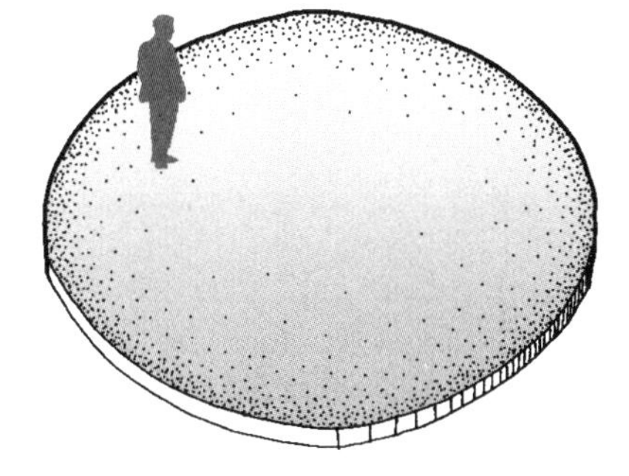

沿着卵形观察

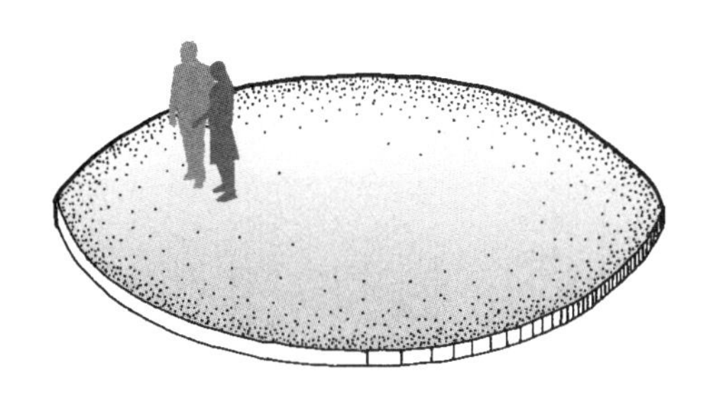

穿越卵形观察

图 14.4 上：卵形的长度赋予它夸大的深度感。

卵形的长度还把注意力引向端头，特别是在其周边被竖直面所围合时。虽然这种效果与矩形相似，但卵形中的焦点会更加强烈，因为其侧边像三角形那样向端点收敛（图 14.5；并同图 10.3 比较）。然而，卵形端头的弯曲是“柔软的”（soft），并为置于它前面的聚焦点提供安稳的背景，或为置于外边的景观重点提供平和的指引（图 14.5 下）。

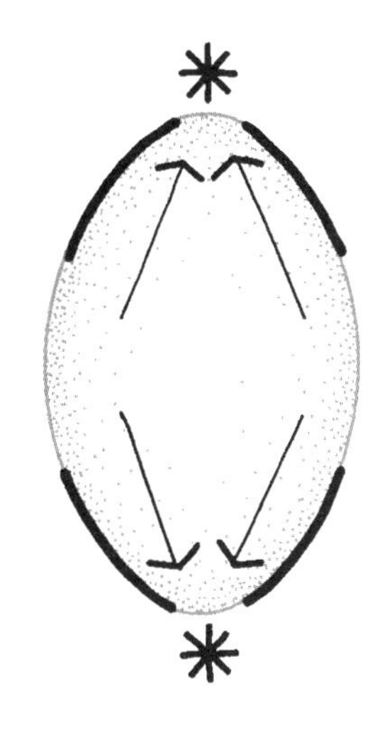

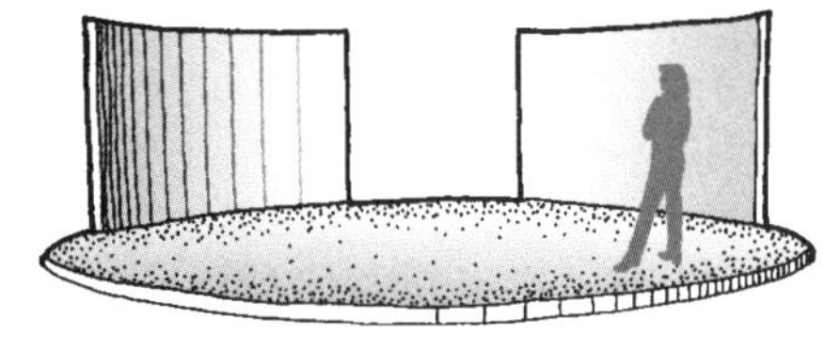

图 14.5 上：卵形把注意力引向其端部。

隐含的侧边 | Implied Sides

卵形拉长轮廓的另一个结果是促成了侧边，不过，即使这样其周边也没有转角或交叉点。这又呈现了圆形和矩形性质的综合。侧边的感觉来自一条轴线和两条长的周边线（图 14.6 左）。当两条长的侧边更加圆润，而且/或者弧线端部更为缓和，造成更像圆形的围合时，侧边的感觉就不太明显了（图 14.6 右）。

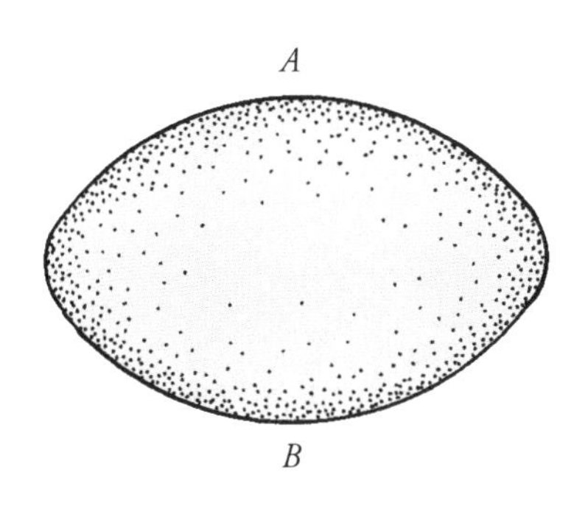

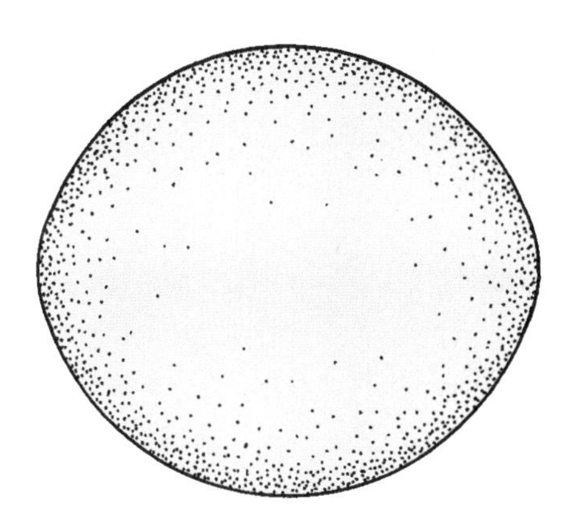

图 14.6 左：卵形具有隐含的侧边。

笔记/手绘

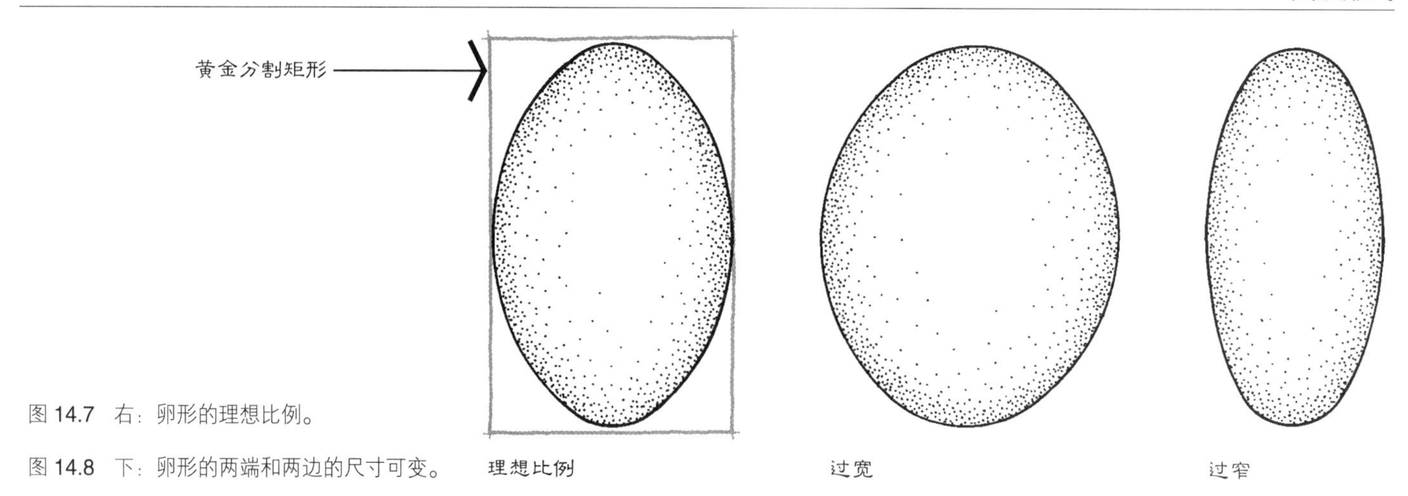

图 14.7　右：卵形的理想比例。

图 14.8　下：卵形的两端和两边的尺寸可变。

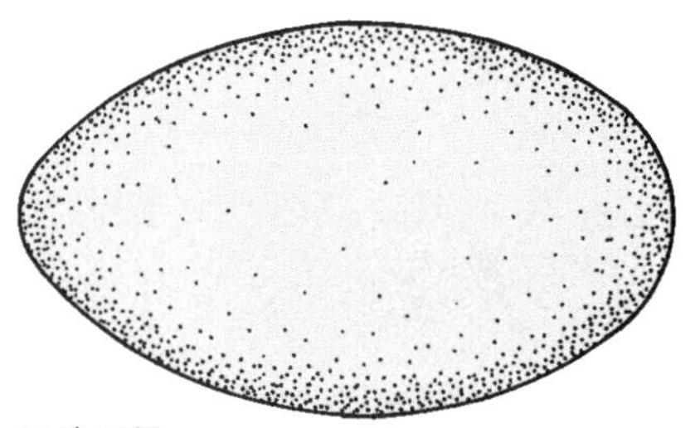

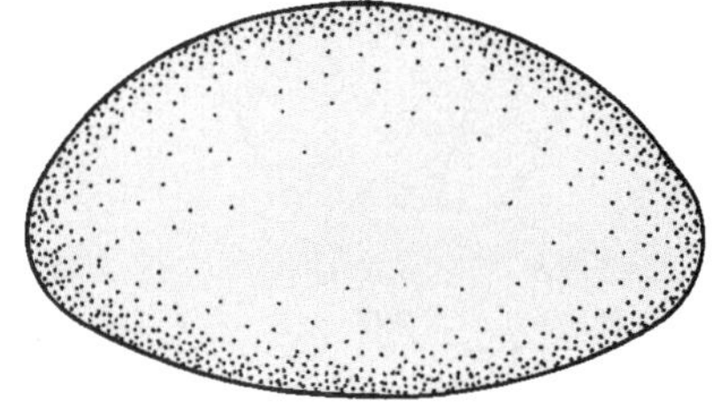

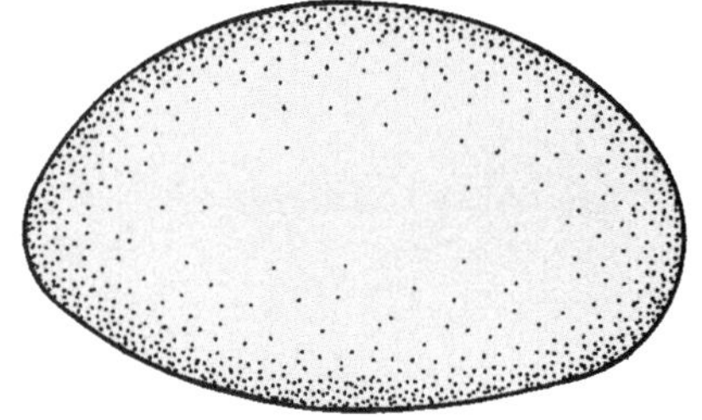

变化能力丨Variability

相较于圆形和正方形，卵形的一种独特性质是其潜在的变化能力。圆和方都是固定的形状，只能有大小差异，而卵形可有另外两种方式的变形：（1）长宽比的相对变化，（2）卵形对边弧线的相对尺寸变化。有如矩形的情况，可以随意把握卵形的宽度和长度，适应既有环境。尽管可以有任意长宽比，卵形的最佳比例还是 1:1.618 033 988 74，即与黄金分割矩形同样的比例（图 5.4 和图 14.7 左）。比这个比例宽的卵形趋于复制圆形，而比黄金分割窄的卵形好像雪茄烟形状（图 14.7 中和右）。

卵形的第二种可变之处是这一图形中相对应的两条弧线的尺寸。卵形给人的一般印象是，相互对应的弧线是等同的，不过前面已经指出并非一定如此（图 14.2 右）。就像两条侧边一样，两端的弧线也可被看作不一样的构图成分，各有自己的半径（图 14.8）。综合而言，卵形潜在的可变性使它成为具有很大弹性的形式，能以其比例和形状的可塑性来吻合不同的环境。

景园效用丨Landscape Uses

在景园中，卵形有一些来自其固有适应性的效用。其中一些同圆形和矩形相似，不过这里探讨的是卵形独特性质的应用。卵形在景园建筑学场地设计中的基本效用包括空间基础、构图重点、整合开敞空间、汇聚节点以及视觉衬托。

笔记/手绘

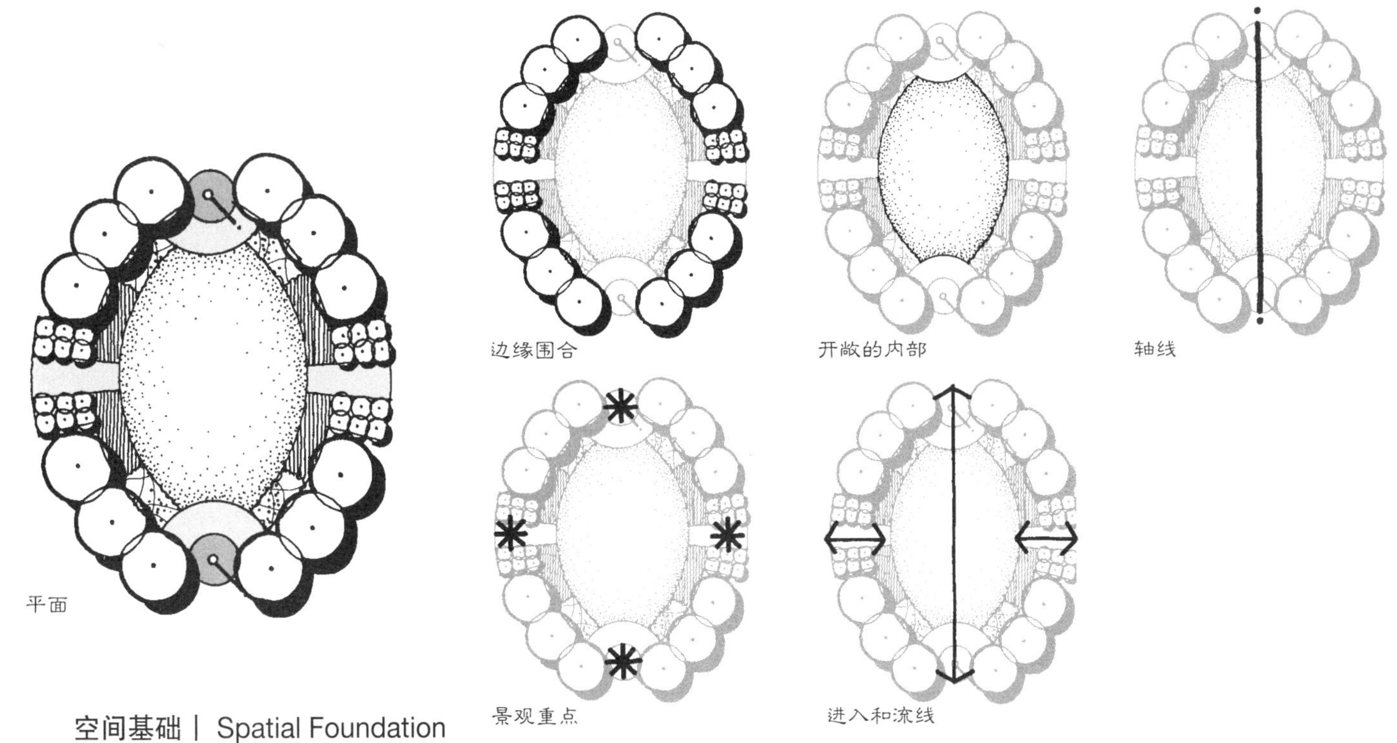

空间基础 | Spatial Foundation

图 14.9 上：卵形包容性空间的特质。

图 14.10 下：向卵形包容性空间的内部观察。

如同前面讨论过的所有形式，卵形在景园中的首要效用是作为户外空间的基本骨架。以卵形作为基础，历史上主要用于那些欲被当成园中特定节点的单一空间。更近代以来，一些设计者展示了把复合卵形当成更复杂空间组织形式基础的效能。这两方面都将在下面加以探讨。

单一空间。卵形固有的对称性使它容易成为简单、优雅的包容性空间，其轮廓由沿卵形周边排列的各种元素构成（图 14.9）。它导致的空间围合与圆形和矩形空间性质相似。像圆形一样，卵形的围合也是不间断的，令目光毫不费力地在空间中滑动。卵形的曲线形显示和缓、环抱、宽敞的围合感，身处其间感到与生俱来的舒适。像矩形一样，卵形沿一条中轴伸长，因而如前面讨论过的，助长了庄严、深远并且向空间端部聚焦的感觉。轴线还统御着沿卵形边缘分布的元素，确定出入点位置，规定穿行流线，并暗示其空间中的景观重点位置。在它所展示的庄重性外，卵形的包容性空间还很受欢迎，因为它综合了对称的制约性与弧线的柔和性（图 14.10）。单一的卵形包容性空间适于用作构图重点、其他空间和元素的统合者，以及/或像这一节其他部分讨论的那样，引导运动和视线。

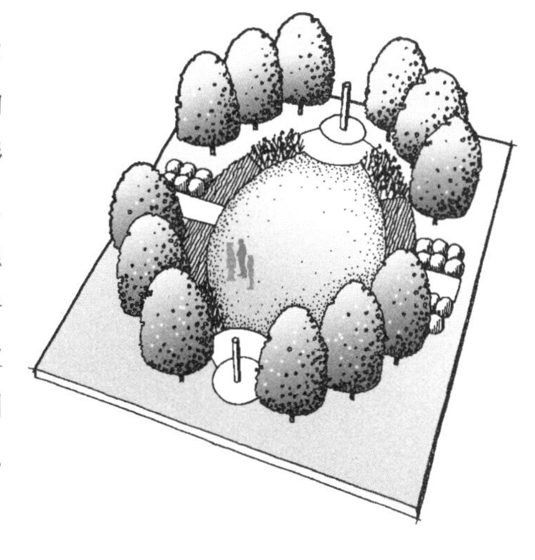

笔记/手绘

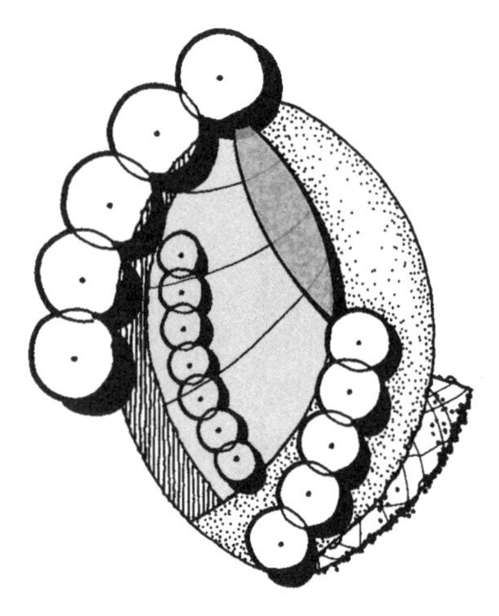

图 14.11 卵形内的体量化空间示例。

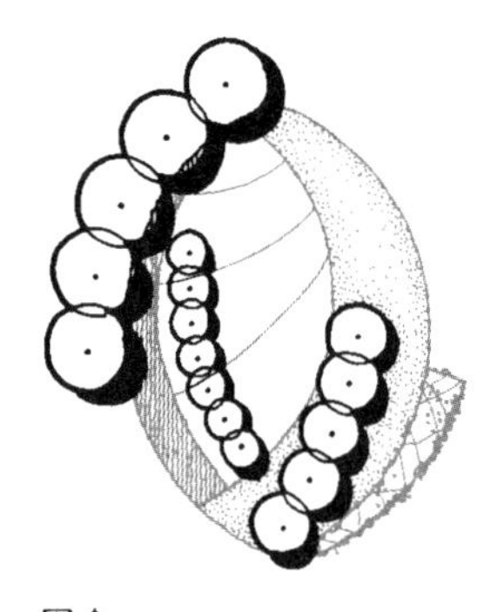

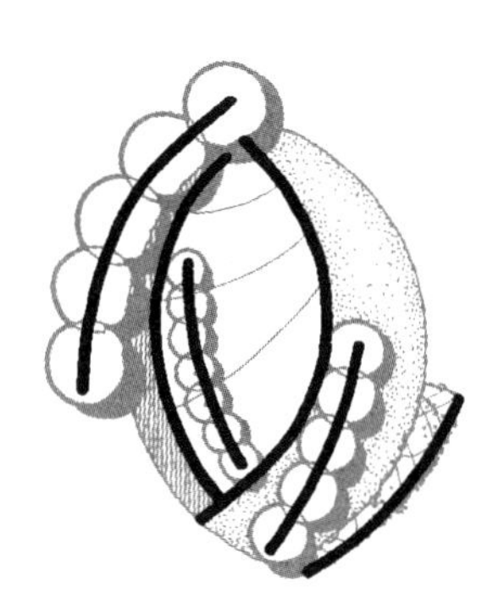

结构线

除了作为简单开敞的空间围合者外，在空间之内或围绕空间外缘，卵形还可被塑造成由垂直元素所确定的体量化空间。虽然不一定必须，这类空间还是经常拒绝卵形所隐含的对称，采用即兴态度，联系功能和预想的空间体验来设置其构成元素（图 14.11）。卵形体量化空间经常满足数种用途，并适用于向先锋派理念和材料开放的不规则设计布局。

包容性和体量化空间都要求以一定方式对卵形进行划分。有数种划分卵形的方式，而且与对圆形的划分非常相似（图 13.8 ~ 图 13.12）。第一种技巧是利用作为卵形基础的那些圆心。这就勾勒出围绕着 4 个中心的各同心圆部分，其结果是一系列类似卵形周边的弧线相互叠加（图 14.12 上左）。以这些弧线为基础的设计明显反映卵形边缘同其内部间的视觉关系（图 14.12 上右）。

在卵形中进一步确定空间和材料块面的第二种方式，是利用其基础圆形的射线。射线可以从任意一个中心点伸延出来，穿越卵形，造就一个简单的放射图形（图 14.12 中左），或者彼此叠加形成更复杂的网络。同圆形一样，这种方式把注意力集中于精选的中心点上，因而必然使这个位置在设计中成为至关重要的（图 14.12 中右）。

在卵形内进行设计的第三种手段，是效仿弯曲的周边却不直接复制它。其核心是把卵形当作一个外廓，围绕其内部鲜明的流动与非对称来设计方案。达到这一目的的一个渠道是采用一条或多条滑越卵形的弧线（图 14.12 下中；另见第 12 章）。这创造了一种具有强制运动感的设计。另一种技巧是采用多次弯曲的曲线几何形，环绕出内凹的空间以及植被材料的簇丛（图 14.12 下右；另见第 15 章）。

笔记/手绘

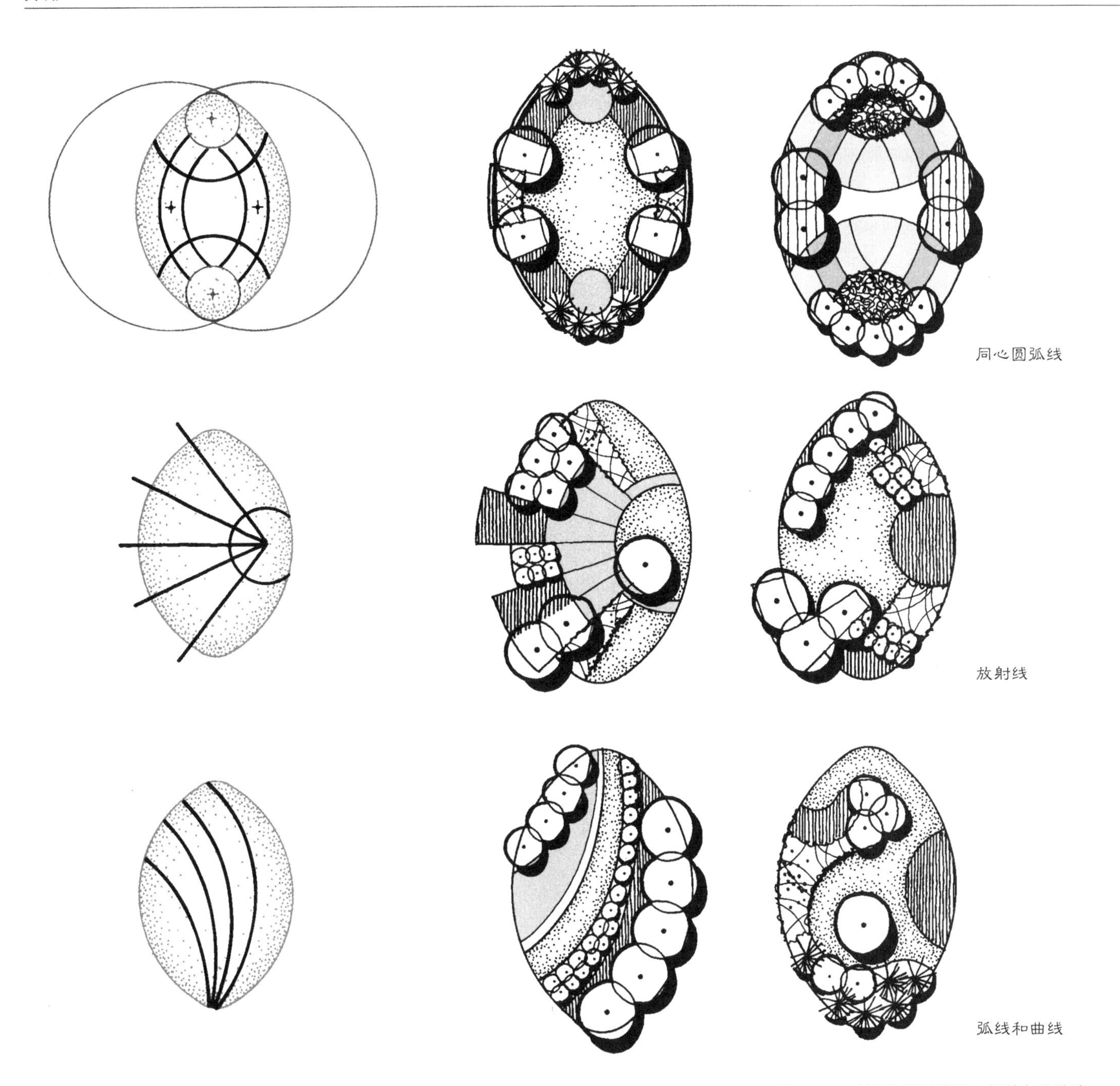

图 14.12 划分和设计卵形内部的各种策略。

笔记/手绘

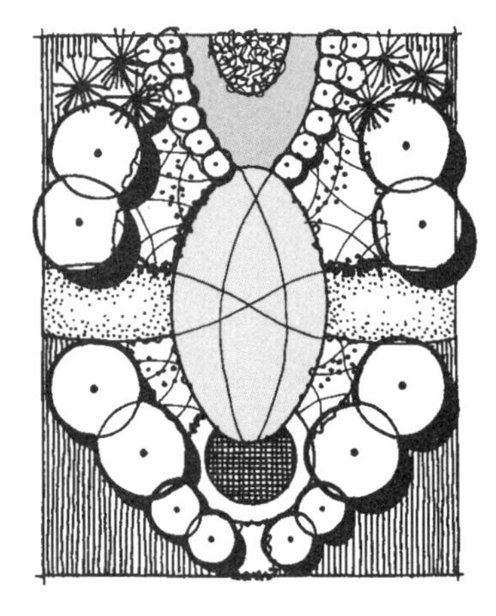

图 14.13 上：多卵形空间的对称组织示例。

图 14.14 右：多卵形空间的不对称组织示例。

复合空间。如此前所指出的，由于卵形独特的形状及其结合其他形式的难度，它在景园中最常被用作单一空间。然而，也有些情况使多个卵形空间组合的设计也成为恰当的。组织复合卵形空间组合体的最常见方式，是采用前面章节讨论过的对称和不对称组织结构。网格自身就不适合做卵形布局，其原因同不适合圆形一样。

对称。多卵形的对称结构最好通过沿着一条或多条轴线的连锁来创造（图 14.13）。尽管不同轴线可以任何角度彼此交叉，但 90° 的交接在轴线间形成最稳定的关系。第一眼看去，对称的多卵形组织很像其正交对应者的一般结构。然而，复合对称卵形有圆滑的端部，带来整体的温润气质，并且没有平行的侧边。弧形的边缘框住空间并延伸了空间之间的视线。结果是，一个卵形组合适应这样的设计布局：其项目任务和/或场地要求一系列拉长的空间，它们的衔接对称而优雅。

不对称。一组卵形空间也可以类似圆形组合那样呈不对称组织：采用加法和减法转化均可。若要组织彼此功能相关但空间格调迥异的卵形组合，连锁相加的转化是最恰当的技巧（图 14.14）。不同卵形地段可部分或完全重叠，赋予设计者塑造不同空间类型和性质的自由。其结果是，不同程度的叠加创造了一个正负空间的有机组合。卵形形式的交织还能在毗邻空间之间构成模糊的边界，让一个空间渐渐变换到另一个。有些像一组连锁的圆形空间，复合卵形空间的整体气质是无处不在的弧形侧边给人以延续能量和运动的印象，它们总在引导着空间内的视线，或将它引向外面的另一个空间（图 13.16）。不过，卵形的比例给予了它在这个设计结构中的独特个性。

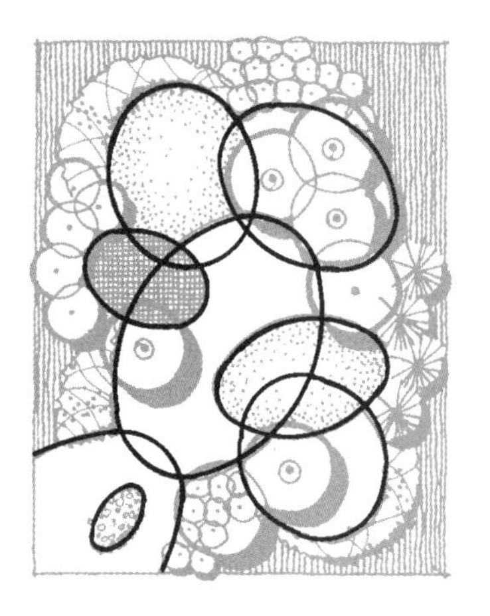

笔记/手绘

同多边形和圆形相仿，复合卵形还可依据减法方式在场地中生成，创造一个负空间的交织网络，迎合公园、校园等处的流线。卵形特别适应这类概念，因为它能非常好地刻画空气、水体的流动，或让人们不经意地沿其边界行进。卵形的流线型外形可比拟经历数千年冲刷浸润的鹅卵石，让水流自在地流过（图 14.15）。一个采用散布在流线领域中的一组卵形的例子，是托马斯·鲍斯利事务所（Thomas Balsley Associates）设计的俄亥俄州克里夫兰的珀克公园（Perk Park）方案（图 14.16；并同图 13.19 比较）。这个设计的主要意图在于塑造一种“森林和草原”（forest and meadow）的隐喻，其森林主要由原有的大型树木组成。这个空间中的一系列卵形小丘创造了一个路径网络，在树木之间滑过或飘动，带来阴凉的漫步和坐憩场所。复合卵形很适于用来生成其间的虚幻气氛和流动的穿行路径。还可注意到，草皮地带内卵形山丘的用途是作为一个景观突出点和微妙的隆起高地。

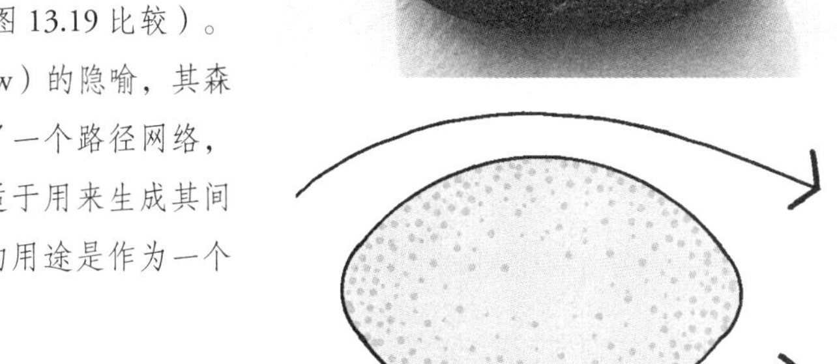

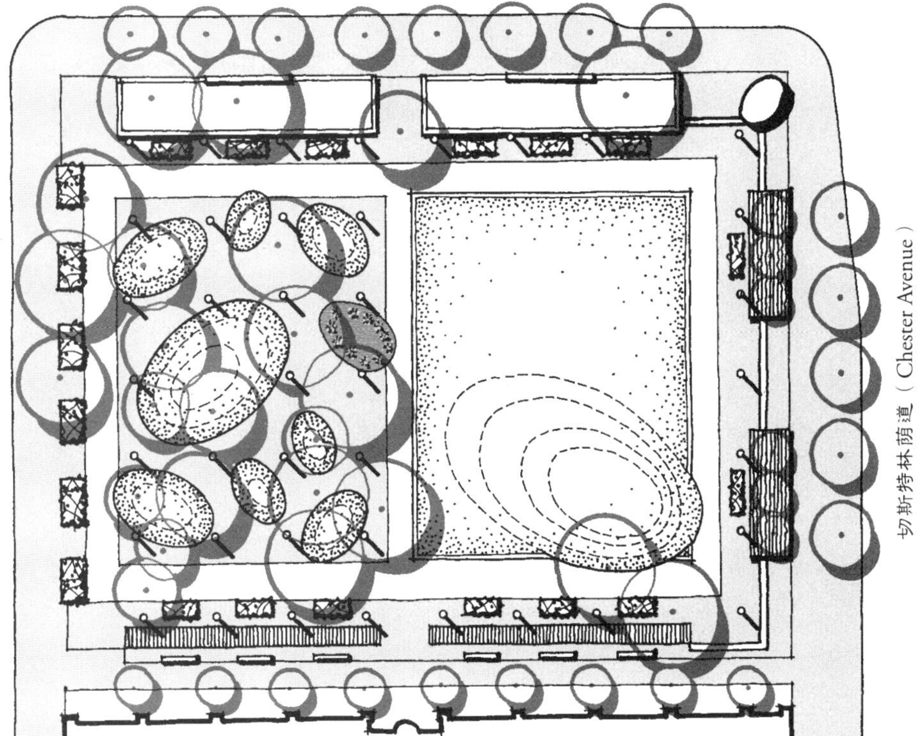

图 14.15 上：卵形很像长时间被水冲刷的石头。

图 14.16 左：珀克公园场地规划。

笔记/手绘

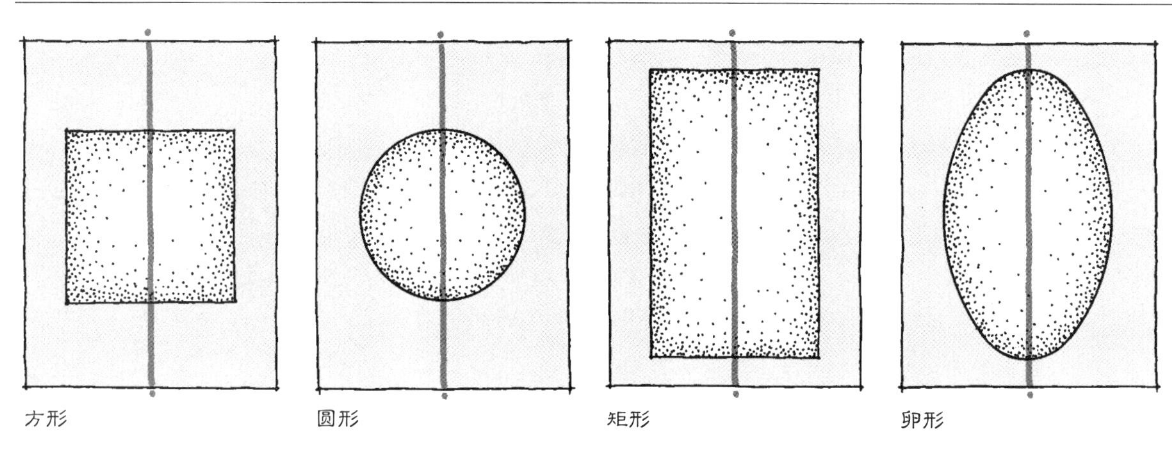

图 14.17 上：在空间中作为景观重点的形式比较。

图 14.18 右：在对称正交设计中把卵形用作构图重点的示例。

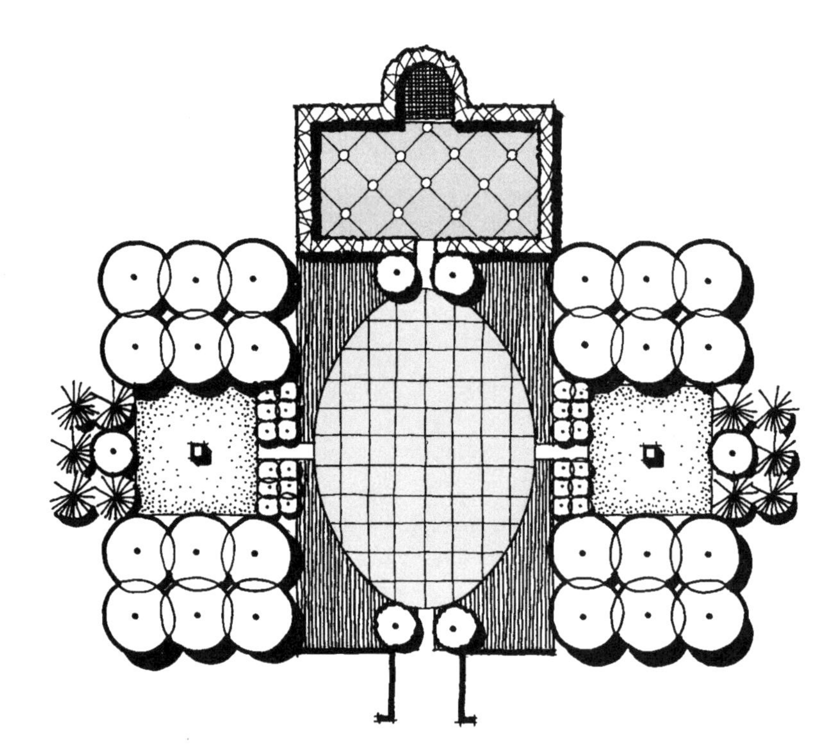

图 14.19 把卵形用作空间尽端的不同方式。

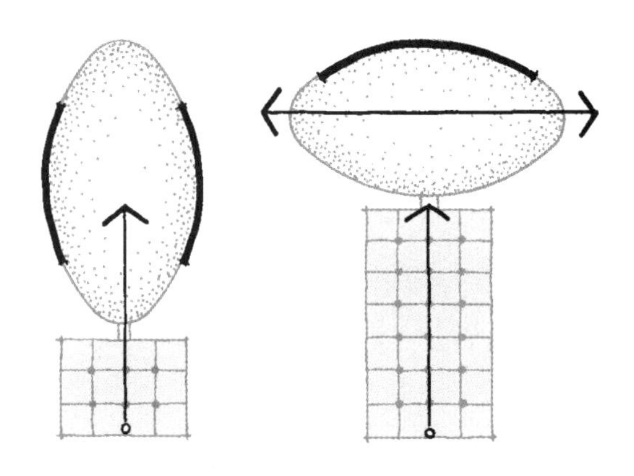

笔记/手绘

构图重点 | Compositional Accent

作为一种迷人的单一形式，卵形天生适于成为景园中的景观重点，尤其在古典设计中，卵形自身的对称性使它自然成为设计中沿轴线设置的中心部分，或位于轴线端部的形象元素。正方形、矩形和圆形也可以是轴线上醒目的元素，但卵形相对最适合比例上较长、需要流动形式的场地地块（图 14.17）。只有卵形能够创造一个柔和、弹性的形式，并以此突出轴线沿线内容。在各种各样的相关关系中，卵形都可以是一个聚焦点，而且，当它处在由于鲜明对比而使卵形柔和的弯曲更显眼的正交设计结构中时，这方面的作用通常最突出（图 14.18）。

卵形作为构图重点的另一重效用，是位于轴线尽端，在此处捕捉并维持面对它的注意力（图 14.19）。在这里，卵形的方向性可产生不同的效果。当平行于轴线时，卵形加大了深度感，并把注意力汇聚到其远端（图 14.19 左）。当垂直于轴线设置时，卵形带来了柔和的终端，并把原来的注意力旋转 90°，朝向任何一边，造成可能只在进入这个卵形空间时才能发觉的两个终端（图 14.19 右）。

最后，卵形还可用于创造不对称景园中的构图重点，通常作为一个长向元素位于开放性布局中。一个非常好的相关形象展示的是詹姆斯·伯纳特事务所设计的得克萨斯州休斯敦的企业广场（Enterprise Plaza）（图 14.20）。被确定为一个阶梯状喷泉水池的卵形围合了一处座席 / 聚集空间以及来往于毗邻办公建筑的主要通道。一系列喷水口创造了舞蹈般的水景。相对于建筑、街道和网格铺地图案的斜向方位，更突显了卵形的独特效果。

图 14.20 企业广场场地规划。

笔记/手绘

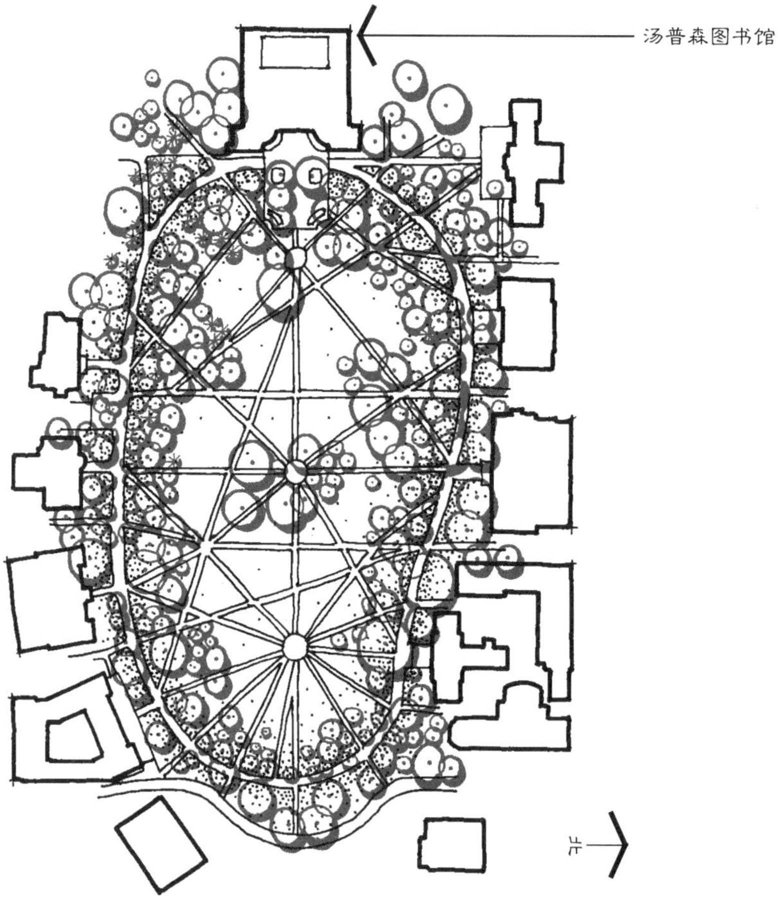

图 14.21 右：俄亥俄州立大学的卵形绿地场地规划。

图 14.22 下：卵形绿地景象。

汤普森图书馆

北

整合开敞空间 | Unifying Open Space

在场地为长向，并且周围相关环境由多样元素和材料组成的景园中，卵形是用作一个统一开放空间的恰当形式。卵形连续的包容性弯曲在视觉上整合其边缘上的不同用途和建筑，框住一个人们可在里面聚集的主导性开敞空间。相关例子包括克利夫兰大学圈地段内的卵形绿地（the Oval within the University Circle Area in Cleveland）、佐治亚州的肯尼索州立大学的校园绿地（the Campus Green at Kennesaw State University）、俄亥俄州立大学的卵形绿地（the Oval at the Ohio State University）等。后者在字面上和图形上都是校园的中心，举办各种正式与非正式集会（图 14.21 ~ 图 14.22）。另外，卵形形式在构图上统一起围着这个开放空间的众多建筑，为随意的奥姆斯泰德式植栽(Olmstedian planting)带来一种容易感知的结构，并弘扬了位于这个空间西端的威廉·奥克斯利·汤普森图书馆（William Oxley Thompson Library）的支配地位。近来由迈克尔·罗伯特·范·瓦尔肯伯格事务所完成的一项著名设计，通过加强其周边树木的密实度并除却周围建筑立面的视像混乱，试图重塑这个卵形的清晰性。还有，东西走向的中央步道脊线也得到视觉强化，以减轻大量交叉路径的混乱感（同图 9.26 比较）。

笔记/手绘

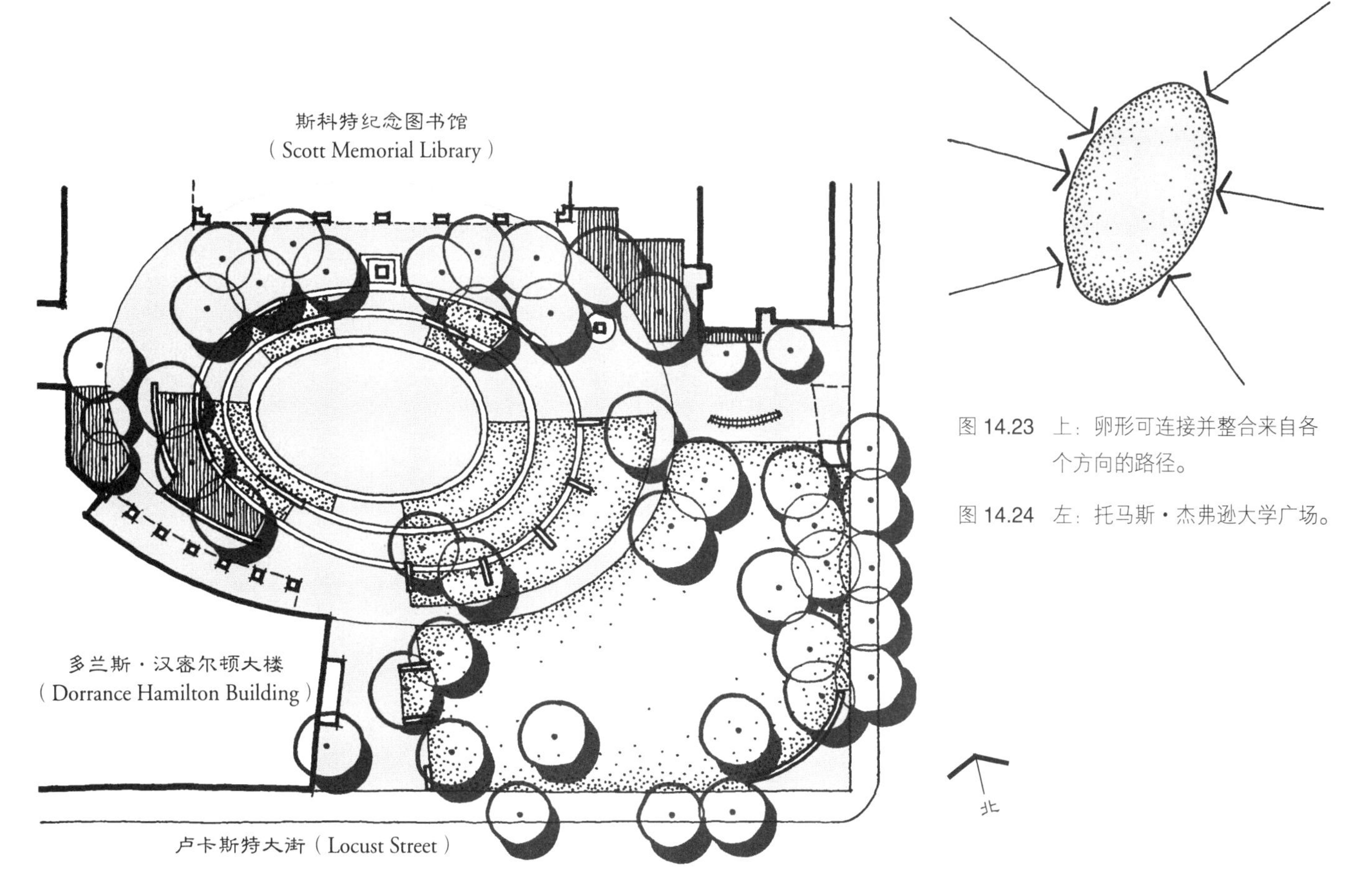

图 14.23 上：卵形可连接并整合来自各个方向的路径。

图 14.24 左：托马斯 · 杰弗逊大学广场。

汇聚节点 | Gathering Node

同圆形一样，卵形平和的弧线围合是亲切的聚集空间的基础。卵形的弯曲可以让来自各方的路径汇聚于一个共有领域（图 14.23）。一旦处在这个空间里，周围的边缘就显现出内向的聚焦性，允许人们沿着外缘坐下观赏内部的活动。一个例子是安德罗波金景园建筑设计公司（the Landscape Architectural Firm of Andropogon，Andropogon，意为须芒草——译者）设计的宾夕法尼亚州费城托马斯·杰弗逊大学（Thomas Jefferson University）校园的一个新广场（图 14.24）。这个广场被设想为这个城市校园的“心脏”（heart），以及各种学术讨论、活动的场所（Andropogon）。广场包含大量可坐之处、公共艺术品，还有一个快餐店。另外，卵形形式是对周围毗邻建筑的回应，加强了建筑和场地的关系。

笔记/手绘

另一个把卵形当成核心聚集空间的例子，见于哈格里夫斯事务所（Hargreaves Associates）设计的伊丽莎白·卡鲁瑟公园（Elizabeth Caruthers Park）、俄勒冈州波特兰维拉米特河（Willamette River）畔一处有两条弧形的市民空间（图 14.25）。其卵形是一片开敞的大草皮，把视线引向河流，并且是自我消遣和正式表演的背景场地。有趣的是，卵形是被截平的，因而并非完整表达在场地内。然而，潜在的卵形保留在流线型路径以及另一些遍及周围城市园林的卵形空间中，在多变中确立了简明性。

视觉衬托｜Visual Foil

同圆形一样，在一个场地内或其周围关系中，卵形是同主导正交几何形产生对比均衡的很好形式。卵形柔软的曲线带来放松的视觉感受，有时像俄亥俄州哥伦布的巴特莱纪念研究所（Battelle Memorial Institute）的一个庭院更新那样，成为一处林间空地般的消闲处（图 14.26）。由 MSI 景园建筑设计公司设计的这个庭院为雇员提供了一个闲适的园林环境，其卵形围合上的曲墙和步道中和了盒子般的空间及其网格铺地图案。尤其值得注意的是，卵形自身事实上被一处有树冠覆盖的草皮隐藏起来。庭院内一系列更小的卵形区域提供了就座区，并缩小了整体空间的尺度。

图 14.25　伊丽莎白·卡鲁瑟公园。

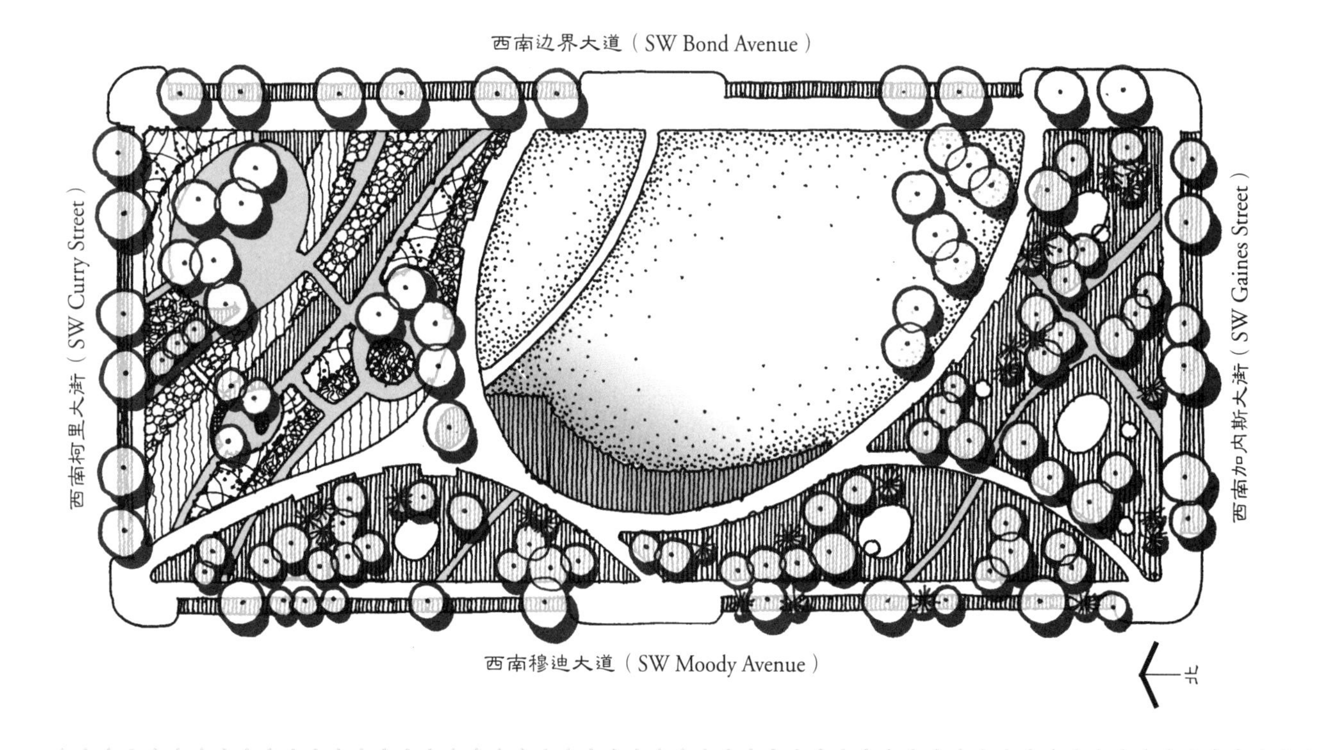

笔记/手绘

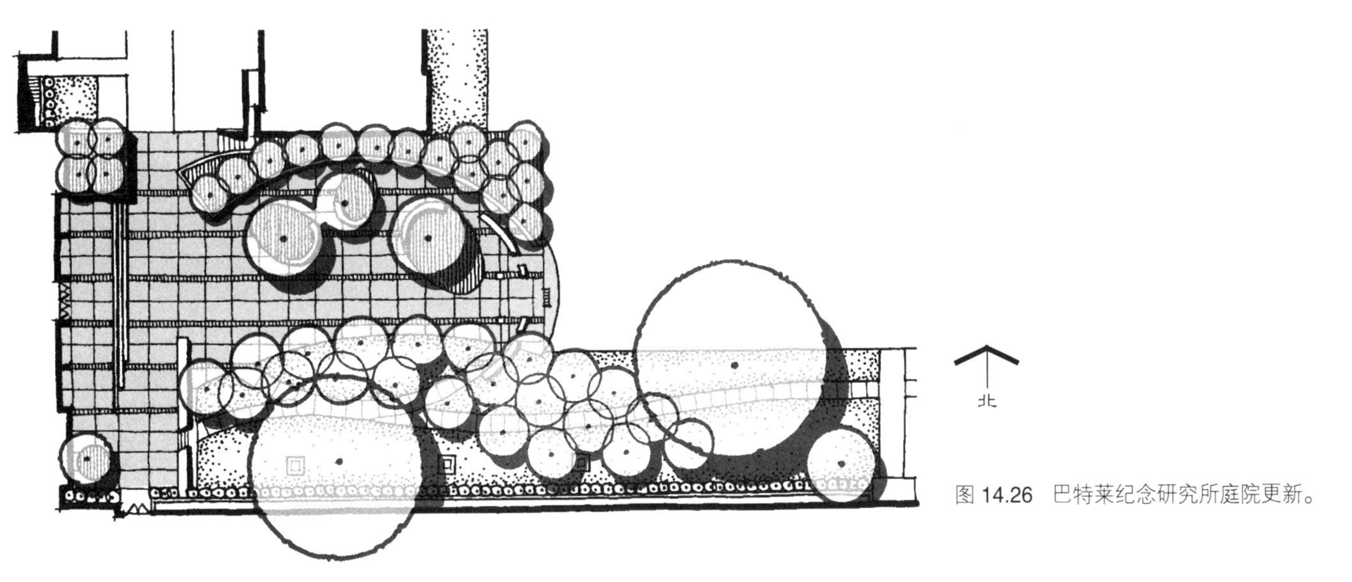

图 14.26 巴特莱纪念研究所庭院更新。

设计准则 | Design Guidelines

卵形与圆形富于相似性，这恰是前面章节为圆形提出的许多准则都作用于卵形的原因。特别是关于圆形同其他形式的交接以及圆形空间同场地边缘呈怎样关系的准则直接适用于卵形。读者可对照第 13 章来回顾这些准则。下面各段提供以卵形进行设计的补充建议。

尽端 | End Termini

如前面讨论的，当卵形是一个单一开敞空间的时候，其拉长的比例和逐渐缩小的端部把视线导向任何一端。在卵形呈对称组织并具有围合侧边，由此容纳并把视线导向空间较窄的端部时，这种功效最为明显。在这种环境中，值得注意的醒目空间和元素应位于卵形的两端，捕捉朝向这里的固有能量（图 14.27）。如在矩形里一样，没有这样的景观重点就不能突出卵形的基本布局和形式。

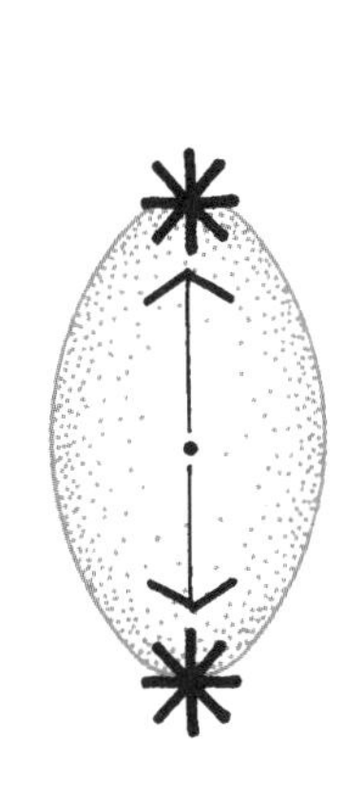

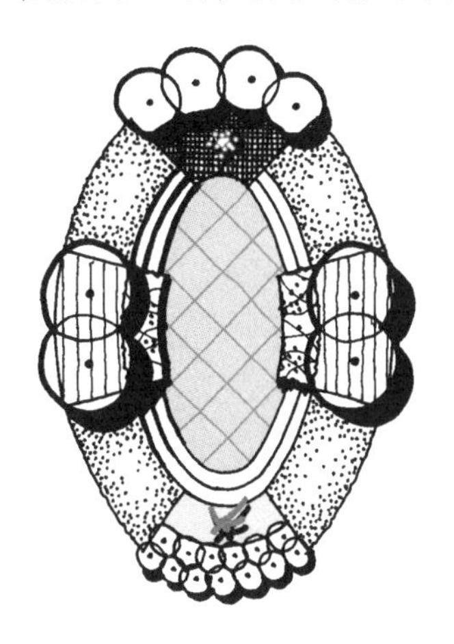

图 14.27 应恰当地突出对称卵形空间的端点。

笔记/手绘

材料搭配 | Material Coordination

围拢或位于卵形空间内的元素和材料组织的差异依赖于周围关系、设计意向和期望的空间特色、尺度，等等。然而，在卵形空间边缘外组织植被材料和其他设计元素的时候，有两种宽泛的策略。一是把卵形内的几何形式当作一种组织结构扩展出来。同处理圆形时一样，这构成了填充材料和元素的 4 种形状语汇：射线、线性的弧、楔形以及弧形的面（图 14.28 上；并同图 13.48 比较）。射线和楔形形状有自卵形外推的感觉，而弧形平行于卵形的边缘。这种技巧塑造了一种直接重复卵形形状的组织形式，适于规则的包容性空间。然而，在试图使围合性元素同其他空间或场地边缘联系时，这种方案可能会发生问题。

第二种围绕卵形组织元素的方式，是以弧线形式和材料地块呼应卵形的基本形状（图 14.28 下）。这种方式以一层层的弧形重复了卵形的边缘，一些呈现为流动的线条，另一些是带弧线的楔形植物丛。这种富于结构感的弧线的效用适于不规则空间，实现把卵形自身的空间感扩展到其外的多种面貌和层次。

图 14.28 围绕卵形空间组织元素的不同策略。

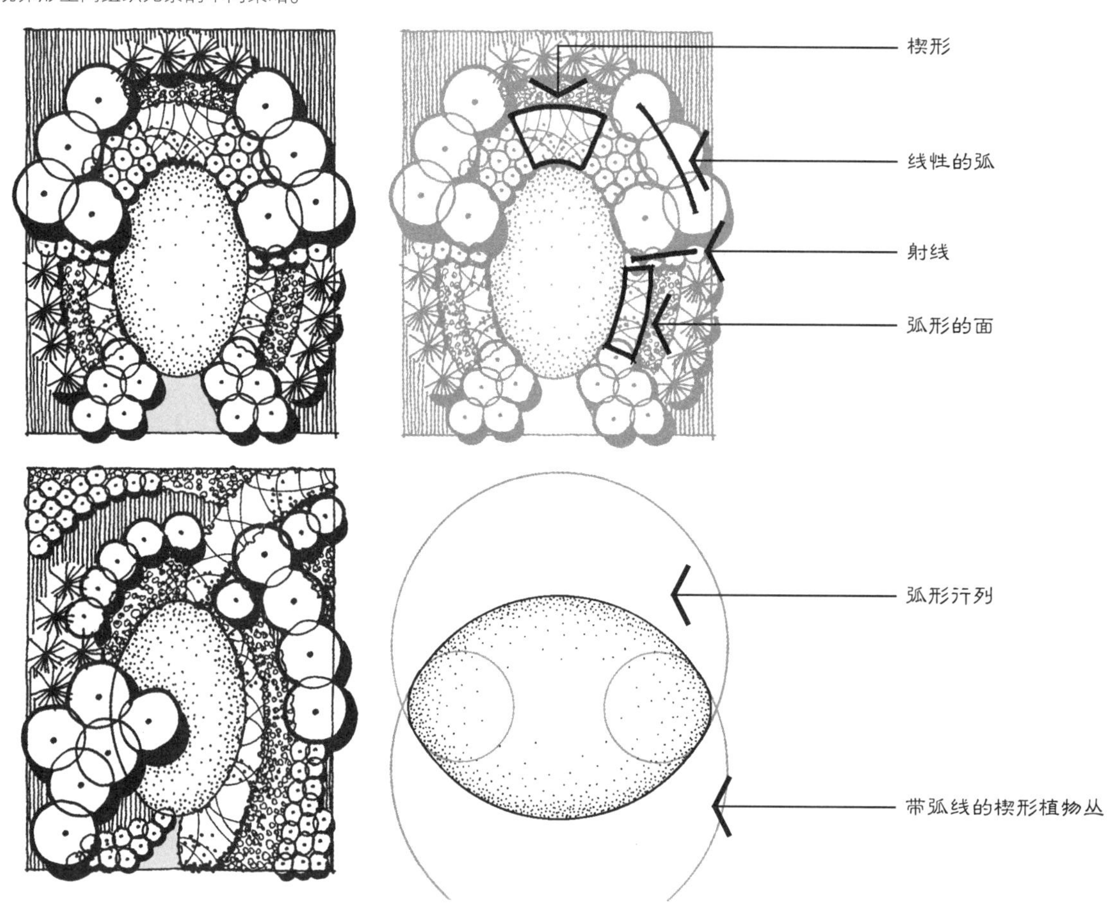

笔记/手绘

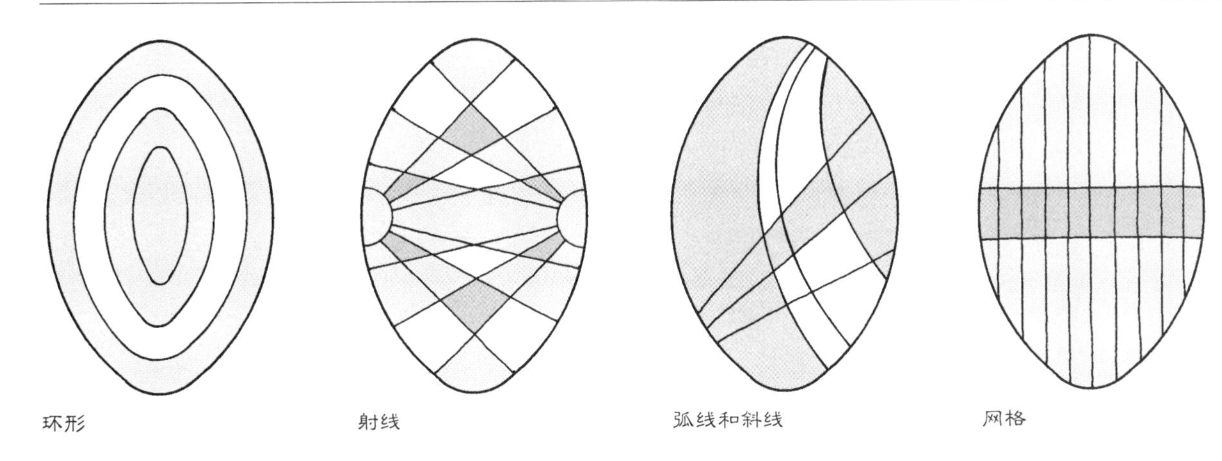

图 14.29 卵形内的可能铺地图案。

本章前面出现的同心圆弧线、射线和曲线手段，最适于用来引导卵形内的各种元素布置（图 14.12）。卵形内的铺地可同样依循这些手法之一、它们的结合、正交网格或者依据视觉效果追求其他图形（图 14.29）。

地形 | Topography

卵形的地形处理取决于它在景园中是一处空间，还是一个物体。如果卵形占据一个连续贯穿的空间或地块，其地平面应该相对平整或是固定坡度的斜坡。由地平向下挖掘以构成坡度和缓的凹陷下沉，也可以产生包容性空间（图 14.30 左）。

当卵形是景园中的体量时，其典型地形是抬升起的。这可以通过阶梯和 / 或层层平台的手段来实现，就像处理圆形时的情况一样（图 13.51）。卵形同样可以成为凸丘，经常像一个掩埋着的蛋，具有柔和的泥土外形（图 14.30 中）。这种构想自身很适于创造一系列障碍物，优雅地指引穿过一个空间的运动（图 14.16 和图 14.30 右）。

图 14.30 卵形自身适于柔和的凹陷和凸起。

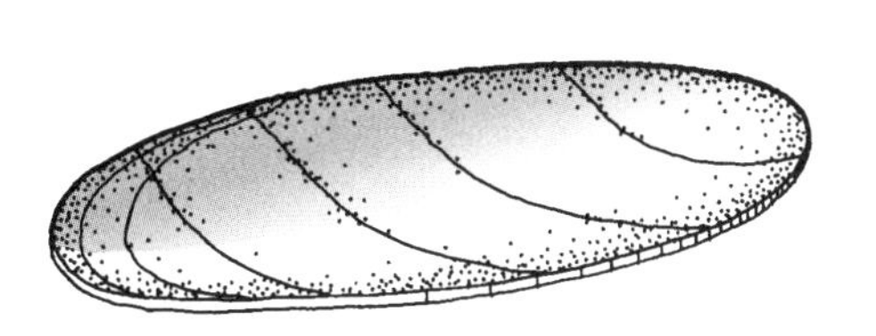

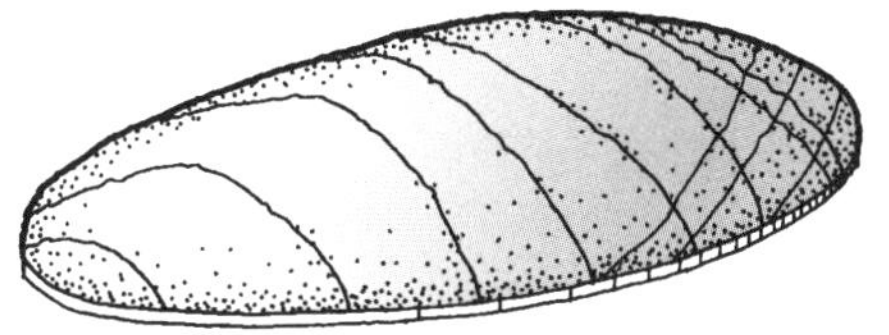

笔记/手绘

网上资料 | Internet Resources

Andropogon: www.andropogon.com

Hargreaves Associates: www.hargreaves.com

Michael Van Valkenburgh Associates, Inc.: www.mvvainc.com

MSI: www.msidesign.com

Thomas Balsley Associates: www.tbany.com

笔记/手绘

圆弧形式 | Circular Forms

曲线 | The Curve 15

最后一种圆弧形式是由流动、弯曲的线条构成的优美形状类型。到目前讨论为止，曲线形状是所有几何形中最情感化的、来自右脑的感觉和激情。曲线几何形是正交形式的对立面，体现难以言表的、情绪性的东西。还有，曲线体现自然并发生于风和水对大地的环境塑造中（图 15.1、图 16.8）。人类创造的曲线形式来自自然的启迪，呈现在包括中国和日本园林在内的许多景园中。在西方文化中，曲线几何形浮现于18 世纪英国自然风景园，并得到威廉·霍格斯（William Hogarth）的集中阐释："……波浪状线条是美的途径"（Mann 1993，60）。现代时期的设计见于托马斯·丘奇和罗伯托·布雷·马克斯（Roberto Burle Marx）等景园建筑师对曲线形式的应用中。在当代景园中，曲线几何形被广泛用作构图结构系统，特别是在土地、植物和 / 或水体在居住环境、公园、自然风景之类中占主导地位的地方。本章探讨曲线形式在景园建筑学场地设计中的如下特征：

- 几何性质
- 景园效用
- 设计准则

图 15.1　自然中的曲线示例。

图 15.2 曲线由相邻圆心并列的多条弧线构成。

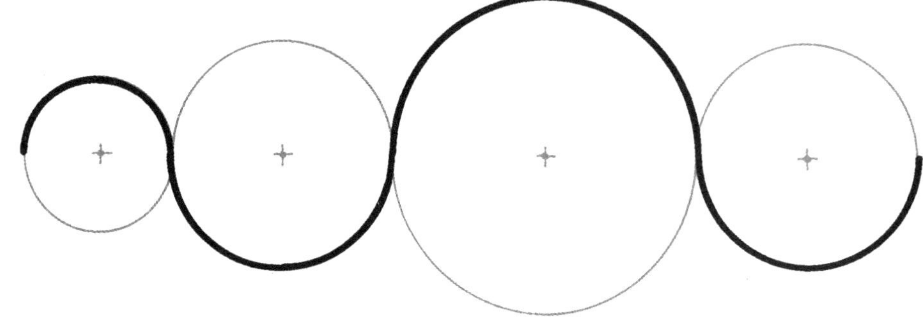

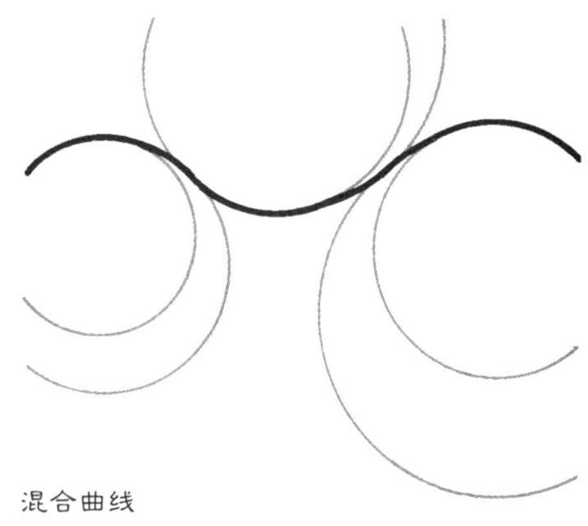

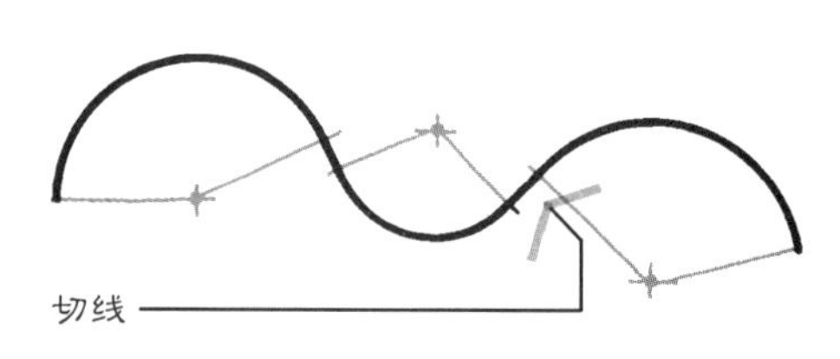

图 15.3 上：曲线可能由弧线与切线混合构成。

图 15.4 右：弧线与曲线比较。

几何性质 | Geometric Qualities

曲线几何形的基础是由许多弧线构成的蜿蜒曲线，它们以连续的流动姿态彼此连在一起。理论上，每个弧线都是围绕圆心的一个真正圆环的片段（图 15.2）。在现实中，曲线通常有更复杂的构图，并且可能包括具有各种曲率变化的弧线和螺旋线混合（图 15.3 上）。这些构成成分效仿了自然中的真实曲线，因而使曲线形象不再显得机械。另外，在弧线间还会插入较短的直线作为曲线反转时的过渡（图 15.3 下）。

一条曲线可能看上去像呈现在第 12 章中的弧线一样。的确，它们具有相似性，因为两者都以圆弧一样的线条为基础，有时是复合的（图 15.4）。然而在弧线几何形中，尽管有线条彼此衔接、叠加，塑造出复杂的构形，它们仍保持了各自的纯粹形象。在曲线几何形中，线条是在一系列“S”形曲折行进中彼此相接的。每个单一的弯曲部分都融化在整体线条中，因而失去了各自的明晰性。

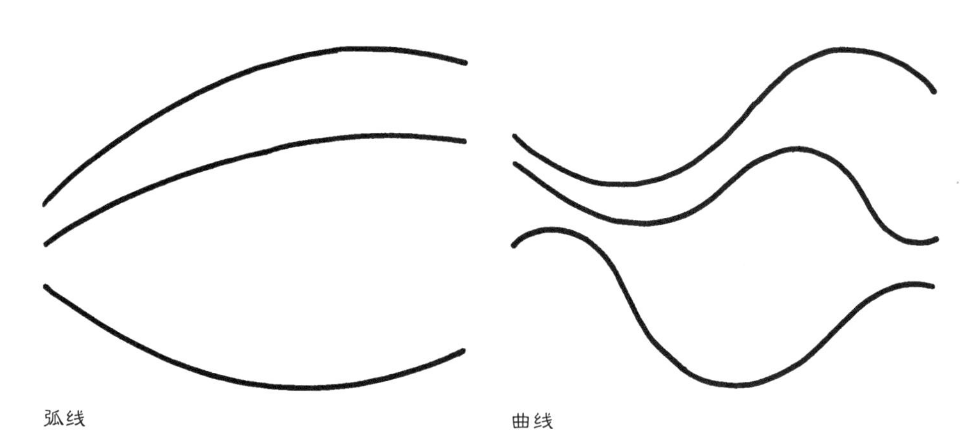

笔记/手绘

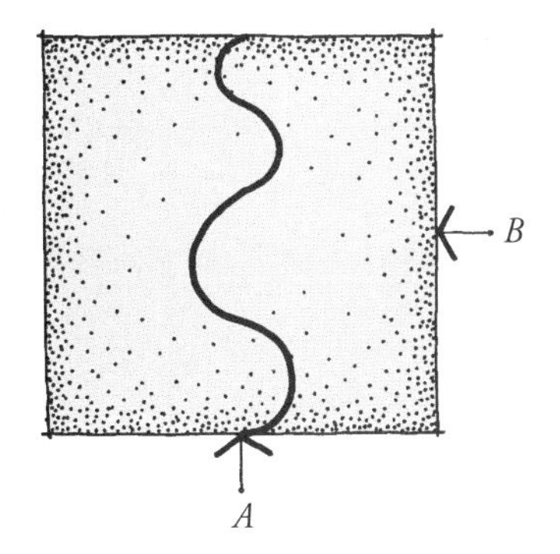

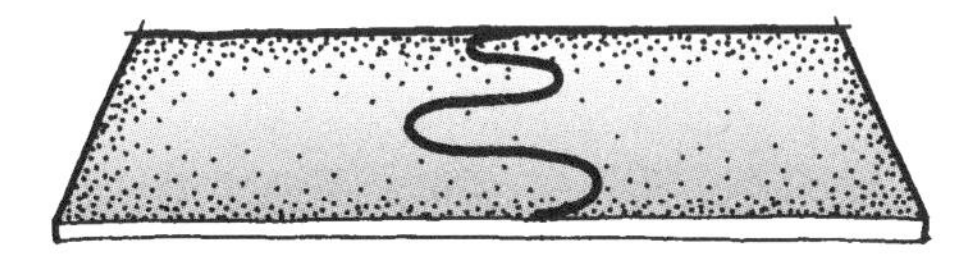
视像 *A*

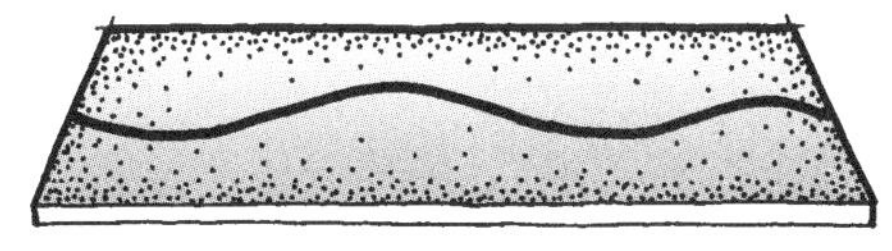
视像 *B*

图 15.5　从不同视点看到的曲线表现不一。

用尺规工具或电脑可以绘出曲线，但建构曲线的理想方式还是徒手绘制。这要求极好的手眼结合以及有关怎样“感觉”（feels）才是正确的直观敏感性。创建富于感染力的曲线形式的能力不是一种固定技巧，并且通常要求在实践中发展积累。无论怎样，手绘的曲线总是最接近于自然的那种弯曲，并且最富于直观感染力。古希腊人知道这种好处，并在他们的设计中回避了纯粹的直线、圆形和从圆中划分出来的曲线，因为他们了解这类形式的人为造作性（Grillo 1960，38-39）。

曲线的一种特征是在其伸延中永远存在的推远和拉近。这种二元对立的力量产生了一种具有特殊品质的脉动，在沿着线的方向观赏时尤其活跃，充满魅力（图 15.5）。即使从侧面看，这种生动性也可被发现。波动曲线的另一种效应是，同其他形式相比，它在点之间伸展出更长的弯曲连线，或围合了一定领域（图 15.6）。假如更看重效率，这可能是不利的，但如果目标是基于延长体验或展示而创造最长的边缘，它则是有益的。

图 15.6　曲线形边缘比其他基本几何形要长。

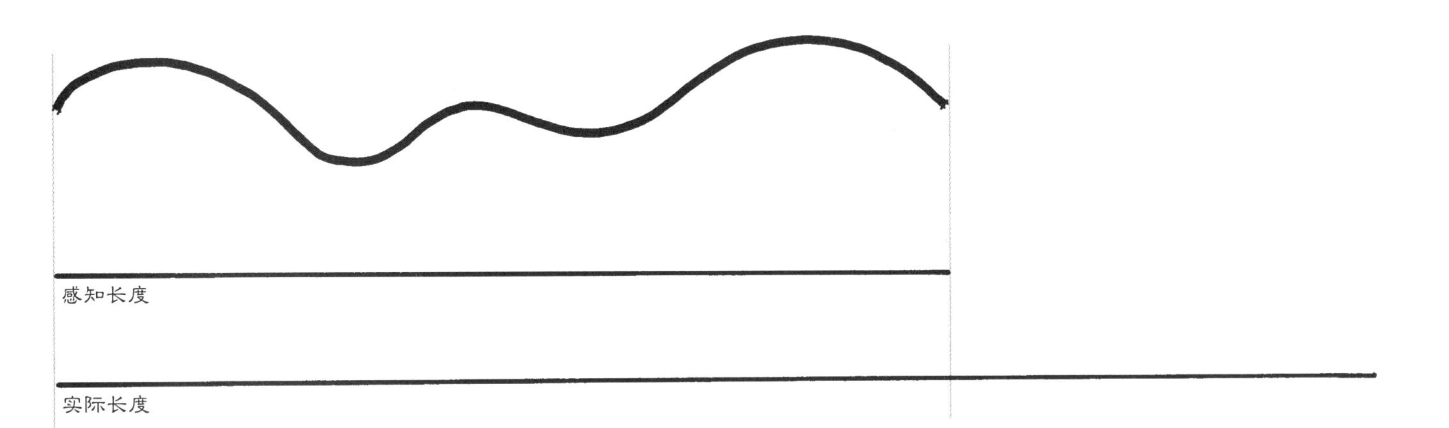

笔记/手绘

景园效用 | Landscape Uses

曲线形式在景园建筑学场地设计中有一系列广泛用途。像采用其他形式类型时一样，这些应用效果中有许多是相互关联的，因此，通常在满足一种效用时也能达到其他目的。曲线形式最具价值的景园效用有：空间基础、探索性体验、模仿自然场景、平衡人类环境以及表现优美的流动。

空间基础 | Spatial Foundation

曲线形式的一种基本效用是在景园空间中发挥骨架作用。尽管曲线形式经常被视为所有建构性事物的对立面，它们事实上同前面章节讨论过的其他形式相似，具有同样的组织能力与空间勾勒能力。因此，如下面各段所阐释的，曲线形式可被当成一个单一空间或一个有附属关系的空间序列的基础骨架。

单一空间。一条曲线和/或一组这类元素可在景园中优雅地围合一处单一包容性空间（图 15.7）。这种空间把不对称多边形的不规则同圆形、卵形的曲线融合在了一起（图 15.8）。其结果是一处不对称的、感性的、松闲的和滋润的空间，更多诉诸情感而不是智慧。处在用曲线形式限定的空间中往往很舒适，尤其是当这种限定结合了植物和泥土这类柔和、圆润的元素时。一个曲线空间也没有基本形体中的那种可预知的固有形状和比例。对于适应那些限制非常多的场地来说，这是一种很吸引人的性质。

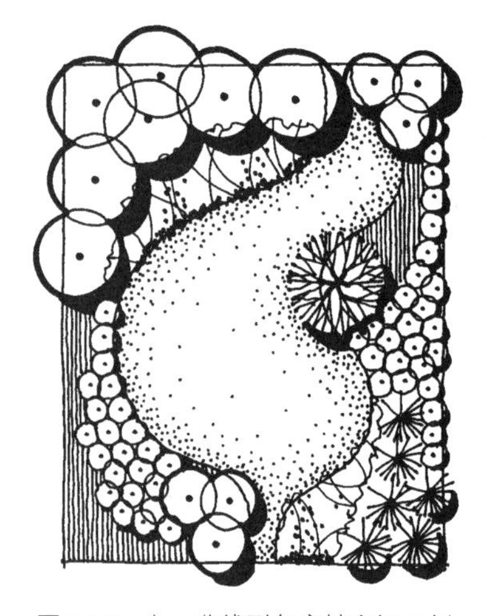

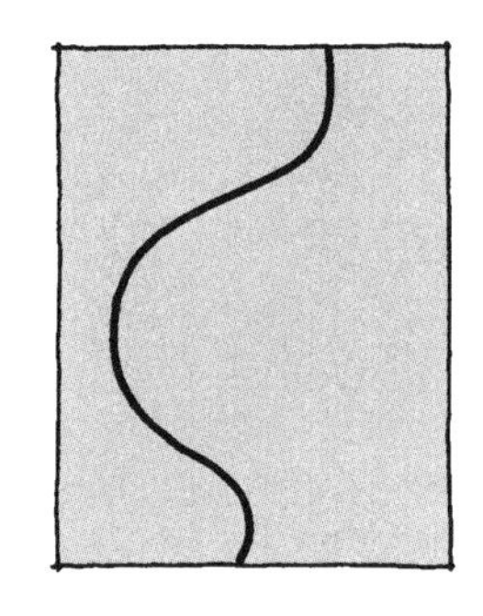

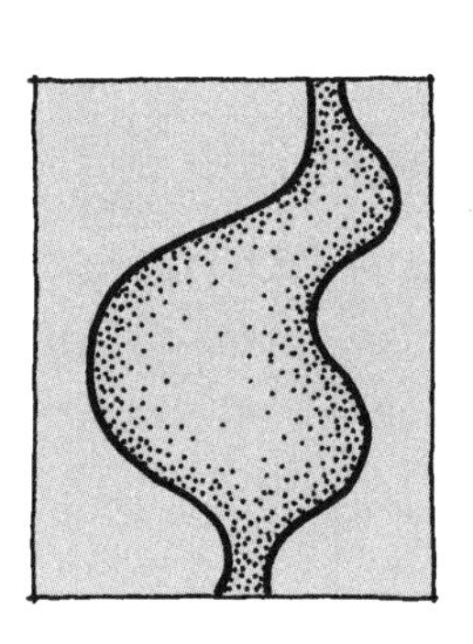

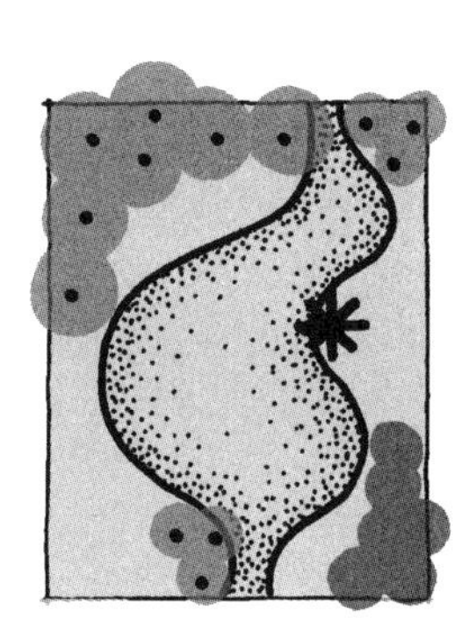

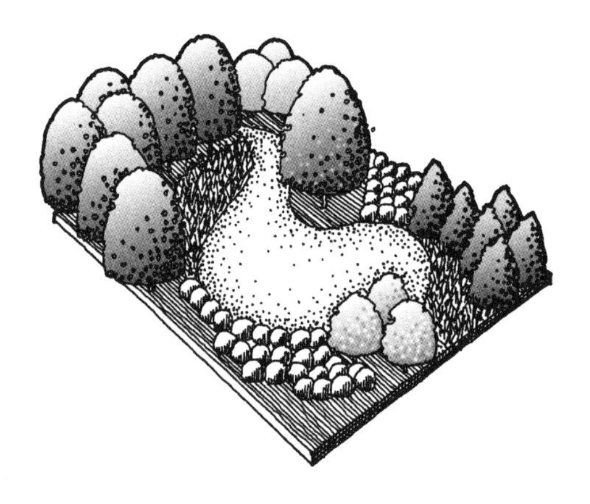

图 15.7 上：曲线形包容性空间示例。

图 15.8 右：向包容性空间内观察。

笔记/手绘

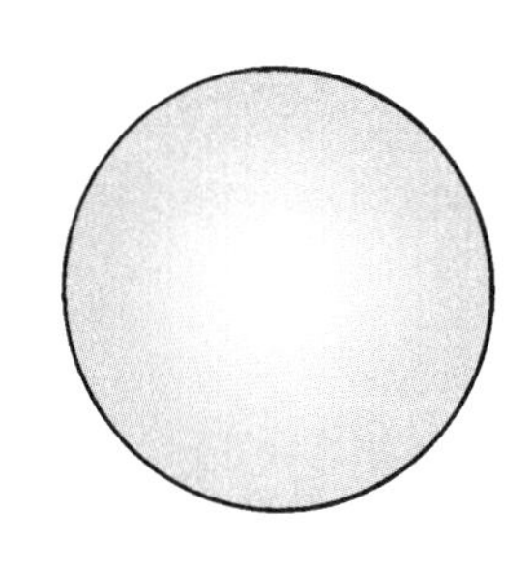

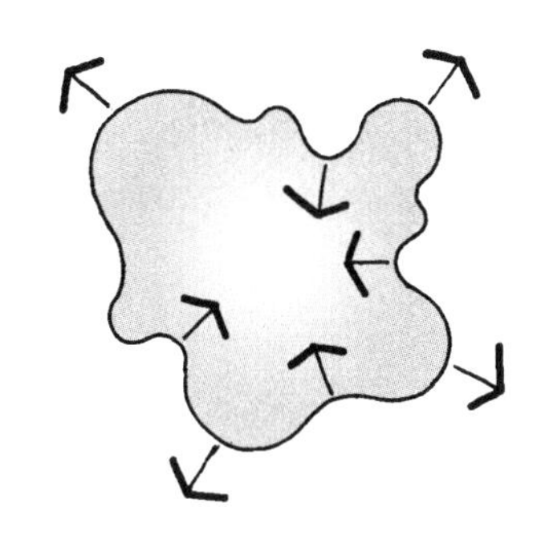

当直接同正方形和圆形空间的简明性相比时，带有持续内拉外推感的弯曲边缘塑造出相对复杂的空间（图 15.9）。一处曲线空间不很容易把握，其中可能没有任何能感知其整体的优越视点。像不对称多边形一样，凸入空间内的部分可以遮挡一些区域，造就隐秘的气氛（图 15.10）。最后，尤其在呈现急缓多变的滑动弯曲时，空间边缘带来韵律和脉动的能量与动感。

图 15.9　曲线形式同方、圆对比的复杂性。

当把一些限定性元素插入单一曲线空间来塑造体量化空间时，这种单一空间就变得更复杂了（图 15.11）。人的视线必须穿越和绕过那些刻意设置的元素，因此，边缘就变得不明晰，穿越空间的视线也更具深度感觉。由于很难从任何一个有利的视点来感知整体，这种空间类型还激励人的运动。

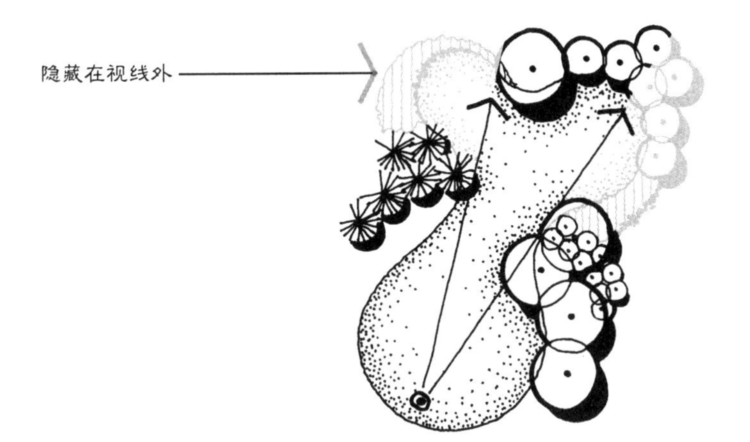

图 15.10　蜿蜒曲线空间中的一些区域可能被隐藏在视线外。

笔记/手绘

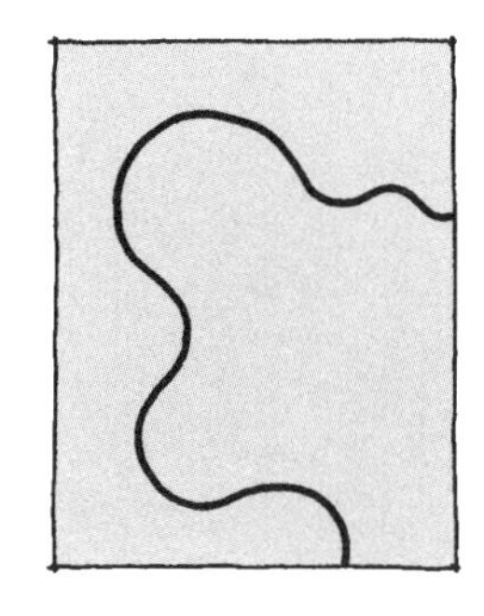

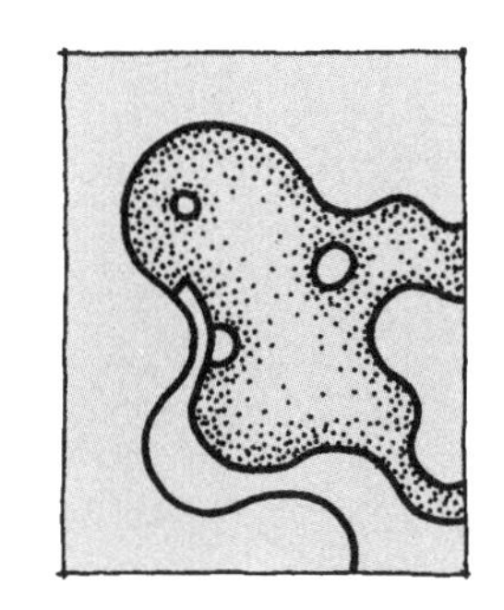

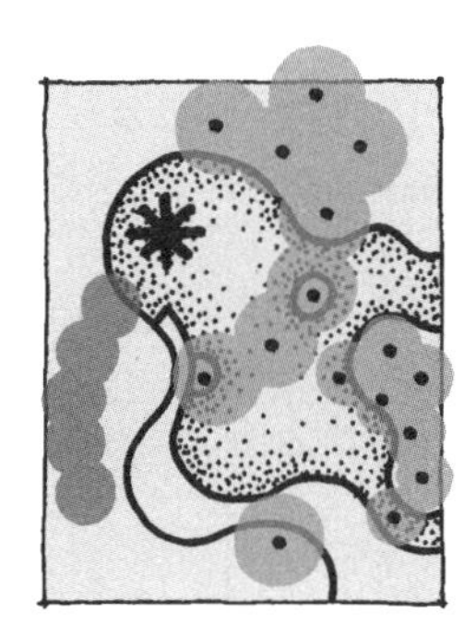

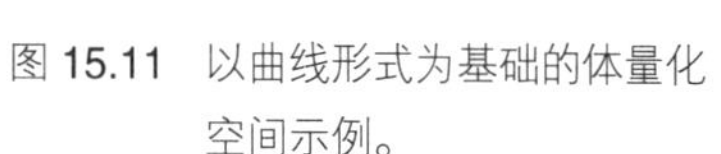

图 15.11 以曲线形式为基础的体量化空间示例。

有如其他形式类型，大多数曲线空间有必要进一步划分或直接加入些什么，以创造不同的用途和材料区域。但与前面讨论过的形式都不一样，曲线空间没有由轴线、斜线、延长的边缘、射线等构成的内部结构。这种内部几何关系的缺失给了设计者很大的自由度，但仍然有一些技巧比其他技巧更值得推荐。划分曲线空间的最稳健方式是在空间内部或沿其外缘重复曲线形式（图 15.12 左和中）。此时必须特别注意这些形式的衔接（见设计准则）。另一种些许有别的技巧，是采用弧线和 / 或圆的片段，它们貌似复制了曲线形式的一般外貌和感觉（图 15.12 右）。带有直线侧边的形式也可以被接纳，但要意识到它们的气质同曲线相反，因而在采用时须加倍小心。

图 15.12 划分曲线空间的不同技巧。

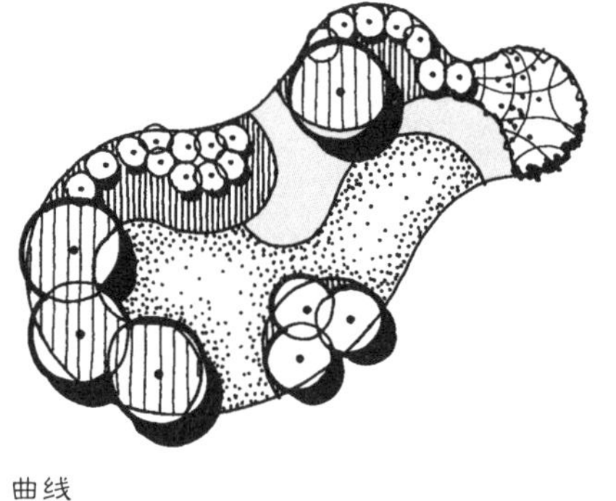

曲线

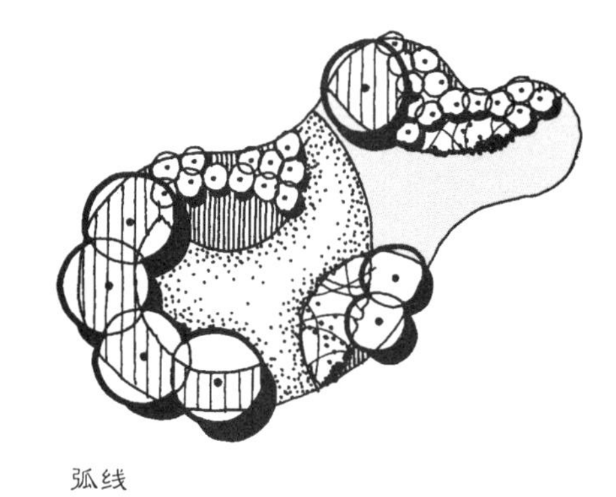

弧线

笔记/手绘

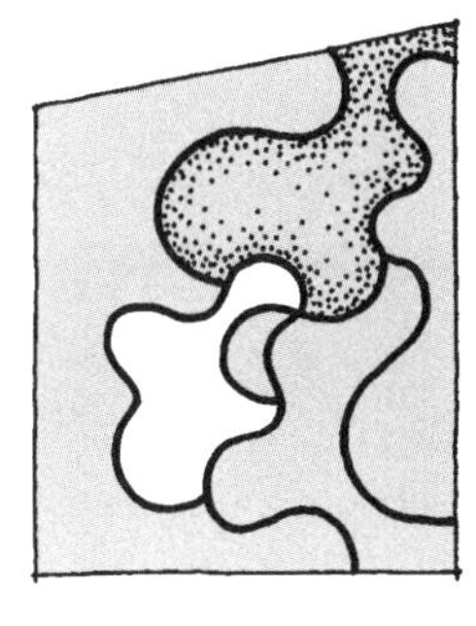
连锁

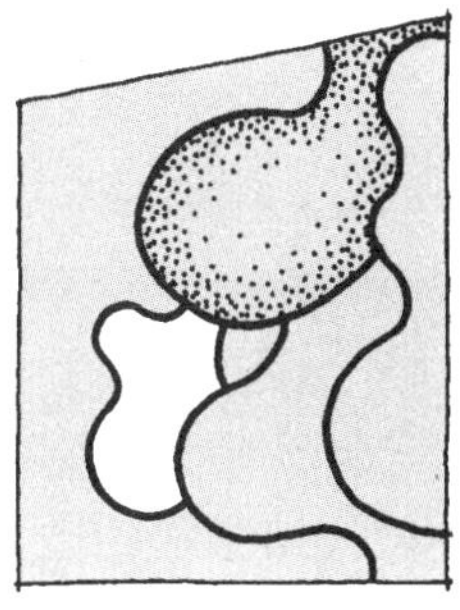
面对面

从冥想用的安静场所到充满流动特征的活跃场所，单一曲线空间可以有各种用途。如果不考虑特殊情况，所有的曲线空间都把人为的控制与自然的多样化结合在了一起。更进一步说，在意欲以包罗万象的自然来反衬人类控制的设计环境中，用植物、土和水来强化曲线的可能性，使曲线空间方案很富有吸引力（另见景园效用）。

复合空间。在景园中，同样可以用曲线形式来限定复合空间。利用曲线的不规则与圆润本色，复合曲线空间最适于作为不对称组织结构的基础，通过加法或减法转化来组织协调。同其他曲线形式一样，依据所要求的关联程度，相关的曲线空间很容易以连锁相加和空间张拉的方式组织起来（图 15.13 左）。但与圆形和卵形不同，相关曲线空间还能以面对面相加的方式相互接触（图 15.13 右）。这种可能性是因为，曲线形式的灵活伸缩本性允许它们沿着连续的共同边缘结合，就像直边的形式那样。在面对面相接中唯一要考虑的构图问题是，两个空间的边缘在彼此交叉时应该怎样处理（见设计准则）。

一组相关曲线空间的结合还能通过减法来塑造，形成非常类似圆形和卵形所导致的那种设计结构，包含一个交织的间隙空间（图 15.14；并同图 13.19、图 14.16 比较）。另外，曲线的圆润性使它的形状能完全适合任何在场地内出现的流动路径，无论它们是直接的、间接的、主要的或是次要的。另一种独特性质是，曲线形式可以在设计组织中以其形状创造节点和凹处，因而带来停顿或与他人相会的场所。

图 15.13 上：用加法创建复合曲线空间的不同方式。

图 15.14 下：以减掉曲线形为基础的设计示例。

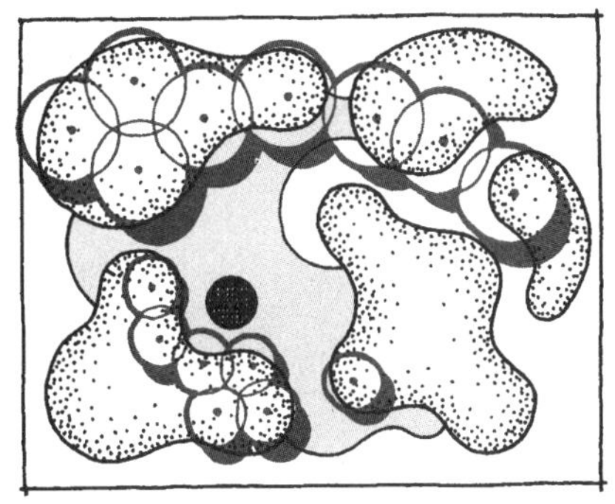

笔记/手绘

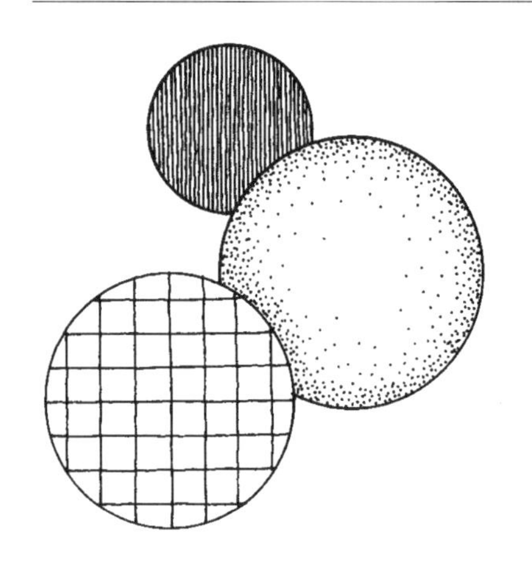

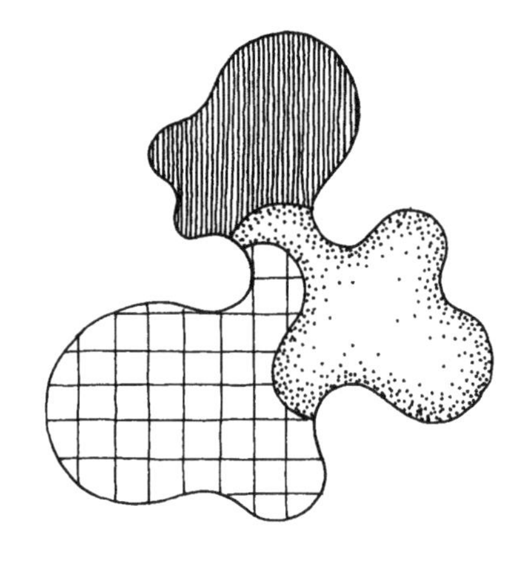

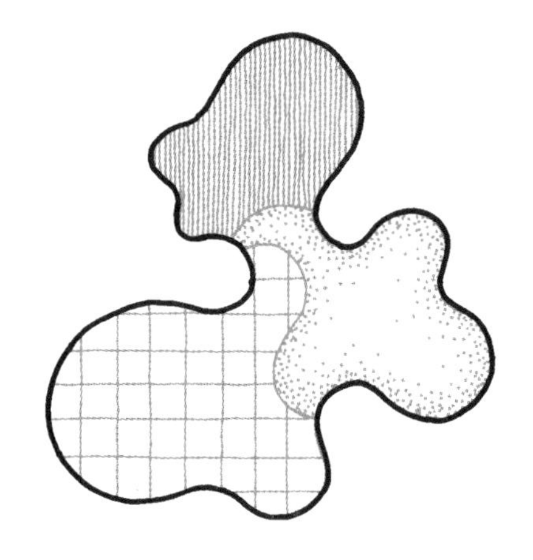

图 15.15 多个曲线空间的衔接因围合边的连续而著称。

一组曲线空间同样拥有它们作为单一空间时的许多空间品质：放松、波动、适应性强并体现“自然”（nature）。同时还有另一种特色：空间之间的连续流动。前面有关圆形和卵形的章节中已经突出了曲线形式的不间断本性。然而圆形和卵形是自身完备围合的，因此，即使空间的形式一样也能造成毗连空间之间的清晰划分（图 15.15 左）。比较而言，复合曲线空间的限定边缘是连续着从一个空间到另一个空间的（图 15.15 中和右）。空间之间的区别来自转换领域的相对大小及材料对比，而不是沿着边缘的转角或区隔。其结果是形成一个平滑穿越景园的空间序列。

探索性体验 | Exploratory Experience

通过创造一条波浪线条和 / 或一个蜿蜒空间的方式，曲线形式非常适合在景园中构成一种探索体验。这会令人想起，不对称正交和多边形类型也能用于同样的目的（图 8.18、图 11.25）。所有这些组织体系都是使景观和空间连续变化的基础，这类变化激励了发现视线之外未知者的渴求。

图 15.16 下：一条曲线路径把注意力引向景园中的许多区域。

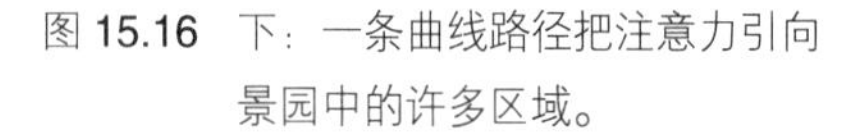

图 15.17 右：曲线路径支撑起运动的漫游性质。

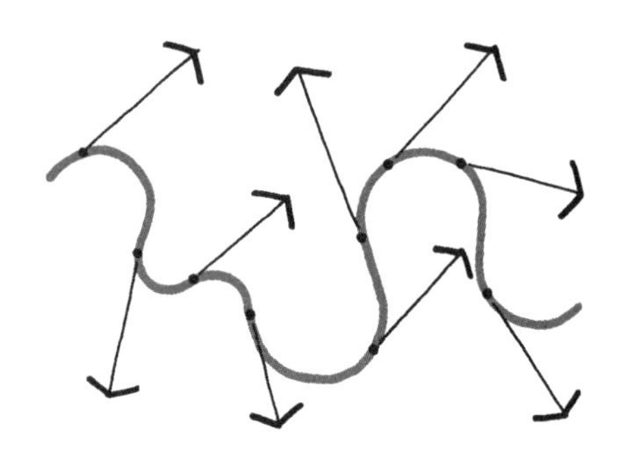

笔记/手绘

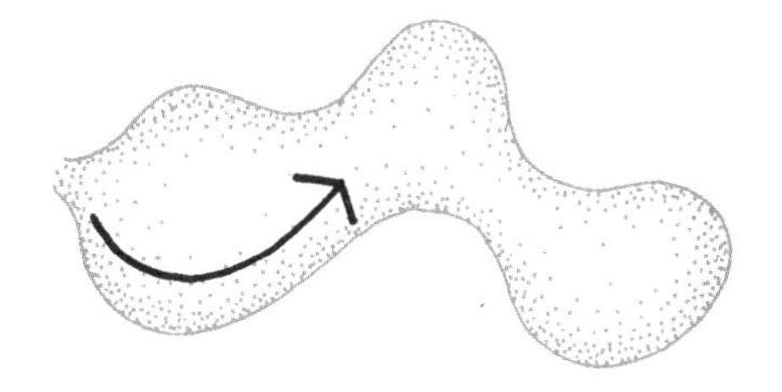
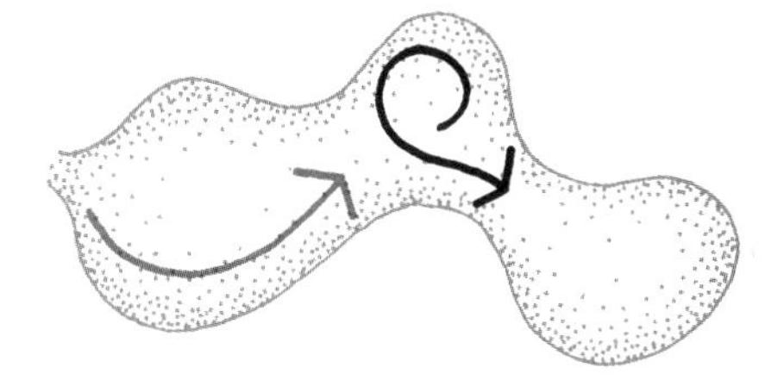
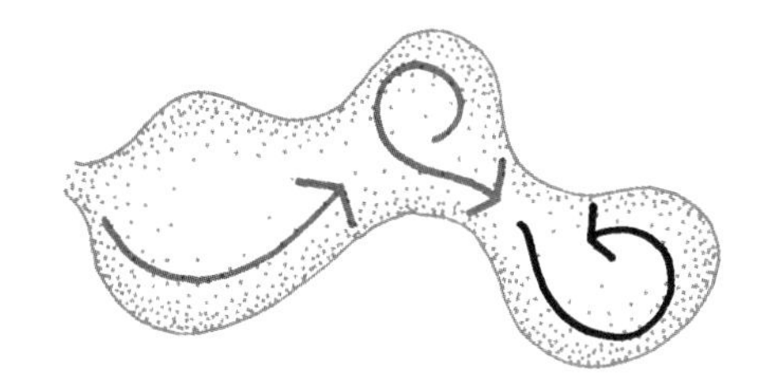

图 15.18 沿着曲线空间的运动有如蜿蜒的溪流。

曲线的独特之处在于它们强化了人们运动的漫游与流动性。穿越景园的曲线路径支持一种随机的，却是刻意设计的，伴随各向视线波动的运动方向。一种情况下，人们的注意力被引向一处既定的景观区域，而在另一个时候则是一处新的环境（图 15.16～图 15.17）。同样，欲游历一处蜿蜒溪流般曲线空间的人，也可被空间侧边引向各种方向（图 15.18）。所有这些都以优雅的方式难以察觉地发生，伴着一处景观向另一处景观的渗透。过程性和系列化感知的概念在曲线设计中是固有的，只需以竖直面的围合来加强，以达到隐匿与揭示景物和景观的效果（图 15.19；并同图 7.35 比较）。研究表明，同直线路径相比，人们实际上更喜欢弯曲的路径，尤其在它使人们将要完全看到的东西具有半掩半露的神秘性时（Kaplan 1998，91）。

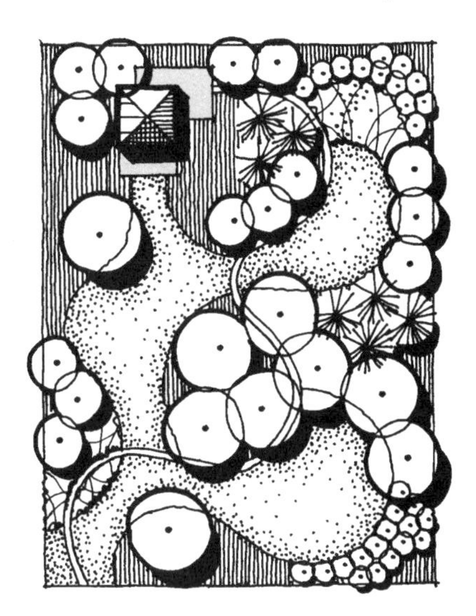
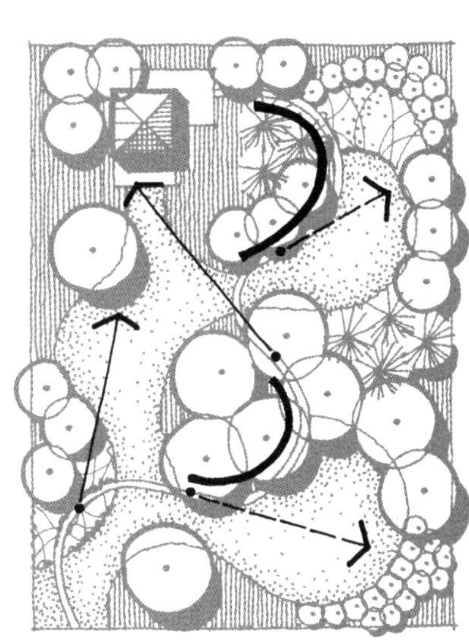

图 15.19 曲线设计使自身成为循序渐进的认知过程。

笔记/手绘

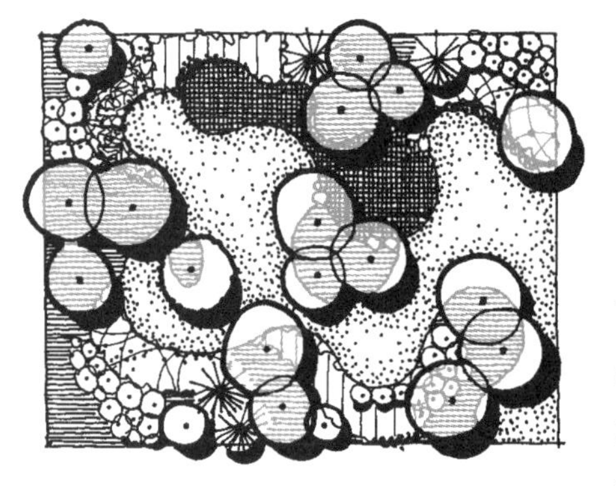

图 15.20 意欲体现自然环境的设计示例。

模仿自然场景 | Emulate Natural Settings

前面的内容已经提示过，曲线形式存在于自然世界由风和/或水、水体或植物群落塑造的地形中。毫无疑问，各个时代和地理区域的景园设计者都直接模仿了这些形式，或把它们当成启示来程式化地表现自然。当其二维结构被起伏的地表、植被簇丛以及流动的水体所强化时，意寓自然的努力尤为成功（图 15.20）。

这种设计类型被概括为所谓轻柔流动形状的“优美”（beautiful）景园风格，在 18 世纪中叶经一些英国自然风景园设计者而流行（图 15.21）（Symes 1993，18）。一个代表性例子是约瑟夫·帕克斯顿（Joseph Paxton）1843 年设计的英格兰伯肯黑德公园（Birkenhead Park）（图 15.22）。有郁郁葱葱的开敞空间是弗雷德里克·劳·奥姆斯泰德（Fredrick Law Olmsted）及其 19 世纪晚期到 20 世纪初的同代人设计的中央公园（Central Park）、展望公园（Prospect Park）和许多类似绿色空间的基础原型。在所有这些例子中，基本观念都是造就一种令人联想起自然景观的、丰润流动的理想美国风景。

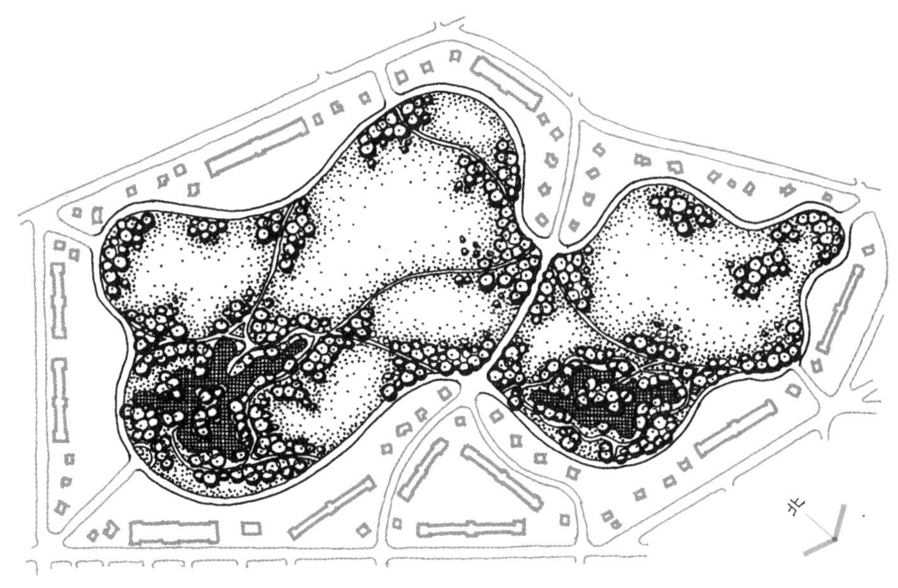

图 15.21 上：英国自然风景园景观。

图 15.22 右：伯肯黑德公园平面（依据最初的设计）。

笔记/手绘

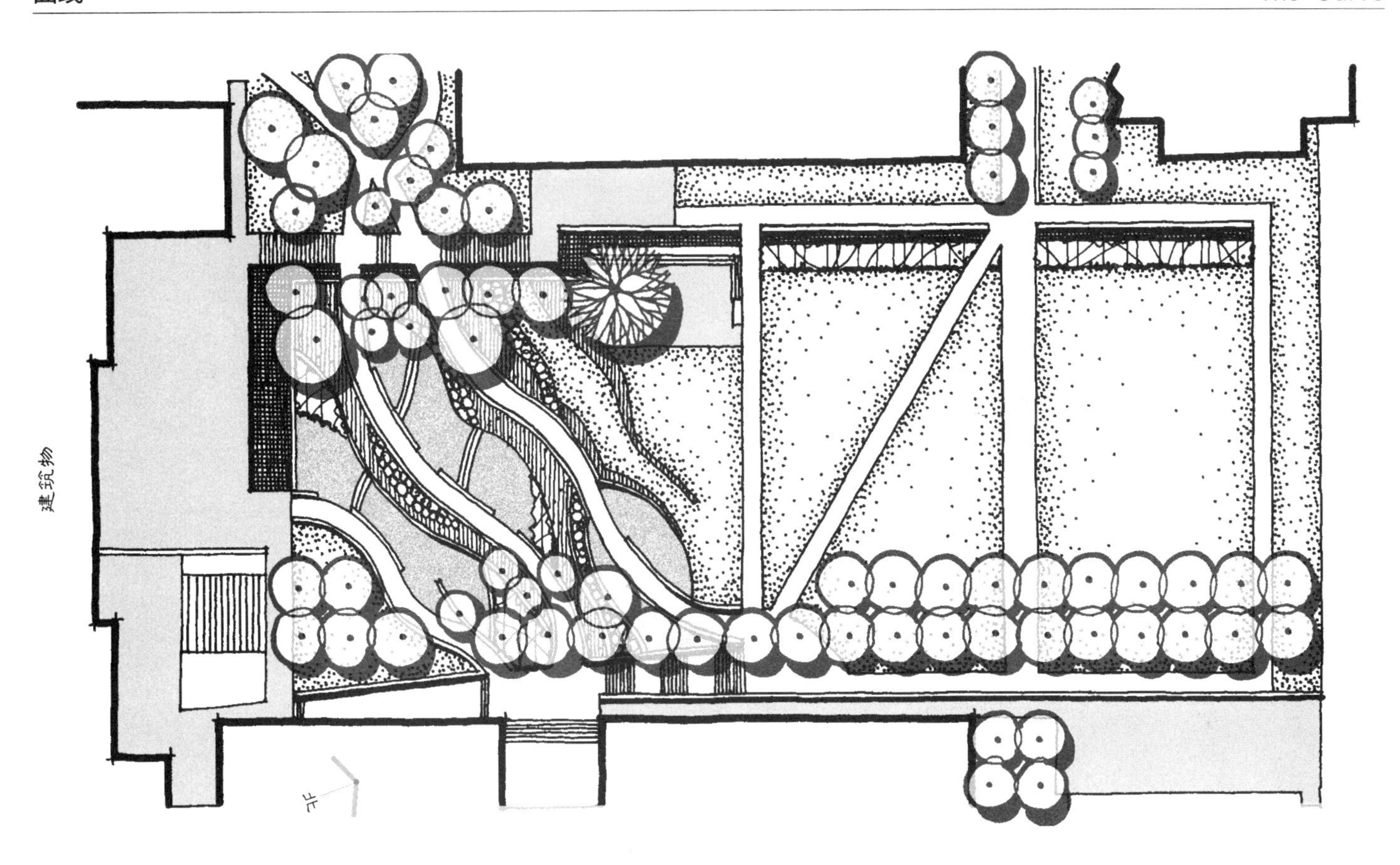

图 15.23 艺术广场场地规划方案。

在当代设计中，以程式化的、人为控制的方式来表达自然的曲线形式仍然很有应用活力。应该注意，尽管曲线设计结构对许多人都意味着自然，它还是一种人类的解读表现。自然的真正表现必须超越形式，融入更广泛的系统概念，即，自然是一个有着无数构成成分和循环的复杂整体系统。许多可持续概念和原则都要求更准确复制自然界的功能环境，而不是仅仅造就一种视觉印象中的自然。

不过，只要了解了其局限性，以曲线表达自然仍是可行的。另外，曲线形式也可以是抽象的，就像奥林事务所（Olin Partnership）为弗吉尼亚大学艺术广场（Art Commons at the University of Virginia）所做的设计方案中的那样（图 15.23）。一系列交织的曲线被用于确定在场地南端完成显著格调变化的墙体、座席 / 讲授空间以及挡土墙。插入了同北部更规则化的草皮地段直接对比的自然语汇（Martin 2004，58-64），这些曲线暗示了经流场地的流水旋涡。

笔记/手绘

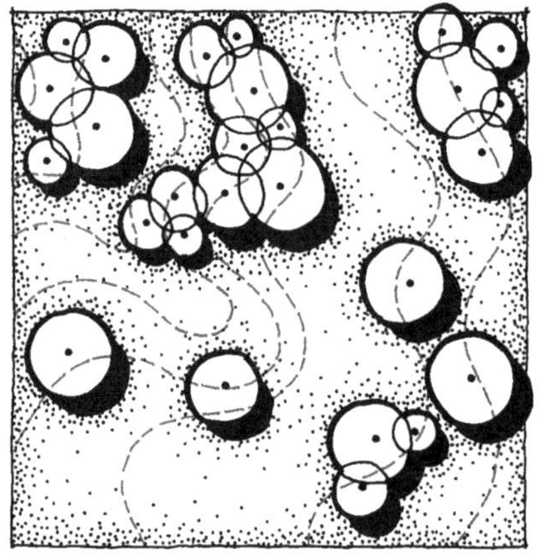

图 15.24 曲线设计可以容易适应多样化的既有场地条件。

这种景园效用的一种扩展，是用曲线结构系统来迎合既有的自然环境。这种类型不仅以其视觉特征适合柔和、牧歌般的风景，曲线形式的形状可塑性也使它很容易适应多变的场地条件（图 15.24）。曲线形式可以方便地顺应圆润的轮廓，并迎合既有的树木组团、露在地表上的岩石、土壤状况，等等。还有，用植物簇丛来强化曲线形式，可使这种组织结构被隐藏其间，甚至与当地植被融为一体。

平衡人类环境 | Balance Human Environments

曲线形式仿效自然的能力还使它们能很好地滋润人类世界，尤其在城市环境中。这样做的一种方式是将曲线形式插入一个否则就是正交或成角度的设计中，此时，它们传达出直接同场地其他部分对比的柔和、生动特性（图 15.25）。同样，曲线形式可以叠加在一个正交结构上，就像尼尔森·伯德·伍尔兹景园建筑设计事务所设计的密苏里州圣路易斯的城市花园那样（图 12.23）。这个设计的南侧是一处带有曲线路径和墙体的园林，它们蜿蜒穿越一个正交形式的四季花床和一系列线性绿篱的混合体，绿篱确认了历史上的地产界线和以前的建筑基础（Hazelrigg 2008，152-155）。另一种方式是在城市网格围绕的场地内创造一个完全由曲线形式构成的设计，就像发生在托马斯·鲍斯利事务所设计的纽约州纽约市鲍斯利公园（Balsley Park）那样（图 15.26）。这里，一系列基于卵形的曲墙、独立的弧形面以及一处土丘综合起来拒绝了城市主导网格（Space Maker Press 2000，70-71）。蜿蜒的路径和墙体以其丰沛的生动能量与城市环境互补。

笔记/手绘

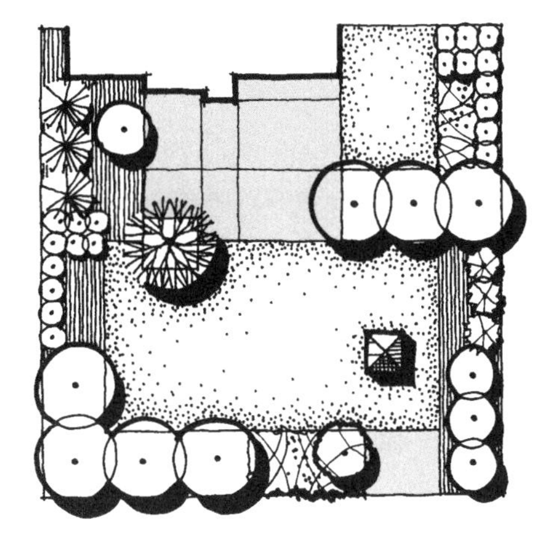

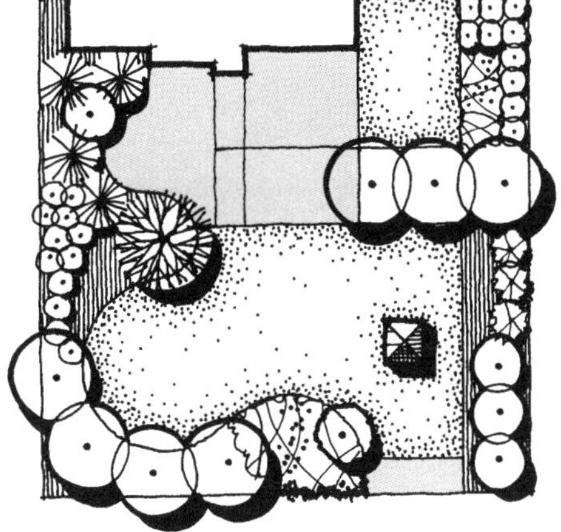

图 15.25　曲线形式能反衬一处正交场地刻板、平直的边界。

图 15.26　下：鲍斯利公园场地规划。

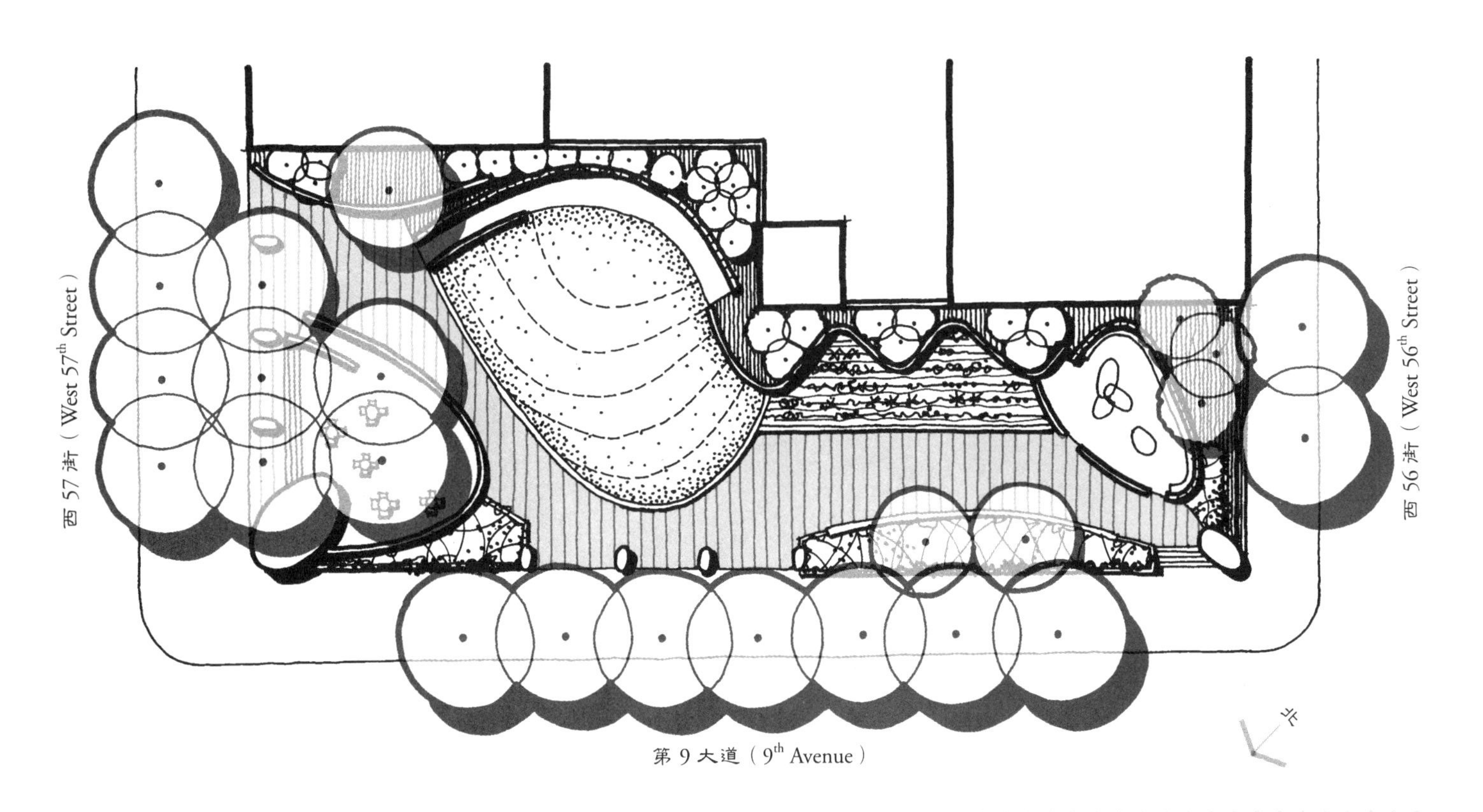

笔记/手绘

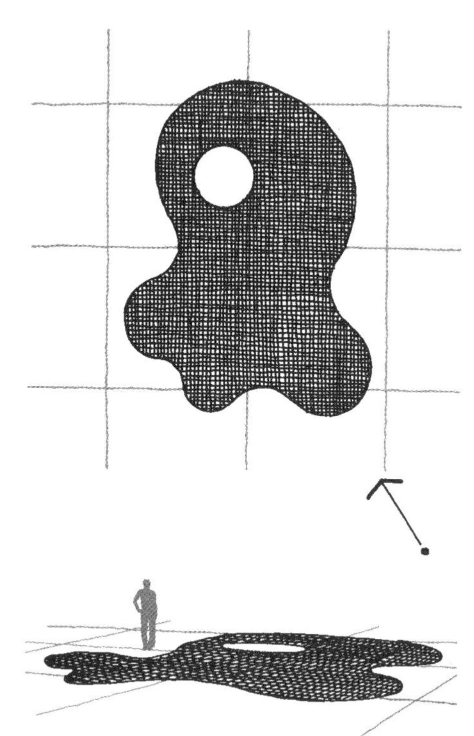

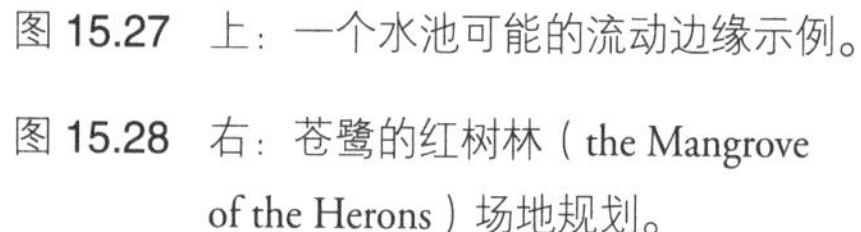

图 15.27 上：一个水池可能的流动边缘示例。

图 15.28 右：苍鹭的红树林（the Mangrove of the Herons）场地规划。

表现优美的流动丨Express Sensuous Fluidity

除了前面所有的景园效用外，曲线设计结构还可以用来弘扬许多风景素材的流动形象，并以此带来引人注目的雕塑般魅力。几乎在任何环境布局中，优美的曲线节奏重复都非常迷人，天生吸引目光。一种适于清晰展示这类品质的周围环境是沿着水体边缘，曲线在这里体现水的流动，并带来液体和建构之间的视觉转换（图 15.27）。在这种景园效用的大量例子中，有巴西贝伦市（Belem）一个作为公园中心元素的小湖面，它有蜿蜒的边缘，是景园建筑师罗莎·格雷纳·克利亚斯（Rosa Grena Kliass）设计的（图 15.28）。

曲线的迷人之处还可以表现为柔和起伏的地形。土壤的可塑性使它能被塑造成许多形状，尤其是反映其固有性质的柔和波动形式。人们经常通过可以让设计师堆成波浪状的黏土模型来研究它（图 15.29）。大量景园建筑师和艺术家探索了这类土地面貌，包括阿瑟·埃德温·拜伊（Arthur Edwin Bye），他平整了长岛（Long Island）的一块地产，暗示出运动并影响了冬季雪花飘舞的风景模式（图 15.30）（Bye 1983，1-8）。

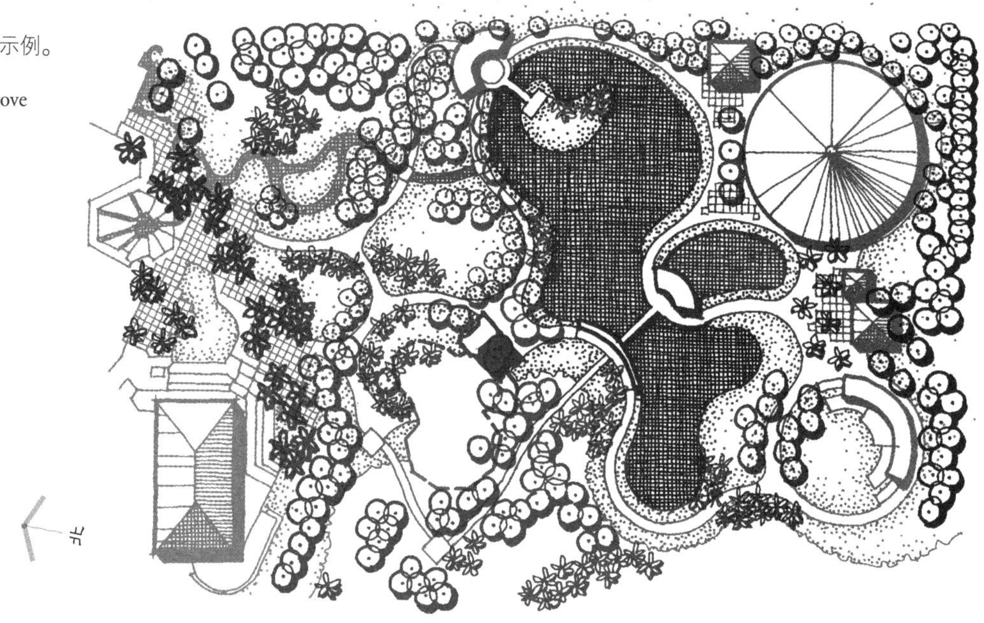

笔记/手绘

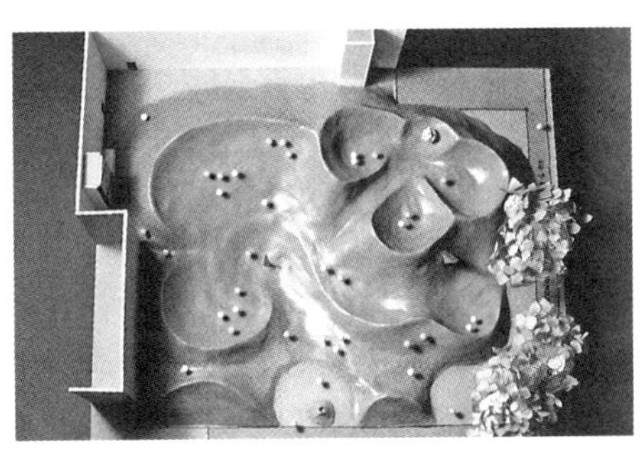

图 15.29 左：学生的黏土模型展现了泥土的可塑性。

图 15.30 下：索罗斯住宅地产（Soros estate）的等高线平面。

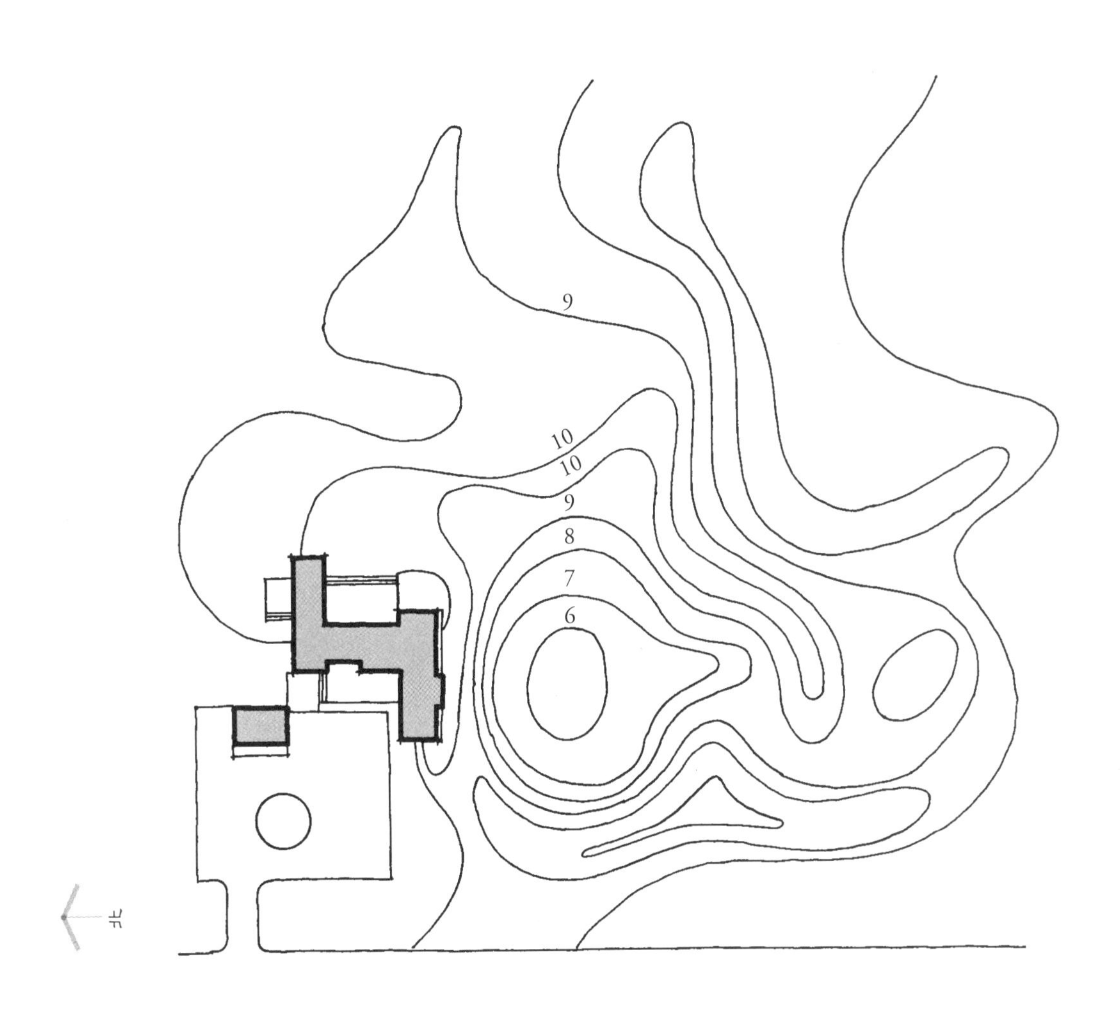

笔记/手绘

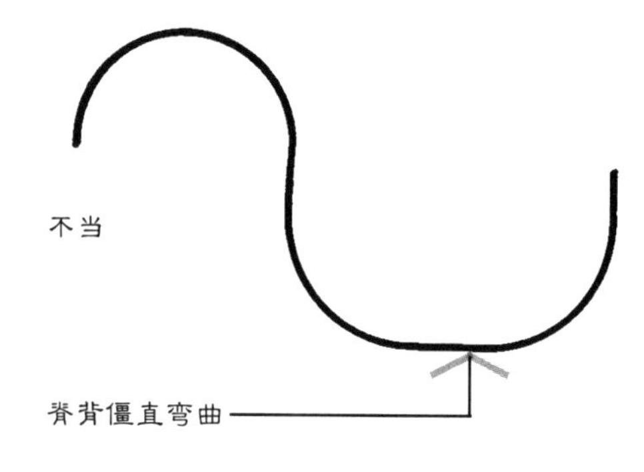

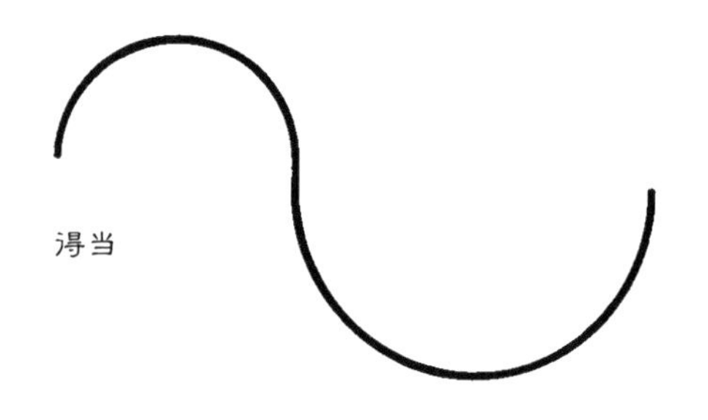

图 15.31 上：曲线应呈现连续的姿态。

图 15.32 右：曲线形式的边缘应加强弯曲，以便在视平线上得以识别。

设计准则 | Design Guidelines

当在景园设计中运用曲线设计结构时，建议考虑下面的准则。当然，这些建议的实施应该联系大量在任何设计布局中都要考虑的其他事项。

形式创造 | Creating the Forms

如前所示，建议在设计曲线形式时采用手绘，这使它们看上去更具魅力，并类似于见诸自然的蜿蜒形式。当电脑成为表达设计的主要手段时，这一建议更应得到提倡。在这种条件下，曲线应从手绘创造开始，再转入可以数字化刻画的电脑图形程序中。

造就迷人曲线靠的是直觉，赖于娴熟的手眼结合，所以建议设计新手要实际练习，甚至描摹成功的景园实例，以获得对良好曲线图形的感觉。另外，也应牢记其他一些准则。第一，一条曲线应该是连续弯曲的，没有任何可辨认的直线元素。这意味着，当在一段曲线中间加入直线时，曲线间不应有过长的切线，或"脊背僵直"（broken back）的弯曲状况（图 15.31）。还有，为了不破坏曲线形式的连续感，其中的弧形也不宜过于平缓（图 15.32）。如前面章节所提示的，曲线形状在透视中会变得平直，因而必须在平面中得到突显，以便在基于实际视平线的观望中展现其弯曲。

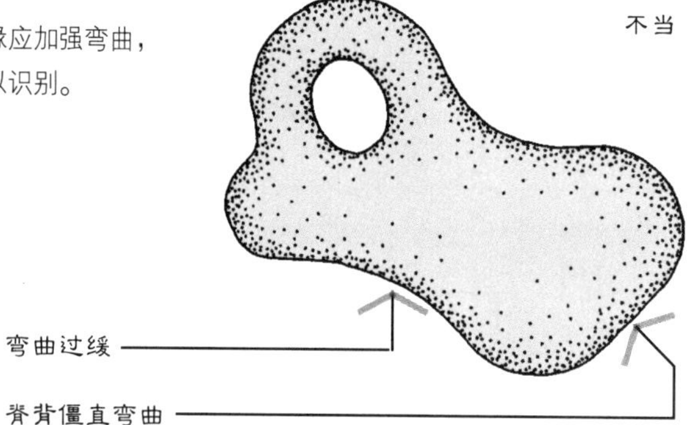

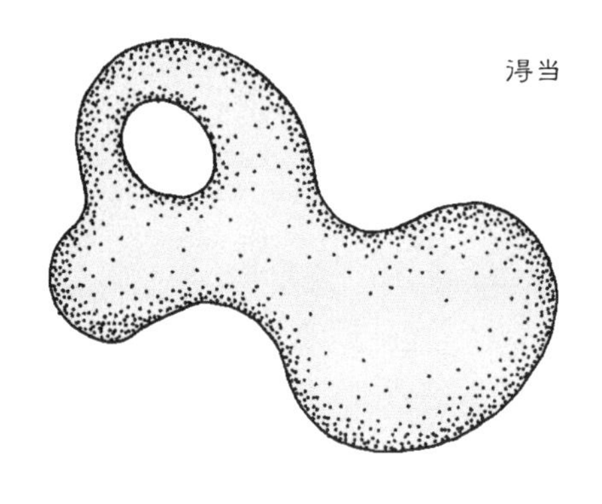

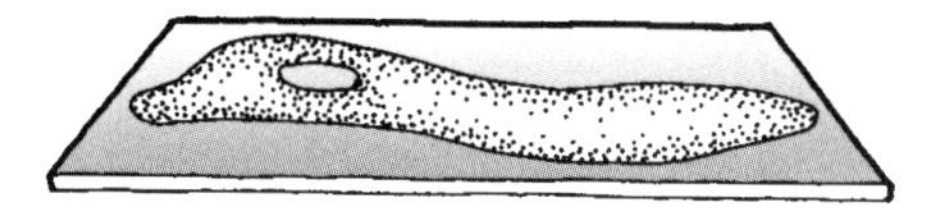

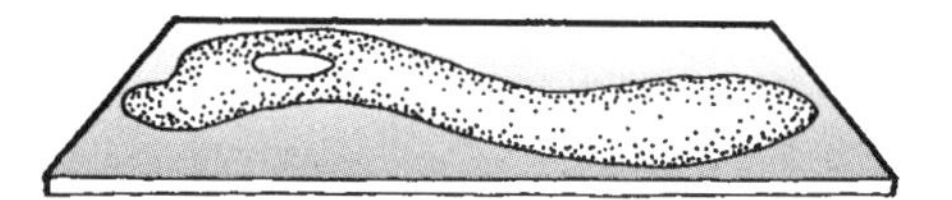

笔记/手绘

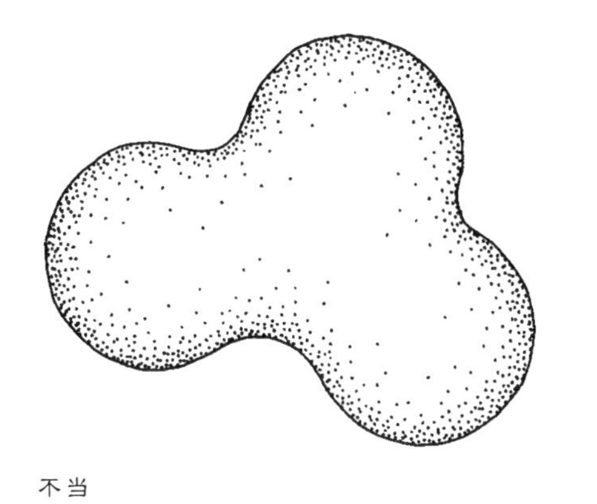

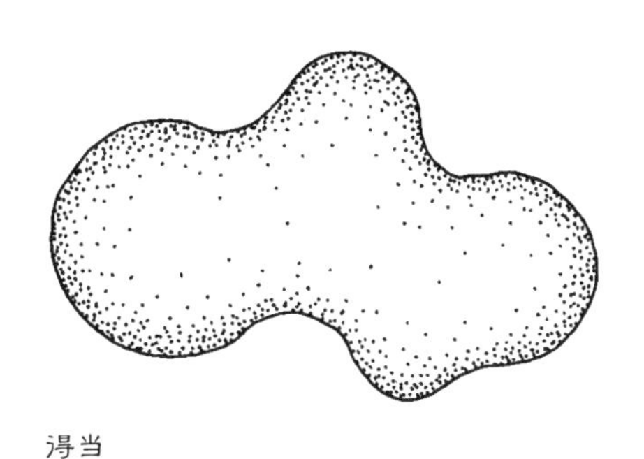

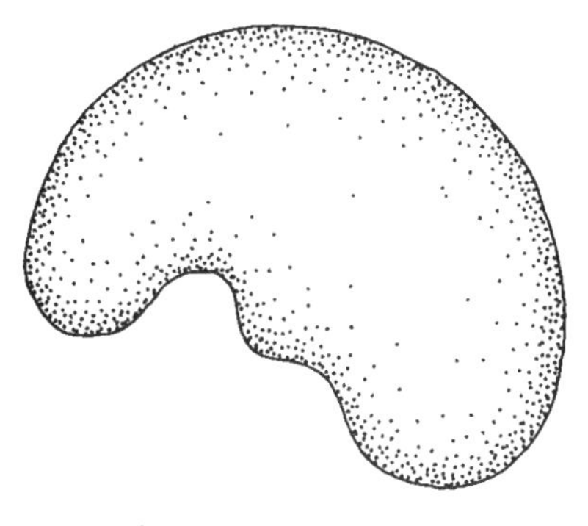

另一项准则是构成曲线形式的弧线大小和曲率应有变化（图 15.33 左和中）。弧线过于相似导致看上去僵化、机械的边缘，尤其在用曲线围合一个空间或材料领域的时候。同样，通常最好用一组复杂的曲线在空间的另一面同一个简单的曲线对应（图 15.33 右）。这两个建议都导致了有机多样性。当有意追求差异和对比时，它们不应过分夸张，那会产生过于琐碎的设计（图 15.34）。多条曲线的编织必须坚持考虑尺度、用途和维护，让那些空间的曲线边缘适合空间将被赋予的功能。

图 15.33　围合性的曲线应有大小和位置变化。

图 15.34　曲线的大小应同空间和场地规模相关。

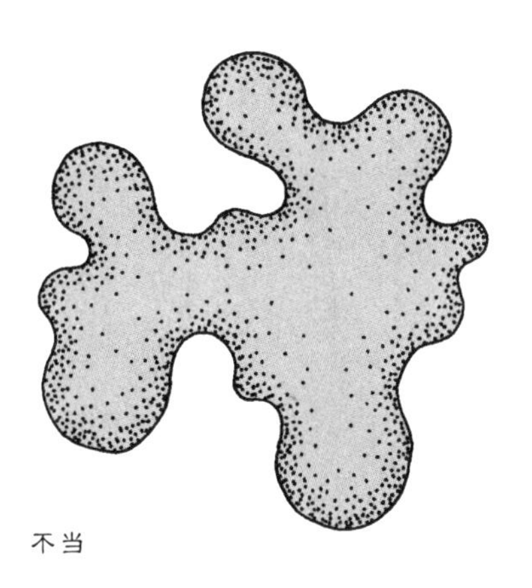

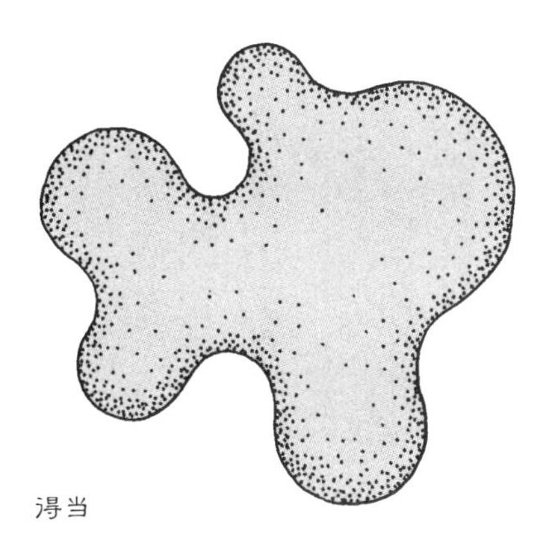

笔记/手绘

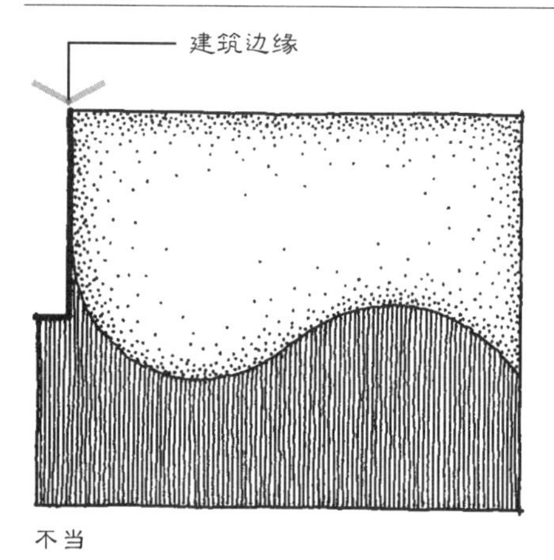

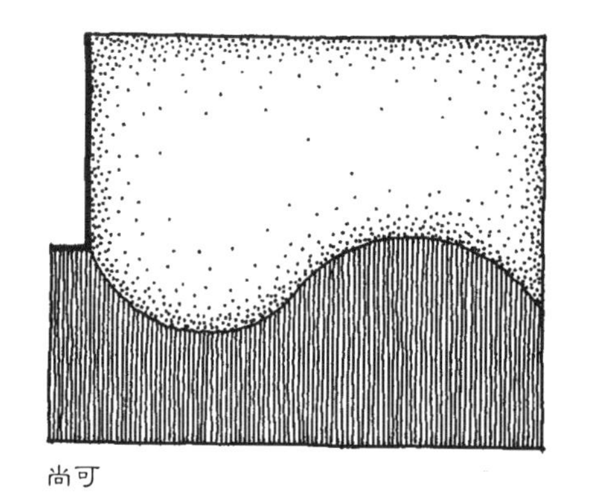

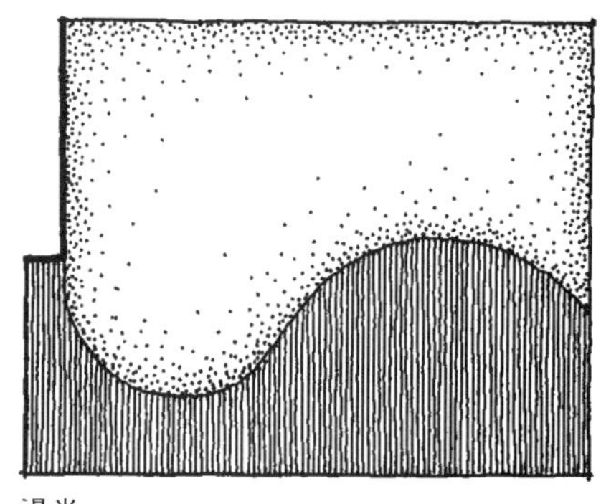

图 15.35 曲线形式应同毗邻元素的边缘成 90° 相交。

衔接 | Connections

在景园中，与所有圆弧形式及其派生的几何形一样，需要特别注意曲线形状同其他形式的交线。有如所有的圆和弧线，曲线形式应恰当地同其他形式和结构成直角交接。在曲线形式与场地或建筑物的直线边缘相遇时，这尤其重要（图 15.35）。另外，由于会有产生别扭甚至尖角的可能性，曲线形式同建筑物的不经意交叉可能导致建筑和景园联系单薄。即，没有视觉上使建筑同周围地面平面接触的直线，建筑就有可能看上去不稳定。事实上，这是对一些英国自然风景园设计师的责难，他们在热衷优美的风景直接与庄严的府邸毗连中根除了规则式园林（Newton 1971，214）。因此，在建筑物和景园间通常应该有发挥转换作用的简短正交直线，造就两者间的交线（图 15.36）。

图 15.36 建筑物与邻近的曲线空间之间应有转换。

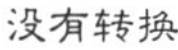

笔记/手绘

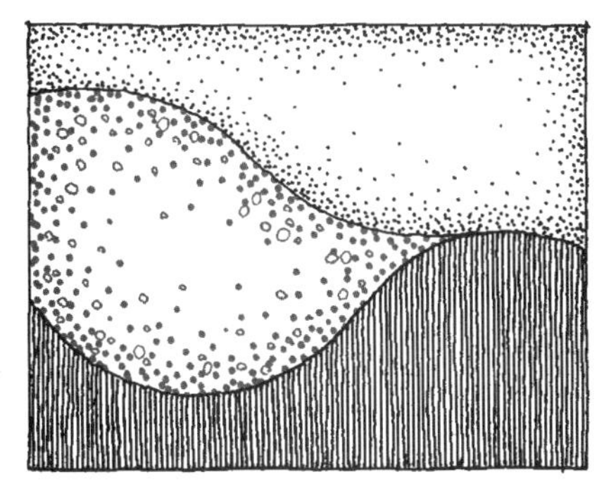
不当

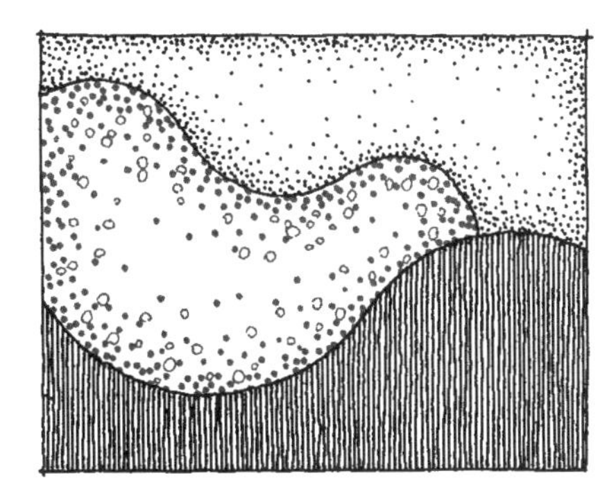
得当

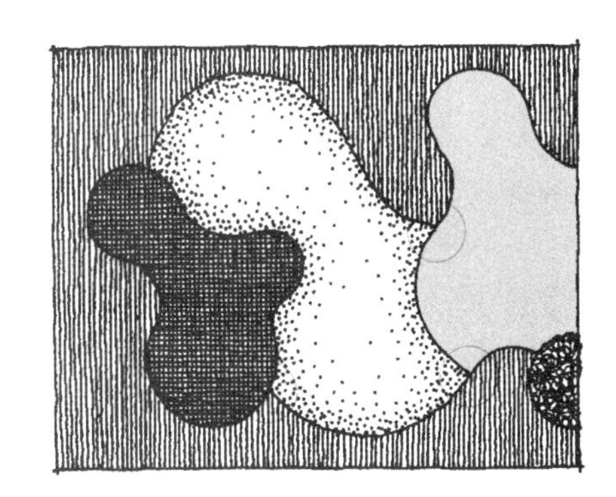

图 15.37 曲线线条不应以锐角方式交接。

对于曲线的彼此连接也要予以同样重视。当曲线形式相交时，人们通常愿意把它们融合在一起，使其中一个形式的边缘逐渐合并到另一个形式的边缘中（图 15.37 左）。这在设计图上很容易实现，并使毗邻的线条以连续的方式共同舞动。然而，这种关系在线与线之间产生逐渐变小的空间，在景园中必须以实际材料来确定线条（图 10.39 ~ 图 10.41）。必须提出的问题是：用什么材料填充这样的小空间来确定曲线形式的交叉呢？现实中，除了精心切割的铺地外没有这样的材料，即使是铺地也必须有保证稳固的侧面支撑。因此，最好是通过直角或至少是不尖锐的角的交汇来避免这样的曲线衔接（图 15.37 中和右）。这要求一些弯曲边缘的流动止于接触其他形式之时，这种做法看上去是凭直觉判断的，但在必须全面考虑风雨侵蚀、热暖涨缩、植物大小之类时，却是景园中连接曲线的一种现实方式。

材料搭配 | Material Coordination

曲线设计组织中的材料应用带来了在其他形式类型中没有的机会和一些限制。例如，曲线方案有机会使植被材料按自然面貌来组织，许多人认为这比把植物排列成行或其他建筑般的组织形式更富于感染力。不过，即使不易被未经训练的眼睛所发现，曲线设计中的植物仍应有一定的结构关系。理想情形是，以组织成蜿蜒流动的木本植物簇丛来强化曲线设计的形式（图 15.38）。植物簇丛的形状应以长大于宽的弧线形式遍布设计各处。这种技巧符合这类设计的一般气质，并强化曲线的固有运动感，就像罗伯托·布雷·马克斯设计的巴西教育与卫生部屋顶花园（the roof garden of the Ministry of Education and Health）的植物种植那样（图 15.39）。要注意，其中各个种植带都像交错拼图片一样结合在了一起。

图 15.38 木本植被材料应组织成蜿蜒流动的簇丛。

笔记/手绘

图 15.39 右：教育与卫生部栽植设计图解。

图 15.40 下：植被材料的组织应加强曲线的“推拉”（push-and-pull）特性。

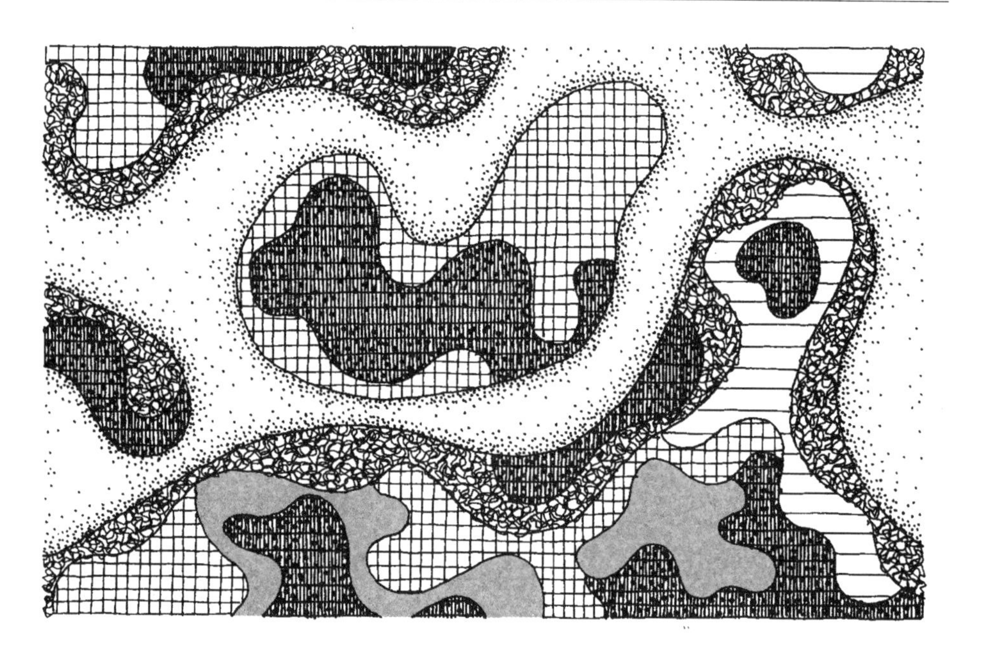

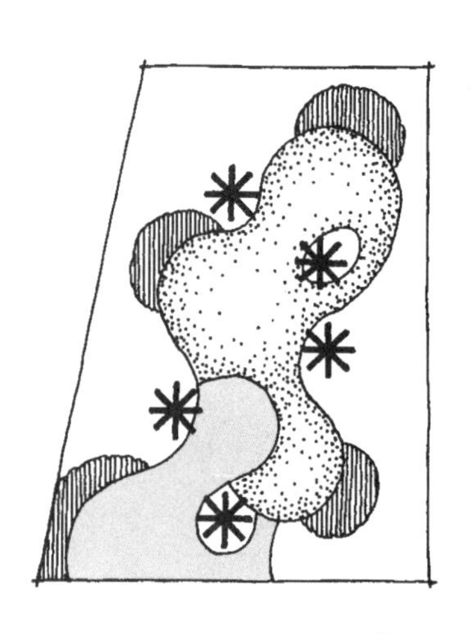

在曲线设计组织中把握植物时应考虑的另一事项是，与流动结构相关的植被景观重点设置。如前面指出的，曲线设计体裁的边缘具有圆润的外突和内收。半岛状的外突从任何位置都容易看得到，而凹入之处则可能从一些赏景点上看是隐藏的，或被其他部分框住了。植被材料的组织应联系这类变换情况，在最醒目的突出部分布置具有雕塑感的树木、色彩缤纷的多年生/或一年生草本植物之类（图 15.40）。在那些框景和聚焦的凹端尽处，也应该展示特定植物。

铺地材料和图形也应与曲线设计结构合拍。理论上，曲线地段最好的铺地材料应具有可塑性，如沙砾、混凝土或沥青，因为这些材料容易顺应要铺成的形状。砖、石或混凝土地砖之类模块状材料也可以铺成曲线形式，但在边缘上要求切割各个铺设单元。在当代工具可把铺地单元切成小块的条件下，这样是可能的。不过应该记住，一块块地切割大量铺地材料会增加劳动成本，有时还会很严重。

笔记/手绘

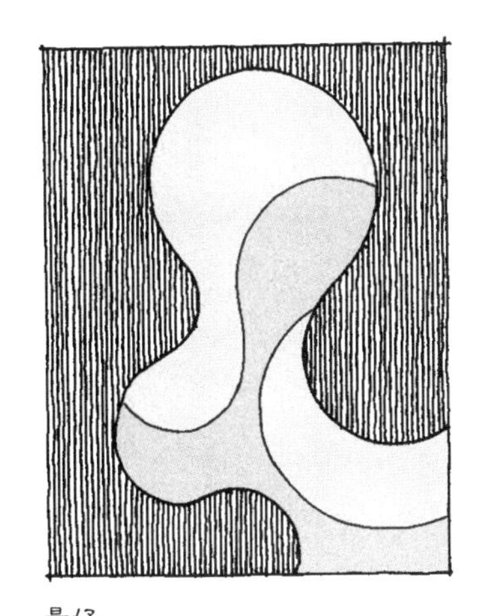

最好

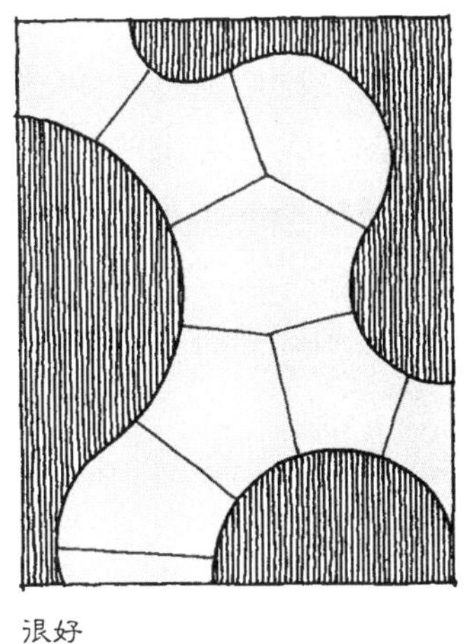

很好

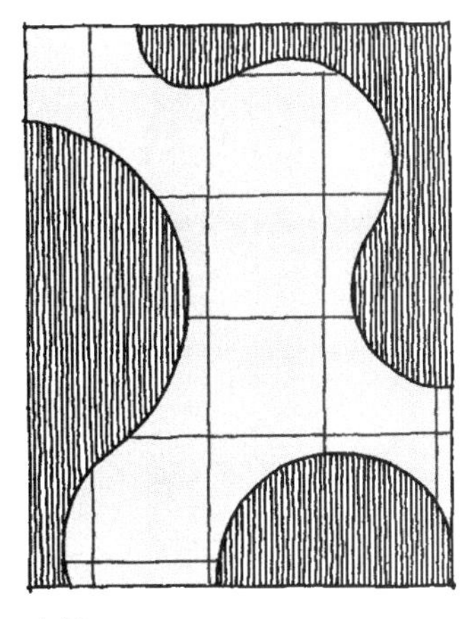

尚可

图 15.41 上：混凝土伸缩缝的图形变化。

图 15.42 下：地面的起伏应强化曲线空间。

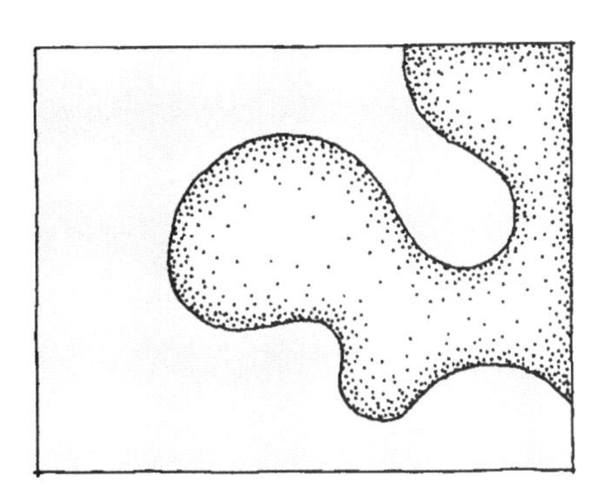

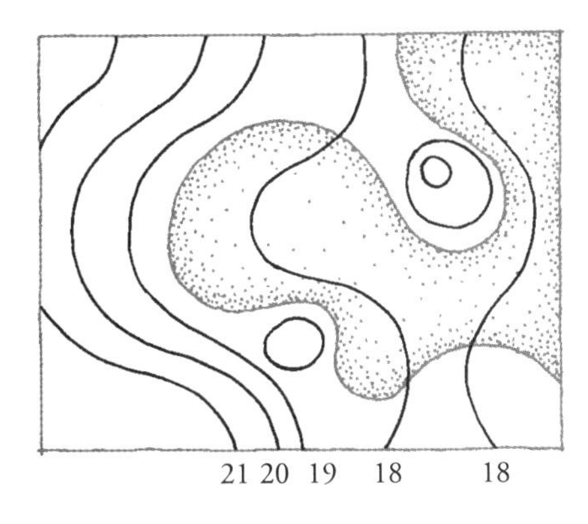

笔记/手绘

从构图角度说，铺地图案最好以游动的形状和线条来强化曲线设计的整体气氛（图15.12和图15.41左）。同样，这最容易以柔韧的材料来实现，尽管考虑前文讨论的切割可能性也可采用坚硬的模块材料。由于其固有的可塑性，混凝土是理想的铺地材料，但应精心地让铺地边缘的伸缩缝交点交接成90°（图15.41中）。这意味着每个伸缩缝交点都必须各自有序排列，而不是依据整体上重复的图形来设置。正交和网格式铺地也可作为中性的、无指向感的地面设计用在曲线设计中。然而，这些图案有可能同曲线边缘形成不舒服的交角，带来铺地中的不稳定单元(图15.41右)。在铺地地段的边缘，单独的小砖块、混凝土地砖和石块是不稳固的，必须用灰浆或边缘材料固定。

地形 | Topography

同其他几何类型相比，曲线设计中的地面起伏最富于灵活性。人们散步、站或坐的户外曲线空间的地面设计应相对平整。然而，在排水良好、具有广泛的可达性，并适应土壤类型的坡度范围内，一些地方的地面可塑造成任何期望的形状。重要的是，其轮廓要强化二维曲线形状，并同植物组团协调（图15.42）。

参考资料 | Referenced Resources

Bye, A. E. *Art Into Landscape*, 2nd edition. Mesa, AZ: PDA, 1983.

Grillo, Paul Jacques. *Form, Function, and Design*. New York: Dover, 1960.

Hazelrigg, George. "Meet Me (Again) in St. Louis, Louis." *Landscape Architecture*, October 2008.

Jellicoe, Geoffrey, and Susan Jellicoe. *The Landscape of Man: Shaping the Environment from Prehistory to the Present Day*. New York: Van Nostrand Reinhold, 1982.

Kaplan, Stephen, and Rachel Kaplan. *With People in Mind: Design and Management of Everyday Nature*. Washington, DC: Island Press, 1998.

Mann, William. *Space and Time in Landscape Architectural History*. New York: John Wiley & Sons, 1993.

Martin, Frank Edgerton. "Artistic Grounds." *Landscape Architecture*, March 2004.

Newton, Norman. *Design on the Land: The Development of Landscape Architecture*. Cambridge: Belknap Press of Harvard University, 1971.

Symes, Michael. *A Glossary of Garden History*. Buckinghamshire, UK: Shire Publications, 1993.

Space Maker Press. *Thomas Balsley: The Urban Landscape*. Berkeley: Space Maker Press, 2000.

其他资料 | Further Resources

Martignoni, Jimena. "Into the Mangroves." *Landscape Architecture*, April 2006.

Montero, Marta Iris. *Roberto Burle Marx: The Lyrical Landscape*. Berkeley: University of California Press, 2001.

Murphy, Pat. *By Nature's Design*. San Francisco: Chronicle Books, 1993.

网上资料 | Internet Resources

Thomas Balsley Associates: www.tbany.com

笔记/手绘

其他形式 | Other Forms

有机形式 | The Organic 16

形式的最后一种类型是有机的，即一组来自自然元素与形式的形状（图 16.1）。有机形式是本书前面考察的正交形式的对立面，并且最少受到人类导向的影响。结合有机形式的景园场地设计，以直接拷贝和融会自然中产生的形式，或通过抽象它们，把它们更多地当作一种启发性资源来取得效果。

在西方园林和风景设计的沿革中，有机形式并未得到广泛运用。事实上，历史表明，西方文化通常试图通过把人类的几何形强加于风景来控制和征服自然（McHarg 1971，26，70-71）。尽管 17 世纪的英国自然风景风格是对自然的浪漫诠释，但它可能是一种例外（图 15.21）。比较而言，通过拷贝、抽象，有时是微缩自然风景，有机形式在历史上是中国和日本园林的基础。这些园林同样代表了一种哲学观：自然世界是知识和智慧的源泉。

在当代景园建筑师中，采用有机形式设计的意愿正在上升。这无疑是人类和城市景观不断扩张的结果，它同时导致的需求是设计可持续的、与自然进程一致的环境。本章研究那些最常见的自然形式，以及如何把它们用作景园建筑学场地设计的基础。其中的特定小节有：

- 定义
- 类型
- 一般景园效用
- 各类景园效用
- 转化
- 设计准则

图 16.1 自然图形和形式示例。

定义 | Definition

“有机”（organic）这一术语通常意味着那些来自生命机体、同生命机体有关，或具有生命机体特征的东西。在最广泛的意义上，任何见于自然环境中的元素或图形都是有机的，而且是景园建筑学设计形式和空间的潜在基础。

有机形式使人想到的是不规则的、粗糙的、非精心雕琢的、生涩的、几乎未经人类的干预改变就用于设计的。然而，由于可见于日、月、花卉和水流冲刷形成的卵石、浆果，等等，圆也是有机的形式。人们很容易记得圆形经常被认为是所有形式中最简单、纯净的，完全不是粗糙生硬的。另一些形式，如各种多边形、弧形和曲线形式也可见于自然，而且也可恰当地贴上了“有机”标签。另外，前面各章都讨论到的对称设计组织也发生在叶子、果实、动物和人类结构中。

所以，“有机”这一术语必须审慎运用，因为它涵盖了一系列形式，其中有许多从一开始看就更多属于人类的而不是自然范畴的。本章集中于那些没有在前面界定过的有机形式，而且，这些形式的基础是下一节要讨论的、自然形式的类型。

图 16.2　图形形式示例。

树丛

云朵

类型 | Typologies

从一个机体的最小细节到最大全貌，自然图形和元素存在于未受干扰的自然中的任何地方。景园建筑师仅仅需要去发现，直接复制其所见，或把它当成一个方案去创造形式的启迪。取自自然的形式有无数可能性，可使人在选择中不知所措。为了分辨看上去无以计数的自然形式，一些著作尝试把自然图形和元素分成设计者和其他人可以应用的类型。这些著作的作者之一是理查德·劳伦斯·杜贝（Richard Lawrence Dubé），通过一个包括 48 种图形的形式“图库”（library），他在《自然图形形式》（*Natural Pattern Forms*）一书中提供了最广泛的分类。这些图形形式包括很宽泛的一系列自然风景元素和图形，如岛屿、山头、裂谷、云朵、海滨、树丛，等等（图 16.2）。其重要前提是，每个图形都可以是一种基础，在特定方案类型和特征中决定整体设计格调和恰当的空间限定元素。

另两本著作通过确认反复见于整个自然中的图形，提供了更科学的形式分类，它们是帕特·墨菲（Pat Murphy）的《自然的设计》（*By Natures' Design*）和 W. 盖里·史密斯（W.Gary Smith）的《从艺术到风景》（*From Art to Landscape*）。墨菲扼要提出了可以

笔记/手绘

囊括所有自然结构的6种类型：（1）螺旋、涡卷形，（2）弯曲、波纹形，（3）人字、"V"字形，（4）枝杈形，（5）绑扎、裂纹形，以及（6）分形形式。与之有所不同，史密斯对自然图形作了以下分组：（1）散落形，（2）马赛克形，（3）自然簇丛形，（4）蜿蜒形，（5）螺旋形，（6）圆形，（7）放射形，（8）枝形以及（9）碎裂形（Smith 2010，33-57）。

尽管这两种对自然图形的分类采用了些许不同的术语，它们还是非常相似的。因而，本文把墨菲和史密斯的分类综合起来，作为讨论有机形式及其景园应用的基础。下面是对诸个类型的简单考察，始于最缺乏组织体系的图形，结束于完美的圆形。关于这些形式类型各自可能效用的例子，将出现在本章后面的一节中。

散落形 | Scattered

散落形图形是由散布在一定面积内的，相互间有间距的重复元素组成的，其间距看上去很随意，尽管通常由于在整个图形中反复呈现的元素平均距离不是随意的。间距越紧，图形就越容易辨认并具有凝聚力。一片树下的落叶或海滩上散落的贝壳都是例子（图16.3）。

马赛克形 | Mosaic

在艺术中，马赛克是一种由共同形成整体形象的大量小玻璃块、石头块或陶瓷片组成的构图。更宽泛地看，马赛克是一种许多元素结成的团块，合起来形成一种复杂的材料、色彩或肌理的完整组织形式。马赛克图形通常因其各部分独立又整体上不可分离而引人注意。马赛克图形的例子见于品种上相互协调的地方性植物群落格局，以及覆盖了特定地段的落叶（图16.4）。

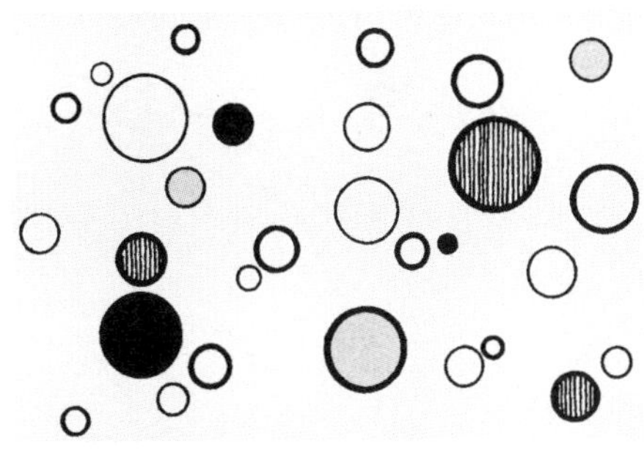

图 16.3 上：散落形图形。

图 16.4 左：马赛克图形。

笔记/手绘

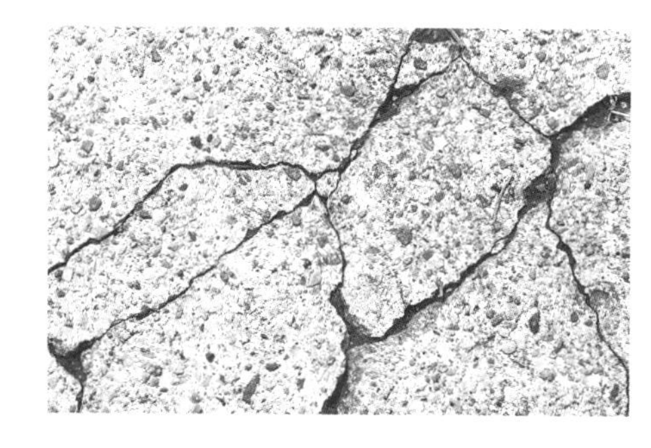
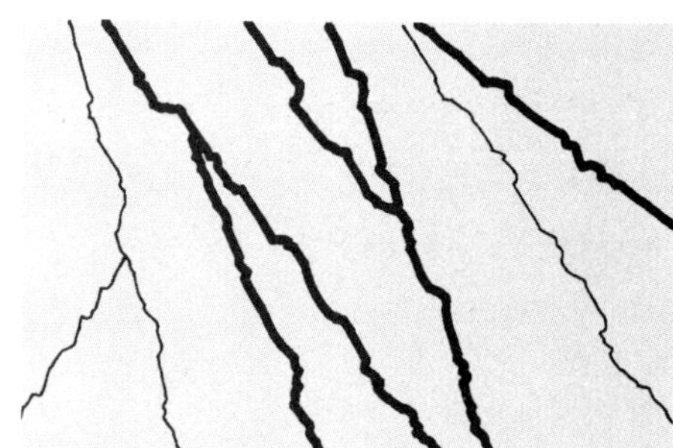

图 16.5 裂纹 / 碎裂形图形示例。

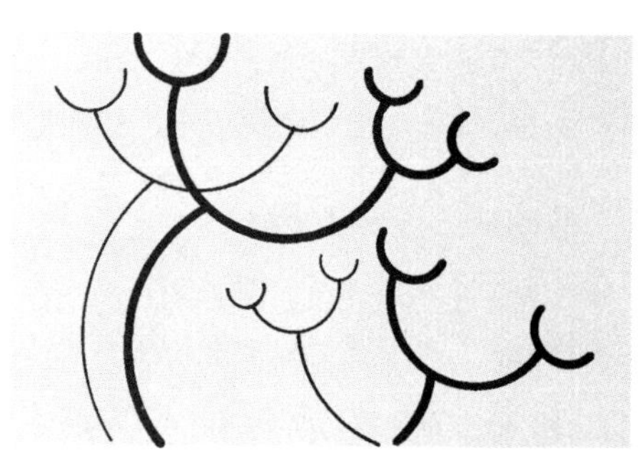

图 16.6 右：分形形式图形示例。

图 16.7 下：枝杈 / 枝形图形示例。

裂纹 / 碎裂形 | Cracked/Fractured

通常由于干涸或快速冷却，这种图形是元素或表面膨胀或收缩作用的结果。干涸的泥土表面、石头、树皮，甚至古代绘画上的龟裂都是例子（图 16.5）。在自然中，龟裂的趋势经常造就一种彼此成 120° 的线条网络。就像蜂房的筑造情况一样，这是连接线条和毗邻块面最简洁有效的方式（图 11.16）（Murphy 1993，74-75）。

分形形式 | Fractals

分形形式是一种具有“自我相似性”（self-similarity）的形状。即，一个事物的细节或最小组成部分的形状与这个事物的整体形状一致。放大镜下的影像同整体样貌一致。典型的分形形式是复杂的、不规则形状，乍一看好像没有组织性，但在更精细的观察中展示了一种反复出现的图形。蕨类的枝叶是分形结构的绝佳例子（图 16.6）。

枝杈 / 枝形 | Branching/Dendritic

枝杈或枝形图形见于树木的树叶、树干、树枝和树根的结构（图 16.7）。许多河网以及人类循环系统也展现了枝形的构图。自然中的枝杈结构常是一种从宽广地带向集中区域汇集或扩散一种材料的渠道。对于以最小距离连接宽阔领域来说，这是非常有效的结构（Murphy 1993，60-61）。

笔记/手绘

弯曲边缘 / 蜿蜒形 | Meandering Edge/Serpentine

弯曲的边缘或蜿蜒形式经常产生于风和水在风景中的运动，显著者如河流、水波、风吹积成的连续沙丘，或者树叶的边缘和叶脉（图 16.8）。这些优美生动的形式体现了运动和能量，已在前面章节中详细讨论过。

螺旋形 | Spiral

螺旋形出现在海螺、蜘蛛网、葵花和雏菊的内部以及松果等处（图 16.9）。这种生动的形式呈现了向外的扩展以及自一个单一起点的生长。在形式的扩展中，其生长方式是，每个增加的部分都拥有与那些从中生长出的部分一样的比例。这将令人想起前面讨论过的，螺旋线满足黄金分割比例以及表达斐波纳契数列的矩形（图 5.8）。

圆形 / 放射形 | Circle/Radial

圆形已经在第 13 章中探讨过，并且通常被当作“最完美的”（most perfect）形式。球是圆形的三维体现并且是以最小面积包围最大空间的形式（Murphy 1993，48）。圆形的生动转换产生放射图形或具有向外扩展并围绕中心构图成分的爆炸形式，如花卉、树叶图形、水波以及许多海洋生物所展示的那样（图 16.10）。

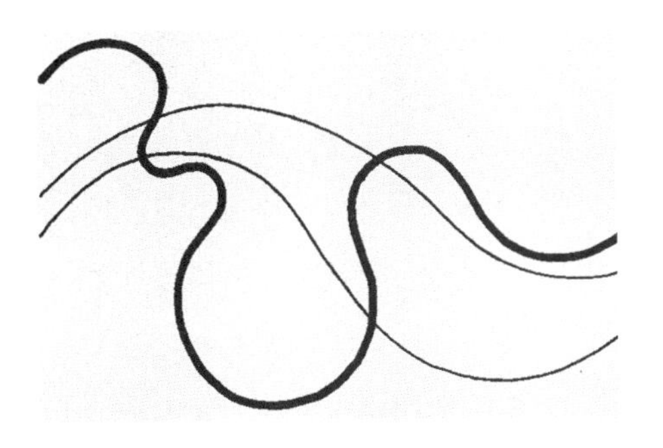

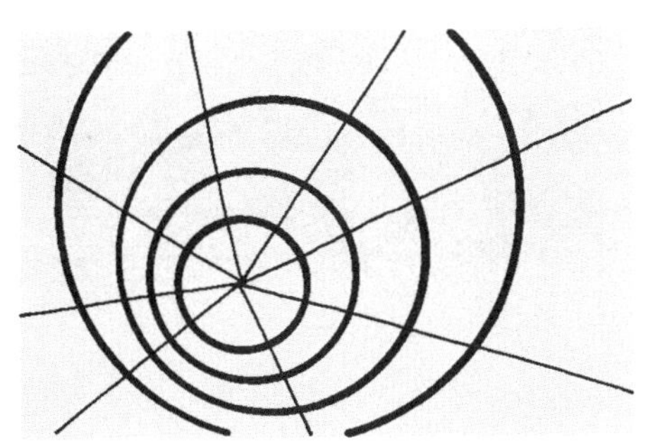

图 16.8 上：弯曲 / 蜿蜒图形示例。

图 16.9 左：螺旋图形示例。

图 16.10 圆形和放射形图形示例。

笔记/手绘

一般景园效用 | General Landscape Uses

不管其分类和来源如何，如本节所强调的，所有的有机类型都有可能被用作景园建筑学场地设计的空间结构基础。在后面一节将基于特定有机形式类型来考察其景园效用。

模仿自然 | Simulate Nature

有机形式在景园建筑学场地设计中的最一般效用，是创造看上去很少或没有人类痕迹的环境，以此来复制自然。这样做的原因有多种，包括把一处退化了的风景恢复到其原有状态、创造一种可持续的环境、造就一种疗养康复环境以及/或塑造人类环境的对应者等意象（见下面的与人类风景互补）。

达到这类目的可采用几种方式。第一，可努力模仿一处自然风景，尽最大可能以当地元素和材料精心再现之。第二，可把自然当作各种程度抽象的启发性出发点，其结果是用有机形式暗示自然。许多东方园林的样式都是很好的范例，它们效仿、简化了有机形式。还有另一种方式，是在既有的自然环境中插入一个空间，尝试以看上去未被触动的环境来围绕这个空间。这经常出现在公园和园林设计中，其需求是在一种未受干扰的风景中融入一个人类使用的地段。在所有情况下，有机形式的手段都被用来塑造仿如自然的景园。

与人类风景平衡 | Counterbalance the Human Landscape

与此紧密相关的第二种有机形式效用，是创造反衬占主导地位并不断扩展的人类环境的风景。世界人口的大部分生活在城市和市郊地带，这里经常缺乏同自然环境及其作用的联系。更有甚者，大部分城市环境是被建筑和铺地所覆盖的生态荒原。有机形式是用来对抗由直线、平板、混凝土和玻璃统御环境的一种手段（图 16.11）。有机形式有时显示为不规则、不一致、无秩序和未处理、未加工。进一步说，有机形式体现一种同人类以外力量的象征性联系。

图 16.11　实现与结构性元素平衡的有机形式。

笔记/手绘

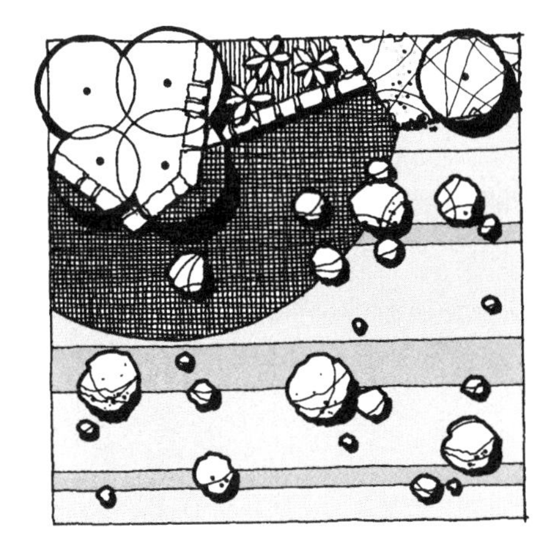

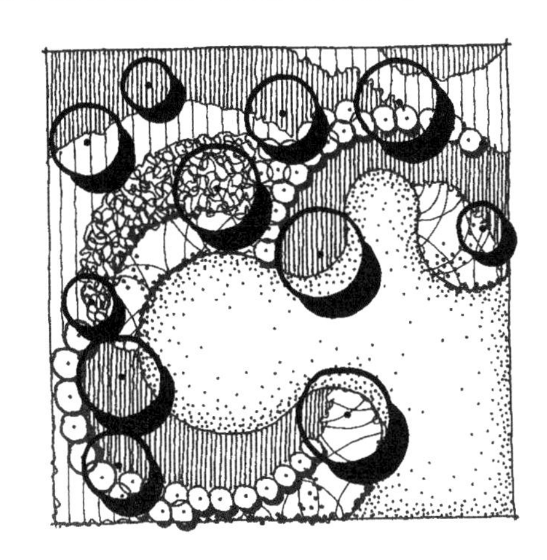

图 16.12 左：融合了散落元素的设计示例。

图 16.13 下：一个醒目的基面可在视觉上统一散落的元素。

各类景园效用 | Typological Landscape Uses

这一节考察与本章前面指出的有机形式类型相关的景园效用。由于这些类型的特征变化多端，其全部潜在效益很难完满地囊括。本节只能提供每个类型的代表性例子，期望它们能为读者的进一步探索提供一个出发点。同本书其他章节讨论的形式一样，这里讨论的许多景园效用都彼此共生，允许设计者在一个场地中把几种效用综合在一起。

缺乏统一

散落形 | Scattered

对于许多惯于把元素组合起来造就积聚性设计的设计者来说，散落形的有机图形提出了挑战。这令人想起第 1 章指出的，组团汇聚是设计中的最基本组织结构（图 1.30 ~ 1.31）。然而，散落形概念的确有其效用，尤其是塑造体量化空间。通过各元素的随机散布，可以在一个开敞的场地上创造碎片化的空间。例如，一处散布着树木的开敞场地，或一个随机布置了岩石的广场等（图 16.12 左）。散落元素的功能与空间围合元素的功能不同，它们是空间中的实体，适应于不经意间从旁边经过。散落结构的另一种效用体现在种植设计中，精选的品种可以自然散布在整个设计中（图 16.12 右）。

更加统一

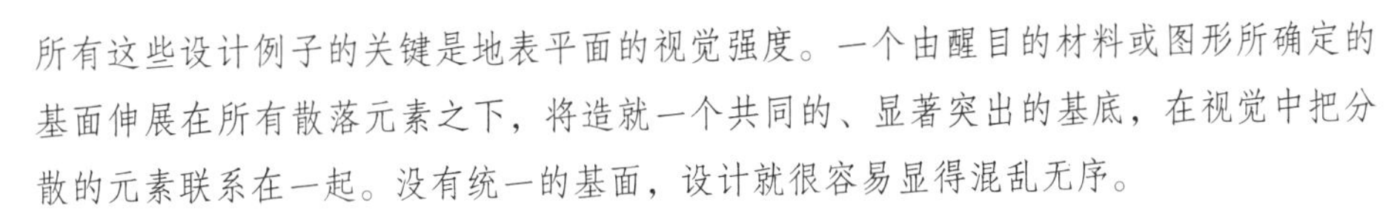

所有这些设计例子的关键是地表平面的视觉强度。一个由醒目的材料或图形所确定的基面伸展在所有散落元素之下，将造就一个共同的、显著突出的基底，在视觉中把分散的元素联系在一起。没有统一的基面，设计就很容易显得混乱无序。

笔记/手绘

马赛克形 | Mosaic

马赛克图形特别能迎合种植设计以及以植被为主的园林。在植被组织中，重要的原则是让同种植物形成丛生或簇丛的组团。进而，在一个区域内以造就高度、形式、肌理和色彩相互交错的方式，集合了多个这样的组团（图 16.14）。这样，单一种类的植物及其相关组团就成为马赛克整体图形的基础。还有，同样的组织概念可以延伸至处在由地被植物、一年生和多年生草本植物所构成的基面图形之上的灌木和乔木的竖向伸展层次。其结果是三维提花地毯般的多种植物汇聚，彼此间的视觉关联多种多样。

马赛克结构的一个应用实例是丹麦哥本哈根的夏洛特园（Charlotte Garden），设计者是 SLA 景园建筑设计公司（the Landscape Architectural Firm of SLA）（图 16.15）。由于建造基地在历史上曾很接近海洋，这处位于多层住宅综合体内的围合庭院园林意欲表现一种海滩风景（Lee 2007，127）。为满足这一主题，不同种类的青草和牧草被组织在一个马赛克图形中，呈现为各种植物色彩和肌理如拼图块一般排布。

图 16.14 以马赛克图形为基础的栽植设计。

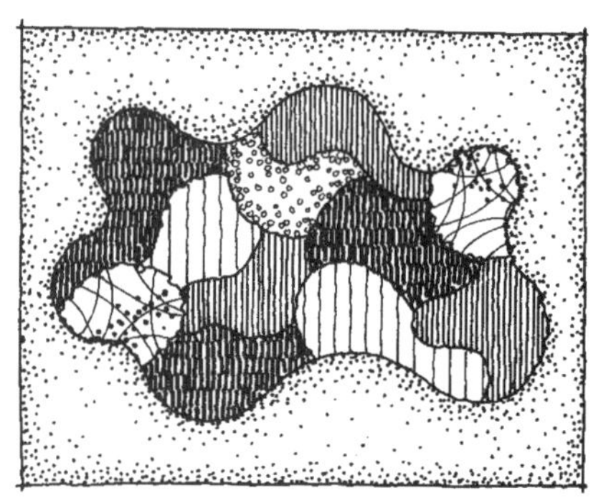

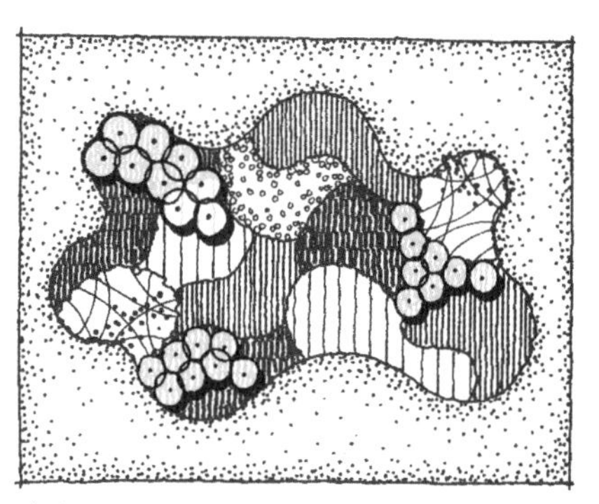

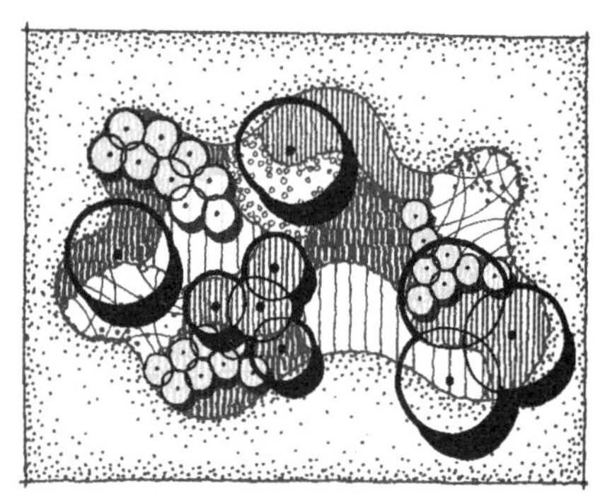

笔记/手绘

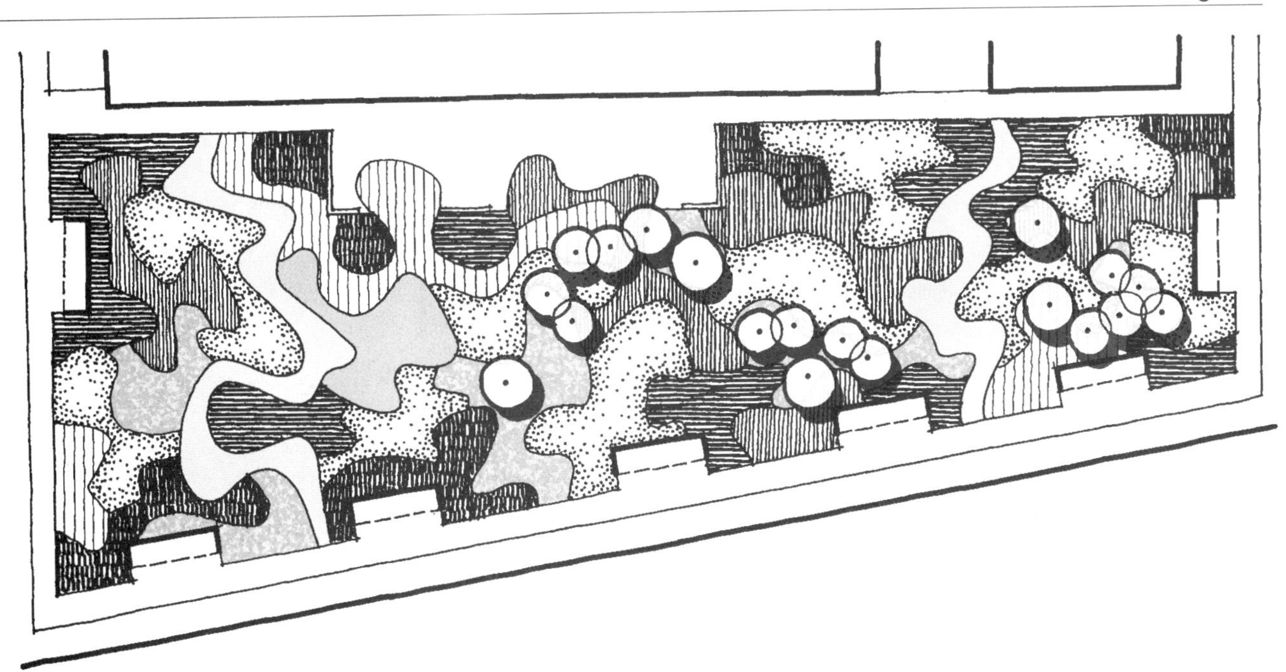

图 16.15 夏洛特园场地规划。

马赛克的概念同样也可以用在材料构成不单是植物的许多景园设计中。其目的依然是在空间的横竖两向优美地组合各种材料，造就各构成部分间迷人的并置（图 16.16）。有如大量植物叶片并置效果的块面连锁组织方式能达到的最好效果。马赛克设计的难点在于，不管元素和设计层次多繁杂，都应建立一种整体的内聚感。为实现这一点，通常有赖于在整个设计中有选择地精心重复某些元素和 / 或材料。

图 16.16 以马赛克结构为基础的设计示例。

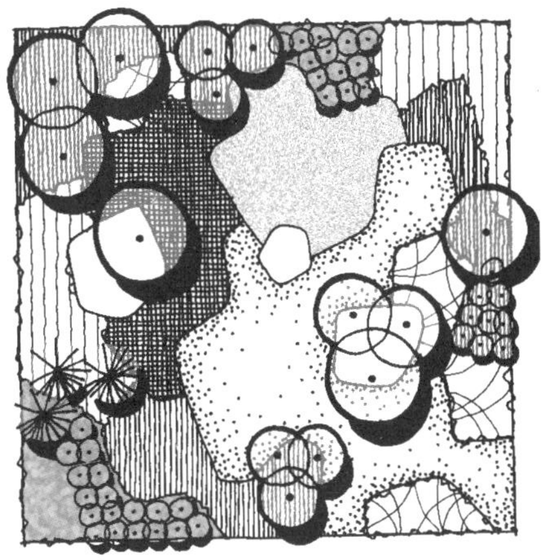

笔记/手绘

图 16.17 右：多边形和碎裂形式比较。

图 16.18 下：一块场地向碎裂布局的转化。

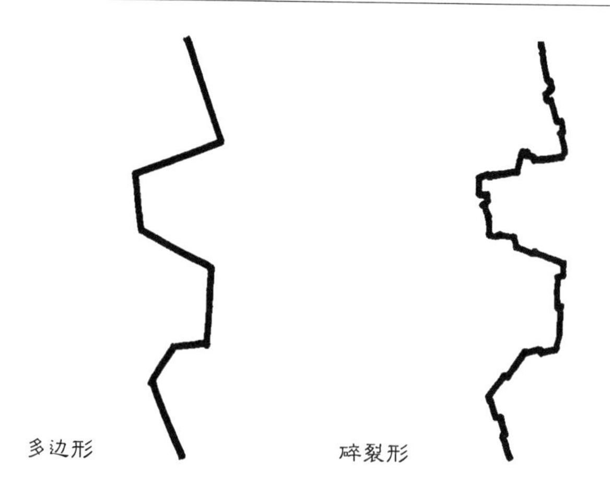

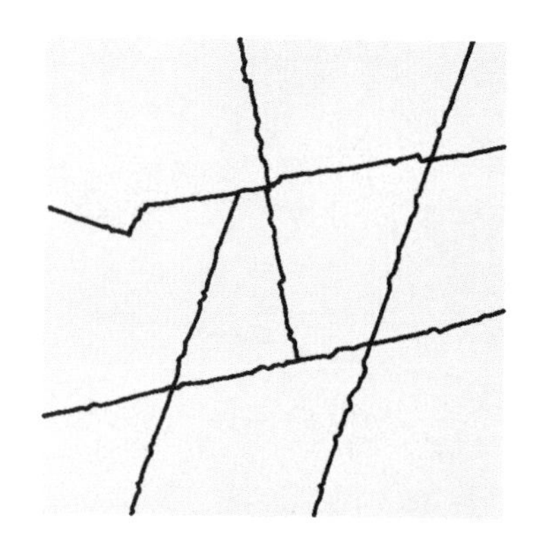

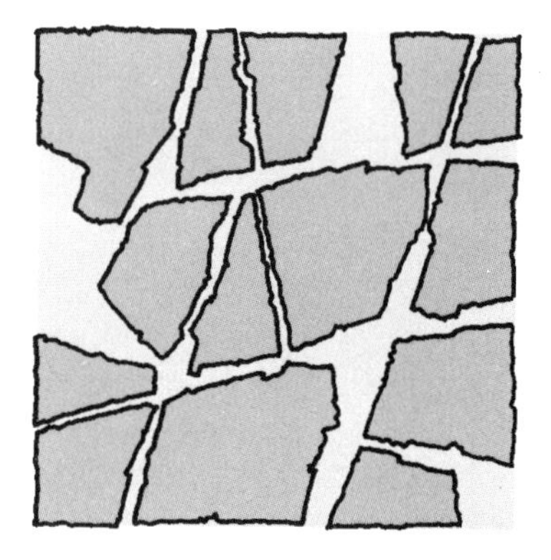

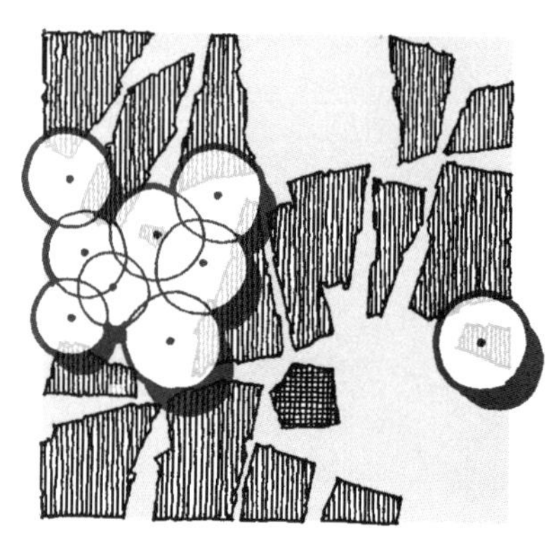

裂纹 / 碎裂形 | Cracked/Fractured

这种形式类型与第 11 章中讨论过的不对称多边形有些共有特征和效用。两者都显示了不规则、碎裂、不均匀、歪斜和车辙沟的特征。然而，裂纹形式的不完整与破碎感使之更不确定（图 16.17）。把裂纹 / 碎裂图形用作场地设计基础的方式有数种。第一，可以采用逐步把一个整体场地地块分为许多碎片的转化方式（图 16.18）。这个过程类似于地球的地质运动，生成了各自分离的大陆板块。如前面章节所示，一步步地划分经常产生一系列被其间的负空间或间隙空间分开的正体块（图 13.19、图 14.16、图 15.14）。当欲造就碎裂形时，这种转化形成了一种褶皱、崎岖的空间，其中的裂纹图形渗透于整个场地，而不仅仅体现在边缘。这种概念的一个形象化表达是 SLA 设计的爱丽丝花园（Elisengarten）（图 16.19）。这处开敞空间位于德国的亚琛，意在表现一处河流三角洲，许多步道分开一块块的草皮地块，就像注入更大水体时的河流，切割、裂解了沉积带（SLA）。

造就裂纹形的第二种方式依然是采用转化过程来使一个整体场地碎裂。其不同之处在于，分割的起点以笔直而 / 或重复的线条为基础（图 16.20）。进而，分离出的碎片逐步移动、旋转，彼此形成不同角度，造就一种正负空间的任意排布。这就像把一个整体形状抛向空中，当它落地时被摔碎。取决于碎片大小、形状和间距的不同，这个过程的结果可能很不一样。必须注意，要保证其空间结果适合所需要的功能，因为这很容易产生过碎而难以实际应用的组织形式。

笔记/手绘

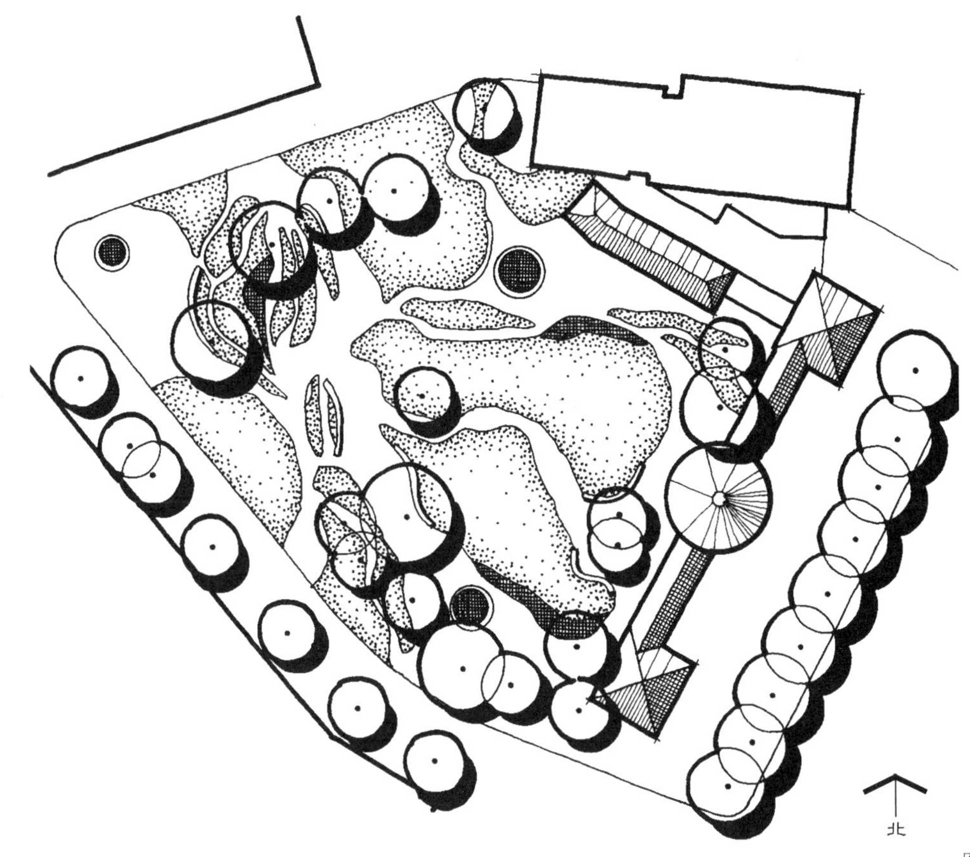

图 16.19 上：爱丽丝花园场地规划。

图 16.20 下：重复形式向碎裂设计结构的转化。

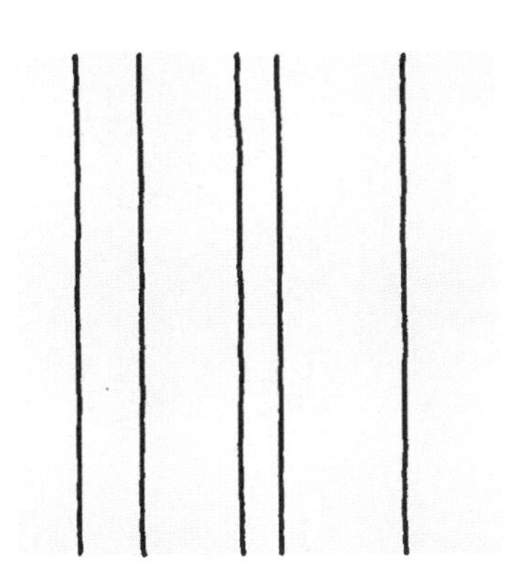

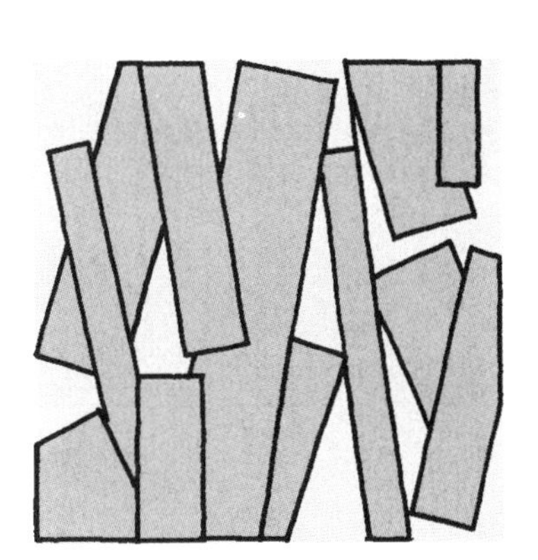

笔记/手绘

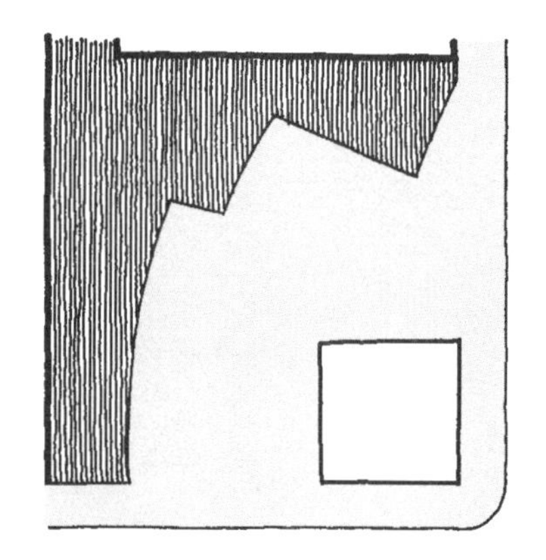

生成裂纹/碎裂形设计的第三种方式，是在一个场内把上述方式用在特定地块或材料上(图 16.21)。结果是，这种转化过程聚焦并且仅仅改变设计的一个片段。当它所形成的碎片形地块或元素同设计的其他部分差别鲜明时，能很好地起到景观重点效果。这种概念的一个建成实例是新泽西州米尔本（Millburn）的塔哈利庭院（Tahari courtyards），由迈克尔·范·瓦尔肯伯格事务所设计。这些庭院意欲成为插入一座大型城郊建筑物的生动自然场景，为员工提供接触自然与季节循环的机会，否则他们的工作环境中便会缺失天然景观。通过截平并无序摆放的原木构成的步道，碎裂的概念被融汇到林木庭院中，可能暗示一棵倒下并碎裂在森林地面上的树木（图 16.22）。

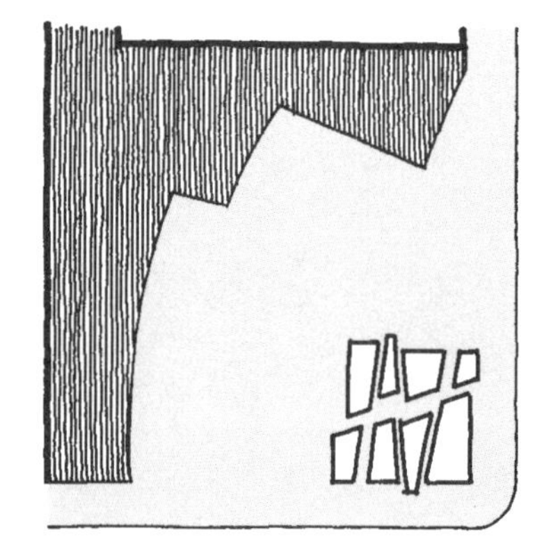

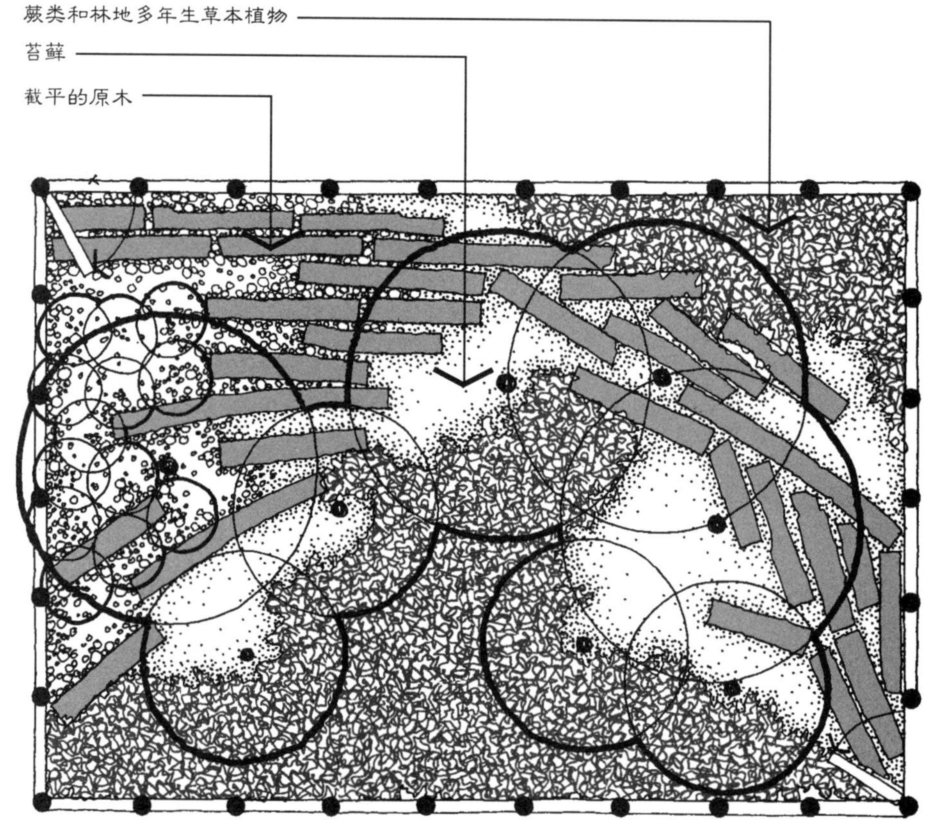

图 16.21 上：结合了一个碎裂形元素的设计示例。

图 16.22 右：塔哈利庭院规划。

笔记/手绘

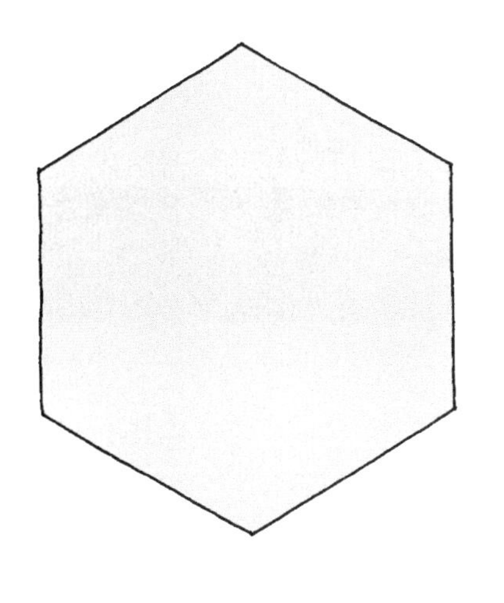
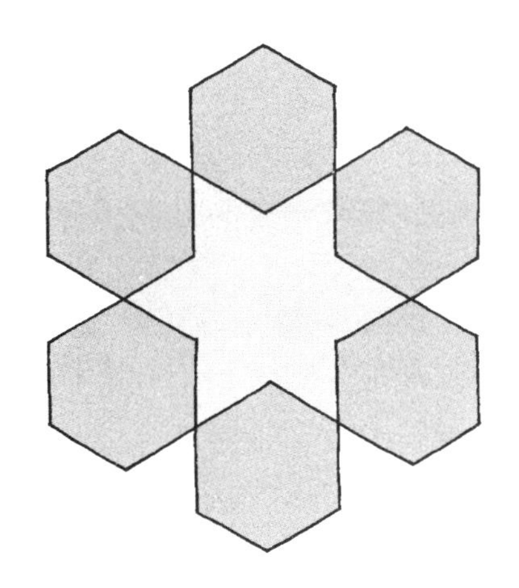
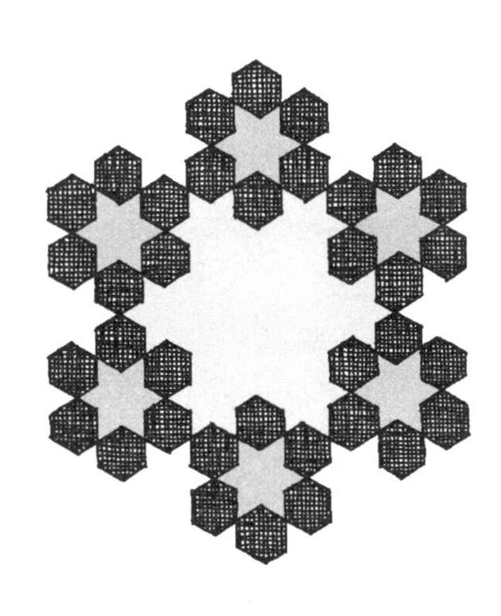
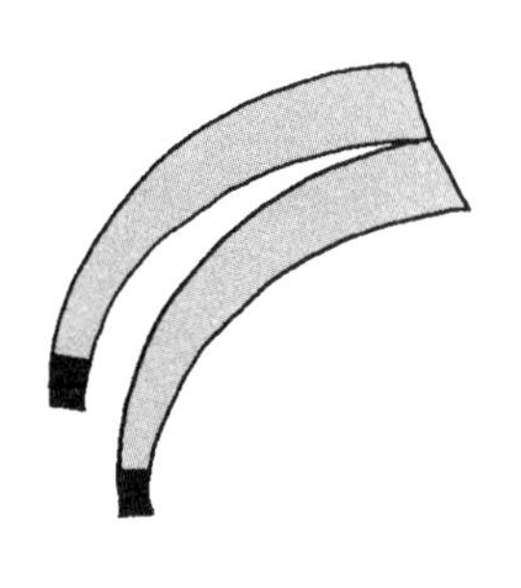
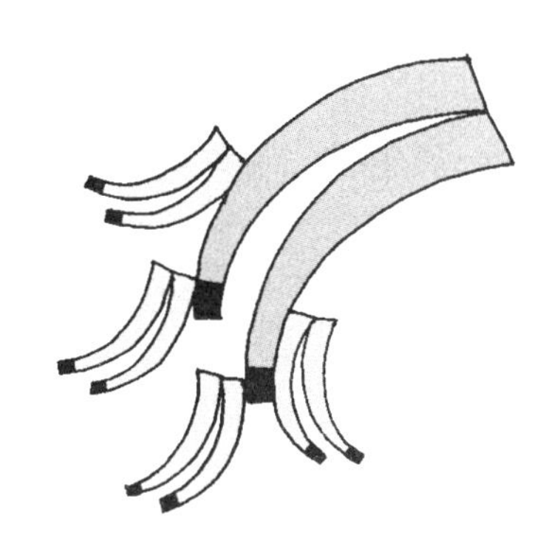
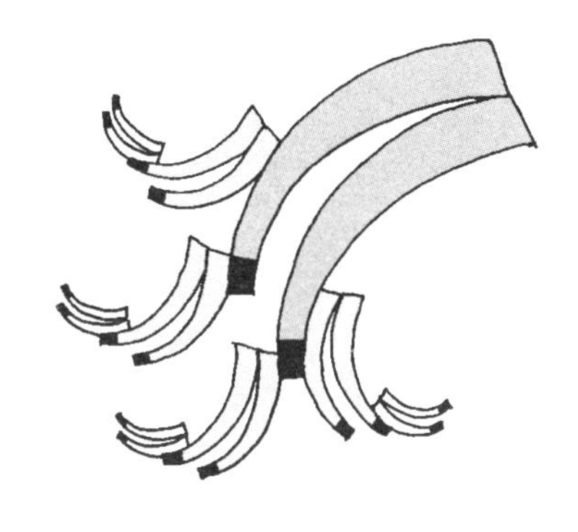

图 16.23　把简单形式转化为分形形式图形的示例。

分形形式 | Fractals

把分形形式用作景园建筑学场地设计的基础，是相对近期受到关注的发展领域。虽然相关理论和实践在有亲缘关系的建筑学和计算机辅助设计中都取得了一些成果，景园建筑师所完成的实际作品却还少见。然而，把分形形式当成潜在的形式和空间基础，的确具有迷人的可能性。

如前面所指出的，分形设计的基础是不断复制其自身的线条、形式或图案，最终达到一种在细部和整体构形中都展现其最初出处的构图（图 16.23）。分形设计可以结合基本形式、多边形式以及更不规则的自然形式，注意这一点很重要。不管其来源如何，这个有机整体的特征可通过结晶体般无限扩展或收缩的设计特性展现出来。

笔记/手绘

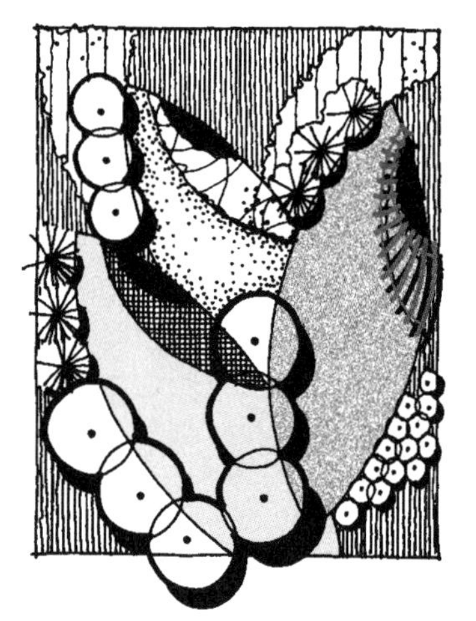

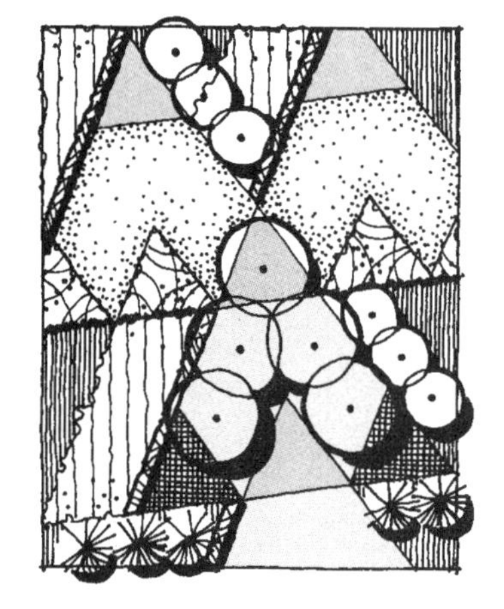

图 16.24 上：以分形形式为基础的场地设计示例。

当目标是要创造一个很容易添加或减除，同时又保持整体内在一致性的设计时，采用分形设计很恰当。在一定意义上，分形形式就像一个网格，拥有反复出现的模块，限定出边界和有其内涵的空间。然而，分形形式的模块具有从设计的最小细节到整体轮廓的尺度变化。在利用分形形式进行设计时，设计者可选择到处都忠实地保留分形模块，或把它当作一个设计起点，在设计结构中容许一些自由（图 16.24）。

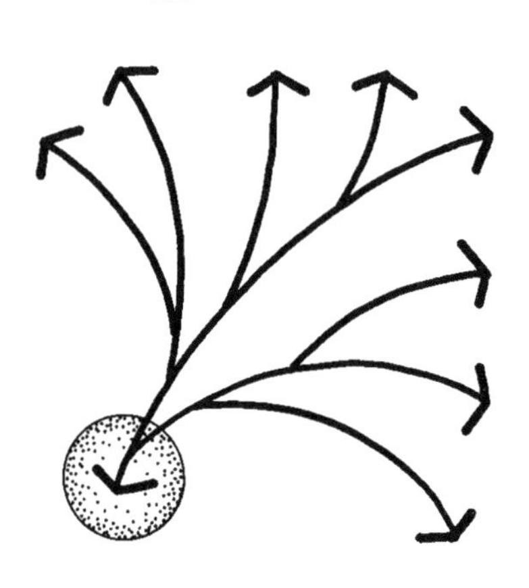

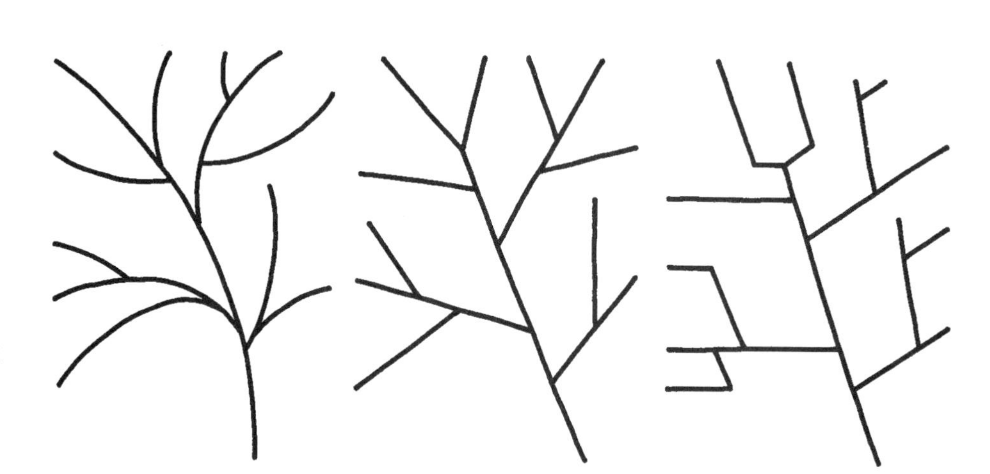

图 16.25 上：枝杈结构适合于引导限定领域与扩散领域之间的运动。

图 16.26 右：枝杈形结构的不同结构性质。

笔记/手绘

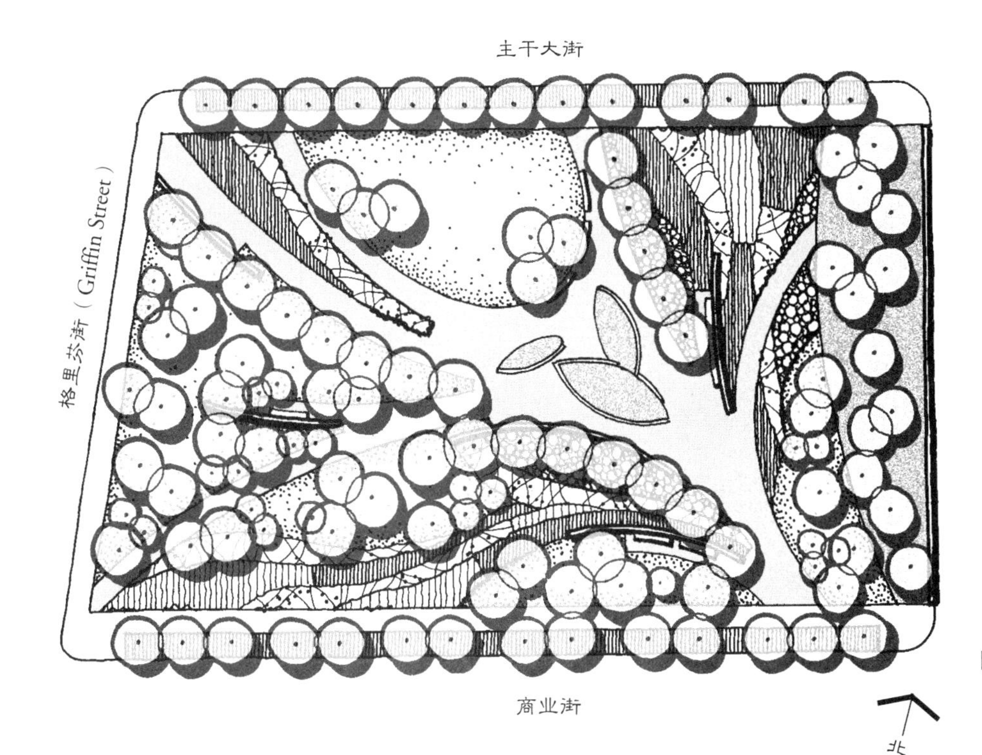

图 16.27 贝洛公园场地规划。

枝杈 / 枝形 | Branching/Dendritic

如同在大自然中那样，这种组织结构最适应于引导穿越景园的运动，经常是从此处到彼处联系一个集聚点和一个较大的毗邻区域（图 16.25）。这样一个系统适合大面积的绿色空间，如公园、植物园、校园等，但不太适于处理意在用于集会、休憩之类的空间。在采用它的地方，都要考虑几种不同的可能性。第一是各“杈”（branches）的形状可以是直的、弧形的、尖角的，等等，这取决于沿着它们追求怎样的运动特性（图 16.26）。第二，各杈的宽度同样可以变化，以适应设计中的不同用途和材料。体现了此类可能性的一个方案例证，是哈格里夫斯事务所设计的得克萨斯州达拉斯的贝洛公园（Belo Park）方案（图 16.27；并同图 14.25 比较）。一个弯曲伸展的步道系统是其规划的核心骨架，从东南角的起点上伸展出一系列“枝杈”，遍布整个场地。补充添加上去的遮阴树丛和四季花园被当作弯曲步道上更进一步的枝杈。材料的选择以及对一条河流 / 溪水廊道的暗示也都合起来反映了得克萨斯的地域风景。

笔记/手绘

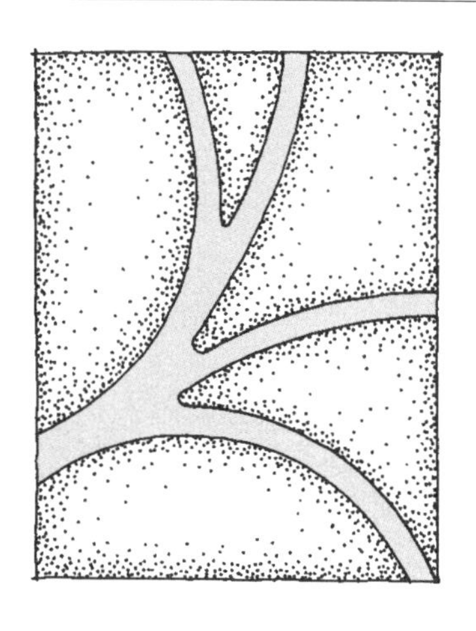

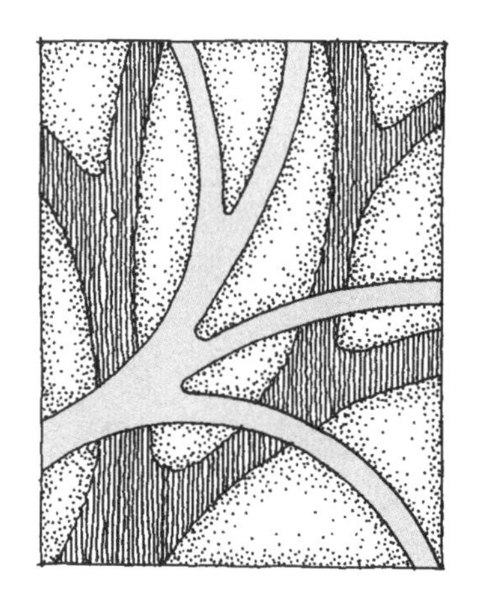

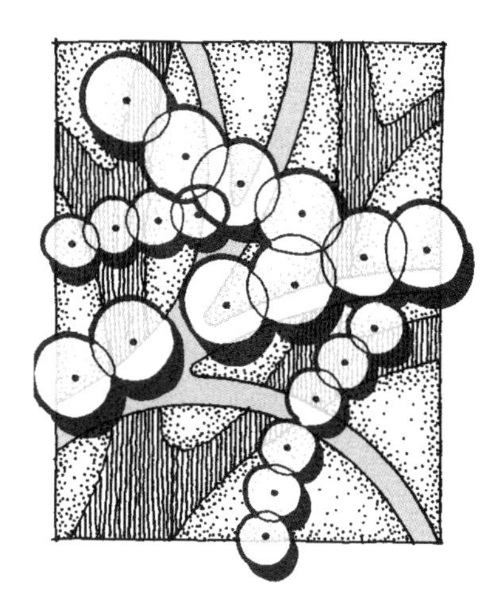

图 16.28 一个设计可以由多层复合的枝杈形构成。

同枝杈/枝形构图稍有不同的一个概念是采用多重枝杈结构，彼此叠加在同一个设计中（图 16.28）。这一方式带来了创造综合设计的机会，特别在进行竖向设置时，可把各个单一枝杈结构视为清晰明确的元素，一层叠在另一层之上。这种策略塑造出多样化的元素并置，然而，假如不同图层不能呈现某种相互对比的格调，它们也存在全然混淆的危险。

弯曲边缘/蛇蜒形 | Meandering Edge/Serpentine

弯曲边缘或蜿蜒的形式在前一章已经得到详细探讨，这里不再赘述，读者可回头再读第 15 章。

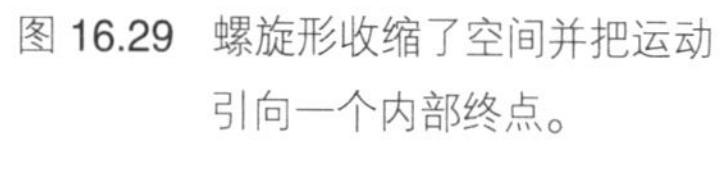

图 16.29 螺旋形收缩了空间并把运动引向一个内部终点。

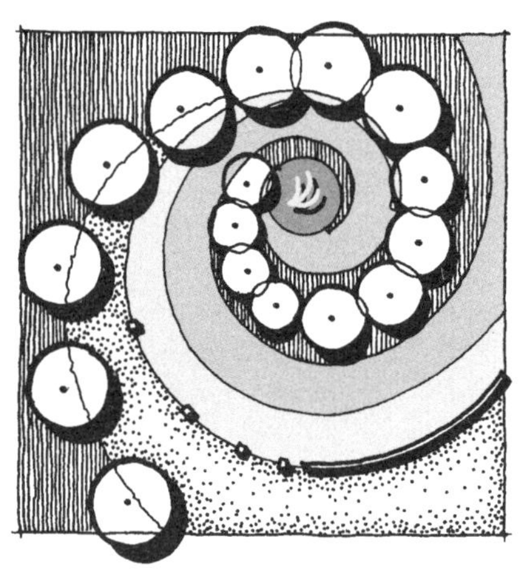

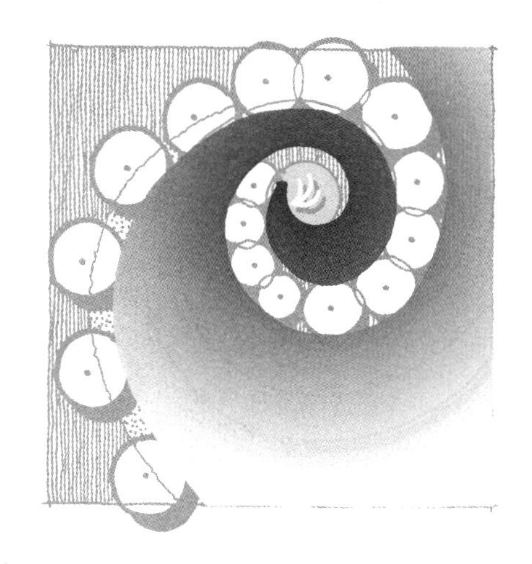

笔记/手绘

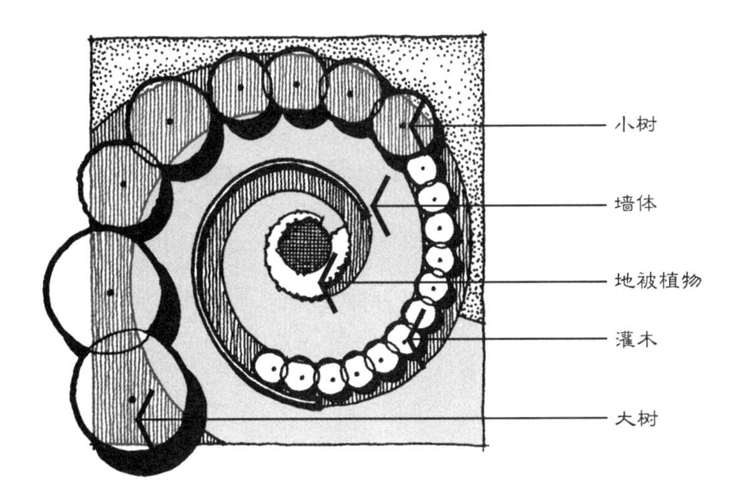

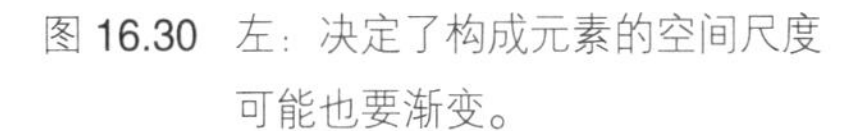
图 16.30 左：决定了构成元素的空间尺度可能也要渐变。

图 16.31 下：螺旋形可以暗示面向或从一个空间出发的爆炸式运动。

螺旋形 | Spiral

在景园建筑学场地设计中，螺旋形有可能满足 3 种不同功能。第一种效用是基于它有关演进、连续和扩展的象征。与此相似，螺旋形还暗示着气流、季节和生命的循环特征（Tresidder 2005，448-449）。这些都同圆形的隐喻意义相似，圆形也意味着连续和无始无终（见第 13 章的景园效用）。但是，螺旋形不像圆形那样自主返回闭合，而是以总在扩大的卷圈来不断伸展自己。这种尺寸渐变是一种持续力量的表现，展示了圆形所没有的一种能量。

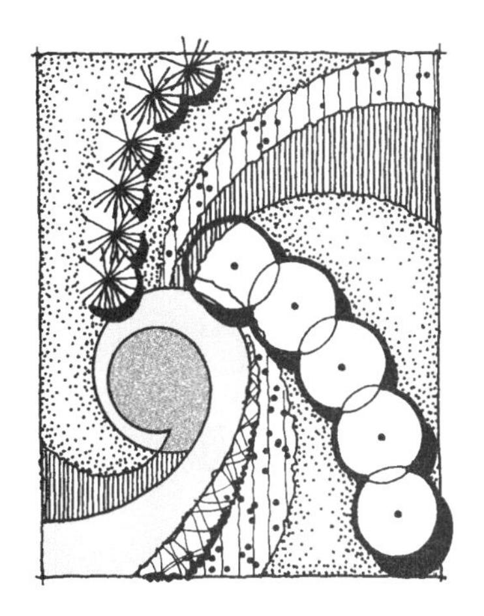

螺旋形的第二种效用是生成导向一个终点的弧形收缩空间（图 16.29）。螺旋形伸展的一边造就了一个开口，邀请从外部进入一个逐步把注意力聚集到其终点的、不断演进的空间。有时，一个景观重点会设在这个关键点上，彰显螺旋形的形式变化以及分层的、包裹的围合。可以用数种方法来勾勒螺旋形空间。对较大的空间来说，大的元素可沿着开口处的边缘使用，而在空间向其内部终点的演进中，通常逐步被较细小的元素所取代（图 16.30）。对于只有有限面积、尺度较小的空间，矮墙、地被植物、铺地图案等都经常被用来确定出一条卵形弧。

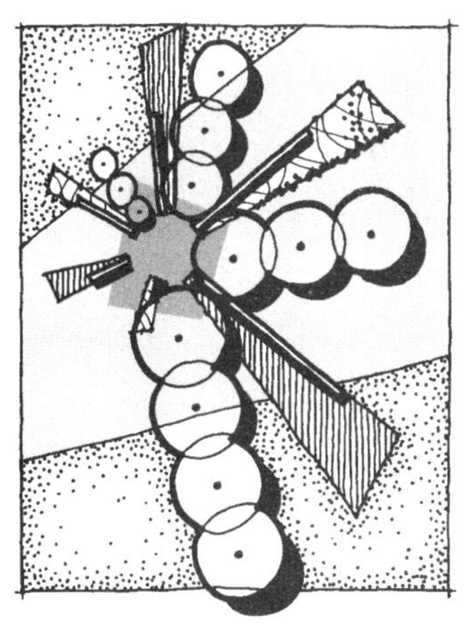

螺旋形在场地设计中的第三种效用，是表现面向或出自一个空间的有力运动。在这种时候，螺旋形并非得到完整显示，而是由一层层自初始空间处剥离开的形象来暗示（图 16.31）。综合而言，这些形象的功效与螺旋形的边相似，但却没有沿着一个连续体衔接在一起。

笔记/手绘

圆和放射形 | Circle/Radial

读者可参见详细讨论圆形的第13章。

转化 | Transformation

除了把前面讨论的自然图形之一用作景园建筑学场地设计的基础外，人们还可以把自然事物、图形或环境转化为设计依据。这种渠道使设计者有极大的设计余地，保证同特殊场地元素和图形的结合。这样，在一处场地上发现的任何自然组成部分及其环境都可成为生成一种设计结构形式的动因。以此为基础的设计可具有广泛的多种形象，囊括整个场地的各个方面，如地形形式、冲沟模式、地貌特征、不同植物品种的分布等。或者，可把最小的细节如石头裂纹、树皮、花卉、水流经岩石的形状等，用作启迪设计的因素。

在一些情况下，特定元素的形状，如见于花朵或果实中的圆形，几乎无须对其自身形状加以改进便可直接用于场地组织。然而，在其他多数时候，最好把选定的元素当作一个起点，通过抽象和转化，使它成为只是暗示了其来源的形式。这种方式允许设计者更加自由地调整形式，以适应场地、项目任务要求，并作为空间的骨架。例如，把一片枫叶转化成一个设计的依据（图16.32～图16.33，图16.34）。这里，叶片边缘的相交弧线被抽取出来加以简化，进而允许改变尺度，作为创造一个组织结构的手段。到最后，设计结果有同枫叶基本特征的相似之处，却不是它的直接拷贝。

图 16.32 上：设计启迪：一片枫叶。

图 16.33 下：枫叶的转化。

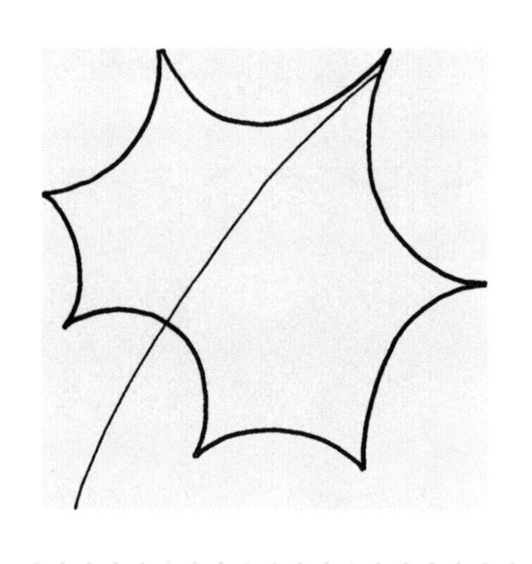

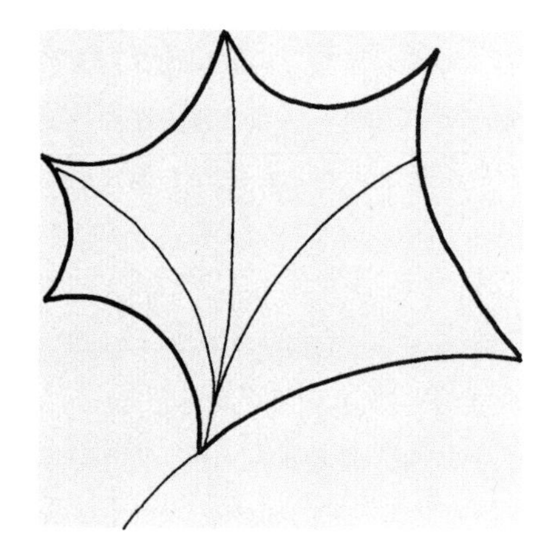

笔记/手绘

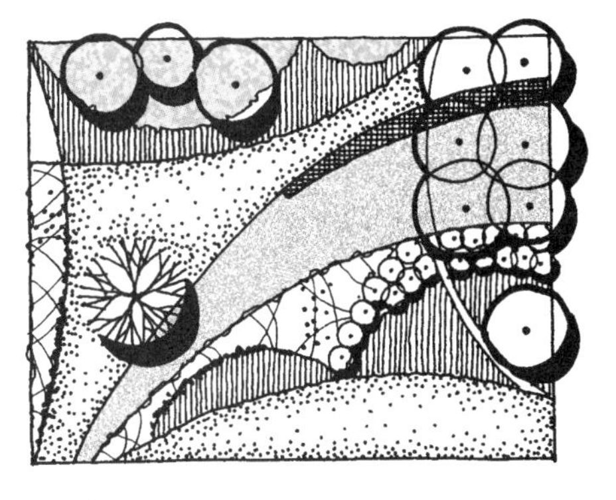
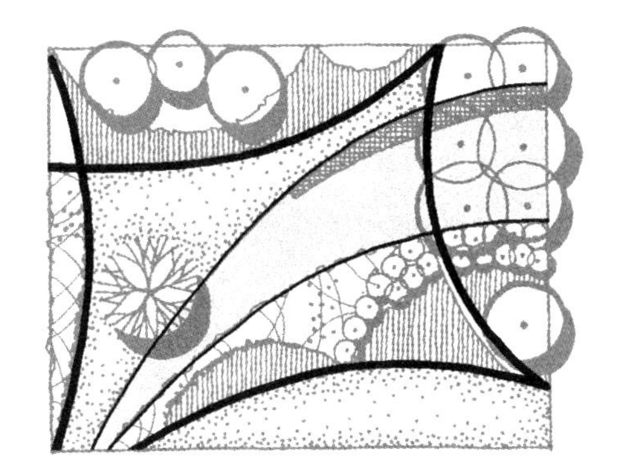

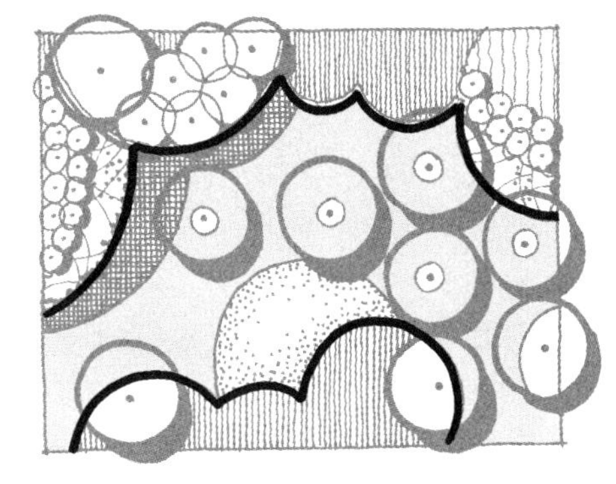

图 16.34 基于枫叶转化的设计示例。

设计准则 | Design Guidelines

考虑到有机形式的多样性，很难给出其中每一种的关键设计准则。不过，有些一般性建议可以适合所有的形式。

同功能的关系 | Relation to Function

“形式追随功能”这一格言适用于作为场地设计基础的所有形式。无论何时，在利用有机形式进行设计时，这都是要时刻牢记的原则，因为正如前面所说，当试图要一种形状感觉是“自然的”（natural）并可以代表自然中的元素时，很容易使形状成为最重要的设计特征。在发生这种情况时，必要的空间尺度、需要的比例和所需的维护之类基本需求有时就成了次要的或被忽略的。因此，利用有机形状来设计的关键挑战，是选择一种同计划功能相关或能支持功能的建构形式。把形式摆在最优先地位的有机设计可能总是失败的，尽管它具有新颖迷人的组织形式。

考虑空间体验 | Consider Spatial Experience

从三维角度考虑问题以及设计一种整体空间中体验的需求，似乎是所有景园建筑学设计的老生常谈。然而仍需指出，在利用有机形式进行设计时，有些时候很容易忘记这种基本需求。设计新手的常见失误，是创造了在平面上表现了自然事物或图形的有机构图，与此同时却忘记了人们是如何去体验设计的。成功的做法是，在正常视线中，一个有机设计也必须像在平面中一样传达其意向特征。

笔记/手绘

材料 | Materials

同样，一个设计材料也应该加强结构性形式的整体特征。一个设计所追求的性质应该遍及设计的所有方面，而不仅仅是从平面上看到的形状。然而，这并非意味着一个有机设计的材料必须是“自然的”。如果切合实际、经济有效，并支持创造一种可持续风景的意愿时，它们可能是自然的。然而，许多人工材料也是适合的，只要其特征和构图支持预想的设计角色。这有时需要对普通材料加以创新和非常规应用，通常要求创造性与进行尝试的意愿。

衔接 | Connections

在前面各章中，对设计之内各形式间以及同场地边缘的衔接已经谈了很多。同样的原则和思路也适用于有机形式。基于遍及本书的同样原因，锐角、不同材料间的随意接触、过紧的角落等，即使是不可避免也应该减至最少。

参考资料 | Referenced Resources

Dubé, Richard L. *Natural Pattern Forms: A Practical Sourcebook for Landscape Design*. New York: Van Nostrand, Reinhold, 1997.

Lee, Uje, ed. *SLA*. Seoul, South Korea: C3, 2007.

McHarg, Ian. *Design with Nature*. Garden City, NY: Doubleday Natural History Press, 1971.

Murphy, Pat. *By Natures' Design*. San Francisco: Chronicle Books, 1993.

Smith, W. Gary. *From Art to Landscape: Unleashing Creativity in Garden Design*. Portland: Timber Press, 2010.

Tresidder, Jack, ed. *The Complete Dictionary of Symbols*. San Francisco: Chronicle Books, 2005.

其他资料 | Further Resources

Haeckel, Ernst. *Art Forms from the Ocean*. New York: Prestel, 2005.

网上资料 | Internet Resources

Hargreaves Associates: www.hargreaves.com

Michael Van Valkenburgh Associates: www.mvvainc.com

SLA: www.sla.dk

笔记/手绘

图片来源 | Credits

照片 | Photographs

图 11.16 来自 iStockphoto：#11006417。其他照片均为作者拍摄。

插图 | Illustrations

插图中的比例人均出自 All Silhouettes：http://all-silhouettes.com/people-silhouette/

外文人名译名对照表 | List of Translated Foreign Names

B

Balsley，Thomas　托马斯·鲍斯利，1943—，美国景园建筑师

Boero，Gaston　加斯顿·博埃罗，乌拉圭当代建筑师

Braque，George　乔治·布拉克，1882—1963，法国画家

Burnett，James　詹姆斯·伯纳特，美国当代景园建筑师

Bye，Arthur Edwin　阿瑟·埃德温·拜伊，1919—2001，美国景园建筑师

Byrd，Warren T.，Jr.　小沃伦·T.伯德，美国当代景园建筑师

C

Cannady，Shelley　谢利·坎迪

Caruthers，Elizabeth　伊丽莎白·卡鲁瑟，19世纪美国西部开拓者

Church，Thomas　托马斯·丘奇，1902—1978，美国景园设计师

Cintron，Nancy　南希·辛特罗

Clement，Lorn　劳恩·克莱门特

Cochran，Andrea　安德烈·科克伦，1954—，美国景园建筑师

Corbusier，Le　勒·柯布西耶，1887—1965，瑞士—法国建筑师

Cummins，Margaret　马格丽特·卡明斯

D

Dubé，Richard Lawrence　理查德·劳伦斯·杜贝，1950—，美国景园设计专家

E

Eckbo，Garrett　盖瑞特·埃克博，1910—2000，美国景园建筑师

F

Fabiano，Fernando 费尔南多·法比亚诺，1952—，乌拉圭建筑师

G

Gerns，Ludwig 路德维希·格恩斯，德国当代景园建筑师

Goetz，Bradley 布莱德利·格茨

Gropius，Walter 沃尔特·格罗皮乌斯，1883—1969，德国建筑师

Gustafson，Kathryn 凯瑟琳·古斯塔夫森，1951—，美国景园建筑师

H

Halprin，Lawrence 劳伦斯·哈普林，1916—2009，美国景园建筑师

Halvorson，Craig 克雷格·霍沃森，美国当代景园建筑师

Hamilton，Dorrance Hill 多兰斯·希尔·汉密尔顿，1928—2017，美国慈善家

Hargreaves，George 乔治·哈格里夫斯，1952—，美国景园建筑师

Hart，Robert Lamb 罗伯特·兰姆·哈特，美国当代景园建筑师

Hogarth，William 威廉·霍格斯，1697—1764，英国画家

Howerton，David P. 戴维·P. 豪沃顿，美国当代景园建筑师

J

Jefferson，Thomas 托马斯·杰弗逊，1743—1826，美国第三任总统

Jekyll，Gertrude 格特鲁德·杰基尔，1843—1932，英国园林设计师

Jensen，Jens 詹斯·詹森，1860—1951，丹麦—美国景园建筑师

K

Kent，William 威廉·肯特，1685—1748，英格兰建筑师

Kentner，Jason 贾森·肯特纳

Kiley，Dan 丹·克雷，1912—2004，美国景园设计师

Kirkland，Larry 拉里·柯克兰，1950—，美国艺术家

Kliass，Rosa Grena 罗莎·格雷纳·克利亚斯，1932—，巴西景园建筑师

L

LeWitt，Sol 索尔·利维特，1928—2007，美国艺术家

Lutyens，Edwin 埃德温·鲁琴斯，1869—1944，英国建筑师

M

Marx，Roberto Burle 罗伯托・布雷・马克斯，1909 — 1994，巴西景园建筑师

McHarg，Ian 伊恩・麦克哈格，1920 — 2001，英国景园建筑师

Meinig，Donald William 唐纳德・威廉・梅尼格，1924 — 2020，美国地理学家

Mondrian，Piet 皮特・蒙德里安，1872 — 1944，荷兰画家

Moore，Henry 亨利・摩尔，1898 — 1986，英国雕塑家

Murphy，Pat 帕特・墨菲，1955 —，美国科普作家

N

Nelson，Susan 苏珊・尼尔森，美国当代景园建筑师

Nôtre，André Le 安德烈・勒・诺特，1613 — 1700，法国景园建筑师

O

Olin，Laurie 劳里・奥林，1938 —，美国景园建筑师

Olmsted，Fredrick Law 弗雷德里克・劳・奥姆斯泰德，1822 — 1903，美国景园建筑师

P

Paxton，Joseph 约瑟夫・帕克斯顿，1803 — 1865，英国建筑师

Pellegrino，Carlos 卡洛斯・佩莱格里诺，1944 — 2015，乌拉圭景园设计师

Perossio，Sylvia 希尔维娅・佩罗西奥，1961 —，乌拉圭建筑师

Picasso，Pablo 巴布罗・毕加索，1881 — 1973，西班牙画家

Plato 柏拉图，公元前 427 年 — 公元前 347 年，古希腊哲学家

R

Rohe，Mies van der 密斯・凡・德・罗，1886 — 1969，德国 — 美国建筑师

Rose，James 詹姆斯・罗斯，1913 — 1991，美国景园设计师

S

Saarinen，Eero 埃罗・沙里宁，1910 — 1961，芬兰 — 美国建筑师

Sasaki，Hideo 佐佐木英夫，1919 — 2000，日裔美国景园设计师

Sasaki，Yoji 佐佐木叶二，1947 —，日本景园建筑师

hwartz，Martha 玛莎・施瓦茨，1950 —，美国景园设计师

hwarz，Walter 沃尔特・施瓦茨

Smith，W.Gary W. 盖里·史密斯，美国当代景园建筑师

Stella，Frank 福兰克·斯泰拉，1936—，美国画家

T

Tacha，Athena 雅典娜·塔查，1936—，希腊多媒体视觉艺术家

Thompson，William Oxley 威廉·奥克斯利·汤普森，1855—1933，美国俄亥俄州立大学第五任校长

V

Valkenburgh，Michael Van 迈克尔·范·瓦尔肯伯格，1951—，美国景园建筑师

Vinci，Leonardo da 列奥纳多·达·芬奇，1452—1519，意大利文艺复兴时期博学家

W

Walker，Peter 彼得·沃克，1932—，美国景园设计师

Wheelock，Morgan 摩根·惠洛克，1938—2019，美国景园设计师

Woltz，Thomas 汤姆斯·沃尔兹，1967—，美国景园建筑师

Wright，Frank Lloyd 弗兰克·劳埃德·赖特，1867—1959，美国建筑师